E. S. Wentzel und L. A. Owtscharow

Aufgabensammlung zur Wahrscheinlichkeitsrechnung

Mathematische Lehrbücher und Monographien
Herausgegeben von der Akademie der Wissenschaften der DDR
Institut für Mathematik

I. Abteilung
Mathematische Lehrbücher
Band 22

Aufgabensammlung zur Wahrscheinlichkeitsrechnung

von E. S. Wentzel und L. A. Owtscharow

Aufgabensammlung zur Wahrscheinlichkeitsrechnung

von E. S. Wentzel und L. A. Owtscharow

In deutscher Sprache herausgegeben
von Peter Franken

Mit 132 Abbildungen und 2 Tabellen

3., berichtigte Auflage

Akademie-Verlag · Berlin
1982

Е. С. Вентцелъ, Л. А. Овчаров
Теория вероятностей

Erschienen im Verlag „Nauka", Moskau
Deutsche Übersetzung: Ulrike Franken

Herausgeber: Prof. Dr. rer. nat habil. Peter Franken
Humboldt-Universität Berlin

Erschienen im Akademie-Verlag, DDR-1080 Berlin, Leipziger Straße 3—4
Lektor: Reinhard Höppner

Lizenznummer: 202 · 100/406/82
Einband und Schutzumschlag: Dietmar Kunz
Gesamtherstellung: VEB Druckerei „Thomas Müntzer", 5820 Bad Langensalza
Bestellnummer: 761 534 4 (5858) · LSV 1074
Printed in GDR
DDR 32.— M
ISSN 0076-5422

VORWORT DES HERAUSGEBERS

Die Autoren der vorliegenden Aufgabensammlung, Frau Prof. Dr. E. Wentzel und Herr Dr. L. Owtscharow, besitzen große Erfahrungen sowohl in der Anwendung wahrscheinlichkeitstheoretischer und statistischer Methoden für die Lösung praktischer Probleme als auch in der Vermittlung dieser Methoden an Studenten der technischen Disziplinen (beide sind seit mehreren Jahren an der Shukowski-Akademie der sowjetischen Luftstreitkräfte tätig). Dadurch erhalten der Inhalt und die Darstellungsart des Buches ihre charakteristische Prägung. Neben den klassischen und rein methodischen Aufgaben werden von den ersten Seiten an inhaltliche Problemstellungen aus der Bedienungstheorie, dem Militärwesen, der Zuverlässigkeitstheorie, der Regelungstheorie u. a. behandelt.

Das Buch gibt dem Leser eine ausgezeichnete Möglichkeit, sich rechnerische Fertigkeiten im Umgang mit wahrscheinlichkeitstheoretischen Begriffen und Sätzen anzueignen, und zeigt ihm gleichzeitig, wie die Aufstellung von stochastischen Modellen ausgehend von praktischen Situationen erfolgt. Beides kann erfahrungsgemäß in der Vorlesung nur in einem unzureichenden Maße vermittelt werden. Für einen, der die Wahrscheinlichkeitsrechnung im Selbststudium erlernen will, ist ein derartiges Buch unentbehrlich.

Bei der Darstellung der theoretischen Grundlagen enthält die Originalausgabe des Buches leider einige wesentliche Mängel. Die Autoren verwenden bei der Lösung vieler Aufgaben Begriffe und Sätze, die nicht von ihnen eingeführt wurden bzw. ersetzen sie den Beweis durch intuitive Erläuterungen.

Bei der deutschen Ausgabe wurden die theoretischen Einführungen zu fast allen Kapiteln überarbeitet. Der Herausgeber bemühte sich um eine anschauliche, aber mathematisch strenge Einführung solcher Grundbegriffe, wie Wahrscheinlichkeitsraum als mathematisches Modell zur Beschreibung eines Experiments mit zufälligem Ausgang, zufällige Größe bzw. zufälliger Vektor, Unabhängigkeit, bedingtes Verteilungsgesetz, bedingter Erwartungswert, zufällige Punktfolge, zufällige Funktion, stationäre Anfangsverteilung eines homogenen Markowschen Prozesses. Zusätzlich wurde der zentrale Grenzwertsatz, das starke Gesetz der großen Zahlen und der Ergodensatz für im strengen Sinne stationäre Prozesse aufgenommen, von denen bei der Lösung vieler Aufgaben Gebrauch gemacht wird.

Berlin, März 1973 PETER FRANKEN

VORWORT DER AUTOREN

Der vorliegenden Aufgabensammlung zur Wahrscheinlichkeitsrechnung liegen langjährige Erfahrungen aus der Lehrtätigkeit an einer technischen Hochschule und in der Anwendung wahrscheinlichkeitstheoretischer Methoden bei der Lösung praktischer Aufgaben zugrunde.

Die Aufgabensammlung besteht aus 10 Kapiteln. Jedes Kapitel beginnt mit einer kurzen Übersicht der theoretischen Lehrsätze und Formeln, die zur Lösung der Aufgaben des betreffenden Kapitels notwendig sind. Der Schwierigkeitsgrad der Aufgaben ist recht unterschiedlich. Das Buch enthält sowohl Aufgaben, die zur Aneignung von Fertigkeiten bei der Anwendung bekannter Formeln und Sätze bestimmt sind, als auch kompliziertere Aufgaben, deren Lösung eine gewisse schöpferische Leistung verlangt. Die relativ einfachen Aufgaben sind nur mit Lösungen versehen, für die komplizierteren werden die Lösungswege ausführlich dargestellt. In einer Reihe von Fällen sind in diesen Lösungswegen originelle mathematische Verfahren enthalten, die auf Grund ihres allgemeinen Charakters dem Leser bei der Lösung von Aufgaben aus der Praxis nützen können. Die Aufgaben hohen Schwierigkeitsgrades sind durch einen Stern gekennzeichnet.

Die vorliegende Aufgabensammlung unterscheidet sich von bisher erschienenen vor allem dadurch, daß die Lösungen und die Analyse der Aufgaben gegenüber dem Text der Aufgaben selbst einen großen Raum einnehmen. Dadurch bedingt, steht diese Aufgabensammlung zwischen einer üblichen Aufgabensammlung und einem Lehrbuch. Um die Lektüre des Buches zu erleichtern, haben die Autoren auf die traditionelle Trennung von Aufgabenstellungen und Lösungen verzichtet und haben es vorgezogen, die Lösung bzw. den Lösungsweg unmittelbar nach der Aufgabenstellung anzugeben. Den gewissenhaften Leser wird das nicht daran hindern, selbständig nach den Lösungen der angegebenen Aufgaben zu suchen und nur im Falle eines Mißerfolgs von den angeführten Lösungen Gebrauch zu machen.

Die Aufgabensammlung ist für Leser gedacht, die bereits Kenntnisse in der Wahrscheinlichkeitsrechnung besitzen, und zwar etwa im Umfang des Lehrbuches von E. S. Wentzel „Wahrscheinlichkeitsrechnung“[1]. Einige zusätzliche Angaben, die zur Lösung einzelner Aufgaben notwendig sind, sind im Text des Buches zu finden.

---

[1]) Oder im Umfang der Lehrbücher von B. W. Gnedenko [3] bzw. M. Fisz [10] (Anm. d. Red.).

Die Autoren danken dem Rezensenten des Buches, Prof. B. W. Gnedenko, der nach Durchsicht des Manuskripts eine Reihe nützlicher Hinweise gegeben hat.

Ihren besonderen Dank sprechen die Autoren dem Redakteur des Buches, Dozenten L. S. Rumschinski, aus, der die nicht leichte Arbeit übernahm, die Lösungen sämtlicher Aufgaben zu prüfen, und der zur Beseitigung einer Reihe von Fehlern beitrug.

E. Wentzel, L. Owtscharow

INHALTSVERZEICHNIS

KAPITEL 1

GRUNDBEGRIFFE DER WAHRSCHEINLICHKEITSRECHNUNG. DIE KLASSISCHE DEFINITION DER WAHRSCHEINLICHKEIT

Die meisten in der Natur oder in einem Laboratorium ablaufenden Versuche sind derart, daß ihr Ergebnis nicht von vornherein vorausgesagt werden kann (Versuche mit zufälligem Ausgang).

Die Wahrscheinlichkeitsrechnung befaßt sich mit der quantitativen Beschreibung (Modellierung) von Versuchen mit zufälligem Ausgang. Dabei wird davon ausgegangen, daß ein Versuch beliebig oft unter den gleichen Bedingungen wiederholt werden kann. Bei der Wiederholung eines Versuches unter unveränderten Bedingungen treten verschiedene Ereignisse, die mit den Ergebnissen dieses Versuches verbunden sind, mit unterschiedlichen Häufigkeiten auf.

Der Definition des Begriffs Wahrscheinlichkeit liegt der Wunsch zugrunde, ein quantitatives Maß für den Grad der Sicherheit des Eintretens von Ereignissen zu besitzen. Bei der Definition der Wahrscheinlichkeit geht man von einigen Axiomen aus, die sich auf bestimmte intuitive Vorstellungen (Eigenschaften der relativen Häufigkeiten) gründen.

Als erstes wird der Begriff des *Raumes der Elementarereignisse*, der dem gegebenen Versuch entspricht, eingeführt. Darunter wird eine beliebige Menge Ω verstanden, die die folgende Eigenschaft hat: Jedem Ausgang des Versuches entspricht genau ein Element dieser Menge. Die Elemente ω von Ω nennt man *Elementarereignisse.*

Als *Ereignisse* (zufällige Ereignisse) bezeichnet man Teilmengen von Ω. Jedes Ereignis A ist durch eine Eigenschaft δ bestimmt, die allen seinen Elementen $\omega \in A$ eigen ist.

Aus der Definition folgt, daß das Ereignis Ω mit Sicherheit eintritt. Daher wird Ω als das *sichere Ereignis* bezeichnet.

Ist A ein Ereignis, das durch die Eigenschaft δ definiert ist, so bezeichnet man mit $\overline{A}$ die Menge aller $\omega \in \Omega$, die die Eigenschaft δ nicht haben. Das Ereignis $\overline{A}$ tritt also genau dann ein, wenn A nicht eintritt. Man nennt das Ereignis $\overline{A}$ das zu A *komplementäre Ereignis.*

Das zu Ω komplementäre Ereignis ist die leere Menge $\emptyset$. Man nennt $\emptyset$ das *unmögliche Ereignis.*

Ist die Menge $A \subseteqq \Omega$ eine Teilmenge der Menge $B \subseteqq \Omega$ ($A \subseteqq B$), so sagt man, daß A ein *Teilereignis* von B ist, oder das Ereignis A zieht das Ereignis B nach sich. (Aus dem Eintreten des Ereignisses A folgt mit Sicherheit das Eintreten von B). Die Ereignisse A und B heißen *äquivalent* ($A = B$), falls $A \subseteqq B$ und $B \subseteqq A$ gilt.

Das Ereignis C, das darin besteht, daß mindestens eines der Ereignisse A oder B eintritt, nennt man die *Summe der Ereignisse* und bezeichnet es mit $A + B$. Analog wird die Summe von endlich oder abzählbar vielen Ereignissen

$$\sum_{i=1}^{n} A_i \quad \text{oder} \quad \sum_{i=1}^{\infty} A_i$$

definiert.

Das Ereignis C, das darin besteht, daß die Ereignisse A und B gleichzeitig auftreten, nennt man das *Produkt der Ereignisse* A und B und bezeichnet es mit $A\,B$. Analog wird das Produkt von endlich bzw. abzählbar vielen Ereignissen

$$\prod_{i=1}^{n} A_i \quad \text{oder} \quad \prod_{i=1}^{\infty} A_i$$

definiert[1]).

Die Ereignisse A und B heißen *unvereinbar*, falls $A\,B = \emptyset$ gilt. Diese Eigenschaft besagt, daß A und B nicht gleichzeitig eintreten können.

Eine Menge von Ereignissen $A_1, \ldots, A_n$ wird als *vollständiges System* von Ereignissen bezeichnet, falls infolge des Versuches mindestens eines der Ereignisse A_i eintreten muß (es gilt also $\sum_{i=1}^{n} A_i = \Omega$).

Bei der *klassischen Definition der Wahrscheinlichkeit* wird der Begriff der Wahrscheinlichkeit auf den Begriff der Gleichwahrscheinlichkeit (Gleichmöglichkeit) zurückgeführt. Es wird angenommen, daß der Raum der Elementarereignisse aus endlich vielen Elementen $\omega_1, \ldots, \omega_n$ besteht und daß die Elementarereignisse aus Gründen der Symmetrie des Versuches gleichmöglich (gleichwahrscheinlich) sind. Die Elementarereignisse bilden also eine vollständiges System von paarweise unvereinbaren und gleichwahrscheinlichen Ereignissen, die man als *Fälle* bezeichnet. Zieht das Eintreten eines ω das Eintreten des Ereignisses A nach sich ($\omega \in A$), so sagt man, daß der Fall ω für das Ereignis A *günstig* ist.

Die Wahrscheinlichkeit $\mathbf{P}(A)$ eines Ereignisses A (A ist eine beliebige Teilmenge von Ω) ist in diesem Fall gleich

$$\mathbf{P}(A) = \frac{m}{n},$$

wobei n die Gesamtzahl der Fälle und m die Anzahl der günstigen Fälle ist.

Man prüft leicht nach, daß die so definierte Wahrscheinlichkeit folgende Eigenschaften besitzt:

1) Für jedes $A \in \Omega$ gilt $\mathbf{P}(A) \geqq 0$,
2) $\mathbf{P}(\Omega) = 1$,
3) sind die Ereignisse $A_1, \ldots, A_n$ paarweise unvereinbar, so gilt

$$\mathbf{P}\left(\sum_{i=1}^{n} A_i\right) = \sum_{i=1}^{n} \mathbf{P}(A_i).$$

[1]) Es werden häufig die mengentheoretischen Bezeichnungen $A \cup B$ statt $A + B$ und $A \cap B$ statt $A\,B$ benutzt (Anm. d. Red.).

$\mathcal{F}$ sei eine Klasse von Ereignissen (Teilmengen von Ω), die die folgenden Eigenschaften besitzt:

1) Die ganze Menge Ω ist ein Element von $\mathcal{F}$,
2) gehören die Ereignisse A und B der Klasse $\mathcal{F}$ an, so sind die Ereignisse $A + B$, $A \cdot B$, $\bar{A}$, $\bar{B}$ ebenfalls Elemente von $\mathcal{F}$.
3) gehören die Ereignisse $A_1, A_2, \ldots$ der Klasse Ω an, so ist das Ereignis $\sum_{i=1}^{\infty} A_i$ ein Element von Ω.

Eine solche Klasse von Teilmengen bezeichnet man als BOREL*sche* oder *σ-Algebra*, die Ereignisse aus $\mathcal{F}$ heißen *meßbare Ereignisse*. Im allgemeinen Fall ist es nicht möglich, die Wahrscheinlichkeit für sämtliche Ereignisse (Teilmengen von Ω) anzugeben, man beschränkt sich auf Ereignisse, die einer passend gewählten σ-Algebra $\mathcal{F}$ angehören. Die *Wahrscheinlichkeit* **P** wird als eine reellwertige Mengenfunktion auf $\mathcal{F}$ mittels folgender Axiome eingeführt:

1) Jedem Ereignis $A \in \mathcal{F}$ entspricht eine nichtnegative Zahl $\mathbf{P}(A)$ (die Wahrscheinlichkeit des Ereignisses A),
2) $\mathbf{P}(\Omega) = 1$,
3) sind die Ereignisse A_i, $i = 1, 2, \ldots$ paarweise unvereinbar, so gilt

$$\mathbf{P}\left(\sum_{i=1}^{\infty} A_i\right) = \sum_{i=1}^{\infty} \mathbf{P}(A_i) .$$

Das Axiom 3) wird als *Additionsaxiom* (Additionssatz) für Wahrscheinlichkeiten bezeichnet.

Für ein vollständiges System von Ereignissen $A_1, \ldots, A_n$, die paarweise unvereinbar sind, gilt

$$\sum_{i=1}^{n} \mathbf{P}(A_i) = \mathbf{P}(\Omega) = 1 .$$

Für zwei beliebige Ereignisse $A, B \in \mathcal{F}$ folgt aus 3) die Formel

$$\mathbf{P}(A + B) = \mathbf{P}(A) + \mathbf{P}(B) - \mathbf{P}(A\,B) . \qquad (*)$$

Die Mengenfunktion **P** auf $\mathcal{F}$ bezeichnet man als *Wahrscheinlichkeitsmaß* oder als *Verteilungsgesetz* auf $\mathcal{F}$.

Das Tripel $[\Omega, \mathcal{F}, \mathbf{P}]$ bezeichnet man als *Wahrscheinlichkeitsraum*. Dieses Tripel ist ein mathematisches Modell eines Versuches mit zufälligem Ausgang. Das Versuchsergebnis wird als ein zufälliges Element des Raumes Ω interpretiert, das nach dem Verteilungsgesetz **P** verteilt ist. Für jede „meßbare" Menge $A \in \mathcal{F}$ ist $\mathbf{P}(A)$ die Wahrscheinlichkeit dafür, daß das zufällige Versuchsergebnis ω in dieser Menge liegt.

Für die Anwendungen ist der Fall $\Omega = R^n$ von großer Bedeutung (die möglichen Versuchsergebnisse sind n-dimensionale Vektoren). Als σ-Algebra $\mathcal{F}$ der meßbaren Ereignisse nimmt man in diesem Fall die kleinste σ-Algebra $\mathfrak{B}^n$, die sämtliche „Intervalle", d. h. die Mengen der Form

$\{x = (x_1, \ldots, x_n)/a_i < x_i \leqq b_i,\ i = 1, \ldots, n\}$ enthält. Die Mengen aus $\mathfrak{B}^n$ bezeichnet man als Borel-*Mengen* des euklidischen Raumes R^n.

1.1. Man prüfe, ob die folgenden Ereignisse ein vollständiges System von Ereignissen bilden:

a) Versuch — Werfen einer Münze; die Ereignisse:
 A_1 — Erscheinen des Wappens;
 A_2 — Erscheinen der Zahl.

b) Versuch — Werfen zweier Münzen; die Ereignisse:
 B_1 — Erscheinen zweier Wappen;
 B_2 — Erscheinen zweier Zahlen.

c) Versuch — Abgeben von zwei Schüssen auf ein Ziel; die Ereignisse:
 A_0 — kein Treffer;
 A_1 — ein Treffer;
 A_2 — zwei Treffer.

d) Versuch — Abgeben von zwei Schüssen auf ein Ziel; die Ereignisse:
 C_1 — mindestens ein Treffer;
 C_2 — mindestens ein Fehlschuß.

e) Versuch — Ziehen einer Karte aus einem Kartenspiel; die Ereignisse:
 D_1 — Ziehen einer Herz-Karte;
 D_2 — Ziehen einer Karo-Karte;
 D_3 — Ziehen einer Kreuz-Karte?

Lösung: a) ja, b) nein, c) ja, d) ja, e) nein.

1.2. Man prüfe, ob folgende Ereignisse unvereinbar sind:

a) Versuch — Werfen einer Münze: die Ereignisse:
 A_1 — Erscheinen des Wappens,
 A_2 — Erscheinen der Zahl.

b) Versuch — Werfen zweier Münzen; die Ereignisse:
 B_1 — Erscheinen des Wappens auf der ersten Münze;
 B_2 — Erscheinen der Zahl auf der zweiten Münze.

c) Versuch — Abgeben von zwei Schüssen auf ein Ziel; die Ereignisse:
 C_0 — kein Treffer;
 C_1 — ein Treffer;
 C_2 — zwei Treffer.

d) Versuch — Abgeben von zwei Schüssen auf ein Ziel; die Ereignisse:
 D_1 — mindestens ein Treffer;
 D_2 — mindestens ein Fehlschuß.

e) Versuch — Ziehen zweier Karten aus einem Kartenspiel; die Ereignisse:
 E_1 — Ziehen zweier schwarzer Karten;
 E_2 — Ziehen eines Asses;
 E_3 — Ziehen einer Dame?

Lösung: a) ja, b) nein, c) ja, d) nein, e) nein.

1.3. Man prüfe, ob die folgenden Ereignisse gleichwahrscheinlich sind:

a) Versuch — Werfen einer symmetrischen Münze; die Ereignisse:
A_1 — Erscheinen des Wappens;
A_2 — Erscheinen der Zahl.

b) Versuch — Werfen einer unsymmetrischen (verbogenen) Münze; die Ereignisse:
B_1 — Erscheinen des Wappens;
B_2 — Erscheinen der Zahl.

c) Versuch — Abgeben eines Schusses auf ein Ziel; die Ereignisse:
C_1 — Treffer;
C_2 — Fehlschuß.

d) Versuch — Werfen zweier Münzen; die Ereignisse:
D_1 — Erscheinen zweier Wappen;
D_2 — Erscheinen zweier Zahlen;
D_3 — Erscheinen eines Wappens und einer Zahl.

e) Versuch — Ziehen einer Karte aus einem Kartenspiel; die Ereignisse:
E_1 — Ziehen einer Herz-Karte;
E_2 — Ziehen einer Karo-Karte;
E_3 — Ziehen einer Kreuz-Karte.

f) Versuch — Werfen eines Würfels; die Ereignisse:
F_1 — Werfen von nicht weniger als drei Augen;
F_2 — Werfen von nicht mehr als vier Augen?

Lösung: a) ja, b) nein, c) im allgemeinen nein, d) nein, e) ja, f) ja.

1.4. Man prüfe, ob die folgenden Ereignisse Elementarereignisse sind:

a) Versuch — Werfen einer Münze; die Ereignisse:
A_1 — Erscheinen des Wappens;
A_2 — Erscheinen der Zahl.

b) Versuch — Werfen zweier Münzen; die Ereignisse:
B_1 — Erscheinen zweier Wappen;
B_2 — Erscheinen zweier Zahlen;
B_3 — Erscheinen eines Wappens und einer Zahl.

c) Versuch — Werfen eines Würfels; die Ereignisse:
C_1 — Werfen von nicht mehr als zwei Augen;
C_2 — Werfen von drei oder vier Augen;
C_3 — Werfen von nicht weniger als fünf Augen.

d) Versuch — Abgeben eines Schusses auf ein Ziel; die Ereignisse:
D_1 — Treffer;
D_2 — Fehlschuß.

e) Versuch — Abgeben von zwei Schüssen auf ein Ziel; die Ereignisse:
E_0 — kein Treffer;
E_1 — ein Treffer;
E_2 — zwei Treffer.

f) Versuch — Ziehen zweier Karten aus einem Kartenspiel; die Ereignisse:
F_1 — Ziehen zweier roter Karten;
F_2 — Ziehen zweier schwarzer Karten?

Lösung: a) ja, b) nein, c) nein, d) ja, e) nein, f) nein.

1.5. Man suche Beispiele für:

a) drei Ereignisse, die ein vollständiges System von Ereignissen bilden;

b) drei Ereignisse, die gleichwahrscheinlich und unvereinbar sind, aber kein vollständiges System von Ereignissen bilden;

c) zwei Ereignisse, die unvereinbar sind und ein vollständiges System bilden, aber nicht gleichwahrscheinlich sind;

d) zwei Ereignisse, die gleichwahrscheinlich sind und ein vollständiges System bilden, aber nicht unvereinbar sind.

Lösung: a) siehe 1.4.c), b) siehe 1.3.e), c) siehe 1.3.c), d) siehe 1.3.f).

1.6. In der Urne befinden sich a weiße und b schwarze Kugeln. Der Urne wird willkürlich eine Kugel entnommen. Man bestimme die Wahrscheinlichkeit dafür, daß diese Kugel weiß ist.

Lösung: $$\frac{a}{a+b}.$$

1.7. In der Urne befinden sich a weiße und b schwarze Kugeln. Der Urne wird willkürlich eine Kugel entnommen und beiseite gelegt. Diese Kugel ist weiß. Danach wird der Urne eine zweite Kugel entnommen. Man bestimme die Wahrscheinlichkeit dafür, daß diese Kugel ebenfalls weiß ist.

Lösung: $$\frac{a-1}{a+b-1}.$$

1.8. In der Urne befinden sich a weiße und b schwarze Kugeln. Der Urne wurde eine Kugel entnommen und beiseite gelegt, ohne ihre Farbe festzustellen. Danach wird der Urne eine weitere Kugel entnommen. Diese ist weiß. Man bestimme die Wahrscheinlichkeit dafür, daß die erste, beiseite gelegte Kugel ebenfalls weiß ist.

Lösung: $$\frac{a-1}{a+b-1}.$$

1.9. Der Urne, die a weiße und b schwarze Kugeln enthält, werden nacheinander alle Kugeln bis auf eine entnommen. Man bestimme die Wahrscheinlichkeit dafür, daß die in der Urne verbliebene Kugel weiß ist.

Lösung: $$\frac{a}{a+b}.$$

1.10. Der Urne, die a weiße und b schwarze Kugeln enthält, werden nacheinander sämtliche Kugeln entnommen. Man bestimme die Wahrscheinlichkeit dafür, daß die als zweite entnommene Kugel weiß ist.

Lösung: $$\frac{a}{a+b}.$$

1.11. In der Urne befinden sich a weiße und b schwarze Kugeln ($a \geqq 2$). Der Urne werden gleichzeitig zwei Kugeln entnommen. Man bestimme die Wahrscheinlichkeit dafür, daß beide Kugeln weiß sind.

Lösung: Die Gesamtzahl der Fälle ist gleich[1])

$$n = C_{a+b}^2 = \frac{(a+b)(a+b-1)}{1 \cdot 2}.$$

Die Anzahl der günstigen Fälle ist gleich

$$m = C_a^2 = \frac{a(a-1)}{1 \cdot 2}.$$

Die Wahrscheinlichkeit des Ereignisses A — beide Kugeln sind weiß — ist gleich

$$P(A) = \frac{m}{n} = \frac{a(a-1)}{(a+b)(a+b-1)}.$$

1.12. In der Urne befinden sich a weiße und b schwarze Kugeln ($a \geqq 2$, $b \geqq 3$). Der Urne werden gleichzeitig fünf Kugeln entnommen. Man bestimme die Wahrscheinlichkeit dafür, daß zwei der Kugeln weiß und drei schwarz sind.

Lösung:

$$n = C_{a+b}^5 = \frac{(a+b)(a+b-1)(a+b-2)(a+b-3)(a+b-4)}{1 \cdot 2 \cdot 3 \cdot 4 \cdot 5};$$

$$m = C_a^2 C_b^3 = \frac{a(a-1)}{1 \cdot 2} \frac{b(b-1)(b-2)}{1 \cdot 2 \cdot 3};$$

$$p = \frac{m}{n} = \frac{10a(a-1)b(b-1)(b-2)}{(a+b)(a+b-1)(a+b-2)(a+b-3)(a+b-4)}.$$

1.13. Eine aus k Erzeugnissen bestehende Partie enthält l defekte Erzeugnisse. Der Partie wird zur Kontrolle eine Stichprobe aus r Erzeugnissen entnommen. Man bestimme die Wahrscheinlichkeit p dafür, daß genau s Erzeugnisse der Stichprobe defekt sind.

Lösung: $$p = \frac{C_l^s C_{k-l}^{r-s}}{C_k^r}.$$

1.14. Ein Würfel wird einmal geworfen. Man bestimme die Wahrscheinlichkeiten folgender Ereignisse:

A — es wird eine gerade Anzahl von Augen gewürfelt;
B — es werden nicht weniger als fünf Augen gewürfelt;
C — es werden nicht mehr als fünf Augen gewürfelt.

Lösung: $\mathbf{P}(A) = \frac{1}{2}$; $\mathbf{P}(B) = \frac{1}{3}$; $\mathbf{P}(C) = \frac{5}{6}$.

---

[1]) Es ist $C_n^m = \frac{(n-m)!}{n!\,m!}$. In der deutschsprachigen Literatur wird häufig die Bezeichnung $\binom{n}{m}$ statt Ca verwendet (Anm. d. Red.).

1.15. Ein Würfel wird zweimal geworfen. Man bestimme die Wahrscheinlichkeit p dafür, daß beide Male die gleiche Anzahl von Augen gewürfelt wird.

Lösung: $n = 6^2; \qquad m = 6; \qquad p = \frac{m}{n} = \frac{1}{6}.$

Zweiter Lösungsweg: Die gesuchte Wahrscheinlichkeit ist gleich der Wahrscheinlichkeit dafür, daß beim zweiten Wurf die gleiche Anzahl von Augen gewürfelt wird wie beim ersten Mal:

$$n = 6\,, \qquad m = 1\,, \qquad p = \frac{1}{6}.$$

1.16. Es wurden gleichzeitig zwei Würfel geworfen. Man bestimme die Wahrscheinlichkeiten folgender Ereignisse:

A — die Summe der gewürfelten Augen ist gleich acht;
B — das Produkt der gewürfelten Augen ist gleich acht;
C — die Summe der gewürfelten Augen ist größer als ihr Produkt.

Lösung: $\mathbf{P}(A) = \frac{5}{36}; \qquad \mathbf{P}(B) = \frac{2}{36} = \frac{1}{18}; \qquad \mathbf{P}(C) = \frac{11}{36}.$

1.17. Es werden zwei Münzen geworfen. Welche der beiden Ereignisse hat größere Wahrscheinlichkeit:

A — beide Münzen zeigen nach dem Wurf die gleiche Seite;
B — die Münzen zeigen nach dem Wurf unterschiedliche Seiten?

Lösung: $\mathbf{P}(A) = \mathbf{P}(B)\,.$

1.18. In der Urne befinden sich a weiße und b schwarze Kugeln ($a \geqq 2$; $b \geqq 2$). Der Urne werden gleichzeitig zwei Kugeln entnommen. Welches der beiden Ereignisse hat die größere Wahrscheinlichkeit:

A — die Kugeln sind von gleicher Farbe;
B — die Kugeln sind von unterschiedlicher Farbe?

Lösung: Es ist $\mathbf{P}(A) = \frac{C_a^2 + C_b^2}{C_{a+b}^2} = \frac{a\,(a-1) + b\,(b-1)}{(a+b)\,(a+b-1)};$

$$\mathbf{P}(B) = \frac{C_a^1\,C_b^1}{C_{a+b}^2} = \frac{2\,a\,b}{(a+b)\,(a+b-1)}.$$

Durch Vergleich der Zähler dieser Brüche erhält man

$$\mathbf{P}(A) < \mathbf{P}(B) \quad \text{für} \quad a\,(a-1) + b\,(b-1) < 2\,a\,b\,,$$

d. h. für $(a - b)^2 < a + b$. Es gilt ferner

$$\mathbf{P}(A) = \mathbf{P}(B) \quad \text{für} \quad (a-b)^2 = a + b\,;$$
$$\mathbf{P}(A) > \mathbf{P}(B) \quad \text{für} \quad (a-b)^2 > a + b\,.$$

1.19. Drei Spieler spielen Karten. Jeder der Spieler erhält 10 Karten und zwei Karten werden vorläufig beiseite gelegt. Einer der Spieler hat 6 Karo-

Karten und 4 Karten anderer Farben. Dieser Spieler wirft zwei seiner Karten ab und nimmt sich dafür die vorher beiseite gelegten Karten. Man bestimme die Wahrscheinlichkeit dafür, daß die vorher beiseite gelegten Karten Karo-Karten sind.

Lösung: Aus 32 Karten sind dem Spieler 10 Karten bekannt und die restlichen 22 Karten unbekannt. Das Aufnehmen der zwei vorher beiseite gelegten Karten kommt der Entnahme von zwei Karten aus den 22 unbekannten Karten gleich. Diese 22 Karten enthalten nur 2 Karo-Karten. Die gesuchte Wahrscheinlichkeit ist also gleich

$$\frac{1}{C_{22}^2} = \frac{1}{231}.$$

1.20. Der Urne, die n durchnumerierte Kugeln enthält, werden willkürlich nacheinander sämtliche Kugeln entnommen. Man bestimme die Wahrscheinlichkeit dafür, daß die Kugeln der Urne in der Reihenfolge der Numerierung entnommen werden: 1, 2, ..., n.

Lösung: $$\frac{1}{n!}.$$

1.21. Betrachtet wird die gleiche Urne wie in der vorherigen Aufgabe. Der Urne werden n Kugeln entnommen, wobei jede entnommene Kugel nach Notierung ihrer Nummer in die Urne zurückgelegt wird und vor Entnahme der nächsten Kugel eine Mischung des Urneninhalts erfolgt. Man bestimme die Wahrscheinlichkeit dafür, daß die natürliche Reihenfolge 1, 2, ..., n, notiert wurde.

Lösung: $$\frac{1}{n^n}.$$

1.22. Ein Kartenspiel aus 52 Karten wird willkürlich in zwei gleiche Teile geteilt. Man bestimme die Wahrscheinlichkeiten folgender Ereignisse:

A — jeder Teil enthält zwei Asse;
B — ein Teil enthält kein As, der andere Teil enthält alle 4 Asse;
C — ein Teil enthält ein As, der andere Teil enthält drei Asse.

Lösung: Die gesamte Zahl der Fälle ist gleich $n = C_{52}^{26}$. Die Anzahl der für das Ereignis A günstigen Fälle ist gleich $m = C_4^2\, C_{48}^{24}$. Folglich ist

$$\mathbf{P}(A) = \frac{C_4^2\, C_{48}^{24}}{C_{52}^{26}}.$$

Das Ereignis B kann auf 2 Wegen realisiert werden: Entweder enthält der erste Teil alle 4 Asse und der zweite Teil enthält kein As oder umgekehrt. Es ist also

$$\mathbf{P}(B) = \frac{2\, C_4^4\, C_{48}^{22}}{C_{52}^{26}}.$$

Analog erhält man

$$\mathbf{P}(C) = \frac{2 C_4^3\, C_{48}^{23}}{C_{52}^{26}}.$$

Es ist interessant, diese Wahrscheinlichkeiten zu vergleichen:

$$\mathbf{P}(A):\mathbf{P}(B):\mathbf{P}(C) = \frac{6}{23\cdot 24}:\frac{2}{25\cdot 26}:\frac{8}{23\cdot 25} \approx 3{,}5:1:4{,}5\,.$$

1.23. An einem Basketballturnier nehmen 18 Mannschaften teil, aus denen durch Los zwei Gruppen zu je 9 Mannschaften gebildet werden. Unter den teilnehmenden Mannschaften befinden sich fünf Mannschaften der höchsten Spielklasse. Man bestimme die Wahrscheinlichkeiten folgender Ereignisse:

A — alle Mannschaften der höchsten Spielklasse befinden sich in einer Gruppe;

B — in einer Gruppe befinden sich zwei Mannschaften der höchsten Spielklasse, in der anderen drei.

Lösung: $\mathbf{P}(A) = \frac{2\,C_5^5\,C_{13}^4}{C_{18}^9} = \frac{1}{34}$; $\mathbf{P}(B) = \frac{C_5^2\,C_{13}^7 + C_5^3\,C_{13}^6}{C_{18}^9} = \frac{12}{17}$.

1.24. Auf 9 Karten sind die Ziffern: 0, 1, 2, 3, 4, 5, 6, 7, 8 notiert. Aus der Menge der Karten werden nacheinander zwei Karten willkürlich gezogen, in der Reihenfolge der Entnahme nebeneinander gelegt und die sich daraus ergebende Zahl festgestellt (z. B. 07 = sieben, 14 = vierzehn). Man bestimme die Wahrscheinlichkeit dafür, daß diese Zahl gerade ist.

Lösung: Eine Zahl ist gerade, wenn ihre letzte Ziffer gerade ist (Null ist eine gerade Zahl). Die gesuchte Wahrscheinlichkeit ist gleich der Wahrscheinlichkeit dafür, daß auf der zweiten Karte eine der Ziffern 0, 2, 4, 6, 8 notiert ist. Die gesuchte Wahrscheinlichkeit ist folglich gleich $\frac{5}{9}$.

1.25. Auf fünf Karten sind die Ziffern 1, 2, 3, 4, 5 notiert. Es werden zwei Karten nacheinander entnommen. Man bestimme die Wahrscheinlichkeit dafür, daß die Ziffer auf der zweiten Karte größer als die auf der ersten ist.

Lösung: Der Versuch hat zwei mögliche Ergebnisse.

A — die zweite Zahl ist größer als die erste;

B — die erste Zahl ist größer als die zweite.

Da die Versuchsbedingungen symmetrisch gegenüber A und B sind, gilt

$$\mathbf{P}(A) = \mathbf{P}(B) = \frac{1}{2}\,.$$

1.26. Es wird die gleiche Frage wie in der Aufgabe 1.25 gestellt, jedoch wird die erste Karte nach Notierung ihrer Ziffer in die Menge der Karten zurückgelegt. Vor der Entnahme der zweiten Karte wird gemischt.

Lösung: Es sind folgende Versuchsergebnisse möglich.

A — die zweite Ziffer ist größer als die erste;

B — die erste Ziffer ist größer als die zweite;

C — beide Ziffern sind gleich.

Insgesamt sind $5^2 = 25$ Fälle möglich; fünf dieser Möglichkeiten:

1, 1; 2, 2; 3, 3; 4, 4; 5, 5

sind für das Ereignis C günstig. Die restlichen 20 Möglichkeiten verteilen sich zu gleichen Teilen auf die Ereignisse A und B. Es ist also

$$\mathbf{P}(A) = \mathbf{P}(B) = \frac{10}{25} = \frac{2}{5}.$$

1.27. In einer Urne befinden sich a weiße, b schwarze und c rote Kugeln. Der Urne werden nacheinander alle Kugeln entnommen und ihre Farben werden notiert. Man bestimme die Wahrscheinlichkeit dafür, daß bei der Notierung Weiß vor Schwarz erscheint.

Lösung: Da für die Fragestellung das Vorhandensein oder Fehlen roter Kugeln ohne Bedeutung ist, ist die gesuchte Wahrscheinlichkeit gleich der Wahrscheinlichkeit dafür, daß aus einer Urne mit a weißen und b schwarzen Kugeln als erste eine weiße Kugel entnommen wird. Die gesuchte Wahrscheinlichkeit ist also gleich $\frac{a}{a+b}$.

1.28. Gegeben sind zwei Urnen: In der ersten befinden sich a weiße und b schwarze Kugeln, in der zweiten c weiße und d schwarze Kugeln. Jeder Urne wird eine Kugel entnommen. Man bestimme die Wahrscheinlichkeit dafür, daß beide Kugeln weiß sind.

Lösung: Jede Kugel aus der ersten Urne kann mit jeder Kugel aus der zweiten Urne kombiniert werden. Die Gesamtzahl der Fälle ist folglich $n = (a + b)(c + d)$. Die Anzahl der günstigen Fälle ist gleich $m = a \cdot c$. Die gesuchte Wahrscheinlichkeit ist gleich

$$\frac{a\,c}{(a+b)(c+d)}.$$

1.29. Unter den Voraussetzungen der Aufgabe 1.28 bestimme man die Wahrscheinlichkeit dafür, daß die entnommenen Kugeln verschiedener Farbe sind.

Lösung:
$$\frac{a\,d + b\,c}{(a+b)(c+d)}.$$

1.30. Die Trommel eines Revolvers besteht aus sieben Kammern. Fünf der Kammern sind geladen und zwei Kammern sind leer. Nach Drehung der Trommel erscheint auf zufällige Weise eine der Kammern vor dem Lauf. Ist die Kammer leer, so erfolgt nach Betätigung des Abzughahns kein Schuß. Man bestimme die Wahrscheinlichkeit dafür, daß bei zwei derartigen Versuchen kein Schuß erfolgt.

Lösung: Da eine beliebige Kammer beim ersten Versuch mit einer beliebigen Kammer beim zweiten kombiniert werden kann, ist die Gesamtzahl der Fälle gleich $n = 7 \cdot 7 = 49$. Die Anzahl der günstigen Fälle ist gleich der Anzahl der möglichen Kombinationen der leeren Kammern: $m = 2 \cdot 2 = 4$; $p = \frac{m}{n} = \frac{4}{49}$.

1.31. Unter denselben Voraussetzungen bestimme man die Wahrscheinlichkeit dafür, daß beide Male ein Schuß erfolgt.

Lösung: Nach wie vor ist $n = 49$. Die Anzahl der günstigen Fälle ist gleich $m = 5 \cdot 4 = 20$, da man beim ersten Schuß die Kammer mit einer Patrone auf fünf Arten wählen kann, beim zweiten Schuß jedoch auf vier Arten. Die gesuchte Wahrscheinlichkeit ist gleich $p = \frac{m}{n} = \frac{20}{49}$.

1.32. In einer Urne befinden sich k Kugeln, die mit den Nummern $1, 2, \ldots, k$ versehen sind. Der Urne wird l-mal eine Kugel entnommen ($l \leq k$), wobei nach Notierung der Nummer der Kugel diese in die Urne zurückgelegt wird. Man bestimme die Wahrscheinlichkeit p dafür, daß alle notierten Nummern verschieden sind.

Lösung: Die Gesamtzahl der Fälle ist $n = k^l$. Die Anzahl der günstigen Fälle ist gleich der Anzahl der Kombinationen l-ter Ordnung aus k Elementen mit Berücksichtigung der Anordnung, d. h. gleich $m = k(k-1)\cdots(k-l+1)$. Die gesuchte Wahrscheinlichkeit ist gleich

$$p = \frac{m}{n} = \frac{k(k-1)\cdots(k-l+1)}{k^l} = \frac{k!}{k^l(k-l)!}.$$

1.33. Aus einem Buchstabensatz wurde das Wort „Blume“ zusammengestellt. Diese fünf Buchstaben wurden von einem leseunkundigen Kind fallengelassen und willkürlich wieder zusammengestellt. Man bestimme die Wahrscheinlichkeit p dafür, daß das Kind das Wort „Blume“ wieder bildet.

Lösung: $$p = \frac{1}{5!} = \frac{1}{120}.$$

1.34. Es wird die gleiche Frage wie unter 1.33 gestellt, aber das Wort „Blume“ wurde durch das Wort „Ananas“ ersetzt.

Lösung: Die Gesamtzahl der Fälle ist $n = 6!$, die Anzahl der günstigen ist jedoch nicht mehr gleich 1, sondern $m = 3! \cdot 2!$, da die sich wiederholenden Buchstaben „a“ und „n“ auf beliebige Weise vertauschbar sind. Es ist also

$$p = \frac{3!\,2!}{6!} = \frac{1}{60}.$$

1.35. Aus einem Kartenspiel (52 Karten, 4 Farben) werden gleichzeitig einige Karten gezogen. Wieviel Karten sind zu ziehen, um mit einer Wahrscheinlichkeit größer als 0,5 behaupten zu können, daß unter ihnen mindestens zwei Karten die gleiche Farbe haben?

Lösung: Mit A_k bezeichnen wir das Ereignis — unter k gezogenen Karten sind mindestens zwei von der gleichen Farbe.

Für $k = 2$ gilt: $n = C_{52}^2$; $m = C_{13}^2 \cdot 4$; $\mathbf{P}(A_2) = \frac{12}{51} < 0{,}50$.

Füı $k = 3$ gilt: $n = C_{52}^3$; $m = C_{13}^3 \cdot 4 + C_{13}^2\, C_{39}^1 \cdot 4$; $\mathbf{P}(A_3) = 0{,}602 > 0{,}50$.
Man muß also $k \geqq 3$ Karten ziehen.

1.36. N Personen setzen sich auf willkürliche Weise an einen runden Tisch ($N > 2$). Man bestimme die Wahrscheinlichkeit p dafür, daß zwei vorher bestimmte Personen A und B nebeneinander sitzen.

Lösung: Die Gesamtzahl der Fälle ist $n = N!$, die Anzahl der günstigen Fälle ist $m = 2N$, da es insgesamt N Paare von benachbarten Plätzen gibt und auf jedem Paar benachbarter Plätze die Personen A und B sich auf zwei Arten setzen können. Die gesuchte Wahrscheinlichkeit ist gleich $p = \frac{2N}{N!} = \frac{2}{(N-1)!}$.

1.37. Es wird die gleiche Aufgabe gestellt, aber die N Personen setzen sich auf willkürliche Weise längs einer der Seiten eines rechteckigen Tisches.

Lösung: $$p = \frac{2(N-1)}{N!}.$$

1.38. Bei einem Lotteriespiel sind die Lose mit den Nummern $1, 2, \ldots, N$ versehen. Es werden willkürlich zwei Lose gezogen. Man bestimme die Wahrscheinlichkeiten folgender Ereignisse:

A — die Nummern beider Lose sind kleiner als k ($2 < k < N$);
B — die Nummer des einen Loses ist kleiner als k, die des anderen größer als k.

Lösung: Die Gesamtzahl der Fälle ist $n = C_N^2$.

Für das Ereignis A erhält man $m = C_{k-1}^2$. Es ist also

$$\mathbf{P}(A) = \frac{C_{k-1}^2}{C_N^2} = \frac{(k-1)(k-2)}{N(N-1)}.$$

Berücksichtigt man, daß $k-1$ Lose kleinere Nummern als k haben, $N-k$ Lose Nummern größer als k haben und ein Los die Nummer k hat, so erhält man für das Ereignis B:

$$m = C_{k-1}^1\, C_{N-k}^1; \qquad \mathbf{P}(B) = \frac{2(k-1)(N-k)}{N(N-1)}.$$

1.39. Eine aus M Geschützen bestehende Batterie beschießt eine Gruppe aus N Zielen ($M \leqq N$). Die Geschütze werden willkürlich nacheinander auf die Ziele gerichtet. Dabei sollen nicht mehrere Geschütze auf ein Ziel schießen. Man bestimme die Wahrscheinlichkeit p dafür, daß die Ziele mit den Nummern $1, 2, \ldots, M$ beschossen werden.

Lösung: Die M Geschütze können auf N Ziele nach $n = N(N-1)\cdots(N-M+1)$ Arten verteilt werden (Anzahl der Kombinationen M-ter Ordnung aus N Elementen). Die Anzahl der günstigen Fälle (bei denen nur die ersten M Ziele beschossen werden) ist $m = M!$. Die gesuchte Wahrscheinlichkeit ist gleich

$$p = \frac{M!}{N(N-1)\cdots(N-M+1)} = \frac{1}{C_N^M}.$$

1.40. In einer Urne befinden sich K Kugeln; davon haben:

K_1 Kugeln die Farbe 1;

. . . .

K_i Kugeln die Farbe i;

. . . .

K_m Kugeln die Farbe m $\left(\sum_{i=1}^{m} K_i = K\right)$.

Der Urne werden gleichzeitig k Kugeln entnommen. Man bestimme die Wahrscheinlichkeit dafür, daß sich darunter:

k_1 Kugeln der Farbe 1;

. . . .

k_i Kugeln der Farbe i;

. . . .

k_m Kugeln der Farbe m

$\left(\sum_{i=1}^{m} k_i = k\right)$ befinden.

Lösung: Die Gesamtzahl n der Fälle ist gleich der Anzahl der Möglichkeiten, k Kugeln aus einer Menge von K Kugeln zu ziehen: $n = C_K^k$. Die Anzahl der günstigen Fälle ist gleich

$$m = C_{K_1}^{k_1} C_{K_2}^{k_2} \ldots C_{K_m}^{k_m} = \prod_{i=1}^{m} C_{K_i}^{k_i},$$

da man die Gruppe der Kugeln erster Farbe auf $C_{K_1}^{k_1}$ Arten, die der zweiten auf $C_{K_2}^{k_2}$ usw. auswählen kann. Die gesuchte Wahrscheinlichkeit ist gleich

$$p = \frac{\prod_{i=1}^{m} C_{K_i}^{k_i}}{C_K^k}.$$

1.41. Eine aus k Geschützen bestehende Batterie beschießt eine Gruppe von l Flugzeugen ($k \leqq l$). Jedes Geschütz wählt sich unabhängig von den anderen Geschützen sein Ziel willkürlich. Man bestimme die Wahrscheinlichkeit dafür, daß alle k Geschütze ein und dasselbe Flugzeug beschießen.

Lösung: $$\frac{l}{l^k} = \frac{1}{l^{k-1}}.$$

1.42. Unter den Voraussetzungen der Aufgabe 1.41 bestimme man die Wahrscheinlichkeit dafür, daß alle Geschütze verschiedene Ziele beschießen.

Lösung: Die beschossenen Ziele kann man auf C_l^k Arten auswählen. Diesen Zielen kann man die k Geschütze auf $k!$ Arten zuordnen. Es ist also $m = C_l^k \cdot k!$, die Gesamtzahl der Fälle ist gleich $n = l^k$. Die gesuchte Wahrscheinlichkeit ist gleich $\frac{C_l^k\, k!}{l^k} = \frac{(l-1)(l-2)\cdots(l-k+1)}{l^{k-1}}$.

1.43. Vier Kugeln werden auf zufällige Weise in vier Löcher gerollt. Jede Kugel rollt mit gleicher Wahrscheinlichkeit unabhängig von den anderen in eins der vier Löcher (es gibt keine Hindernisse dafür, daß mehrere Kugeln in das gleiche Loch fallen). Man bestimme die Wahrscheinlichkeit dafür, daß in eins der Löcher drei Kugeln, in ein zweites eine Kugel und in die beiden restlichen keine Kugeln rollen.

Lösung: Die Gesamtzahl der Fälle ist gleich $n = 4^4$. Das Loch, in das drei Kugeln rollen sollen, kann auf $C_4^1 = 4$ Arten ausgewählt werden, das Loch, in das eine Kugel rollen soll, auf $C_3^1 = 3$ Arten. Die drei Kugeln, die in das erste Loch rollen sollen, können auf $C_4^3 = 4$ Arten ausgewählt werden. Die Anzahl der günstigen Fälle ist gleich $m = 4 \cdot 3 \cdot 4$, die gesuchte Wahrscheinlichkeit ist gleich $p = \frac{m}{n} = \frac{4 \cdot 3 \cdot 4}{4^4} = \frac{3}{16}$.

1.44. M Kugeln werden auf zufällige Weise unabhängig voneinander in N Löcher gerollt ($N > M$). Man bestimme die Wahrscheinlichkeit dafür, daß die ersten M Löcher je eine Kugel enthalten.

Lösung: $$\frac{M!}{N^M}.$$

1.45.* M Kugeln werden auf zufällige Weise unabhängig voneinander in N Löcher gerollt. Man bestimme die Wahrscheinlichkeit dafür, daß in das erste Loch k_1 Kugeln, in das zweite k_2 Kugeln usw., in das N-te Loch k_N Kugeln rollen,

$$k_1 + k_2 + \cdots + k_N = M .$$

Lösung: Die Gesamtzahl der Fälle ist gleich $n = N^M$. Die Anzahl der günstigen Fälle kann auf folgende Weise ermittelt werden: Aus M Kugeln können k_1 Kugeln auf $C_M^{k_1}$ Arten ausgewählt werden; aus den restlichen $M - k_1$ Kugeln können k_2 Kugeln auf $C_{M-k_1}^{k_2}$ Arten ausgewählt werden usw.; aus $M - (k_1 + k_2 + \cdots + k_{N-1}) = k_N$ Kugeln können k_N Kugeln auf $C_{k_N}^{k_N} = 1$ Arten ausgewählt werden. Die Anzahl der günstigen Fälle ergibt sich durch Multiplikation dieser Zahlen:

$$m = C_M^{k_1} C_{M-k_1}^{k_2} \cdots C_{M-(k_1+k_2+\cdots+k_{N-2})}^{k_{N-1}} \cdot 1 = \frac{M!}{k_1!(M-k_1)!} \frac{(M-k_1)!}{k_2!\,[M-(k_1+k_2)]!}$$

$$\cdots \frac{[M-(k_1+k_2+\cdots+k_{N-2})]!}{k_{N-1}!\,k_N!} = \frac{M!}{k_1!\,k_2!\ldots k_N!} = \frac{M!}{\prod_{i=1}^{N} k_i!}.$$

Die gesuchte Wahrscheinlichkeit ist gleich $p = \frac{m}{n} = \frac{M!}{N^M \prod_{i=1}^{N} k_i!}$.

1.46.* Unter den Voraussetzungen der Aufgabe 1.45 bestimme man die Wahrscheinlichkeit dafür, daß in eins der Löcher (gleichgültig in welches) k_1 Kugeln, in ein anderes k_2 Kugeln usw. rollen (die Zahlen $k_1, k_2, \ldots, k_N$ werden als verschieden vorausgesetzt).

Lösung: Gegenüber der Aufgabe 1.45 erhöht sich die Anzahl der günstigen Fälle um $N!$-mal (Anzahl der Möglichkeiten, die Zahlen $k_1, k_2, \ldots, k_N$ miteinander zu permutieren). Die gesuchte Wahrscheinlichkeit ist gleich

$$p = \frac{M!\, N!}{N^M \prod_{i=1}^{N} k_i!}.$$

1.47.* Unter den Voraussetzungen der Aufgabe 1.45 bestimme man die Wahrscheinlichkeit dafür, daß es unter den N Löchern l_0 solche gibt, in die keine Kugel; l_1 solche, in die genau eine Kugel usw.; l_M solche, in die alle M Kugeln rollen:

$$l_0 + l_1 + \cdots + l_M = N; \qquad 0 \cdot l_0 + 1 \cdot l_1 + \cdots + M \cdot l_M = M.$$

Lösung: Die Gesamtzahl der Fälle ist gleich $n = N^M$. Um die Anzahl m der günstigen Fälle zu ermitteln, muß man die Anzahl der Arten, auf die man die Löcher auswählen kann, mit der Anzahl der Arten, auf die man die Kugeln auswählen kann, multiplizieren. Die Löcher kann man auf

$$\frac{N!}{l_0!\, l_1! \ldots l_M!} = \frac{N!}{\prod_{k=0}^{M} l_k!}$$

Arten auswählen.

Die Kugeln zerfallen auf Gruppen: Die Anfangsgruppe (aus 0 Kugeln) ist leer; die erste Gruppe besteht aus l_1 Kugeln; allgemein besteht die k-te Gruppe aus $k \cdot l_k$ Kugeln ($k = 1, 2, \ldots, M$). Diese Gruppen von Kugeln kann man auf

$$\frac{M!}{(1\, l_1)!\,(2\, l_2)!\,(3\, l_3)! \ldots (M\, l_M)!} = \frac{M!}{\prod_{k=1}^{M} (k\, l_k)!}$$

Arten auswählen. Wir bestimmen jetzt die Anzahl der Arten, auf die man die Kugeln innerhalb der k-ten Gruppe so einteilen kann, daß in jedem der l_k Löcher k Kugeln liegen. Diese Anzahl ist gleich

$$\frac{(k\, l_k)!}{\underbrace{k!\, k! \ldots k!}_{l_k\text{-mal}}} = \frac{(k\, l_k)!}{(k!)^{l_k}},$$

und die Anzahl der Arten, auf die man alle Kugeln auf alle Gruppen einteilt, ist gleich dem Produkt dieser Zahlen für alle k: $\prod_{k=1}^{M} \frac{(k\, l_k)!}{(k!)^{l_k}}$. Durch Multiplikation erhalten wir die Anzahl der Arten, auf die man die Kugeln auswählen kann:

$$\frac{M!}{\prod_{k=1}^{M} (k\, l_k)!} \cdot \frac{\prod_{k=1}^{M} (k\, l_k)!}{\prod_{k=1}^{M} (k!)^{l_k}} = \frac{M!}{\prod_{k=1}^{M} (k!)^{l_k}}.$$

Durch Multiplikation erhalten wir die Anzahl der günstigen Fälle:

$$m = \frac{N!}{\prod\limits_{i=0}^{M} l_i!} \frac{M!}{\prod\limits_{k=1}^{M} (k!)^{l_k}}.$$

Die gesuchte Wahrscheinlichkeit ist gleich

$$p = \frac{N!\, M!}{N^M \prod\limits_{i=0}^{M} l_i! \prod\limits_{k=1}^{M} (k!)^{l_k}}.$$

1.48. Den Aufzug eines siebengeschossigen Hauses betreten in der ersten Etage drei Personen. Jede dieser Personen verläßt, unabhängig von den anderen, beginnend in der zweiten Etage, den Aufzug mit gleicher Wahrscheinlichkeit auf jeder Etage. Man bestimme die Wahrscheinlichkeiten folgender Ereignisse:

A — alle Personen steigen in der vierten Etage aus;
B — alle Personen steigen gleichzeitig aus;
C — alle Personen steigen auf verschiedenen Etagen aus.

Lösung: Die betreffende Aufgabe ist vom gleichen Typ wie die Aufgaben über die Verteilung der Kugeln auf Löcher. Die Etagen spielen hier die Rolle der „Löcher" ($N = 6$), die Personen die Rolle der Kugeln ($M = 3$). Die Anzahl der möglichen Fälle ist gleich $n = 6^3 = 216$ und $\mathbf{P}(A) = \frac{1}{216}$. Die Wahrscheinlichkeit des Ereignisses B ist sechsmal größer als die Wahrscheinlichkeit des Ereignisses A (da die Anzahl der Etagen, in denen man aussteigen kann, gleich sechs ist): $m = 6$ und $\mathbf{P}(B) = \frac{6}{216} = \frac{1}{36}$. Für das Ereignis C erhält man: $m = 3!\, C_6^3 = 120$; $\mathbf{P}(C) = \frac{120}{216} = \frac{5}{9}$.

Die Wahrscheinlichkeiten $\mathbf{P}(B)$ und $\mathbf{P}(C)$ kann man auch aus der allgemeinen Formel für die Lösung der Aufgabe 1.47 ermitteln, indem man

$$l_0 = 5;\ l_1 = l_2 = 0;\ l_3 = 1 \quad \text{für das Ereignis } B\,,$$

$$l_0 = 3;\ l_1 = 3;\ l_2 = l_3 = 0 \quad \text{für das Ereignis } C$$

setzt.

KAPITEL 2

BEDINGTE WAHRSCHEINLICHKEIT. MULTIPLIKATIONSSATZ FÜR WAHRSCHEINLICHKEITEN

$[\Omega, \mathcal{F}, \mathbf{P}]$ sei ein Wahrscheinlichkeitsraum. Die *bedingte* Wahrscheinlichkeit $\mathbf{P}(A|B)$ des Ereignisses A unter der Bedingung B definiert man durch die Gleichung (falls $\mathbf{P}(B) > 0$ ist):

$$\mathbf{P}(A|B) = \frac{\mathbf{P}(A\,B)}{\mathbf{P}(B)}.$$

Für jedes feste $B \in \mathcal{F}$ mit der Eigenschaft $\mathbf{P}(B) > 0$ besitzt die bedingte Wahrscheinlichkeit $\mathbf{P}(A|B)$ als Funktion von A die Eigenschaften 1), 2), 3) einer Wahrscheinlichkeitsverteilung (vgl. S. 7). Die Ereignisse A und B heißen *unabhängig*, falls das Eintreten des einen Ereignisses sich nicht auf die Wahrscheinlichkeit des Eintretens des anderen auswirkt. Für unabhängige Ereignisse gilt also

$$\mathbf{P}(A|B) = \mathbf{P}(A); \qquad \mathbf{P}(B|A) = \mathbf{P}(B).$$

Der Multiplikationssatz für Wahrscheinlichkeiten

Die Wahrscheinlichkeit des Produktes zweier Ereignisse ist gleich der Wahrscheinlichkeit des einen multipliziert mit der bedingten Wahrscheinlichkeit des anderen, unter der Bedingung, daß das erste eingetreten ist:

$$\mathbf{P}(A\,B) = \mathbf{P}(A)\,\mathbf{P}(B|A)$$

oder

$$\mathbf{P}(A\,B) = \mathbf{P}(B)\,\mathbf{P}(A|B).$$

Für unabhängige Ereignisse A und B gilt

$$\mathbf{P}(A\,B) = \mathbf{P}(A)\,\mathbf{P}(B).$$

Der Multiplikationssatz für Wahrscheinlichkeiten im Falle mehrerer Ereignisse

lautet:

$$\mathbf{P}(A_1\,A_2 \ldots A_n) = \mathbf{P}(A_1)\,\mathbf{P}(A_2|A_1)\,\mathbf{P}(A_3|A_1\,A_2) \ldots \mathbf{P}(A_n|A_1\,A_2 \ldots A_{n-1}).$$

Man sagt, daß die Ereignisse $A_1, \ldots, A_n$ in *ihrer Gesamtheit unabhängig* oder einfach *unabhängig* sind, wenn für eine beliebige Auswahl $A_{i_1}, \ldots, A_{i_k}$ $(k \leqq n)$

die Gleichung

$$\mathbf{P}\left(\prod_{r=1}^{k} A_{i_r}\right) = \prod_{r=1}^{k} \mathbf{P}(A_{i_r})$$

gilt.

2.1. Kann die Summe zweier Ereignisse A und B mit dem Produkt dieser Ereignisse übereinstimmen?

Lösung: Ja, wenn beide Ereignisse äquivalent sind, d. h., wenn aus dem Eintreten von A das Eintreten von B folgt und umgekehrt.[1]) Es soll z. B. ein Schuß auf ein Ziel abgegeben werden. Wir nehmen an, daß das Treffen des Ziels unbedingt zu seiner Zerstörung führt und daß das Ziel auf keine andere Weise zerstört werden kann. In diesem Fall sind die Ereignisse A — das Treffen des Ziels, B — die Zerstörung des Ziels äquivalent, und es gilt

$$A + B = A = B; \qquad A B = A = B .$$

2.2. Man beweise, daß die Wahrscheinlichkeit der Summe zweier Ereignisse niemals größer als die Summe der Wahrscheinlichkeiten dieser Ereignisse ist:

$$\mathbf{P}(A + B) \leqq \mathbf{P}(A) + \mathbf{P}(B) .$$

Lösung: Diese Ungleichung folgt unmittelbar aus Formel (*) auf der Seite 7, da $\mathbf{P}(A B) \geqq 0$ ist.

2.3. Der Versuch besteht im Werfen zweier Münzen. Wir betrachten die folgenden Ereignisse:

A — bei der ersten Münze erscheint das Wappen;
B — bei der ersten Münze erscheint die Zahl;
C — bei der zweiten Münze erscheint das Wappen;
D — bei der zweiten Münze erscheint die Zahl;
E — das Wappen erscheint wenigstens einmal;
F — die Zahl erscheint wenigstens einmal;
G — es erscheinen einmal das Wappen und einmal die Zahl;
H — es erscheint keinmal das Wappen;
K — es erscheint zweimal das Wappen.

Man bestimme, welchen der aufgeführten Ereignisse die folgenden Ereignisse äquivalent sind:

$$1)\ A + C;\ \ 2)\ A C;\ \ 3)\ E F;\ \ 4)\ G + E;\ \ 5)\ G E;\ \ 6)\ B D;\ \ 7)\ E + K.$$

Lösung:

$$1)\ A + C = E;\ \ 2)\ A C = K;\ \ 3)\ E F = G;\ \ 4)\ G + E = E;$$
$$5)\ G E = G;\ \ 6)\ B D = H;\ \ 7)\ E + K = E .$$

[1]) Es ist $A + B = A B$ genau dann, wenn $A = B$ ist. Denn es ist stets $A B \subseteq A \subseteq A + B$, $A B \subseteq B \subseteq A + B$ (Anm. d. Red.).

2.4. Auf ein Ziel werden drei Schüsse abgegeben. Sei A_i das Ereignis: Der i-te Schuß ist ein Treffer ($i = 1, 2, 3$). Man stelle die folgenden Ereignisse als Summen, Produkte oder Summen von Produkten der Ereignisse A_i und $\bar{A}_i$ dar:
A — alle drei Schüsse treffen das Ziel;
B — alle drei Schüsse verfehlen das Ziel;
C — wenigstens ein Schuß trifft das Ziel;
D — wenigstens ein Schuß verfehlt das Ziel;
E — mindestens zwei Schüsse treffen das Ziel;
F — nicht mehr als ein Schuß trifft das Ziel;
G — der erste Treffer erfolgt beim dritten Schuß.

Lösung: 1) $A = A_1 A_2 A_3$; 2) $B = \bar{A}_1 \bar{A}_2 \bar{A}_3$; 3) $C = A_1 + A_2 + A_3$ oder $C = A_1 + \bar{A}_1 A_2 + \bar{A}_1 \bar{A}_2 A_3$ oder $C = A_1 \bar{A}_2 \bar{A}_3 + \bar{A}_1 A_2 \bar{A}_3 + \bar{A}_1 \bar{A}_2 A_3 + A_1 A_2 \bar{A}_3 + A_1 \bar{A}_2 A_3 + \bar{A}_1 A_2 A_3 + A_1 A_2 A_3$; 4) $D = \bar{A}_1 + \bar{A}_2 + \bar{A}_3$; 5) $E = \bar{A}_1 A_2 A_3 + A_1 \bar{A}_2 A_3 + A_1 A_2$; 6) $F = \bar{A}_1 A_2 \bar{A}_3 + A_1 \bar{A}_2 \bar{A}_3 + \bar{A}_1 \bar{A}_2$; 7) $G = \bar{A}_1 \bar{A}_2$.

2.5. Eine Gruppe von vier gleichartigen Objekten wird beobachtet. Jedes Objekt kann während der Beobachtungszeit entdeckt oder nicht entdeckt werden. Es werden die folgenden Ereignisse beobachtet:
A — es wird genau eins der Objekte entdeckt;
B — es wird mindestens ein Objekt entdeckt;
C — es werden mindestens zwei Objekte entdeckt;
D — es werden genau 2 Objekte entdeckt;
E — es werden genau drei Objekte entdeckt;
F — alle vier Objekte werden entdeckt.

Man beschreibe die Ereignisse:

1) $A + B$; 2) $A B$; 3) $B + C$; 4) $B C$; 5) $D + E + F$; 6) $B F$.

Sind die Ereignisse $B F$ und $C F$ äquivalent? Sind die Ergebnisse $B C$ und D äquivalent?

Lösung: 1) $A + B = B$; 2) $A B = A$; 3) $B + C = B$; 4) $B C = C$; 5) $D + E + F = C$; 6) $B F = F$.

Die Ereignisse $B F$ und $C F$ sind äquivalent; die Ereignisse $B C$ und D sind nicht äquivalent.

2.6. Das Ereignis B sei ein Teilereignis von A, d. h., aus dem Eintreten des Ereignisses B folgt mit Sicherheit das Eintreten des Ereignisses A (vgl. Abb. 2.6) Man bestimme: 1) deren Summe; 2) deren Produkt.

Lösung:

1) $A + B = A$; 2) $A B = B$.

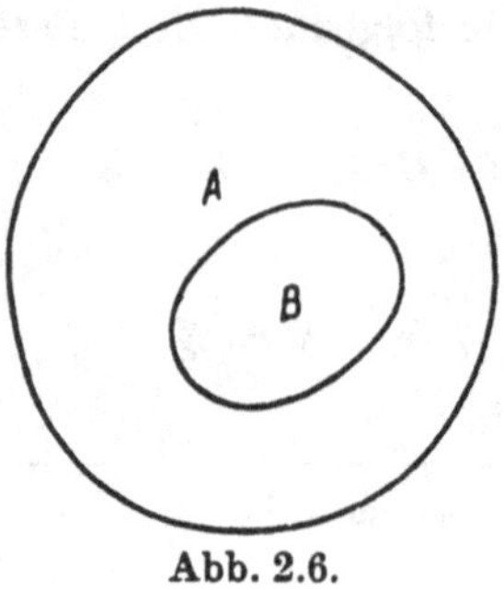

Abb. 2.6.

2.7. Man bestimme für die folgenden Ereignisse ihre Komplementärereignisse.

A — das Erscheinen zweier Wappen beim Werfen zweier Münzen;
B — beim Ziehen einer Kugel aus einer Urne, die zwei weiße, drei schwarze und vier rote Kugeln enthält, wird eine weiße Kugel gezogen;
C — bei drei Schüssen werden drei Treffer erzielt;
D — bei fünf Schüssen wird mindestens ein Treffer erzielt;
E — bei fünf Schüssen werden nicht mehr als zwei Treffer erzielt;
F — bei einem Schachspiel gewinnt der erste Spieler.

Lösung: $\bar{A}$ — es erscheint mindestens eine Zahl;
$\bar{B}$ — es wird eine schwarze oder eine rote Kugel gezogen;
$\bar{C}$ — es wird mindestens ein Fehlschuß abgegeben;
$\bar{D}$ — alle fünf Schüsse verfehlen das Ziel;
$\bar{E}$ — mehr als zwei Schüsse treffen das Ziel;
$\bar{F}$ — es gewinnt der zweite Spieler, oder das Spiel endet remis.

2.8. Das Ereignis B ist ein Teilereignis von A, d. h., aus dem Eintreten des Ereignisses B folgt das Eintreten des Ereignisses A. Folgt aus dem Eintreten von $\bar{B}$ stets das Eintreten von $\bar{A}$?

Lösung: Nein! Der Versuch bestehe z. B. aus dem Abgeben von zwei Schüssen auf ein Ziel. Sei A das Erzielen mindestens eines Treffers; B das Erzielen von zwei Treffern. Aus dem Eintreten von B folgt das Eintreten von A. An dem Eintreten von $\bar{B}$ (es werden weniger als zwei Treffer erzielt) folgt keineswegs das Eintreten von $\bar{A}$ (es wird kein Treffer erzielt). Im Gegenteil, aus $\bar{A}$ folgt $\bar{B}$.[1])

2.9. Das Ereignis B mit $\mathbf{P}(B) > 0$ sei ein Teilereignis von A. Folgt daraus daß diese Ereignisse abhängig sind?

Lösung: Ja, falls $\mathbf{P}(A) \neq 1$, da unter den gegebenen Voraussetzungen $\mathbf{P}(A|B) = 1$ ist. Sie sind für $\mathbf{P}(A) = 1$ unabhängig.

2.10. Man prüfe, ob die folgenden Ereignisse $A_1, \ldots, A_n$ paarweise unabhänging sind (es gelte $\mathbf{P}(A_i) > 0$ $(i = 1, \ldots, n)$):

1) Die Ereignisse $A_1, \ldots, A_n$ sind paarweise unvereinbar;
2) die Ereignisse $A_1, \ldots, A_n$ bilden ein vollständiges System von Ereignissen;
3) die Ereignisse $A_1, \ldots, A_n$ sind gleichwahrscheinlich.

Lösung: 1) Die Ereignisse $A_1, \ldots, A_n$ sind abhängig, da $\mathbf{P}(A_i|A_j) = 0$ für $i = j$ ist; 2) die Ereignisse $A_1, \ldots, A_n$ sind abhängig, da aus dem Nichteintreten sämtlicher Ereignisse außer einem das Eintreten dieses einen mit Sicherheit folgt; 3) die Ereignisse $A_1, \ldots, A_n$ können sowohl abhängig als auch unabhängig sein.

[1]) Es gilt genrell: Aus $B \subseteqq A$ folgt $\bar{B} \supseteqq \bar{A}$ (Anm. d. Red.).

2.11. Es werden nacheinander zwei Münzen geworfen. Wir betrachten die Ereignisse:

A — die zuerst geworfene Münze zeigt das Wappen;
D — es erscheint wenigstens ein Wappen;
E — es erscheint wenigstens eine Zahl;
F — die zweite Münze zeigt das Wappen.

Man bestimme, ob die folgenden Paare von Ereignissen unabhängig sind:

1) A und E; 2) A und F; 3) D und E; 4) D und F.

Man bestimme die Wahrscheinlichkeiten der Ereignisse und für jedes Paar die bedingten Wahrscheinlichkeiten.

Lösung:

1) $\mathbf{P}(E) = \frac{3}{4}$; $\mathbf{P}(E|A) = \frac{1}{2}$; die Ereignisse sind abhängig;

2) $\mathbf{P}(A) = \frac{1}{2}$; $\mathbf{P}(A|F) = \frac{1}{2}$; die Ereignisse sind unabhängig;

3) $\mathbf{P}(D) = \frac{3}{4}$; $\mathbf{P}(D|E) = \frac{2}{3}$; die Ereignisse sind abhängig;

4) $\mathbf{P}(D) = \frac{3}{4}$; $\mathbf{P}(D|F) = 1$; die Ereignisse sind abhängig.

2.12. Aus einem Kartenspiel mit 52 Karten wird eine Karte gezogen. Wir betrachten die Ereignisse:

A — die gezogene Karte ist ein As;
B — die gezogene Karte ist von roter Farbe;
C — die gezogene Karte ist ein Karo-As;
D — die gezogene Karte ist eine Zehn.

Man bestimme, ob die folgenden Paare von Ereignissen unabhängig sind:

1) A und B; 2) A und C; 3) B und C; 4) B und D; 5) C und D.

Lösung:

1) Ja, denn es gilt $\mathbf{P}(A) = \frac{4}{52} = \frac{1}{13}$; $\mathbf{P}(A|B) = \frac{2}{26} = \frac{1}{13}$;

2) nein, denn es gilt $\mathbf{P}(A) = \frac{1}{13}$; $\mathbf{P}(A|C) = 1$;

3) nein, denn es gilt $\mathbf{P}(B) = \frac{1}{2}$; $\mathbf{P}(B|C) = 1$;

4) ja, denn es gilt $\mathbf{P}(B) = \frac{1}{2}$; $\mathbf{P}(B|D) = \frac{1}{2}$;

5) nein, da die Ereignisse C und D unvereinbar sind.

2.13. In einer Urne befinden sich a weiße und b schwarze Kugeln. Der Urne werden (gleichzeitig oder nacheinander) zwei Kugeln entnommen. Man bestimme die Wahrscheinlichkeit dafür, daß beide Kugeln weiß sind.[1])

Lösung: Nach dem Multiplikationssatz für Wahrscheinlichkeiten gilt

$$P(w\,w) = \frac{a}{a+b}\,\frac{a-1}{a+b-1}\,.$$

2.14. Eine Urne enthält a weiße und b schwarze Kugeln. Der Urne wird eine Kugel entnommen und nach Notierung ihrer Farbe in die Urne zurückgelegt. Danach wird der Urne eine weitere Kugel entnommen. Man bestimme die Wahrscheinlichkeit dafür, daß beide Kugeln weiß sind.

Lösung: $$\left(\frac{a}{a+b}\right)^2.$$

2.15. Eine Urne enthält a weiße und b schwarze Kugeln. Der Urne werden gleichzeitig zwei Kugeln entnommen. Man bestimme die Wahrscheinlichkeit dafür, daß die entnommenen Kugeln von verschiedener Farbe sind.

Lösung: Das Ereignis — die Kugeln sind von verschiedener Farbe — ist gleich der Summe der unvereinbaren Ereignisse $w\,s$ und $s\,w$. Aus dem Additionsaxiom und dem Multiplikationssatz folgt

$$P(w\,s + s\,w) = \frac{a}{a+b}\,\frac{b}{a+b-1} + \frac{b}{a+b}\,\frac{a}{a+b-1} = \frac{2\,a\,b}{(a+b)\,(a+b-1)}\,.$$

2.16. Unter den Voraussetzungen der Aufgabe 2.14 bestimme man die in der Aufgabe 2.15 gesuchte Wahrscheinlichkeit.

Lösung: $$2\,\frac{a\,b}{(a+b)^2}\,.$$

2.17. Eine Urne enthält a weiße und b schwarze Kugeln. Der Urne werden nacheinander sämtliche Kugeln entnommen. Man bestimme die Wahrscheinlichkeit dafür, daß die als zweite entnommene Kugel weiß ist.

Lösung: Die gesuchte Wahrscheinlichkeit kann unmittelbar bestimmt werden (vgl. Aufgabe 1.10). Das gleiche Resultat erhält man mit Hilfe des Additionsaxioms und des Multiplikationssatzes:

$$P(w\,w + s\,w) = \frac{a}{a+b}\,\frac{a-1}{a+b-1} + \frac{b}{a+b}\,\frac{a}{a+b-1} = \frac{a}{a+b}\,.$$

2.18. Eine Urne enthält a weiße, b schwarze und c rote Kugeln. Der Urne werden willkürlich drei Kugeln entnommen. Man bestimme die Wahrscheinlichkeit dafür, daß mindestens zwei der entnommenen Kugeln von gleicher Farbe sind.

---

[1]) Diese und einige andere Aufgaben des Kapitels 2 können durch direkte Berechnung der Anzahl der Fälle gelöst werden. Hier sollen bei ihrer Lösung das Additionsaxiom und der Multiplikationsatz angewendet werden.

Lösung: Um die gesuchte Wahrscheinlichkeit des Ereignisses A — mindestens zwei Kugeln sind von gleicher Farbe — zu bestimmen, bestimmen wir zunächst die Wahrscheinlichkeit von $\bar{A}$ — die Kugeln sind von verschiedener Farbe. Es ist

$$\mathrm{P}(\bar{A}) = \underbrace{\mathrm{P}(w\,s\,r + w\,r\,s + r\,s\,w + \cdots)}_{6\ \text{Kombinationen}} = 6\frac{a}{a+b+c}\frac{b}{a+b+c-1}\frac{c}{a+b+c-2}.$$

Daraus folgt

$$\mathrm{P}(A) = 1 - \mathrm{P}(\bar{A}) = 1 - \frac{6\,a\,b\,c}{(a+b+c)(a+b+c-1)(a+b+c-2)}.$$

2.19. In einem Karton befinden sich neun neue Tennisbälle. Zum Spiel werden jeweils drei Bälle aus dem Karton genommen; nach dem Spiel werden die Bälle in den Karton zurückgelegt. Bei den folgenden Spielen werden die Bälle ohne Rücksicht darauf, ob sie gespielt oder ungespielt sind, dem Karton entnommen. Man bestimme die Wahrscheinlichkeit dafür, daß nach drei Spielen kein Ball ungespielt ist.

Lösung: Das Ereignis A — kein Ball ist ungespielt, kann nur dann eintreten, wenn bei jedem Spiel dem Karton ungespielte Bälle entnommen werden. Beim ersten Spiel tritt dies mit Sicherheit ein; daher ist

$$\mathrm{P}(A) = 1 \cdot \frac{6}{9} \cdot \frac{5}{8} \cdot \frac{4}{7} \cdot \frac{3}{9} \cdot \frac{2}{8} \cdot \frac{1}{7} = \frac{5}{1764}.$$

2.20. In einem Karton befinden sich $N = l \cdot M$ neue Tennisbälle; zum Spiel werden aus dem Karton M Bälle genommen; nach dem Spiel werden die Bälle in den Karton zurückgelegt. Man bestimme die Wahrscheinlichkeit dafür, daß nach l Spielen kein Ball ungespielt ist.

Lösung: $$\mathrm{P}(A) = \frac{(N-M)!}{[N(N-1)\cdots(N-M+1)]^{l-1}}.$$

2.21. In einem Karton befinden sich n neue Tennisbälle; zum Spiel werden aus dem Karton k Bälle genommen und gespielt $\left(k \leqq \frac{n}{2}\right)$. Nach dem Spiel werden die Bälle in den Karton zurückgelegt. Beim nächsten Spiel werden aus dem Karton wieder k Bälle willkürlich genommen. Man bestimme die Wahrscheinlichkeit dafür, daß diese k Bälle ungespielt sind.

Lösung:

$$p = \frac{n-k}{n}\,\frac{n-k-1}{n-1}\cdots\frac{n-2k+1}{n-k+1} = \frac{[(n-k)!]^2}{n!\,(n-2k)!}.$$

2.22. In einer Wohnung halten sich N Gäste auf, die gleiche Schuhgrößen haben. Beim Verlassen der Wohnung ziehen sich die Gäste im Dunkeln Überschuhe an. Jeder der Gäste ist in der Lage, einen rechten von einem linken Überschuh zu unterscheiden, er kann jedoch nicht den Unterschied zwischen eigenen und fremden Überschuhen feststellen. Man bestimme die Wahrscheinlichkeiten folgender Ereignisse:

A — jeder Gast zieht seine eigenen Überschuhe an;
B — Jeder der Gäste zieht ein Paar zusammengehörende Überschuhe an (wenn auch nicht seine eigenen).

Lösung: Jeder Gast wählt sich einen rechten und einen linken Überschuh aus; dabei gibt es N rechte und N linke Überschuhe. Nach dem Multiplikationssatz erhält man

$$\mathbf{P}(A) = \frac{1}{N^2}\frac{1}{(N-1)^2}\cdots\frac{1}{2^2}\cdot 1 = \frac{1}{(N!)^2}; \qquad \mathbf{P}(B) = \frac{1}{N}\frac{1}{N-1}\cdots 1 = \frac{1}{N!}.$$

2.23. Unter den Bedingungen vorhergehender Aufgabe bestimme man die Wahrscheinlichkeiten der Ereignisse A und B, falls die Gäste nicht in der Lage sind, den rechten vom linken Überschuh zu unterscheiden und willkürlich zwei Überschuhe nehmen.

Lösung: Nach dem Multiplikationssatz erhält man

$$\mathbf{P}(A) = \frac{2}{2N}\frac{1}{2N-1}\frac{2}{2N-2}\frac{1}{2N-3}\cdots = \frac{2^N}{(2N)!};$$

$$\mathbf{P}(B) = 1\,\frac{1}{2N-1}\,1\,\frac{1}{2N-3}\,1\,\frac{1}{2N-5}\cdots = \frac{1}{(2N-1)!!},$$

wobei $(2N-1)!! = 1\cdot 3\cdot 5\cdots(2N-1)$ ist.

2.24. Es werden zwei Münzen geworfen. Wir betrachten die Ereignisse:

A — die zuerst geworfene Münze zeigt das Wappen;
B — die zweite Münze zeigt das Wappen.

Man bestimme die Wahrscheinlichkeit des Ereignisses $C = A + B$.

Lösung: Es ist

$$\mathbf{P}(C) = \mathbf{P}(A) + \mathbf{P}(B) - \mathbf{P}(AB) = \frac{1}{2} + \frac{1}{2} - \frac{1}{4} = \frac{3}{4}$$

oder unter Benutzung des Komplementärereignisses

$$\mathbf{P}(C) = 1 - \mathbf{P}(\bar{C}) = 1 - \frac{1}{4} = \frac{3}{4}.$$

2.25. Ein Flugzeug wird beschossen. Zur Vernichtung des Flugzeuges genügt es, seine beiden Triebwerke oder die Pilotenkanzel zu treffen. Unter den gegebenen Bedingungen des Beschusses sei die Wahrscheinlichkeit für das Treffen des ersten Triebwerkes gleich p_1, des zweiten gleich p_2 und für das Treffen der Pilotenkanzel gleich p_3 Diese drei empfindlichen Stellen des Flugzeuges werden unabhängig voneinander getroffen. Man bestimme die Wahrscheinlichkeit dafür, daß das Flugzeug vernichtet wird.

Lösung: Das Ereignis A — das Flugzeug wird vernichtet, ist gleich der Summe der beiden Ereignisse T — beide Triebwerke werden getroffen und K — die Kanzel wird getroffen. Es ist also

$$\mathbf{P}(A) = \mathbf{P}(T) + \mathbf{P}(K) - \mathbf{P}(T\,K) = p_1 p_2 + p_3 - p_1 p_2 p_3 .$$

2.26. Zwei Schützen geben unabhängig voneinander je zwei Schüsse ab (jeder auf seine Zielscheibe). Die Trefferwahrscheinlichkeit eines Schusses ist für den ersten Schützen gleich p_1 und für den zweiten gleich p_2. Man bestimme die Wahrscheinlichkeit P_1 dafür, daß der erste Schütze mehr Treffer als der zweite erzielt.

Lösung:

$$P_1 = p_1^2 (1 - p_2)^2 + 2\, p_1^2\, p_2 (1 - p_2) + 2\, p_1 (1 - p_1)(1 - p_2)^2 .$$

2.27. In einer Urne befinden sich a weiße und b schwarze Kugeln. Der Urne werden $2\,k$ Kugeln entnommen ($2\,k < a$, $2\,k < b$). Man bestimme die Wahrscheinlichkeit dafür, daß unter diesen $2\,k$ Kugeln mehr weiße als schwarze vorkommen.

Lösung: Diese Aufgabe ist am einfachsten durch Kombination der Methode der direkten Berechnung von Wahrscheinlichkeiten mit der Anwendung des Additionsaxioms zu lösen. Das Ereignis A — mehr weiße als schwarze Kugeln — kann als Summe dargestellt werden

$$A = A_{k+1} + A_{k+2} + \cdots + A_{2k} = \sum_{i=k+1}^{2k} A_i ,$$

wobei mit A_i das Ereignis — es werden i weiße Kugeln entnommen — bezeichnet wird ($i = k + 1, \ldots, 2\,k$). Es gilt

$$\mathbf{P}(A_i) = \frac{C_a^i\, C_b^{2k-i}}{C_{a+b}^{2k}}, \quad \text{woraus} \quad \mathbf{P}(A) = \sum_{i=k+1}^{2k} \frac{C_a^i\, C_b^{2k-i}}{C_{a+b}^{2k}}$$

folgt.

2.28. Eine Partie aus N Erzeugnissen enthält M defekte Erzeugnisse. Der Partie wird zur Kontrolle eine Stichprobe aus n Erzeugnissen entnommen. Befinden sich in der Stichprobe mehr als m defekte Erzeugnisse, so wird die ganze Partie abgelehnt. Man bestimme die Wahrscheinlichkeit dafür, daß die Partie abgelehnt wird.

Lösung: Das Ereignis A — die Partie wird abgelehnt — kann als Summe

$$A = A_{m+1} + A_{m+2} + \cdots + A_n = \sum_{i=m+1}^{n} A_i$$

dargestellt werden, wobei mit A_i das Ereignis — die Stichprobe enthält i defekte Elemente — bezeichnet wird. Es ist

$$\mathbf{P}(A_i) = \frac{C_M^i\, C_{N-M}^{n-i}}{C_N^n}\,; \qquad \mathbf{P}(A) = \sum_{i=m+1}^{n} \frac{C_M^i\, C_{N-M}^{n-i}}{C_N^n}$$

2.29. Aus einem Kartenspiel (52 Karten) werden auf einmal vier Karten gezogen. Wir betrachten die Ereignisse:

A — wenigstens eine der gezogenen Karten ist eine Karo-Karte;
B — wenigstens eine der gezogenen Karten ist eine Herz-Karte.

Man bestimme die Wahrscheinlichkeit des Ereignisses $C = A + B$.

Lösung: Die Wahrscheinlichkeit des Komplementärereignisses $\overline{C}$ — es wird weder eine Karo- noch eine Herz-Karte gezogen — erhält man

$$\mathbf{P}(\overline{C}) = \frac{26}{52} \cdot \frac{25}{51} \cdot \frac{24}{50} \cdot \frac{23}{49},$$

woraus

$$\mathbf{P}(C) = 1 - \mathbf{P}(\overline{C}) \approx 0{,}945$$

folgt.

2.30. Ein kosmisches Objekt wird durch eine Radarstation beobachtet. Während eines Beobachtungszyklus wird das Objekt mit der Wahrscheinlichkeit p entdeckt. Die Beobachtungsergebnisse in den Beobachtungszyklen werden als unabhängig voneinander angenommen. Man bestimme die Wahrscheinlichkeit dafür, daß das Objekt nach n Beobachtungszyklen entdeckt wird.

Lösung: $1 - (1 - p)^n$.

2.31. Das Objekt wird durch m Radarstationen beobachtet. Jede Station entdeckt das Objekt während eines Beobachtungszyklus mit der Wahrscheinlichkeit p (unabhängig von den anderen Zyklen und den anderen Stationen). In der Zeit T kann jede Station n Beobachtungszyklen durchführen. Man bestimme die Wahrscheinlichkeiten folgender Ereignisse:

A — das Objekt wird in der Zeit T durch wenigstens eine Station entdeckt;
B — das Objekt wird in der Zeit T von jeder Station entdeckt.

Lösung:

$$\mathbf{P}(A) = 1 - (1 - p)^{mn}; \qquad \mathbf{P}(B) = [1 - (1 - p)^n]^m.$$

2.32. Eine Gruppe aus k kosmischen Objekten wird von m unabhängig voneinander arbeitenden Radarstationen beobachtet. Jedes Objekt wird unabhängig von den anderen von einer Radarstation mit der Wahrscheinlichkeit p entdeckt. Man bestimme die Wahrscheinlichkeit dafür, daß nicht alle Objekte der Gruppe entdeckt werden.

Lösung: Wir berechnen zunächst die Wahrscheinlichkeit des Komplementärereignisses $\overline{A}$ — alle Objekte werden entdeckt:

$$\mathbf{P}(\overline{A}) = [1 - (1 - p)^m]^k; \qquad \mathbf{P}(A) = 1 - [1 - (1 - p)^m]^k.$$

2.33. An der Herstellung eines Erzeugnisses arbeiten nacheinander k Arbeiter; bei der Übergabe des Erzeugnisses an den nächsten Arbeiter erfolgt keine Qualitätskontrolle. Der erste Arbeiter läßt mit der Wahrscheinlichkeit p_1 einen Fehler zu, der zweite mit der Wahrscheinlichkeit p_2 usw. Das Erzeugnis ist defekt, wenn es mindestens einen Fehler enthält. Man bestimme die Wahrscheinlichkeit dafür, daß das Erzeugnis defekt ist.

Lösung: $$1 - \prod_{i=1}^{k} (1 - p_i) .$$

2.34. Die 26 Buchstaben des Alphabets werden auf Kärtchen geschrieben. Es werden fünf Kärtchen willkürlich nacheinander gezogen und in der Reihenfolge der Ziehung auf den Tisch gelegt. Man bestimme die Wahrscheinlichkeit dafür, daß man dabei das Wort „BLUME" erhält.

Lösung: $$\frac{1}{26} \cdot \frac{1}{25} \cdot \frac{1}{24} \cdot \frac{1}{23} \cdot \frac{1}{22} = \frac{21!}{26!} .$$

2.35. Unter den Bedingungen vorhergehender Aufgabe bestimme man die Wahrscheinlichkeit dafür, daß aus den fünf gezogenen Kärtchen das Wort „BLUME" gebildet werden kann (die gezogenen Kärtchen können beliebig miteinander vertauscht werden).

Lösung: Die Anzahl der Permutationen aus fünf Buchstaben ist gleich 5!; die Wahrscheinlichkeit jeder Permutation wurde in der vorhergehenden Aufgabe bestimmt. Die gesuchte Wahrscheinlichkeit ist gleich $\frac{5! \cdot 21!}{26!} = \frac{1}{C_{26}^5}$.

2.36. In einem Lotteriespiel gibt es n Lose, von denen l Gewinnlose sind. Es werden k Lose gekauft. Man bestimme die Wahrscheinlichkeit dafür, daß dabei wenigstens ein Gewinnlos gekauft wird.

Lösung:

$$1 - \frac{n-l}{n} \frac{n-l-1}{n-1} \cdots \frac{n-l-k+1}{n-k+1} = 1 - \frac{(n-l)!\,(n-k)!}{n!\,(n-l-k)!} .$$

2.37. Zwei Kugeln werden zufällig und unabhängig voneinander in vier auf einer Geraden liegende Löcher geworfen. Jede Kugel fällt mit der Wahrscheinlichkeit $\frac{1}{4}$ in ein Loch. Man bestimme die Wahrscheinlichkeit dafür, daß die Kugeln in benachbarte Löcher fallen.

Lösung: Das Ereignis A — die Kugeln fallen in benachbarte Löcher — zerlegen wir in soviele Teilereignisse, wie es Paare benachbarter Löcher gibt. Es ist

$$A = A_1 + A_2 + A_3 ;$$

dabei bedeutet A_1 — die Kugeln fallen ins erste und zweite Loch;
A_2 — die Kugeln fallen ins zweite und dritte Loch;
A_3 — die Kugeln fallen ins dritte und vierte Loch.

Die Ereignisse A_1, A_2, A_3 besitzen die gleiche Wahrscheinlichkeit

$$\mathbf{P}(A_i) = \frac{1}{4} \cdot \frac{1}{4} \cdot 2 = \frac{1}{8} ; \qquad \mathbf{P}(A) = \frac{3}{8} .$$

2.38. k Kugeln werden zufällig und unabhängig voneinander in n auf einer Geraden liegenden Löcher geworfen ($k < n$). Man bestimme die Wahrscheinlichkeit dafür, daß die Kugeln in k benachbarte Löcher fallen.

Lösung: Die Anzahl der Möglichkeiten aus n Löchern k benachbarte auszusuchen, ist gleich $n - k + 1$. Die Wahrscheinlichkeit dafür, daß die k Kugeln in eine Gruppe benachbarter Löcher fallen, ist gleich $\left(\frac{1}{n}\right)^k \cdot k!$, (da man sie auf diese Löcher auf $k!$ Arten verteilen kann). Die Wahrscheinlichkeit des Ereignisses A — die Kugeln fallen in k benachbarte Löcher — ist gleich

$$\mathrm{P}(A) = \left(\frac{1}{n}\right)^k k!\,(n - k + 1)\,.$$

2.39. Ein Flugzeug wird mit Brandgeschossen beschossen. Der Treibstoffvorrat des Flugzeuges befindet sich in vier Tanks, die im Rumpf des Flugzeuges hintereinander liegen. Alle Tanks haben die gleiche Außenfläche. Um das Flugzeug in Brand zu schießen, genügt es, mit zwei Geschossen einen Tank oder zwei benachbarte Tanks zu treffen. Es ist bekannt, daß der Bereich der Tanks von zwei Geschossen getroffen wurde. Man bestimme die Wahrscheinlichkeit dafür, daß das Flugzeug in Brand gesetzt wurde.

Lösung: Das Ereignis A — das Flugzeug wurde in Brand gesetzt — ist gleich der Summe zweier unvereinbarer Ereignisse,

$$A = A_1 + A_2;$$

dabei bedeutet A_1 — beide Geschosse trafen einen Tank;
A_2 — die Geschosse trafen benachbarte Tanks. Es ist

$$\mathrm{P}(A_1) = 4\left(\frac{1}{4}\right)^2 = \frac{1}{4}\,.$$

Die Wahrscheinlichkeit des Ereignisses A_2 erhält man entsprechend der Aufgabe 2.37: $\mathrm{P}(A_2) = \frac{3}{8}$. Die gesuchte Wahrscheinlichkeit ergibt sich zu

$$\mathrm{P}(A) = \frac{1}{4} + \frac{3}{8} = \frac{5}{8}\,.$$

2.40 Aus einem Kartenspiel (52 Karten) werden auf einmal vier Karten gezogen. Man bestimme die Wahrscheinlichkeit dafür, daß alle vier Karten verschiedener Farbe sind.

Lösung: Die erste Karte kann von beliebiger Farbe sein; die Farbe der zweiten Karte muß von der der ersten verschieden sein; die Farbe der dritten muß von den Farben der beiden ersten Karten verschieden sein; die Farbe der letzten Karte muß von den Farben der ersten drei Karten verschieden sein. Die gesuchte Wahrscheinlichkeit ist gleich

$$p = 1 \cdot \frac{39}{51} \cdot \frac{26}{50} \cdot \frac{13}{49} \approx 0{,}106\,.$$

2.41. Es wird die gleiche Aufgabe wie in 2.40 gestellt, jedoch unter der Bedingung, daß die Karten nacheinander gezogen werden und nach Notierung ihrer Farbe jeweils in das Kartenspiel zurückgelegt werden.

Lösung: $$p = 1 \cdot \frac{39}{52} \cdot \frac{26}{52} \cdot \frac{13}{52} \approx 0{,}094.$$

2.42. Eine Rechenmaschine besteht aus n Blöcken. Die Zuverlässigkeit (die Wahrscheinlichkeit ausfallfreier Arbeit während der Zeit T) des ersten Blocks ist gleich p_1, des zweiten gleich p_2, usw. Die Blöcke fallen unabhängig voneinander aus. Der Ausfall eines beliebigen Blocks führt zum Ausfall der Rechenmaschine. Man bestimme die Wahrscheinlichkeit dafür, daß die Rechenmaschine während der Zeit T ausfällt.

Lösung: $$1 - \prod_{i=1}^{n} p_i.$$

2.43. Beim Zünden eines Triebwerkes beginnt dieses mit der Wahrscheinlichkeit p zu arbeiten, unabhängig davon, wieviel Zündversuche bereits unternommen wurden. Man bestimme die Wahrscheinlichkeiten folgender Ereignisse:

1. Das Triebwerk beginnt beim zweiten Zündversuch zu arbeiten;
2. Das Triebwerk beginnt spätestens beim zweiten Zündversuch zu arbeiten.

Lösung:

$$1)\ (1-p)\,p; \qquad 2)\ 1-(1-p)^2 = (2-p)\,p.$$

2.44. Ein Ziel wird aus k Stellungen beschossen; von der i-ten Stellung werden n_i Schüsse abgegeben; jeder Schuß trifft unabhängig von den anderen das Ziel mit der Wahrscheinlichkeit p_i ($i = 1, 2, \ldots, k$). Man bestimme die Wahrscheinlichkeiten der Ereignisse:

A — wenigstens ein Schuß trifft das Ziel;
B — nicht alle Schüsse treffen das Ziel.

Lösung:

$$\mathbf{P}(A) = 1 - \prod_{i=1}^{k} (1-p_i)^{n_i}; \qquad \mathbf{P}(B) = 1 - \prod_{i=1}^{k} p_i^{n_i}.$$

2.45. Auf ein Ziel werden gleichzeitig n Schüsse abgegeben. Jeder Schuß vernichtet unabhängig von den anderen das Ziel mit der Wahrscheinlichkeit p. Man bestimme die Wahrscheinlichkeit dafür, daß das Ziel nach n Schüssen vernichtet wird. Ändert sich diese Wahrscheinlichkeit, wenn die Schüsse nacheinander abgegeben werden, wobei das Ergebnis eines jeden Schusses beobachtet wird und der Beschuß sofort eingestellt wird, sobald das Ziel vernichtet wird? Wieviel Schüsse müssen abgegeben werden, um das Ziel mit der Wahrscheinlichkeit nicht kleiner als P zu treffen ($P > p$)?

Lösung: Sei A das Ereignis — das Ziel wird vernichtet. Durch den Übergang zum Komplementärereignis $\bar{A}$ erhalten wir $\mathbf{P}(A) = 1 - \mathbf{P}(\bar{A}) = 1 - (1-p)^n$.

Die Wahrscheinlichkeit ändert sich nicht, wenn die Ergebnisse nacheinander abgegebener Schüsse beobachtet werden. Setzt man $1 - (1 - p)^n \geqq P$ und löst man diese Ungleichung nach n auf, so erhält man $n \geqq \frac{\lg (1 - P)}{\lg (1 - p)}$. Die Lösung der Aufgabe ist die kleinste ganze Zahl n, die dieser Bedingung genügt.

2.46. Ein mit zwei Raketen bewaffneter Abfangjäger erhält die Aufgabe ein Luftziel abzufangen. Der Jäger kann mit der Wahrscheinlichkeit p_1 in eine Stellung gebracht werden, aus der ein Angriff auf das Ziel möglich ist. Aus der Angriffsstellung schießt der Jäger beide Raketen auf das Ziel ab. Jede Rakete gelangt unabhängig von der anderen mit der Wahrscheinlichkeit p_2 in die Umgebung des Ziels. Sobald eine Rakete in die Umgebung des Ziels gelangt, wird dieses mit der Wahrscheinlichkeit p_3 vernichtet. Man bestimme die Wahrscheinlichkeit dafür, daß das Ziel vernichtet wird.

Lösung: $$p_1 [1 - (1 - p_2 p_3)^2] \,.$$

2.47. Auf ein unbemanntes Aufklärungsflugzeug wird ein Sprenggeschoß abgeschossen. Werden das Triebwerk oder die Bordapparatur vernichtet, so wird das Flugzeug vernichtet. Bei vorgegebener Lage des Sprengpunktes des Geschosses wird das Triebwerk von m_1 Splittern und die Bordapparatur von m_2 Splittern getroffen. Jeder Splitter, der das Triebwerk getroffen hat, vernichtet es unabhängig von den anderen mit der Wahrscheinlichkeit p_1. Jeder Splitter, der die Bordapparatur trifft, vernichtet diese unabhängig von den anderen mit der Wahrscheinlichkeit p_2. Man bestimme die Wahrscheinlichkeit dafür, daß bei gegebener Lage des Sprengpunktes das Flugzeug vernichtet wird.

Lösung: $$1 - (1 - p_1)^{m_1} (1 - p_2)^{m_2} \,.$$

2.48. Auf k Tanks, die mit Treibstoff gefüllt sind und nebeneinander auf einer Geraden liegen ($k > 2$), werden zwei Geschosse abgeschossen (vgl. Abb. 2.48).

Abb. 2.48

Jedes Geschoß trifft unabhängig von dem anderen den ersten Tank mit der Wahrscheinlichkeit p_1, den zweiten mit der Wahrscheinlichkeit p_2 usw. Die Tanks geraten in Brand, wenn die beiden Geschosse ein und denselben oder zwei benachbarte Tanks treffen. Man bestimme die Wahrscheinlichkeit dafür, daß die Tanks in Brand geraten.

Lösung: Das Ereignis A — die Tanks geraten in Brand — kann als Summe zweier Ereignisse dargestellt werden:

$$A = A_1 + A_2 ;$$

dabei bedeutet A_1 — beide Geschosse treffen ein und denselben Tank;
A_2 — die Geschosse treffen zwei benachbarte Tanks.

Es gilt

$$\mathrm{P}(A_1) = p_1^2 + p_2^2 + \cdots + p_k^2 = \sum_{i=1}^{k} p_i^2 ;$$

$$\mathrm{P}(A_2) = p_1 p_2 + p_2 p_1 + p_2 p_3 + p_3 p_2 + \cdots + p_{k-1} p_k + p_k p_{k-1} = 2 \sum_{i=1}^{k-1} p_i p_{i+1} ;$$

$$\mathrm{P}(A) = \sum_{i=1}^{k} p_i^2 + 2 \sum_{i=1}^{k-1} p_i p_{i+1} .$$

2.49. In einem Werk werden bestimmte Erzeugnisse hergestellt. Jedes Erzeugnis kann mit der Wahrscheinlichkeit p einen Fehler haben. Jedes fertige Erzeugnis wird nacheinander durch k Kontrolleure geprüft. Der i-te Kontrolleur stellt einen vorhandenen Fehler mit der Wahrscheinlichkeit p_i fest ($i = 1, 2, \ldots, k$). Sobald ein Fehler festgestellt wird, wird das Erzeugnis für defekt erklärt. Man bestimme die Wahrscheinlichkeiten folgender Ereignisse:

A — das Erzeugnis wird für defekt erklärt;
B — das Erzeugnis wird erst durch den zweiten Kontrolleur für defekt erklärt;
C — das Erzeugnis wird von allen Kontrolleuren für defekt erklärt.

Lösung:

$$\mathrm{P}(A) = p\left(1 - \prod_{i=1}^{k} (1 - p_i)\right); \quad \mathrm{P}(B) = p\,(1 - p_1)\,p_2 ; \quad \mathrm{P}(C) = p \prod_{i=1}^{k} p_i .$$

2.50. In einem Werk werden bestimmte Erzeugnisse hergestellt. Jedes Erzeugnis hat mit Wahrscheinlichkeit p einen Fehler. Jedes fertige Erzeugnis wird von einem Kontrolleur geprüft, der einen vorhandenen Fehler mit der Wahrscheinlichkeit p_1 feststellt. Stellt der Kontrolleur einen Fehler fest, so erklärt er das Erzeugnis für „defekt", anderenfalls für „gut". Außerdem kann der Kontrolleur ein gutes Erzeugnis mit der Wahrscheinlichkeit α irrtümlicherweise für defekt erklären. Man bestimme die Wahrscheinlichkeiten folgender Ereignisse:

A — das Erzeugnis wird für defekt erklärt;
B — das Erzeugnis wird irrtümlicherweise für defekt erklärt;
C — ein fehlerhaftes Erzeugnis wird für gut erklärt.

Lösung:

$$\mathrm{P}(A) = p\,p_1 + (1 - p)\,\alpha ; \quad \mathrm{P}(B) = (1 - p)\,\alpha ; \quad \mathrm{P}(C) = p\,(1 - p_1) .$$

2.51. Unter den Bedingungen der vorhergehenden Aufgabe wird jedes Erzeugnis durch zwei Kontrolleure geprüft. Die Wahrscheinlichkeiten, ein fehlerhaftes Erzeugnis für defekt zu erklären (d. h. einen vorhandenen Fehler festzustellen), sind für den ersten und den zweiten Kontrolleur gleich p_1 bzw. p_2; die Wahrscheinlichkeiten, ein fehlerfreies Erzeugnis irrtümlicherweise für defekt zu erklären, sind gleich α_1 bzw. α_2. Ein Erzeugnis wird für defekt erklärt, wenn es von einem der Kontrolleure für defekt erklärt wird. Man bestimme die Wahrscheinlichkeiten der Ereignisse A, B, C.

Lösung:

$$P(A) = p\,[1-(1-p_1)(1-p_2)] + (1-p)\,[1-(1-\alpha_1)(1-\alpha_2)]\,;$$
$$P(B) = (1-p)\,[1-(1-\alpha_1)(1-\alpha_2)]\,;$$
$$P(C) = p\,(1-p_1)(1-p_2)\,.$$

2.52. Ein Gerät besteht aus n Blöcken (vgl. Abb. 2.52). Der Ausfall eines Blocks führt zum Ausfall des gesamten Geräts. Die Blöcke fallen unabhängig

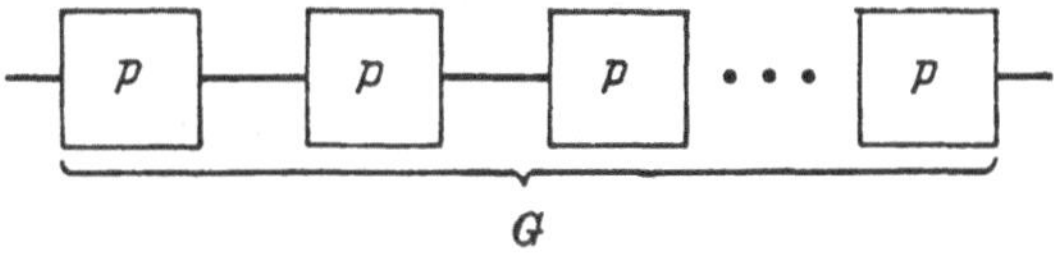

Abb. 2.52

voneinander aus. Die Zuverlässigkeit (die Wahrscheinlichkeit der ausfallfreien Arbeit) eines jeden Blocks ist gleich p. Man bestimme die Zuverlässigkeit P des Gerätes. Wie hoch muß die Zuverlässigkeit p_1 der einzelnen Blöcke sein, damit das Gerät die vorgegebene Zuverlässigkeit P_1 hat?

Bemerkung: Hier und im folgenden werden Elemente, deren Ausfall den Ausfall des gesamten Systems verursacht, als in Reihe geschaltet dargestellt; Elemente, die einander doublieren (Reservierung), werden als parallel geschaltet dargestellt. Die Zuverlässigkeit eines Elements wird im entsprechenden Rechteck eingetragen.

Lösung: $P = p^n\,;\qquad p_1 = \sqrt[n]{P_1}\,.$

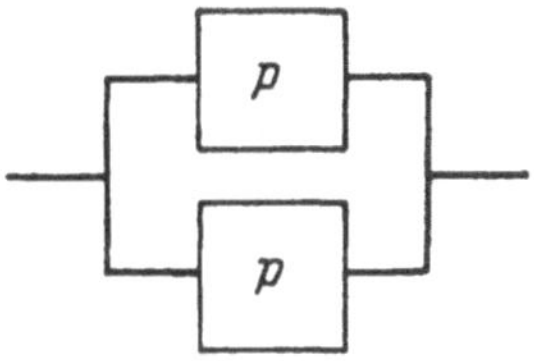

Abb. 2.53

2.53. Zur Erhöhung der Zuverlässigkeit des Gerätes wird dieses durch ein gleiches Gerät doubliert[1]) (vgl. Abb. 2.53). Die Zuverlässigkeit (die Wahrscheinlichkeit der ausfallfreien Arbeit) eines jeden Geräts ist gleich p. Beim Ausfall des ersten Geräts wird sofort auf das zweite Gerät umgeschaltet (die Zuverlässigkeit des Schalters ist gleich eins).[1]) Man bestimme die Zuverlässigkeit eines Systems, das aus zwei sich doublierenden Geräten besteht.

Lösung: Das System fällt aus, wenn beide Geräte ausfallen. Die Zuverlässigkeit des Systems ist also gleich $1-(1-p)^2$.

2.54. Es wird die gleiche Aufgabe wie in 2.53 gestellt, aber die Zuverlässigkeit des Schalters S, der die Umschaltung vom ausgefallenen ersten Gerät auf das zweite sichert, ist gleich p_1 (vgl. Abb. 2.54).

Lösung: Die Zuverlässigkeit des Systems ist gleich $1-(1-p)(1-p_1 p)$.

2.55. Zur Erhöhung der Zuverlässigkeit eines Geräts wird dieses mit $(n-1)$ gleichartigen Geräten doubliert [1]) (vgl. Abb. 2.55). Jedes einzelne Gerät hat die Zuverlässigkeit p. Man bestimme die Zuverlässigkeit des Systems. Wieviel

[1]) Das zweite Gerät steht jedoch ebenfalls unter Belastung und kann noch vor der Umschaltung ausfallen. Dieses Verfahren zur Erhöhung der Zuverlässigkeit wird im allgemeinen als belastete (heiße) Reservierung bezeichnet (Anm. d. Red.).

Geräte müssen eingesetzt werden, damit die Zuverlässigkeit des Systems mindestens P_1 beträgt?

Lösung:

$$P = 1 - (1 - p)^n; \qquad n \geqq \frac{\lg(1 - P_1)}{\lg(1 - p)}.$$

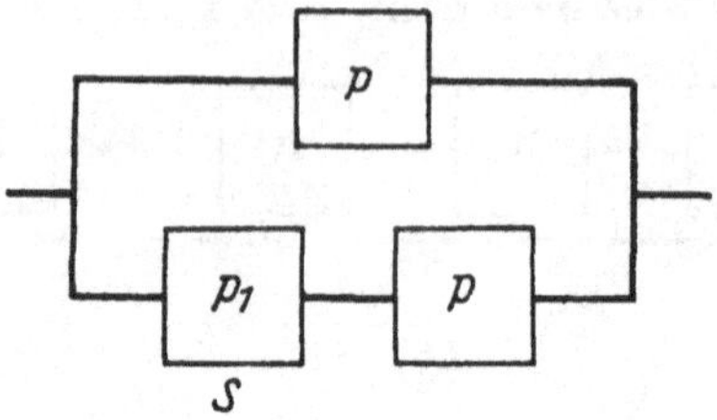

Abb. 2.54

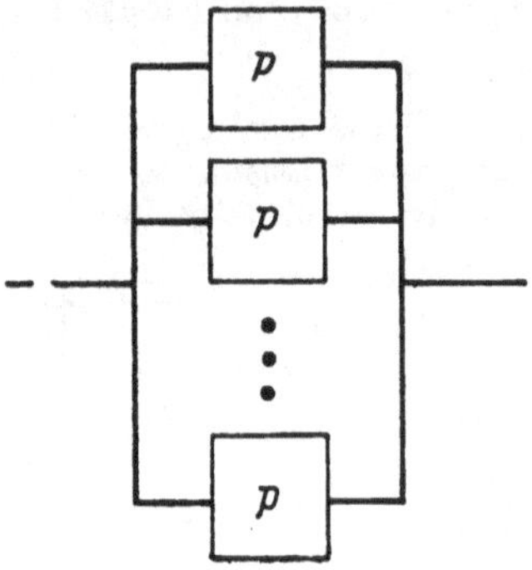

Abb. 2.55

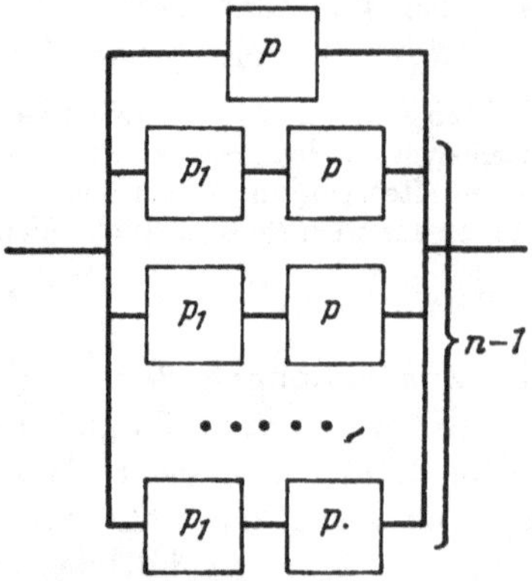

Abb. 2.56

2.56. Es wird die gleiche Aufgabe wie in 2.55 gestellt, aber mit jedem Reservegerät ist ein Schalter gekoppelt, der nach dem Ausfall der vorhergehenden Geräte die Umschaltung auf dieses Gerät sichert. Die Zuverlässigkeit eines einzelnen Schalters ist gleich p_1 (vgl. Abb. 2.56).

Lösung:

$$P = 1 - (1 - p)(1 - p_1 p)^{n-1}; \qquad n \geqq \frac{\lg(1 - P_1) - \lg(1 - p)}{\lg(1 - p_1 p)} + 1.$$

2.57*. Ein technisches System besteht aus n Blöcken, deren Zuverlässigkeit gleich p ist. Der Ausfall eines einzelnen Blocks führt zum Ausfall des ganzen Systems (Reihenschaltung). Zur Erhöhung der Zuverlässigkeit werden n Reserveblocks zur Verfügung gestellt. Es wird angenommen, daß die Schalter absolut zuverlässig sind.

Man bestimme, welche Art der Reservierung zur größeren Zuverlässigkeit des Systems führt:

a) Jeder einzelne Block wird durch einen Reserveblock doubliert (Abb. 2.57, a)),
b) das gesamte System wird doubliert (Abb. 2.57, b)).

Lösung: Verwendet man die Reservierungsmethode a), so erhält man für die Zuverlässigkeit des Systems die Formel $p_a = [1 - (1 - p)^2]^n$, für die Reservierungsmethode b) ergibt sich $p_b = 1 - (1 - p^n)^2$.

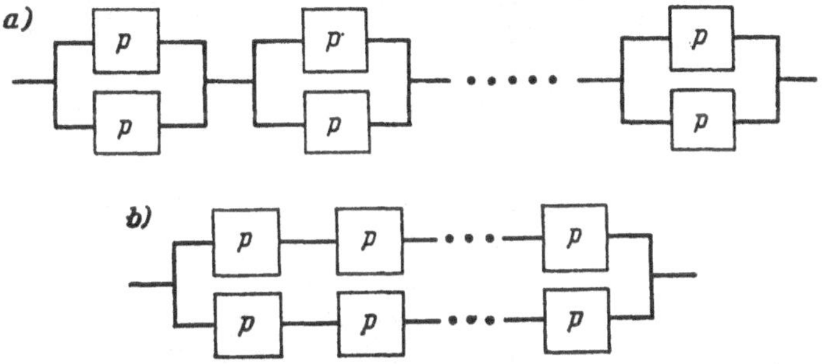

Abb. 2.57

Wir zeigen nun, daß $p_a > p_b$ für alle $n > 1$ und $0 < p < 1$ gilt. Da

$$p_a = [1 - (1 - p)^2]^n = [1 - 1 + 2p - p^2]^n = p^n (2 - p)^n ,$$

$$p_b = 1 - (1 - p^n)^2 = 1 - 1 + 2p^n - p^{2n} = p^n (2 - p^n) ,$$

ist, genügt es, die Ungleichung $(2 - p)^n > 2 - p^n$ zu beweisen. Setzt man $q = 1 - p$ $(q > 0)$ ein, so erhält diese Ungleichung die Gestalt

$$(2 - 1 + q)^n > 2 - (1 - q)^n$$

oder

$$(1 + q)^n + (1 - q)^n > 2 .$$

Benutzen wir den binomischen Lehrsatz, so stellen wir fest, daß sämtliche negativen Glieder verschwinden. Es gilt also

$$\begin{aligned}(1 + q)^n + (1 - q)^n &= \left[1 + nq + \frac{n(n-1)}{2} q^2 + \cdots\right] \\ &\quad + \left[1 - nq + \frac{n(n-1)}{2} q^2 - \cdots\right] \\ &= 2 + n(n-1) q^2 + \cdots > 2 ,\end{aligned}$$

womit die geforderte Ungleichung bewiesen ist.

2.58. In einem technischen System werden nicht alle, sondern nur einige (besonders anfällige) Blöcke reserviert (Abb. 2.58.). Die Zuverlässigkeiten der

Blöcke sind der Abb. 2.58. zu entnehmen. Man bestimme die Zuverlässigkeit P des Systems.

Lösung:

$$P = [1 - (1 - p_1)^2]\,[1 - (1 - p_2)^3]\,p_3\,p_4\,[1 - (1 - p_5)^2]\,.$$

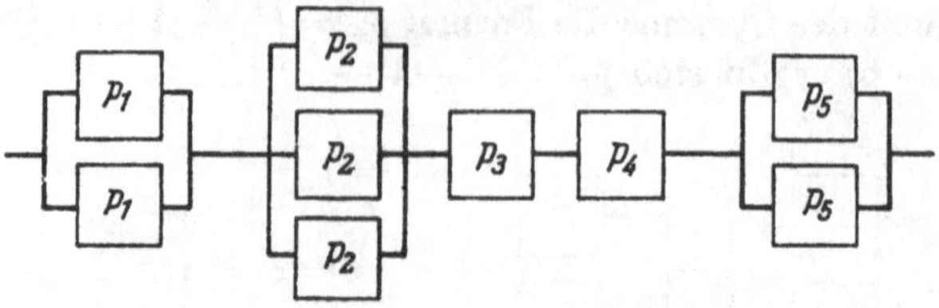

Abb. 2.58

2.59. Ein Gerät besteht aus drei Blöcken. Der erste Block besteht aus n_1, der zweite aus n_2, der dritte aus n_3 Elementen. Für die Funktionsfähigkeit des Gerätes ist der Block I unbedingt erforderlich; die beiden anderen Blöcke II und III doublieren einander (Abb. 2.59). Sämtliche Elemente haben die gleiche Zuverlässigkeit p. Der Ausfall eines Elements führt zum Ausfall des ganzen Blocks. Die Elemente fallen unabhängig voneinander aus.

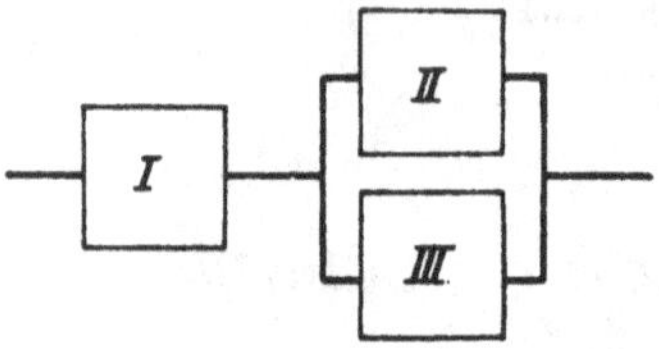

Abb. 2.59

Man bestimme die Zuverlässigkeit P des Gerätes.

Lösung: Die Zuverlässigkeit des Blocks I ist gleich $p_{\mathrm{I}} = p^{n_1}$;
Die Zuverlässigkeit des Blocks II ist gleich $p_{\mathrm{II}} = p^{n_2}$;
Die Zuverlässigkeit des Blocks III ist gleich $p_{\mathrm{III}} = p^{n_3}$.

Die Zuverlässigkeit des aus II und III bestehenden doublierten Blocks ist gleich:

$$1 - (1 - p^{n_2})\,(1 - p^{n_3})\,.$$

Die Zuverlässigkeit des Gerätes ist gleich

$$P = p^{n_1}\,[1 - (1 - p^{n_2})\,(1 - p^{n_3})]\,.$$

2.60. Ein unter Beobachtung stehendes Ziel wird mit Raketen beschossen. Jede Rakete trifft unabhängig von den anderen das Ziel mit der Wahrscheinlichkeit p. Jeder Treffer führt mit der Wahrscheinlichkeit p_1 zur Vernichtung des Ziels. Der Beschuß wird eingestellt, sobald das Ziel vernichtet oder der Munitionsvorrat verbraucht wurde; der Munitionsvorrat besteht aus n Raketen ($n > 2$). Man bestimme die Wahrscheinlichkeit dafür, daß nicht der gesamte Munitionsvorrat verbraucht wird.

Lösung: Wir gehen zum Komplementärereignis $\bar{A}$ — der gesamte Munitionsvorrat wird verbraucht — über. Damit das Ereignis $\bar{A}$ eintritt, dürfen die ersten $n-1$ Raketen nicht zur Vernichtung des Ziels führen. Es ist also:

$$\mathrm{P}(\bar{A}) = (1 - p\,p_1)^{n-1} \quad \text{und} \quad \mathrm{P}(A) = 1 - (1 - p\,p_1)^{n-1}\,.$$

2.61. Unter den Bedingungen der vorhergehenden Aufgabe bestimme man die Wahrscheinlichkeit dafür, daß nach der Vernichtung des Ziels mindestens zwei Raketen im Vorrat bleiben.

Lösung: Das Komplementärereignis $\bar{A}$ — es bleiben weniger als zwei Raketen im Vorrat — ist äquivalent dem Ereignis — die ersten $n-2$ Raketen führen nicht zur Vernichtung des Ziels. Es ist

$$\mathrm{P}(\bar{A}) = (1 - p\,p_1)^{n-2}\,; \qquad \mathrm{P}(A) = 1 - (1 - p\,p_1)^{n-2}\,.$$

2.62. Unter den Bedingungen der Aufgabe 2.60 bestimme man die Wahrscheinlichkeit dafür, daß nicht mehr als zwei Raketen verbraucht werden.

Lösung: Das Ereignis — nicht mehr als zwei Raketen werden verbraucht — ist äquivalent dem Ereignis — das Ziel wird durch die beiden ersten Schüsse vernichtet. Die Wahrscheinlichkeit dieses Ereignisses ist gleich

$$\mathrm{P}(A) = 1 - (1 - p\,p_1)^2\,.$$

2.63. Auf ein Flugzeug werden zwei Raketen abgeschossen. Das Flugzeug kann zu seiner Verteidigung auf jede Rakete zwei Schüsse abgeben. Jeder Schuß vernichtet unabhängig von den anderen „seine" Rakete mit der Wahrscheinlichkeit p. Wird eine Rakete nicht vernichtet, so vernichtet sie unabhängig von der anderen das Flugzeug mit der Wahrscheinlichkeit P.

Man bestimme die Wahrscheinlichkeit dafür, daß das Flugzeug vernichtet wird.

Lösung: Um das Flugzeug zu vernichten, darf die Rakete nicht vorher vernichtet werden. Die Wahrscheinlichkeit, das Flugzeug zu vernichten, ist für jede Rakete (unter Berücksichtigung des Gegenschlages) gleich $(1-p)^2\,P$ und für beide Raketen gleich

$$1 - [1 - (1 - p)^2\,P]^2\,.$$

2.64. Eine Radarstation beobachtet k Objekte. Während der Beobachtungszeit kann das i-te Objekt mit der Wahrscheinlichkeit p_i verlorengehen ($i = 1, 2, \ldots, k$).

Man bestimme die Wahrscheinlichkeiten folgender Ereignisse:

A — kein einziges Objekt geht verloren;

B — es geht mindestens ein Objekt verloren;

C — es geht höchstens ein Objekt verloren.

Lösung:

$$\mathrm{P}(A) = \prod_{i=1}^{k} (1 - p_i)\,; \qquad \mathrm{P}(B) = 1 - \prod_{i=1}^{k} (1 - p_i)\,;$$

$$\mathrm{P}(C) = \prod_{i=1}^{k} (1 - p_i) + p_1 (1 - p_2) \cdots (1 - p_k) + (1 - p_1)\, p_2 (1 - p_3) \cdots (1 - p_k) + \cdots + (1 - p_1)(1 - p_2) \cdots (1 - p_{k-1})\, p_k\,.$$

Die letzte Wahrscheinlichkeit kann auch in der Form

$$\mathbf{P}(C) = \prod_{i=1}^{k} (1 - p_i) + \sum_{j=1}^{k} \frac{p_j}{1 - p_j} \prod_{i=1}^{k} (1 - p_i)$$

geschrieben werden.

2.65. Ein aus k Blöcken bestehendes technisches Gerät arbeitet während der Zeit t. Während dieser Zeit fällt der erste Block mit der Wahrscheinlichkeit q_1, der zweite mit der Wahrscheinlichkeit q_2 usw. aus. Ein zur Durchsicht der Anlage eingesetzter Mechaniker stellt den vorhandenen Ausfall eines jeden Blocks mit der Wahrscheinlichkeit p fest und beseitigt den Ausfall. Mit der Wahrscheinlichkeit $q = 1 - p$ erklärt er irrtümlicherweise einen ausgefallenen Block für einwandfrei.

Man bestimme die Wahrscheinlichkeit dafür, daß nach der Durchsicht wenigstens ein Block des Gerätes nicht funktionsfähig ist.

Lösung: Die Wahrscheinlichkeit dafür, daß der i-te Block nach der Durchsicht nicht funktionsfähig ist, ist gleich der Wahrscheinlichkeit für den Ausfall des Blocks während der Zeit t multipliziert mit der Wahrscheinlichkeit dafür, daß der Mechaniker den Fehler nicht feststellt: $q_i \cdot q$. Die gesuchte Wahrscheinlichkeit ist gleich

$$1 - \prod_{i=1}^{k} (1 - q_i q) .$$

2.66. Zu den Bedingungen der vorhergehenden Aufgabe kommt eine weitere hinzu: Nach Ablauf der Zeit t steht der Mechaniker mit der Wahrscheinlichkeit Q nicht zur Verfügung und das Gerät wird ohne prophylaktische Durchsicht wieder in Betrieb genommen. Man bestimme die Wahrscheinlichkeit dafür, daß nach erneuter Inbetriebnahme wenigstens ein Block des Gerätes nicht funktionsfähig ist.

Lösung: $$(1 - Q)\left[1 - \prod_{i=1}^{k} (1 - q_i q)\right] + Q\left[1 - \prod_{i=1}^{k} (1 - q_i)\right].$$

2.67. N Schützen schießen unabhängig voneinander jeder auf sein Ziel. Der Munitionsvorrat jedes Schützen besteht aus k Patronen. Die Trefferwahrscheinlichkeit ist für den i-ten Schützen gleich p_i ($i = 1, 2, \ldots, N$). Jeder Schütze stellt das Schießen ein, sobald er sein Ziel getroffen hat.

Man bestimme die Wahrscheinlichkeiten folgender Ereignisse:

A — mindestens ein Schütze behält mindestens eine Patrone;
B — kein Schütze verbraucht seinen Munitionsvorrat;
C — ein Schütze verbraucht seinen Munitionsvorrat und die anderen nicht.

Lösung: Das Ereignis $\bar{A}$ — der gesamte Munitionsvorrat wird verbraucht — ist äquivalent dem Ereignis — bei allen N Schützen verfehlen die ersten $k - 1$ Schüsse das Ziel. Es gilt also:

$$\mathbf{P}(\bar{A}) = \prod_{i=1}^{N} (1 - p_i)^{k-1} ; \qquad \mathbf{P}(A) = 1 - \prod_{i=1}^{N} (1 - p_i)^{k-1} .$$

Das Ereignis B ist äquivalent dem Ereignis — bei jedem Schützen trifft mindestens einer der ersten $k - 1$ Schüsse ins Ziel. Das Ereignis C ist gleich der Summe $C = C_1 + \cdots + C_N$, wobei C_i das Ereignis — der i-te Schütze verbraucht seinen Munitionsvorrat und die anderen nicht — ist ($i = 1, \ldots, N$). Es ist also:

$$\mathbf{P}(B) = \prod_{i=1}^{N} [1 - (1 - p_i)^{k-1}]$$

$$\begin{aligned}\mathbf{P}(C) &= \mathbf{P}(C_1) + \cdots + \mathbf{P}(C_N)\\ &= (1 - p_1)^{k-1} [1 - (1 - p_2)^{k-1}] \cdots [1 - (1 - p_N)^{k-1}] + \cdots\\ &\quad + (1 - p_N)^{k-1} [1 - (1 - p_1)^{k-1}] \cdots [1 - (1 - p_{N-1})^{k-1}]\\ &= \sum_{i=1}^{N} \left\{\frac{(1 - p_i)^{k-1}}{1 - (1 - p_i)^{k-1}} \prod_{j=1}^{N} [1 - (1 - p_j)^{k-1}]\right\}.\end{aligned}$$

2.68. Zum Beschuß eines Zieles stehen n Geschosse zur Verfügung. Jeder Schuß trifft unabhängig von den anderen das Ziel mit der Wahrscheinlichkeit p. Sobald das Ziel getroffen wird, erfolgt das Kommando zum Einstellen des Schießens. Das Geschütz ist in der Lage, während der Übertragungszeit des Kommandos weitere s Schüsse abzugeben ($s < n - 1$).

Man bestimme die Wahrscheinlichkeit folgender Ereignisse:

A — mindestens m Geschosse werden nicht verbraucht ($1 \leq m < n - s$);
B — es werden höchstens $k - 1$ Schüsse abgegeben ($s + 1 < k \leq n$).

Lösung: Das Ereignis $\bar{A}$ besagt, daß bei den ersten $n - s - m$ Schüssen kein Treffer erzielt wird; folglich ist

$$\mathbf{P}(\bar{A}) = (1 - p)^{n-s-m}; \qquad \mathbf{P}(A) = 1 - (1 - p)^{n-s-m}.$$

Das Ereignis B besagt, daß spätestens beim $(k - 1 - s)$-ten Schuß ein Treffer erzielt wird. Die Wahrscheinlichkeit des Ereignisses B ist also gleich der Wahrscheinlichkeit, bei den ersten $(k - 1) - s = k - (s + 1)$ Schüssen einen Treffer zu erzielen:

$$\mathbf{P}(B) = 1 - (1 - p)^{k-(s+1)}.$$

2.69*. N Schützen schießen nacheinander jeweils einen Schuß auf ein Ziel. Nach dem N-ten Schützen beginnt wieder der erste. Das Schießen wird nach dem ersten Treffer eingestellt. Die Wahrscheinlichkeit das Ziel zu treffen, ist für den i-ten Schützen gleich p_i ($i = 1, 2, \ldots, N$). Jeder Schütze hat n Patronen.

Man bestimme die Wahrscheinlichkeit dafür, daß der Treffer durch den i-ten Schützen erzielt wird.

Lösung: Sei A_{ji} das Ereignis — der Treffer wird durch den i-ten Schützen erzielt, nachdem er j Patronen verbrauchte. Es gilt

$$\mathbf{P}(A_{ji}) = p_i \prod_{k=1}^{i-1} q_k \left(\prod_{k=1}^{N} q_k\right)^{j-1} = p_i\, Q_{i-1}\, Q_N^{j-1},$$

wobei

$$q_k = 1 - p_k, \qquad Q_i = \prod_{k=1}^{i} q_k$$

ist. Die Wahrscheinlichkeit dafür, daß der Treffer durch den i-ten Schützen erzielt wird, ist gleich

$$\mathbf{P}(A_i) = \sum_{j=1}^{n} \mathbf{P}(A_{ji}) = p_i Q_{i-1} \sum_{j=1}^{n} Q^{j-1}_N = p_i Q_{i-1} \frac{1 - Q_N^n}{1 - Q_N}.$$

2.70*. Auf ein Objekt werden unabhängig voneinander n Schüsse abgegeben. Das Objekt besteht aus k Teilen (Elementen). Die Wahrscheinlichkeit, mit einem Schuß das i-te Element zu treffen, ist gleich p_i $(i = 1, \ldots, k)$. Man bestimme die Wahrscheinlichkeit $P_{l_0, l_1, \ldots, l_k}$ dafür, daß l_0 Schüsse das Ziel nicht treffen, l_1 Schüsse das erste Element, l_2 Schüsse das zweite Element usw. treffen, $\sum_{i=0}^{k} l_i = n$.

Lösung: Die Anzahl der Möglichkeiten, aus n Schüssen l_0 solche, die das Ziel nicht treffen, l_1 solche, die das erste Element treffen usw. auszuwählen, ist gleich $\frac{n!}{\prod_{i=0}^{n} l_i!}$ (vgl. Aufgabe 1.45). Die Wahrscheinlichkeit einer jeden solchen Variante ist gleich $p_0^{l_0} p_1^{l_1} \ldots p_k^{l_k}$, wobei $p_0 = 1 - \sum_{i=1}^{k} p_i$ ist (die Wahrscheinlichkeit bei einem Schuß das Ziel nicht zu treffen). Die gesuchte Wahrscheinlichkeit ergibt sich durch Multiplikation mit der Anzahl der Varianten

$$P_{l_0, l_1, \ldots, l_k} = \frac{n!}{\prod_{i=0}^{k} l_i!} \prod_{i=0}^{k} p_i^{l_i} = n! \prod_{i=0}^{k} \frac{p_i^{l_i}}{l_i!}.$$

2.71*. Unter den Bedingungen vorhergehender Aufgabe bestimme man die Wahrscheinlichkeit der Vernichtung des Objekts, wenn dazu die Vernichtung mindestens zweier Elemente erforderlich ist; ein Element wird vernichtet, wenn es getroffen wird.

Lösung: Sei A das Ereignis — das Objekt wird vernichtet. Das Komplementärereignis $\bar{A}$ ist die Summe

$$\bar{A} = B_0 + B_1 + \cdots + B_i + \cdots + B_k$$

der unvereinbaren Ereignisse:

B_0 — kein Element wird vernichtet;

B_i — das i-te Element wird vernichtet, die anderen nicht $(i = 1, \ldots, k)$.

Es ist $\mathbf{P}(B_0) = p_0^n$ (sämtliche Schüsse waren Fehlschüsse). Zur Bestimmung der Wahrscheinlichkeit des Ereignisses B_i stellen wir es als Summe

$$B_i = B_i^{(1)} + B_i^{(2)} + \cdots + B_i^{(n)}$$

der Ereignisse $B_i^{(s)}$ dar — das i-te Element wird durch genau s Geschosse getroffen $(s = 1, \ldots, n)$. Es ist

$$\mathbf{P}(B_i^{(s)}) = C_n^s \, p_i^s \, p_0^{n-s};$$

$$\mathbf{P}(B_i) = \sum_{s=1}^{n} C_n^s \, p_i^s \, p_0^{n-s},$$

woraus

$$\mathbf{P}(\bar{A}) = p_0^n + \sum_{i=1}^{k} \sum_{s=1}^{n} C_n^s p_i^s p_0^{n-s}\,; \qquad \mathbf{P}(A) = 1 - p_0^n - \sum_{i=1}^{k} \sum_{s=1}^{n} C_n^s p_i^s p_0^{n-s}$$

folgt.

2.72. Aus einem Kartenspiel (52 Karten) werden gleichzeitig zwei Karten gezogen. Eine der gezogenen Karten wird aufgedeckt — es ist eine Dame. Danach werden die beiden gezogenen Karten miteinander gemischt und eine von ihnen wird aufgedeckt. Man bestimme die Wahrscheinlichkeit dafür, daß diese Karte ein As ist.

Lösung: Das Ereignis A — die zweite aufgedeckte Karte ist ein As — tritt ein, wenn beim zweiten Mal nicht die gleiche Karte aufgedeckt wird, wie beim ersten Mal $\left(\text{die Wahrscheinlichkeit dafür ist gleich } \frac{1}{2}\right)$ und wenn eine der gezogenen Karten ein As ist. Die gesuchte Wahrscheinlichkeit ist gleich

$$\mathbf{P}(A) = \frac{1}{2} \cdot \frac{4}{51} = \frac{2}{51}.$$

2.73. Es wird die gleiche Aufgabe gestellt wie in 2.72, aber die erste aufgedeckte Karte ist ein As.

Lösung: Das Ereignis A — die zweite aufgedeckte Karte ist ein As — ist gleich der Summe der Ereignisse

A_1 — beim zweiten Aufdecken erscheint das gleiche As wie beim ersten Mal

A_2 — beim zweiten Aufdecken erscheint ein anderes As wie beim ersten Mal.

Es gilt

$$\mathbf{P}(A) = \mathbf{P}(A_1) + \mathbf{P}(A_2); \quad \mathbf{P}(A_1) = \frac{1}{2}; \quad \mathbf{P}(A_2) = \frac{1}{2} \cdot \frac{3}{51}; \quad \mathbf{P}(A) = \frac{27}{51}.$$

2.74. Aus einem Kartenspiel (52 Karten) werden auf einmal n Karten gezogen ($n < 52$). Eine von diesen Karten wird aufgedeckt; diese Karte ist ein As. Danach wird diese Karte mit den übrigen gezogenen Karten gemischt, und es wird zum zweiten Mal eine Karte aufgedeckt. Man bestimme die Wahrscheinlichkeit dafür, daß die zweite aufgedeckte Karte ebenfalls ein As ist.

Lösung: $$\mathbf{P}(A) = \frac{1}{n} + \frac{n-1}{n} \cdot \frac{3}{51}.$$

2.75. In einem Luftkampf wird ein Bomber von einem Jäger angegriffen. Der Jäger eröffnet als erster das Feuer und schießt den Bomber mit der Wahrscheinlichkeit p_1 ab. Wird der Bomber dabei nicht abgeschossen, so eröffnet er seinerseits das Feuer auf den Jäger und schießt ihn mit Wahrscheinlichkeit p_2 ab. Wird der Jäger nicht abgeschossen, so eröffnet er abermals das Feuer und schießt den Bomber mit der Wahrscheinlichkeit p_3 ab. Man bestimme die Wahrscheinlichkeiten der folgenden Ausgänge des Kampfes:

A — der Bomber wird abgeschossen;

B — der Jäger wird abgeschossen;

C — es wird mindestens ein Flugzeug abgeschossen.

Lösung:

$$\mathbf{P}(A) = p_1 + (1 - p_1)(1 - p_2)p_3; \qquad \mathbf{P}(B) = (1 - p_1)p_2;$$
$$\mathbf{P}(C) = \mathbf{P}(A) + \mathbf{P}(B).$$

2.76. In einem Luftkampf wird ein Bomber von zwei Jägern angegriffen. Das Feuer wird durch den Bomber eröffnet; er gibt auf jeden Jäger einen Schuß ab und schießt ihn mit der Wahrscheinlichkeit p_1 ab. Wird ein Jäger nicht abgeschossen, so gibt er unabhängig vom Schicksal des anderen einen Schuß auf den Bomber ab und schießt diesen mit der Wahrscheinlichkeit p_2 dabei ab.

Man bestimme die Wahrscheinlichkeit folgender Ausgänge des Kampfes.

A — der Bomber wird abgeschossen;
B — beide Jäger werden abgeschossen;
C — mindestens ein Jäger wird abgeschossen;
D — mindestens ein Flugzeug wird abgeschossen;
E — genau ein Jäger wird abgeschossen;
F — genau ein Flugzeug wird abgeschossen.

Lösung: Die Wahrscheinlichkeit dafür, daß ein Jäger den Bomber abschießt, ist gleich $(1 - p_1)p_2$. Es gilt

$$\mathbf{P}(A) = 1 - [1 - (1 - p_1)p_2]^2; \quad \mathbf{P}(B) = p_1^2;$$
$$\mathbf{P}(C) = 1 - (1 - p_1)^2; \quad \mathbf{P}(D) = 1 - (1 - p_1)^2(1 - p_2)^2;$$
$$\mathbf{P}(E) = 2p_1(1 - p_1).$$

Das Ereignis F ist gleich der Summe

$$F = F_1 + F_2 + F_3$$

der Ereignisse

F_1 — der Bomber wird abgeschossen und die beiden Jäger nicht;
F_2 — der erste Jäger wird abgeschossen, der zweite Jäger und der Bomber nicht;
F_3 — der zweite Jäger wird abgeschossen, der erste Jäger und der Bomber nicht.

$$\mathbf{P}(F_1) = (1 - p_1)^2[1 - (1 - p_2)^2];$$
$$\mathbf{P}(F_2) = \mathbf{P}(F_3) = p_1(1 - p_1)(1 - p_2);$$
$$\mathbf{P}(F) = (1 - p_1)^2[1 - (1 - p_2)^2] + 2p_1(1 - p_1)(1 - p_2).$$

2.77. Es wird die gleiche Aufgabe wie in 2.76 gestellt, aber die Jäger greifen nur gemeinsam an; wird ein Jäger abgeschossen, so stellt der zweite den Kampf ein.

Lösung:

$$\mathbf{P}(A) = (1 - p_1)^2[1 - (1 - p_2)^2]; \quad \mathbf{P}(B) = p_1^2; \quad \mathbf{P}(C) = 1 - (1 - p_1)^2;$$
$$\mathbf{P}(D) = 1 - (1 - p_1)^2(1 - p_2)^2; \quad \mathbf{P}(E) = 2p_1(1 - p_1);$$
$$\mathbf{P}(F) = (1 - p_1)^2[1 - (1 - p_2)^2] + 2p_1(1 - p_1).$$

2.78. Ein Gerät besteht aus drei Blöcken; der erste Block ist für das Funktionieren des Gerätes unbedingt erforderlich, die beiden anderen Blöcke doublieren einander (vgl. Abb. 2.59). Der erste Block besteht aus n_1, der zweite aus n_2, der dritte aus n_3 Elementen ($n_1 + n_2 + n_3 = n$). Während der Arbeit des Gerätes treten Fehler auf, die zum Ausfall der Elemente führen. Die Elemente fallen unabhängig voneinander aus; der Ausfall eines Elements hat den Ausfall des gesamten Blocks zur Folge. Sämtliche Elemente haben gleiche Ausfallwahrscheinlichkeit. Es ist bekannt, daß im Gerät vier Fehler vorhanden sind (vier Elemente sind ausgefallen).

Man bestimme die Wahrscheinlichkeit dafür, daß diese vier Fehler zur Funktionsunfähigkeit des Gerätes führen.

Lösung: Das Ereignis A — das Gerät ist ausgefallen — ist gleich der Summe

$$A = A_1 + A_2$$

der Ereignisse

A_1 — der erste Block ist ausgefallen;

A_2 — der erste Block ist funktionsfähig, aber der zweite und der dritte Block sind ausgefallen.

Für das Eintreten des Ereignisses A_1 ist es unter den gegebenen Voraussetzungen erforderlich, daß mindestens einer der Fehler auf den ersten Block entfällt:

$$\mathrm{P}(A_1) = 1 - \mathrm{P}(\bar{A}_1) = 1 - \frac{n - n_1}{n} \frac{n - n_1 - 1}{n - 1} \frac{n - n_1 - 2}{n - 2} \frac{n - n_1 - 3}{n - 3}.$$

Zur Bestimmung der Wahrscheinlichkeit des Ereignisses A_2 muß man die Wahrscheinlichkeit des Ereignisses $\bar{A}_1$ — der erste Block fällt nicht aus — mit der Wahrscheinlichkeit des Ereignisses — der zweite und der dritte Block fallen aus — multiplizieren (unter Berücksichtigung der Tatsache, daß alle vier Fehler auf den zweiten und den dritten Block entfallen).

Das letzte Ereignis ist die Summe der folgenden drei Ereignisse:

ein Fehler entfällt auf den zweiten Block, die drei restlichen auf den dritten;
ein Fehler entfällt auf den dritten Block, die drei restlichen auf den zweiten;
auf den zweiten und auf den dritten Block entfallen je zwei Fehler.

Die Wahrscheinlichkeit der ersten Variante ist gleich

$$C_4^1 \frac{n_2}{n_2 + n_3} \frac{n_3}{n_2 + n_3 - 1} \frac{n_3 - 1}{n_2 + n_3 - 2} \frac{n_3 - 2}{n_2 + n_3 - 3}.$$

Die Wahrscheinlichkeit der zweiten Variante ist gleich

$$C_4^1 \frac{n_3}{n_2 + n_3} \frac{n_2}{n_2 + n_3 - 1} \frac{n_2 - 1}{n_2 + n_3 - 2} \frac{n_2 - 2}{n_2 + n_3 - 3}.$$

Die Wahrscheinlichkeit der dritten Variante ist gleich

$$C_4^2 \frac{n_2}{n_2 + n_3} \frac{n_2 - 1}{n_2 + n_3 - 1} \frac{n_3}{n_2 + n_3 - 2} \frac{n_3 - 1}{n_2 + n_3 - 3}.$$

Insgesamt erhält man:

$$\mathbf{P}(A_2) = \mathbf{P}(\bar{A}_1)\frac{n_2 n_3 [C_4^1 (n_3 - 1)(n_3 - 2) + C_4^1 (n_2 - 1)(n_2 - 2) + C_4^2 (n_2 - 1)(n_3 - 1)]}{n_2 + n_3)(n_2 + n_3 - 1)(n_2 + n_3 - 2)(n_2 + n_3 - 3)}$$

$$= \frac{2 n_2 n_3 [2 (n_3 - 1)(n_3 - 2) + 2 (n_2 - 1)(n_2 - 2) + 3 (n_2 - 1)(n_3 - 1)]}{n (n - 1)(n - 2)(n - 3)},$$

$$\mathbf{P}(A) = \mathbf{P}(A_1) + \mathbf{P}(A_2).$$

2.79. Ein elektrisches Gerät kann nur beim Einschalten ausfallen (durchbrennen). Sei Q_k die bedingte Wahrscheinlichkeit dafür, daß das Gerät beim k-ten Einschaltvorgang durchbrennt, wenn es bei den ersten $k - 1$ Einschaltvorgängen nicht durchgebrannt ist.

Man bestimme die Wahrscheinlichkeiten folgender Ereignisse:

A — das Gerät übersteht mindestens n Einschaltvorgänge;
B — das Gerät übersteht höchstens n Einschaltvorgänge;
C — das Gerät brennt beim n-ten Einschaltvorgang durch.

Lösung: Die Wahrscheinlichkeit des Ereignisses A ist gleich der Wahrscheinlichkeit dafür, daß das Gerät bei den ersten n Einschaltvorgängen nicht durchbrennt:

$$\mathbf{P}(A) = \prod_{k=1}^{n} (1 - Q_k).$$

Zur Bestimmung der Wahrscheinlichkeit des Ereignisses B betrachten wir zunächst das Komplementärereignis $\bar{B}$ — das Gerät übersteht mehr als n Einschaltvorgänge. Das Ereignis $\bar{B}$ ist äquivalent dem Ereignis — bei den ersten $(n + 1)$ Einschaltvorgängen brennt das Gerät nicht durch. Es gilt also:

$$\mathbf{P}(\bar{B}) = \prod_{k=1}^{n+1} (1 - Q_k); \qquad \mathbf{P}(B) = 1 - \prod_{k=1}^{n+1} (1 - Q_k).$$

Das Ereignis C ist gleichbedeutend damit, daß das Gerät die ersten $(n - 1)$ Einschaltvorgänge übersteht und beim n-ten Einschaltvorgang durchbrennt. Daraus folgt

$$\mathbf{P}(C) = Q_n \prod_{k=1}^{n-1} (1 - Q_k).$$

2.80. Ein Gerät besteht aus vier Blöcken; zwei von ihnen (I und II) sind für das einwandfreie Funktionieren des Gerätes unbedingt erforderlich, die beiden anderen (III und IV) doublieren einander (Abb. 2.80). Die Blöcke können nur

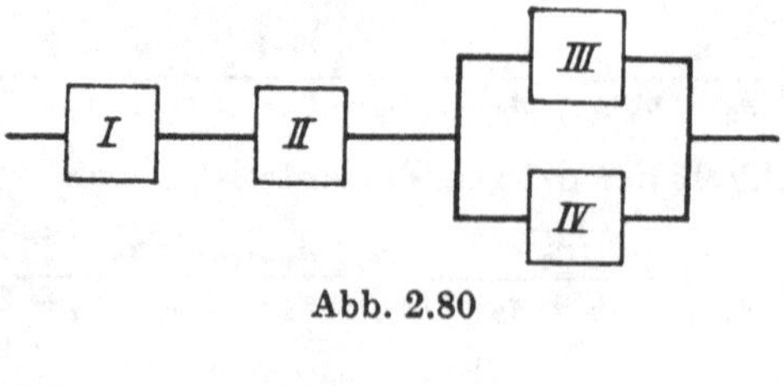

Abb. 2.80

beim Einschaltvorgang ausfallen. Beim k-ten Einschaltvorgang fällt der erste Block mit der Wahrscheinlichkeit $q_{\mathrm{I}}^{(k)}$, der zweite mit der Wahrscheinlichkeit $q_{\mathrm{II}}^{(k)}$ und der dritte und vierte mit der gleichen Wahrscheinlichkeit $q_{\mathrm{III}}^{(k)} = q_{\mathrm{IV}}^{(k)} = q_k$ aus. Die Blöcke fallen unabhängig voneinander aus.

Man bestimme die Wahrscheinlichkeit der in der Aufgabe 2.79 definierten Ereignisse A, B, C.

Lösung: Die Aufgabe wird auf die vorhergehende Aufgabe zurückgeführt, indem man die bedingte Wahrscheinlichkeit Q_k für den Ausfall eines bis dahin einwandfreien Gerätes beim k-ten Einschaltvorgang bestimmt. Diese Wahrscheinlichkeit ist gleich

$$Q_k = 1 - (1 - q_{\mathrm{I}}^{(k)})\,(1 - q_{\mathrm{II}}^{(k)})\,(1 - q_k^2)\,.$$

2.81. In einer Urne befinden sich a weiße und b schwarze Kugeln. Zwei Spieler nehmen nacheinander aus der Urne jeweils eine Kugel heraus, wobei die entnommene Kugel jedesmal in die Urne zurückgelegt wird und vor der nächsten Entnahme gemischt wird. Gewonnen hat der Spieler, der als erster eine weiße Kugel herausnimmt. Man bestimme die Wahrscheinlichkeit $\mathbf{P}(I)$ dafür, daß der erste Spieler (derjenige, der zuerst eine Kugel nimmt) gewinnt.

Lösung: Der erste Spieler kann bei der ersten Entnahme oder bei der dritten (dazu müssen die beiden vorher entnommenen Kugeln schwarz und die dritte weiß sein) usw. gewinnen. Es ist also

$$\mathbf{P}(I) = \frac{a}{a+b} + \left(\frac{b}{a+b}\right)^2 \frac{a}{a+b} + \cdots + \left(\frac{b}{a+b}\right)^{2k} \frac{a}{a+b} + \cdots$$
$$= \frac{a}{a+b} \sum_{k=0}^{\infty} \left(\frac{b}{a+b}\right)^{2k} = \frac{a}{a+b}\,\frac{1}{1-\left(\frac{b}{a+b}\right)^2} = \frac{a+b}{a+2b}$$

$\left(\text{offenbar ist } \mathbf{P}(I) > \frac{1}{2} \text{ für beliebige } a \text{ und } b\right)$.

2.82. In einer Urne befinden sich zwei weiße und drei schwarze Kugeln. Zwei Spieler nehmen nacheinander aus der Urne jeweils eine Kugel, ohne diese zurückzulegen. Gewonnen hat der Spieler, der als erster eine weiße Kugel nimmt. Man bestimme die Wahrscheinlichkeit $\mathbf{P}(I)$ dafür, daß der erste Spieler gewinnt.

Lösung: $$\mathbf{P}(I) = \frac{2}{5} + \frac{3}{5}\cdot\frac{2}{4}\cdot\frac{2}{3} = \frac{3}{5}\,.$$

2.83. Ein Gerät wird getestet. Bei jedem Test kann das Gerät mit der Wahrscheinlichkeit p ausfallen. Nach dem ersten Ausfall wird das Gerät repariert, nach dem zweiten für unbrauchbar erklärt. Man bestimme die Wahrscheinlichkeit dafür, daß das Gerät nach dem k-ten Test für unbrauchbar erklärt wird.

Lösung: Das interessierende Ereignis ist gleich dem Produkt der Ereignisse:

A — das Gerät fällt beim k-ten Test aus;

B — das Gerät fällt während der ersten $(k-1)$ Tests nur einmal aus.

Es gilt $\mathbf{P}(A) = p$; $\mathbf{P}(B) = (k-1)\, p\, (1-p)^{(k-2)}$. Die gesuchte Wahrscheinlichkeit ist gleich $(k-1)\, p^2\, (1-p)^{(k-2)}$.

2.84. Ein Flugzeug hat drei unterschiedlich anfällige Teile: 1) die Pilotenkanzel und das Triebwerk; 2) die Treibstofftanks und 3) die Tragflächen. Zur Vernichtung des Flugzeugs genügt es, den ersten Teil einmal, den zweiten Teil zweimal oder den dritten Teil dreimal zu treffen. Wenn ein Geschoß das Flugzeug trifft, so trifft es den ersten Teil mit der Wahrscheinlichkeit p_1, den zweiten mit der Wahrscheinlichkeit p_2 und den dritten mit der Wahrscheinlichkeit p_3. Die Lagen der Treffer werden als unabhängig vorausgesetzt. Es sei T_m das Ereignis, daß das Flugzeug von m Geschossen getroffen wurde.
Man bestimme die bedingte Wahrscheinlichkeit $\mathbf{P}(A|T_m)$ der Vernichtung des Flugzeuges unter der Bedingung T_m für $m = 1, 2, 3, 4$.

Lösung: Damit das Flugzeug mit einem Treffer vernichtet wird, muß dieser Treffer im ersten Teil liegen. Es ist also $\mathbf{P}(A|T_1) = p_1$. Zur Bestimmung der Wahrscheinlichkeit $\mathbf{P}(A|T_m)$ für $m > 1$ bestimmen wir zunächst die Wahrscheinlichkeit $\mathbf{P}(\bar{A}|T_m)$ dafür, daß das Flugzeug bei m Treffern nicht vernichtet wird.
Damit das Flugzeug bei zwei Treffern nicht vernichtet wird, muß eins der folgenden Ereignisse eintreten: Beide Geschosse treffen die Tragflächen, ein Geschoß trifft die Tanks und das zweite eine Tragfläche. Es ist

$$\mathbf{P}(\bar{A}|T_2) = p_3^2 + 2\, p_2\, p_3\,;$$

$$\mathbf{P}(A|T_2) = 1 - (p_3^2 + 2\, p_2\, p_3)\,.$$

Analog erhält man

$$\mathbf{P}(A|T_3) = 1 - 3\, p_2\, p_3^2\,; \qquad \mathbf{P}(A|T_4) = 1\,.$$

2.85. Es gelten die gleichen Voraussetzungen wie in der vorhergehenden Aufgabe, aber der erste Teil ist durch Panzerung nicht verwundbar. Man bestimme $\mathbf{P}(A|T_1)$, $\mathbf{P}(A|T_2)$ und $\mathbf{P}(A|T_m)$ für $m > 2$.

Lösung:

$$\mathbf{P}(A|T_1) = 0\,; \qquad \mathbf{P}(A|T_2) = p_2^2\,;$$

$$\mathbf{P}(A|T_m) = 1 - [p_1^m + m\, p_1^{m-1}\,(p_2 + p_3) + C_m^2\, p_1^{m-2}\,(p_3^2 + 2\, p_2\, p_3) + C_m^3\, p_1^{m-3}\, 3\, p_2\, p_3^2]\,.$$

2.86. Ein Gerät besteht aus drei Blöcken. Beim Einschalten des Gerätes kann mit der Wahrscheinlichkeit p_1 im ersten Block, mit der Wahrscheinlichkeit p_2 im zweiten Block und mit der Wahrscheinlichkeit p_3 im dritten Block jeweils ein Fehler auftreten. Die Fehler in den Blöcken treten unabhängig voneinander auf. Der Ausfall eines jeden Blocks führt zum Ausfall des Gerätes. Ein Block fällt aus, wenn in ihm mindestens zwei Fehler auftreten.
Man bestimme die Wahrscheinlichkeit dafür, daß das Gerät ohne Ausfall n Einschaltvorgänge übersteht.

Lösung: Für das Funktionieren des Gerätes (Ereignis A) ist es erforderlich, daß keiner der drei Blöcke ausfällt. Die Wahrscheinlichkeit dafür, daß der erste Block n Einschaltvorgänge übersteht, ist gleich der Wahrscheinlichkeit dafür, daß nach n Einschaltvorgängen in ihm höchstens ein Fehler (0 oder 1) auftritt. Diese Wahrscheinlichkeit ist gleich $(1 - p_1)^n + n\, p_1\,(1 - p_1)^{n-1}$.

Die Wahrscheinlichkeit dafür, daß alle drei Blöcke n Einschaltvorgänge überstehen, ist gleich

$$\mathbf{P}(A) = \prod_{i=1}^{3} [(1 - p_i)^n + n\, p_i\,(1 - p_i)^{n-1}]\,.$$

2.87. Eine auf ein Erdziel zu werfende Fliegerbombe ist mit einem Radiozünder, der durch Signale von der Erdoberfläche ausgelöst wird, ausgerüstet. Der Zünder wird auf der Höhe h ausgelöst. Ist $h > h_2$, erfolgt die Explosion vorzeitig, für $h < h_1$ verspätet, beides ist nicht effektiv. Die Wahrscheinlichkeit der normalen Explosion ist gleich p, der vorzeitigen gleich p_1, der verspäteten gleich p_2; $p_1 + p_2 + p = 1$.

Um die Wahrscheinlichkeit der normalen Explosion ($h_1 < h < h_2$) zu erhöhen, wird die Bombe mit einem zweiten Zünder ausgerüstet, der unabhängig vom ersten arbeitet und die gleichen Charakteristiken wie dieser besitzt.

Unter welcher Bedingung wird durch diese Maßnahme die Wahrscheinlichkeit der normalen Explosion der Bombe erhöht?

Lösung: Bei einem Zünder ist die Wahrscheinlichkeit der normalen Explosion gleich $p = 1 - p_1 - p_2$. Bei zwei Zündern ist die Wahrscheinlichkeit der normalen Explosion gleich $p' = p^2 + 2\,p \cdot p_2$ (entweder werden beide Zünder normal ausgelöst oder der eine Zünder wird normal und der andere verspätet ausgelöst.)

Durch Auflösung der Ungleichung $p' = p^2 + 2\,p \cdot p_2 > p$ erhalten wir die gewünschte Bedingung für $p' > p$:

$$p + 2\,p_2 > 1\,, \quad \text{d. h.} \quad p_2 > p_1\,.$$

KAPITEL 3

FORMEL DER TOTALEN WAHRSCHEINLICHKEIT UND BAYESSCHE FORMEL

Wenn man über die Versuchsbedingungen n einander ausschließende (unvereinbare) Hypothesen (Annahmen)

$$H_1, H_2, \ldots, H_n$$

aufstellen kann und das Ereignis A stets zugleich mit genau einer dieser Hypothesen eintritt, so wird die Wahrscheinlichkeit des Ereignisses A nach der *Formel der totalen Wahrscheinlichkeit* berechnet:

$$\mathbf{P}(A) = \mathbf{P}(H_1)\,\mathbf{P}(A|H_1) + \mathbf{P}(H_2)\,\mathbf{P}(A|H_2) + \cdots + \mathbf{P}(H_n)\,\mathbf{P}(A|H_n)$$

oder

$$\mathbf{P}(A) = \sum_{i=1}^{n} \mathbf{P}(H_i)\,\mathbf{P}(A|H_i)\,,$$

wobei $\mathbf{P}(H_i)$ die Wahrscheinlichkeit der Hypothese H_i und $\mathbf{P}(A|H_i)$ die bedingte Wahrscheinlichkeit von A unter dieser Hypothese ist.

Waren die Wahrscheinlichkeiten der Hypothese vor dem Versuch gleich $\mathbf{P}(H_1), \ldots, \mathbf{P}(H_n)$ und trat im Ergebnis des Versuchs das Ereignis A ein, so berechnen sich die „neuen", d. h. die bedingten Wahrscheinlichkeiten der Hypothesen nach der Bayesschen *Formel*:

$$\mathbf{P}(H_i|A) = \frac{\mathbf{P}(H_i)\,\mathbf{P}(A|H_i)}{\sum\limits_{i=1}^{n} \mathbf{P}(H_i)\,\mathbf{P}(A|H_i)}\,, \qquad (i = 1, 2, \ldots, n)\,.$$

Die Bayessche Formel ermöglicht eine „Überprüfung" der Wahrscheinlichkeiten der Hypothesen unter Berücksichtigung des beobachteten Versuchsergebnisses.

Die bedingte Wahrscheinlichkeit eines Ereignisses B unter der Bedingung, daß das Ereignis A eingetreten ist, berechnet sich ebenfalls nach der Formel der totalen Wahrscheinlichkeit, in die nicht die alten Wahrscheinlichkeiten der Hypothesen $\mathbf{P}(H_i)$, sondern die neuen Wahrscheinlichkeiten $\mathbf{P}(H_i|A)$ eingehen:

$$\mathbf{P}(B|A) = \sum_{i=1}^{n} \mathbf{P}(H_i|A)\,\mathbf{P}(B|H_i\,A)\,.$$

3.1. Es sind drei gleichaussehende Urnen gegeben. In der ersten Urne befinden sich a weiße und b schwarze, in der zweiten c weiße und d schwarze, in der dritten nur weiße Kugeln. Jemand entnimmt einer willkürlich ausgewählten Urne eine Kugel.

Man bestimme die Wahrscheinlichkeit dafür, daß diese Kugel weiß ist.

Lösung: Sei A das Ereignis — die herausgegriffene Kugel ist weiß. Wir stellen die Hypothesen auf:

H_1 — es wurde die erste Urne ausgewählt;
H_2 — es wurde die zweite Urne ausgewählt;
H_3 — es wurde die dritte Urne ausgewählt.

Es gilt:

$$\mathbf{P}(H_1) = \mathbf{P}(H_2) = \mathbf{P}(H_3) = \frac{1}{3}; \qquad \mathbf{P}(A|H_1) = \frac{a}{a+b};$$

$$\mathbf{P}(A|H_2) = \frac{c}{c+d}; \qquad \mathbf{P}(A|H_3) = 1.$$

Nach der Formel der totalen Wahrscheinlichkeit erhält man:

$$\mathbf{P}(A) = \frac{1}{3}\frac{a}{a+b} + \frac{1}{3}\frac{c}{c+d} + \frac{1}{3}1 = \frac{1}{3}\left(\frac{a}{a+b} + \frac{c}{c+d} + 1\right).$$

3.2. Ein Gerät kann unter zwei Bedingungen arbeiten: 1) normale; 2) unnormale. Die normalen Arbeitsbedingungen treten in 80% aller Fälle des Einsatzes des Gerätes, die unnormalen in 20% auf. Die Wahrscheinlichkeit für den Ausfall des Gerätes in der Zeit t unter den normalen Bedingungen ist gleich 0,1, unter den unnormalen 0,7. Man bestimme die totale Wahrscheinlichkeit p für den Ausfall des Gerätes in der Zeit t.

Lösung: $$p = 0{,}8 \cdot 0{,}1 + 0{,}2 \cdot 0{,}7 = 0{,}22.$$

3.3. Eine aus einem Führungsflugzeug und zwei Flugzeugen bestehende Gruppe hat den Auftrag, ein Objekt zu bombardieren. Jedes Flugzeug trägt eine Bombe. Das Führungsflugzeug ist mit einem Zielgerät ausgerüstet, die beiden anderen Flugzeuge nicht; sie werfen ihre Bomben nach dem Signal des Führungsflugzeuges. Auf dem Wege zum Objekt müssen die Flugzeuge eine Luftverteidigungszone durchfliegen, in der jedes Flugzeug unabhängig von den anderen mit der Wahrscheinlichkeit p abgeschossen werden kann. Gelangt das Führungsflugzeug mit den beiden Begleitflugzeugen zum Ziel, so wird das Objekt mit der Wahrscheinlichkeit $P_{1,2}$ vernichtet. Das Führungsflugzeug mit nur einem Begleitflugzeug vernichtet das Objekt mit der Wahrscheinlichkeit $P_{1,1}$. Das Führungsflugzeug allein vernichtet das Objekt mit der Wahrscheinlichkeit $P_{1,0}$. Wird das Führungsflugzeug abgeschossen, so greift jedes nicht abgeschossene Begleitflugzeug das Objekt an und vernichtet es mit der Wahrscheinlichkeit $P_{0,1}$.

Man bestimme die totale Wahrscheinlichkeit der Vernichtung des Objekts unter Berücksichtigung der Luftverteidigung.

Lösung: Wir formulieren die Hypothesen:

H_1 — das Objekt wird von allen drei Flugzeugen angegriffen;
H_2 — das Objekt wird von dem Führungsflugzeug und nur einem Begleitflugzeug angegriffen;
H_3 — das Objekt wird von dem Führungsflugzeug allein angegriffen;

H_4 — das Objekt wird von beiden Begleitflugzeugen angegriffen (ohne das Führungsflugzeug);

H_5 — das Objekt wird nur von einem Begleitflugzeug angegriffen.

Die Hypothesen haben die Wahrscheinlichkeiten:

$$\mathbf{P}(H_1) = (1 - p)^3; \quad \mathbf{P}(H_2) = 2\,p\,(1 - p)^2; \quad \mathbf{P}(H_3) = p^2\,(1 - p);$$
$$\mathbf{P}(H_4) = p\,(1 - p)^2; \quad \mathbf{P}(H_5) = 2\,p^2\,(1 - p)\,.$$

Sei A das Ereignis — das Objekt wird vernichtet. Es gilt

$$\mathbf{P}(A|H_1) = P_{1,2}; \quad \mathbf{P}(A|H_2) = P_{1,1}; \quad \mathbf{P}(A|H_3) = P_{1,0};$$
$$\mathbf{P}(A|H_4) = 1 - (1 - P_{0,1})^2; \quad \mathbf{P}(A|H_5) = P_{0,1}\,.$$
$$\mathbf{P}(A) = (1 - p)^3\,P_{1,2} + 2\,p\,(1 - p)^2\,P_{1,1} + p^2\,(1 - p)\,P_{1,0} + p\,(1 - p)^2\,[1 - (1 - P_{0,1})^2] + 2\,p^2\,(1 - p)\,P_{0,1}\,.$$

3.4. Ein Objekt wird durch eine Radarstation beobachtet. Das Objekt kann Störsignale aussenden. Sendet das Objekt keine Störsignale aus, so wird es während eines Beobachtungszyklus mit der Wahrscheinlichkeit p_0 entdeckt; sendet das Objekt Störsignale aus, so mit der Wahrscheinlichkeit $p_1 < p_0$. Die Wahrscheinlichkeit dafür, daß während eines Zyklus Störsignale gesendet werden, ist für alle Zyklen gleich p, und das Senden von Störsignalen in einem Beobachtungszyklus geschieht unabhängig von dem Verhalten des Objekts in anderen Beobachtungszyklen. Es werden n Beobachtungszyklen durchgeführt.

Man bestimme die Wahrscheinlichkeit dafür, daß bei n Beobachtungszyklen das Objekt wenigstens einmal festgestellt wird.

Lösung: Die totale Wahrscheinlichkeit der Feststellung des Objekts während eines Zyklus ist gleich $(1 - p)\,p_0 + p\,p_1$. Die gesuchte Wahrscheinlichkeit ist gleich $1 - [1 - (1 - p)\,p_0 - p\,p_1]^n$.

3.5. Jedes in einem Werk hergestellte Erzeugnis ist mit der Wahrscheinlichkeit p defekt. In der Produktionsabteilung sind drei Kontrolleure beschäftigt; jedes Erzeugnis wird nur von einem Kontrolleur geprüft, und zwar gelangt es mit der gleichen Wahrscheinlichkeit zum ersten, zum zweiten oder zum dritten. Die Wahrscheinlichkeit der Feststellung eines vorhandenen Defekts ist für den i-ten Kontrolleur gleich p_i $(i = 1, 2, 3)$. Jedes von der Produktionsabteilung als „gut" deklarierte Erzeugnis gelangt in die TKO des Werkes, wo ein vorhandener Defekt jeweils mit der Wahrscheinlichkeit p_0 festgestellt wird.

Man bestimme die Wahrscheinlichkeit der folgenden Ereignisse:

A — das Erzeugnis gelangt in den Ausschuß;

B — das Erzeugnis wird bereits in der Produktionsabteilung ausgesondert;

C — das Erzeugnis wird erst in der TKO ausgesondert.

Lösung: Es ist $\mathbf{P}(A) = \mathbf{P}(B) + \mathbf{P}(C)$, da die Ereignisse B und C unvereinbar sind und $A = B + C$ ist.

Wir bestimmen zunächst $\mathbf{P}(B)$. Ein Erzeugnis wird in der Produktionsabteilung ausgesondert, wenn es defekt ist und der Defekt festgestellt wird. Die Wahrscheinlichkeit der Feststellung des Defekts berechnet sich nach der Formel der totalen Wahrscheinlichkeit: $\frac{1}{3}(p_1 + p_2 + p_3)$. Hieraus folgt

$$\mathbf{P}(B) = p\frac{p_1 + p_2 + p_3}{3}.$$

Analog erhält man

$$\mathbf{P}(C) = p\left(1 - \frac{p_1 + p_2 + p_3}{3}\right)p_0 .$$

3.6. Eine aus drei Aufklärungsflugzeugen bestehende Gruppe erhält den Auftrag, die Koordinaten eines gegnerischen Objekts, das später mit Raketen beschossen werden soll, zu präzisieren. Zum Beschuß des Objekts stehen n Raketen zur Verfügung. Jede Rakete vernichtet das Objekt mit der Wahrscheinlichkeit p_1, falls seine Koordinaten präzisiert wurden, und mit Wahrscheinlichkeit p_2 anderenfalls. Jeder Aufklärer kann, bevor er zum Objekt gelangt, mit der Wahrscheinlichkeit p_3 durch die gegnerische Luftverteidigung abgeschossen werden. Wird der Aufklärer nicht abgeschossen, so übermittelt er die Koordinaten des Objekts per Funk. Die Radioapparatur des Aufklärers hat die Zuverlässigkeit p_4. Zur Präzisierung der Koordinaten genügt es, die Nachricht von einem Aufklärer zu empfangen.

Man bestimme die Wahrscheinlichkeit der Vernichtung des Objekts unter Berücksichtigung der Tätigkeit der Aufklärung.

Lösung: Die Hypothesen lauten:

H_1 — die Koordinaten des Objekts werden präzisiert;
H_2 — die Koordinaten des Objekts werden nicht präzisiert.

Es gilt

$$\mathbf{P}(H_1) = 1 - [1 - (1 - p_3)\,p_4]^3; \qquad \mathbf{P}(H_2) = [1 - (1 - p_3)\,p_4]^3;$$
$$\mathbf{P}(A|H_1) = 1 - (1 - p_1)^n; \qquad \mathbf{P}(A|H_2) = 1 - (1 - p_2)^n .$$

Die totale Wahrscheinlichkeit des Ereignisses A — das Objekt wird vernichtet — ist gleich:

$$\mathbf{P}(A) = \{1 - [1 - (1 - p_3)\,p_4]^3\}\,[1 - (1 - p_1)^n] + [1 - (1 - p_3)\,p_4]^3\,[1 - (1 - p_2)^n] .$$

3.7. Gegeben sind zwei Urnen: In der ersten befinden sich a weiße und b schwarze, in der zweiten c weiße und d schwarze Kugeln. Aus der ersten Urne wird eine Kugel genommen und, ohne die Farbe festzustellen, in die zweite Urne gelegt; danach wird aus der zweiten Urne eine Kugel genommen.

Man bestimme die Wahrscheinlichkeit dafür, daß diese Kugel weiß ist.

Lösung: Sei A das Ereignis — die Kugel ist weiß. Die Hypothesen lauten:

H_1 — es wird eine weiße Kugel umgelegt;
H_2 — es wird eine schwarze Kugel umgelegt.

Es gilt

$$\mathbf{P}(H_1) = \frac{a}{a+b}; \qquad \mathbf{P}(H_2) = \frac{b}{a+b};$$

$$\mathbf{P}(A|H_1) = \frac{c+1}{c+d+1}; \qquad \mathbf{P}(A|H_2) = \frac{c}{c+d+1};$$

$$\mathbf{P}(A) = \frac{a}{a+b}\frac{c+1}{c+d+1} + \frac{b}{a+b}\frac{c}{c+d+1}.$$

3.8. Unter den Bedingungen der vorhergehenden Aufgabe werden aus der ersten Urne in die zweite nicht eine, sondern 3 Kugeln umgelegt (es wird angenommen, daß $a \geqq 3$ und $b \geqq 3$ ist).

Man bestimme die Wahrscheinlichkeit dafür, daß die der zweiten Urne entnommene Kugel weiß ist.

Lösung: Es können vier Hypothesen aufgestellt werden:

H_1 — es wurden 3 weiße Kugeln umgelegt;
H_2 — es wurden 2 weiße und 1 schwarze Kugeln umgelegt;
H_3 — es wurden 1 weiße und 2 schwarze Kugeln umgelegt;
H_4 — es wurden 3 schwarze Kugeln umgelegt.

Es ist jedoch leichter, die Aufgabe zu lösen, wenn man von folgenden zwei Hypothesen ausgeht:

H_1' — die der zweiten Urne entnommene Kugel entstammt der ersten Urne.
H_2' — die der zweiten Urne entnommene Kugel entstammt der zweiten Urne.

Von den in der zweiten Urne liegenden Kugeln entstammen drei Kugeln der ersten Urne und $c + d$ Kugeln der zweiten. Folglich gilt:

$$\mathbf{P}(H_1') = \frac{3}{c+d+3}; \qquad \mathbf{P}(H_2') = \frac{c+d}{c+d+3}.$$

Die bedingte Wahrscheinlichkeit der Entnahme einer weißen Kugel, die ursprünglich in der ersten Urne lag, hängt nicht davon ab, ob diese Kugel direkt der ersten oder erst nach dem Umlegen in die zweite Urne entnommen wird. Es gilt also:

$$\mathbf{P}(A|H_1') = \frac{a}{a+b}; \qquad \mathbf{P}(A|H_2') = \frac{c}{c+d};$$

daraus folgt

$$\mathbf{P}(A) = \frac{3}{c+d+3}\,\frac{a}{a+b} + \frac{c+d}{c+d+3}\,\frac{c}{c+d}.$$

3.9. Gegeben sind n Urnen, die jeweils a weiße und b schwarze Kugeln enthalten. Jeweils eine Kugel wird ohne die Farbe festzustellen, von der ersten Urne in die zweite, von der zweiten in die dritte usw. gelegt. Zum Schluß wird der letzten Urne eine Kugel entnommen.

Man bestimme die Wahrscheinlichkeit dafür, daß diese Kugel weiß ist.

Lösung: Die Wahrscheinlichkeit des Ereignisses A_2 — Entnahme einer weißen Kugel aus der zweiten Urne nach dem Umlegen einer Kugel aus der ersten in die zweite Urne — ermittelt man genau so wie in der Aufgabe 3.7 (für $c = a$, $d = b$):

$$\mathsf{P}(A_2) = \frac{a}{a+b}\frac{a+1}{a+b+1} + \frac{b}{a+b}\frac{a}{a+b+1} = \frac{a}{a+b}.$$

Folglich ist die Wahrscheinlichkeit der Entnahme einer weißen Kugel aus der zweiten Urne nach dem Umlegen die gleiche wie vor dem Umlegen. Daraus ergibt sich, daß die Wanrscheinlichkeit der Entnahme einer weißen Kugel der dritten, vierten, usw. n-ten Urne den gleichen Wert hat: Die gesuchte Wahrscheinlichkeit ist also gleich

$$\mathsf{P}(A_n) = \frac{a}{a+b}.$$

3.10. Geräte bestimmter Art werden in zwei Werken hergestellt; das erste Werk erzeugt $\frac{2}{3}$ und das zweite Werk $\frac{1}{3}$ der Gesamtproduktion. Die Zuverlässigkeit (die Wahrscheinlichkeit der ausfallfreien Arbeit) eines im ersten Werk hergestellten Gerätes ist gleich p_1, eines im zweiten Werk hergestellten gleich p_2.

Man bestimme die Zuverlässigkeit p eines beliebigen der Gesamtproduktion entnommenen Gerätes.

Lösung:
$$p = \frac{2}{3}p_1 + \frac{1}{3}p_2.$$

3.11. Auf ein Ziel wird ein Schuß abgegeben. Das Ziel besteht aus drei Teilen, deren Flächen gleich S_1, S_2, S_3 sind ($S_1 + S_2 + S_3 = S$). Die Wahrscheinlichkeit dafür, daß ein Treffer diesen oder jenen Teil des Zieles trifft, ist der Fläche des Teils proportional. Wenn der Schuß den i-ten Teil trifft, wird das Ziel mit der Wahrscheinlichkeit p_i vernichtet ($i = 1, 2, 3$).

Man bestimme die Wahrscheinlichkeit dafür, daß das Ziel vernichtet wird, wenn es von einem Geschoß getroffen wird.

Lösung:
$$p = \frac{S_1}{S}p_1 + \frac{S_2}{S}p_2 + \frac{S_3}{S}p_3.$$

3.12. Gegeben sind 2 Partien homogener Erzeugnisse. Die erste Partie besteht aus N Erzeugnissen, von denen n defekt sind. Die zweite Partie besteht aus M Erzeugnissen, von denen m defekt sind. Der ersten Partie werden willkürlich K Erzeugnisse, der zweiten L Erzeugnisse entnommen ($K < N$; $L < M$). Die $K + L$ Erzeugnisse werden gemischt, so daß eine Partie entsteht. Der neuen Partie wird willkürlich ein Erzeugnis entnommen.

Man bestimme die Wahrscheinlichkeit dafür, daß dieses Erzeugnis defekt ist.

Lösung: Sei A das Ereignis — das Erzeugnis ist defekt. Die Hypothesen lauten:

H_1 — das Erzeugnis entstammt der ersten Partie;

H_2 — das Erzeugnis entstammt der zweiten Partie.

Es gilt

$$\mathrm{P}(H_1) = \frac{K}{K+L}; \quad \mathrm{P}(H_2) = \frac{L}{K+L}; \quad \mathrm{P}(A) = \frac{K}{K+L}\frac{n}{N} + \frac{L}{K+L}\frac{m}{M}.$$

3.13. Unter den Bedingungen der vorhergehenden Aufgabe werden der neuen gemischten Partie willkürlich drei Erzeugnisse entnommen.

Man bestimme die Wahrscheinlichkeit dafür, daß mindestens eins der entnommenen Erzeugnisse defekt ist.

Lösung: Die Hypothesen lauten:

H_0 – alle drei Erzeugnisse entstammen der ersten Partie;
H_1 – zwei Erzeugnisse entstammen der ersten und eins der zweiten Partie;
H_2 – ein Erzeugnis entstammt der ersten Partie und zwei der zweiten;
H_3 – alle drei Erzeugnisse entstammen der zweiten Partie.

Es gilt:

$$\mathrm{P}(H_0) = \frac{K(K-1)(K-2)}{(K+L)(K+L-1)(K+L-2)};$$

$$\mathrm{P}(H_1) = \frac{3K(K-1)L}{(K+L)(K+L-1)(K+L-2)};$$

$$\mathrm{P}(H_2) = \frac{3KL(L-1)}{(K+L)(K+L-1)(K+L-2)};$$

$$\mathrm{P}(H_3) = \frac{L(L-1)(L-2)}{(K+L)(K+L-1)(K+L-2)};$$

$$\mathrm{P}(A|H_0) = 1 - \frac{(N-n)(N-n-1)(N-n-2)}{N(N-1)(N-2)};$$

$$\mathrm{P}(A|H_1) = 1 - \frac{(N-n)(N-n-1)(M-m)}{N(N-1)M};$$

$$\mathrm{P}(A|H_2) = 1 - \frac{(N-n)(M-m)(M-m-1)}{NM(M-1)};$$

$$\mathrm{P}(A|H_3) = 1 - \frac{(M-m)(M-m-1)(M-m-2)}{M(M-1)(M-2)};$$

$$\mathrm{P}(A) = \mathrm{P}(H_0)\,\mathrm{P}(A|H_0) + \mathrm{P}(H_1)\,\mathrm{P}(A|H_1) + \mathrm{P}(H_2)\,\mathrm{P}(A|H_2) + \mathrm{P}(H_3)\,\mathrm{P}(A|H_3).$$

3.14. Gegeben sind zwei Urnen: In der ersten befinden sich a weiße und b schwarze Kugeln, in der zweiten c weiße und d schwarze. Aus der ersten Urne wird, ohne die Farbe festzustellen, eine Kugel in die zweite Urne gelegt. Nach Mischung wird aus der zweiten Urne, ohne die Farbe festzustellen, eine Kugel in die erste Urne gelegt. Danach wird der ersten Urne willkürlich eine Kugel entnommen.

Man bestimme die Wahrscheinlichkeit dafür, daß diese Kugel weiß ist.

Lösung: Die Hypothesen lauten:

H_1 — die Zusammensetzung der Kugeln der ersten Urne blieb unverändert;
H_2 — in der ersten Urne wurde eine schwarze Kugel durch eine weiße ersetzt;
H_3 — in der ersten Urne wurde eine weiße Kugel durch eine schwarze ersetzt.

Es gilt

$$\mathrm{P}(H_1) = \frac{a}{a+b}\,\frac{c+1}{c+d+1} + \frac{b}{a+b}\,\frac{d+1}{c+d+1};$$

$$\mathrm{P}(H_2) = \frac{b}{a+b}\,\frac{c}{c+d+1}; \qquad \mathrm{P}(H_3) = \frac{a}{a+b}\,\frac{d}{c+d+1};$$

$$\mathrm{P}(A) = \left(\frac{a}{a+b}\,\frac{c+1}{c+d+1} + \frac{b}{a+b}\,\frac{d+1}{c+d+1}\right)\frac{a}{a+b}$$

$$+ \frac{b}{a+b}\,\frac{c}{c+d+1}\,\frac{a+1}{a+b} + \frac{a}{a+b}\,\frac{d}{c+d+1}\,\frac{a-1}{a+b}$$

$$= \frac{a\,(a+b)\,(c+d+1) + b\,c - a\,d}{(a+b^2)\,(c+d+1)} = \frac{a}{a+b} + \frac{b\,c - a\,d}{(a+b)^2\,(c+d+1)}.$$

Aus der erhaltenen Lösung folgt, daß die Wahrscheinlichkeit, eine weiße Kugel zu ziehen, sich nicht ändert, falls das Verhältnis der weißen zu den schwarzen Kugeln in beiden Urnen gleich ist, d. h. wenn $\frac{c}{a} = \frac{d}{b}$ $(b\,c - a\,d = 0)$ gilt.

3.15. Aus den Zahlen $1, 2, \ldots, n$ werden nacheinander willkürlich zwei Zahlen gewählt.

Man bestimme die Wahrscheinlichkeit dafür, daß die Differenz zwischen der zuerst gewählten Zahl und der zweiten nicht kleiner als m ist $(n > m > 0)$.

Lösung: Sei A das Ereignis — die Differenz zwischen der zuerst gewählten Zahl k und der zweiten gewählten Zahl l ist nicht kleiner als m (d. h. $k - l \geqq m$). Wir betrachten die Hypothesen H_k — die zuerst gewählte Zahl ist k. Es gilt:

$$\mathrm{P}(H_k) = \frac{1}{n}; \qquad \mathrm{P}(A|H_k) = \begin{cases} \dfrac{k-m}{n-1} & \text{für} \quad k = m+1, \ldots, n \\ 0 & \text{für} \quad k = 1, 2, \ldots, m-1, m \end{cases}$$

$$\mathrm{P}(A) = \sum_{k=m+1}^{n} \frac{k-m}{n\,(n-1)} = \frac{1}{n\,(n-1)} \sum_{k=m+1}^{n} (k-m)$$

$$= \frac{1}{n\,(n-1)}\,[1 + 2 + \cdots + (n-m)] = \frac{(n-m)\,(n-m+1)}{2\,n\,(n-1)}.$$

3.16*. N Schützen kann man in vier Gruppen einteilen: a_1 ausgezeichnete Schützen, a_2 gute Schützen, a_3 mittelmäßige Schützen und a_4 schlechte Schützen. Die Wahrscheinlichkeit des Treffers bei einem Schuß ist für den Schützen der i-ten Gruppe gleich p_i $(i = 1, 2, 3, 4)$. Es werden willkürlich zwei Schützen ausgewählt, die je einen Schuß auf ein Ziel abgeben.

Man bestimme die Wahrscheinlichkeit dafür, daß das Ziel mindestens einmal getroffen wird.

Lösung: Sei A das Ereignis — das Ziel wird mindestens einmal getroffen. Wir betrachten die Hypothesen H_i — der zuerst ausgewählte Schütze gehört der i-ten Gruppe an ($i = 1, 2, 3, 4$). Es gilt dann

$$\mathbf{P}(H_i) = \frac{a_i}{N}, \qquad \mathbf{P}(A) = \sum_{i=1}^{4} \frac{a_i}{N} \mathbf{P}(A|H_i).$$

Die Wahrscheinlichkeiten $\mathbf{P}(A|H_i)$ werden ebenfalls nach der Formel für totale Wahrscheinlichkeit unter Verwendung der Hypothesen H_j — der zweite ausgewählte Schütze gehört der j-ten Gruppe an — ($j = 1, 2, 3, 4$) ermittelt:

$$\mathbf{P}(A|H_i) = \frac{a_i - 1}{N - 1}[1 - (1 - p_i)^2] + \sum_{j \neq i} \frac{a_j}{N - 1}[1 - (1 - p_i)(1 - p_j)].$$

3.17. Auf einen Treibstofftank wurden n unabhängige Schüsse mit Brandgeschossen abgegeben. Jedes Geschoß trifft den Tank mit der Wahrscheinlichkeit p. Wird der Tank von einem Geschoß getroffen, so gerät er in Brand mit der Wahrscheinlichkeit p_1; wird der Tank von mehreren Geschossen getroffen, so gerät er mit Sicherheit in Brand.

Man bestimme die Wahrscheinlichkeit dafür, daß der Tank nach n Schüssen in Brand gerät.

Lösung: Die Hypothesen lauten:

H_1 — der Tank wird von einem Geschoß getroffen;
H_2 — der Tank wird von mindestens zwei Geschossen getroffen.

Die Wahrscheinlichkeiten der Hypothesen sind gleich

$$\mathbf{P}(H_1) = n\,p\,(1 - p)^{n-1}; \qquad \mathbf{P}(H_2) = 1 - (1 - p)^n - n\,p\,(1 - p)^{n-1}.$$

Die gesuchte Wahrscheinlichkeit ist gleich

$$\begin{aligned} \mathbf{P}(A) &= \mathbf{P}(H_1)\,p_1 + \mathbf{P}(H_2)\,1 \\ &= n\,p\,(1 - p)^{n-1}\,p_1 + 1 - (1 - p)^n - n\,p\,(1 - p)^{n-1} \\ &= 1 - (1 - p)^n - n\,p\,(1 - p)^{n-1}(1 - p_1). \end{aligned}$$

3.18. Eine Seminargruppe besteht aus a ausgezeichneten, b guten und c schwachen Studenten. Ein ausgezeichneter Student kann in der bevorstehenden Prüfung nur die Note „ausgezeichnet“ erhalten. Ein guter Student kann mit gleicher Wahrscheinlichkeit die Noten „gut“ oder „ausgezeichnet“ erhalten. Ein schwacher Student kann mit gleicher Wahrscheinlichkeit die Noten „gut“, „befriedigend“ und „unbefriedigend“ erhalten.

Man bestimme die Wahrscheinlichkeit dafür, daß ein willkürlich ausgesuchter Student in der Prüfung die Note „gut“ oder „ausgezeichnet“ erhält.

Lösung: Die Hypothesen lauten:

H_1 — es wird ein ausgezeichneter Student ausgewählt;
H_2 — es wird ein guter Student ausgewählt;
H_3 — es wird ein schwacher Student ausgewählt.

Diese Hypothesen haben die Wahrscheinlichkeiten

$$\mathrm{P}(H_1) = \frac{a}{a+b+c}; \qquad \mathrm{P}(H_2) = \frac{b}{a+b+c}; \qquad \mathrm{P}(H_3) = \frac{c}{a+b+c}.$$

Die gesuchte Wahrscheinlichkeit ist gleich

$$\mathrm{P}(A) = \mathrm{P}(H_1)\,1 + \mathrm{P}(H_2)\,1 + \mathrm{P}(H_3)\,\frac{1}{3} = \frac{a+b}{a+b+c} + \frac{1}{3}\,\frac{c}{a+b+c} = \frac{a+b+\frac{c}{3}}{a+b+c}.$$

3.19. Unter den Bedingungen der vorhergehenden Aufgabe werden drei Studenten willkürlich ausgewählt.

Man bestimme die Wahrscheinlichkeit dafür, daß sie die Noten „ausgezeichnet", „gut" und „unbefriedigend" erhalten (in beliebiger Reihenfolge).

Lösung: Das Ereignis A — die ausgewählten Studenten erhalten die Noten „ausgezeichnet", „gut" und „unbefriedigend" — kann nur bei einer der folgenden Hypothesen eintreten:

H_1 — es wurden ein schwacher, ein guter und ein ausgezeichneter Student ausgewählt;
H_2 — es wurden ein schwacher und zwei gute Studenten ausgewählt;
H_3 — es wurden zwei schwache und ein guter Student ausgewählt;
H_4 — es wurden zwei schwache und ein ausgezeichneter Student ausgewählt.

Die Wahrscheinlichkeiten der Hypothesen lauten:

$$\mathrm{P}(H_1) = 6\,\frac{a}{N}\,\frac{b}{N-1}\,\frac{c}{N-2}; \qquad \mathrm{P}(H_2) = 3\,\frac{b}{N}\,\frac{b-1}{N-1}\,\frac{c}{N-2};$$

$$\mathrm{P}(H_3) = 3\,\frac{b}{N}\,\frac{c}{N-1}\,\frac{c-1}{N-2}; \qquad \mathrm{P}(H_4) = 3\,\frac{a}{N}\,\frac{c}{N-1}\,\frac{c-1}{N-2}.$$

$$(N = a+b+c)\,.$$

Die gesuchte Wahrscheinlichkeit ist gleich

$$\mathrm{P}(A) = \mathrm{P}(H_1)\,1\cdot\frac{1}{2}\cdot\frac{1}{3} + \mathrm{P}(H_2)\,\frac{2}{4}\cdot\frac{1}{3} + \mathrm{P}(H_3)\,\frac{1}{2}\cdot\frac{2}{9} + \mathrm{P}(H_4)\,1\cdot\frac{2}{9}.$$

3.20. Im Bus befinden sich n Fahrgäste. An der nächsten Haltestelle steigt jeder Fahrgast unabhängig von den anderen mit der Wahrscheinlichkeit p aus. Die Wahrscheinlichkeit dafür, daß in den Bus kein neuer Fahrgast einsteigt, ist gleich p_0; die Wahrscheinlichkeit dafür, daß ein Fahrgast einsteigt, ist gleich $1 - p_0$.

Man bestimme die Wahrscheinlichkeit dafür, daß nach der Abfahrt des Busses von der Haltestelle sich in ihm wieder n Fahrgäste befinden.

Lösung: Sei A das Ereignis — nach der Haltestelle befinden sich im Bus n Fahrgäste. Die Hypothesen lauten:

H_0 — es ist kein Fahrgast eingestiegen;
H_1 — es ist ein Fahrgast eingestiegen.

Es gilt

$$\mathbf{P}(H_0) = p_0; \qquad \mathbf{P}(H_1) = 1 - p_0;$$
$$\mathbf{P}(A|H_0) = (1-p)^n; \qquad \mathbf{P}(A|H_1) = n\,p\,(1-p)^{n-1};$$
$$\mathbf{P}(A) = p_0\,(1-p)^n + (1-p_0)\,n\,p\,(1-p)^{n-1}.$$

3.21*. Die Bedingungen der vorhergehenden Aufgabe bleiben erhalten. Man bestimme die Wahrscheinlichkeit dafür, daß sich nach zwei Haltestellen wieder n Fahrgäste im Bus befinden (bei den Berechnungen muß beachtet werden, daß ein an der ersten Haltestelle eingestiegener Fahrgast mit der Wahrscheinlichkeit p an der zweiten Haltestelle wieder aussteigen kann).

Lösung: Die Hypothesen lauten:

$H_{0,0}$ — an beiden Haltestellen ist niemand eingestiegen;
$H_{1,0}$ — an der ersten Haltestelle ist ein Fahrgast und an der zweiten kein Fahrgast eingestiegen;
$H_{0,1}$ — an der ersten Haltestelle ist kein Fahrgast und an der zweiten ein Fahrgast eingestiegen;
$H_{1,1}$ — an jeder Haltestelle ist ein Fahrgast eingestiegen.

Es gilt

$$\mathbf{P}(H_{0,0}) = p_0^2; \qquad \mathbf{P}(H_{1,0}) = (1-p_0)\,p_0;$$
$$\mathbf{P}(H_{0,1}) = p_0\,(1-p_0); \qquad \mathbf{P}(H_{1,1}) = (1-p_0)^2.$$

Damit unter der Hypothese $H_{0,0}$ die Anzahl der Fahrgäste gleich n bleibt, ist es notwendig, daß an beiden Haltestellen kein Fahrgast aussteigt. Es ist also

$$\mathbf{P}(A|H_{0,0}) = [(1-p)^n]^2 = (1-p)^{2n}.$$

Damit unter der Hypothese $H_{1,0}$ die Anzahl der Fahrgäste sich nicht ändert, ist es notwendig, daß entweder an der ersten Haltestelle ein Fahrgast aussteigt und an der zweiten keiner, oder an der ersten Haltestelle keiner und an der zweiten ein Fahrgast aussteigt:

$$\mathbf{P}(A|H_{1,0}) = n\,p\,(1-p)^{n-1}\,(1-p)^n + (1-p)^n\,(n+1)\,p\,(1-p)^n$$
$$= p\,(1-p)^{2n-1}\,[n + (n+1)\,(1-p)].$$

Analog berechnet man (allerdings unter Berücksichtigung, daß der an der zweiten Haltestelle eingestiegene Fahrgast nicht wieder aussteigt)

$$\mathbf{P}(A|H_{0,1}) = n\,p\,(1-p)^{n-1}\,(1-p)^n + (1-p)^n\,n\,p\,(1-p)^{n-1}$$
$$= 2\,n\,p\,(1-p)^{2n-1}.$$

Damit bei zwei zugestiegenen Fahrgästen die Gesamtzahl der Fahrgäste erhalten bleibt, ist es notwendig, daß entweder an der ersten Haltestelle zwei Fahrgäste aussteigen und an der zweiten keiner, oder an der ersten keiner und an der zweiten zwei, oder an jeder Haltestelle steigt je ein Fahrgast aus:

$$\begin{aligned}\mathbf{P}(A|H_{1,1}) &= C_n^2\, p^2 (1-p)^{n-2} (1-p)^{n-1} \\ &\quad + (1-p)^n\, C_{n+1}^2\, p^2 (1-p)^{n-1} + C_n^1\, p\,(1-p)^{n-1}\, C_n^1\, p\,(1-p)^{n-1} \\ &= p^2 (1-p)^{2n-3} \left[\frac{n(n-1)}{2} + n^2 (1-p) + \frac{n(n+1)}{2} (1-p)^2\right].\end{aligned}$$

Die gesuchte Wahrscheinlichkeit ist gleich

$$\begin{aligned}\mathbf{P}(A) &= \mathbf{P}(H_{0,0})\,\mathbf{P}(A|H_{0,0}) + \mathbf{P}(H_{1,0})\,\mathbf{P}(A|H_{1,0}) \\ &\quad + \mathbf{P}(H_{0,1})\,\mathbf{P}(A|H_{0,1}) + \mathbf{P}(H_{1,1})\,\mathbf{P}(A|H_{1,1}).\end{aligned}$$

3.22. Drei Geschütze geben je einen Schuß auf drei Ziele ab. Jedes Geschütz sucht sich unabhängig von den anderen zufällig das Ziel aus. Ein Ziel wird durch einen Schuß mit der Wahrscheinlichkeit p vernichtet.

Man bestimme die Wahrscheinlichkeit dafür, daß zwei der Ziele vernichtet werden und das dritte nicht.

Lösung: Die Hypothesen lauten:

H_1 — alle drei Ziele werden beschossen;
H_2 — alle drei Geschütze schießen auf ein Ziel;
H_3 — zwei der Ziele werden beschossen und das dritte nicht.

Es gilt

$$\mathbf{P}(H_1) = 1 \cdot \frac{2}{3} \cdot \frac{1}{3} = \frac{2}{9}; \quad \mathbf{P}(H_2) = 1 \cdot \frac{1}{3} \cdot \frac{1}{3} = \frac{1}{9}; \quad \mathbf{P}(H_3) = 1 - \frac{2}{9} - \frac{1}{9} = \frac{2}{3};$$

$$\mathbf{P}(A|H_1) = 3p^2 (1-p); \qquad \mathbf{P}(A|H_2) = 0;$$

$$\mathbf{P}(A|H_3) = [1 - (1-p)^2]\, p = p^2 (2-p);$$

$$\mathbf{P}(A) = 2p^2 \left(1 - \frac{2}{3} p\right).$$

3.23. Ein System besteht aus zwei sich doublierenden Geräten I und II (Abb. 3.23). Das System kann mit der Wahrscheinlichkeit P_1 unter günstigen und mit der Wahrscheinlichkeit $1 - P_1$ unter ungünstigen Bedingungen arbeiten. Die Zuverlässigkeit eines Gerätes ist gleich p_1 unter den günstigen und gleich p_2 unter ungünstigen Bedingungen.

Man bestimme die totale (mittlere) Zuverlässigkeit p des Systems.

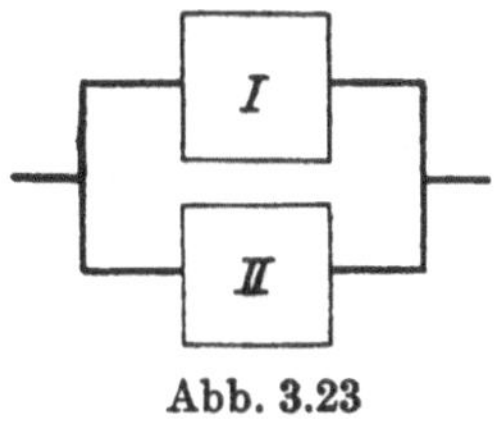

Abb. 3.23

Lösung:

$$p = P_1 [1 - (1-p_1)^2] + (1-P_1)[1 - (1-p_2)^2].$$

3.24. In einer Telefonzentrale treffen in zufälligen Zeitpunkten Anrufe ein. Die Wahrscheinlichkeit des Eintreffens von k Anrufen in einem Intervall der

Länge t ist unabhängig von dem Anfangspunkt des Intervalls gleich $p_k(t)$. Die Anzahl der Anrufe, die in einem Zeitintervall der Länge t eintrifft, hängt nicht davon ab, wie viele Anrufe vor oder nach diesem Zeitintervall eintreffen.

Man bestimme die Wahrscheinlichkeit dafür, daß in einem Zeitintervall der Länge $2\,t$ gerade s Anrufe eintreffen.

Lösung: Wir zerlegen das Zeitintervall der Länge $2\,t$ in zwei Teile der Länge t. Die Hypothesen H_k — im ersten Teilintervall treffen k Anrufe ein — ($k = 0, 1, \ldots, s$) haben die Wahrscheinlichkeiten

$$\mathbf{P}(H_k) = p_k(t) \qquad (k = 0, 1, \ldots, s)\,.$$

Damit unter der Hypothese H_k im Intervall der Länge $2\,t$ gerade s Anrufe eintreffen, müssen im zweiten Teilintervall $(s - k)$ Anrufe eintreffen. Die bedingte Wahrscheinlichkeit dafür ist wegen der vorausgesetzten Unabhängigkeit gleich $p_{s-k}(t)$. Die totale Wahrscheinlichkeit des Ereignisses — im Intervall der Länge $2\,t$ treffen s Anrufe ein — ist gleich

$$\mathbf{P}(A) = \sum_{k=0}^{s} \mathbf{P}(H_k)\,\mathbf{P}(A|H_k) = \sum_{k=0}^{s} p_k(t)\,p_{s-k}(t)\,.$$

3.25. In einem Karton befinden sich a neue und b gespielte Tennisbälle. Dem Karton werden willkürlich zwei Bälle entnommen, mit denen gespielt wird. Nach dem Spiel werden die Bälle in den Karton zurückgelegt. Nach einer gewissen Zeit werden dem Karton wieder zwei Bälle willkürlich entnommen.

Man bestimme die Wahrscheinlichkeit dafür, daß beide Bälle neu sind ($a \geqq 2$; $b \geqq 2$).

Lösung: Wir bilden die Hypothesen:

H_1 — beide das erstemal entnommenen Bälle waren neu;
H_2 — beide das erstemal entnommenen Bälle waren gespielt;
H_3 — einer der das erstemal entnommenen Bälle war neu, der andere gespielt.

Es gilt

$$\mathbf{P}(H_1) = \frac{a\,(a-1)}{(a+b)\,(a+b-1)}\,; \qquad \mathbf{P}(H_2) = \frac{b\,(b-1)}{(a+b)\,(a+b-1)}\,;$$

$$\mathbf{P}(H_3) = \frac{2\,a\,b}{(a+b)\,(a+b-1)}\,;$$

$$\mathbf{P}(A) = \frac{a\,(a-1)\,(a-2)\,(a-3) + b\,(b-1)\,a\,(a-1) + 2\,a\,b\,(a-1)\,(a-2)}{(a+b)^2\,(a+b-1)^2}\,.$$

3.26. Für eine Prüfung werden auf n Zettel jeweils zwei Fragen geschrieben. Ein Prüfling kann nicht alle $2\,n$, sondern nur $k < 2\,n$ Fragen beantworten. Der Prüfling zieht willkürlich einen Prüfungszettel. Die Prüfung gilt als bestanden, wenn der Prüfling beide auf seinem Zettel stehenden Fragen oder eine auf seinem Zettel und eine (durch die Entscheidung des Prüfers festgelegte) auf einem zweiten willkürlich gezogenen Zettel stehende Frage beantworten kann.

Man bestimme die Wahrscheinlichkeit p dafür, daß der Prüfling die Prüfung besteht.

Lösung: Die Hypothesen lauten:

H_1 — der Prüfling kann beide Fragen auf seinem Zettel beantworten;
H_2 — der Prüfling kann nur eine der auf seinem Zettel stehenden Fragen beantworten.

Die gesuchte Wahrscheinlichkeit ist gleich

$$p = \frac{k(k-1)}{2n(2n-1)} 1 + \frac{2k(2n-k)}{2n(2n-1)} \frac{k-1}{2n-2}.$$

3.27*. Ein unter Beschuß stehendes Ziel kann sich mit der Wahrscheinlichkeit p_1 im Punkt I und mit der Wahrscheinlichkeit $p_2 = 1 - p_1$ im Punkt II befinden $\left(p_1 > \frac{1}{2}\right)$. Es stehen n Geschosse zur Verfügung. Jeder Schuß kann auf den Punkt I oder auf den Punkt II abgegeben werden. Jedes Geschoß trifft, falls es auf den Punkt abgegeben wird, in dem sich das Ziel gerade befindet, unabhängig von den anderen das Ziel mit der Wahrscheinlichkeit p. Wieviel Schüsse muß man auf den Punkt I abgeben, um das Ziel mit der maximalen Wahrscheinlichkeit zu treffen?

Lösung: Es sei A das Ereignis — die Vernichtung des Ziels bei n_1 auf den Punkt I abgegebenen Schüssen. Die Hypothesen lauten:

H_1 — das Ziel befindet sich im Punkt I;
H_2 — das Ziel befindet sich im Punkt II.

Es gilt

$$\mathbf{P}(H_1) = p_1; \qquad \mathbf{P}(H_2) = 1 - p_1;$$
$$\mathbf{P}(A) = p_1 [1 - (1-p)^{n_1}] + (1-p_1)[1 - (1-p)^{n-n_1}].$$

Betrachtet man $\mathbf{P}(A)$ als Funktion des stetigen Arguments n_1, so erhält man:

$$\frac{d\mathbf{P}(A)}{dn_1} = [-p_1(1-p)^{n_1} - (1-p_1)(1-p)^{n-n_1}] \ln(1-p),$$
$$\frac{d^2\mathbf{P}(A)}{dn_1^2} = -[p_1(1-p)^{n_1} + (1-p_1)(1-p)^{n-n_1}] \ln^2(1-p) < 0.$$

Daraus folgt, daß diese Funktion ihr eindeutig bestimmtes Maximum im Punkt

$$n_1 = \frac{n}{2} + \frac{\ln \frac{1-p_1}{p_1}}{2\ln(1-p)}, \quad \text{in dem} \quad \frac{d\mathbf{P}(A)}{dn_1} = 0 \text{ ist,}$$

annimmt.

Wir beachten, daß $n_1 > \frac{n}{2}$ für $p_1 > \frac{1}{2}$ ist. Ist die so gewonnene Zahl n_1 ganz und $\leqq n$, so ist sie die gesuchte Zahl; ist n_1 gebrochen (aber $\leqq n$), so muß man die Werte von $\mathbf{P}(A)$ für die beiden zu n_1 benachbarten ganzen Zahlen berechnen. Die gesuchte Zahl ist dann diejenige von den beiden, die den größeren Wert von $\mathbf{P}(A)$ ergibt. Ist $n_1 > n$, so muß man alle n Schüsse auf den Punkt I abgeben (das ist für $\ln \frac{1-p_1}{p_1} \leqq n \ln(1-p)$, d. h. für $p_1 \geqq \frac{1}{1+(1-p)^n}$ der Fall).

3.28. Ein Flugzeug soll auf einem Flugplatz landen. Bei günstigem Wetter beobachtet der Flieger bei der Landung den Flugplatz visuell. Die Wahrscheinlichkeit einer glücklichen Landung ist in diesem Fall gleich p_1. Hat der Pilot aufgrund von Witterungsbedingungen keine Sicht, so landet er das Flugzeug blind mit Hilfe einer entsprechenden Apparatur. Die Zuverlässigkeit (die Wahrscheinlichkeit der einwandfreien Arbeit) der Apparatur ist gleich P. Die Wahrscheinlichkeit der glücklichen Landung des Flugzeugs ist bei einwandfreier Arbeit der Apparatur die gleiche wie bei visueller Beobachtung. Fällt die Apparatur aus, so hat die Wahrscheinlichkeit der glücklichen Landung einen sehr kleinen Wert p_1^*.

Man bestimme die totale Wahrscheinlichkeit der glücklichen Landung, wenn es bekannt ist, daß bei $k\%$ aller Landungen der Pilot keine Sicht hat.

Lösung: Die Hypothesen lauten:

H_1 — der Pilot kann das Flugzeug visuell landen;
H_2 — der Pilot kann das Flugzeug nicht visuell landen.

Es gilt

$$\mathbf{P}(H_1) = 1 - \frac{k}{100}; \qquad \mathbf{P}(H_2) = \frac{k}{100}; \qquad \mathbf{P}(A|H_1) = p_1 .$$

Mit Hilfe der Formel der totalen Wahrscheinlichkeit erhalten wir

$$\mathbf{P}(A|H_2) = P\,p_1 + (1-P)\,p_1^*;$$
$$\mathbf{P}(A) = \left(1 - \frac{k}{100}\right) p_1 + \frac{k}{100}\left[P\,p_1 + (1-P)\,p_1^*\right].$$

3.29. Ein unter Beschuß stehendes Ziel besteht aus zwei Teilen, deren Anfälligkeit unterschiedlich ist. Zur Vernichtung des Ziels genügt ein Treffer in den ersten Teil oder zwei Treffer in den zweiten. Jeder Treffer trifft den ersten Teil mit der Wahrscheinlichkeit p_1 und den zweiten mit der Wahrscheinlichkeit $p_2 = 1 - p_1$. Auf das Ziel werden drei Schüsse abgegeben. Die Trefferwahrscheinlichkeit ist für jeden Schuß gleich p.

Man bestimme die Wahrscheinlichkeit dafür, daß durch diese drei Schüsse das Ziel vernichtet wird.

Lösung: Die Hypothesen lauten:

H_1 — das Ziel wurde von genau einem Geschoß getroffen;
H_2 — das Ziel wurde von genau zwei Geschossen getroffen;
H_3 — das Ziel wurde von drei Geschossen getroffen.

Es gilt

$$\mathbf{P}(H_1) = 3\,p\,(1-p)^2; \qquad \mathbf{P}(H_2) = 3\,p^2\,(1-p); \qquad \mathbf{P}(H_3) = p^3 .$$
$$\mathbf{P}(A|H_1) = p_1; \qquad \mathbf{P}(A|H_2) = 1; \qquad \mathbf{P}(A|H_3) = 1;$$
$$\mathbf{P}(A) = 3\,p\,(1-p)^2\,p_1 + 3\,p^2\,(1-p)\cdot 1 + p^3 \cdot 1 .$$

3.30. Eine aus drei Flugzeugen bestehende Gruppe greift ein Objekt an. Das Objekt wird durch vier Flakbatterien geschützt. Jede Batterie hat einen Schußwinkel von 60°, so daß vom vollen Winkel von 360° nur 240° geschützt sind. Beim Durchfliegen des geschützten Sektors wird das Flugzeug beschossen und mit der Wahrscheinlichkeit p vernichtet; durch den ungeschützten Sektor gelangt es ohne Hindernisse an das Objekt. Jedes Flugzeug, das das Objekt erreicht, wirft Bomben ab und vernichtet das Objekt mit der Wahrscheinlichkeit P. Die Flugzeugbesatzungen kennen die Stellungen der Batterien nicht.

Man bestimme die Wahrscheinlichkeit der Vernichtung des Objekts für jede der beiden Möglichkeiten der Organisation des Angriffs:

1. alle drei Flugzeuge fliegen das Objekt in einer zufällig ausgewählten Richtung an;

2. jedes Flugzeug wählt seine Anflugrichtung unabhängig von den anderen zufällig aus.

Lösung: 1. Die Hypothesen lauten:

H_1 — die Flugzeuge haben eine nichtgeschützte Richtung ausgewählt;
H_2 — die Flugzeuge haben eine geschützte Richtung ausgewählt.

Es gilt

$$\mathbf{P}(H_1) = \frac{1}{3}; \qquad \mathbf{P}(H_2) = \frac{2}{3};$$

$$\mathbf{P}(A|H_1) = 1 - (1 - P)^3; \qquad \mathbf{P}(A|H_2) = 1 - [1 - (1 - p)\,P]^3;$$

$$\mathbf{P}(A) = \frac{1}{3}[1 - (1 - P)^3] + \frac{2}{3}\{1 - [1 - (1 - p)\,P]^3\}\,.$$

2. Die totale Wahrscheinlichkeit der Vernichtung des Objekts ist für jedes Flugzeug gleich: $p_1 = \frac{1}{3}P + \frac{2}{3}(1 - p)\,P$.

Für drei Flugzeuge ist die Wahrscheinlichkeit der Vernichtung des Objekts gleich

$$\mathbf{P}(A) = 1 - (1 - p_1)^3 = 1 - \left[1 - \frac{1}{3}P - \frac{2}{3}(1 - p)\,P\right]^3.$$

Man kann zeigen, daß diese Wahrscheinlichkeit größer als die für die erste Angriffsart ist.

3.31. Gegeben sind drei Urnen. In der ersten Urne befinden sich a weiße und b schwarze, in der zweiten c weiße und d schwarze, in der dritten k weiße (keine schwarze) Kugeln. Jemand entnimmt einer willkürlich ausgewählten Urne willkürlich eine Kugel. Diese Kugel ist weiß.

Man bestimme die Wahrscheinlichkeit dafür, daß diese Kugel der ersten, der zweiten oder der dritten Urne entnommen wurde.

Lösung: Wir benutzen zur Lösung der Aufgabe die BAYESsche Formel. Die Hypothesen lauten:

H_1 — Wahl der ersten Urne;
H_2 — Wahl der zweiten Urne;
H_3 — Wahl der dritten Urne.

A priori (vor dem Versuch) sind alle Hypothesen gleichwahrscheinlich:

$$\mathrm{P}(H_1) = \mathrm{P}(H_2) = \mathrm{P}(H_3) = \frac{1}{3}.$$

Im Ergebnis des Versuchs ist das Ereignis A — Entnahme der weißen Kugel — eingetreten. Wir bestimmen die bedingten Wahrscheinlichkeiten:

$$\mathrm{P}(A|H_1) = \frac{a}{a+b}; \quad \mathrm{P}(A|H_2) = \frac{c}{c+d}; \quad \mathrm{P}(A|H_3) = 1.$$

Nach der Bayesschen Formel bestimmen wir die Wahrscheinlichkeit dafür, daß die weiße Kugel der ersten Urne entnommen wurde.

$$\mathrm{P}(H_1|A) = \frac{\frac{1}{3}\mathrm{P}(A|H_1)}{\frac{1}{3}\sum_{i=1}^{3}\mathrm{P}(A|H_i)} = \frac{\frac{a}{a+b}}{\frac{a}{a+b} + \frac{c}{c+d} + 1}.$$

Analog erhalten wir

$$\mathrm{P}(H_2|A) = \frac{\frac{c}{c+d}}{\frac{a}{a+b} + \frac{c}{c+d} + 1}; \quad \mathrm{P}(H_3|A) = \frac{1}{\frac{a}{a+b} + \frac{c}{c+d} + 1}.$$

3.32. Ein Gerät besteht aus zwei Blöcken; jeder Block ist für das Funktionieren des Gerätes unentbehrlich. Die Zuverlässigkeit (die Wahrscheinlichkeit der ausfallfreien Arbeit während der Zeit t) des ersten Blocks ist gleich p_1, die des zweiten gleich p_2. Das Gerät wurde während der Zeit t getestet. Es wurde festgestellt, daß es ausgefallen ist.

Man bestimme die Wahrscheinlichkeit dafür, daß der erste Block ausgefallen ist, der zweite aber nicht.

Lösung: Vor dem Versuch kann man vier Hypothesen aufstellen:

H_0 — beide Blöcke fielen nicht aus;
H_1 — der erste Block ist ausgefallen, der zweite ist einwandfrei;
H_2 — der zweite Block ist ausgefallen, der erste ist einwandfrei;
H_3 — beide Blöcke fielen aus.

Die a-priori-Wahrscheinlichkeiten der Hypothesen sind gleich:

$$\mathrm{P}(H_0) = p_1 p_2; \quad \mathrm{P}(H_1) = (1-p_1)p_2; \quad \mathrm{P}(H_2) = p_1(1-p_2);$$
$$\mathrm{P}(H_3) = (1-p_1)(1-p_2).$$

Es ist das Ereignis A — das Gerät fiel aus — eingetreten. Es gilt

$$\mathrm{P}(A|H_0) = 0; \quad \mathrm{P}(A|H_1) = \mathrm{P}(A|H_2) = \mathrm{P}(A|H_3) = 1.$$

Nach der Bayesschen Formel folgt

$$\mathrm{P}(H_1|A) = \frac{(1-p_1)p_2}{(1-p_1)p_2 + p_1(1-p_2) + (1-p_1)(1-p_2)} = \frac{(1-p_1)p_2}{1-p_1p_2}.$$

3.33. Unter den Bedingungen der Aufgabe 3.28 sei bekannt, daß das Flugzeug glücklich gelandet ist.

Man bestimme die Wahrscheinlichkeit dafür, daß der Pilot die Apparatur zur Blindlandung benutzte.

Lösung: Die Benutzung der Apparatur ist gleichbedeutend damit, daß der Pilot keine Sicht hatte (Hypothese H_2). Aus den Angaben der Aufgabe 3.28 folgt

$$\mathbf{P}(H_2|A) = \frac{\frac{k}{100}[P\,p_1 + (1-P)\,p_1^*]}{\left(1-\frac{k}{100}\right)p_1 + \frac{k}{100}[P\,p_1 + (1-P)\,p_1^*]}.$$

3.34. Ein Angler hat drei beliebte Angelplätze, die er mit gleicher Wahrscheinlichkeit aufsucht. Wirft er die Angel am ersten Platz aus, so beißt der Fisch mit der Wahrscheinlichkeit p_1, am zweiten mit der Wahrscheinlichkeit p_2, am dritten mit der Wahrscheinlichkeit p_3. Es sei bekannt, daß der Angler während des Angelns die Angel dreimal ausgeworfen, der Fisch aber nur einmal gebissen hat.

Man bestimme die Wahrscheinlichkeit dafür, daß der Angler am ersten Platz geangelt hat.

Lösung:
$$\mathbf{P}(H_1|A) = \frac{p_1(1-p_1)^2}{\sum\limits_{i=1}^{3} p_i(1-p_i)^2}.$$

3.35. Jedes in einem Werk hergestellte Erzeugnis ist mit der Wahrscheinlichkeit p defekt. In der Produktionsabteilung gelangt jedes Erzeugnis mit der gleichen Wahrscheinlichkeit an einen von zwei eingesetzten Kontrolleuren. Der erste Kontrolleur stellt einen vorhandenen Defekt mit der Wahrscheinlichkeit p_1 fest, der zweite mit der Wahrscheinlichkeit p_2. Jedes Erzeugnis, das nicht in der Produktionsabteilung ausgesondert wird, gelangt in die TKO des Werkes. In der TKO wird ein vorhandener Defekt mit der Wahrscheinlichkeit p_0 festgestellt. Es sei bekannt, daß das Erzeugnis ausgesondert wurde.

Man bestimme die Wahrscheinlichkeit dafür, daß es von: 1. dem ersten Kontrolleur, 2. dem zweiten Kontrolleur, 3. der TKO ausgesondert wurde.

Lösung: Vor dem Versuch sind vier Hypothesen möglich:

H_0 - das Erzeugnis wurde nicht ausgesondert;
H_1 – das Erzeugnis wurde vom ersten Kontrolleur ausgesondert;
H_2 – das Erzeugnis wurde vom zweiten Kontrolleur ausgesondert;
H_3 – das Erzeugnis wurde von der TKO ausgesondert.

Sei A das Ereignis — das Erzeugnis wurde ausgesondert. Die Hypothese H_0 interessiert uns nicht, da $\mathbf{P}(A|H_0) = 0$ ist. Die Wahrscheinlichkeiten der anderen Hypothesen sind gleich:

$$\mathbf{P}(H_1) = \frac{p\,p_1}{2}; \qquad \mathbf{P}(H_2) = \frac{p\,p_2}{2}; \qquad \mathbf{P}(H_3) = p\left(1 - \frac{p_1+p_2}{2}\right)p_0.$$

Die a-posteriori-(nach dem Versuch) Wahrscheinlichkeiten der Hypothesen sind gleich:

$$1.\quad \mathbf{P}(H_1|A) = \frac{\mathbf{P}(H_1)}{\mathbf{P}(H_1) + \mathbf{P}(H_2) + \mathbf{P}(H_3)} = \frac{p_1}{2\,p_0 + (p_1 + p_2)(1 - p_0)};$$

$$2.\quad \mathbf{P}(H_2|A) = \frac{p_2}{2\,p_0 + (p_1 + p_2)(1 - p_0)};$$

$$3.\quad \mathbf{P}(H_3|A) = \frac{p_0\,[2 - (p_1 + p_2)]}{2\,p_0 + (p_1 + p_2)(1 - p_0)}.$$

3.36. In zu einer Prüfung erschienenen Gruppe aus 10 Studenten sind 3 ausgezeichnet, 4 gut, 2 mittelmäßig und 1 schlecht vorbereitet. Es gibt insgesamt 20 Prüfungsfragen. Ein ausgezeichnet vorbereiteter Student kann sämtliche 20, ein gut vorbereiteter 16, ein mittelmäßig vorbereiteter 10 und ein schlecht vorbereiteter 5 Fragen beantworten. Ein willkürlich ausgewählter Student kann alle drei ihm gestellten Fragen beantworten.

Man bestimme die Wahrscheinlichkeit dafür, daß dieser Student a) ausgezeichnet, b) schlecht vorbereitet ist.

Lösung: Die Hypothesen lauten:

H_1 — der Student ist ausgezeichnet vorbereitet;
H_2 — der Student ist gut vorbereitet;
H_3 — der Student ist mittelmäßig vorbereitet;
H_4 — der Student ist schlecht vorbereitet.

Die a-priori-Wahrscheinlichkeiten sind gleich:

$$\mathbf{P}(H_1) = 0{,}3; \qquad \mathbf{P}(H_2) = 0{,}4; \qquad \mathbf{P}(H_3) = 0{,}2; \qquad \mathbf{P}(H_4) = 0{,}1;$$

$$\mathbf{P}(A|H_1) = 1; \qquad \mathbf{P}(A|H_2) = \frac{16}{20}\cdot\frac{15}{19}\cdot\frac{14}{18} \approx 0{,}491;$$

$$\mathbf{P}(A|H_3) = \frac{10}{20}\cdot\frac{9}{19}\cdot\frac{8}{18} \approx 0{,}105; \qquad \mathbf{P}(A|H_4) = \frac{5}{20}\cdot\frac{4}{19}\cdot\frac{3}{18} \approx 0{,}009\,.$$

Die Wahrscheinlichkeiten nach dem Versuch sind gleich:

$$\text{a)}\quad \mathbf{P}(H_1|A) = \frac{0{,}3\cdot 1}{0{,}3\cdot 1 + 0{,}4\cdot 0{,}491 + 0{,}2\cdot 0{,}105 + 0{,}1\cdot 0{,}009} \approx 0{,}58;$$

$$\text{b)}\quad \mathbf{P}(H_4|A) = \frac{0{,}1\cdot 0{,}009}{0{,}518} \approx 0{,}002\,.$$

3.37. Die Antenne einer Radaranlage empfängt mit der Wahrscheinlichkeit p ein mit einer Störung überlagertes nützliches Signal und mit der Wahrscheinlichkeit $1 - p$ nur die reine Störung. Beim Erscheinen eines gestörten nützlichen Signals zeigt die Anlage das Vorhandensein irgendeines Signals mit der Wahrscheinlichkeit p_1 an; beim Erscheinen einer reinen Störung mit der Wahrscheinlichkeit p_2. Es sei bekannt, daß die Anlage das Vorhandensein irgendeines Signals angezeigt hat.

Man bestimme die Wahrscheinlichkeit dafür, daß diese Anzeige durch ein (gestörtes) nützliches Signal ausgelöst wurde.

Lösung: $$\frac{p\,p_1}{p\,p_1 + (1-p)\,p_2}.$$

3.38. Auf einem Bahnhof gibt es drei Fahrkartenschalter. Die Wahrscheinlichkeit dafür, daß ein beliebiger Fahrgast den ersten, zweiten oder dritten Schalter benutzt, hängt von ihrer Lage ab und ist gleich p_1, p_2 oder p_3. Die Wahrscheinlichkeit dafür, daß beim Eintreffen eines Fahrgastes am ersten, zweiten oder dritten Schalter die Fahrkarten ausverkauft sind, ist gleich P_1, P_2 oder P_3. Der Fahrgast wandte sich an einen Schalter und löste eine Fahrkarte.

Man bestimme die Wahrscheinlichkeit dafür, daß sich der Fahrgast an den ersten Schalter wandte.

Lösung: Die Hypothese H_i lautet: Der Fahrgast wandte sich an den i-ten Schalter ($i = 1, 2, 3$).

$$\mathbf{P}(H_1) = p_1; \qquad \mathbf{P}(H_2) = p_2; \qquad \mathbf{P}(H_3) = p_3 .$$

$$\mathbf{P}(A|H_1) = 1 - P_1; \qquad \mathbf{P}(A|H_2) = 1 - P_2; \qquad \mathbf{P}(A|H_3) = 1 - P_3 .$$

$$\mathbf{P}(H_1|A) = \frac{p_1(1-P_1)}{p_1(1-P_1) + p_2(1-P_2) + p_3(1-P_3)} .$$

3.39. Ein Schuß wird auf ein aus zwei Teilen I und II bestehendes Ziel abgegeben (Abb. 3.39). Die Wahrscheinlichkeit, den Teil I zu treffen, ist gleich p_1, die, den Teil II zu treffen, ist gleich p_2. Ein abgegebener Schuß traf den Teil I nicht.

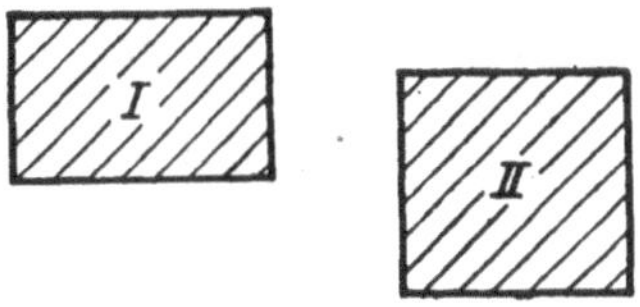

Abb. 3.39

Man bestimme die Wahrscheinlichkeit dafür, daß dieser Schuß Teil II traf.

Lösung: Die Hypothesen lauten:

H_1 — der Teil I wird getroffen;
H_2 — der Teil II wird getroffen;
H_3 — es wird kein Teil getroffen.

Sei A das Ereignis — Teil I wird nicht getroffen. Es gilt

$$\mathbf{P}(H_1) = p_1; \qquad \mathbf{P}(H_2) = p_2; \qquad \mathbf{P}(H_3) = 1 - (p_1 + p_2) .$$

$$\mathbf{P}(A|H_1) = 0; \qquad \mathbf{P}(A|H_2) = 1; \qquad \mathbf{P}(A|H_3) = 1 .$$

$$\mathbf{P}(H_2|A) = \frac{p_2}{p_2 + 1 - (p_1 + p_2)} = \frac{p_2}{1 - p_1} .$$

Diese Aufgabe kann auch ohne Benutzung der BAYESschen Formel gelöst werden:

$$\mathbf{P}(H_2|A) = \frac{\mathbf{P}(H_2 A)}{\mathbf{P}(A)} = \frac{\mathbf{P}(H_2)}{\mathbf{P}(A)} \frac{p_2}{1 - p_1}.$$

3.40. Gegeben sind zwei Urnen. In der ersten Urne befinden sich a weiße und b schwarze Kugeln, in der zweiten c weiße und d schwarze. Einer willkürlich ausgewählten Urne wird willkürlich eine Kugel entnommen. Diese Kugel ist weiß.

Man bestimme die Wahrscheinlichkeit dafür, daß die nächste, der gleichen Urne entnommene Kugel weiß ist.

Lösung: Die Hypothesen lauten:

H_1 — es wird die erste Urne ausgewählt;
H_2 — es wird die zweite Urne ausgewählt.

Sei A das Ereignis — beim erstenmal wird der Urne eine weiße Kugel entnommen. Es gilt

$$\mathbf{P}(H_1) = \mathbf{P}(H_2) = \frac{1}{2}; \qquad \mathbf{P}(H_1|A) = \frac{\frac{a}{a+b}}{\frac{a}{a+b} + \frac{c}{c+d}};$$

$$\mathbf{P}(H_2|A) = \frac{\frac{c}{c+d}}{\frac{a}{a+b} + \frac{c}{c+d}}.$$

Sei B das Ereignis — die zweite Kugel ist weiß. Es ist

$$\mathbf{P}(B|A) = \mathbf{P}(H_1|A)\,\mathbf{P}(B|H_1 A) + P(H_2|A)\,\mathbf{P}(B|H_2 A).$$

Die bedingte Wahrscheinlichkeit dafür, daß die zweite Kugel unter der Bedingung, daß beim erstenmal aus der ersten Urne eine weiße Kugel entnommen wurde, weiß ist, ist gleich

$$\mathbf{P}(B|H_1 A) = \frac{a-1}{a+b-1}.$$

Analog erhält man

$$\mathbf{P}(B|H_2 A) = \frac{c-1}{c+d-1},$$

$$\mathbf{P}(B|A) = \frac{1}{\frac{a}{a+b} + \frac{c}{c+d}} \left[\frac{a(a-1)}{(a+b)(a+b-1)} + \frac{c(c-1)}{(c+d)(c+d-1)}\right].$$

3.41. Aus einer Gruppe von N Schützen wird willkürlich ein Schütze ausgewählt. Dieser Schütze erzielt beim ersten Schuß einen Treffer.

Man bestimme die Wahrscheinlichkeit dafür, daß der gleiche Schütze bei den zwei folgenden Schüssen genau einen Treffer erzielt, wenn die Trefferwahrscheinlichkeit bei einem Schuß für den i-ten Schützen gleich p_i ist ($i = 1, 2, \ldots, N$).

Lösung: Wir definieren folgende Ereignisse:

A — der erste Schuß ist ein Treffer;
B — die zwei folgenden Schüsse sind ein Treffer und ein Fehlschuß.

Die Hypothesen lauten: H_i — es wurde der i-te Schütze ausgewählt ($i = 1, 2, \ldots, N$). Es gilt

$$\mathbf{P}(H_i|A) = \frac{p_i}{p}, \quad \text{mit} \quad p = \sum_{i=1}^{N} p_i; \qquad \mathbf{P}(B|H_i A) = 2\, p_i\, (1 - p_i);$$

$$\mathbf{P}(B|A) = \sum_{i=1}^{N} \mathbf{P}(H_i|A)\, \mathbf{P}(B|H_i A) = \frac{2}{p} \sum_{i=1}^{N} p_i^2\, (1 - p_i)\,.$$

KAPITEL 4

WIEDERHOLUNG VON VERSUCHEN (DAS BERNOULLISCHE SCHEMA)

Versuche heißen *unabhängig*, wenn die Wahrscheinlichkeit dieses oder jenes Ausgangs eines jeden Versuches von den Ergebnissen anderer Versuche unabhängig ist.

Unabhängige Versuche können sowohl unter gleichen als auch unter verschiedenen Bedingungen durchgeführt werden. Im ersten Falle ist die Wahrscheinlichkeit des Eintretens eines Ereignisses A für alle Versuche gleich, im zweiten Fall verändert sie sich von Versuch zu Versuch.

Wiederholung von Versuchen unter gleichen Bedingungen

Werden n unabhängige Versuche unter gleichen Bedingungen durchgeführt und tritt das Ereignis A in einem Versuch mit der Wahrscheinlichkeit p ein, so gilt für die Wahrscheinlichkeit $P_{m,n}$ dafür, daß das Ereignis A in den n Versuchen genau m-mal eintritt, die Formel

$$P_{m,n} = C_n^m \, p^m \, q^{n-m} \qquad (m = 0, 1, \ldots, n)\,, \tag{4.1}$$

wobei $q = 1 - p$ ist.

Durch die Formel (4.1) wird die sogenannte *Binomialverteilung* definiert.

Die Wahrscheinlichkeit dafür, daß das Ereignis A bei n unabhängigen unter den gleichen Bedingungen durchgeführten Versuchen mindestens einmal eintritt, ist gleich

$$R_{1,n} = 1 - q^n\,.$$

Der allgemeine Fall der Wiederholung von Versuchen

Es werden n unabhängige Versuche unter verschiedenen Bedingungen durchgeführt. Die Wahrscheinlichkeit des Eintretens des Ereignisses A beim i-ten Versuch sei gleich p_i $(i = 1, 2, \ldots, n)$. Die Wahrscheinlichkeit $P_{m,n}$ dafür, daß das Ereignis A in den n Versuchen genau m-mal eintritt, ist gleich dem Koeffizienten bei z^m in der Entwicklung der erzeugenden Funktion

$$\varphi_n(z) = \prod_{i=1}^{n} (q_i + p_i z)\,, \qquad \text{wobei} \qquad q_i = 1 - p_i$$

ist, nach Potenzen von z.

Die Wahrscheinlichkeit dafür, daß das Ereignis A in den n Versuchen mindestens einmal eintritt, ist gleich

$$R_{1,n} = 1 - \prod_{i=1}^{n} q_i .$$

Es gilt stets

$$\sum_{m=0}^{n} P_{m,n} = 1 .$$

Die Wahrscheinlichkeit $R_{k,n}$ dafür, daß in den n Versuchen das Ereignis A mindestens k-mal eintritt, ist gleich

$$R_{k,n} = \sum_{m=k}^{n} P_{m,n} \qquad \text{oder} \qquad R_{k,n} = 1 - \sum_{m=0}^{k-1} P_{m,n} .$$

Die angeführten Formeln für die Wiederholung von Versuchen können auf den Fall verallgemeinert werden, daß im Ergebnis eines jeden Versuchs nicht nur zwei (A oder $\bar{A}$) sondern mehrere Ausgänge möglich sind. Werden n unabhängige Versuche durchgeführt, wobei jeder Versuch k unvereinbare Ausgänge $A_1, A_2, \ldots, A_k$ mit den Wahrscheinlichkeiten des Eintretens $p_1, p_2, \ldots, p_k$ hat $\left(\sum_{j=1}^{k} p_j = 1\right)$, so gilt für die Wahrscheinlichkeit dafür, daß in m_1 Versuchen das Ereignis A_1, in m_2 Versuchen das Ereignis $A_2, \ldots,$ in m_k Versuchen das Ereignis A_k eintritt $\left(\sum_{i=1}^{k} m_i = n\right)$, die Formel

$$P_{m_1, m_2, \ldots, m_k; n} = \frac{n!}{m_1!\, m_2! \cdots m_k!} p_1^{m_1} p_2^{m_2} \cdots p_k^{m_k} \tag{4.2}$$

oder

$$P_{m_1, m_2, \ldots, m_k; n} = n! \prod_{j=1}^{k} \frac{p_j^{m_j}}{m_j!} .$$

Sind die Versuchsbedingungen verschieden, d. h., das Ereignis A_j hat im i-ten Versuch die Wahrscheinlichkeit $p_{j,i}$ ($i = 1, 2, \ldots, n$; $j = 1, 2, \ldots, k$), so berechnet sich die Wahrscheinlichkeit $P_{m_1, m_2, \ldots, m_k; n}$ als Koeffizient vor dem Glied $z_1^{m_1} \cdots z_k^{m_k}$ in der Entwicklung der erzeugenden Funktion

$$\varphi_n(z_1, z_2, \ldots, z_k) = \prod_{i=1}^{n} (p_{1,i} z_1 + p_{2,i} z_2 + \cdots + p_{k,i} z_k)$$

nach Potenzen von $z_1, z_2, \ldots, z_k$.

4.1. Ein Gerät besteht aus k Blöcken. Die Zuverlässigkeit (die Wahrscheinlichkeit der ausfallfreien Arbeit während der Zeit t) ist für jeden Block gleich p. Die Blöcke fallen unabhängig voneinander aus.

Man bestimme die Wahrscheinlichkeit dafür, daß während der Zeit t:
a) wenigstens ein Block ausfällt; b) genau ein Block ausfällt; c) genau zwei Blöcke ausfallen; d) mindestens zwei Blöcke ausfallen.

Lösung: a) $R_{1,k} = 1 - p^k$; b) $P_{1,k} = C_k^1(1-p)\,p^{k-1} = k(1-p)\,p^{k-1}$.

c) $P_{2,k} = C_k^2(1-p)^2 p^{k-2} = \frac{1}{2}k(k-1)(1-p)^2 p^{k-2}$;

d) $R_{2,k} = 1 - p^k - k(1-p)\,p^{k-1} = 1 - kp^{k-1} + (k-1)\,p^k$.

4.2. Auf ein Ziel werden vier voneinander unabhängige Schüsse abgegeben. Die Trefferwahrscheinlichkeiten der verschiedenen Schüsse sind gleich $p_1 = 0{,}1$; $p_2 = 0{,}2$; $p_3 = 0{,}3$; $p_4 = 0{,}4$.

Man bestimme die Wahrscheinlichkeiten $P_{0,4}$; $P_{1,4}$; $P_{2,4}$; $P_{3,4}$; $P_{4,4}$ dafür, daß kein, ein, zwei, drei, vier Treffer erzielt werden; die Wahrscheinlichkeit $R_{1,4}$ dafür, daß mindestens ein Treffer erzielt wird; die Wahrscheinlichkeit $R_{2,4}$ dafür, daß mindestens zwei Treffer erzielt werden.

Lösung: Die erzeugende Funktion ist gleich

$$\varphi_4(z) = (0{,}9 + 0{,}1\,z)\,(0{,}8 + 0{,}2\,z)\,(0{,}7 + 0{,}3\,z)\,(0{,}6 + 0{,}4\,z)\,.$$

Durch Umformung erhalten wir

$$\varphi_4(z) \approx 0{,}302 + 0{,}440\,z + 0{,}214\,z^2 + 0{,}040\,z^3 + 0{,}002\,z^4\,,$$

woraus

$$P_{0,4} = 0{,}302;\quad P_{1,4} = 0{,}440\,;\quad P_{2,4} = 0{,}214\,;\quad P_{3,4} = 0{,}040\,;\quad P_{4,4} = 0{,}002\,;$$

$$R_{1,4} = 1 - P_{0,4} = 0{,}698\,;\qquad R_{2,4} = 1 - P_{0,4} - P_{1,4} = 0{,}257$$

folgt.

4.3. Auf ein Ziel werden vier voneinander unabhängige Schüsse unter den gleichen Bedingungen abgegeben, wobei die Trefferwahrscheinlichkeit p für jeden Schuß gleich dem Mittelwert der vier Wahrscheinlichkeiten der vorhergehenden Aufgabe ist:

$$p = \frac{p_1 + p_2 + p_3 + p_4}{4} = 0{,}25\,.$$

Man bestimme die Wahrscheinlichkeiten

$$P_{0,4};\ P_{1,4};\ P_{2,4};\ P_{3,4};\ P_{4,4};\ R_{1,4};\ R_{2,4}\,.$$

Lösung: $P_{i,4} = C_4^i\,p^i\,q^{4-i}$; $P_{0,4} = 0{,}314$; $P_{1,4} = 0{,}422$; $P_{2,4} = 0{,}212$; $P_{3,4} = 0{,}048$; $P_{4,4} = 0{,}004$; $R_{1,4} = 0{,}686$; $R_{2,4} = 0{,}264$.

4.4*. Auf ein Ziel werden n voneinander unabhängige Schüsse abgegeben. Die Trefferwahrscheinlichkeit des i-ten Schusses ist gleich p_i $(i = 1, 2, \ldots, n)$. Bei der Bestimmung der Wahrscheinlichkeit für mindestens einen Treffer werden die Wahrscheinlichkeiten p_i durch ihr arithmetisches Mittel

$$p^* = \frac{\sum_{i=1}^{n} p_i}{n}$$

ersetzt.

Wird durch eine solche Mittlung die Wahrscheinlichkeit für mindestens einen Treffer vergrößert oder verkleinert?

Lösung: Der exakte Wert von $R_{1,n}$ ist gleich

$$R_{1,n} = 1 - \prod_{i=1}^{n} q_i\,, \qquad \text{wobei} \qquad q_i = 1 - p_i$$

ist. Der unter Anwendung der mittleren Trefferwahrscheinlichkeit berechnete Näherungswert ist gleich

$$R_{1,n}^{**} = 1 - (1 - p^*)^n = 1 - \left(\frac{n - \sum_{i=1}^{n} p_i}{n}\right)^n = 1 - \left(\frac{\sum_{i=1}^{n} q_i}{n}\right)^n.$$

Es müssen die Größen

$$\prod_{i=1}^{n} q_i \qquad \text{und} \qquad \left(\frac{\sum_{i=1}^{n} q_i}{n}\right)^n$$

verglichen werden. Bekanntlich ist das geometrische Mittel nicht negativer Zahlen nicht größer als ihr arithmetisches Mittel, d. h., es ist

$$\sqrt[n]{\prod_{i=1}^{n} q_i} \leqq \frac{\sum_{i=1}^{n} q_i}{n} \qquad \text{und} \qquad \prod_{i=1}^{n} q_i \leqq \left(\frac{\sum_{i=1}^{n} q_i}{n}\right)^n.$$

Es ist folglich $R_{1,n} \geqq R_{1,n}^{*}$; durch Anwendung der Mittlung wird die Wahrscheinlichkeit für wenigstens einen Treffer verkleinert.

4.5 Die in einem Werk hergestellten Erzeugnisse werden vier verschiedenen Prüfungen unterzogen. Die erste Prüfung übersteht das Erzeugnis mit der Wahrscheinlichkeit 0,9, die zweite mit der Wahrscheinlichkeit 0,95, die dritte mit der Wahrscheinlichkeit 0,8 und die vierte mit der Wahrscheinlichkeit 0,85. Unter entsprechenden Unabhängigkeitsannahmen bestimme man die Wahrscheinlichkeit folgender Ereignisse:

A — das Erzeugnis übersteht alle vier Prüfungen;
B — das Erzeugnis übersteht genau zwei Prüfungen (von vier);
C — das Erzeugnis übersteht mindestens zwei Prüfungen (von vier).

Lösung:

$$\varphi_4(z) = 0{,}00015 + 0{,}00565\,z + 0{,}06965\,z^2 + 0{,}34315\,z^3 + 0{,}58140\,z^4\,;$$

$$\mathbf{P}(A) = P_{4,4} = 0{,}58140\,; \qquad \mathbf{P}(B) = P_{2,4} = 0{,}06965\,;$$

$$\mathbf{P}(C) = R_{2,4} = 1 - P_{0,4} - P_{1,4} = 0{,}99420\,.$$

4.6. Jedes der in einem Werk hergestellten Erzeugnisse ist mit der Wahrscheinlichkeit r (unabhängig von den anderen) defekt. Bei der Kontrolle wird ein vorhandener Defekt mit der Wahrscheinlichkeit p festgestellt. Zur Kontrolle wird der Produkton eine Stichpobe von n Erzeugnissen entnommen.

Man bestimme die Wahrscheinlichkeiten folgender Ereignisse:
A — bei keinem Erzeugnis wird ein Defekt festgestellt;
B — bei genau zwei Erzeugnissen wird ein Defekt festgestellt;
C — bei mindestens zwei Erzeugnissen wird ein Defekt festgestellt.

Lösung: Die Wahrscheinlichkeit dafür, daß bei einem willkürlich ausgewählten Erzeugnis ein Defekt festgestellt wird, ist gleich $p\,r$. Es gilt

$$\mathrm{P}(A) = P_{0,n} = (1 - p\,r)^n ;$$
$$\mathrm{P}(B) = P_{2,n} = C_n^2(p\,r)^2\,(1 - p\,r)^{n-2} ;$$
$$\mathrm{P}(C) = 1 - P_{0,n} - P_{1,n} = 1 - (1 - p\,r)^{n-1}\,[(1 - p\,r) + n\,p\,r] .$$

4.7. Es werden $2\,k$ neue Glühlampen in Betrieb genommen. Jede Glühlampe brennt im Laufe eines Jahres mit der Wahrscheinlichkeit r durch.

Man bestimme die Wahrscheinlichkeit dafür, daß im Laufe des Jahres mindestens die Hälfte der ursprünglich in Betrieb genommenen Glühlampen durch neue ersetzt werden müssen.

Lösung:

$$\mathrm{P}(A) = 1 - \sum_{m=0}^{k-1} P_{m,2k} = 1 - \sum_{m=0}^{k-1} C_{2k}^m\, r^m\,(1 - r)^{2k-m} .$$

4.8. Ein Luftverteidigungssystem verteidigt ein Territorium vor einem Luftangriff, an dem N Flugzeuge teilnehmen. Zur Vernichtung eines jeden angreifenden Flugzeugs werden zwei Abfangjäger eingesetzt. Jeder Abfangjäger vernichtet das Ziel unabhängig von dem anderen mit der Wahrscheinlichkeit p.

Man bestimme die Wahrscheinlichkeit folgender Ereignisse:
A — es werden genau drei angreifende Flugzeuge vernichtet;
B — es werden mindestens zwei angreifende Flugzeuge vernichtet.

Lösung:

$$\mathrm{P}(A) = C_N^3\,[1 - (1 - p)^2]^3\,(1 - p)^{2(N-3)} ;$$
$$\mathrm{P}(B) = 1 - (1 - p)^{2N} - N\,(1 - p)^{2(N-1)}\,[1 - (1 - p)^2] .$$

4.9. Auf ein Flugzeug werden n voneinander unabhängige Schüsse abgegeben. Jeder Schuß trifft mit der Wahrscheinlichkeit p_1 das Flugzeug so, daß es vernichtet wird, mit der Wahrscheinlichkeit p_2 trifft er den Treibstofftank und mit der Wahrscheinlichkeit p_3 trifft er das Flugzeug gar nicht. Ein den Treibstofftank treffender Schuß verursacht den Verlust von k Litern Treibstoff innerhalb einer Stunde. Nach Verlust von M Litern Treibstoff wird das Flugzeug kampfunfähig.

Man bestimme die Wahrscheinlichkeit dafür, daß eine Stunde nach Beschuß das Flugzeug kampfunfähig ist.

Lösung: Im Ergebnis eines jeden Schusses tritt eins der drei folgenden Ereignisse ein:
A_1 — das Flugzeug wird vernichtet;
A_2 — der Treibstofftank wird getroffen;
A_3 — das Flugzeug wird nicht getroffen.

Die Wahrscheinlichkeiten dieser Ereignisse sind gleich p_1, p_2, p_3. Die Wahrscheinlichkeit dafür, daß im Ergebnis von n Versuchen, das Ereignis A_1 m_1-mal, das Ereignis A_2 m_2-mal und das Ereignis $A_3 m_3$-mal eintritt, ist gleich

$$P_{m_1, m_2, m_3, n} = n! \prod_{j=1}^{3} \frac{p_j^{m_j}}{m_j!} .$$

Das Flugzeug kann auf zwei Arten kampfunfähig werden: Entweder wird das Flugzeug durch mindestens einen Schuß so getroffen, daß es sofort vernichtet wird, oder es wird kein solcher Treffer erzielt, aber das Flugzeug wird infolge des Treibstoffverlustes kampfunfähig (dafür ist $m_2 \cdot k \geqq M$ erforderlich). Bezeichnen wir mit $\left[\frac{M}{k}\right] = l$ die größte ganze Zahl, die kleiner als $\frac{M}{k}$ ist, so erhalten wir für die gesuchte Wahrscheinlichkeit die Formel

$$\mathrm{P}(A) = 1 - (1 - p_1)^n + \sum_{m_2=l+1}^{n} \frac{n!}{m_2!\,(n - m_2)!} p_2^{m_2} p_3^{n-m_2} .$$

4.10. Es werden drei Versuche durchgeführt. Im Ergebnis des i-ten Versuches tritt das Ereignis A_1 mit der Wahrscheinlichkeit $p_{1,i}$, das Ereignis A_2 mit der Wahrscheinlichkeit $p_{2,i}$, das Ereignis A_3 mit der Wahrscheinlichkeit $p_{3,i}$ und das Ereignis A_4 mit der Wahrscheinlichkeit $p_{4,i}$ ein $\left(i = 1, 2, 3;\ \sum_{j=1}^{4} p_{j,i} = 1\right)$.

Man bestimme die Wahrscheinlichkeit p dafür, daß im Ergebnis der drei Versuche das Ereignis A_1 einmal, das Ereignis A_2 zweimal und die Ereignisse A_3 und A_4 keinmal eintreten.

Man bestimme die erzeugende Funktion und gebe an, welcher Koeffizient ihrer Potenzreihendarstellung gleich der gesuchten Wahrscheinlichkeit ist.

Lösung:

$$p = p_{11}\, p_{22}\, p_{23} + p_{21}\, p_{12}\, p_{23} + p_{21}\, p_{22}\, p_{13} .$$

Die erzeugende Funktion ist gleich

$$\varphi_3(z_1, z_2, z_3, z_4) = \prod_{i=1}^{3} (p_{1,i}\, z_1 + p_{2,i}\, z_2 + p_{3,i}\, z_3 + p_{4,i}\, z_4) .$$

Die gesuchte Wahrscheinlichkeit p ist gleich dem Koeffizienten von $z_1 \cdot z_2^2$ in der Potenzreihendarstellung von $\varphi_3(z_1, z_2, z_3, z_4)$.

4.11. Zwei Geräte arbeiten während einer Zeit t. Das erste Gerät besteht aus n_1, das zweite aus n_2 Blöcken. Während der Zeit t fällt jeder Block des ersten Gerätes unabhängig von den anderen mit der Wahrscheinlichkeit q_1 aus, jeder Block des zweiten Gerätes mit der Wahrscheinlichkeit q_2. Die Blöcke des ersten Gerätes fallen unabhängig von denen des zweiten aus.

Man bestimme die Wahrscheinlichkeit dafür, daß während der Zeit t genau m_1 Blöcke des ersten und m_2 Blöcke des zweiten Gerätes ausfallen.

Lösung:

$$p = C_{n_1}^{m_1} q_1^{m_1} (1 - q_1)^{n_1 - m_1} C_{n_2}^{m_2} q_2^{m_2} (1 - q_2)^{n_2 - m_2} .$$

4.12*. Unter den Bedingungen der Aufgabe 4.11 bestimme man die Wahrscheinlichkeit dafür, daß im ersten Gerät mehr Blöcke ausfallen als im zweiten.

Lösung: Die Wahrscheinlichkeit des Ereignisses B — im ersten Gerät fallen mehr Blöcke aus als im zweiten — bestimmt man nach der Formel der totalen Wahrscheinlichkeit mit den Hypothesen H_i — im ersten Gerät fallen i Blöcke aus ($i = 1, 2, \ldots, n_1$). Es gilt

$$\mathbf{P}(H_i) = P_{i,n_1}^{(1)} = C_{n_1}^i q_1^i (1 - q_1)^{n_1 - i} ;$$

$$\mathbf{P}(B|H_i) = \sum_{j=0}^{i-1} P_{j,n_2}^{(2)} = \sum_{j=0}^{i-1} C_{n_2}^j q_2^j (1 - q_2)^{n_2 - j} \qquad (i \leqq n_2 + 1) ,$$

$$\mathbf{P}(B|H_i) = 1 \; (i \geqq n_2 + 1) .$$

Ist $n_1 \leqq n_2 + 1$, so gilt

$$\mathbf{P}(B) = \sum_{i=1}^{n_1} C_{n_1}^i q_1^i (1 - q_1)^{n_1 - i} \sum_{j=0}^{i-1} C_{n_2}^j q_2^j (1 - q_2)^{n_2 - j} .$$

Ist $n_1 > n_2 + 1$, so gilt

$$\mathbf{P}(B) = \sum_{i=1}^{n_2+1} C_{n_1}^i q_1^i (1 - q_1)^{n_1 - i} \sum_{j=0}^{i-1} C_{n_2}^j q_2^j (1 - q_2)^{n_2 - j} + \sum_{i=n_2+2}^{n_1} C_{n_1}^i q_1^i (1 - q_1)^{n_1 - i} .$$

4.13. Eine Münze wird m-mal geworfen.

Man bestimme die Wahrscheinlichkeit dafür, daß das Wappen nicht weniger als k-mal und nicht mehr als l-mal erscheint ($k \leqq l \leqq m$).

Lösung:

$$p = \sum_{i=k}^{l} P_{i,m} = \sum_{i=k}^{l} C_m^i \left(\frac{1}{2}\right)^m = \left(\frac{1}{2}\right)^m \sum_{i=k}^{l} C_m^i .$$

4.14. Ein aus k Blöcken bestehendes Gerät arbeitet während der Zeit t. Es fällt aus, wenn einer der Blöcke ausfällt. Die Zuverlässigkeit (die Wahrscheinlichkeit der ausfallfreien Arbeit während der Zeit t) eines jeden Blocks ist gleich p. Nach Ablauf der Zeit t wird das Gerät außer Betrieb genommen, und von einem Mechaniker werden die ausgefallenen Blöcke ersetzt. Für das Auswechseln eines Blocks benötigt der Mechaniker die Zeit τ.

Man bestimme die Wahrscheinlichkeit P dafür, daß nach Ablauf der Zeit 2τ das Gerät in Betrieb genommen werden kann.

Lösung: Das Gerät kann nach der Zeit 2τ wieder in Betrieb genommen werden, wenn während der Betriebszeit t nicht mehr als zwei Blöcke ausfielen. Die gesuchte Wahrscheinlichkeit ist also gleich

$$P = p^k + k (1 - p) p^{k-1} + \frac{k(k-1)}{2} (1 - p)^2 p^{k-2} .$$

4.15. Ist es wahrscheinlicher, bei einem gleichstarken Gegner 1. drei von vier oder fünf von acht Spielen, 2. mindestens drei von vier oder mindestens fünf von acht Spielen zu gewinnen?

Lösung:

1. $$P_{3,4} = C_4^3 \left(\frac{1}{2}\right)^4 = \frac{1}{4}\,; \qquad P_{5,8} = C_8^5 \left(\frac{1}{2}\right)^8 = \frac{7}{32}\,; \qquad P_{3,4} > P_{5,8}\,.$$

Es ist also wahrscheinlicher drei von vier Spielen zu gewinnen.

2. $$R_{3,4} = C_4^3 \left(\frac{1}{2}\right)^4 + \left(\frac{1}{2}\right)^4 = \frac{5}{16}\,;$$

$$R_{5,8} = C_8^5 \left(\frac{1}{2}\right)^8 + C_8^6 \left(\frac{1}{2}\right)^8 + C_8^7 \left(\frac{1}{2}\right)^8 + \left(\frac{1}{2}\right)^8 = \frac{93}{256}\,; \qquad R_{5,8} > R_{3,4}\,.$$

Es ist wahrscheinlicher, mindestens fünf von acht Spielen zu gewinnen.

4.16. Eine einer bestimmten Bevölkerungsgruppe angehörende Person ist mit der Wahrscheinlichkeit 0,2 schwarzhaarig, mit der Wahrscheinlichkeit 0,3 braun, mit der Wahrscheinlichkeit 0,4 blond und mit der Wahrscheinlichkeit 0,1 rothaarig. Es wird willkürlich eine Gruppe von sechs Personen ausgewählt. Man bestimme die Wahrscheinlichkeiten folgender Ereignisse:

A — in der Gruppe befinden sich mindestens vier Blonde;
B — in der Gruppe befindet sich mindestens ein Rothaariger;
C — in der Gruppe ist die Zahl der Blonden und Braunhaarigen gleich.

Lösung:

$$\mathsf{P}(A) = 1 - [0{,}6^6 + 6 \cdot 0{,}4 \cdot 0{,}6^5 + 15 \cdot 0{,}4^2 \cdot 0{,}6^4] \approx 0{,}455\,;$$

$$\mathsf{P}(B) = 1 - (1 - 0{,}1)^6 \approx 0{,}468\,; \quad C = C_0 + C_1 + C_2 + C_3\,,$$

dabei ist C_0 — in der Gruppe fehlen Blonde und Braunhaarige;
C_1 — in der Gruppe befinden sich ein Blonder und ein Braunhaariger;
C_2 — in der Gruppe befinden sich zwei Blonde und zwei Braunhaarige;
C_3 — in der Gruppe befinden sich drei Blonde und drei Braunhaarige.

Es ist

$$\mathsf{P}(C_0) = (1 - 0{,}7)^6 \approx 0{,}0007\,;$$

$$\mathsf{P}(C_1) = \frac{6!}{1!\,1!\,4!}\,0{,}3 \cdot 0{,}4\,(1 - 0{,}7)^4 \approx 0{,}0292\,;$$

$$\mathsf{P}(C_2) = \frac{6!}{2!\,2!\,2!}\,0{,}3^2 \cdot 0{,}4^2\,(1 - 0{,}7)^2 \approx 0{,}1166\,;$$

$$\mathsf{P}(C_3) = \frac{6!}{3!\,3!}\,0{,}3^3 \cdot 0{,}4^3 \approx 0{,}0346\,; \qquad \mathsf{P}(C) \approx 0{,}181\,.$$

4.17. Eine Zielscheibe besteht aus dem Schwarzen und zwei Ringen. Bei einem Schuß wird mit der Wahrscheinlichkeit p_0 das Schwarze, p_1 der erste Ring, p_2 der zweite Ring getroffen; mit der Wahrscheinlichkeit p_3 geht der Schuß fehl. Auf die Zielscheibe werden fünf Schüsse abgegeben.

Man bestimme die Wahrscheinlichkeit dafür, daß zwei Schüsse ins Schwarze gehen, ein Schuß im zweiten Ring liegt und zwei Schüsse das Ziel fehlen.

Lösung:

$$P_{2,0,1,2;5} = \frac{5!}{2!\,0!\,1!\,2!} p_0^2 p_1^0 p_2^1 p_3^2 = 30\, p_0^2 p_2 p_3^2 .$$

4.18. Auf ein Ziel werden drei Schüsse abgegeben. Die Geschosse treffen das Ziel unabhängig voneinander. Die Trefferwahrscheinlichkeit für jeweils ein Geschoß ist gleich 0,4. Wird das Ziel von einem Geschoß getroffen, so wird es mit der Wahrscheinlichkeit 0,3; wird es von zwei Geschossen getroffen, mit der Wahrscheinlichkeit 0,7 und wird es von drei Geschossen getroffen, mit der Wahrscheinlichkeit 0,9 vernichtet.

Man bestimme die totale Wahrscheinlichkeit dafür, daß das Ziel mit drei Schüssen vernichtet wird.

Lösung: Wir betrachten die Hypothesen H_i — das Ziel wird von i Geschossen getroffen ($i = 1, 2, 3$). Die Wahrscheinlichkeiten der Hypothesen sind gleich

$$\mathrm{P}(H_1) = 3 \cdot 0{,}4 \cdot 0{,}6^2 = 0{,}432 ;$$
$$\mathrm{P}(H_2) = 3 \cdot 0{,}4^2 \cdot 0{,}6 = 0{,}288 ;$$
$$\mathrm{P}(H_3) = 0{,}4^3 = 0{,}064 .$$

Sei A das Ereignis — das Ziel wird vernichtet. Nach der Formel der totalen Wahrscheinlichkeit ergibt sich

$$\mathrm{P}(A) = 0{,}432 \cdot 0{,}3 + 0{,}288 \cdot 0{,}7 + 0{,}064 \cdot 0{,}9 \approx 0{,}389 .$$

4.19. Auf ein Ziel werden n voneinander unabhängige Schüsse abgegeben. Die Trefferwahrscheinlichkeit ist für einen Schuß gleich p. Die bedingte Wahrscheinlichkeit der Vernichtung des Ziels unter der Bedingung H_m, daß das Ziel von m Geschossen getroffen wurde ($m = 1, 2, \ldots, n$), genügt der Formel

$$\mathrm{P}(A|H_m) = 1 - s^m , \quad \text{wobei} \quad 0 < s < 1$$

gilt.

Man bestimme die totale Wahrscheinlichkeit dafür, daß das Ziel vernichtet wird.

Lösung: Nach der Formel der totalen Wahrscheinlichkeit mit den Hypothesen H_m — das Ziel wird von m Geschossen getroffen ($m = 1, 2, \ldots, n$) — erhält man:

$$\mathrm{P}(A) = \sum_{m=1}^{n} \mathrm{P}(H_m)\,\mathrm{P}(A|H_m) = \sum_{m=1}^{n} C_n^m p^m (1-p)^{n-m} (1 - s^m) .$$

Wir vereinfachen diesen Ausdruck: Aus $1 - s^0 = 0$ folgt

$$\mathrm{P}(A) = \sum_{m=0}^{n} C_n^m p^m (1-p)^{n-m} (1 - s^m) =$$
$$= \sum_{m=0}^{n} C_n^m p^m (1-p)^{n-m} - \sum_{m=0}^{n} C_n^m (p\,s)^m (1-p)^{n-m} .$$

Es ist aber

$$\sum_{m=0}^{n} C_n^m p^m (1-p)^{n-m} = 1 ;$$

ferner gilt nach dem binomischen Lehrsatz

$$\sum_{m=0}^{n} C_n^m (p\,s)^m (1-p)^{m-n} = [p\,s + 1 - p]^n = [1 - p\,(1-s)]^n .$$

Zusammenfassend erhält man

$$\mathbf{P}(A) = 1 - [1 - p\,(1-s)]^n .$$

Man kommt zum gleichen Resultat auf einfacherem Wege, wenn man beachtet, daß die Wahrscheinlichkeit der Vernichtung des Ziels mit einem Schuß gleich $p\,(1-s)$ ist und daß aus der Formel $\mathbf{P}(A|H_m) = 1 - s^m$ die Unabhängigkeit der Vernichtung des Ziels durch Einzeltreffer bei einer beliebigen vorgegebenen Trefferanzahl folgt.

4.20. Ein U-Boot greift ein Schiff an und schießt dabei nacheinander n Torpedos ab. Jeder Torpedo trifft unabhängig von den anderen das Schiff mit der Wahrscheinlichkeit p. Jeder Torpedo, der das Schiff trifft, trifft mit gleicher Wahrscheinlichkeit eines der k Schotten des unter Wasser liegenden Teils des Schiffs. Ein durch Torpedo getroffenes Schott füllt sich mit Wasser. Das Schiff sinkt, wenn mindestens zwei Schotten mit Wasser gefüllt sind.

Man bestimme die Wahrscheinlichkeit dafür, daß das Schiff versenkt wird.

Lösung: Die Aufgabe löst man zweckmäßiger Weise mit Hilfe der Formel der totalen Wahrscheinlichkeit mit den Hypothesen H_m — das Schiff wurde von m Torpedos getroffen ($m = 1, 2, \ldots, n$).

Die Wahrscheinlichkeiten der Hypothesen sind gleich

$$\mathbf{P}(H_m) = P_{m,n} = C_n^m p^m (1-p)^{n-m} .$$

Wir bestimmen zunächst $\mathbf{P}(A|H_m)$. Nach Voraussetzung ist $\mathbf{P}(A|H_1) = 0$; wird das Schiff von $m \geqq 2$ Torpedos getroffen, so sinkt es nur dann nicht, wenn nur ein Schott getroffen wird. Folglich gilt

$$\mathbf{P}(A|H_m) = 1 - k\left(\frac{1}{k}\right)^m = 1 - \frac{1}{k^{m-1}} \qquad (m \geqq 2) .$$

Die totale Wahrscheinlichkeit des Versenkens des Schiffes ist gleich

$$\mathbf{P}(A) = \sum_{m=2}^{n} C_n^m p^m (1-p)^{n-m} \left[1 - \frac{1}{k^{m-1}}\right] .$$

4.21. Während der Zeit t sind N Geräte in Betrieb. Jedes Gerät hat die Zuverlässigkeit p und fällt unabhängig von den anderen aus. Nach der Zeit t werden die Geräte außer Betrieb gesetzt und die ausgefallenen durch einen Mechaniker repariert, der zur Reparatur eines ausgefallenen Gerätes die Zeit τ_0 benötigt.

Man bestimme die Wahrscheinlichkeit dafür, daß der Mechaniker während der Zeit τ nicht alle ausgefallenen Geräte reparieren kann.

Lösung: Das Ereignis A — nicht alle ausgefallenen Geräte können in der Zeit τ repariert werden — ist äquivalent dem Ereignis — die Anzahl der ausgefallenen Geräte ist größer als $l = \left[\frac{\tau}{\tau_0}\right]$, wobei $\left[\frac{\tau}{\tau_0}\right]$ die größte ganze Zahl $\leqq \frac{\tau}{\tau_0}$ bezeichnet. Die gesuchte Wahrscheinlichkeit ist also gleich

$$\mathbf{P}(A) = \sum_{m=l+1}^{N} C_N^m (1-p)^m p^{N-m} .$$

4.22. N ausgefallene Geräte werden Prüfungen (Tests) unterworfen, um den Fehler (jedes ausgefallene Gerät hat nur einen Fehler) zu lokalisieren. Jeder Test führt unabhängig von den anderen mit der Wahrscheinlichkeit p zur Lokalisierung des Fehlers. Nach Lokalisierung des Fehlers wird das Gerät repariert, und das nächste Gerät wird geprüft. Die Tests werden eingestellt, wenn in allen N Geräten der Fehler lokalisiert ist. Insgesamt können n Tests durchgeführt werden ($n > N$).

Man bestimme die Wahrscheinlichkeit dafür, daß in allen N Geräten die Fehler lokalisiert werden.

Lösung: Sei A das Ereignis — sämtliche Fehler wurden lokalisiert. Das Komplementärereignis $\bar{A}$ ist gleichbedeutend damit, daß in n unabhängigen Versuchen (Tests) das Ereignis — Lokalisierung des Fehlers — weniger als N-mal eingetreten ist. Die gesuchte Wahrscheinlichkeit ist also gleich

$$\mathbf{P}(A) = 1 - \sum_{m=0}^{N-1} C_n^m p^m (1-p)^{n-m}$$

oder

$$\mathbf{P}(A) = \sum_{m=N}^{n} C_n^m p^m (1-p)^{n-m} .$$

4.23. Unter den Bedingungen der vorhergehenden Aufgabe bestimme man die Wahrscheinlichkeit dafür, daß nach n Tests in mindestens k von N Geräten der Fehler nicht lokalisiert wird ($k < N$).

Lösung: Die gesuchte Wahrscheinlichkeit ist gleich der Wahrscheinlichkeit dafür, daß nach n Tests in höchstens $N - k$ Geräten der Fehler lokalisiert wird:

$$\mathbf{P}(A) = \sum_{m=0}^{N-k} C_n^m p^m (1-p)^{n-m} .$$

4.24*. Es wird ein Wettkampf zwischen k Schützen durchgeführt. Jeder Schütze gibt auf seine Zielscheibe n Schüsse ab. Die Trefferwahrscheinlichkeit für einen Schuß ist für den i-ten Schützen gleich p_i ($i = 1, 2, \ldots, k$). Als Sieger gilt derjenige Schütze, der die meisten Treffer erzielt.

Man bestimme die Wahrscheinlichkeit dafür, daß genau ein Schütze den Wettkampf gewinnt.

Lösung: Jeder Schütze kann Sieger werden. Wir bestimmen zunächst die Wahrscheinlichkeit dafür, daß der i-te Schütze siegt (das Ereignis A_i). Dieses Ereignis kann auf folgende Weisen zustande kommen:

$A_i^{(m)}$ — der i-te Schütze erzielt genau m Treffer; jeder andere Schütze höchstens $m-1$ ($m = 1, \ldots, n$). Die Wahrscheinlichkeit dafür, daß der i-te Schütze genau m Treffer erzielt, ist gleich

$$P_{m,n}(i) = C_n^m \, p_i^m \, q_i^{n-m}, \qquad \text{wobei} \qquad q_i = 1 - p_i$$

ist. Sei $_m\,(j)$ die Wahrscheinlichkeit dafür, daß der j-te Schütze höchstens $m-1$ Treffer erzielt; es gilt

$$T_m(j) = \sum_{s=0}^{m-1} C_n^s \, p_j^s \, q_j^{n-s} \qquad (m \geqq 1)\,.$$

Die Wahrscheinlichkeit dafür, daß alle Schützen, außer dem i-ten, höchstens $m-1$ Treffer erzielt haben, ist dann gleich

$$T_m(1)\, T_m(2) \cdots T_m(i-1)\, T_m(i+1) \cdots T_m(k) = \prod_{j \neq i} T_m(j)\,.$$

Die Wahrscheinlichkeit des Ereignisses A_i (der i-te Schütze ist der einzige Sieger) erhalten wir durch Summation über alle Werte von m:

$$\mathbf{P}(A_i) = \sum_{m=1}^{n} P_{m,n}(i) \prod_{j \neq i} T_m(j) \qquad (i = 1, 2, \ldots, k)\,.$$

Durch Summation über i erhalten wir die gesuchte Wahrscheinlichkeit

$$\mathbf{P}(A) = \sum_{i=1}^{k} \mathbf{P}(A_i) = \sum_{i=1}^{k} \sum_{m=1}^{n} P_{m,n}(i) \prod_{j \neq i} T_m(j)\,.$$

4.25. In einer Urne befinden sich k Kugeln. Jede Kugel ist mit der Wahrscheinlichkeit $\frac{1}{2}$ weiß oder schwarz (unabhängig von den anderen). Der Urne wird n-mal eine Kugel entnommen, wobei die entnommene Kugel jedesmal nach Notierung der Farbe in die Urne zurückgelegt wird und die Kugeln vor der nächsten Entnahme gemischt werden. Von den n entnommenen Kugeln waren m weiß ($0 < m < n$).
Man bestimme die Wahrscheinlichkeit dafür, daß von den k in der Urne befindlichen Kugeln genau l weiß sind.

Lösung: Wir benutzen die BAYESsche Formel mit den Hypothesen H_l — in der Urne befinden sich l weiße und $k-l$ schwarze Kugeln. Die a-priori-Wahrscheinlichkeiten sind gleich $\mathbf{P}(H_l) = C_k^l \left(\frac{1}{2}\right)^k$.

Sei A das Ereignis — von n der Urne entnommenen Kugeln sind genau m weiß. Es gilt

$$\mathbf{P}(A|H_l) = C_n^m \left(\frac{l}{k}\right)^m \left(1 - \frac{l}{k}\right)^{n-m}.$$

Die Wahrscheinlichkeit der Hypothese H_l nach dem Versuch ist gleich

$$\mathbf{P}(H_l|A) = \frac{C_k^l \left(\frac{l}{k}\right)^m \left(1 - \frac{l}{k}\right)^{n-m}}{\sum\limits_{i=1}^{k-1} C_k^i \left(\frac{i}{k}\right)^m \left(1 - \frac{i}{k}\right)^{n-m}} = \frac{C_k^l \, l^m \,(k-l)^{n-m}}{\sum\limits_{i=1}^{k-1} C_k^i \, i^m \,(k-i)^{n-m}}\,.$$

4.26. Auf eine Gruppe aus drei Zielen werden fünf Schüsse abgegeben. Der Beschuß wird folgendermaßen durchgeführt: Zunächst wird das erste Ziel beschossen, und zwar solange, bis das Ziel getroffen (ein Treffer bedeutet Vernichtung des Ziels) wird oder alle fünf Geschosse verbraucht sind. Ist das erste Ziel vernichtet, so wird das zweite Ziel beschossen usw. Die Trefferwahrscheinlichkeit für ein Geschoß ist gleich p.

Man bestimme die Wahrscheinlichkeiten P_0, P_1, P_2, P_3 dafür, daß kein Ziel, ein Ziel, zwei Ziele, drei Ziele aus der Gruppe vernichtet werden.

Lösung: Das Ereignis — kein Ziel wird vernichtet — ist äquivalent damit, daß kein Schuß das Ziel trifft. Es ist also $P_0 = (1-p)^5$. Das Ereignis — ein Ziel wird vernichtet — ist äquivalent damit, daß von den fünf Schüssen nur einer das Ziel, auf das er abgegeben wurde, trifft. Die Wahrscheinlichkeit dafür ist gleich

$$P_1 = C_5^1\, p^1 (1-p)^4 = 5\, p\, (1-p)^4 .$$

Analog erhält man

$$P_2 = C_5^2\, p^2 (1-p)^3 = 10\, p^2 (1-p)^3 .$$

Da die Ereignisse, deren Wahrscheinlichkeiten mit P_0, P_1, P_2, P_3 bezeichnet wurden, eine vollständige Gruppe unvereinbarer Ereignisse bilden, ist

$$P_3 = 1 - (P_0 + P_1 + P_2) = 1 - (1-p)^3 (1 + 3\,p + 6\,p^2) .$$

4.27. Unter den Bedingungen der Aufgabe 4.26 werden auf N Ziele n Schüsse $(n > N)$ abgegeben.

Man bestimme die Wahrscheinlichkeiten P_i dafür, daß i Ziele $(i = 0, 1, \ldots, N)$ getroffen werden.

Lösung:

$$P_0 = (1-p)^n;\; P_1 = n\,p\,(1-p)^{n-1};\; \ldots;\; P_k = C_n^k\, p^k (1-p)^{n-k}\ (k < N);$$

$$P_N = 1 - \sum_{k=0}^{N-1} C_n^k\, p^k (1-p)^{n-k} .$$

4.28. Unter den Bedingungen der vorhergehenden Aufgabe erfolgt der Beschuß der Ziele nicht in der Reihenfolge ihrer Numerierung, sondern rein zufällig wobei jeder Schuß auf zufällige Weise auf eine beliebiges, noch nicht vernichtete Ziel abgegeben wird.

Man bestimme die Wahrscheinlichkeit $P_0, P_1, \ldots, P_N$.

Lösung: Für die Wahrscheinlichkeiten $P_0, P_1, \ldots, P_N$ ergeben sich die gleichen Werte wie in 4.27.

4.29*. Auf eine Gruppe aus N Zielen werden n Schüsse abgegeben $(N < n)$. Jeder Schuß wird mit der gleichen Wahrscheinlichkeit auf ein Ziel abgegeben (die Ziele werden willkürlich ausgesucht, unabhängig davon, ob das Ziel bereits vernichtet wurde oder nicht). Jeder Schuß vernichtet unabhängig von den anderen ein noch nicht vernichtetes Ziel mit der Wahrscheinlichkeit p. Wird ein Schuß auf ein bereits vernichtetes Ziel abgegeben, so wird der Zustand des Ziels dadurch nicht verändert.

Man bestimme die Wahrscheinlichkeit dafür, daß k von N Zielen durch den Beschuß vernichtet werden ($k = 0, 1, \ldots, N$).

Lösung: Die Wahrscheinlichkeit P_k der Vernichtung von k Zielen berechnen wir mit Hilfe der Formel der totalen Wahrscheinlichkeit. Wir führen die Hypothesen $H(n_1, n_2, \ldots, n_N)$ — auf das erste Ziel wurden n_1, auf das zweite $n_2, \ldots,$ auf das N-te n_N Schüsse abgegeben — ein, wobei $\sum_{i=1}^{N} n_i = n$ ist. Die bedingte Wahrscheinlichkeit $P_{k|n_1,\ldots,n_N}$ der Vernichtung von k Zielen unter der Hypothese $H(n_1, \ldots, n_N)$ ist gleich dem Koeffizienten von z^k in der Entwicklung der erzeugenden Funktion

$$\varphi_N(z; n_1, n_2, \ldots, n_N) = \prod_{l=1}^{N} (q_l + p_l z)$$

nach Potenzen von z; dabei ist $p_l = 1 - (1 - p)^{n_l}$ die Wahrscheinlichkeit der Vernichtung des l-ten Ziels bei n_l auf dieses Ziel abgegebenen Schüssen, $q_l = 1 - p_l = (1 - p)^{n_l}$.

Die Wahrscheinlichkeit der Hypothese $H(n_1, \ldots, n_N)$ wird genauso bestimmt, wie die Wahrscheinlichkeit einer bestimmten Verteilung von n Kugeln auf N Löcher (vgl. Aufgabe 1.45). Es ist

$$\mathbf{P}\big(H(n_1, n_2, \ldots, n_N)\big) = \frac{n!}{n_1!\, n_2! \cdots n_N!} \frac{1}{N^n}.$$

Nach der Formel der totalen Wahrscheinlichkeit ergibt sich

$$P_k = \sum \frac{n!}{n_1!\, n_2! \cdots n_N!} \frac{1}{N^n} P_{k|n_1, n_2, \ldots, n_N},$$

wobei sich die Summation über alle möglichen Darstellungen der Zahl n als Summe von N Summanden $n_1, n_2, \ldots, n_N$ ($0 \leqq n_l \leqq n$; $l = 1, \ldots, N$) erstreckt.

4.30. Unter den Bedingungen der Aufgabe 4.29 schreibe man die Formeln für P_k auf, wenn $n = 5$, $N = 2$ ist.

Lösung:

$$P_0 = q^5; \quad P_1 = \frac{2}{2^5} [(1 - q^5) + 5 q (1 - 2 q^4 + q^3) + 10 q^2 (1 - 2 q^3 + q)]$$

$$= \frac{1}{16} [(1 + q)^5 - 32 q^5];$$

$$P_2 = \frac{1}{16} [5 (1 - q) (1 - q^4) + 10 (1 - q^2) (1 - q^3)]; \quad q = 1 - p.$$

4.31. *M* **Kugeln werden zufällig auf** *N* **Löcher verteilt.**
Man bestimme die Wahrscheinlichkeit p **dafür, daß in ein vorgegebenes (eindeutig bestimmtes, z. B. das erste) Loch genau** k **Kugeln fallen.**

Lösung: Wir fassen die M Würfe von Kugeln als M unabhängige Versuche auf, wobei im Ergebnis eines jeden Versuchs die Kugel mit Wahrscheinlichkeit $\frac{1}{N}$ in das vorgegebene Loch fällt. Es ist also

$$p = C_M^k \left(\frac{1}{N}\right)^k \left(\frac{N-1}{N}\right)^{M-k}.$$

KAPITEL 5

ZUFÄLLIGE GRÖSSEN UND IHRE VERTEILUNGSGESETZE. NUMERISCHE CHARAKTERISTIKA ZUFÄLLIGER GRÖSSEN

Es sei $[\Omega, \mathcal{F}, \mathbf{P}]$ ein Wahrscheinlichkeitsraum, der das mathematische Modell zur Beschreibung eines Experiments mit zufälligem Ausgang darstellt (vgl. Kapitel 1). Oft erweist es sich als zweckmäßig, den möglichen Versuchsergebnissen $\omega \in \Omega$ Elemente einer geeigneten Menge S, z. B. reelle Zahlen ($S = R^1$) oder Vektoren ($S = R^n$), zuzuordnen. Es handelt sich dabei meistens um eine den Zielen der Untersuchung angepaßte vereinfachende Beschreibung der ursprünglichen Versuchsergebnisse. Die Unbestimmtheit des Versuchsergebnisses ω in der ursprünglichen Beschreibung überträgt sich auch auf die Zuordnung $\omega \to X(\omega) \in S$. Diese Überlegung führt zum allgemeinen Begriff der *zufälligen Variablen* mit Werten aus S (zufälliges Element aus S) über dem Wahrscheinlichkeitsraum $[\Omega, \mathcal{F}, \mathbf{P}]$.

Unter einer zufälligen Variablen X versteht man eine auf dem Raum Ω der Elementarereignisse eines Wahrscheinlichkeitsraumes $[\Omega, \mathcal{F}, \mathbf{P}]$ definierte Funktion, deren Werte in der Grundmenge S eines meßbaren Raumes $[S, \Sigma]$ liegen und für die $X^{-1}(A) = \{\omega \in \Omega | X(\omega) \in A\} \in \mathcal{F}$ für alle $A \in \Sigma$ gilt. Die letzte Eigenschaft wird als *Meßbarkeit* der Funktion X bezeichnet.

Durch eine zufällige Variable X wird dem Wahrscheinlichkeitsmaß $\mathbf{P}$ auf $\mathcal{F}$ ein Wahrscheinlichkeitsmaß $\mathbf{P}_X$ auf Σ vermöge der Definition

$$\mathbf{P}_X(A) = \mathbf{P}(X^{-1}(A)) , \qquad A \in \Sigma ,$$

zugeordnet. Dieses Wahrscheinlichkeitsmaß heißt das *Verteilungsgesetz der zufälligen Variablen X*. Die zufällige Größe X kann dann mit dem Wahrscheinlichkeitsraum $[S, \Sigma, \mathbf{P}_X]$ identifiziert werden (neue Beschreibung des Experiments), und der ursprüngliche Wahrscheinlichkeitsraum $[\Omega, \mathcal{F}, \mathbf{P}]$ ist für die weiteren Überlegungen im allgemeinen ohne Belang.

Im Spezialfall $S = R^1$, $\Sigma = \mathfrak{B}^1$ ($\mathfrak{B}^1$ ist die σ-Algebra der Borel-Mengen des R^1) bezeichnet man X als eine *zufällige Größe* (oder *reelle zufällige Variable*). Das entsprechende Wahrscheinlichkeitsmaß $\mathbf{P}_X$ auf der σ-Algebra $\mathfrak{B}^1$ der Borel-Mengen der reellen Achse R^1 nennt man das *Verteilungsgesetz der zu fälligen Größe X*.

Ist $S = R^n$, $\Sigma = \mathfrak{B}^n$, so bezeichnet man X als *n-dimensionalen zufälligen Vektor* $(X = (X_1, \ldots, X_n))$. Das Verteilungsgesetz $\mathbf{P}_X$ auf der σ-Algebra $\mathfrak{B}^n$ der Borel-Mengen des R^n nennt man das *Verteilungsgesetz des zufälligen Vektors* $X = (X_1, \ldots, X_n)$.

Der Begriff der zufälligen Größe bzw. des zufälligen Vektors erlaubt uns im allgemeinen den Übergang zu einer numerischen Beschreibung der zufälligen Versuchsergebnisse.

Man kann zeigen, daß ein Wahrscheinlichkeitsmaß **P** auf $\mathfrak{B}^1$ durch die Werte **P** $((-\infty, a))$, $a \in R_1$ eindeutig bestimmt ist. Diese Eigenschaft führt zu dem Begriff der *Verteilungsfunktion* $F(x)$ *einer zufälligen Größe* X:

$$F(x) = \mathbf{P}_X((-\infty, x)) = \mathbf{P}(X < x).$$

Es ist also $F(x)$ gleich der Wahrscheinlichkeit dafür, daß die zufällige Größe X einen Wert annimmt, der kleiner als x ist.

Aus den auf S. 7 angegebenen Eigenschaften 1)—3) von Wahrscheinlichkeitsmaßen folgt, daß eine Verteilungsfunktion nicht fallend und von links stetig ist und die Eigenschaft $F(-\infty) = 0$ $F(+\infty) = 1$ besitzt. Für jedes a gilt

$$F(a + 0) - F(a - 0) = \mathbf{P}(X = a).$$

Umgekehrt kann bewiesen werden, daß jeder solchen Funktion F ein Wahrscheinlichkeitsmaß **P** auf $\mathfrak{B}^1$ zugeordnet werden kann. Insbesondere gilt

$$\mathbf{P}_X([a, b)) = \mathbf{P}(a \leqq X < b) = F(b) - F(a).$$

Eine zufällige Größe X heißt *diskret*, wenn sie nur endlich oder abzählbar viele Werte $x_1, x_2, \ldots$ annehmen kann.

Eine diskrete zufällige Größe X mit endlich vielen möglichen Werten kann mit Hilfe einer Tabelle übersichtlich dargestellt werden, in der die möglichen (verschiedenen) Werte $x_1, x_2, \ldots, x_n$ von X und die diesen Werten entsprechenden Wahrscheinlichkeiten $p_1, p_2, \ldots, p_n$ angegeben sind (Tabelle der zufälligen Größe X):

x_i	x_1	x_2	$\ldots$	x_n
p_i	p_1	p_2	$\ldots$	p_n

wobei

$$p_i = \mathbf{P}(X = x_i), \quad (i = 1, \ldots, n); \quad \sum_{i=1}^{n} p_i = 1$$

gilt.

Zur Beschreibung einer endlichwertigen diskreten zufälligen Größe kann man auch eine graphische Darstellung (Polygon der zufälligen Größe) verwenden (Abb. 5).

Die Verteilungsfunktion einer diskreten zufälligen Größe X hat die Gestalt $F(x) = \sum_{x_i < x} p_i$, wobei $p_i = \mathbf{P}(X = x_i)$ ist.

In diesem Fall ist $F(x)$ eine Treppenfunktion.

Eine zufällige Größe X heißt *stetig* (*absolut stetig*), wenn ihre Verteilungsfunktion $F(x)$ für jedes x in der Form

$$F(x) = \int_{-\infty}^{x} f(u)\, du$$

dargestellt werden kann. Die Funktion $f(x) = F'(x)$ bezeichnet man als *Verteilungsdichte* (oder einfach *Dichte*) der zufälligen Größe X (man sagt auch, $f(x)$ ist die Dichte des Verteilungsgesetzes $\mathbf{P}_X$; das Verteilungsgesetz $\mathbf{P}_X$ heißt in

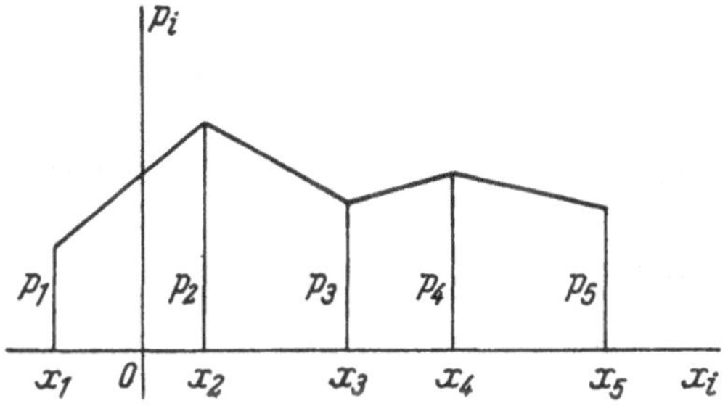

Abb. 5

diesem Fall *absolut stetig*)[1]). Die Verteilungsdichte $f(x)$ ist nicht negativ und genügt der Normierungsbedingung

$$\int_{-\infty}^{\infty} f(x)\,dx = 1\,.$$

Der Ausdruck $f(x)\,dx$ kann anschaulich als die Wahrscheinlichkeit dafür interpretiert werden, daß die stetige zufällige Größe X einen Wert im Intervall $(x, x + dx)$ annimmt.

Die Wahrscheinlichkeit dafür, daß eine stetige zufällige Größe X einen Wert aus dem Intervall (a, b) annimmt, ist gleich

$$\mathbf{P}(a < X < b) = \int_a^b f(x)\,dx\,.$$

Neben den rein diskreten und stetigen Zufallsgrößen treten noch Zufallsgrößen von gemischtem Typ auf — ihr Verteilungsgesetz läßt sich in der Form

$$\mathbf{P} = \alpha\,\mathbf{P}_1 + (1 - \alpha)\,\mathbf{P}_2\,, \qquad 0 < \alpha < 1\,,$$

darstellen, wobei $\mathbf{P}_1$ das Verteilungsgesetz einer diskreten und $\mathbf{P}_2$ das Verteilungsgesetz einer stetigen zufälligen Größe ist.

Die volle Bestimmung des Verteilungsgesetzes $\mathbf{P}_X$ (oder der Verteilungsfunktion $F(x)$) einer zufälligen Größe X ist nicht einfach. Aus diesem Grunde werden einige numerische Charakteristika von Verteilungsgesetzen zufälliger Größen eingeführt, die eine angenäherte Beschreibung der Eigenschaften von X ermöglichen.

Der *Erwartungswert* $\mathbf{M}[X]$ (die *mathematische Erwartung*) einer zufälligen Größe X wird durch die Formeln

$$\mathbf{M}[X] = \sum_i x_i\,p_i \qquad \text{(für eine diskrete zufällige Größe),}$$

[1]) Offenbar ändert sich $F(x)$ und damit $\mathbf{P}_X$ nicht, wenn $f(x)$ an abzählbar vielen Stellen abgeändert wird. Die Beziehung $f(x) = F'(x)$ ist also auch sinnvoll, wenn F' an abzählbar vielen Stellen nicht definiert ist. Außerdem genügt es bei der Angabe von Verteilungsdichten, sie nur bis auf abzählbar viele Werte festzulegen. (Anm. d. Red.).

$$\mathbf{M}[X] = \int_{-\infty}^{+\infty} x f(x)\, dx \quad \text{(für eine stetige zufällige Größe)}$$

definiert. Dabei wird vorausgesetzt, daß

$$\sum_i |x_i|\, p_i < \infty \quad \text{bzw.} \quad \int_{-\infty}^{+\infty} |x|\, f(x)\, dx < \infty$$

gilt. Anderenfalls besitzt die entsprechende zufällige Größe X keinen Erwartungswert.

Für eine zufällige Größe vom gemischten Typ gilt

$$\mathbf{M}[X] = \sum_i x_i\, p_i + \int_{(S)} x\, F'(x)\, dx ,$$

wobei x_i die Sprungstellen von $F(x)$ sind $\big(p_i = F(x_i + 0) - F(x_i - 0) = \mathbf{P}(X = x_i)\big)$, und die Integration sich nur über den Stetigkeitsbereich von $F(x)$ erstreckt.

Anschaulich kann der Erwartungswert von X als Schwerpunkt einer gemäß $\mathbf{P}_X$ erfolgten Massenbelegung auf R^1 interpretiert werden.

Sei g eine meßbare reellwertige Funktion auf R^1 (es gilt also $g^{-1}(A) = \{x | g(x) \in A\} \in \mathfrak{B}^1$ für jedes $A \in \mathfrak{B}^1$. Ist X eine zufällige Größe, so ist $Y = g(X)$ ebenfalls eine zufällige Größe mit dem Verteilungsgesetz

$$\mathbf{P}_Y(A) = \mathbf{P}_X\big(g^{-1}(A)\big) , \qquad A \in \mathfrak{B}^1 .$$

Es gelten die Beziehungen

$$\mathbf{M}[Y] = \sum_i y_i\, \mathbf{P}(Y = y_i) = \sum_i g(x_i)\, \mathbf{P}(X = x_i) ,$$

falls X diskret mit den Werten $x_1, x_2, \ldots$ ist und $y_i = g(x_i)$ gilt.

$$\mathbf{M}[Y] = \int_{-\infty}^{+\infty} y\, f_1(y)\, dy = \int_{-\infty}^{+\infty} g(x)\, f(x)\, dx ,$$

falls X stetig ist und $f_1(y)$ bzw. $f(x)$ die Verteilungsdichten von Y bzw. X sind.

Der Kürze halber verwenden wir oft die Bezeichnung

$$\mathbf{M}[X] = m_x .$$

Als *zentrierte zufällige Größe* X bezeichnet man die Differenz zwischen der zufälligen Größe X und ihrem Erwartungswert:

$$\mathring{X} = X - m_x .$$

Als *Varianz* oder *Dispersion der zufälligen Größe* X bezeichnet man den Erwartungswert des Quadrats der entsprechenden zentrierten zufälligen Größe $\mathring{X}$:

$$\mathbf{D}[X] = \mathbf{M}[\mathring{X}^2] .$$

Die Varianz von X wird nach folgenden Formeln berechnet:

$$\mathbf{D}[X] = \sum_i (x_i - m_x)^2 p_i \qquad \text{für eine diskrete zufällige Größe;}$$

$$\mathbf{D}[X] = \int_{-\infty}^{+\infty} (x - m_x)^2 f(x)\, dx \qquad \text{für eine stetige zufällige Größe;}$$

$$\mathbf{D}[X] = \sum_i (x_i - m_x)^2 p_i + \int_{(S)} (x - m_x)^2 F'(x)\, dx$$

für eine zufällige Größe vom gemischten Typ.

Die Varianz $\mathbf{D}[X]$ wird kurz mit D_x bezeichnet.

Als *mittlere quadratische Abweichung* der zufälligen Größe X bezeichnet man die positive Quadratwurzel aus der Varianz

$$\sigma_x = \sqrt{D_x}\,.$$

Als *Moment k-ter Ordnung* der zufälligen Größe X bezeichnet man den Erwartungswert der k-ten Potenz dieser zufälligen Größe

$$\alpha_k[X] = \mathbf{M}[X^k]\,.$$

Für diskrete, stetige und gemischte zufällige Größen wird $\alpha_k[X]$ nach den folgenden Formeln berechnet

$$\alpha_k[X] = \sum_i x_i^k p_i\,, \qquad \alpha_k[X] = \int_{-\infty}^{\infty} x^k f(x)\, dx\,,$$

$$\alpha_k[X] = \sum_i x_i^k p_i + \int_{(S)} x^k F'(x)\, dx\,.$$

Als zentrales Moment k-ter Ordnung der zufälligen Größe X bezeichnet man den Erwartungswert der k-ten Potenz der zentrierten zufälligen Größe $\mathring{X}$:

$$\mu_k[X] = \mathbf{M}[\mathring{X}^k]\,.$$

Die Formeln zur Berechnung von $\mu_k[X]$ lauten:

$$\mu_k[X] = \sum_i (x_i - m_x)^k p_i\,, \qquad \mu_k[X] = \int_{-\infty}^{\infty} (x - m_x)^k f(x)\, dx\,,$$

$$\mu_k[X] = \sum_i (x_i - m_x)^k p_i + \int_{(S)} (x - m_x)^k F'(x)\, dx\,.$$

Der Erwartungswert der zufälligen Größe X ist gleich ihrem ersten Moment und die Varianz ist gleich dem zweiten zentralen Moment:

$$\mathbf{M}[X] = \alpha_1[X]; \qquad \mathbf{D}[X] = \mu_2[X]\,.$$

Das zweite und das dritte zentrale Moment lassen sich wie folgt durch die Momente ausdrücken:

$$\mu_2[X] = \alpha_2[X] - m_x^2; \qquad \mu_3[X] = \alpha_3[X] - 3\, m_x\, \alpha_2[X] + 2\, m_x^3\,.$$

Eine diskrete zufällige Größe X heißt *binomialverteilt* (*Binomialverteilung*), wenn sie nur die Werte 0, 1, ..., n annehmen kann und die Wahrscheinlichkeit dafür, daß $X = m$ ist, durch die Formel

$$\mathrm{P}(X = m) = P_{m,n} = C_n^m\, p^m\, q^{n-m}$$

gegeben ist, wobei $0 < p < 1$, $q = 1 - p$ gilt (vgl. Kap. 4).

Der Erwartungswert einer binomialverteilten zufälligen Größe X ist gleich $m_x = n\,p$, ihre Varianz ist gleich $D_x = n\,p\,q$.

Eine diskrete zufällige Größe X bezeichnet man als verteilt nach dem POISSON-Gesetz (POISSON-*Verteilung*), wenn sie nur die Werte 0, 1, 2, ... annehmen kann und die Wahrscheinlichkeit dafür, daß $X = m$ ist, durch die Formel

$$\mathrm{P}(X = m) = P_m = \frac{a^m}{m!}\, e^{-a}$$

bestimmt wird. Die Konstante $a > 0$ bezeichnet man als Parameter der POISSON-Verteilung.

Der Erwartungswert und die Varianz der POISSON-verteilten zufälligen Größe X stimmen mit dem Parameter a überein: $m_x = a$, $D_x = a$.

Für Berechnungen, in denen die POISSON-Verteilung auftritt, benutzt man die Tabellen der Funktionen

$$P(m, a) = \frac{a^m}{m!}\, e^{-a} \quad \text{und} \quad R(m, a) = \sum_{k=0}^{m} \frac{a^k}{k!}\, e^{-a}\,.$$

Tabelle 1 des Anhangs enthält die Werte der Funktion $Q(m, a) = 1 - R(m, a)$.

Eine stetige zufällige Größe X heißt im Intervall (α, β) *gleichverteilt* (*gleichmäßig verteilt*), falls ihre Verteilungsdichte die Gestalt

$$f(x) = \begin{cases} \dfrac{1}{\beta - \alpha} & \text{für} \quad x \in (\alpha, \beta)\,, \\ 0 & \text{für} \quad x \notin (\alpha, \beta) \end{cases}$$

hat. Die zufällige Größe X nimmt also nur Werte innerhalb des Intervalls (α, β) an, und ihre Verteilungsdichte ist in diesem Intervall konstant (alle Werte sind gleichwahrscheinlich).

Der Erwartungswert und die Varianz einer im Intervall (α, β) gleichverteilten zufälligen Größe X sind gleich $m_x = \dfrac{\alpha + \beta}{2}$, $D_x = \dfrac{(\beta - \alpha)^2}{12}$.

Eine stetige zufällige Größe X heißt *normalverteilt* (*Normal-* oder GAUSS-*Verteilung*), falls ihre Dichte durch die Formel

$$f(x) = \frac{1}{\sigma\sqrt{2\,\pi}}\, e^{-\frac{(x-m)^2}{2\,\sigma^2}}$$

gegeben ist.

Der Erwartungswert und die Varianz einer normalverteilten zufälligen Größe X sind gleich $m_x = m$, $D_x = \sigma^2$.

Im Fall $m = 0$, $\sigma = 1$ spricht man von einer *Standard-Normalverteilung*. Ihre Verteilungsdichte ist gleich

$$f(x) = \frac{1}{\sqrt{2\pi}} e^{-\frac{x^2}{2}}.$$

Die Verteilungsfunktion der Standard-Normalverteilung bezeichnet man mit

$$\Phi^*(x) = \int_{-\infty}^{x} \frac{1}{\sqrt{2\pi}} e^{-\frac{u^2}{2}} du.$$

Die Werte dieser Funktion findet man in der Tabelle 2 des Anhangs.

Ist die zufällige Größe X normalverteilt mit den Parametern m und σ, so ist das Verteilungsgesetz der zufälligen Größe $\frac{X - m}{\sigma}$ die Standard-Normalverteilung. Es gilt also

$$\mathbf{P}(\alpha < X < \beta) = \Phi^*\left(\frac{\beta - m}{\sigma}\right) - \Phi^*\left(\frac{\alpha - m}{\sigma}\right).$$

In vielen Anwendungen, z. B. in der Militärtechnik, Bedienungs- und Zuverlässigkeitstheorie, Verkehrstheorie, Astronomie u. a. treten Versuche mit zufälligem Ausgang auf, deren Realisierungen (Elementarereignisse) Folgen ω von Punkten in einem n-dimensionalen Euklidischen Raum R^n sind mit der Eigenschaft: $\nu(\omega, B)$ = Anzahl von Punkten aus ω, die in einer Menge B liegen, ist für jede beschränkte Menge B endlich (d. h., ω hat keine Häufungspunkte im Endlichen).

Sei Ω die Menge aller solcher Punktfolgen aus R^n. Die σ-Algebra $\mathcal{F}$ der „meßbaren" Ereignisse (vgl. Kap. 1) wird als die kleinste σ-Algebra definiert, die alle Ereignisse der Form

$$\{\omega : \nu(\omega, B_1) = k_1, \ldots, \nu(\omega, B_m) = k_m\},$$

wobei $m \geqq 1$, $k_1, \ldots, k_m$ beliebige natürliche Zahlen, $B_1, \ldots, B_m$ beliebige Borel-Mengen des R^n sind, enthält.

Sei $\mathbf{P}$ ein Verteilungsgesetz auf $\mathcal{F}$. Den Wahrscheinlichkeitsraum $[\Omega, \mathcal{F}, \mathbf{P}]$ bezeichnet man als eine *zufällige Punktfolge* mit dem Verteilungsgesetz $\mathbf{P}$.

Die zufällige Punktfolge $[\Omega, \mathcal{F}, \mathbf{P}]$ heißt *stationär* (oder auch *homogen*), wenn für eine beliebige Auswahl $m, k_1, \ldots, k_m, B_1, \ldots, B_m$ die Wahrscheinlichkeiten der Ereignisse

$$\{\nu(B_1) = k_1, \ldots, \nu(B_m) = k_m\}, \quad \{\nu(B_1 + x) = k_1, \ldots, \nu(B_m + x) = k_m\}$$

für jedes $x \in R^n$ übereinstimmen, wobei $B + x = \{y | y = a + x, a \in B\}$ ist.

Der Erwartungswert der Anzahl der Punkte der zufälligen Punktfolge in einer Menge $B \in \mathfrak{B}^n$ ist dann gleich

$$\lambda(B) = \mathbf{M}[\nu(B)] = \sum_{k=0}^{\infty} k\, \mathbf{P}(\nu(B) = k) = \lambda\, v(B),$$

wobei λ eine positive Konstante und $v(B)$ das „Volumen" der Menge B aus R^n ist (das Lebesguesche Maß von B). Die Konstante λ ist dann gleich dem Erwartungswert der Anzahl der Punkte der zufälligen Punktfolge in einer beliebigen Menge $B \in R^n$ mit $v(B) = 1$. Die Konstante λ wird als *Intensität* der zufälligen Punktfolge $[\Omega, \mathcal{F}, \mathbf{P}]$ bezeichnet.

Eine zufällige Punktfolge bezeichnet man als POISSONsche Punktfolge, wenn folgendes gilt:

a) Die Anzahl $\nu(B)$ der Punkte der zufälligen Punktfolge in einer BOREL-Menge $B \in R^n$ ist nach dem POISSON-Gesetz verteilt mit dem Parameter $\lambda(B)$, d. h., es gilt

$$\mathbf{P}(\nu(B) = k) = \frac{(\lambda(B))^k}{k!} e^{-\lambda(B)}, \qquad k \geqq 0 .$$

b) Für eine beliebige Auswahl disjunkter BOREL-Mengen $B_1, \ldots, B_m$ aus R^n sind die zufälligen Größen $v(B_1), \ldots, v(B_m)$ unabhängig, d. h., es gilt

$$\mathbf{P}(\nu(B_{i_1}) = k_{i_1}, \ldots, \nu(B_{i_l}) = k_{i_l}) = \prod_{j=1}^{l} \mathbf{P}(\nu(B_{i_j} = k_{i_j}))$$

für beliebige natürliche Zahlen k_{i_j} und $1 \leqq i_1 < \cdots < i_l \leqq m$ (vgl. Kap. 6).

Im stationären Fall ist $\lambda(B)$ in a) durch $\lambda\, v(B)$ zu ersetzen (*stationäre* POISSON*sche Punktfolge mit der Intensität* λ).

Eine stationäre zufällige Punktfolge $[\Omega, \mathcal{F}, \mathbf{P}]$ heißt *ordinär*, wenn für jede monoton fallende Folge $B_1 \supseteqq B_2 \supseteqq B_3 \supseteqq \cdots$ mit $v(B_n) \xrightarrow[n\to\infty]{} 0$ die Beziehung

$$\frac{\mathbf{P}(\nu(B_n) \geqq 1)}{v(B_n)} \xrightarrow[n\to\infty]{} 0$$

gilt.

Man kann zeigen, daß eine stationäre ordinäre zufällige Punktfolge, die die Eigenschaft b) in der Definition der POISSONschen Punktfolge besitzt, in Wirklichkeit eine stationäre POISSONsche Punktfolge ist.

Eine stationäre POISSONsche Punktfolge mit der Intensität λ auf der positiven Halbachse $(0, \infty)$ ist durch folgende Eigenschaft charakterisiert:

Die zufälligen Abstände τ_i zwischen den benachbarten Punkten der Punktfolge sind unabhängig und identisch verteilt mit der Verteilungsfunktion

$$\mathbf{P}(\tau_i < x) = 1 - e^{-\lambda x} \quad (\textit{Exponentialverteilung} \text{ mit dem Parameter } \lambda).$$

5.1. Kann bei irgendeinem Argumentwert:

1) die Verteilungsfunktion größer als Eins sein?
2) die Verteilungsdichte größer als Eins sein?
3) die Verteilungsfunktion negativ sein?
4) die Verteilungsdichte negativ sein?

Lösung: 1) Nein; 2) ja; 3) nein; 4) nein.

5.2. Welche Dimension hat:

1) die Verteilungsfunktion;
2) die Verteilungsdichte;
3) der Erwartungswert;

4) die Varianz;
5) die mittlere quadratische Abweichung;
6) das dritte Moment?

Lösung: 1) Dimensionslos; 2) die zur Dimension der zufälligen Größe reziproke Dimension; 3) die Dimension der zufälligen Größe; 4) die Dimension des Quadrats der zufälligen Größe; 5) die Dimension der zufälligen Größe; 6) die Dimension der dritten Potenz der zufälligen Größe.

5.3. Die nichtzufällige Größe a kann man als eine spezielle zufällige Größe auffassen (nämlich als zufällige Größe, die den Wert a mit der Wahrscheinlichkeit 1 annimmt).

Man bestimme die Verteilungsfunktion, den Erwartungswert, die Varianz und das dritte Moment dieser zufälligen Größe.

Lösung:
$$F(x) = \begin{cases} 0 & \text{für} \quad x \leqq a\,, \\ 1 & \text{für} \quad x > a\,. \end{cases}$$
$$\mathbf{M}[a] = a; \qquad \mathbf{D}[a] = 0; \qquad \alpha_3[a] = a^3\,.$$

5.4. Gegeben ist die graphische Darstellung der Verteilungsdichte $f(x)$ der zufälligen Größe X (Abb. 5.4). Wie verändert sich diese Kurve, wenn man: a) zur zufälligen Größe 1 addiert; b) von der zufälligen Größe 2 subtrahiert; c) die zufällige Größe mit 2 multipliziert; d) das Vorzeichen der zufälligen Größe verändert?

Lösung: a) Die Kurve verschiebt sich um 1 nach rechts; b) die Kurve verschiebt sich um 2 nach links; c) der Maßstab auf der Abszissenachse wird verdoppelt, der auf der Ordinatenachse um die Hälfte verkürzt; c) die Kurve wird bezüglich der Ordinatenachse gespiegelt.

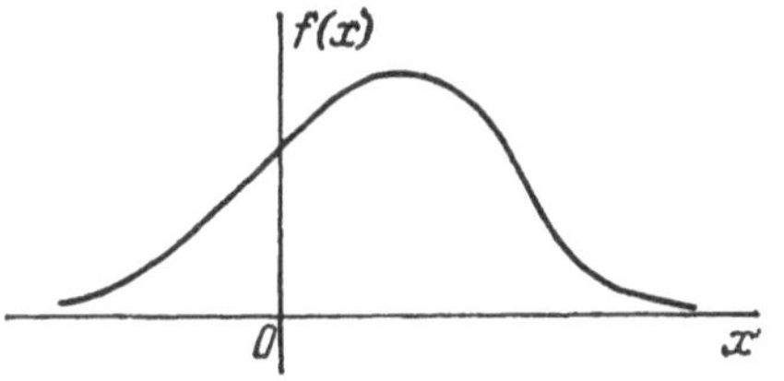

Abb. 5.4

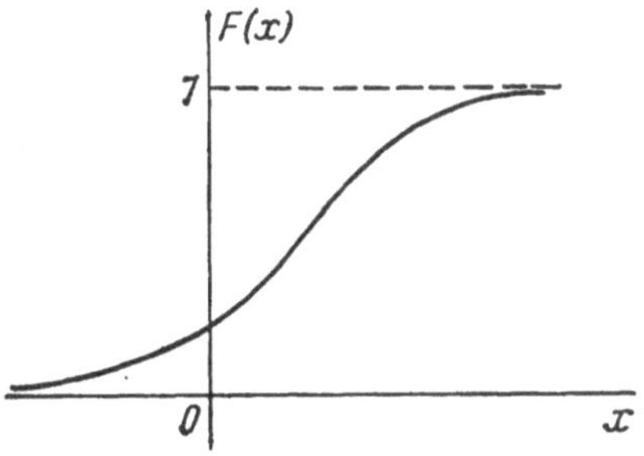

Abb. 5.5

5.5. Gegeben ist die graphische Darstellung der Verteilungsfunktion $F(x)$ der zufälligen Größe X (Abb. 5.5). Wie verändert sich diese Kurve, wenn man: a) zur zufälligen Größe 1 addiert; b) von der zufälligen Größe 2 subtrahiert; c) die zufällige Größe mit 2 multipliziert; d) das Vorzeichen der zufälligen Größe verändert?

Lösung: a) Die Kurve verschiebt sich um 1 nach rechts; b) die Kurve verschiebt sich um 2 nach links; c) der Maßstab auf der Abszissenachse wird verdoppelt; d) die Kurve wird bezüglich der Ordinatenachse gespiegelt und die Funktionswerte werden von 1 abgezogen.

5.6. Zur zufälligen Größe X wird eine konstante, nicht zufällige Größe a addiert. Wie verändern sich dabei die folgenden Charakteristika: 1) der Erwartungswert; 2) die Varianz; 3) die mittlere quadratische Abweichung; 4) das zweite Moment?

Lösung: 1) Es wird der Summand a hinzugefügt; 2) bleibt unverändert; 3) bleibt unverändert; 4) es wird der Summand $a^2 + 2\,a\,m_x$ hinzugefügt (es ist $\alpha_2[X] = D_x + m_x^2$).

5.7. Die zufällige Größe X wird mit a multipliziert. Wie verändern sich dabei die folgenden Charakteristika: 1) der Erwartungswert; 2) die Varianz; 3) die mittlere quadratische Abweichung; 4) das zweite Moment?

Lösung: 1) Er wird mit a multipliziert; 2) sie wird mit a^2 multipliziert; 3) sie wird mit $|a|$ multipliziert; 4) es wird mit a^2 multipliziert.

5.8. Im Ergebnis eines Versuches kann ein Ereignis A eintreten oder nicht eintreten; die Wahrscheinlichkeit für das Eintreten des Ereignisses A ist gleich p. Betrachtet wird die zufällige Größe X, die bei Eintreten des Ereignisses A gleich Eins und bei Nichteintreten des Ereignisses A gleich Null ist.

Man bestimme die möglichen Werte x_i der zufälligen Größe X die Wahrscheinlichkeiten $p = \mathrm{P}(X = x_i)$ sowie die Verteilungsfunktion, den Erwartungswert, die Varianz, das zweite Moment und das dritte zentrale Moment von X.

Lösung: Die Werte x_i und p_i sind in der Tabelle dargestellt:

x_i	0	1
p_i	q	p

, wobei $q = 1 - p$ ist.

Die Verteilungsfunktion $F(x)$ ist in Abb. 5.8 dargestellt.

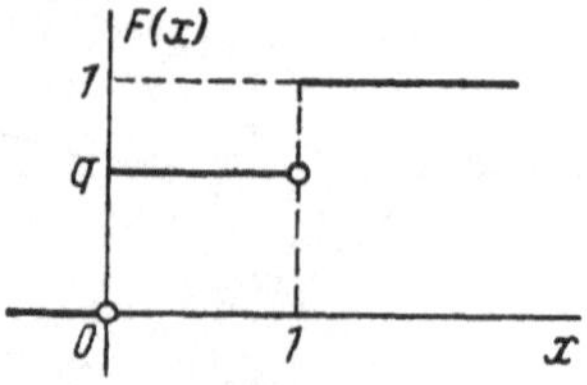

Abb. 5.8

Es gilt:
$$m_x = 0 \cdot q + 1 \cdot p = p; \qquad \alpha_2[X] = 0^2 \cdot q + 1^2 \cdot p = p;$$
$$D_x = \alpha_2[X] - m_x^2 = p - p^2 = p\,(1 - p) = p\,q;$$
$$\mu_3[X] = (0 - p)^3\,q + (1 - p)^3\,p = p\,q\,(q - p)\,.$$

5.9. Es werden drei unabhängige Versuche durchgeführt. In jedem Versuch tritt das Ereignis A mit der Wahrscheinlichkeit 0,4 ein.

Betrachtet wird die zufällige Größe X — die Anzahl des Eintretens des Ereignisses A in den drei Versuchen.

Man bestimme die Tabelle, die Verteilungsfunktion $F(x)$ der zufälligen Größe X und die numerischen Charakteristika m_x, D_x, σ_x, $\mu_3[X]$.

Lösung: Die Tabelle der zufälligen Größe X hat die Gestalt

x_i	0	1	2	3
p_i	0,216	0,432	0,288	0,064

.

Die Verteilungsfunktion ist in Abb. 5.9 dargestellt. Es gilt $m_x = 1{,}2$; $D_x = 0{,}72$; $\sigma_x \doteq 0{,}85$; $\mu_3[X] = 0{,}144$.

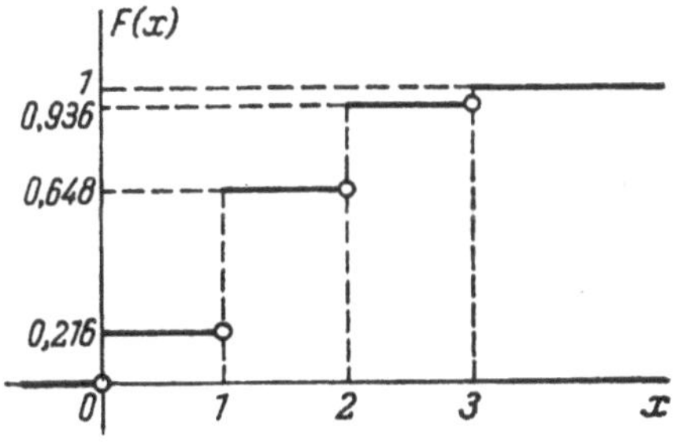

Abb. 5.9

5.10. Eine Münze wird n-mal geworfen; X sei die Anzahl der dabei erschienenen Wappen. Man bestimme die Tabelle der zufälligen Größe X und ihre Charakteristika m_x, D_x, σ_x, $\mu_3[X]$.

Lösung:

x_m	0	1	...	m	...	n
p_m	$\left(\frac{1}{2}\right)^n$	$C_n^1\left(\frac{1}{2}\right)^n$	...	$C_n^m\left(\frac{1}{2}\right)^n$	...	$\left(\frac{1}{2}\right)^n$

;

$$m_x = \frac{n}{2}; \quad D_x = \frac{n}{4}; \quad \sigma_x = \frac{\sqrt{n}}{2}; \quad \mu_3[X] = 0$$

(da das Verteilungsgesetz bezüglich $m_x = \frac{n}{2}$ symmetrisch ist).

5.11. Es werden n unabhängige Versuche durchgeführt. Bei jedem Versuch tritt das Ereignis A mit der Wahrscheinlichkeit p ein. Sei X die Anzahl des

Eintretens des zu A komplementären Ereignisses $\bar{A}$ bei diesen n Versuchen. Man bestimme die Tabelle, den Erwartungswert und die Varianz von X.

Lösung:

x_m	0	1	$\dots$	m	$\dots$	n
p_m	p^n	$C_n^1\, q\, p^{n-1}$	$\dots$	$C_n^m\, q^m\, p^{n-m}$	$\dots$	q^n

,

wobei $q = 1 - p$ gilt; $m_x = n\,q$, $D_x = n\,p\,q$.

5.12. Es werden n unabhängige Versuche durchgeführt. Bei jedem Versuch tritt das Ereignis A mit der Wahrscheinlichkeit p ein. Sei R die relative Häufigkeit des Eintretens des Ereignisses A bei den n Versuchen, d. h. das Verhältnis der Anzahl des Eintretens des Ereignisses A bei den n Versuchen zu der Gesamtanzahl n der durchgeführten Versuche. Man bestimme die Tabelle, den Erwartungswert und die Varianz der zufälligen Größe R.

Lösung:

x_m	0	$\frac{1}{n}$	$\dots$	$\frac{m}{n}$	$\dots$	1
p_m	q^n	$C_n^1\, p\, q^{n-1}$	$\dots$	$C_n^m\, p^m\, q^{n-m}$	$\dots$	p^n

,

wobei $q = 1 - p$ gilt; $m_x = p$, $D_x = \frac{p\,q}{n}$.

5.13*. Auf eine Zielscheibe werden unabhängig voneinander n Schüsse abgegeben. Die Trefferwahrscheinlichkeit jedes Schusses ist gleich p. Man bestimme die wahrscheinlichste Anzahl m^* der Treffer. (Die Zahl m^* wird durch die Beziehung $p_{m^*} \geqq p_m$ für $0 \leqq m \leqq n$ definiert).

Lösung: Wir untersuchen zunächst den Fall $m^* = 0$. Aus $m^* = 0$ folgt $q^n > C_n^1\, p\, q^{n-1}$ oder $q > n\,p$, woraus $p < \frac{1}{n+1}$ folgt.

Ist $m^* = n$, so gilt $p^n > C_n^1\, q\, p^{n-1}$ oder $p > n\,q$, woraus $p > \frac{n}{n+1}$ folgt.

Ist $0 < m^* < n$, so müssen die beiden Ungleichungen

$$C_n^{m^*}\, p^{m^*}\, q^{n-m^*} \geqq C_n^{m^*+1}\, p^{m^*+1}\, q^{n-m^*-1}\,,$$
$$C_n^{m^*}\, p^{m^*}\, q^{n-m^*} \geqq C_n^{m^*-1}\, p^{m^*-1}\, q^{n-m^*+1}$$

erfüllt sein. Diese Ungleichungen sind den folgenden Ungleichungen äquivalent:

$$(m^* + 1)\, q \geqq (n - m^*)\, p\,, \qquad (n - m^* + 1)\, p \geqq m^*\, q\,.$$

Folglich muß m^* eine ganze Zahl sein, die der Ungleichung

$$(n + 1)\, p - 1 \leqq m^* \leqq (n + 1)\, p$$

genügt.

Diese Ungleichung gilt auch in den beiden Grenzfällen $p < \frac{1}{n+1}$ $(m^* = 0)$ und $p > \frac{n}{n+1}$ $(m^* = n)$.

Da die rechte Seite der letzten Ungleichung um Eins größer als die linke Seite ist, kann zwischen ihnen genau eine ganze Zahl m^* liegen; ein Ausnahmefall liegt vor, wenn $(n + 1)\,p$ eine ganze Zahl ist. In diesem Fall gibt es zwei wahrscheinlichste Werte für die Anzahl der Treffer: $(n + 1)\,p$ und $(n + 1)\,p - 1$. Ist $n\,p$ eine ganze Zahl, so ist $m^* = n\,p$, d. h., der wahrscheinlichste Wert der Anzahl der Treffer ist gleich ihrem Erwartungswert.

5.14. Zwei Schützen geben unabhängig voneinander jeweils auf ein eigenes Ziel einen Schuß ab. Die Trefferwahrscheinlichkeit des ersten Schützen ist gleich p_1, die des zweiten ist gleich p_2. Betrachtet werden die zufälligen Größen

X_1 — die Anzahl der Treffer des ersten Schützen;
X_2 — die Anzahl der Treffer des zweiten Schützen;

und ihre Differenz

$$Z = X_1 - X_2 .$$

Man gebe die Tabelle der zufälligen Größe Z an und bestimme die Charakteristika m_z und D_z.

Lösung: Die zufällige Größe Z hat drei mögliche Werte: -1, 0 und $+1$. Es gilt

$$\mathbf{P}(Z = -1) = \mathbf{P}(X_1 = 0)\,\mathbf{P}(X_2 = +1) = q_1 p_2 ;$$

$$\mathbf{P}(Z = 0) = \mathbf{P}(X_1 = 0)\,\mathbf{P}(X_2 = 0) + \mathbf{P}(X_1 = 1)\,\mathbf{P}(X_2 = 1) = q_1 q_2 + p_1 p_2 ;$$

$$\mathbf{P}(Z = 1) = \mathbf{P}(X_1 = 1)\,\mathbf{P}(X_2 = 0) = p_1 q_2 ,$$

wobei $q_1 = 1 - p_1$; $q_2 = 1 - p_2$ ist.

Die Tabelle von Z hat die Gestalt:

z_i	-1	0	1
p_i	$q_1 p_2$	$q_1 q_2 + p_1 p_2$	$p_1 q_2$

Der Erwartungswert m_z ist gleich

$$m_z = (-1)\,q_1 p_2 + 0\,(q_1 q_2 + p_1 p_2) + 1\,p_1 q_2 = -q_1 p_2 + p_1 q_2 = p_1 - p_2 .$$

Die Varianz D_z berechnet man mit Hilfe des zweiten Moments:

$$\alpha_2[Z] = (-1)^2 \cdot q_1 p_2 + 0^2 \cdot (q_1 q_2 + p_1 p_2) + 1^2 \cdot p_1 q_2$$
$$= q_1 p_2 + p_1 q_2 = p_1 + p_2 - 2\,p_1 p_2 ;$$

$$D_z = \alpha_2[Z] - m_z^2 - p_1 + p_2 - 2\,p_1 p_2 - (p_1 - p_2)^2 = p_1 q_1 + p_2 q_2 .$$

5.15. Es wird eine Reihe voneinander unabhängiger Versuche durchgeführt. Bei jedem Versuch tritt das Ereignis A mit der Wahrscheinlichkeit p ein. Die Versuche werden bis zum ersten Eintreten des Ereignisses A durchgeführt, danach werden sie abgebrochen. Sei X die zufällige Anzahl der durchgeführten Versuche.

Man bestimme die Tabelle dieser zufälligen Größe sowie deren Erwartungswert und Varianz.

Lösung: Die Tabelle von X lautet

x_i	1	2	3	...	i	...
p_i	p	qp	q^2p	...	$q^{i-1}p$	...

wobei $q = 1 - p$ ist. Es ist

$$m_x = 1\,p + 2\,q\,p + 3\,q^2\,p + \cdots + i\,q^{i-1}\,p + \cdots = p \sum_{i=1}^{\infty} i\,q^{i-1}.$$

Die Reihe $\sum_{i=1}^{\infty} i\,q^{i-1}$ erhält man durch Differentiation der geometrischen Reihe $\sum_{i=1}^{\infty} q^i = \frac{q}{1-q}$. Es ist also

$$\sum_{i=1}^{\infty} i\,q^{i-1} = \frac{d}{dq}\left(\sum_{i=1}^{\infty} q^i\right) = \frac{d}{dq}\left(\frac{q}{1-q}\right) = \frac{1}{(1-q)^2} = \frac{1}{p^2}, \qquad m_x = \frac{p}{p^2} = \frac{1}{p}.$$

Zur Bestimmung der Varianz berechnet man zunächst das zweite Moment:

$$\alpha_2[X] = \sum_{i=1}^{\infty} x_i^2\,p_i = \sum_{i=1}^{\infty} i^2\,q^{i-1}\,p = p \sum_{i=1}^{\infty} i^2\,q^{i-1}.$$

Multipliziert man beide Seiten der Gleichung $\sum_{i=1}^{\infty} i\,q^{i-1} = \frac{1}{(1-q)^2}$ mit q und differenziert anschließend nach q, so erhält man die Beziehung

$$\sum_{i=1}^{\infty} i^2\,q^{i-1} = \frac{d}{dq}\left[\frac{q}{(1-q)^2}\right] = \frac{1+q}{(1-q)^3}.$$

Zusammenfassend erhält man:

$$\alpha_2(X) = \frac{1+q}{(1-q)^2}; \qquad D_x = \alpha_2(X) - m_x^2 = \frac{1+q}{(1-q)^2} - \frac{1}{(1-q)^2} = \frac{q}{p^2}.$$

Die gewonnene Verteilung hängt mit der *geometrischen Verteilung*:

$$\mathbf{P}(Y = k) = q^k\,p \qquad (k = 0, 1, 2, \ldots)$$

mit den Charakteristika $m_y = \frac{q}{p}$, $D_y = \frac{q}{p^2}$ zusammen. Man erkennt leicht, daß $X = Y + 1$ ist.

5.16. Auf ein Ziel werden unabhängig voneinander zwei Schüsse abgegeben. Die Trefferwahrscheinlichkeit ist bei jedem Schuß gleich p. Betrachtet werden die Zufallsgrößen:

X — die Differenz zwischen der Anzahl der Treffer und der Anzahl der Fehlschüsse;

Y — die Summe der Anzahl der Treffer und der Anzahl der Fehlschüsse.

Man bestimme die Tabelle für X und Y sowie die Größen m_x, D_x, m_y, D_y.

Lösung: Die Tabelle von X hat die Gestalt

x_i	-2	0	2
p_i	q^2	$2pq$	p^2

,

wobei $q = 1 - p$ ist. Es gilt

$$m_x = -2q^2 + 2p^2 = 2(p - q); \qquad \alpha_2[X] = 4(q^2 + p^2);$$

$$D_x = \alpha_2[X] - m_x^2 = 8pq.$$

Die Größe Y ist in Wirklichkeit nicht zufällig, sie nimmt mit Sicherheit den Wert 2 an. Es ist also

y_i	2
p_i	1

; $m_y = 2; \quad D_y = 0.$

5.17. Von n Glühlampen ist jede einzelne mit der Wahrscheinlichkeit p defekt. Die Glühlampen werden der Reihe nach solange geprüft, bis die erste nicht defekte gefunden wird.

Sei X die Anzahl der geprüften Glühlampen. Man bestimme die Tabelle und den Erwartungswert der zufälligen Größe X.

Lösung: Die Tabelle von X hat die Gestalt

x_i	1	2	3	$\cdots$	i	$\cdots$	n
p_i	q	pq	p^2q	$\cdots$	$p^{i-1}q$	$\cdots$	p^{n-1}

,

wobei $q = 1 - p$ ist. Der Erwartungswert ist gleich

$$m_x = \sum_{i=1}^{n-1} i\,p^{i-1}q + n\,p^{n-1} = q\frac{d}{dp}\left(\frac{1-p^n}{1-p}\right) + n\,p^{n-1} = \frac{1-p^n}{1-p}.$$

5.18. Die zufällige Größe X genügt der Poisson-Verteilung mit dem Erwartungswert $a = 3$. Man zeichne das Polygon der Verteilung und die Verteilungsfunktion der zufälligen Größe X. Man bestimme: a) die Wahrscheinlichkeit dafür, daß die zufällige Größe einen Wert annimmt, der kleiner als ihr Erwartungswert ist; b) die Wahrscheinlichkeit dafür, daß die Größe X einen positiven Wert annimmt.

Lösung: a) 0,423; b) 0,950.

5.19. Die Ankunftszeitpunkte von Anrufen in einer Telefonzentrale bilden eine stationäre POISSONsche Punktfolge mit der Intensität $\lambda = 30$ Anrufe/h. Man bestimme die Wahrscheinlichkeit dafür, daß in einer Minute mindestens zwei Anrufe eintreffen.

Lösung: 0,0902.

5.20. Während der Arbeit eines Computers treten in zufälligen Zeitpunkten Ausfälle (Defekte) ein. Man nimmt an, daß die Zeitpunkte, in denen Ausfälle eintreten, eine stationäre POISSONsche Punktfolge bilden. Die mittlere Anzahl der Ausfälle im Zeitabschnitt von 24 Stunden sei gleich 1,5.

Man bestimme die Wahrscheinlichkeiten folgender Ereignisse:

A — in 48 Stunden gibt es keinen Ausfall;
B — in 24 Stunden tritt mindestens ein Ausfall ein;
C — in einer Woche treten mindestens 3 Ausfälle ein.

Lösung: $\mathbf{P}(A) = 0{,}050; \quad \mathbf{P}(B) = 0{,}777; \quad \mathbf{P}(C) = 0{,}998$.

5.21. Bei einer bestimmten Lage der Explosionsstelle eines Geschosses wird das Ziel mit einem Splitterfeld überdeckt. Man nimmt an, daß dieses Splitterfeld eine POISSONsche Punktfolge mit der Intensität $\lambda = 2{,}5$ [Splitter/m^2] darstellt. Der Flächeninhalt der Projektion des Ziels auf die Ebene, auf der das Splitterfeld beobachtet wird, ist gleich $S = 0{,}8$ [m^2].

Man bestimme die Wahrscheinlichkeit dafür, daß das Ziel vernichtet wird (jeder Splitter, der das Ziel trifft, vernichtet es auch).

Lösung: 0,865.

5.22. Die gleiche Aufgabe wie 5.21, jedoch wird angenommen, daß jeder Splitter, der das Ziel trifft, es mit Wahrscheinlichkeit $p = 0{,}6$ vernichtet (und zwar unabhängig von den anderen „treffenden" Splittern).

Lösung: Die „treffenden" Splitter bilden ebenfalls eine POISSONsche Punktfolge, deren Intensität gleich $\lambda^* = \lambda p = 2{,}5 \cdot 0{,}6 = 1{,}5$ [Splitter/m^2] ist[1]. Die gesuchte Wahrscheinlichkeit ergibt sich aus der Formel

$$R_1 = 1 - e^{-\lambda^* S} = 1 - 0{,}301 = 0{,}699 .$$

Ein anderer Lösungsweg: Wir benutzen zur Bestimmung von $R_1 = \mathbf{P}(A)$, A — das Ziel wird vernichtet, die Formel der totalen Wahrscheinlichkeit mit den Hypothesen H_m — das

[1]) Vgl. dazu die Aufgabe 10.8 (Anm. d. Red.).

Ziel wurde von m Splittern getroffen ($m = 0, 1, \ldots$). Die Wahrscheinlichkeiten der Hypothesen sind gleich

$$\mathbf{P}(H_m) = \frac{a^m}{m!} e^{-a}, \qquad a = \lambda S = 2 .$$

Die bedingte Wahrscheinlichkeit $\mathbf{P}(A|H_m)$ ist gleich $1 - (1 - 0{,}6)^m$. Die gesuchte Wahrscheinlichkeit ist gleich

$$\mathbf{P}(A) = \sum_{m=0}^{\infty} \mathbf{P}(H_m) [1 - (1 - 0{,}6)^m] = 1 - \sum_{m=0}^{\infty} \frac{[a(1 - 0{,}6)]^m}{m!} e^{-a}$$
$$= 1 - e^{-a} e^{a(1-0{,}6)} = 1 - e^{-1{,}2} = 0{,}699 .$$

5.23. Eine Elektronenröhre arbeitet ohne Ausfall während einer zufälligen Zeit T, die exponentiell verteilt ist:

$$f(t) = \begin{cases} 0 & \text{für} \quad t < 0 , \\ \mu e^{-\mu t} & \text{für} \quad t > 0 . \end{cases}$$

Nach Ablauf der Zeit T fällt die Röhre aus und wird sofort durch eine neue ersetzt, deren Lebensdauer die gleiche Exponentialverteilung besitzt.

Man bestimme die Wahrscheinlichkeit dafür, daß während der Zeit τ: a) die Röhre nicht ausgewechselt wird; b) die Röhre wird genau dreimal ausgewechselt; c) die Röhre wird mindestens dreimal ausgewechselt.

Lösung: Die aufeinander folgenden Ausfälle der Röhre bilden eine Poissonsche Punktfolge der Intensität μ (vgl. S. 96). Die Anzahl der Ausfälle während der Zeit τ ist eine nach dem Poisson-Gesetz verteilte zufällige Größe mit dem Erwartungswert $a = \mu \tau$. Folglich gilt

$$\text{a)} \quad P_0 = e^{-\mu\tau}; \qquad \text{b)} \quad P_3 = \frac{(\mu\tau)^3}{3!} e^{-\mu\tau};$$

$$\text{c)} \quad R_3 = 1 - [P_0 + P_1 + P_2] = 1 - e^{-\mu\tau}\left[1 - \mu\tau - \frac{1}{2}(\mu\tau)^2\right].$$

5.24. Eine technische Anlage besteht aus 3 Blöcken; der erste Block besteht aus n_1, der zweite aus n_2 und der dritte aus n_3 Elementen. Der erste Block ist für die Funktionstüchtigkeit der Anlage unbedingt erforderlich; der zweite und dritte Block doublieren sich. Die Lebensdauer eines jeden Elements ist exponentiell verteilt; die mittlere Lebensdauer der Elemente des ersten Blocks ist gleich $t_m^{(1)}$, die der Elemente des zweiten und des dritten Blocks ist gleich $t_m^{(2)}$[1]). Der erste Block fällt aus, wenn mindestens zwei seiner Elemente ausgefallen sind; der zweite Block (wie auch der ihn doublierende dritte Block) fällt aus beim Ausfall mindestens eines seiner Elemente. Die gesamte Anlage fällt aus, wenn der erste Block oder der zweite und der dritte zusammen ausgefallen sind. Man bestimme die Wahrscheinlichkeit dafür, daß während der Zeit τ die Anlage ausfällt.

---

[1]) Der Erwartungswert einer exponentiell verteilten zufälligen Größe X mit dem Parameter λ ist gleich $m_x = \frac{1}{\lambda}$ ihre Varianz ist gleich $\frac{1}{\lambda^2}$ (Anm. d. Red.).

Lösung: Die Wahrscheinlichkeit des Ausfalls eines Elements des ersten, zweiten oder dritten Blocks während der Zeit τ ist gleich

$$p_1 = 1 - \exp\left[-\frac{\tau}{t_m^{(1)}}\right]; \qquad p_2 = p_3 = 1 - \exp\left[-\frac{\tau}{t_m^{(2)}}\right],$$

wobei $\exp x = e^x$ ist.
Die Wahrscheinlichkeit des Ausfalls des ersten Blocks während der Zeit τ ist gleich

$$P_1 = R_{2,n_1} = 1 - (1 - p_1)^{n_1} - n_1 p_1 (1 - p_1)^{n_1 - 1}.$$

Die Wahrscheinlichkeiten des Ausfalls des zweiten und des dritten Blocks sind gleich

$$P_2 = 1 - (1 - p_2)^{n_2}; \qquad P_3 = 1 - (1 - p_3)^{n_3}.$$

Die Wahrscheinlichkeit des Ausfalls der gesamten Anlage ist gleich

$$P = P_1 + (1 - P_1) P_2 P_3.$$

5.25. Ein künstlicher Erdsatellit bewegt sich während n Tagen auf seiner Bahn. Dabei kann er auf zufällige Weise mit Meteoriten zusammenstoßen. Die Meteoriten, die die Bahn des Satelliten kreuzen, bilden eine POISSONsche Punktfolge mit der Intensität $\varkappa$ Meteoriten (pro Tag). Ein Meteorit, der den Satelliten trifft, schlägt seinen Mantel mit der Wahrscheinlichkeit p_0 durch. Ein Meteorit, der den Mantel des Satelliten durchgeschlagen hat, beschädigt die Apparatur des Satelliten mit der Wahrscheinlichkeit p_1.

Man bestimme die Wahrscheinlichkeiten folgender Ereignisse:

A – während des Fluges wird der Mantel des Satelliten durchgeschlagen;
B – während des Fluges wird die Apparatur beschädigt;
C – während des Fluges wird der Mantel durchgeschlagen, die Apparatur bleibt jedoch unversehrt.

Lösung: Die Intensität der POISSONschen Punktfolge der Meteoriten, die die Apparatur beschädigen, ist gleich[1] $a_1 = \varkappa\, p_0\, p_1$. Die gesuchten Wahrscheinlichkeiten sind gleich

$$\mathbf{P}(A) = 1 - e^{-a_0} = 1 - e^{-\varkappa n p_0};$$

$$\mathbf{P}(B) = 1 - e^{-a_1} = 1 - e^{-\varkappa n p_0 p_1};$$

$$\mathbf{P}(C) = \mathbf{P}(A) - \mathbf{P}(B) = e^{-\varkappa n p_0 p_1} - e^{-\varkappa n p_0}.$$

5.26. Ein über feindlichem Territorium befindlicher Bomber wird durch Jäger angegriffen, wobei die Anzahl der Angriffe eine zufällige Größe ist, die der POISSON-Verteilung mit dem Erwartungswert $a = 3$ genügt. Jeder Angriff führt mit der Wahrscheinlichkeit 0,4 zur Vernichtung des Bombers. Man bestimme: a) die Wahrscheinlichkeit der Vernichtung des Bombers; b) die gleiche

[1]) Vgl. dazu die Aufgabe 10.8 (Anm. d. Red.).

Wahrscheinlichkeit, wenn die Anzahl der Angriffe nicht zufällig sondern genau gleich drei ist.

Lösung: a) 0,699; b) 0,784.

5.27. Während der Betriebszeit eines Gerätes können in zufälligen Zeitpunkten Defekte eintreten. Die Zeit T von der Inbetriebnahme des Gerätes bis zum Auftreten des ersten Defekts genügt der Exponentialverteilung mit dem Parameter ν:

$$f(t) = \begin{cases} \nu\, e^{-\nu t} & \text{für} \quad t > 0\,, \\ 0 & \text{für} \quad t < 0\,. \end{cases}$$

Ein entstandener Defekt wird sofort festgestellt, und das Gerät wird sofort repariert. Die Reparatur beansprucht die Zeit t_0, danach wird das Gerät wieder in Betrieb genommen.

Man bestimme die Verteilungsdichte $f^*(t)$ und die Verteilungsfunktion $F^*(t)$ des Zeitabstandes T^* zweier aufeinander folgender Defekte. Man bestimme den Erwartungswert und die Varianz von T^* sowie die Wahrscheinlichkeit dafür, daß die Zeit T^* größer als $2\,t_0$ ist.

Lösung:

$$T^* = T + t_0\,,$$

$$f^*(t) = \begin{cases} \nu\, e^{-\nu(t-t_0)} & \text{für} \quad t > t_0\,, \\ 0 & \text{für} \quad t < t_0\,. \end{cases} \qquad F^*(t) = \begin{cases} 1 - e^{-\nu(t-t_0)} & \text{für} \quad t \geqq t_0\,, \\ 0 & \text{für} \quad t < t_0\,. \end{cases}$$

$$\mathrm{M}[T^*] = \frac{1}{\nu} + t_0\,; \qquad \mathrm{D}[T^*] = \frac{1}{\nu^2}\,;$$

$$\mathrm{P}(T^* > 2\,t_0) = 1 - F^*(2\,t_0) = e^{-\nu t_0}\,.$$

5.28. Die Zeit zwischen zwei Ausfällen einer Rechenanlage besitzt die exponentielle Verteilungsdichte

$$f(t) = \begin{cases} \lambda\, e^{-\lambda t} & \text{für} \quad t > 0\,, \\ 0 & \text{für} \quad t < 0\,. \end{cases}$$

Zur Lösung einer bestimmten Aufgabe ist es erforderlich, daß die Rechenanlage während der Zeit τ ausfallfrei arbeitet. Ist dies der Fall, so wird die Aufgabe in dieser Zeit τ gelöst. Fällt während der Zeit τ die Rechenanlage aus, so muß man mit der Rechnung der Aufgabe nochmals beginnen. Das Vorhandensein eines Ausfalls kann erst nach τ Zeiteinheiten Rechenzeit festgestellt werden. Sei Θ die zufällige Zeit, die zur Lösung der Aufgabe erforderlich ist.

Man bestimme das Verteilungsgesetz von Θ und ihren Erwartungswert (die mittlere Rechenzeit).

Lösung: Die zufällige Größe Θ ist diskret. Ihr Verteilungsgesetz ist aus der folgenden Tabelle ersichtlich:

Θ_i	τ	2τ	...	$i\tau$	...
p_i	p	pq	...	pq^{i-1}	...

Es gilt $p = e^{-\lambda\tau}$; $\quad q = 1 - p = 1 - e^{-\lambda\tau}$; $\quad m_\Theta = \frac{\tau}{p} = \frac{\tau}{e^{-\lambda\tau}}$.

5.29. Unter den Bedingungen der Aufgabe 5.28 bestimme man die Wahrscheinlichkeit dafür, daß in der Zeit $t = k\tau$ mindestens m Aufgaben gerechnet werden können ($m < k$).

Lösung: Sei $P_{m,k}$ die Wahrscheinlichkeit dafür, daß während der Zeit $t = k\tau$ genau m Aufgaben zu Ende gerechnet werden. Die Wahrscheinlichkeit $P_{m,k}$ ist gleich der Wahrscheinlichkeit dafür, daß unter den k Zeitabschnitten der Länge τ genau m solche existieren, während der die Rechenanlage ausfallfrei arbeitet. Die Wahrscheinlichkeit dafür, daß in der Zeit τ kein Ausfall eintritt, ist gleich

$$p = \mathbf{P}(T > \tau) = e^{-\lambda\tau}.$$

Nach der Formel für das Schema unabhängiger Versuche gilt

$$P_{m,k} = C_k^m p^m q^{k-m} = C_k^m e^{-m\lambda\tau}(1 - e^{-\lambda\tau})^{k-m}.$$

Die Wahrscheinlichkeit dafür, daß mindestens m Aufgaben zu Ende gerechnet werden, lautet

$$R_{m,k} = \sum_{i=m}^{k} P_{i,k} = \sum_{i=m}^{k} C_k^i e^{-i\lambda\tau}(1 - e^{-\lambda\tau})^{k-i}$$

oder

$$R_{m,k} = 1 - \sum_{i=0}^{m-1} C_k^i e^{-i\lambda\tau}(1 - e^{-\lambda\tau})^{k-i}.$$

5.30. Bei der Jagd auf einen Wolf bilden die Jäger eine geradlinige Kette, und zwar so, daß die Abstände zwischen den benachbarten Jägern als unabhängig und exponentiell verteilt mit dem Parameter λ angenommen werden. Jeder Jäger schießt auf den Wolf nur dann, wenn der Abstand zu ihm nicht größer als R_0 ist, dabei wird der Wolf mit der Wahrscheinlichkeit p erlegt.

Man bestimme die Wahrscheinlichkeit dafür, daß der Wolf erlegt wird, wenn man annimmt, daß der Wolf nicht weiß, wo sich die Jäger befinden, senkrecht zur Kette läuft und die Kette so lang ist, daß der Wolf diese mit Sicherheit nicht umgehen kann.

Lösung: Die Kette der Jäger kann als POISSONsche Punktfolge auf der Achse Ox aufgefaßt werden (Abb. 5.30). Der in der durch Pfeil gekennzeichneten Richtung laufende Wolf wird nur dann beschossen, wenn sich im Streifen der Breite $2R_0$ (auf dem Bild schraffiert) mindestens ein Jäger befindet. Jeder Jäger, der auf den Wolf schießt, erweist sich mit der Wahrscheinlichkeit p als „erfolgreich", d. h., er erlegt den Wolf. Die potentiell „erfolgreichen" Jäger bilden auf der Achse Ox eine POISSONsche Punktfolge der Intensität $\lambda^* = \lambda p$[1]).

Der Wolf wird erlegt, falls in den Abschnitt der Länge 2 R_0 mindestens ein „erfolgreicher" Jäger gerät.

Die Wahrscheinlichkeit dafür ist gleich

$$\mathbf{P}(A) = 1 - e^{-2R_0\lambda^*} = 1 - e^{-2R_0\lambda p}\,.$$

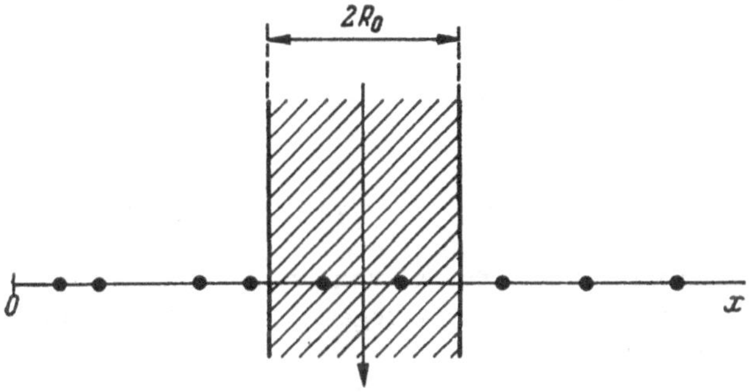

Abb. 5.30

5.31. Betrachtet wird eine homogene (stationäre) POISSONsche Punktfolge auf der Ebene der Intensität λ. Man bestimme das Verteilungsgesetz sowie die numerischen Charakteristika m_r und D_r des Abstandes R von einem beliebigen (festen) Punkt der Ebene zum nächsten Punkt der POISSONschen Punktfolge.

Lösung: Wir bestimmen zunächst die Verteilungsfunktion $F(r)$ der zufälligen Größe R. Dazu schlagen wir um den ausgewählten festen Punkt der Ebene einen Kreis vom Radius r (Abb. 5.31). Der Abstand R vom festen Punkt bis

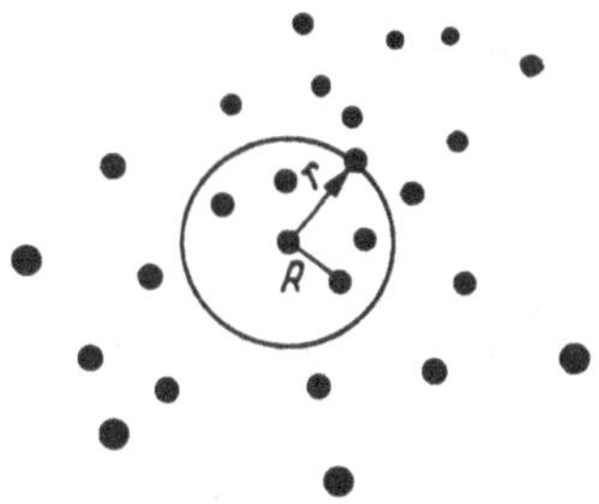

Abb. 5.31

zum nächstliegenden Punkt der Punktfolge ist genau dann kleiner als r, wenn in den Kreis mindestens ein Punkt der Punktfolge fällt. Es ist also

$$F(r) = 1 - e^{-\pi r^2\lambda} \quad \text{für} \quad r > 0\ ^{2)},$$

[1]) Vgl. dazu die Aufgabe 10.8 (Anm. d. Red.).

[2]) Streng genommen müßte man schreiben

$$F(r) = \begin{cases} 1 - e^{-\pi r^2\lambda} & \text{für } r > 0 \\ 0 & \text{für } r \leqq 0, \end{cases}$$

wir werden aber im folgenden — falls Irrtümer ausgeschlossen sind — Verteilungsfunktionen und Verteilungsdichten nur für Argumentwerte angeben, für die sie von Null verschieden sind (Anm. d. Red.).

woraus

$$f(r) = \begin{cases} 2\pi\lambda r e^{-\pi\lambda r^2} & \text{für} \quad r > 0, \\ 0 & \text{für} \quad r < 0 \end{cases}$$

folgt. Dieses Verteilungsgesetz wird als RAYLEIGH-Verteilung bezeichnet. Es gilt

$$m_r = \int_0^\infty r\, 2\pi\lambda r e^{-\pi\lambda r^2}\, dr = \frac{1}{2\sqrt{\lambda}}; \qquad \alpha_2[R] = \int_0^\infty r^2\, 2\pi\lambda r e^{-\pi\lambda r^2}\, dr = \frac{1}{\pi\lambda};$$

$$D_r = \alpha_2[R] - m_r^2 = \frac{1}{\pi\lambda} - \frac{1}{4\lambda} = \frac{4-\pi}{4\pi\lambda}.$$

Bemerkung: Der zufällige Abstand von einem Punkt der zweidimensionalen POISSONschen Punktfolge zum nächstliegenden Punkt der Punktfolge hat das gleiche Verteilungsgesetz.

5.32. Die Bäume wachsen im Wald in Punkten, die eine POISSONsche Punktfolge mit der Intensität (mittlere Anzahl der Bäume pro Flächeninhalt) λ. Sei O ein beliebiger (fester) Punkt im Wald. Wir betrachten die zufälligen Größen:

R_1 — der Abstand vom Punkt O bis zum nächstgelegenen Baum;
R_2 — der Abstand vom Punkt O bis zum zweiten (der Entfernung nach) Baum;
. . . .
R_n — der Abstand vom Punkt O bis zum n-ten (der Entfernung nach) Baum.

Man bestimme die Verteilungsgesetze der zufälligen Größen $R_1, R_2, \ldots, R_n$.

Lösung: Die Verteilungsfunktion von R_1 wurde bereits in der vorhergehenden Aufgabe bestimmt:

$$F_1(r) = 1 - e^{-\pi r^2 \lambda} \qquad (r > 0).$$

Die Verteilungsfunktion $F_2(r) = \mathbf{P}(R_2 < r)$ ist gleich der Wahrscheinlichkeit dafür, daß sich in dem Kreis vom Radius r um den Punkt O mindestens zwei Bäume befinden:

$$F_2(r) = 1 - e^{-\pi r^2 \lambda} - \pi r^2 \lambda e^{-\pi r^2 \lambda} \qquad (r > 0).$$

Analog erhält man die Beziehung

$$F_n(r) = \mathbf{P}(R_n < r) = 1 - \sum_{k=0}^{n-1} \frac{a^k}{k!} e^{-a} \qquad (r > 0, \quad n \geqq 1),$$

wobei $a = \pi r^2 \lambda$ ist.

Die Verteilungsdichte $f_n(r)$ erhält man durch Differentiation von $F_n(r)$ nach r. Es ist

$$f_n(r) = \frac{dF_n(r)}{da}\frac{da}{dr} = \left(-\sum_{k=0}^{n-1} k\frac{a^{k-1}}{k!} e^{-a} + \sum_{k=0}^{n-1} \frac{a^k}{k!} e^{-a}\right) 2\pi\lambda r$$

$$= \frac{a^{n-1}}{(n-1)!} e^{-a}\, 2\pi\lambda r \qquad (r > 0).$$

5.33. Es wird eine POISSONsche Punktfolge im dreidimensionalen Raum R^3 betrachtet. Die Intensität der Punktmenge sei gleich λ (mittlere Anzahl von Punkten der POISSONschen Punktfolge pro Volumeneinheit).

Man bestimme das Verteilungsgesetz des Abstandes von einem beliebigen (festen) Punkt des Raumes bis zum nächstliegenden Punkt der zufälligen Punktfolge.

Lösung: Der Wert der Verteilungsfunktion $F(r)$ an der Stelle r ist gleich der Wahrscheinlichkeit dafür, daß sich in der Kugel vom Radius r in dem ausgewählten Punkt des Raumes mindestens ein Punkt der Punktmenge befindet. Es ist also

$$F(r) = \mathbf{P}(R < r) = 1 - e^{-\lambda v(r)},$$

wobei $v(r) = \frac{4}{3}\pi r^3$ das Volumen der Kugel vom Radius r ist. Die Verteilungsdichte ist gleich

$$f(r) = 4\pi r^2 \lambda e^{-\lambda \frac{4}{3}\pi r^3} \qquad (r > 0).$$

5.34. In einer Sternensammlung mögen die Sterne eine dreidimensionale POISSONsche Punktfolge der Intensität λ (mittlere Anzahl von Sternen in einer Volumeneinheit) bilden. Man fixiert einen (beliebigen) Stern der Sternensammlung und bestimmt den zu diesem Stern nächstliegenden, den zweiten (dem Abstand nach), ..., den n-ten (dem Abstand nach) Stern der Folge.

Man bestimme das Verteilungsgesetz des Abstandes R_n vom fixierten Stern zum n-ten (dem Abstand nach) Stern.

Lösung: Die Verteilungsfunktion $F_n(r)$ von R_n hat die Gestalt

$$F_n(r) = 1 - \sum_{k=0}^{n-1} \frac{a^k}{k!} e^{-a}, \quad \text{wobei} \quad a = \frac{4}{3}\pi r^3 \lambda \quad \text{ist} \qquad (r > 0).$$

Die Verteilungsdichte $f_n(r)$ ist gleich

$$f_n(r) = \frac{dF_n(r)}{dr} = \frac{a^{n-1}}{(n-1)!} e^{-a}\, 4\pi\lambda r^2 \qquad (r > 0).$$

5.35*. Die vorhergehenden Aufgaben kann man auf Räume einer beliebigen Dimension N verallgemeinern: Im N-dimensionalen Raum R^N wird eine POISSONsche Punktfolge der Intensität λ betrachtet. Die mittlere Anzahl der Punkte der Punktmenge in einem Bereich V ist gleich λv, wobei

$$v = \int_{(V)} \cdots \int dx_1\, dx_2 \cdots dx_N$$

das Volumen des Bereiches V ist.

Man bestimme das Verteilungsgesetz des Abstandes von einem beliebigen (festen) Punkt O bis zum nächstliegenden Punkt der zufälligen Punktfolge. Der Abstand zwischen den zwei Punkten $(x_1, \ldots, x_n)$, $(y_1, \ldots, y_n)$ aus R^N wird wie üblich durch die Formel

$$R = \sqrt{\sum_{i=1}^{N} (x_i - y_i)^2}$$

definiert.

Lösung: Bekanntlich ist das Volumen $v_N(r)$ einer Hyperkugel vom Radius r in einem N-dimensionalen Euklidischen Raum gleich

$$v_N(r) = \begin{cases} \dfrac{2^{\frac{N+1}{2}} \pi^{\frac{N-1}{2}}}{N!!} r^N & \text{für ungerade } N\,, \\[2ex] \dfrac{2\pi^{\frac{N}{2}}}{N\left(\frac{N-2}{2}\right)!} r^N & \text{für gerade } N\,, \end{cases}$$

wobei $N!! = 1 \cdot 3 \cdot 5 \cdot 7 \cdots N$ ist (für ungerade N). Der „Flächeninhalt" $S_N(r)$ der Kugeloberfläche ist gleich

$$S_N(r) = \frac{d}{dr} v_N(r) = \frac{N}{r} v_N(r)\,.$$

Der Wert $F(r)$ der Verteilungsfunktion der zufälligen Größe R an der Stelle r ist gleich der Wahrscheinlichkeit dafür, daß sich in der Hyperkugel vom Radius r mindestens ein Punkt der Poissonschen Punktfolge befindet. Es ist also

$$F(r) = \mathbf{P}(R < r) = 1 - e^{\lambda v_N(r)} \qquad (r > 0)\,,$$

woraus

$$f(r) = \lambda\, S_N(r)\, e^{-\lambda v_N(r)} \qquad (r > 0)$$

folgt.

5.36*. Es wird eine Poissonsche Punktfolge mit der Intensität λ im R^N betrachtet. Man bestimme das Verteilungsgesetz zwischen einem beliebigen (festen) Punkt O des Raumes und dem n-ten (dem Abstand von O nach) Punkt der Poissonschen Punktfolge.

Lösung: Die Verteilungsfunktion hat die Gestalt

$$F_N(r) = 1 - \sum_{k=0}^{n-1} \frac{a^k}{k!} e^{-a} \qquad (r > 0)\,,$$

wobei $a = \lambda\, v_N(r)$ ist. Die Verteilungsdichte ist gleich

$$f_n(r) = \frac{a^{n-1}}{(n-1)!} e^{-a} \lambda\, S_N(r) \qquad (r > 0)$$

(vgl. Aufgabe 5.35).

5.37. Die Zeitpunkte, in denen bei einer technischen Durchsicht eines Kraftfahrzeuges Defekte rechtzeitig festgestellt werden, bilden eine Poissonsche Punktfolge der Intensität a. Werden keine Defekte am Fahrzeug festgestellt, so dauert die Durchsicht im Durchschnitt zwei Stunden. Werden während der Durchsicht ein oder zwei Defekte festgestellt, so wird zur Beseitigung eines jeden

Defekts im Mittel eine halbe Stunde benötigt. Werden mehr als zwei Defekte festgestellt, so wird eine prophylaktische Reparatur des Fahrzeuges durchgeführt, die im Mittel 4 Stunden dauert.

Man bestimme das Verteilungsgesetz der durchschnittlichen Servicedauer T (einschließlich der Reparaturzeiten) und den Erwartungswert $\mathbf{M}[T]$ von T.

Lösung:

t_i	2	2,5	3	6
p_i	e^{-a}	$a\,e^{-a}$	$\frac{a^2}{2}e^{-a}$	$1 - e^{-a}\left(1 + a + \frac{a^2}{2}\right)$

,

$$\mathbf{M}[T] = e^{-a}\left(2 + 2{,}5\,a + \frac{3}{2}a^2\right) + 6\left[1 - e^{-a}\left(1 + a + \frac{a^2}{2}\right)\right]$$
$$= 6 - e^{-a}\,(4 + 3{,}5\,a + 1{,}5\,a^2)\,.$$

5.38. Ein Flugzeug wird zur Landung auf eine mit Büschen bewachsene Ebene gezwungen. Die Punkte, in denen Büsche wachsen, bilden auf der Ebene eine Poissonsche Punktfolge mit der Intensität λ. Die Breite des Flugzeugs ist r und die Länge L. Die Landung verläuft erfolgreich, falls das Flugzeug keinen einzigen Busch berührt.

Unter Vernachlässigung der räumlichen Ausmaße der Büsche bestimme man die Wahrscheinlichkeit p für die erfolgreiche Landung des Flugzeugs.

Lösung: $$p = e^{-Lr\lambda}\,.$$

5.39*. Es wird eine Gruppe von Tieren untersucht, von denen jedes mit der Wahrscheinlichkeit p unabhängig von den anderen krank ist. Die Untersuchung besteht in einer Blutanalyse. Vermischt man das Blut von n Tieren und ist das Analyseergebnis dieser Mischung positiv, so befindet sich unter den n Tieren mindestens ein krankes. Es ist eine große Anzahl N von Tieren zu untersuchen. Folgende Untersuchungsmethoden sind möglich:

1. Man untersucht jedes Tier einzeln; in diesem Fall sind N Analysen erforderlich.

2. Man untersucht Gruppen von n Tieren ($n > 1$), indem ihr Blut gemischt wird; ist das Ergebnis der Analyse negativ, so nimmt man an, daß alle Tiere dieser Gruppe gesund sind und geht zur nächsten Gruppe von n Tieren über; ist das Ergebnis der Analyse positiv, so untersucht man jedes der n Tiere einzeln und geht danach zur nächsten Gruppe über.

Man bestimme, welche der beiden Untersuchungsmethoden hinsichtlich der geringeren mittleren Anzahl von Analysen günstiger ist. Man bestimme denjenigen Wert n^* von n, der zur minimalen mittleren Anzahl von Analysen führt.

Lösung: Sei X_n die zufällige Anzahl der Analysen pro Gruppe aus n Tieren bei der zweiten Untersuchungsmethode. Die Tabelle der Verteilung von X_n hat die Gestalt

x_i	1	$n+1$
p_i	q^n	$1-q^n$

, wobei $q = 1 - p$ ist.

Die mittlere Anzahl von Analysen pro Gruppe aus n Tieren bei der zweiten Untersuchungsmethode ist gleich

$$\mathbf{M}[X_n] = q^n + (n+1)(1-q^n) = n - (n q^n - 1)\,.$$

Bei der ersten Untersuchungsmethode werden für n Tiere n Analysen benötigt. Offenbar ist für $n q^n < 1$ die erste Untersuchungsmethode günstiger als die zweite und für $n q^n > 1$ umgekehrt.

Wir bestimmen jetzt, für welche Werte von q das zweite Verfahren günstiger wird und die dazugehörigen optimalen Werte $n = n^*$. Aus der Ungleichung $n q^n > 1$ folgt $q > \frac{1}{\sqrt[n]{n}}$. Aus der letzten Ungleichung folgt $q > 0{,}694$, da das Minimum von $\frac{1}{\sqrt[n]{n}}$ für ganze Zahlen n bei $n = 3$ angenommen wird.

Sei $q > 0{,}694$. Wir bestimmen jetzt denjenigen Wert $n = n^*$ für den die mittlere Anzahl von Analysen pro Tier

$$R_n = \frac{\mathbf{M}[X_n]}{n} = 1 - q^n + \frac{1}{n}$$

ein Minimum wird. Zu diesem Zweck muß man zunächst die kleinste positive Wurzel der Gleichung

$$\frac{dR_n}{dn} = -\, q^n \ln q - \frac{1}{n^2} = 0$$

bestimmen. Anschließend bestimmt man die beiden zu dieser Wurzel am nächsten liegenden ganzen Zahlen, setzt sie in R_n ein und bestimmt auf diese Weise das optimale n^*. Die Gleichung $-\, q^n \ln q = \frac{1}{n^2}$ geht mit Hilfe der Substution $-\ln q = a$, $a\, n = x$ in die Gleichung

$$x^2 e^{-x} = a \left(a = -\ln q < \frac{\ln 3}{3} = 0{,}366 \right)$$

über. Die letzte Gleichung hat für kleine a (und somit für kleine $p = 1 - q$) die Lösung $x \approx \sqrt{a}$, woraus $n^* \approx \frac{1}{\sqrt{a}}$ folgt. Für nicht kleine a erhält man durch den direkten Vergleich der Größen R_2, R_3 und R_4 die Ungleichungen $R_3 < R_2$ und $R_3 < R_4$ (die letzte für $0{,}694 < q < 0{,}876$). Folglich ist für $0{,}694 < q < 0{,}876$ der Wert $n^* = 3$ optimal. Man kann zeigen, daß für $q > 0{,}889$ ($p < 0{,}111$) die Formel $n^* \approx \frac{1}{\sqrt{p}} + 0{,}5$ eine gute Näherung darstellt.

5.40. Die zufällige Größe X sei nach dem „Gesetz des rechtwinkligen Dreiecks" im Intervall $(0, a)$ verteilt (Abb. 5.40).

Man bestimme

a) die Verteilungsdichte $f(x)$;

b) die Verteilungsfunktion $F(x)$;

c) die Wahrscheinlichkeit dafür, daß der Wert der zufälligen Größe X im Intervall $\left(\frac{a}{2}, a\right)$ liegt;

d) die Charakteristika m_x, D_x, σ_x, $\mu_3[X]$.

Lösung:

a) $$f(x) = \begin{cases} \frac{2}{a}\left(1 - \frac{x}{a}\right) & \text{für } x \in (0, a)\,, \\ 0 & \text{für } x \notin (0, a)\,. \end{cases}$$

b) $$F(x) = \begin{cases} 0 & \text{für } x < 0\,, \\ \frac{x}{a}\left(2 - \frac{x}{a}\right) & \text{für } 0 \leqq x \leqq a\,, \\ 1 & \text{für } x > a\,. \end{cases}$$

c) $$F(a) - F\left(\frac{a}{2}\right) = \frac{1}{4}\,.$$

d) $$m_x = \frac{a}{3}\,; \qquad D_x = \frac{a^2}{18}\,; \qquad \sigma_x = \frac{a}{3\sqrt{2}}\,;$$

$$\mu_3[X] = \alpha_3[X] - 3\, m_x\, \alpha_2[X] + 2\, m_x^3 = \frac{a^3}{135}\,.$$

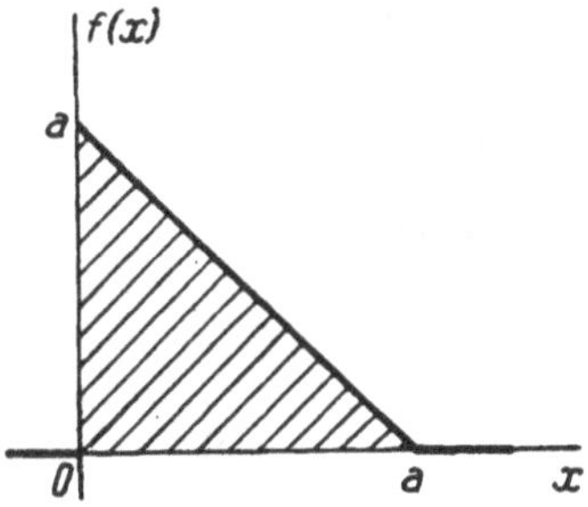

Abb. 5.40

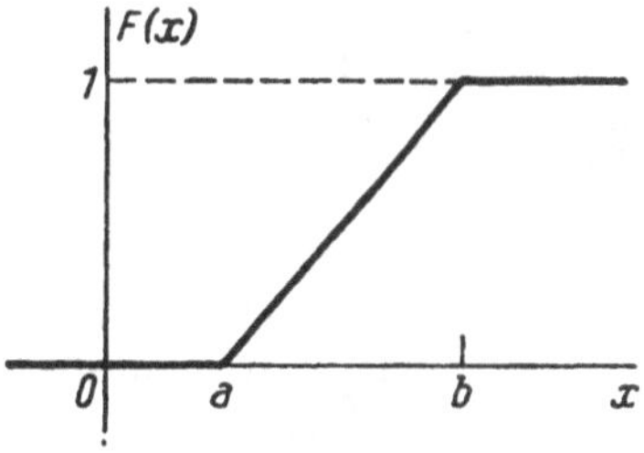

Abb. 5.41

5.41. Die Verteilungsfunktion $F(x)$ der zufälligen Größe X sei durch die Abb. 5.41 gegeben. Man bestimme den Erwartungswert und die Varianz von X.

Lösung: $$m_x = \frac{a + b}{2}\,; \qquad D_x = \frac{(a - b)^2}{12}\,.$$

5.42. Die zufällige Größe X genügt der SIMPSON-Verteilung („Verteilungsgesetz des gleichschenkligen Dreiecks") auf dem Intervall $(-a, +a)$ (vgl. Abb. 5.42a).

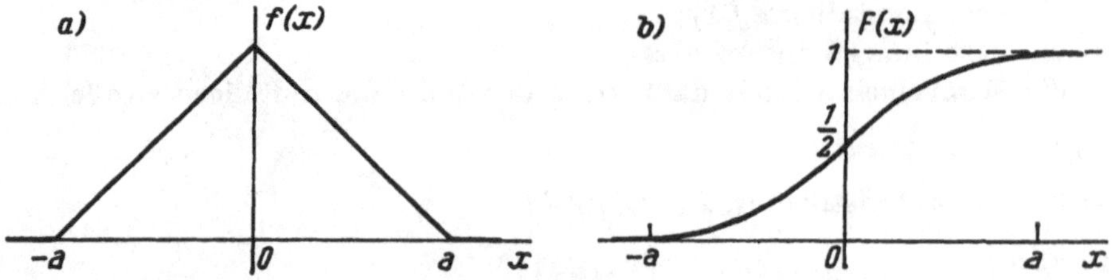

Abb. 5.42

a) Man bestimme die Verteilungsdichte.

b) Man zeichne die Verteilungsfunktion.

c) Man bestimme die folgenden numerischen Charakteristika der zufälligen Größe X:

$$m_x,\ D_x,\ \sigma_x,\ \mu_3[X]\,.$$

d) Man bestimme die Wahrscheinlichkeit dafür, daß der Wert der zufälligen Größe X im Intervall $\left(-\frac{a}{2}, a\right)$ liegt.

Lösung:

a) $$f(x) = \begin{cases} \frac{1}{a}\left(1 - \frac{|x|}{a}\right) & \text{für} \quad x \in (-a, a)\,, \\ 0 & \text{für} \quad x \notin (-a, a)\,. \end{cases}$$

b) Die Kurve der Verteilungsfunktion $F(x)$ setzt sich für $x \in (-a, a)$ aus zwei Parabelästen zusammen (Abb. 5.42b).

c) $m_x = 0; \qquad D_x = \frac{a^2}{6}; \qquad \sigma_x = \frac{a}{\sqrt{6}}; \qquad \mu_3[X] = 0\,.$

d) $\mathbf{P}\left(X \in \left(-\frac{a}{2}, a\right)\right) = \frac{7}{8}\,.$

5.43. Die zufällige Größe X genügt der CAUCHY-Verteilung:

$$f(x) = \frac{a}{1 + x^2}$$

a) Man bestimme den Koeffizienten a; b) man bestimme die Verteilungsfunktion $F(x)$; c) man bestimme die Wahrscheinlichkeit dafür, daß der Wert der zufälligen Größe X im Intervall $(-1, +1)$ liegt; d) man stelle fest, ob der Erwartungswert und die Varianz der zufälligen Größe X existieren.

Lösung:

a) $a = \frac{1}{\pi}$; b) $F(x) = \frac{1}{\pi}\operatorname{arctg} x + \frac{1}{2}$;

c) $\mathbf{P}(-1 < X < 1) = \frac{1}{2}$; d) die Charakteristika m_x und D_x existieren nicht, da die entsprechenden Integrale divergieren.

5.44. Die zufällige Größe X genügt der Exponentialverteilung mit dem Parameter μ:

$$f(x) = \begin{cases} \mu\, e^{-\mu x} & \text{für} \quad x > 0\,, \\ 0 & \text{für} \quad x < 0\,. \end{cases}$$

a) Man stelle die Verteilungdichte graphisch dar; b) man bestimme die Verteilungsfunktion $F(x)$; c) man bestimme die Wahrscheinlichkeit dafür, daß die zufällige Größe X einen Wert annimmt, der kleiner ist als ihr Erwartungswert.

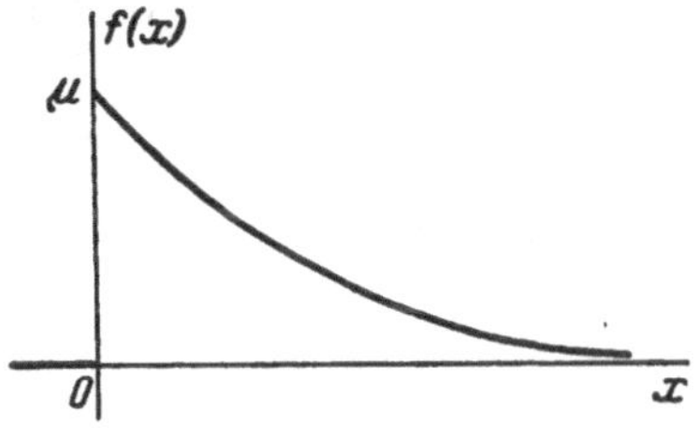

Abb. 5.44

Lösung: a) Vgl. Abb. 5.44.

b) $F(x) = \begin{cases} 0 & \text{für} \quad x < 0\,, \\ 1 - e^{-\mu x} & \text{für} \quad x \geqq 0\,; \end{cases}$

c) $m_x = \dfrac{1}{\mu}\,;\qquad \mathbf{P}\left(X < \dfrac{1}{\mu}\right) = F\left(\dfrac{1}{\mu}\right) = 1 - e^{-1} \approx 0{,}632\,.$

5.45. Die zufällige Größe X genügt der LAPLACE-Verteilung:

$$f(x) = a\, e^{-\lambda |x|} \qquad (\lambda > 0)\,.$$

a) Man bestimme den Koeffizienten a; b) man stelle die Verteilungsdichte und die Verteilungsfunktion graphisch dar; c) man bestimme m_x und D_x.

Lösung:

a) $a = \dfrac{\lambda}{2}\,;$

b) $F(x) = \begin{cases} \dfrac{1}{2}\, e^{\lambda x} & \text{für } x < 0\,, \\ 1 - \dfrac{1}{2}\, e^{-\lambda x} & \text{für } x \geqq 0\,. \end{cases}$

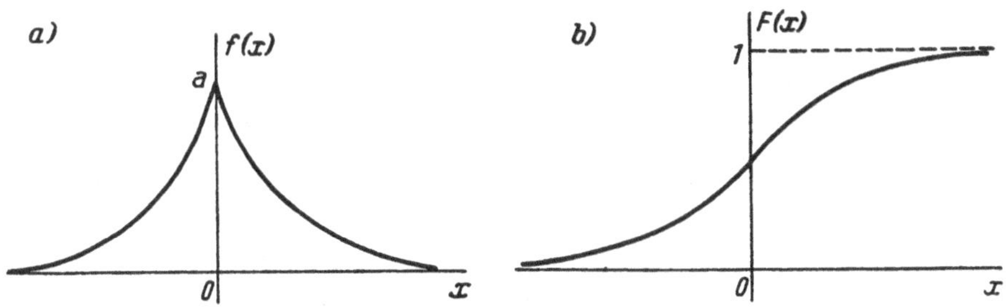

Abb. 5.45

Die Verteilungsdichte und die Verteilungsfunktion sind in der Abb. 5.45 dargestellt.

c) $m_x = 0$; $\quad D_x = \frac{2}{\lambda^2}$.

5.46. Die zufällige Größe R — der Abstand eines Treffers auf der Zielscheibe von ihrem Zentrum — genügt der Rayleigh-Verteilung:

$$f(r) = \begin{cases} A\, r\, e^{-h^2 r^2} & \text{für } r > 0\,, \\ 0 & \text{für } r < 0 \end{cases}$$

(vgl. Abb. 5.46).

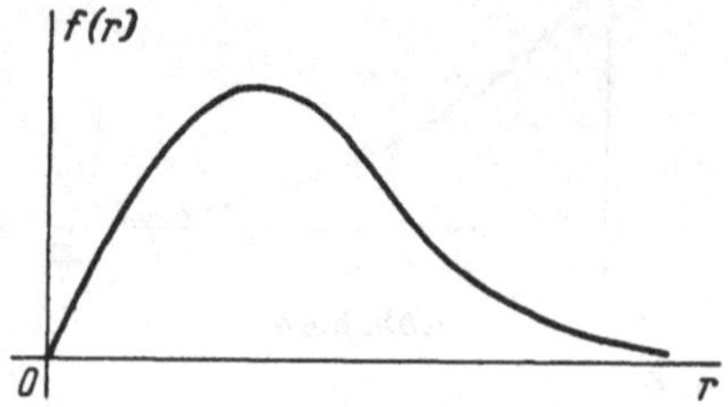

Abb. 5.46

Man bestimme: a) den Koeffizienten A; b) den Modalwert $\mathcal{M}$ der zufälligen Größe R, d. h. den Punkt, in dem die Verteilungsdichte ihr Maximum annimmt; c) die Größen m_r und D_r; d) die Wahrscheinlichkeit dafür, daß bei einem Schuß der Abstand des Treffers vom Zentrum der Zielscheibe kleiner als der Modalwert ist.

Lösung:

a) $A = 2\, h^2$; $\quad$ b) $\mathcal{M} = \frac{1}{h\sqrt{2}}$;

c) $m_r = \mathcal{M}\sqrt{\frac{\pi}{2}} = \frac{\sqrt{\pi}}{2\, h}$; $\quad D_r = \frac{4 - \pi}{4\, h^2} = \mathcal{M}^2\, \frac{4 - \pi}{2}$;

d) $\mathbf{P}(R < \mathcal{M}) = 0{,}393$.

5.47. Die zufällige Größe X hat mit der Wahrscheinlichkeit p_1 die Verteilungsdichte $f_1(x)$ und mit Wahrscheinlichkeit p_2 die Verteilungsdichte $f_2(x)$ mit ($p_1 + p_2 = 1$). Man bestimme die Verteilungsfunktion und die Verteilungsdichte der zufälligen Größe X, sowie deren Erwartungswert und Varianz.

Lösung: Nach der Formel der totalen Wahrscheinlichkeit mit den Hypothesen H_i — die zufällige Größe X hat die Verteilungsdichte $f_i(x)$, ($i = 1, 2$), erhält man

$$F(x) = \mathbf{P}(X < x) = p_1\, F_1(x) + p_2\, F_2(x)\,, \quad \text{wobei} \quad F_i(x) = \int_{-\infty}^{x} f_i(x)\, dx \ \text{gilt};$$

$$f(x) = p_1 f_1(x) + p_2 f_2(x)\,;$$

$$m_x = p_1 \int_{-\infty}^{\infty} x\, f_1(x)\, dx + p_2 \int_{-\infty}^{\infty} x\, f_2(x)\, dx = p_1\, m_x^{(1)} + p_2\, m_x^{(2)}\,,$$

wobei $m_x^{(1)}$, $m_x^{(2)}$ die Erwartungswerte für Verteilungsgesetze $f_1(x)$, $f_2(x)$ sind;

$$D_x = p_1 \int_{-\infty}^{\infty} x^2 f_1(x)\, dx + p_2 \int_{-\infty}^{\infty} x^2 f_2(x)\, dx - m_x^2 = p_1 \alpha_2^{(1)} + p_2 \alpha_2^{(2)} - m_x^2 ,$$

wobei $\alpha_2^{(1)}$, $\alpha_2^{(2)}$ die zweiten Momente für die Verteilungsgesetze $f_1(x)$, $f_2(x)$ sind.

5.48. Die Qualität der Kugeln für Kugellager wird auf folgende Weise kontrolliert: Fällt die Kugel durch eine Öffnung mit dem Durchmesser d_2, jedoch nicht durch eine Öffnung mit dem Durchmesser d_1 ($d_1 < d_2$), so genügt die Kugel den Qualitätsanforderungen. Wird eine der beiden Bedingungen nicht eingehalten, ist die Kugel Ausschuß. Es ist bekannt, daß der Durchmesser D der Kugeln unter den gegebenen Fertigungsbedingungen eine normalverteilte zufällige Größe mit den Parametern $m_d = \frac{d_1 + d_2}{2}$ und $\sigma_d = \frac{d_2 - d_1}{4}$ ist.

Man bestimme die Ausschußquote p, d. h. die Wahrscheinlichkeit dafür, daß eine beliebige Kugel sich als Ausschuß erweist.

Lösung:

$$p = 1 - \mathrm{P}(d_1 < d < d_2) = 1 - \left[\Phi^*\left(\frac{d_2 - m_d}{\sigma_d}\right) - \Phi^*\left(\frac{d_1 - m_d}{\sigma_d}\right)\right]$$

$$= 1 - \left[\Phi^*\left(\frac{d_2 - d_1}{2\,\sigma_d}\right) - \Phi^*\left(\frac{d_1 - d_2}{2\,\sigma_d}\right)\right];$$

da $\Phi^*(-x) = 1 - \Phi^*(x)$ ist, gilt

$$p = 1 - \left[2\,\Phi^*\left(\frac{d_2 - d_1}{2\,\sigma_d}\right) - 1\right] = 2 - 2\,\Phi^*\left(\frac{d_2 - d_1}{2\,\sigma_d}\right).$$

Aus der Tabelle der Funktion $\Phi^*(x)$ (vgl. Anhang, Tabelle 2) erhält man

$$p = 2 - 2\,\Phi^*(2) = 0{,}0456 .$$

5.49. Es ist bekannt, daß der Durchmesser von Kugellagerkugeln eine normalverteilte zufällige Größe ist. Die Qualitätskontrolle dieser Kugeln wird nach dem in 5.48 beschriebenen Verfahren durchgeführt. Es ist bekannt, daß der mittlere Durchmesser der Kugeln $m_d = \frac{d_1 + d_2}{2}$ ist und daß der Ausschuß 10% der gesamten Partie ausmacht.

Man bestimme die mittlere quadratische Abweichung σ_d des Durchmessers der Kugeln in der betrachteten Partie.

Lösung: Die Wahrscheinlichkeit des Ausschusses ist gleich

$$P = 2 - 2\,\Phi^*\left(\frac{d_2 - d_1}{2\,\sigma_d}\right) = 0{,}1 ,$$

woraus $\Phi^*\left(\frac{d_2 - d_1}{2\,\sigma_d}\right) = 0{,}95$ folgt. Aus der Tabelle der Funktion $\Phi^*(x)$ (vgl. Anhang, Tabelle 2) ergibt sich

$$\frac{d_2 - d_1}{2\,\sigma_d} = 1{,}25 ; \qquad \sigma_d = \frac{d_2 - d_1}{2{,}5} .$$

5.50. An einer Kreuzung befindet sich eine automatisch geregelte Ampelanlage, die abwechselnd eine Minute grünes Licht und eine halbe Minute rotes Licht zeigt. Ein Fahrzeug fährt in einem zufälligen, von der Arbeit der Ampelanlage unabhängigen Zeitpunkt an die Kreuzung heran.

Man bestimme: a) die Wahrscheinlichkeit dafür, daß das Fahrzeug die Kreuzung ohne anzuhalten passiert; b) das Verteilungsgesetz und die numerischen Charakteristika der Wartezeit an der Kreuzung.

Lösung: Der Zeitpunkt, in dem das Fahrzeug an die Kreuzung gelangt, ist eine im Intervall $\left(0, \frac{3}{2}\right)$ gleichmäßig verteilte Größe (vgl. Abb. 5.50). Damit das Fahrzeug die Kreuzung ohne Aufenthalt passiert, muß dieser Zeitpunkt im Intervall (0, 1) liegen. Für die im Intervall $\left(0, \frac{3}{2}\right)$ gleichmäßig verteilte Zufallsgröße ist die Wahrscheinlichkeit dafür, daß sie einen Wert im Intervall (0, 1) annimmt, gleich $\frac{2}{3}$. Die Wartezeit T_w ist eine gemischte zufällige Größe; sie ist mit Wahrscheinlichkeit $\frac{2}{3}$ gleich Null und mit Wahrscheinlichkeit $\frac{1}{3}$ im Intervall $\left(0, \frac{1}{2}\right)$ gleichmäßig verteilt. Die mittlere Wartezeit an der Kreuzung ist gleich

$$\mathrm{M}[T_w] = 0 \cdot \frac{2}{3} + 0{,}25 \cdot \frac{1}{3} \approx 0{,}083\ [\mathrm{min}].$$

Die Varianz der Wartezeit ist gleich

$$D_{T_w} = \alpha_2[T_w] - (\mathrm{M}[T_w])^2$$

$$= 0^2 \cdot \frac{2}{3} + \frac{1}{3} \int_0^{0,5} t^2 \cdot \frac{1}{0{,}5}\, dt - (0{,}083)^2 \approx 0{,}0208; \qquad \sigma_{T_w} \approx 0{,}144\ [\mathrm{min}].$$

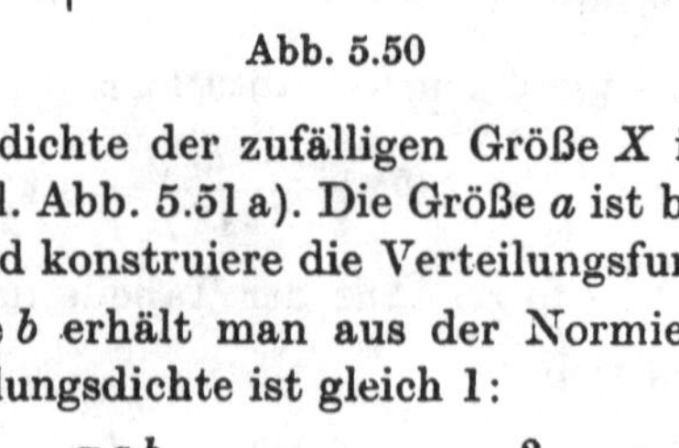

Abb. 5.50

5.51. Die Verteilungsdichte der zufälligen Größe X ist eine Halbellipse mit den Halbachsen a, b (vgl. Abb. 5.51 a). Die Größe a ist bekannt. Man bestimme die Größen b, m_x, D_x und konstruiere die Verteilungsfunktion $F(x)$.

Lösung: Die Größe b erhält man aus der Normierungsbedingung – die Fläche unter der Verteilungsdichte ist gleich 1:

$$\frac{\pi a b}{2} = 1; \qquad b = \frac{2}{\pi a}.$$

Die Verteilungsdichte genügt der Formel

$$f(x) = \begin{cases} \frac{b}{a}\sqrt{a^2 - x^2} & \text{für} \quad x \in (-a; a)\,, \\ 0 & \text{für} \quad x \notin (-a; a)\,. \end{cases}$$

Die mathematische Erwartung ist gleich $m_x = 0$. Die Varianz ist gleich

$$D_x = \int_{-\infty}^{\infty} x^2 f(x)\, dx = \frac{a^2}{4}\,.$$

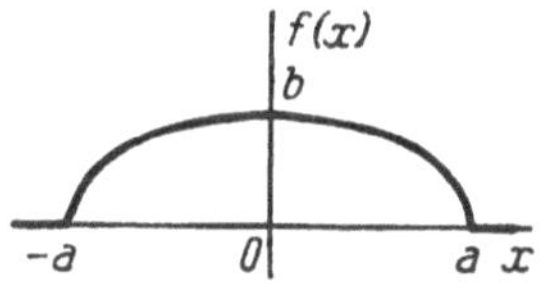

Abb. 5.51 a

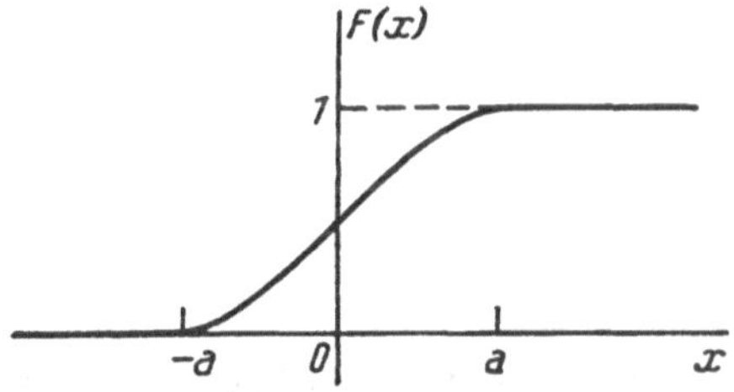

Abb. 5.51 b

Die Verteilungsfunktion hat die Gestalt

$$F(x) = \int_{-\infty}^{x} f(x)\, dx = \begin{cases} 0 & \text{für } x \leqq -a\,, \\ \frac{1}{\pi a^2}\left[x\sqrt{a^2 - x^2} + a^2 \arcsin\frac{x}{a} + \frac{a^2 \pi}{2}\right] & \text{für } -a < x < a\,, \\ 1 & \text{für } x \geqq a\,. \end{cases}$$

(vgl. Abb. 5.51 b).

5.52*. Man zeige, daß die Funktion

$$f_s(x) = \begin{cases} a\, x^s\, e^{-\alpha^2 x^2} & \text{für} \quad x > 0\,, \\ 0 & \text{für} \quad x < 0\,, \end{cases}$$

wobei $\alpha > 0$ und $a > 0$ gewisse Konstanten sind und s eine natürliche Zahl ($s = 1, 2, 3, \ldots$) ist, eine Verteilungsdichte ist. Ausgehend vom bekannten Erwartungswert m_x bestimme man die Parameter a und α sowie die Varianz D_x.

Lösung: Die Parameter a und α ergeben sich aus den Bedingungen

$$\int_0^\infty a\, x^s\, e^{-(\alpha x)^2}\, dx = 1\,, \qquad \int_0^\infty a\, x^{s+1}\, e^{-(\alpha x)^2}\, dx = m_x\,.$$

Diese Integrale werden mit Hilfe der Transformation $(\alpha\, x)^2 = t$ auf die Eulersche Gamma-Funktion zurückgeführt:

$$\int_0^\infty x^s\, e^{-(\alpha x)^2}\, dx = \frac{1}{2\alpha^{s+1}} \int_0^\infty e^{-t}\, t^{\frac{s-1}{2}}\, dt = \frac{\Gamma\left(\frac{s+1}{2}\right)}{2\alpha^{s+1}}\,,$$

wobei $\Gamma(m) = \int\limits_0^\infty e^{-t} t^{m-1} dt$ $(m > 0)$ ist. Es ist $\Gamma(m+1) = m\,\Gamma(m)$; für ganze Zahlen $n = 1, 2, \ldots$ erhält man

$$\Gamma\left(n+\frac{1}{2}\right) = \frac{(2n-1)!!}{2^n}\sqrt{\pi}\,, \quad (2n-1)!! = 1 \cdot 3 \cdot 5 \ldots (2n-1)\,.$$

Aus den obengenannten Bedingungen erhält man

$$a\frac{\Gamma\left(\frac{s+1}{2}\right)}{2\alpha^{s+1}} = 1\,; \qquad a\frac{\Gamma\left(\frac{s+2}{2}\right)}{2\alpha^{s+2}} = m_x\,,$$

woraus

$$a = \frac{2\alpha^{s+1}}{\Gamma\left(\frac{s+1}{2}\right)}\,; \qquad \alpha = \frac{1}{m_x}\frac{\Gamma\left(\frac{s+2}{2}\right)}{\Gamma\left(\frac{s+1}{2}\right)}$$

folgt.

Für das zweite Moment erhält man die Formeln

$$\alpha_2[X] = \int\limits_0^\infty a\,x^{s+2}\,e^{-(\alpha x)^2}\,dx = a\frac{\Gamma\left(\frac{s+3}{2}\right)}{2\alpha^{s+3}} = a\frac{\frac{s+1}{2}\Gamma\left(\frac{s+1}{2}\right)}{2\alpha^{s+1}\alpha^2} = \frac{s+1}{2\alpha^2}\,,$$

woraus

$$D_x = \alpha_2[X] - m_x^2 = \frac{s+1}{2\alpha^2} - m_x^2 = m_x^2\left[\frac{(s+1)\,\Gamma^2\left(\frac{s+1}{2}\right)}{2\,\Gamma^2\left(\frac{s+2}{2}\right)} - 1\right]$$

folgt. Einige der Verteilungsgesetze vom Typ $f_s(x)$ haben feststehende Bezeichnungen: $f_1(x)$ definiert die Rayleigh-Verteilung und $f_2(x)$ die Maxwell-Verteilung. Für die Rayleigh-Verteilung $(s = 1)$

$$f_1(x) = \begin{cases} a\,x\,e^{-\alpha^2 x^2} & \text{für} \quad x > 0\,, \\ 0 & \text{für} \quad x < 0 \end{cases}$$

gilt

$$\alpha = \frac{1}{m_x}\frac{\sqrt{\pi}}{2}\,; \qquad a = 2\alpha^2 = \frac{\pi}{2\,m_x^2}\,; \qquad D_x = m_x^2\left[\frac{4}{\pi} - 1\right].$$

Für die Maxwell-Verteilung $(s = 2)$

$$f_2(x) = \begin{cases} a\,x^2\,e^{-\alpha^2 x^2} & \text{für} \quad x > 0\,, \\ 0 & \text{für} \quad x < 0 \end{cases}$$

gilt

$$\alpha = \frac{2}{m_x\sqrt{\pi}}\,; \qquad a = \frac{4\alpha^3}{\sqrt{\pi}} = \frac{32}{\pi^2\,m_x^3}\,; \qquad D_x = m_x^2\left(\frac{3\pi}{8} - 1\right).$$

Bemerkung: Alle Verteilungsgesetze der Gestalt

$$f_s(x) = \begin{cases} a\,x^s\,e^{-\alpha^2 x^2} & \text{für } x > 0\,, \\ 0 & \text{für } x < 0 \end{cases}$$

sind bei vorgegebenem s einparametrisch, d. h., sie hängen nur von einem einzigen Parameter ab, wobei als solcher z. B. der Erwartungswert oder die Varianz vorgegeben werden kann.

5.53. Sei X eine normalverteilte Zufallsgröße, wobei die Parameter der Verteilung gleich m und σ sind. Man bestimme das Moment s-ter Ordnung $\alpha_s[X]$.

Lösung: Wir drücken die Momente $\alpha_s[X] = \mathbf{M}[X^s]$ durch die zentralen Momente $\mu_s[X] = \mathbf{M}[(X - m)^s]$ aus:

$$\alpha_s[X] = \mathbf{M}[(X - m + m)^s] = \sum_{k=0}^{s} C_s^k\,\mu_k[X]\,m^{s-k}\,, \qquad \mu_0[X] = 1\,.$$

Für die zentralen Momente gilt bei ungeradem $s = 2\,n + 1$

$$\mu_s[X] = \frac{1}{\sigma\sqrt{2\pi}} \int_{-\infty}^{\infty} (x - m)^s\,e^{-\frac{1}{2}\frac{(x-m^2)}{\sigma^2}}\,dx = \frac{1}{\sigma\sqrt{2\pi}} \int_{-\infty}^{\infty} y^s\,e^{-\frac{1}{2\sigma^2}y^2}\,dy = 0\,.$$

Für gerade $s = 2\,n$ erhält man mit Hilfe der in der vorhergehenden Aufgabe angegebenen Formeln

$$\mu_s[X] = \frac{1}{\sigma\sqrt{2\pi}} \int_{-\infty}^{\infty} y^s\,e^{-\frac{1}{2\sigma^2}y^2}\,dy = \frac{2}{\sigma\sqrt{2\pi}} \int_{0}^{\infty} y^s\,e^{-\left(\frac{1}{\sigma\sqrt{2}}y\right)^2}\,dy$$

$$= \frac{2}{\sigma\sqrt{2\pi}}\,\frac{\Gamma\left(\frac{2\,n+1}{2}\right)}{2}\,(\sigma\sqrt{2})^{2n+1} = (2\,n - 1)!!\,\sigma^{2n}\,.$$

Insbesondere gilt

$$\begin{aligned}
\mu_2[X] &= \sigma^2; & \alpha_2[X] &= m^2 + \sigma^2; \\
& & \alpha_3[X] &= m^3 + 3\,\sigma^2\,m; \\
\mu_4[X] &= 3\,\sigma^4; & \alpha_4[X] &= m^4 + 6\,\sigma^2\,m^2 + 3\,\sigma^4; \\
& & \alpha_5[X] &= m^5 + 10\,\sigma^2\,m^3 + 5 \cdot 15\,\sigma^4\,m; \\
\mu_6[X] &= 15\,\sigma^6; & \alpha_6[X] &= m^6 + 15\,\sigma^2\,m^4 + 15 \cdot 3\,\sigma^4\,m^2 + 15\,\sigma^6\,.
\end{aligned}$$

5.54. Die zufällige Größe X mit dem Erwartungswert $m_x = 0$ sei normalverteilt. Die Wahrscheinlichkeit dafür, daß diese zufällige Größe im Intervall $(-a, +a)$ liegt, sei gleich 0,5. Man bestimme σ_x und gebe die Formel für die Verteilungsdichte an.

Lösung: Nach Voraussetzung gilt

$$\mathbf{P}(-a < X < a) = 2\Phi^*\left(\frac{a}{\sigma}\right) - 1 = 0{,}5\,; \qquad \Phi^*\left(\frac{a}{\sigma}\right) = 0{,}75\,.$$

Aus der Tabelle der Funktion $\Phi^*(x)$ erhält man $\frac{a}{\sigma} \approx 0{,}675$, woraus $\sigma = 1{,}48\, a$ folgt. Die Verteilungsdichte ist gleich

$$f(x) = \frac{1}{1{,}48\, a \sqrt{2\pi}}\, e^{-\frac{x^2}{4{,}4\, a^2}}.$$

5.55*. Die Verteilungsfunktion $F(x)$ einer nicht negativen, zufälligen Größe X sei durch die Abb. 5.55 gegeben. Der Erwartungswert der zufälligen Größe X sei gleich m_x. Man zeige, daß m_x gleich der in Abb. 5.55 schraffierten Fläche (die durch die Kurve $y = F(x)$, die Gerade $y = 1$ und die Ordinatenachse begrenzt ist) ist.

Lösung: Es gilt

$$m_x = \int_0^\infty x f(x)\, dx = \int_0^\infty x F'(x)\, dx = -\int_0^\infty x\, [1 - F(x)]'\, dx .$$

Durch partielle Integration erhält man

$$m_x = -x\, [1 - F(x)]\Big|_0^\infty + \int_0^\infty [1 - F(x)]\, dx .$$

Wir zeigen, daß der erste Summand gleich Null ist

$$x\, [1 - F(x)]\Big|_0^\infty = \lim_{x\to\infty} x\, [1 - F(x)] = 0 .$$

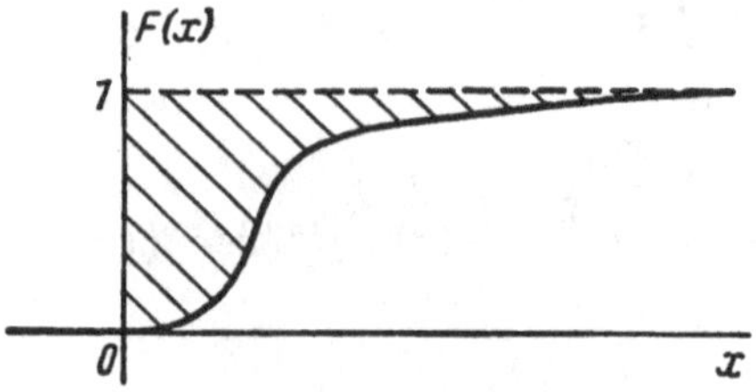

Abb. 5.55

In der Tat folgt für eine nicht negative Zufallsgröße X, die einen endlichen Erwartungswert besitzt, aus der Konvergenz des Integrals $\int_0^\infty x f(x)\, dx$ die Beziehung $\int_M^\infty x f(x)\, dx \to 0$ $(M \to \infty)$.

Mit Hilfe der Ungleichung

$$M \int_M^\infty f(x)\, dx \leq \int_M^\infty x f(x)\, dx$$

folgt daraus, daß

$$M[1 - F(M)] \to 0 \qquad (M \to \infty) .$$

Also gilt

$$\lim_{x\to\infty} x\, [1 - F(x)] = 0 .$$

Daraus erhält man

$$m_x = \int_0^\infty [1 - F(x)]\, dx\,.^{1)}$$

Das ist aber gerade die in der Abb. 5.55 schraffierte Fläche.

5.56. Die zufällige Größe X sei normalverteilt, wobei ihr Erwartungswert gleich m und ihre mittlere quadratische Abweichung gleich σ sind. Man bestimme die Abszissen x_1, x_2 und die Ordinate y der Wendepunkte der Verteilungsdichte $y = f(x)$ (vgl. Abb. 5.56).

Lösung: $x_1 = m - \sigma$; $\quad x_2 = m + \sigma$; $\quad y = \dfrac{1}{\sigma\sqrt{2\pi}} e^{-\frac{1}{2}} \approx \dfrac{0{,}24}{\sigma}$.

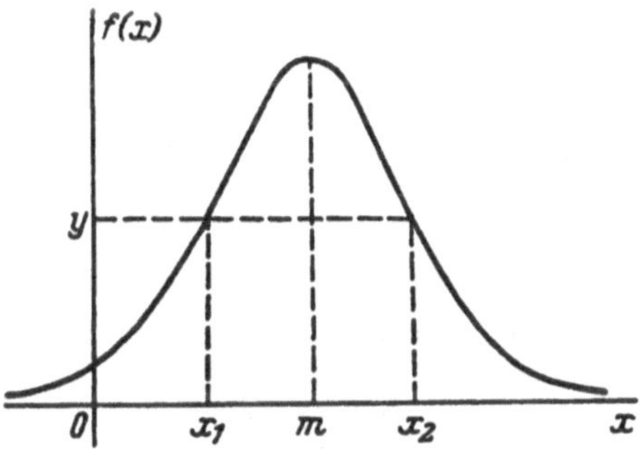

Abb. 5.56

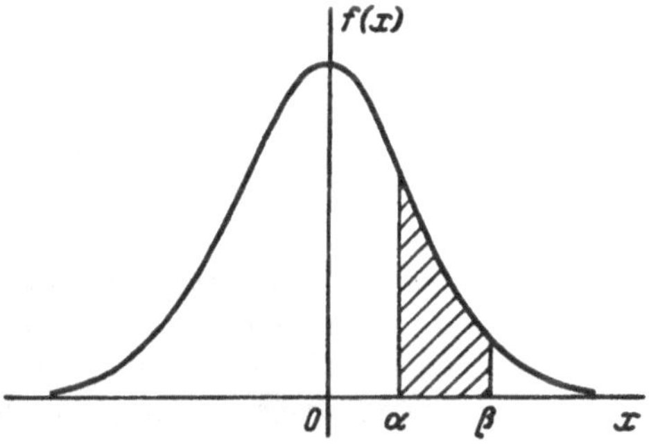

Abb. 5.57

5.57. Die zufällige Größe X sei normalverteilt, ihr Erwartungswert sei gleich $m_x = 0$ (vgl. Abb. 5.57). Gegeben ist ein Intervall (α, β), das den Koordinatenursprung nicht enthält. Für welchen Wert der mittleren quadratischen Abweichung σ erreicht die Wahrscheinlichkeit dafür, daß die zufällige Größe X im Intervall (α, β) liegt, ihr Maximum?

Lösung: Zur Bestimmung von σ differenzieren wir die Wahrscheinlichkeit $\mathrm{P}(\alpha < X < \beta)$ nach σ und setzen die Ableitung gleich Null. Es gilt

$$\mathrm{P}(\alpha < X < \beta) = \Phi^*\left(\frac{\beta}{\sigma}\right) - \Phi^*\left(\frac{\alpha}{\sigma}\right) = \frac{1}{\sqrt{2\pi}}\left\{\int_{-\infty}^{\beta/\sigma} e^{-\frac{t^2}{2}}\,dt - \int_{-\infty}^{\alpha/\sigma} e^{-\frac{t^2}{2}}\,dt\right\};$$

$$\frac{d}{d\sigma}[\mathrm{P}(\alpha < X < \beta)] = \frac{1}{\sqrt{2\pi}}\left\{e^{-\frac{\beta^2}{2\sigma^2}}\left(-\frac{\beta}{\sigma^2}\right) - e^{-\frac{\alpha^2}{2\sigma^2}}\left(-\frac{\alpha}{\sigma^2}\right)\right\} = 0\,.$$

Daraus ergibt sich

$$\beta\, e^{-\frac{\beta^2}{2\sigma^2}} = \alpha\, e^{-\frac{\alpha^2}{2\sigma^2}}$$

und folglich

$$\sigma = \sqrt{\frac{\beta^2 - \alpha^2}{2(\ln\beta - \ln\alpha)}} = \sqrt{\frac{\beta + \alpha}{2}\,\frac{\beta - \alpha}{\ln\beta - \ln\alpha}}\,.$$

---

1) Diese Formel gilt auch für nicht stetige zufällige Größen (Anm. d. Red.).

Für ein kleines Intervall $(a - \varepsilon, a + \varepsilon)$ gilt die Näherungsformel

$$\sigma \approx a\left[1 - \frac{1}{6}\left(\frac{\varepsilon}{a}\right)^2\right] \approx a\,.$$

Für $\frac{\varepsilon}{a} < 0{,}24$ hat die Formel $\sigma \approx a$ eine Fehlerabweichung kleiner als 1%.

5.58. Die zufällige Größe X ist normalverteilt, ihr Erwartungswert ist gleich m_x und ihre mittlere quadratische Abweichung gleich σ_x. Die vorgegebene Normalverteilung soll durch die Gleichverteilung im Intervall (α, β) approximiert werden, dabei sollen die Grenzen α und β so gewählt werden, daß die mathematische Erwartung und die Varianz der zufälligen Größe X unverändert bleiben.

Lösung: Für die Gleichverteilung auf dem Intervall (α, β) gilt

$$m_x = \frac{\alpha + \beta}{2}\,; \qquad \sigma_x = \frac{\beta - \alpha}{2\sqrt{3}}\,.$$

Durch Auflösung dieser Gleichungen erhält man

$$\alpha = m_x - \sigma_x\sqrt{3}\,; \qquad \beta = m_x + \sigma_x\sqrt{3}\,.$$

5.59. Ein Erdziel wird mit Geschossen, die jeweils mit einem Radiozünder versehen sind, beschossen. Es ist vorgesehen, daß die Zünder bei einer Höhe von a Metern die Explosion der Geschosse auslösen. Tatsächlich treten Abweichungen auf, die normalverteilt sind mit der mittleren quadratischen Abweichung $\sigma = \frac{a}{2}$ (es liegt kein systematischer Fehler vor). Das Geschoß explodiert nicht, wenn der Zünder die Explosion nicht über der Erde auslöst.

Man bestimme die Wahrscheinlichkeiten folgender Ereignisse:

A — ein abgegebener Schuß explodiert in einer Höhe, die $1{,}2\,a$ übersteigt;

B — von drei unabhängig voneinander abgegebenen Geschossen explodiert keins in einer Höhe über $1{,}2\,a$;

C — mindestens eins von insgesamt drei unabhängig voneinander abgegebenen Geschossen explodiert nicht;

D — von drei unabhängig voneinander abgegebenen Geschossen explodiert genau eines.

Lösung:

$$\mathrm{P}(A) = \mathrm{P}(X > 1{,}2\,a) = 1 - \Phi^*\left(\frac{0{,}2\,a}{\frac{a}{2}}\right) = 1 - \Phi^*(0{,}4) = 0{,}03446\,;$$

$$\mathrm{P}(B) = (0{,}654)^2\,.$$

Die Wahrscheinlichkeit dafür, daß ein einziger Schuß nicht explodiert, ist gleich

$$p_0 = \mathrm{P}(X < 0) = \Phi^*\left(\frac{-a}{\frac{a}{2}}\right) = 0{,}023\,;$$

Unter den gegebenen Unabhängigkeitsannahmen folgt daraus

$$\mathbf{P}(C) = 1 - (1 - p_0)^3 = 0{,}068\ ;$$

$$\mathbf{P}(D) = C_3^1 \cdot 0{,}023 \cdot 0{,}977^2 = 0{,}066\ .$$

5.60. Auf ein Ziel werden drei voneinander unabhängige Schüsse abgegeben. Das Ziel hat die Gestalt eines Streifens (Brücke, Autobahn, Startpiste). Die Breite des Streifens ist gleich 20 m. Die Zieleinstellung erfolgt auf die Streifenmitte, geschossen wird senkrecht zum Streifen. Es wird angenommen, daß kein systematischer Fehler vorliegt und daß die mittlere quadratische Abweichung in der Schußrichtung gleich 16 m ist.

Man bestimme die Wahrscheinlichkeit folgender Ereignisse:

A — der Streifen wird mindestens von einem Schuß getroffen;
B — der Streifen wird mindestens von zwei Schüssen getroffen;
C — der Streifen wird von einem Schuß getroffen, ein Schuß liegt vor, ein Schuß liegt hinter dem Streifen.

Lösung: Wird nur ein Schuß abgegeben, so ist die Wahrscheinlichkeit p dafür, daß der Streifen getroffen wird, gleich

$$p = 2\,\Phi^*\left(\frac{10}{16}\right) - 1 = 0{,}468\ .$$

Unter den gegebenen Unabhängigkeits- und Symmetrieannahmen folgt daraus

$$\mathbf{P}(A) = 1 - (1 - p)^3 = 0{,}849\ ;$$

$$\mathbf{P}(B) = 1 - (1 - p)^3 - 3\,p\,(1 - p)^2 = 0{,}452\ ;$$

$$\mathbf{P}(C) = 3!\,p\left[\frac{1}{2}(1 - p)\right]^2 = 0{,}199\ .$$

5.61. In einem Werk werden Kugeln für Kugellager hergestellt. Der Sollwert des Durchmessers ist gleich $d_0 = 5$ mm. Infolge Ungenauigkeiten der Herstellung ist der tatsächliche Durchmesser der Kugeln eine normalverteilte zufällige Größe mit dem Erwartungswert d_0 und der mittleren quadratischen Abweichung $\sigma_d = 0{,}05$. Bei der Kontrolle werden alle die Kugeln ausgesondert, deren Durchmesser vom Sollwert um mehr als 0,1 mm abweicht. Man bestimme, welcher Prozentsatz durchschnittlich ausgesondert wird.

Lösung: Die Wahrscheinlichkeit dafür, daß eine Kugel nicht ausgesondert wird, ist gleich $p = 2\,\Phi^*\left(\frac{0{,}1}{0{,}05}\right) - 1 = 0{,}954$. Die Wahrscheinlichkeit dafür, daß sie ausgesondert wird, ist gleich $q = 1 - p = 0{,}046$. Folglich werden etwa 4,6% der Kugeln ausgesondert.

KAPITEL 6

ZUFÄLLIGE VEKTOREN

Sei $[\Omega, \mathcal{F}, \mathbf{P}]$ ein beliebiger Wahrscheinlichkeitsraum. Die Abbildung $X(\omega) = (X_1(\omega), \ldots, X_n(\omega))$ von Ω in den n-dimensionalen Euklidischen Raum definiert einen *n-dimensionalen zufälligen Vektor* (zufälliger Punkt des R^n), falls sie meßbar ist, d. h., falls die Urbildmenge $X^{-1}(B) = \{\omega | (X_1(\omega), \ldots, X_n(\omega)) \in B\}$ einer beliebigen BOREL-Menge B des R^n in $\mathcal{F}$ liegt. Durch die Abbildung $\omega \to X(\omega)$ wird auf der σ-Algebra $\mathfrak{B}^n$ der BOREL-Mengen des R^n ein Verteilungsgesetz

$$\mathbf{P}_{(X_1,\ldots,X_n)}(B) = \mathbf{P}(X^{-1}(B))$$

definiert, das man als *Verteilungsgesetz des zufälligen Vektors X* bezeichnet (vgl. auch S. 89).

Man kann somit den zufälligen Vektor $X = (X_1, \ldots, X_n)$ mit dem Wahrscheinlichkeitsraum $[R^n, \mathfrak{B}^n, \mathbf{P}_{(X_1,\ldots,X_n)}]$ identifizieren. Ein n-dimensionaler zufälliger Vektor $(X_1, \ldots, X_n)$ ist dann definiert, wenn sein Verteilungsgesetz $\mathbf{P}_{(X_1,\ldots,X_n)}$ auf $\mathfrak{B}^n$ definiert ist.

Die *Verteilungsfunktion* $F(x_1, \ldots, x_n)$ des zufälligen Vektors $(X_1, \ldots, X_n)$ wird durch die Formel

$$F(x_1, \ldots, x_n) = \mathbf{P}(X_1 < x_1, \ldots, X_n < x_n)$$

definiert. Man kann beweisen, daß das Verteilungsgesetz $\mathbf{P}_{(X_1,\ldots,X_n)}$ durch die Verteilungsfunktion $F(x_1, \ldots, x_n)$ eindeutig bestimmt ist. Das Verteilungsgesetz des zufälligen Vektors $(X_1, \ldots, X_n)$ ist also durch die Verteilungsfunktion gegeben.

Im zweidimensionalen Fall gibt $F(x, y)$ die Wahrscheinlichkeit dafür an, daß der zufällige Punkt (X, Y) in den in der Abb. 6a schraffierten Bereich fällt. Die Wahrscheinlichkeit dafür, daß der zufällige Punkt (X, Y) in das in der Abb. 6b schraffierte Rechteck R fällt (R enthält nicht die obere und rechte

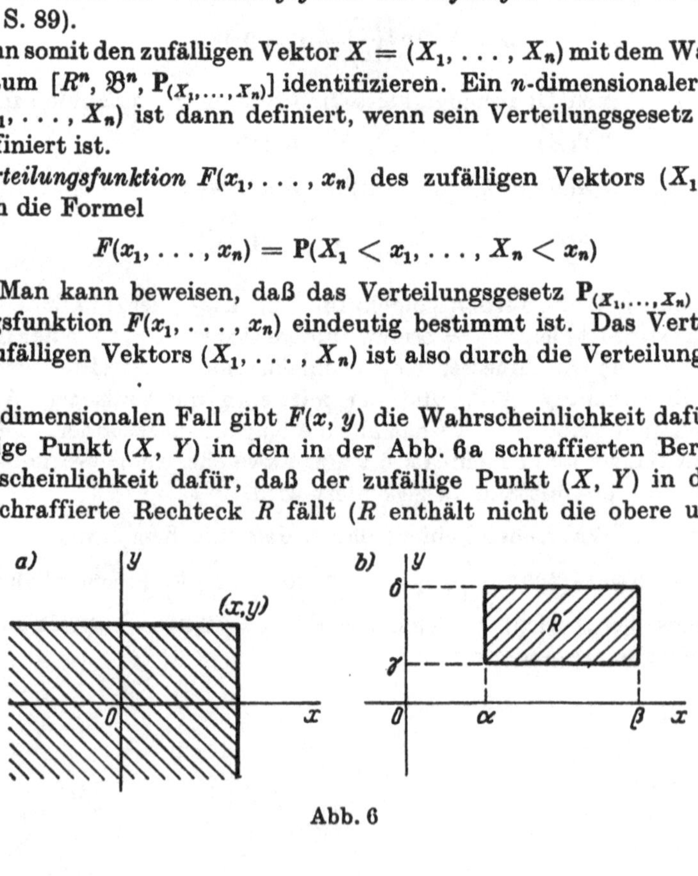

Abb. 6

Begrenzung) kann mit Hilfe der Verteilungsfunktion wie folgt ausgedrückt werden

$$\mathbf{P}((X, Y) \in R) = F(\beta, \delta) - F(\alpha, \delta) - F(\beta, \gamma) + F(\alpha, \gamma) .$$

Die Verteilungsfunktion $F(x_1, \ldots, x_n)$ eines zufälligen Vektors $(X_1, \ldots, X_n)$ hat folgende Eigenschaften:

1. $F(x_1, \ldots, x_n) = 0$, falls mindestens ein x_i gleich $-\infty$ ist
2. $F(+\infty, \ldots, +\infty) = 1$
3. F ist in allen Variablen nicht fallend und von links stetig, d. h.

$$F(x_1, \ldots, x_n) \to F(x_1^0, \ldots, x_n^0) ,$$

falls

$$(x_1, \ldots, x_n) \to (x_1^0, \ldots, x_n^0) \quad \text{und} \quad x_i \leqq x_i^0$$

für alle i.

Die Sprungstellen $a = (a_1, \ldots, a_n)$ der Verteilungsfunktion $F(x_1, \ldots, x_n)$ sind gerade diejenigen a, für die gilt

$$P((X_1, \ldots, X_n) = (a_1, \ldots, a_n)) > 0 .$$

Die Verteilungsfunktion eines Teilvektors $(X_{i_1}, \ldots, X_{i_m})$ von $(X_1, \ldots, X_n)$ genügt der Formel

$$F_{i_1, \ldots, i_m}(x_{i_1}, \ldots, x_{i_m}) = F(y_1, \ldots, y_n)$$

wobei $y_{i_j} = x_{i_j}$, $j = 1, \ldots, m$, und $y_k = +\infty$ für alle anderen Indexwerte k. Insbesondere hat die Verteilungsfunktion $F_i(x)$ einer einzelnen Komponenten X_i von X die Gestalt

$$F_i(x) = F(+\infty, \ldots, x_i, \ldots, +\infty) , \qquad x_i = x .$$

Ein zweidimensionaler zufälliger Vektor (X, Y) heißt *stetig*, falls eine Funktion $f(x, y)$ existiert, so daß für jedes Paar (x, y) die Formel

$$F(x, y) = \int_{-\infty}^{x} \int_{-\infty}^{y} f(u, z) \, du \, dz$$

gilt. Die Funktion

$$f(x, y) = \frac{\partial^2 F(x, y)}{\partial x \, \partial y} = F''_{xy}(x, y)$$

heißt Verteilungsdichte (Wahrscheinlichkeitsdichte) von (X, Y).

Der Ausdruck $f(x, y) \, dx \, dy$ gibt die Wahrscheinlichkeit dafür an, daß der zufällige Vektor (X, Y) einen Wert innerhalb des Rechtecks mit der linken unteren Ecke (x, y) und den Seitenlängen dx, dy annimmt.

Die Wahrscheinlichkeit dafür, daß der zufällige Punkt (X, Y) in eine beliebige Borel-Menge $D \subseteqq R^2$ fällt, berechnet sich im stetigen Fall nach der Formel

$$\mathbf{P}((X, Y) \in D) = \iint_D f(x, y) \, dx \, dy .$$

Die Verteilungsdichte $f(x, y)$ eines zufälligen Vektors (X, Y) hat folgende Eigenschaften (die für Verteilungsdichten auch charakteristisch sind):

1. $f(x, y) \geqq 0$;
2. $\int\int_{-\infty}^{\infty} f(x, y) \, dx \, dy = 1$.

Die Komponenten eines stetigen zufälligen Vektors (X, Y) sind ebenfalls stetig, ihre Verteilungsdichten $f_1(x)$ und $f_2(y)$ sind gleich

$$f_1(x) = \int_{-\infty}^{\infty} f(x, y)\,dy\,; \qquad f_2(y) = \int_{-\infty}^{\infty} f(x, y)\,dx\,.$$

Die Komponenten X, Y eines zufälligen Vektors (X, Y) sind *unabhängig*, falls für alle (x, y)

$$F(x, y) = F_1(x)\,F_2(y)$$

ist. Für stetige Vektoren ist die letzte Gleichung mit der Gleichung

$$f(x, y) = f_1(x)\,f_2(y)$$

für alle (x, y) äquivalent.

Bedingte Verteilungsgesetze und bedingte Erwartungswerte

Die *bedingte Verteilungsdichte* von Y unter der Bedingung, daß die Größe X den Wert x angenommen hat, wird durch die Formel

$$f_2(y|x) = \frac{f(x, y)}{f_1(x)} \quad \text{für} \quad f_1(x) \neq 0$$

definiert. Analog wird die bedingte Verteilungsdichte von X unter der Bedingung $Y = y$ definiert:

$$f_1(x|y) = \frac{f(x, y)}{f_2(y)} \quad \text{für} \quad f_2(y) \neq 0\,.$$

Die *bedingte Verteilungsfunktion* von Y unter der Bedingung $X = x$ ist gleich

$$F_2(y|x) = \mathbf{P}(Y < y|X = x) = \int_{-\infty}^{y} f_2(u|x)\,du \quad \text{für} \quad f_1(x) \neq 0\,.$$

Analoge Bedeutung hat

$$F_1(x|y) = \mathbf{P}(X < x|Y = y) = \int_{-\infty}^{x} f_1(v|y)\,dv \quad \text{für} \quad f_2(y) \neq 0\,.$$

Sind die zufälligen Größen X, Y unabhängig, so gilt

$$f_1(x|y) = f_1(x) \quad \text{und} \quad f_2(y|x) = f_2(y)\,.$$

Ein zufälliger Vektor (X, Y) heißt *diskret*, wenn er nur endlich oder abzählbar viele Werte

$$(x_i, y_j)\,, \qquad i = 1, 2, \ldots; \; j = 1, 2, \ldots$$

annimmt. Das Verteilungsgesetz eines diskreten zufälligen Vektors ist durch die Angabe der möglichen Werte (x_i, y_j) und der Wahrscheinlichkeiten

$$p_{ij} = \mathbf{P}(X = x_i, Y = y_j)$$

definiert.

Ist eine der Komponenten des zufälligen Vektors (X, Y) diskret, so ist die bedingte Verteilung der anderen Komponente unter der Bedingung, daß die erste einen festen Wert angenommen hat, wie folgt definiert:

Sei z. B. X diskret mit den möglichen Werten $x_1, x_2, \ldots$ und den Wahrscheinlichkeiten $p_i = \mathrm{P}(X = x_i) > 0$. Die bedingte Verteilungsfunktion von Y unter der Bedingung $X = x_i$ ist gleich

$$F_2(y|x_i) = \mathrm{P}(Y < y|X = x_i) = \frac{\mathrm{P}(Y < y, X = x_i)}{p_i}.$$

Ist $F_2(y|x_i)$ differenzierbar, so ist die bedingte Verteilungsdichte gleich

$$f_2(y|x_i) = \frac{d}{dy} F_2(y|x_i) .$$

Offenbar gelten die folgenden Verallgemeinerungen der Formel der totalen Wahrscheinlichkeit (vgl. S. 52)

$$F_2(y) = \sum_i F_2(y|x_i)\, \mathrm{P}(X = x_i) ,$$

$$F_2(y) = \int_{-\infty}^{+\infty} F_2(y|x)\, f_1(x)\, dx ,$$

sowie entsprechende Formeln für die Dichte $f_2(y)$.

Der *bedingte Erwartungswert* von Y unter der Bedingung $X = x$ wird für einen stetigen Vektor (X, Y) durch die Formel

$$\mathrm{M}[Y|x] = \int_{-\infty}^{+\infty} y\, f_2(y|x)\, dy$$

definiert, falls das absolute Integral $\int_{-\infty}^{+\infty} |y|\, f_2(y|x)\, dy$ existiert.[1])

Der absolute Erwartungswert der Komponente Y ist gleich

$$\mathrm{M}[Y] = \int_{-\infty}^{+\infty} \mathrm{M}(Y|x)\, f_1(x)\, dx = \int_{-\infty}^{+\infty}\int_{-\infty}^{+\infty} y\, f_2(y|x)\, f_1(x)\, dx\, dy$$

$$= \int_{-\infty}^{+\infty}\int_{-\infty}^{+\infty} y\, f(x, y)\, dx\, dy = \int_{-\infty}^{+\infty} y\, f_2(y)\, dy .$$

Für den Fall einer diskreten Komponente X genügen diese Erwartungswerte den Formeln[1])

$$\mathrm{M}[Y|x_i] = \int_{-\infty}^{+\infty} y\, f_2(y|x_i)\, dy , \qquad \mathrm{M}[Y] = \sum_i p_i\, \mathrm{M}[Y|x_i] .$$

Die Formeln

$$\mathrm{M}[Y] = \int_{-\infty}^{+\infty} \mathrm{M}[Y|x]\, f_1(x)\, dx , \qquad \mathrm{M}[Y] = \sum \mathrm{M}[Y|x_i]\, \mathrm{P}(X = x_i)$$

zur Berechnung des absoluten (totalen) Erwartungswertes von Y unter Benutzung des bedingten Erwartungswertes spielen bei praktischen Berechnungen eine große Rolle (*Formel für den totalen Erwartungswert*).

[1]) Offenbar gilt

$$\mathrm{M}[Y|x] = \mathrm{M}[Y] , \qquad \mathrm{M}[Y|x_i] = \mathrm{M}[Y] ,$$

falls die zufälligen Größen X und Y unabhängig sind (Anm. d. Red.).

Die Momente eines zufälligen Vektors

Das $(k+s)$-te *Moment* des zufälligen Vektors (X, Y) wird wie folgt definiert:

$$\alpha_{k,s}[X, Y] = \mathbf{M}[X^k Y^s].$$

Das $(k+s)$-te *zentrale Moment* des zufälligen Vektors wird wie folgt definiert:

$$\mu_{k,s}[X, Y] = \mathbf{M}[\mathring{X}^k \mathring{Y}^s].$$

Die Momente des Vektors (X, Y) werden mit Hilfe der folgenden Formeln berechnet.

a) für diskrete zufällige Vektoren

$$\alpha_{k,s}[X, Y] = \sum_i \sum_j x_i^k y_j^s p_{ij}; \qquad \mu_{k,s}[X, Y] = \sum_i \sum_j (x_i - m_x)^k (y_j - m_y)^s p_{ij},$$

wobei $p_{ij} = \mathbf{P}(X = x_i, Y = y_j)$ gilt.

b) für stetige zufällige Vektoren

$$\alpha_{k,s}[X, Y] = \iint_{-\infty}^{\infty} x^k y^s f(x, y)\, dx\, dy;$$

$$\mu_{k,s}[X, Y] = \iint_{-\infty}^{\infty} (x - m_x)^k (y - m_y)^s f(x, y)\, dx\, dy,$$

wobei $f(x, y)$ die Verteilungsdichte von (X, Y) ist.

Das $(1+1)$-te zentrale Moment $\mu_{11}[X, Y]$ des zufälligen Vektors (X, Y) nennt man *Kovarianz* der zufälligen Größen X und Y und bezeichnet sie mit $K_{x,y}$

$$K_{x,y} = \mu_{11}[X, Y] = \mathbf{M}[\mathring{X}\, \mathring{Y}].$$

Auf Grund des Multiplikationssatzes für Erwartungswerte (vgl. Kap. 8) ist die Kovarianz unabhängiger zufälliger Größen gleich Null.[1])

Als *Korrelationskoeffizient* r_{xy} der zufälligen Größen X und Y wird die dimensionslose Größe

$$r_{xy} = \frac{K_{x,y}}{\sigma_x \sigma_y}$$

berechnet. Dabei ist

$$\sigma_x = \sqrt{D_x} = \sqrt{\mu_{2,0}[X, Y]}; \qquad \sigma_y = \sqrt{D_y} = \sqrt{\mu_{0,2}[X, Y]}.$$

Der Korrelationskoeffizient ist ein Maß für den linearen Zusammenhang zwischen X und Y; es gilt immer $|r_{xy}| \leq 1$.

Es ist $r_{xy} = \pm 1$ genau dann, wenn die zufälligen Größen X und Y linear zusammenhängen, d. h., es gilt

$$Y = a X + b.$$

Die Vorzeichen von r_{xy} und a stimmen dabei überein.

---

[1]) Die Gültigkeit des Multiplikationssatzes folgt sofort aus der Formel für den totalen Erwartungswert und der Fußnote auf S. 131 (Anm. d. Red.).

Die zufälligen Größen X und Y heißen *unkorreliert*, wenn $r_{xy} = 0$ ist. Aus der Unabhängigkeit von X und Y folgt ihre Unkorreliertheit, aber nicht umgekehrt.

Die *Verteilungsdichte* eines stetigen zufälligen Vektors $(X_1, \ldots, X_n)$ ist gleich

$$f(x_1, x_2, \ldots, x_n) = \frac{\partial^n}{\partial x_1 \, \partial x_2 \cdots \partial x_n} F(x_1, x_2, \ldots, x_n).$$

Es gilt

$$F(x_1, \ldots, x_n) = \int_{-\infty}^{x_1} \cdots \int_{-\infty}^{x_n} f(u_1, \ldots, u_n) \, du_1 \cdots du_n.$$

Die Wahrscheinlichkeit dafür, daß der zufällige Punkt $(X_1, \ldots, X_n)$ in einer Borel-Menge $D \subseteq R^n$ liegt, ist gleich

$$\mathbf{P}\big((X_1, \ldots, X_n) \in D\big) = \int \underset{D}{\cdots} \int f(x_1, \ldots, x_n) \, dx_1 \cdots dx_n.$$

Folgende Eigenschaften sind für eine Verteilungsdichte $f(x_1, \ldots, x_n)$ charakteristisch:

1. $f(x_1, \ldots, x_n) \geqq 0$,
2. $\int_{-\infty}^{+\infty} \int_{-\infty}^{+\infty} f(x_1, \ldots, x_n) \, dx_1 \cdots dx_n = 1$.

Die Verteilungsdichte einer einzelnen Komponente X_i ist gleich

$$f_i(x_i) = \int_{-\infty}^{\infty} \cdots \int_{-\infty}^{\infty} f(x_1, x_2, \ldots, x_n) \, dx_1 \cdots dx_{i-1} \, dx_{i+1} \cdots dx_n.$$

Die Verteilungsdichte des Teilvektors $(X_1, \ldots, X_k)$ von $(X_1, \ldots, X_n)$ ist gleich

$$f_{1,\ldots,k}(x_1, \ldots, x_k) = \int_{-\infty}^{\infty} \cdots \int_{-\infty}^{\infty} f(x_1, \ldots, x_k, \ldots, x_n) \, dx_{k+1} \cdots dx_n.$$

Analog ist die Verteilungsdichte eines beliebigen Teilvektors zu bestimmen.

Die zufälligen Größen $(X_1, \ldots, X_n)$ heißen *unabhängig*, wenn

$$F(x_1, \ldots, x_n) = F_1(x_1) \cdots F_n(x_n).$$

Für den stetigen Fall ist die letzte Gleichung mit der Gleichung

$$f(x_1, \ldots, x_n) = f_1(x_1) \cdots f_n(x_n)$$

äquivalent.

Die *bedingte Verteilungsdichte* des Teilvektors $(X_1, \ldots, X_k)$ unter der Bedingung, daß die Größen $X_{k+1}, \ldots, X_n$ die Werte $x_{k+1}, \ldots, x_n$ angenommen haben, wird wie folgt definiert

$$f_{1,\ldots,k}(x_1, \ldots, x_k | x_{k+1}, \ldots, x_n) = \frac{f(x_1, x_2, \ldots, x_n)}{f_{k+1,\ldots,n}(x_{k+1}, \ldots, x_n)}.$$

Die Matrix

$$\|K_{ij}\| = \begin{Vmatrix} K_{11} & K_{12} & \cdots & K_{1n} \\ K_{21} & K_{22} & \cdots & K_{2n} \\ \cdot & \cdot & \cdot & \cdot \\ K_{n1} & K_{n2} & \cdots & K_{nn} \end{Vmatrix},$$

wobei $K_{ij} = K_{x_i x_j} = \mathbf{M}[\overset{\circ}{X}_i \overset{\circ}{X}_j]$ die Kovarianz der zufälligen Größen X_i und X_j ist, nennt man die *Kovarianzmatrix* des zufälligen Vektors $(X_1, \ldots, X_n)$.

Die Kovarianzmatrix ist symmetrisch, d. h., es gilt $K_{ij} = K_{ji}$ daher wird sie häufig in der Form

$$\begin{Vmatrix} K_{11} & K_{12} & \cdots & K_{1n} \\ & K_{22} & \cdots & K_{2n} \\ \cdots & \cdots & \cdots & \cdots \\ & & & K_{nn} \end{Vmatrix}$$

angegeben. Die Elemente der Hauptdiagonale sind die Varianzen der Komponenten X_i:

$$K_{ii} = \mathbf{D}[X_i]\,.$$

Als *normierte Korrelationsmatrix* bezeichnet man die Matrix

$$\|r_{ij}\| = \begin{Vmatrix} 1 & r_{12} & r_{13} & \cdots & r_{1n} \\ & 1 & r_{23} & \cdots & r_{2n} \\ & & 1 & \cdots & r_{3n} \\ \cdots & \cdots & \cdots & \cdots & \cdots \\ & & & & 1 \end{Vmatrix},$$

wobei $r_{ij} = \dfrac{K_{ij}}{\sigma_i \sigma_j}$ der Korrelationskoeffizient der Größen X_i und X_j ist.

Der zufällige Vektor (X, Y) ist *normalverteilt*, wenn seine Verteilungsdichte die Form

$$f(x, y) = \frac{1}{2\pi\sigma_x\sigma_y\sqrt{1 - r^2}}\, e^{-\frac{1}{2(1-r^2)}\left[\frac{(x-m_x)^2}{\sigma_x^2} - \frac{2r(x-m_x)(y-m_y)}{\sigma_x\sigma_y} + \frac{(y-m_y)^2}{\sigma_y^2}\right]}$$

hat, wobei m_x, m_y die Erwartungswerte, σ_x, σ_y die mittleren quadratischen Abweichungen und r der Korrelationskoeffizient der zufälligen Größen X, Y sind (Normalverteilung auf der Ebene).

Für einen normalverteilten zufälligen Vektor (X, Y) ist die Unkorreliertheit der Komponenten gleichbedeutend mit ihrer Unabhängigkeit. Sind X und Y unkorreliert, so ist $r = 0$, und $f(x, y)$ ist gleich dem Produkt der Dichten $f_1(x)$ und $f_2(y)$ von X und Y:

$$f(x, y) = \frac{1}{2\pi\sigma_x\sigma_y}\, e^{-\frac{1}{2}\left[\frac{(x-m_x)^2}{\sigma_x^2} + \frac{(y-m_y)^2}{\sigma_y^2}\right]}.$$

Im Falle unabhängiger Komponenten bezeichnet man die Achsen Ox, Oy als Hauptstreuungsachsen, die Größen σ_x, σ_y heißen mittlere quadratische Hauptstreuungen.

Gilt $m_x = m_y = 0$, so erhält die Verteilungsdichte die kanonische Gestalt:

$$f(x, y) = \frac{1}{2\pi\sigma_x\sigma_y}\, e^{-\frac{x^2}{2\sigma_x^2} - \frac{y^2}{2\sigma_y^2}}.$$

Die Wahrscheinlichkeit dafür, daß der normalverteilte zufällige Punkt (X, Y) mit unabhängigen Koordinaten in dem in der Abb. 6b schraffierten Rechteck R liegt, dessen Seiten parallel zu den Hauptstreuungsachsen verlaufen, ist gleich

$$\mathbf{P}\big((X, Y) \in R\big) = \left[\Phi^*\left(\frac{\beta - m_x}{\sigma_x}\right) - \Phi^*\left(\frac{\alpha - m_x}{\sigma_x}\right)\right]\left[\Phi^*\left(\frac{\delta - m_y}{\sigma_y}\right) - \Phi^*\left(\frac{\gamma - m_y}{\sigma_y}\right)\right].$$

Der geometrische Ort aller Punkte (x, y), in denen die Verteilungsdichte $f(x, y)$ denselben Wert annimmt, bildet eine Ellipse, deren Halbachsen proportional den mittleren quadratischen Hauptstreuungen σ_x, σ_y sind:

$$a = k\,\sigma_x; \qquad b = k\,\sigma_y .$$

Die Wahrscheinlichkeit dafür, daß der zufällige normalverteilte Punkt (X, Y) in dem Bereich E_k liegt, der durch die Streuungsellipse mit den Halbachsen $a = k\,\sigma_x$, $b = k\,\sigma_y$ begrenzt ist, ist gleich

$$\mathbf{P}\big((X, Y) \in E_k\big) = 1 - e^{-\frac{k^2}{2}} .$$

Ist $m_x = m_y = 0$ und $\sigma_x = \sigma_y = \sigma$, so spricht man von einer *Kreisstreuung* (*zweidimensionale sphärische Normalverteilung*).

Bei einer solchen Verteilung ist der Abstand des zufälligen Punktes (X, Y) zum Koordinatenursprung nach dem Rayleigh-Gesetz verteilt. Seine Dichte ist gleich

$$f(r) = \begin{cases} \dfrac{r}{\sigma^2} e^{-\frac{r^2}{2\sigma^2}} & \text{für } r > 0 , \\ 0 & \text{für } r < 0 . \end{cases}$$

Die dreidimensionale Normalverteilung besitzt im Falle unabhängiger Komponenten X, Y und Z die Verteilungsdichte

$$f(x, y, z) = \frac{1}{(2\pi)^{3/2}\,\sigma_x\,\sigma_y\,\sigma_z}\, e^{-\frac{1}{2}\left[\frac{(x - m_x)^2}{\sigma_x^2} + \frac{(y - m_y)^2}{\sigma_y^2} + \frac{(z - m_z)^2}{\sigma_z^2}\right]}.$$

Der geometrische Ort der Punkte mit dem gleichen Wert der Verteilungsdichte bildet im dreidimensionalen Fall ein Ellipsoid mit den Halbachsen

$$a = k\,\sigma_x , \qquad b = k\,\sigma_y , \qquad c = k\,\sigma_z .$$

Die Wahrscheinlichkeit dafür, daß der zufällige normalverteilte Punkt (X, Y, Z) mit unabhängigen Koordinaten X, Y und Z in dem durch diese Ellipsoide begrenzten Bereich E_k liegt, ist gleich

$$\mathbf{P}\big((X, Y, Z) \in E_k\big) = 2\,\Phi^*(k) - 1 - \sqrt{\frac{2}{\pi}}\, k\, e^{-\frac{k^2}{2}} .$$

6.1. Zwei Schützen geben unabhängig voneinander jeder auf sein Ziel je einen Schuß ab. Sei X die Anzahl der Treffer des ersten Schützen, Y die des zweiten. Die Trefferwahrscheinlichkeit des ersten Schützen sei gleich p_1, die des zweiten gleich p_2.

Man bestimme die Verteilungsfunktion des zufälligen Vektors (X, Y).

Lösung: Da die zufälligen Größen X, Y unabhängig sind, gilt

$$F(x, y) = \mathbf{P}(X < x)\,\mathbf{P}(Y < y) = F_1(x)\,F_2(y)\,.$$

Die Verteilungsfunktion $F_1(x)$ hat die Gestalt:

$$F_1(x) = \begin{cases} 0 & \text{für} \quad x \leqq 0\,, \\ q_1 & \text{für} \quad 0 < x \leqq 1\,, \\ 1 & \text{für} \quad x > 1\,, \end{cases}$$

wobei $q_1 = 1 - p_1$ sei. Analog gilt mit $q_2 = 1 - p_2$

$$F_2(y) = \begin{cases} 0 & \text{für} \quad y \leqq 0\,, \\ q_2 & \text{für} \quad 0 < y \leqq 1\,, \\ 1 & \text{für} \quad y > 1\,. \end{cases}$$

Die Werte der Funktion $F(x, y)$ sind in nachstehender Tabelle angegeben.

y	x		
	$x \leqq 0$	$0 < x \leqq 1$	$1 < x$
$y \leqq 0$	0	0	0
$0 < y \leqq 1$	0	$q_1 q_2$	q_2
$1 < y$	0	q_1	1

6.2. Auf ein Ziel wird ein Schuß abgegeben. Die Trefferwahrscheinlichkeit ist gleich p. Sei X die zufällige Anzahl der Treffer, Y die zufällige Anzahl der Fehlschüsse.

Man bestimme die Verteilungsfunktion $F(x, y)$ des Vektors (X, Y).

Lösung: Zwischen den zufälligen Größen X, Y besteht folgender funktioneller Zusammenhang:

$$X + Y = 1\,.$$

Nachstehend ist die Tabelle der möglichen Werte des Vektors (X, Y) mit den entsprechenden Wahrscheinlichkeiten aufgeführt ($q = 1 - p$)

x_i	y_j	
	0	1
0	0	q
1	p	0

Folgende Tabelle enthält die Werte der Funktion $F(x, y)$.

y	x		
	$x \leqq 0$	$0 < x \leqq 1$	$1 < x$
$y \leqq 0$	0	0	0
$0 < y \leqq 1$	0	0	p
$1 < y$	0	q	1

6.3. Die Verteilungsfunktion des zufälligen Vektors (X, Y) sei $F(x, y)$. Man bestimme die Wahrscheinlichkeit dafür, daß der zufällige Punkt (X, Y) in den Bereich D fällt, der die Gestalt der in Abb. 6.3 schraffierten Fläche hat.

Lösung: $$\mathrm{P}\big((X, Y) \in D\big) = F(\alpha, \delta) - F(\alpha, \gamma)\,.$$

6.4. Gegeben ist die Fläche $z = f(x, y)$, die die Verteilungsdichte des zufälligen Vektors (X, Y) darstellt (Abb. 6.4), und ein bestimmter Abszissenwert x. Man gebe die geometrische Interpretation für:

a) den Wert $f_1(x)$ der Verteilungsdichte von X im Punkt x,
b) die bedingte Verteilungsdichte $f_2(y|x)$.

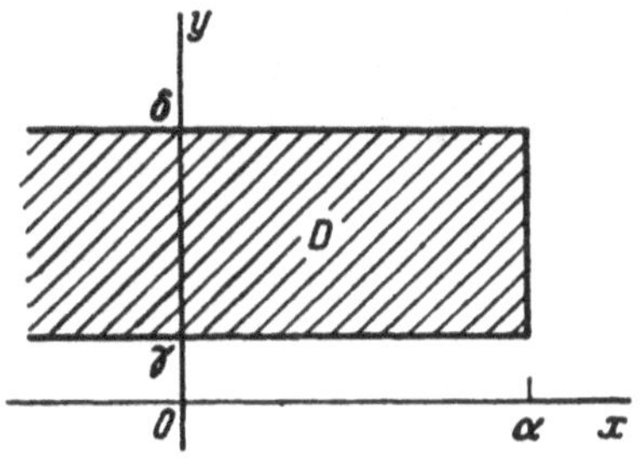

Abb. 6.3

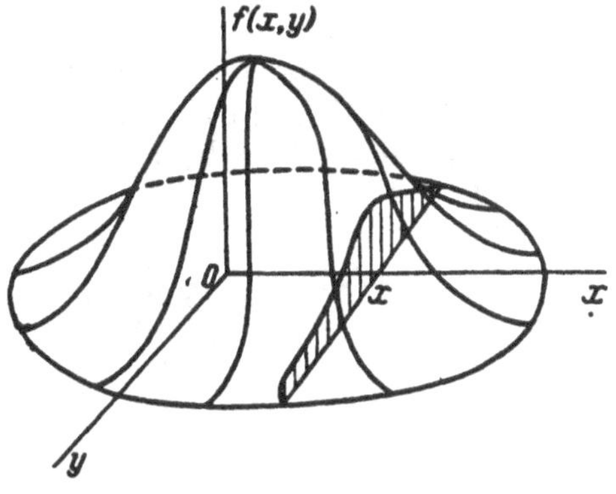

Abb. 6.4

Lösung: a) Für jedes x wird $f_1(x)$ durch die in Abb. 6.4 schraffierten Schnittfläche dargestellt. b) Die bedingte Verteilungsdichte $f_2(y|x)$ wird durch die Kurve dargestellt, deren Ordinatenwert in jedem Punkt gleich dem durch $f_1(x)$ dividierten Ordinatenwert des Schnittes ist.

6.5. Die zufälligen Größen X, Y seien unabhängig und exponentiell verteilt:

$$f_1(x) = \begin{cases} 0 & \text{für } x < 0\,, \\ \lambda\, e^{-\lambda x} & \text{für } x > 0\,, \end{cases} \qquad f_2(y) = \begin{cases} 0 & \text{für } y < 0\,, \\ \mu\, e^{-\mu y} & \text{für } y > 0\,. \end{cases}$$

Man bestimme die Verteilungsdichte und die Verteilungsfunktion des Vektors (X, Y).

Lösung:

$$f(x, y) = \begin{cases} 0 & \text{für } x < 0 \text{ oder } y < 0\,, \\ \lambda\,\mu\, e^{-(\lambda x + \mu y)} & \text{für } x > 0 \text{ und } y > 0\,, \end{cases}$$

$$F(x, y) = \begin{cases} 0 & \text{für } x \leqq 0 \text{ oder } y \leqq 0\,, \\ (1 - e^{-\lambda x})\,(1 - e^{-\mu y}) & \text{für } x > 0 \text{ und } y > 0\,. \end{cases}$$

6.6. Der zufällige Vektor (X, Y) sei innerhalb des Quadrates mit der Seitenlänge 1 gleichverteilt (Abb. 6.6a).

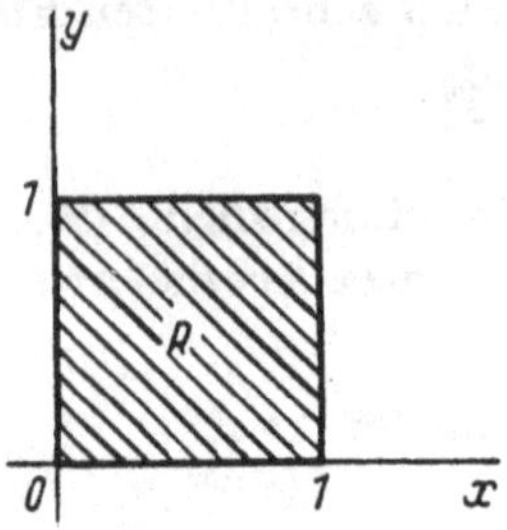

Abb. 6.6a

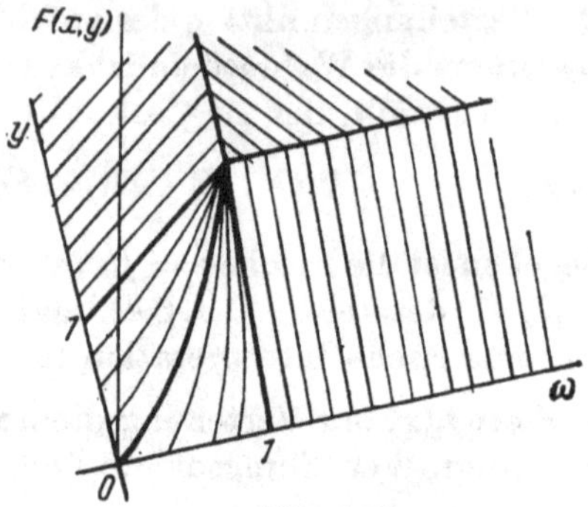

Abb. 6.6b

Man bestimme die Verteilungsdichte und die Verteilungsfunktion des zufälligen Vektors (X, Y) sowie die Verteilungsdichten $f_1(x)$ und $f_2(y)$ und prüfe, ob die zufälligen Größen X, Y unabhängig sind.

Lösung:

$$f(x, y) = \begin{cases} 1 & \text{für } (x, y) \in R\,, \\ 0 & \text{für } (x, y) \notin R\,. \end{cases}$$

$$F(x, y) = \begin{cases} 0 & \text{für } x \leqq 0 & \text{oder } y \leqq 0\,, \\ x\,y & \text{für } 0 < x \leqq 1 & \text{und } 0 < y \leqq 1\,, \\ x & \text{für } 0 < x \leqq 1 & \text{und } y > 1\,, \\ y & \text{für } x > 1 & \text{und } 0 < y \leqq 1\,, \\ 1 & \text{für } x > 1 & \text{und } y > 1\,. \end{cases}$$

Die Fläche $z = F(x, y)$ ist in Abb. 6.6b dargestellt. Es ist

$$f_1(x) = \begin{cases} 1 & \text{für } x \in (0, 1)\,, \\ 0 & \text{für } x \notin (0, 1)\,, \end{cases} \qquad f_2(y) = \begin{cases} 1 & \text{für } y \in (0, 1)\,, \\ 0 & \text{für } y \notin (0, 1)\,. \end{cases}$$

Die zufälligen Größen X, Y sind unabhängig, da

$$f(x, y) = f_1(x)\, f_2(y)$$

gilt.

6.7. Die Verteilungsdichte des zufälligen Vektors (X, Y) hat die Gestalt des in der Abb. 6.7a dargestellten Kegels, dessen Grundfläche der Kreis K mit dem Mittelpunkt im Koordinatenursprung und dem Radius r_0 ist. Außerhalb dieses Kreises ist die Verteilungsdichte gleich Null.

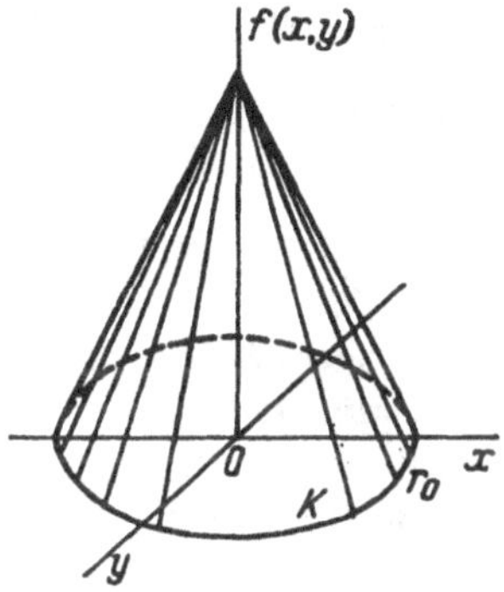

Abb. 6.7a

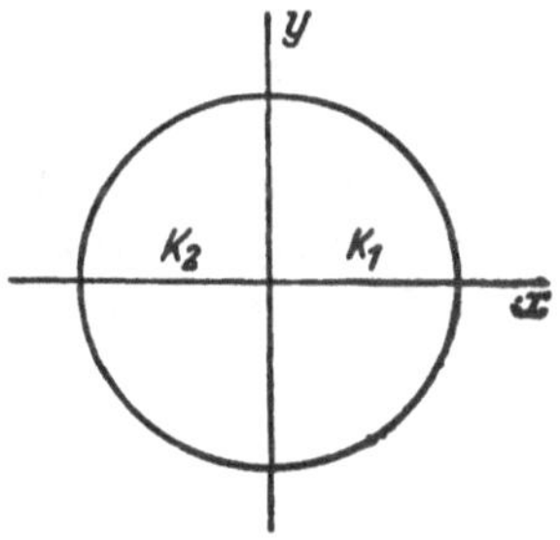

Abb. 6.7b

a) Man bestimme den Ausdruck für die Dichte $f(x, y)$; b) man bestimme die Dichten $f_1(x)$, $f_2(x)$, $f_2(y|x)$, $f_1(x|y)$; c) man prüfe, ob die zufälligen Größen abhängig sind; d) man prüfe, ob die zufälligen Größen X, Y korreliert sind.

Lösung:

$$\text{a)}\quad f(x, y) = \begin{cases} \dfrac{3}{r_0^3 \pi}\left(r_0 - \sqrt{x^2 + y^2}\right) & \text{für} \quad x^2 + y^2 < r_0^2\,, \\ 0 & \text{für} \quad x^2 + y^2 > r_0^2\,; \end{cases}$$

$$\text{b)}\quad f_1(x) = \begin{cases} \dfrac{3}{r_0^3 \pi}\left[r_0 \sqrt{r_0^2 - x^2} - x^2 \ln\left(\dfrac{r_0 + \sqrt{r_0^2 - x^2}}{|x|}\right)\right] & \text{für} \quad |x| < r_0\,, \\ 0 & \text{für} \quad |x| > r_0\,, \end{cases}$$

$$f_2(y) = \begin{cases} \dfrac{3}{r_0^3 \pi}\left[r_0 \sqrt{r_0^2 - y^2} - y^2 \ln\left(\dfrac{r_0 + \sqrt{r_0^2 - y^2}}{|y|}\right)\right] & \text{für} \quad |y| < r_0\,, \\ 0 & \text{für} \quad |y| > r_0\,. \end{cases}$$

Für $|x| < r_0$ ist

$$f_2(y|x) = \begin{cases} \dfrac{r_0 - \sqrt{x^2 + y^2}}{r_0 \sqrt{r_0^2 - x^2} - x^2 \ln\left(\dfrac{r_0 + \sqrt{r_0^2 - x^2}}{|x|}\right)} & \text{für} \quad |y| < \sqrt{r_0^2 - x^2}\,, \\ 0 & \text{für} \quad |y| > \sqrt{r_0^2 - x^2}\,. \end{cases}$$

Für $|y| < r_0$ ist

$$f_1(x|y) = \begin{cases} \dfrac{r_0 - \sqrt{x^2+y^2}}{r_0\sqrt{r_0^2-y^2} - y^2 \ln\left(\dfrac{r_0+\sqrt{r_0^2-y^2}}{|y|}\right)} & \text{für } |x| < \sqrt{r_0^2-y^2}, \\ 0 & \text{für } |x| > \sqrt{r_0^2-y^2}. \end{cases}$$

c) Die zufälligen Größen sind abhängig, da $f_1(x|y)$ ungleich $f_1(x)$ ist.

d) Wir bestimmen die Kovarianz K_{xy}. Da $m_x = m_y = 0$ ist, ist

$$K_{xy} = \iint_{(K)} x\,y\,f(x, y)\,dx\,dy = \iint_{(K_1)} x\,y\,f(x, y)\,dx\,dy + \iint_{(K_2)} x\,y\,f(x, y)\,dx\,dy\,.$$

Dabei sind K_1 die rechte und K_2 die linke Hälfte des Kreises K (vgl. Abb. 6.7b). Da die Funktion $x\,y\,f(x, y)$ bezüglich des Arguments x ungerade ist, unterscheiden sich die Integrale über K_1 und K_2 nur dem Vorzeichen nach. Daraus folgt, daß $K_{xy} = 0$ ist; die zufälligen Größen X, Y sind nicht korreliert.

6.8. Der zufällige Vektor (X, Y) besitzt die Verteilungsdichte

$$f(x, y) = \frac{a}{1 + x^2 + x^2y^2 + y^2}\,.$$

a) Man bestimme den Koeffizienten a; b) man bestimme die Dichten $f_1(x)$, $f_2(y)$ und prüfe, ob die zufälligen Größen X, Y abhängig sind; c) man bestimme die Wahrscheinlichkeit dafür, daß der zufällige Punkt (X, Y) in das in Abb. 6.8 dargestellte Quadrat fällt.

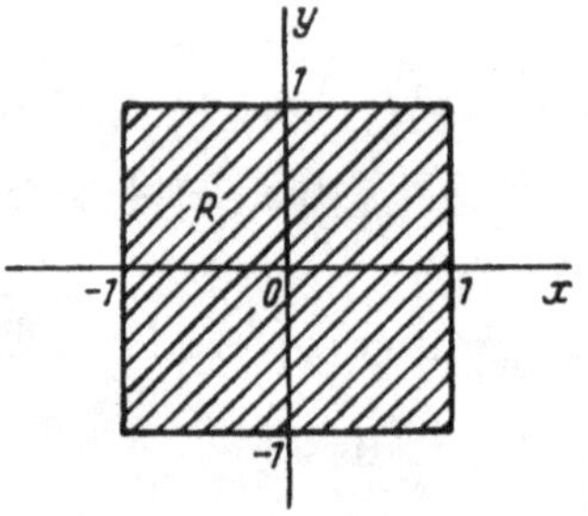

Abb. 6.8

Lösung: a) Aus der Normierungsbedingung

$$\iint_{-\infty}^{\infty} f(x, y)\,dx\,dy = 1$$

erhält man $a = \dfrac{1}{\pi^2}$;

b) es gilt

$$f_1(x) = \frac{1}{\pi\,(1 + x^2)}; \qquad f_2(y) = \frac{1}{\pi\,(1 + y^2)}; \qquad f(x,y) = f_1(x)\,f_2(y)\,.$$

Die zufälligen Größen X, Y sind also unabhängig.

c) $$\mathbf{P}((X, Y) \in R) = \int_{-1}^{1}\int_{-1}^{1} \frac{dx\,dy}{\pi^2(1+x^2)(1+y^2)} = \frac{1}{4}.$$

6.9. Die zufälligen Größen X, Y sind unabhängig. Die zufällige Größe X ist normalverteilt mit den Parametern $m_x = 0$, $\sigma_x = \frac{1}{\sqrt{2}}$. Die zufällige Größe Y ist gleichverteilt auf dem Intervall (0, 1).

Man bestimme die Verteilungsdichte $f(x, y)$ und die Verteilungsfunktion $F(x, y)$ des Vektors (X, Y).

Lösung:

$$f(x, y) = \begin{cases} \frac{1}{\sqrt{\pi}} e^{-x^2} & \text{für } y \in (0, 1), \\ 0 & \text{für } y \notin (0, 1). \end{cases}$$

$$F(x, y) = F_1(x)\,F_2(y) = \begin{cases} 0 & \text{für } y \leqq 0, \\ y\,\Phi^*(x\sqrt{2}) & \text{für } 0 < y \leqq 1, \\ \Phi^*(x\sqrt{2}) & \text{für } y > 1. \end{cases}$$

6.10. Die Verteilungsdichte $f(x, y)$ des zufälligen Vektors (X, Y) läßt sich graphisch als der auf Abb. 6.10a dargestellte Zylinder interpretieren, dessen Grundfläche ein Kreis mit dem Mittelpunkt im Koordinatenursprung ist; die Höhe des Zylinders ist h.

Man bestimme den Radius r des Zylinders, die Dichten $f_1(x)$, $f_2(y)$, $f_1(x|y)$, $f_2(y|x)$ sowie die Größen m_x, D_x, K_{xy}.

Lösung: Der Radius r des Zylinders ergibt sich aus der Bedingung: Das Volumen des Zylinders ist gleich Eins. Es ist $r = \sqrt{\frac{1}{\pi h}}$.

Die Verteilungsdichte $f(x, y)$ hat die Gestalt

$$f(x, y) = \begin{cases} h, & \text{falls } x^2 + y^2 < r^2 \text{ ist,} \\ 0, & \text{falls } x^2 + y^2 > r^2 \text{ ist.} \end{cases}$$

Hieraus folgt

$$f_1(x) = \int_{-\infty}^{\infty} f(x, y)\,dy = \begin{cases} 2\sqrt{r^2 - x^2}\,h & \text{für } |x| < r, \\ 0 & \text{für } |x| > r. \end{cases}$$

Analog gilt

$$f_2(y) = \begin{cases} 2\sqrt{r^2 - y^2}\,h & \text{für } |y| < r, \\ 0 & \text{für } |y| > r. \end{cases}$$

Die Funktion $f_1(x)$ ist in Abb. 6.10b dargestellt. Für $|y| < r$ ergibt sich

$$f_1(x|y) = \frac{f(x, y)}{f_2(y)} = \begin{cases} \frac{1}{2\sqrt{r^2 - y^2}} & \text{für } |x| < \sqrt{r^2 - y^2}, \\ 0 & \text{für } |x| > \sqrt{r^2 - y^2}. \end{cases}$$

Analog erhält man für $|x| < r$

$$f_2(y|x) = \begin{cases} \dfrac{1}{2\sqrt{r^2 - x^2}} & \text{für} \quad |y| < \sqrt{r^2 - x^2}, \\ 0 & \text{für} \quad |y| > \sqrt{r^2 - x^2}. \end{cases}$$

Die mathematischen Erwartungen m_x, m_y sind gleich Null, da die Funktion $f(x, y)$ sowohl in x als auch in y gerade ist:

$$m_x = m_y = 0 .$$

Ferner ist

$$D_x = 2h \int_{-r}^{r} x^2 \sqrt{r^2 - x^2}\, dx = h\, r^4 \frac{\pi}{4} = \frac{r^2}{4}; \qquad \sigma_x = \frac{r}{2}; \qquad K_{xy} = 0 .$$

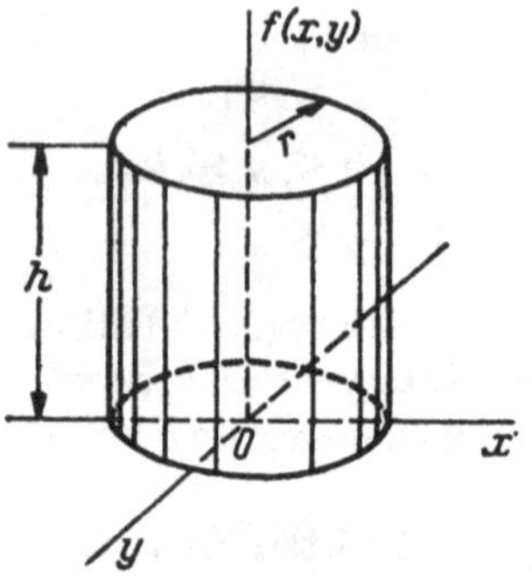

Abb. 6.10a

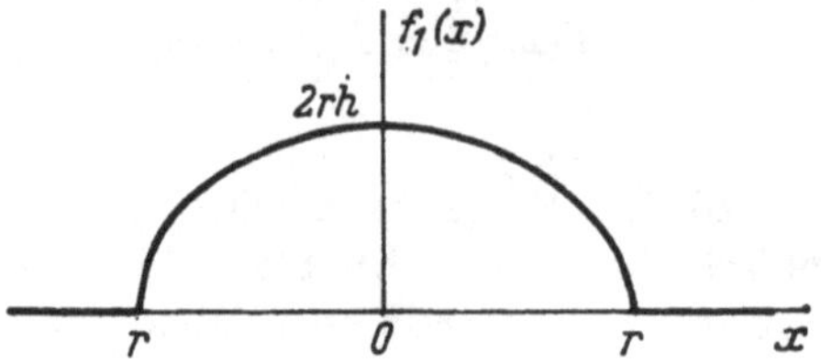

Abb. 6.10b

6.11. Der zufällige Vektor ist normalverteilt mit der Dichte

$$f(x, y) = \frac{1}{2\pi\sigma^2} e^{-\frac{1}{2\sigma^2}(x^2 + y^2)} .$$

(Es liegt also eine Kreisstreuung vor.)

a) Man ersetze dieses Verteilungsgesetz näherungsweise durch die Gleichverteilung in einem Kreis vom Radius r_0. Der Radius r_0 ist dabei so zu bestimmen, daß die Varianzen von X und Y gleich σ^2 bleiben.

b) Man ersetze dieses Verteilungsgesetz näherungsweise durch das Verteilungsgesetz, dessen Dichte geometrisch als die Oberfläche eines Kreiskegels mit dem Zentrum im Koordinatenursprung dargestellt werden kann. Der Radius r_1 ist dabei so zu bestimmen, daß $D_x = D_y = \sigma^2$ bleibt.

Lösung:

a) Durch den Vergleich mit der Aufgabe 6.10 erhalten wir die Formel $D_x = \frac{r_0^2}{4} = \sigma^2$. Hieraus folgt, daß $r_0 = 2\sigma$ genommen werden muß.

b) Durch den Vergleich mit der Aufgabe 6.7 erhalten wir die Formel

$$D_x = \frac{3}{r_1^3 \pi} \iint_{(K)} x^2 \left(r_1 - \sqrt{x^2 + y^2}\right) dx\, dy = \frac{3}{20} r_1^2 = \sigma^2 .$$

Hieraus ergibt sich $r_1 = \frac{\sqrt{20}}{\sqrt{3}} \sigma = 2{,}58\, \sigma$.

6.12. Der zufällige Punkt (X, Y) sei in dem in Abb. 6.12a schraffierten Quadrat R gleichverteilt. Man bestimme den analytischen Ausdruck für die Dichte $f(x, y)$; die Dichten $f_1(x), f_2(y)$ der zufälligen Größen X, Y und die bedingten Dichten $f_1(x|y)$ und $f_2(y|x)$. Man prüfe, ob die zufälligen Größen abhängig und ob die zufälligen Größen korreliert sind.

Lösung: Die Fläche des Quadrats ist gleich 2, also ist

$$f(x, y) = \begin{cases} \frac{1}{2} & \text{für} \quad (x, y) \in R , \\ 0 & \text{für} \quad (x, y) \notin R . \end{cases}$$

Die Dichte $f_1(x)$ ist gleich

$$f_1(x) = \begin{cases} \frac{1}{2} \int\limits_{-(1-x)}^{1-x} dy = 1 - x & \text{für} \quad 0 < x < 1 , \\ \frac{1}{2} \int\limits_{-(1+x)}^{1+x} dy = 1 + x & \text{für} \quad -1 < x < 0 , \\ 0 & \text{für} \quad x < -1 \quad \text{oder} \quad x > 1 , \end{cases}$$

oder abgekürzt

$$f_1(x) = \begin{cases} 1 - |x| & \text{für} \quad |x| < 1 , \\ 0 & \text{für} \quad |x| > 1 . \end{cases}$$

Die Funktion $f_1(x)$ ist in der Abb. 6.12b dargestellt (SIMPSON-Verteilung). Analog gilt

$$f_2(y) = \begin{cases} 1 - |y| & \text{für} \quad |y| < 1 , \\ 0 & \text{für} \quad |y| > 1 . \end{cases}$$

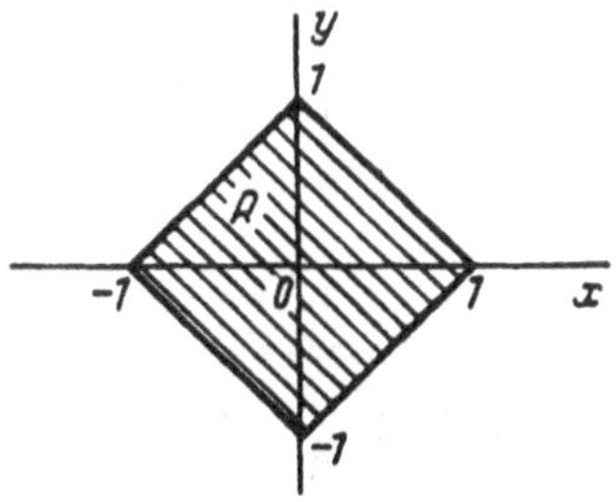

Abb. 6.12a

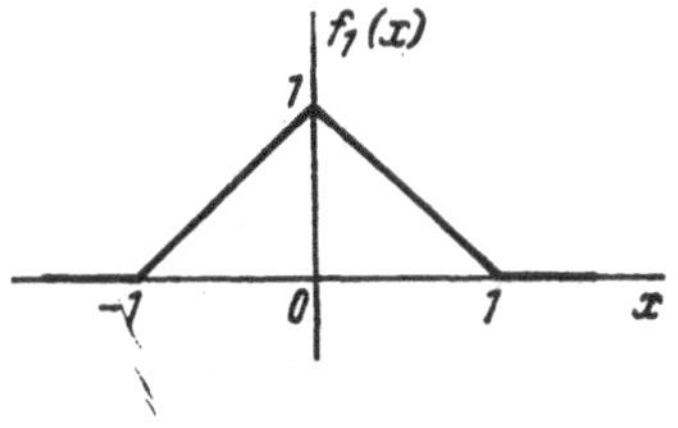

Abb. 6.12b

Für $|y| < 1$ erhält man

$$f_1(x|y) = \frac{f(x,y)}{f_2(y)} = \begin{cases} \dfrac{1}{2(1-|y|)} & \text{für} \quad |x| < 1 - |y|\,, \\ 0 & \text{für} \quad |x| > 1 - |y|\,. \end{cases}$$

Die Dichte $f_1(x|y)$ ist in Abb. 6.12c dargestellt. Analog ist für $|x| < 1$

$$f_2(y|x) = \begin{cases} \dfrac{1}{2(1-|x|)} & \text{für} \quad |y| < 1 - |x|\,, \\ 0 & \text{für} \quad |y| > 1 - |x|\,. \end{cases}$$

Die zufälligen Größen sind abhängig, aber nicht korreliert.

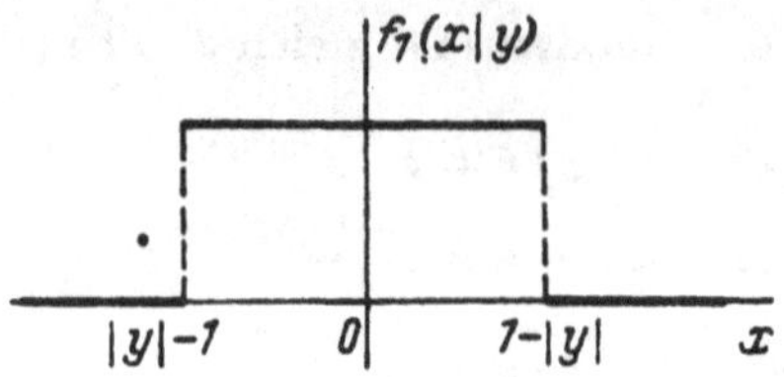

Abb. 6.12c

6.13. Die Verteilungsdichte des zufälligen Vektors (X, Y) ist gleich

$$f(x,y) = \frac{1}{1{,}6\,\pi}\, e^{-\frac{1}{1{,}28}[(x-2)^2 - 1{,}2(x-2)(y+3) + (y+3)^2]}\,.$$

Man bestimme den Korrelationskoeffizienten der Größen X und Y.

Lösung:
$$r_{xy} = 0{,}6\,.$$

6.14. Die zufälligen Größen X und Y sind unabhängig und normalverteilt mit den Parametern

$$m_x = 2; \qquad m_y = -3; \qquad \sigma_x = 1; \qquad \sigma_y = 2\,.$$

Man bestimme die Wahrscheinlichkeiten folgender Ereignisse:

a) $(X < m_x)(Y < m_y)$; b) $X < 3$; c) $Y < X - 5$;

d) $|X| < 1$; e) $(|X| < 1)(|Y| < 2)$.

Lösung:

a) $\mathbf{P}\big((X < m_x)(Y < m_y)\big) = \mathbf{P}(X < m_x)\,\mathbf{P}(Y < m_y) = \frac{1}{2}\cdot\frac{1}{2} = \frac{1}{4}\,.$

b) $\mathbf{P}(X < 3) = \Phi^*\left(\frac{3-2}{1}\right) = \Phi^*(1) = 0{,}8413\,.$

c) Die gesuchte Wahrscheinlichkeit ist gleich dem Integral

$$\mathbf{P}(Y < X - 5) = \iint\limits_{(D)} \frac{1}{2\pi\sqrt{2}}\, e^{-\frac{(x-2)^2}{2} - \frac{(y+3)^2}{8}}\, dx\, dy\,,$$

wobei der Integrationsbereich D gleich $\{(x, y)|y < x - 5\}$ ist. Der Bereich D ist in der Abb. 6.14. schraffiert dargestellt. Die Gerade $y = x - 5$ verläuft durch den Punkt mit den Koordinaten $m_x = 2$, $m_y = 3$ (Streuungszentrum).

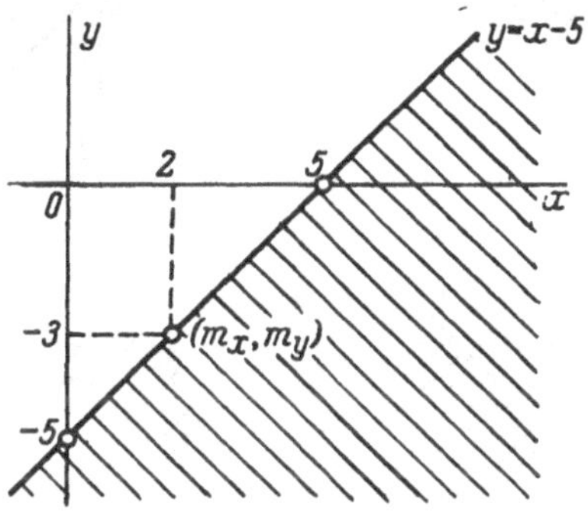

Abb. 6.14

Auf Grund der Symmetrie der Normalverteilung ist die Wahrscheinlichkeit dafür, daß der zufällige Punkt (X, Y) bezüglich einer Geraden auf der einen Seite liegt, gleich der Wahrscheinlichkeit dafür, daß er auf der anderen Seite liegt, folglich ist $\mathbf{P}(Y < X - 5) = \frac{1}{2}$.

d) $\mathbf{P}(|X| < 1) = \mathbf{P}(-1 < X < 1) = \Phi^*\left(\frac{1-2}{1}\right) - \Phi^*\left(\frac{-1-2}{1}\right) = 0{,}1573.$

e) $\mathbf{P}\big((|X| < 1)\,(|Y| < 2)\big) = \mathbf{P}(|X| < 1)\,\mathbf{P}(|Y| < 2)$

$$= 0{,}1573\left[\Phi^*\left(\frac{2+3}{2}\right) - \Phi^*\left(\frac{-2+3}{2}\right)\right] = 0{,}0476\,.$$

6.15. Die Verteilungsdichte des zufälligen Vektors (X, Y) sei gleich $f(x, y)$. Man bestimme die Wahrscheinlichkeiten der Ereignisse: a) $X > Y$; b) $X > |Y|$; c) $|X| > Y$; d) $Y - X > 1$.

Lösung: In der Abb. 6.15. sind die Bereiche D_a, D_b, D_c und D_d schraffiert gekennzeichnet, die den Ereignissen a), b), c), d) entsprechen. Die Wahrscheinlichkeiten dafür, daß der zufällige Punkt (X, Y) in diese Bereiche fällt, sind gleich:

a) $\mathbf{P}(X > Y) = \int\limits_{-\infty}^{-\infty} \int\limits_{-\infty}^{x} f(x, y)\,dy\,dx;$

b) $\mathbf{P}(X > |Y|) = \int\limits_{0}^{\infty} \int\limits_{-x}^{x} f(x, y)\,dy\,dx;$

c) $\mathbf{P}(|X| > Y) = \int\limits_{-\infty}^{\infty} \int\limits_{-\infty}^{|x|} f(x, y)\,dy\,dx;$

d) $\mathbf{P}(Y - X > 1) = \int\limits_{-\infty}^{\infty} \int\limits_{x+1}^{\infty} f(x, y)\,dy\,dx\,.$

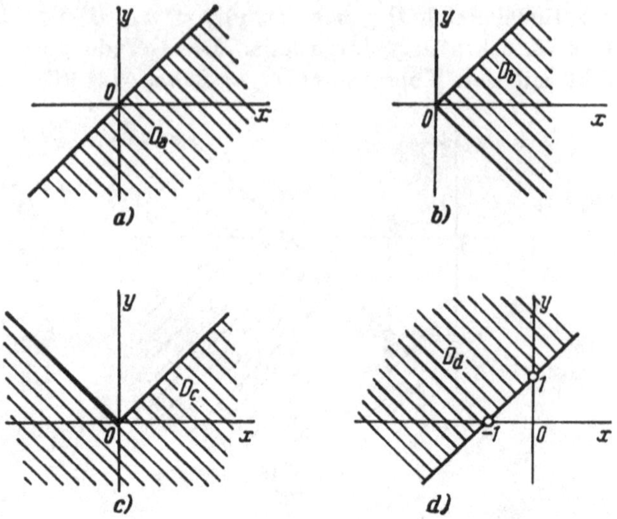

Abb. 6.15

6.16. Der zufällige Vektor (X, Y) ist normalverteilt mit den Parametern $m_x = m_y = 0$, $\sigma_x = \sigma_y = \sigma$, $r_{xy} = 0$.

Man bestimme die Wahrscheinlichkeiten der Ereignisse:

$$\text{a) } |Y| < X; \qquad \text{b) } Y < X; \qquad \text{c) } Y < |X|.$$

Lösung: Die den Ereignissen a), b), c) entsprechenden Bereiche sind in der Abb. 6.16 schraffiert dargestellt. Bei einer sphärischen normalen Streuung ergeben sich für diese Bereiche folgende Wahrscheinlichkeiten: a) 0,25; b) 0,5; c) 0,75.

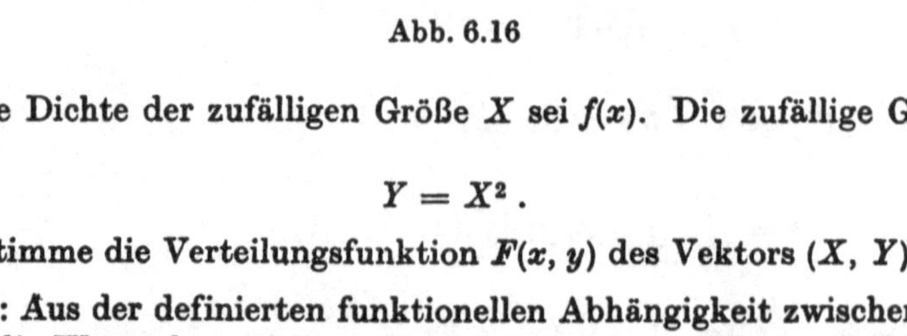

Abb. 6.16

6.17. Die Dichte der zufälligen Größe X sei $f(x)$. Die zufällige Größe Y sei gleich

$$Y = X^2.$$

Man bestimme die Verteilungsfunktion $F(x, y)$ des Vektors (X, Y).

Lösung: Aus der definierten funktionellen Abhängigkeit zwischen X und Y folgt, daß die Werte der zufälligen Größe Y durch die Werte von X völlig bestimmt sind. Folglich kann der zufällige Punkt (X, Y) nur auf der Kurve $y = x^2$ liegen. Die gesuchte Wahrscheinlichkeit dafür, daß (X, Y) in den Quadranten mit dem Eckpunkt (x, y) fällt (vgl. Abb. 6.17), ist gleich der Wahrscheinlichkeit dafür, daß der zufällige Punkt X auf die Projektion des in diesem Quadranten liegenden Stückes der Kurve $y = x^2$ auf die Achse Ox fällt.

Mit Hilfe dieser Interpretation erhält man

$$F(x, y) = \begin{cases} 0 & \text{für } y \leqq 0 \text{ oder } y > 0 \text{ und } x \leqq -\sqrt{y}, \\ \int\limits_{-\sqrt{y}}^{\sqrt{y}} f(x)\,dx & \text{für } y > 0 \text{ und } x > \sqrt{y}, \\ \int\limits_{-\sqrt{y}}^{x} f(x)\,dx & \text{für } y > 0 \text{ und } -\sqrt{y} < x \leqq \sqrt{y}. \end{cases}$$

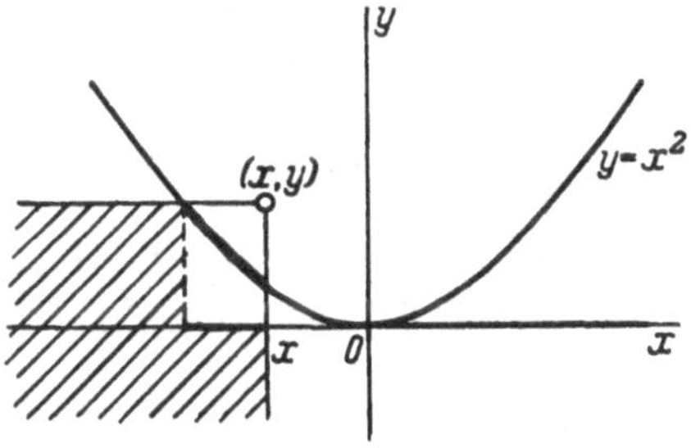

Abb. 6.17

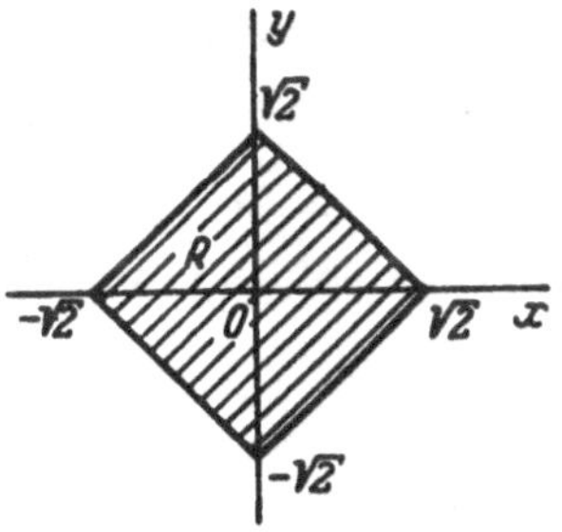

Abb. 6.18

6.18. Der zufällige Punkt (X, Y) ist auf der Ebene normalverteilt. Die Verteilungsdichte ist gleich

$$f(x, y) = \frac{1}{2\pi} e^{-\frac{1}{2}(x^2+y^2)}.$$

Man bestimme die Wahrscheinlichkeit p dafür, daß der Punkt (X, Y) in das Quadrat R (das in der Abb. 6.18 schraffiert ist) mit der Seitenlänge zwei fällt.

Lösung: Da es sich um eine sphärische Streuung handelt ($\sigma_x = \sigma_y = 1$), bleiben die Koordinaten des Punktes (X, Y) bei einer beliebigen Drehung der Koordinatenachsen unabhängig. Wir benutzen eine Drehung um 45° und erhalten

$$p = \left[2\,\Phi^*\left(\frac{1}{1}\right) - 1\right]^2 = 0{,}467\,.$$

6.19. Der zufällige Punkt (X, Y) ist normalverteilt mit den Parametern

$$m_x = 1; \quad m_y = -1; \quad \sigma_x = 1; \quad \sigma_y = 2; \quad r_{xy} = 0\,.$$

Man bestimme die Wahrscheinlichkeit dafür, daß der zufällige Punkt (X, Y) in den durch die Ellipse

$$(x-1)^2+\frac{(y+1)^2}{4}=1$$

begrenzten Bereiches D fällt.

Lösung: Der Bereich D ist durch die Streuungsellipse E_1 mit den Halbachsen $a = m_x = 1$, $b = m_y = 2$ begrenzt. Die gesuchte Wahrscheinlichkeit ist gleich

$$p = 1 - e^{-1/2} \approx 0{,}393\,.$$

6.20. Ein Ziel, dessen Abmessungen so gering sind, daß es als ein Punkt angenommen werden kann, wird unter Beschuß genommen. Die Zerstörungszone der dabei verwendeten Geschosse ist ein Kreis vom Radius r. Die Treffpunkte der Geschosse haben eine Kreisstreuung mit den Parametern $m_x = m_y = 0$, $\sigma_x = \sigma_y = 2\,r$ (das Streuungszentrum stimmt mit der Lage des Ziels überein). Wieviel Schüsse muß man abgeben, um das Ziel mit der Wahrscheinlichkeit $P = 0{,}9$ zu zerstören?

Lösung: Die Wahrscheinlichkeit dafür, daß das Ziel bei einem einzigen Schuß zerstört wird, ist gleich $p = 1 - e^{-\frac{(0,5)^2}{2}} \approx 0{,}118$. Die notwendige Zahl der Schüsse ist gleich der kleinsten natürlichen Zahl, die der Ungleichung

$$n \geqq \frac{\lg(1-P)}{\lg(1-p)} = \frac{\lg 0{,}1}{\lg 0{,}882} \approx 18{,}4$$

genügt. Es ist also $n = 19$.

6.21. Die Verteilungsdichte des zufälligen Vektors (X, Y, Z) ist gleich $f(x, y, z)$. Man bestimme die Formeln für:

1) die Verteilungsdichte $f_1(x)$ der zufälligen Größe X;
2) die Verteilungsdichte $f_{2,3}(y, z)$ des zufälligen Vektors (X, Z);
3) die bedingte Verteilungsdichte $f_{2,3}(y, z|x)$;
4) die bedingte Verteilungsdichte $f_2(y|x, z)$;
5) die Verteilungsfunktion $F(x, y, z)$;
6) die Verteilungsfunktion $F_1(x)$ der zufälligen Größe X;
7) die Verteilungsfunktion $F_{1,2}(x, y)$ des Vektors (X, Y).

Lösung:

1) $f_1(x) = \iint\limits_{-\infty}^{\infty} f(x, y, z)\, dy\, dz$;

2) $f_{2,3}(y, z) = \int\limits_{-\infty}^{\infty} f(x, y, z)\, dx$;

3) $f_{2,3}(y, z|x) = \dfrac{f(x, y, z)}{\iint\limits_{-\infty}^{\infty} f(x, y, z)\, dy\, dz}$;

4) $f_2(y|x, z) = \dfrac{f(x, y, z)}{\int\limits_{-\infty}^{\infty} f(x, y, z)\, dy}$;

5) $F(x, y, z) = \int\limits_{-\infty}^{x} \int\limits_{-\infty}^{y} \int\limits_{-\infty}^{z} f(u, v, w)\, dw\, dv\, du$;

6) $F_1(x) = F(x, \infty, \infty) = \int\limits_{-\infty}^{x} \int\limits_{-\infty}^{\infty} \int\limits_{-\infty}^{\infty} f(u, y, z)\, dy\, dz\, du$;

7) $F_{1,2}(x, y) = F(x, y, \infty) = \int\limits_{-\infty}^{x} \int\limits_{-\infty}^{y} \int\limits_{-\infty}^{\infty} f(u, v, z)\, dz\, dv\, du$.

6.22. Auf ein punktförmiges in der Luft befindliches Ziel wird ein Schuß abgegeben. Die Streuung der Explosionsstelle des Geschosses unterliegt einer Normalverteilung; das Streuungszentrum stimmt dabei mit dem Ziel überein $m_x = m_y = m_z = 0$; die mittleren quadratischen Abweichungen sind gleich $\sigma_x = \sigma_y = \sigma_z = \sigma$. Das Ziel wird vernichtet, wenn das Geschoß in einer Entfernung von ihm explodiert, die nicht größer als $r_0 = 2\,\sigma$ ist. Man bestimme die Wahrscheinlichkeit dafür, daß das Ziel bei einem einzigen Schuß vernichtet wird.

Lösung: Die Wahrscheinlichkeit dafür, daß der zufällige Explosionspunkt (X, Y, Z) in das Ellipsoid konstanter Dichte fällt, ist gleich

$$p = \mathbf{P}\big((X, Y, Z) \in E_2\big) = 2\,\Phi^*(2) - 1 - \frac{\sqrt{2}}{\sqrt{\pi}} \cdot 2\,e^{-2} \approx 0{,}739\,.$$

6.23. Der zufällige Vektor (X, Y, Z) ist innerhalb der Kugel S vom Radius r gleichverteilt. Man bestimme die Verteilungsdichte $f(x, y, z)$ des Vektors und die Verteilungsdichten $f_1(x)$, $f_2(y)$, $f_3(z)$ der Komponenten sowie die bedingte Verteilungsdichte $f_1(x|y, z)$.

Lösung:

$$f(x, y, z) = \begin{cases} c & \text{für } x^2 + y^2 + z^2 < r^2\,, \\ 0 & \text{für } x^2 + y^2 + z^2 > r^2\,. \end{cases}$$

Die Konstante c erhält man aus der Normierungsbedingung für Verteilungsdichten: $c\,\frac{4}{3}\pi\, r^3 = 1$ ($\frac{4}{3}\pi\, r^3$ ist das Volumen von S). Folglich ist $c = \frac{3}{4\pi r^3}$.

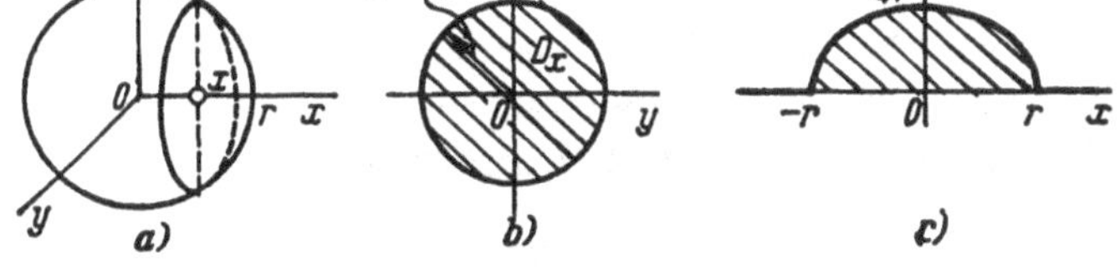

Abb. 6.23

Die Dichte $f_1(x)$ ist gleich

$$f_1(x) = \iint\limits_{-\infty}^{\infty} f(x, y, z)\, dy\, dz\,.$$

Offenbar ist $f_1(x) = 0$ für $|x| > r$. Für $|x| \leqq r$ gilt

$$f(x, y, z) = \begin{cases} c & \text{für} \quad (y, z) \in D_x\,, \\ 0 & \text{für} \quad (y, z) \notin D_x\,, \end{cases}$$

wobei D_x der Kreis von Radius $\sqrt{r^2 - x^2}$ ist (Abb. 6.23a und b). Folglich ist

$$f_1(x) = \iint\limits_{(D_x)} c\, dy\, dz = c\,\pi\,(r^2 - x^2) \qquad (|x| < r)\,.$$

Zusammenfassend erhält man die Formel

$$f_1(x) = \begin{cases} \dfrac{3}{4}\dfrac{r^2 - x^2}{r^3} & \text{für} \quad |x| < r\,, \\ 0 & \text{für} \quad |x| > r\,. \end{cases}$$

Die Verteilungsdichte $f_1(x)$ ist in der Abb. 6.23c graphisch dargestellt. Die numerischen Charakteristika dieses Verteilungsgesetzes sind gleich $m_x = 0$, $D_x = \dfrac{r^2}{5}$.

Die Verteilungsdichten $f_2(y)$ und $f_3(z)$ haben die Gestalt

$$f_2(y) = \begin{cases} \dfrac{3}{4}\dfrac{r^2 - y^2}{r^3} & \text{für} \quad |y| < r\,, \\ 0 & \text{für} \quad |y| > r\,, \end{cases} \qquad f_3(z) = \begin{cases} \dfrac{3}{4}\dfrac{r^2 - z^2}{r^3} & \text{für} \quad |z| < r\,, \\ 0 & \text{für} \quad |z| < r\,. \end{cases}$$

Die Verteilungsdichte des Teilvektors (Y, Z) ist gleich

$$f_{2,3}(y, z) = \int\limits_{-\infty}^{\infty} f(x, y, z)\, dx$$

$$= \begin{cases} \displaystyle\int\limits_{-\sqrt{r^2-y^2-z^2}}^{\sqrt{r^2-y^2-z^2}} c\, dx = 2\,c\sqrt{r^2 - y^2 - z^2} & \text{für} \quad z^2 + y^2 < r^2\,, \\ 0 & \text{für} \quad z^2 + y^2 < r^2\,. \end{cases}$$

Hieraus ergibt sich für $z^2 + y^2 < r^2$ die bedingte Verteilungsdichte $f_1(x|y, z)$:

$$f_1(x|y, z) = \begin{cases} \dfrac{1}{2\sqrt{r^2 - y^2 - z^2}} & \text{für} \quad |x| < \sqrt{r^2 - y^2 - z^2}\,, \\ 0 & \text{für} \quad |x| > \sqrt{r^2 - y^2 - z^2}\,. \end{cases}$$

6.24. Der zufällige Vektor (X, Y, Z) ist innerhalb der Kugel S vom Radius r gleichverteilt. Man bestimme die Wahrscheinlichkeit dafür, daß der zufällige Punkt (X, Y, Z) innerhalb der zu S konzentrischen Kugel vom Radius $r/2$ liegt.

Lösung: $$p = \frac{1}{8}\,.$$

6.25. Der Urne mit a weißen, b schwarzen und c roten Kugeln wird willkürlich eine Kugel entnommen. Die zufälligen Größen X, Y, Z werden wie folgt definiert:

$$X = \begin{cases} 1, & \text{falls die entnommene Kugel weiß ist,} \\ 0, & \text{falls die entnommene Kugel schwarz oder rot ist;} \end{cases}$$

$$Y = \begin{cases} 1, & \text{falls die entnommene Kugel schwarz ist,} \\ 0, & \text{falls die entnommene Kugel weiß oder rot ist;} \end{cases}$$

$$Z = \begin{cases} 1, & \text{falls die entnommene Kugel rot ist,} \\ 0, & \text{falls die entnommene Kugel weiß oder schwarz ist.} \end{cases}$$

Man bestimme die Kovarianz und die normierte Korrelationsmatrix des zufälligen Vektors (X, Y, Z).

Lösung: Wir bestimmen zunächst das Verteilungsgesetz des diskreten zufälligen Vektors (X, Y, Z).

Es sei

$$P_{x_i, y_j, z_k} = \mathbf{P}\big((X = x_i)\,(Y = y_i)\,(Z = z_k)\big)\,.$$

Es gilt

$$P_{0,0,0} = \mathbf{P}\big((X = 0)\,(Y = 0)\,(Z = 0)\big) = 0;$$

$$P_{1,0,0} = \mathbf{P}\big((X = 1)\,(Y = 0)\,(Z = 0)\big) = \frac{a}{a+b+c};$$

$$P_{0,1,0} = \mathbf{P}\big((X = 0)\,(Y = 1)\,(Z = 0)\big) = \frac{b}{a+b+c};$$

$$P_{0,0,1} = \mathbf{P}\big((X = 0)\,(Y = 0)\,(Z = 1)\big) = \frac{c}{a+b+c};$$

$$P_{1,1,0} = P_{1,0,1} = P_{0,1,1} = P_{1,1,1} = 0\,.$$

$$m_x = \frac{a}{a+b+c}; \qquad m_y = \frac{b}{a+b+c}; \qquad m_z = \frac{c}{a+b+c};$$

$$\begin{aligned} K_{xy} &= \sum_{i,j,k} (x_i - m_x)\,(y_j - m_y)\,P_{x_i, y_j, z_k} \\ &= \left(1 - \frac{a}{a+b+c}\right)\left(0 - \frac{b}{a+b+c}\right)\frac{a}{a+b+c} \\ &\quad + \left(0 - \frac{a}{a+b+c}\right)\left(1 - \frac{b}{a+b+c}\right)\frac{b}{a+b+c} \\ &\quad + \left(0 - \frac{a}{a+b+c}\right)\left(0 - \frac{b}{a+b+c}\right)\frac{c}{a+b+c} = \frac{-\,a\,b}{(a+b+c)^2}. \end{aligned}$$

Analog erhält man

$$K_{xz} = \frac{-\,a\,c}{(a+b+c)^2}; \qquad K_{yz} = \frac{-\,b\,c}{(a+b+c)^2}\,.$$

Die Varianz der Komponente X ist gleich

$$D_x = \alpha_2[X] - m_x^2 = \frac{a}{a+b+c} - \frac{a^2}{(a+b+c)^2} = \frac{a(b+c)}{(a+b+c)^2}.$$

Analog ergibt sich

$$D_y = \frac{b(a+c)}{(a+b+c)^2}; \qquad D_z = \frac{c(a+b)}{(a+b+c)^2}.$$

Jetzt sind wir in der Lage, die Korrelationskoeffizienten zu bestimmen. Es gilt

$$r_{xy} = \frac{K_{xy}}{\sqrt{D_x D_y}} = \frac{-ab}{\sqrt{ab(a+c)(b+c)}} = -\sqrt{\frac{ab}{(a+c)(b+c)}}.$$

Analog erhält man

$$r_{xz} = -\sqrt{\frac{ac}{(a+b)(c+b)}}, \qquad r_{yz} = -\sqrt{\frac{bc}{(b+a)(c+a)}}.$$

6.26. Die Komponente X des zufälligen Vektors (X, Y) sei exponentiell verteilt mit dem Parameter λ:

$$f_1(x) = \begin{cases} \lambda e^{-\lambda x} & \text{für} \quad x > 0, \\ 0 & \text{für} \quad x < 0. \end{cases}$$

Die Komponente Y ist bei gegebenem Wert $X = x > 0$ ebenfalls exponentiell verteilt, jedoch mit dem Parameter x:

$$f_2(y|x) = \begin{cases} x e^{-xy} & \text{für} \quad y > 0, \\ 0 & \text{für} \quad y < 0. \end{cases}$$

Man bestimme die Verteilungsdichte $f(x, y)$ des zufälligen Vektors (X, Y), die Verteilungsdichte $f_2(y)$ der Komponente Y sowie die bedingte Verteilungsdichte $f_1(x|y)$.

Lösung:

$$f(x, y) = \begin{cases} 0 & \text{für} \quad x < 0 \quad \text{oder} \quad y < 0, \\ \lambda x e^{-(\lambda+y)x} & \text{für} \quad x > 0 \quad \text{und} \quad y > 0. \end{cases}$$

$$f_2(y) = \int_{-\infty}^{\infty} f(x, y)\, dx = \begin{cases} \dfrac{\lambda}{(\lambda + y)^2} & \text{für} \quad y > 0, \\ 0 & \text{für} \quad y < 0. \end{cases}$$

Für $y > 0$ gilt

$$f_1(x|y) = \frac{f(x, y)}{f_2(y)} = \begin{cases} x(\lambda + y)^2 e^{-(\lambda+y)x} & \text{für} \quad x > 0, \\ 0 & \text{für} \quad x < 0. \end{cases}$$

6.27. Die zufälligen Größen X und Y sind unabhängig. Die zufällige Größe X ist stetig und hat die Verteilungsdichte $f_1(x)$; die zufällige Größe Y ist diskret, sie nimmt nur die Werte $y_1, \ldots, y_n$ mit den Wahrscheinlichkeiten $p_1, \ldots, p_n$ an. Man bestimme die Verteilungsfunktion des zufälligen Vektors (X, Y).

Lösung:

$$F(x, y) = F_1(x)\,F_2(y)\,, \quad \text{wobei} \quad F_1(x) = \int_{-\infty}^{x} f_1(u)\,du\,;$$

$$F_2(y) = \begin{cases} 0 & \text{für} \quad y \leqq y_1\,, \\ \sum_{i=1}^{k-1} p_i & \text{für} \quad y_{k-1} < y \leqq y_k \quad (k = 2, 3, \ldots, n)\,, \\ 1 & \text{für} \quad y > y_n\,. \end{cases}$$

6.28. Die zufällige Größe X nimmt nur die zwei Werte x_1 und x_2 ($x_2 > x_1$) mit den Wahrscheinlichkeiten p_1 und p_2 an.

Die zufällige Größe Y sei stetig; ihr bedingtes Verteilungsgesetz für $X = x_i$ ist die Normalverteilung mit dem Erwartungswert x_i und der mittleren quadratischen Abweichung σ.

Man bestimme die Verteilungsfunktion des zufälligen Vektors (X, Y). Man bestimme die Verteilungsdichte $f_2(y)$ der zufälligen Größe Y.

Lösung: Es ist

$$F(x, y) = \mathrm{P}(X < x)\,\mathrm{P}(Y < y | X < x)\,.$$

Für $x \leqq x_1$ ist $\mathrm{P}(X < x) = 0$ und folglich gilt $F(x, y) = 0$; für $x_1 < x \leqq x_2$ ist $\mathrm{P}(X < x) = p_1$ und folglich gilt $F(x, y) = p_1\,\mathrm{P}(Y < y | X = x_1) = p_1\,\Phi^*\left(\frac{y - x_1}{\sigma}\right)$; für $x > x_2$ erhält man nach der Formel für totale Wahrscheinlichkeit

$$F(x, y) = p_1\,\Phi^*\left(\frac{y - x_1}{\sigma}\right) + p_2\,\Phi^*\left(\frac{y - x_2}{\sigma}\right).$$

Es ist also

$$F(x, y) = \begin{cases} 0 & \text{für} \quad x \leqq x_1\,, \\ p_1\,\Phi^*\left(\frac{y - x_1}{\sigma}\right) & \text{für} \quad x_1 < x \leqq x_2\,, \\ p_1\,\Phi^*\left(\frac{y - x_1}{\sigma}\right) + p_2\,\Phi^*\left(\frac{y - x_2}{\sigma}\right) & \text{für} \quad x > x_2\,. \end{cases}$$

Setzt man in der Formel für $F(x, y)$ den Wert von x gleich ∞ und differenziert anschließend nach y, so erhält man

$$f_2(y) = \frac{d}{dy} F(\infty, y) = \frac{1}{\sigma\sqrt{2\pi}}\left[p_1\,e^{-\frac{(y - x_1)^2}{2\sigma^2}} + p_2\,e^{-\frac{(y - x_2)^2}{2\sigma^2}}\right].$$

6.29*. Die Sterne des Sternhimmels bilden eine Poissonsche Punktfolge. Die Anzahl der Sterne, die vom Objektiv des Teleskops erfaßt werden, ist eine nach dem Poisson-Gesetz verteilte zufällige Größe mit dem Parameter λS, wobei S der Flächeninhalt des durch das Blickfeld des Teleskops aus der Kugeloberfläche herausgeschnittenen Stückes ist (Abb. 6.29a). Das Blickfeld des Teleskops hat ein Koordinatennetz (Abb. 6.29b), wobei als Maßeinheit Winkelmaß dient.

Man zeige, daß bei beliebiger Lage des Teleskops die Koordinaten (X, Y) des zum Schnittpunkt des Koordinatenkreuzes nächstgelegenen Sterns normalverteilt sind mit den Parametern

$$m_x = m_y = 0; \qquad \sigma_x = \sigma_y = \frac{1}{\sqrt{2\pi\lambda}}.$$

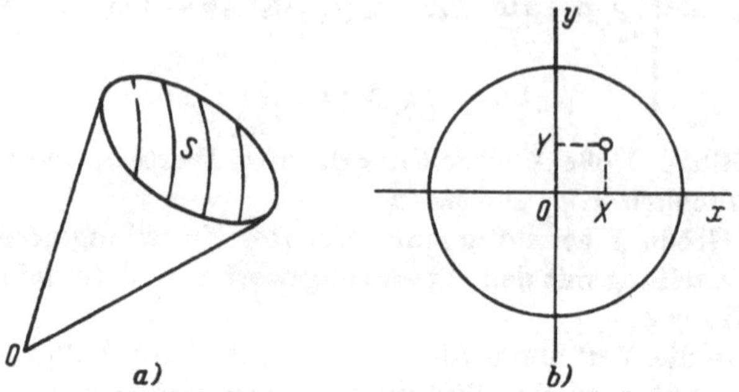

Abb. 6.29

Lösung: In der Aufgabe 5.31 wurde gezeigt, daß der Abstand R vom Schnittpunkt des Koordinatenkreuzes zum nächstgelegenen Punkt einer Poissonschen Punktfolge nach dem Rayleigh-Gesetz verteilt ist. Es ist $R = \sqrt{X^2 + Y^2}$, folglich kann die Wahrscheinlichkeit dafür, daß der zufällige Punkt (X, Y) im Kreis $D = \{(x, y) | x^2 + y^2 < \varrho^2\}$ liegt, auf zwei Arten ausgedrückt werden:

$$\left.\begin{aligned} \mathbf{P}(R < \varrho) &= \int_0^\varrho 2\pi\lambda r\, e^{-\pi\lambda r^2}\, dr \qquad (\varrho > 0)\,, \\ \mathbf{P}((X, Y) \in D) &= \iint_{(D)} f(x, y)\, dx\, dy\,, \end{aligned}\right\} \tag{1}$$

wobei $f(x, y)$ die Verteilungsdichte des zufälligen Vektors (X, Y) ist. Aus Symmetriegründen hängt $f(x, y)$ nur vom Abstand $r^2 = x^2 + y^2$ ab: $f(x, y) = g(r)$. Durch den Übergang zu Polarkoordinaten (r, φ) erhält man

$$\mathbf{P}((X, Y) \in D) = \int_0^{2\pi} d\varphi \int_0^\varrho g(r)\, r\, dr = 2\pi \int_0^\varrho g(r)\, r\, dr\,. \tag{2}$$

Vergleicht man die Ausdrücke (1) und (2), so bekommt man die Formel $g(r) = \lambda\, e^{-\pi\lambda r^2}$ oder $f(x, y) = \lambda\, e^{-\pi\lambda(x^2+y^2)}$, was zu beweisen war.

KAPITEL 7

NUMERISCHE CHARAKTERISTIKA VON FUNKTIONEN ZUFÄLLIGER GRÖSSEN

Ist X eine diskrete zufällige Größe, die durch die Tabelle

x_i	x_1	x_2	...
p_i	p_1	p_2	...

definiert ist, und ist die zufällige Größe Y eine Funktion von X, $Y = \varphi(X)$, so ist der Erwartungswert von Y gleich (vgl. S. 92).

$$m_y = \mathbf{M}[\varphi(X)] = \sum_i \varphi(x_i)\, p_i\,.$$

Der Erwartungswert von $Y = \varphi(X)$ existiert, falls

$$\sum_i |\varphi(x_i)|\, p_i < \infty$$

gilt. Die Varianz von Y kann nach einer der beiden Formeln

$$D_y = \mathbf{D}[\varphi(X)] = \sum_i [\varphi(x_i) - m_y]^2\, p_i = \sum_i [\varphi(x_i)]^2\, p_i - m_y^2$$

berechnet werden.

Ist $(X_1, \ldots, X_n)$ ein zufälliger Vektor mit diskreten Komponenten, dessen Verteilungsgesetz durch die Wahrscheinlichkeiten

$$p_{i_1,\ldots,i_n} = P(X_1 = x_{i_1}, \ldots, X_n = x_{i_n})$$

definiert ist, und ist $Y = \varphi(X_1, \ldots, X_n)$, so ist der Erwartungswert von Y gleich

$$m_y = \mathbf{M}[\varphi(X_1, \ldots, X_n)] = \sum_{i_1} \cdots \sum_{i_n} (x_{i_1}, \ldots, x_{i_n})\, p_{i_1,\ldots,i_n}\,,$$

falls die Summe auf der rechten Seite absolut konvergiert. Die Varianz von Y kann nach einer der Formeln

$$D_y = \mathbf{D}[\varphi(X_1, \ldots, X_n)] = \sum_{i_1} \cdots \sum_{i_n} [(x_{i_1}, \ldots, x_{i_n}) - m_y^2]\, p_{i_1,\ldots,i_n}$$

$$= \sum_{i_1} \cdots \sum_{i_n} (x_{i_1}, \ldots, x_{i_n})\, p_{i_1,\ldots,i_n} - m_y^2$$

berechnet werden.

Ist $(X_1, \ldots, X_n)$ ein zufälliger Vektor mit stetigen Komponenten, dessen Verteilungsdichte gleich $f(x_1, \ldots, x_n)$ ist, und ist $Y = \varphi(X_1, \ldots, X_n)$, so ist der Erwartungswert von Y gleich

$$m_y = \mathbf{M}[\varphi(X_1, \ldots, X_n)] = \int\int_{-\infty}^{\infty} \cdots \int \varphi(x_1, \ldots, x_n) f(x_1, \ldots, x_n)\, dx_1 \cdots dx_n\,,$$

falls das Integral auf der rechten Seite absolut konvergiert. Die Varianz von Y kann nach einer der Formeln

$$D_y = \mathbf{D}[\varphi(X_1, \ldots, X_n)]$$
$$= \int\int_{-\infty}^{\infty} \cdots \int [\varphi(x_1, \ldots, x_n) - m_y]^2 f(x_1, \ldots, x_n)\, dx_1 \cdots dx_n$$
$$= \int\int_{-\infty}^{\infty} \cdots \int [\varphi(x_1, \ldots, x_n)]^2 f(x_1, \ldots, x_n)\, dx_1 \cdots dx_n - m_y^2$$

berechnet werden.

Ist c eine Konstante (keine zufällige Größe), so gilt

$$\mathbf{M}[c] = c\,; \qquad \mathbf{D}[c] = 0\,.$$

Ist c eine Konstante und ist X eine beliebige zufällige Größe, so gilt

$$\mathbf{M}[c\,X] = c\,\mathbf{M}[X]\,; \qquad \mathbf{D}[c\,X] = c^2\,\mathbf{D}[X]\,.$$

Der Additionssatz für Erwartungswerte

Der Erwartungswert einer Summe zweier zufälliger Größen ist gleich der Summe ihrer Erwartungswerte:

$$\mathbf{M}[X + Y] = \mathbf{M}[X] + \mathbf{M}[Y]\,.$$

Allgemein gilt die Formel

$$\mathbf{M}\left[\sum_{i=1}^{n} X_i\right] = \sum_{i=1}^{n} \mathbf{M}[X_i]\,.$$

Der Erwartungswert einer linearen Funktion mehrerer zufälliger Größen $X_1, \ldots, X_n$

$$Y = \sum_{i=1}^{n} a_i\,X_i + b\,,$$

wobei a_i und b nichtzufällige Koeffizienten sind, ist gleich dem Wert dieser linearen Funktion an der Stelle $(m_{x_1}, \ldots, m_{x_n})$:

$$m_y = \mathbf{M}\left[\sum_{i=1}^{n} a_i\,X_i + b\right] = \sum_{i=1}^{n} a_i\,m_{x_i} + b\,.$$

Kürzer kann diese Regel in der Form

$$\mathbf{M}[L(X_1, X_2, \ldots, X_n[= (L(m_{x_1}, m_{x_2}, \ldots, m_{x_n})$$

geschrieben werden, wobei L das Symbol für die lineare Funktion ist.

Der Erwartungswert des Produkts zweier zufälliger Größen X, Y ist gleich

$$\mathbf{M}[X\,Y] = \mathbf{M}[X]\,\mathbf{M}[Y] + K_{xy}\,,$$

wobei K_{xy} die Kovarianz von X, Y ist. Diese Formel kann man auch in der Form

$$K_{xy} = \mathbf{M}[X\,Y] - m_x\,m_y$$

schreiben. Benutzt man die Bezeichnung $\mathbf{M}[X\,Y] = \alpha_{1,1}[X, Y]$, so erhält man

$$K_{xy} = \alpha_{1,1}[X, Y] - m_x\,m_y\,.$$

Der Multiplikationssatz für Erwartungswerte

Der Erwartungswert zweier nichtkorrelierter zufälliger Größen X, Y ist gleich dem Produkt ihrer Erwartungswerte

$$\mathbf{M}[X\,Y] = \mathbf{M}[X]\,\mathbf{M}[Y]\,.$$

Diese Formel gilt insbesondere dann, wenn die zufälligen Größen X, Y unabhängig sind.

Sind die zufälligen Größen $X_1, \ldots, X_n$ unabhängig, so ist der Erwartungswert ihres Produkts gleich dem Produkt der Erwartungswerte

$$\mathbf{M}\left[\prod_{i=1}^{n} X_i\right] = \prod_{i=1}^{n} \mathbf{M}[X_i]\,.$$

Die Varianz der Summe zweier zufälliger Größen X, Y wird nach der Formel

$$\mathbf{D}[X + Y] = \mathbf{D}[X] + \mathbf{D}[Y] + 2\,K_{xy}$$

berechnet. Die Varianz der Summe mehrerer zufälliger Größen $X_1, \ldots, X_n$ genügt der Formel

$$\mathbf{D}\left[\sum_{i=1}^{n} X_i\right] = \sum_{i=1}^{n} D_{x_i} + 2\sum_{i<j} K_{x_i x_j}\,,$$

wobei $K_{x_i x_j}$ die Kovarianz der zufälligen Größen X_i, X_j ist. Aus den letzten Formeln ergibt sich der folgende Satz:

Der Additionssatz für die Varianzen

Die Varianz der Summe zweier nichtkorrelierter zufälliger Größen X, Y ist gleich der Summe ihrer Varianzen

$$\mathbf{D}[X + Y] = \mathbf{D}[X] + \mathbf{D}[Y]\,.$$

Sind die zufälligen Größen $X_1, \ldots, X_n$ nichtkorreliert, so ist die Varianz ihrer Summe gleich der Summe ihrer Varianzen

$$\mathbf{D}\left[\sum_{i=1}^{n} X_i\right] = \sum_{i=1}^{n} \mathbf{D}[X_i]\,.$$

Insbesondere gelten diese Formeln für unabhängige zufällige Größen.

Die Varianz einer linearen Funktion der zufälligen Größen $X_1, \ldots, X_n$

$$Y = \sum_{i=1}^{n} a_i X_i + b,$$

wobei a_i, b nichtzufällige Koeffizienten sind, genügt der Formel

$$D_y = \mathbf{D}\left[\sum_{i=1}^{n} a_i X_i + b\right] = \sum_{i=1}^{n} a_i^2 \mathbf{D}[X_i] + 2 \sum_{i<j} a_i a_j K_{x_i x_j}.$$

Sind die zufälligen Größen $X_1, \ldots, X_n$ nichtkorreliert, so ist

$$D_y = \mathbf{D}\left[\sum_{i=1}^{n} a_i X_i + b\right] = \sum_{i=1}^{n} a_i^2 \mathbf{D}[X_i].$$

Eine Funktion $\varphi(X_1, \ldots, X_n)$ der zufälligen Argumente $X_1, \ldots, X_n$ heißt „fastlinear", wenn sie im gesamten Bereich der möglichen Werte des zufälligen Vektors $(X_1, \ldots, X_n)$ genügend gut durch eine lineare Funktion approximiert werden kann (Linearisierung). Das besagt die Gültigkeit der Beziehung

$$\varphi(X_1, X_2, \ldots, X_n) \approx \varphi(m_{x_1}, m_{x_2}, \ldots, m_{x_n}) + \sum_{i=1}^{n} \left(\frac{\partial \varphi}{\partial x_i}\right)_m (X_i - m_{x_i}),$$

wobei $\left(\frac{\partial \varphi}{\partial x_i}\right)_m = \left.\frac{\partial \varphi(x_1, \ldots, x_n)}{\partial x_i}\right|_{(m_{x_1}, \ldots, m_{x_n})}$ — die partielle Ableitung der Funktion $\varphi(x_1, \ldots, x_n)$ nach dem Argument x_i an der Stelle $(m_{x_1}, \ldots, m_{x_n})$ ist.

Der Erwartungswert einer fastlinearen Funktion $Y = \varphi(X_1, \ldots, X_n)$ ist näherungsweise gleich

$$m_y = \varphi(m_{x_1}, m_{x_2}, \ldots, m_{x_n}).$$

Die Varianz einer fastlinearen Funktion ist näherungsweise gleich

$$D_y = \sum_{i=1}^{n} \left(\frac{\partial \varphi}{\partial x_i}\right)_m^2 D_{x_i} + 2 \sum_{i<j} \left(\frac{\partial \varphi}{\partial x_i}\right)_m \left(\frac{\partial \varphi}{\partial x_j}\right)_m K_{x_i x_j},$$

wobei D_{x_i} die Varianz der zufälligen Größe X_i und $K_{x_i x_j}$ die Kovarianz der Größen X_i, X_j sind.

Sind die zufälligen Größen $X_1, \ldots, X_n$ nichtkorreliert, so gilt die Näherungsformel

$$D_y = \sum_{i=1}^{n} \left(\frac{\partial \varphi}{\partial x_i}\right)_m^2 D_{x_i}.$$

7.1. Die diskrete zufällige Größe X ist durch die Tabelle

x_i	-1	0	1	2
p_i	0,2	0,1	0,3	0,4

definiert.

Man bestimme den Erwartungswert und die Varianz der zufälligen Größe $Y = 2^X$.

Lösung:

$$m_y = 2^{-1} \cdot 0{,}2 + 2^0 \cdot 0{,}1 + 2^1 \cdot 0{,}3 + 2^2 \cdot 0{,}4 = 2{,}4\,.$$

$$D_y = \alpha_2[Y] - m_y^2 = (2^{-1})^2 \cdot 0{,}2 + (2^0)^2 \cdot 0{,}1 + (2^1)^2 \cdot 0{,}3 + (2^2)^2 \cdot 0{,}4 - 2{,}4^2 = 1{,}99\,.$$

7.2. Die stetige zufällige Größe X sei im Intervall (0, 1) mit der Dichte

$$f(x) = \begin{cases} 2\,x & \text{für} \quad x \in (0, 1)\,, \\ 0 & \text{für} \quad x \notin (0, 1) \end{cases}$$

verteilt (Abb. 7.2).

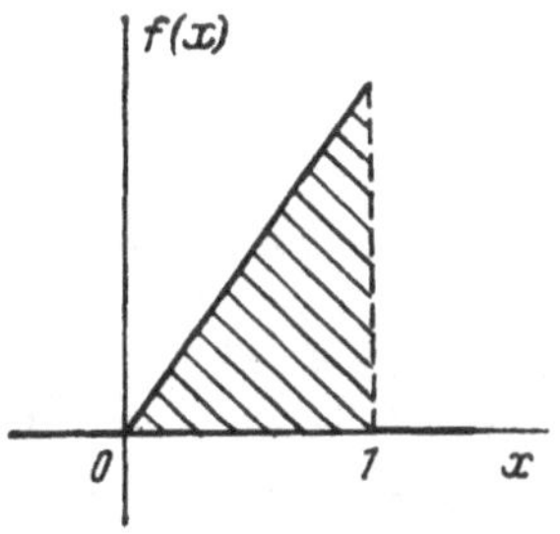

Abb. 7.2

Man bestimme den Erwartungswert und die Varianz der zufälligen Größe $Y = X^2$.

Lösung:

$$m_y = \alpha_2[X] = \int_0^1 x^2\, 2\,x\, dx = \frac{1}{2}\,,$$

$$D_y = \alpha_2[Y] - m_y^2 = \int_0^1 (x^2)^2\, 2\,x\, dx - \left(\frac{1}{2}\right)^2 = \frac{1}{3} - \frac{1}{4} = \frac{1}{12}\,.$$

7.3. Die zufällige Größe X sei exponentiell verteilt:

$$f(x) = \begin{cases} \lambda\, e^{-\lambda x} & \text{für} \quad x > 0\,, \\ 0 & \text{für} \quad x < 0 \end{cases} \qquad (\lambda > 0)\,.$$

Man bestimme den Erwartungswert und die Varianz der zufälligen Größe $X = e^{-X}$.

Lösung:

$$m_y = \int_0^\infty e^{-x}\, \lambda\, e^{-\lambda x}\, dx = \frac{\lambda}{\lambda + 1}\,.$$

$$D_y = \alpha_2[Y] - m_y^2 = \int_0^\infty e^{-2x}\, \lambda\, e^{-\lambda x}\, dx - \left(\frac{\lambda}{\lambda + 1}\right)^2 = \frac{\lambda}{(\lambda + 2)(\lambda + 1)^2}\,.$$

7.4. Die zufällige Größe X sei exponentiell verteilt:

$$f(x) = \begin{cases} \lambda e^{-\lambda x} & \text{für} \quad x > 0, \\ 0 & \text{für} \quad x < 0 \end{cases} \quad (\lambda > 0).$$

Man gebe die Existenzbedingungen für den Erwartungswert und die Varianz der zufälligen Größe $Y = e^X$ an und bestimme deren Werte.

Lösung: Das Integral

$$\int_0^\infty e^x \lambda e^{-\lambda x}\, dx = \lambda \int_0^\infty e^{-(\lambda-1)x}\, dx$$

existiert für $\lambda - 1 > 0$, d. h., für $\lambda > 1$ existiert der Erwartungswert von Y und ist gleich $m_y = \frac{\lambda}{\lambda - 1}$; für $\lambda \leqq 1$ existiert der Erwartungswert nicht. Das zweite Moment ist gleich

$$\alpha_2[Y] = \int_0^\infty e^{2x} \lambda e^{-\lambda x}\, dx = \lambda \int_0^\infty e^{-(\lambda-2)x}\, dx .$$

Dieses Integral existiert für $\lambda > 2$ und ist gleich $\alpha_2[Y] = \frac{\lambda}{\lambda - 2}$. Die Varianz ist gleich

$$D_y = \frac{\lambda}{\lambda - 2} - \left(\frac{\lambda}{\lambda - 1}\right)^2 = \frac{\lambda}{(\lambda - 2)(\lambda - 1)^2}.$$

Für $\lambda \leqq 2$ divergiert das Integral und die Varianz D_y existiert nicht.

7.5. Die stetige zufällige Größe X habe die Dichte

$$f(x) = \begin{cases} \frac{1}{2}\cos x & \text{für} \quad x \in \left(-\frac{\pi}{2}; \frac{\pi}{2}\right), \\ 0 & \text{für} \quad x \notin \left(-\frac{\pi}{2}; \frac{\pi}{2}\right). \end{cases}$$

Man bestimme den Erwartungswert und die Varianz der zufälligen Größe $Y = \sin X$.

Lösung:

$$m_y = \frac{1}{2}\int_{-\pi/2}^{\pi/2} \sin x \cos x\, dx = 0; \qquad D_y = \alpha_2[Y] = \frac{1}{2}\int_{-\pi/2}^{\pi/2} \sin^2 x \cos x\, dx = \frac{1}{3}.$$

7.6. Unter den Voraussetzungen der Aufgabe 7.5 bestimme man den Erwartungswert und die Varianz der zufälligen Größe $Y = |\sin X|$.

Lösung:

$$m_y = \frac{1}{2}\int_{-\pi/2}^{\pi/2} |\sin x| \cos x\, dx = \int_0^{\pi/2} \sin x \cos x\, dx = \frac{1}{2},$$

$$\alpha_2[Y] = \frac{1}{2}\int_{-\pi/2}^{\pi/2} |\sin x|^2 \cos x\, dx = \int_0^{\pi/2} (\sin x)^2 \cos x\, dx = \frac{1}{3},$$

$$D_y = \alpha_2[Y] - m_y^2 = \frac{1}{3} - \frac{1}{4} = \frac{1}{12}.$$

7.7. Die zufällige Größe X sei im Intervall (1, 2) gleichverteilt:

$$f(x) = \begin{cases} 1 & \text{für} \quad x \in (1, 2)\,, \\ 0 & \text{für} \quad x \notin (1, 2)\,. \end{cases}$$

Man bestimme den Erwartungswert und die Varianz der zufälligen Größe $Y = \frac{1}{X}$.

Lösung:

$$m_y = \int_1^2 \frac{1}{x}\,dx = \ln 2\,; \qquad D_y = \alpha_2[Y] - m_y^2 = \int_1^2 \frac{1}{x^2}\,dx - (\ln 2)^2 = \frac{1}{2} - (\ln 2)^2\,.$$

7.8. Der zufällige Punkt (X, Y) sei im Kreis K, dessen Radius $r = 1$ ist, gleichverteilt (vgl. Abb. 7.8).

Man bestimme den Erwartungswert und die Varianz der zufälligen Größe $Z = X\,Y$.

Lösung:

$$f(x, y) = \begin{cases} \frac{1}{\pi} & \text{für} \quad (x, y) \in K\,, \\ 0 & \text{für} \quad (x, y) \notin K\,; \end{cases}$$

$$m_z = \frac{1}{\pi} \iint\limits_{(K)} x\,y\,dx\,dy = 0 \quad \text{(vgl. Aufgabe 6.7)};$$

$$D_z = \frac{1}{\pi} \iint\limits_{(K)} x^2\,y^2\,dx\,dy = \frac{1}{\pi} \int_0^{2\pi} d\varphi \int_0^1 r^5 \cos^2\varphi \sin^2\varphi\,dr = \frac{1}{24}\,.$$

7.9. Der zufällige Punkt (X, Y) sei im Quadrat R gleichverteilt (vgl. Abb. 7.9). Man bestimme den Erwartungswert und die Varianz der zufälligen Größe $Z = X\,Y$.

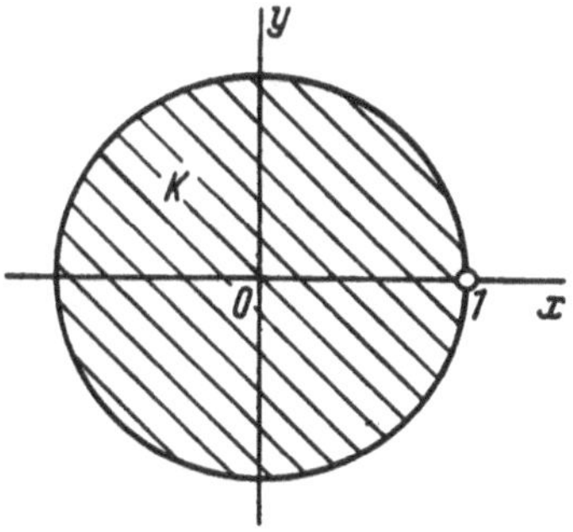

Abb. 7.8

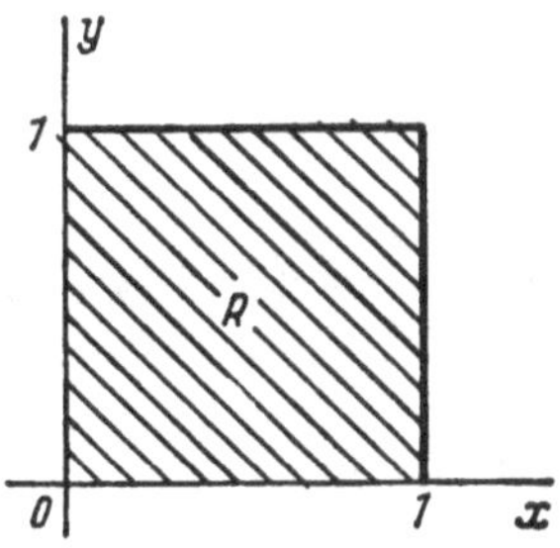

Abb. 7.9

Lösung: Die zufälligen Größen X, Y sind unabhängig (vgl. Aufgabe 6.6). Also gilt

$$m_z = m_x\, m_y = \frac{1}{2}\cdot\frac{1}{2} = \frac{1}{4},$$

$$D_z = \alpha_2[z] - m_z^2 = \mathbf{M}[(X\,Y)^2] - m_z^2 = \mathbf{M}[X^2]\,\mathbf{M}[Y^2] - m_z^2,$$

$$\mathbf{M}[X^2] = \alpha_2[X] = \frac{1}{3}; \qquad \mathbf{M}[Y^2] = \frac{1}{3}; \qquad D_z = \frac{7}{144}.$$

7.10. Zwischen den zufälligen Größen X, Y möge die Beziehung $Y = 2 - 3\,X$ gelten. Die numerischen Charakteristika von X sind bekannt: $m_x = -1$, $D_x = 4$.
Man bestimme: a) den Erwartungswert und die Varianz der zufälligen Größe Y; b) die Kovarianz und den Korrelationskoeffizienten der Größen X, Y.

Lösung:

a) $m_y = 2 - 3\,m_x = 5$; $\quad D_y = (-3)^2 \cdot 4 = 36$.

b) $$K_{xy} = \mathbf{M}[X\,Y] - m_x\, m_y = \mathbf{M}\,[X\,(2 - 3\,X)] + 1\cdot 5$$
$$= 2\,\mathbf{M}[X] - 3\,\mathbf{M}[X^2] + 5,$$

$$\mathbf{M}[X^2] = \alpha_2[X] = D_x + m_x^2 = 4 + 1 = 5;$$

$$K_{xy} = -2 - 3\cdot 5 + 5 = -12; \qquad r_{xy} = \frac{-12}{\sigma_x\,\sigma_y} = \frac{-12}{\sqrt{4\cdot 36}} = -1\,.$$

7.11. Die zufällige Größe X habe den Erwartungswert m_x und die Varianz D_x. Man bestimme den Erwartungswert und die Varianz folgender zufälliger Größen:

$$Y = -X; \qquad Z = X + 2\,Y - 1; \qquad U = 3\,X - Y + 2\,Z - 3\,.$$

Lösung:

$$m_y = -m_x; \qquad D_y = D_x; \qquad m_z = -m_x - 1; \qquad D_z = D_x;$$
$$m_u = 2\,m_x - 5; \qquad D_u = 4\,D_x\,.$$

7.12. Der zufällige Vektor (X, Y, Z) habe den Erwartungswertvektor (m_x, m_y, m_z) und die Kovarianzmatrix

$$\begin{Vmatrix} D_x & K_{xy} & K_{xz} \\ & D_y & K_{yz} \\ & & D_z \end{Vmatrix}.$$

Man bestimme den Erwartungswert und die Varianz der zufälligen Größe $U = a\,X - b\,Y - c\,Z - d$.

Lösung:

$$m_u = a\,m_x - b\,m_y + c\,m_z - d;$$
$$D_u = a^2\,D_x + b^2\,D_y + c^2\,D_z - 2\,a\,b\,K_{xy} + 2\,a\,c\,K_{xz} - 2\,b\,c\,K_{yz}\,.$$

7.13. Gegeben sei ein zufälliger Vektor $\boldsymbol{X} = (X_1, \ldots, X_n)$ mit den Charakteristika m_{x_i}, D_{x_i} $(i = 1, \ldots, n)$ und der normierten Korrelationsmatrix $\|r_{x_i x_j}\|$ $(i < j,\ i = 1, \ldots, n)$.

Der Vektor $\boldsymbol{X}$ wird mittels einer linearen Transformation

$$Y_k = \sum_{i=1}^{n} a_{ik} X_i + b_k \qquad (k = 1, 2, \ldots, m)$$

in den zufälligen Vektor $\boldsymbol{Y}$ überführt.

Man bestimme den Erwartungswert m_{y_k} und die Varianz D_{y_k} der Komponenten Y_k $(k = 1, \ldots, m)$ sowie die Elemente der normierten Korrelationsmatrix $\|r_{y_k y_l}\|$ $(l = 1, 2, \ldots, m;\ k < l)$.

Lösung:

$$m_{y_k} = \sum_{i=1}^{n} a_{ik}\, m_{x_i} + b_k \qquad (k = 1, 2, \ldots, m);$$

$$D_{y_k} = \sum_{i=1}^{n} a_{ik}^2 D_{x_i} + 2 \sum_{i<j} r_{x_i x_j} \sqrt{D_{x_i} D_{x_j}}\,; \qquad r_{y_k y_l} = \frac{K_{y_k y_l}}{\sqrt{D_{y_k} D_{y_l}}}\,,$$

mit[1])

$$K_{y_k y_l} = \sum_{i=1}^{n} a_{ik}\, a_{il}\, D_{x_i} + \sum_{i<j} (a_{ik}\, a_{jl} + a_{jk}\, a_{il})\, r_{x_i x_j} \sqrt{D_{x_i} D_{x_j}}\,.$$

7.14. Die zufälligen Größen X und Y seien unabhängig. Y ist im Intervall $(0, 2)$ gleichverteilt, X ist normalverteilt mit der Dichte:

$$f_1(x) = \frac{1}{2\sqrt{2\pi}}\, e^{-\frac{(x-1)^2}{8}}\,.$$

Man bestimme die Größen: a) $\mathbf{M}[X + Y]$; b) $\mathbf{M}[X\,Y]$; c) $\mathbf{M}[X^2]$; d) $\mathbf{M}[X - Y^2]$; e) $\mathbf{D}[X + Y]$; f) $\mathbf{D}[X - Y]$.

Lösung:

a) $\mathbf{M}[X + Y] = \mathbf{M}[X] + \mathbf{M}[Y] = 1 + 1 = 2;$

b) $\mathbf{M}[X\,Y] = \mathbf{M}[X]\,\mathbf{M}[Y] = 1 \cdot 1 = 1;$

c) $\mathbf{M}[X^2] = \alpha_2[X] = \mathbf{D}[X] + m_x^2 = 4 + 1 = 5;$

d) $\mathbf{M}[X - Y^2] = \mathbf{M}[X] - \mathbf{M}[Y^2] = 1 - \alpha_2[Y] = 1 - \left(\frac{4}{12} + 1\right) = -\frac{1}{3};$

e) $\mathbf{D}[X + Y] = \mathbf{D}[X] + \mathbf{D}[Y] = 4 + \frac{1}{3} = 4\frac{1}{3};$

f) $\mathbf{D}[X - Y] = \mathbf{D}[X] + (-1)^2\,\mathbf{D}[Y] = 4\frac{1}{3}\,.$

7.15. Die zufällige Größe X sei im Intervall $(0, a)$ gleichverteilt. Man bestimme die Größen: a) $\mathbf{M}[2X + 3]$; b) $\mathbf{M}[3X^2 - 2X + 1]$; c) $\mathbf{D}[2X + 3]$; d) $\mathbf{D}[X^2 + 1]$.

---

[1]) Es ist $K_{y_k y_l} = \sum_{i,j=1}^{n} a_{ik} K_{x_i x_j} a_{jl}$ (Anm. d. Red.).

Lösung:

$$m_x = \frac{a}{2}; \qquad D_x = \frac{a^2}{12}; \qquad \alpha_2[X] = \frac{a^2}{3}:$$

a) $\mathbf{M}[2X + 3] = 2\,\mathbf{M}[X] + 3 = a + 3;$

b) $\mathbf{M}[3X^2 - 2X + 1] = 3\,\alpha_2[X] - 2\,\mathbf{M}[X] + 1 = a^2 - a + 1;$

c) $\mathbf{D}[2X + 3] = 4\,D_x = \frac{a^2}{3};$

d) $\mathbf{D}[X^2 + 1] = \mathbf{D}[X^2] = \alpha_2[X^2] - (\mathbf{M}[X^2])^2 = \alpha_2[X^2] - (\alpha_2[X])^2;$

$$\alpha_2[X^2] = \frac{1}{a}\int_0^a x^4\,dx = \frac{a^4}{5}.$$

Es ist also

$$\mathbf{D}[X^2 + 1] = \frac{a^4}{5} - \left(\frac{a^2}{3}\right)^2 = \frac{4}{45}a^4.$$

7.16. Die zufällige Größe X sei normalverteilt mit der Dichte:

$$f(x) = \frac{1}{a\sqrt{2\pi}}\,e^{-\frac{x^2}{2a^2}}.$$

Man bestimme den Erwartungswert der zufälligen Größe

$$Y = 1 - 3X^2 + 4X^3.$$

Lösung:

$$m_y = \mathbf{M}[1 - 3X^2 + 4X^3] = 1 - 3\,\mathbf{M}[X^2] + 4\,\mathbf{M}[X^3].$$

Aus $m_x = \mathbf{M}[X^3] = 0$ und $\mathbf{M}[X^2] = D_x = a^2$ folgt $m_y = 1 - 3a^2$.

7.17. Die zufälligen Größen X und Y seien unabhängig. Ihre Verteilungsdichten $f_1(x)$, $f_2(x)$ sind in den Abb. 7.17a, b dargestellt.

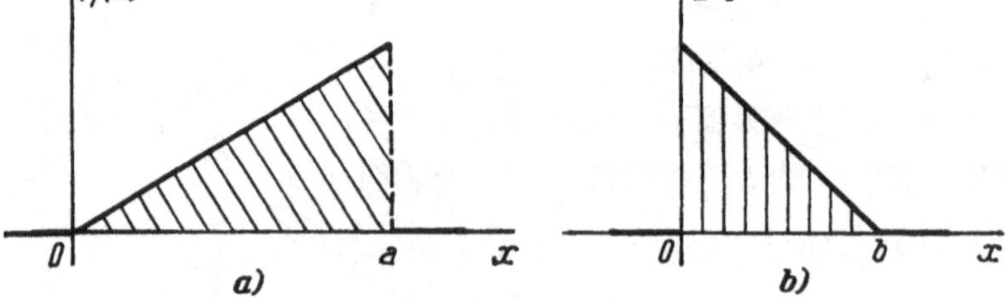

Abb. 7.17

Man bestimme die Größen: a) $\mathbf{M}[X + Y]$; b) $\mathbf{D}[3X - 6Y + 1]$; c) $\mathbf{M}[XY]$ d) $\mathbf{M}[2XY - 3X^2 + Y^2 - 1]$.

Lösung:

$$\mathbf{M}[X] = \frac{2}{3}a; \qquad \mathbf{M}[Y] = \frac{1}{3}b; \qquad \mathbf{D}[X] = \frac{a^2}{18}; \qquad \mathbf{D}[Y] = \frac{b^2}{18}.$$

a) $\mathbf{M}[X + Y] = \frac{1}{3}(2a + b)$;

b) $\mathbf{D}[3X - 6Y + 1] = 9D_x + 36D_y = \frac{a^2}{2} + 2b^2$;

c) $\mathbf{M}[XY] = \frac{2}{9}ab$;

d) $\mathbf{M}[2XY - 3X^2 + Y^2 - 1] = 2\mathbf{M}[XY] - 3\alpha_2[X] + \alpha_2[Y] - 1$

$$= \frac{4}{9}ab - \frac{3}{2}a^2 + \frac{b^2}{6} - 1\,.$$

7.18. Man bestimme die in der Aufgabe 7.17a), b), c) angegebenen Größen, falls die Größen X, Y abhängig sind und ihr Korrelationskoeffizient gleich $r_{xy} = -0{,}9$ ist.

Lösung:

a) $\mathbf{M}[X + Y] = \frac{1}{3}(2a + b)$;

b) $\mathbf{D}[3X - 6Y + 1] = \frac{a^2}{2} + 2b^2 + 36\frac{ab}{\sqrt{18 \cdot 18}} \cdot 0{,}9 = \frac{a^2}{2} + 2b^2 + 1{,}8\,ab$;

c) $\mathbf{M}[XY] = \frac{2}{9}ab - 0{,}9\frac{ab}{18} = \frac{31}{180}ab$.

7.19. An den Seiten des rechten Winkels xOy gleitet mit seinen Enden ein Lineal AB der Länge l (Abb. 7.19.), wobei alle Abszissenwerte X des Endpunkts A auf der Abszissenachse OX zwischen den Werten 0 und l gleichwahrscheinlich sind.

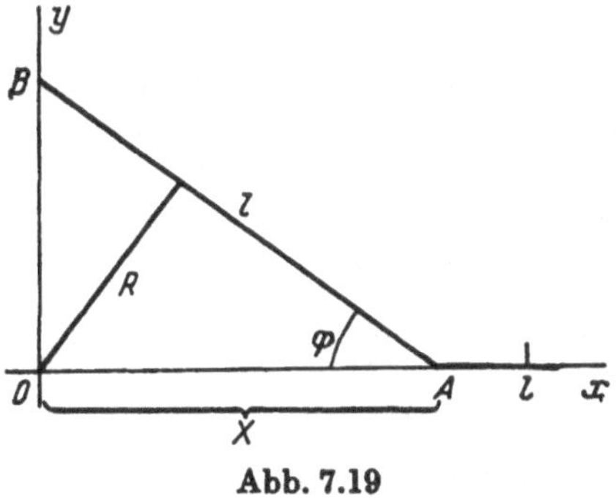

Abb. 7.19

Man bestimme den Erwartungswert des Abstandes R vom Koordinatenursprung bis zum Lineal.

Lösung: Die zufällige Größe X ist nach Voraussetzung im Intervall $(0, l)$ gleichverteilt:

$$f(x) = \begin{cases} \frac{1}{l} & \text{für} \quad x \in (0, l)\,, \\ 0 & \text{für} \quad x \notin (0, l)\,. \end{cases}$$

Die zufällige Größe R läßt sich als Funktion von X durch den folgenden Ausdruck darstellen (vgl. Abb. 7.19)

$$R = X\sqrt{1-\frac{(X)^2}{l^2}}.$$

Ihr Erwartungswert ist gleich

$$m_r = \frac{1}{l}\int\limits_0^l x\sqrt{1-\left(\frac{x}{l}\right)^2}\,dx = \frac{l}{3}.$$

7.20. Die zufälligen Größen V, U sind lineare Funktionen der zufälligen Größen X, Y:

$$V = a\,X + b\,Y + c;\qquad U = d\,X + f\,Y + g\,.$$

Die numerischen Charakteristika des Vektors (X, Y) sind bekannt: m_x, m_y; D_x, D_y, K_{xy}. Man bestimme die numerischen Charakteristika des zufälligen Vektors (V, U): m_v, m_u, D_v, D_u, K_{vu}, r_{vu}.

Lösung:

$$m_v = a\,m_x + b\,m_y + c;\qquad D_v = a^2\,D_x + b^2\,D_y + 2\,a\,b\,K_{xy};$$
$$m_u = d\,m_x + f\,m_y + g;\qquad D_u = d^2\,D_x + f^2\,D_y + 2\,d\,f\,K_{xy}\,.$$

Ferner gilt

$$\mathring{V} = a\,\mathring{X} + b\,\mathring{Y};\qquad \mathring{U} = d\,\mathring{X} + f\,\mathring{Y};$$
$$K_{vu} = \mathbf{M}[\mathring{V}\,\mathring{U}] = a\,d\,D_x + b\,f\,D_y + (a\,f + b\,d)\,K_{xy};\qquad r_{vu} = \frac{K_{vu}}{\sqrt{D_v D_u}}\,.$$

7.21. Auf ein Ziel werden Schüsse abgegeben; die Trefferwahrscheinlichkeit ist für jeden Schuß gleich p, die Ergebnisse der Schüsse sind unabhängig voneinander. Der Vorrat an Munition ist unbegrenzt; es wird so lange geschossen, bis der k-te Treffer erzielt wird, danach wird der Beschuß eingestellt.

Man bestimme den Erwartungswert der Anzahl der verbrauchten Geschosse.

Lösung: Sei X die Gesamtzahl der verbrauchten Geschosse. Es gilt

$$X = X_1 + X_2 + \cdots + X_k\,,$$

wobei X_1 — die Anzahl der Schüsse bis zum ersten Treffer (einschließlich des ersten Treffers);

X_2 — die Anzahl der Schüsse vom ersten bis zum zweiten Treffer (einschließlich des zweiten Treffers);

X_k — die Anzahl der Schüsse vom (k — 1)-ten bis zum k-ten Treffer (einschließlich des k-ten Treffers)

sind. Nach dem Additionssatz für Erwartungswerte gilt

$$\mathbf{M}[X] = \sum_{i=1}^{k}\mathbf{M}[X_i]\,.$$

Da die Ergebnisse der einzelnen Schüsse unabhängig sind und die Trefferwahrscheinlichkeit für jeden Schuß gleich p ist, ist $\mathbf{M}[X_i]$ gleich dem Erwartungswert der Anzahl der Schüsse bis zum ersten Treffer (vgl. Aufgabe 5.15): $\mathbf{M}[X_i] = \frac{1}{p}$. Daraus folgt

$$\mathbf{M}[X] = \sum_{i=1}^{k} \mathbf{M}[X_i] = \frac{k}{p}.$$

7.22. Ein Körper wird auf einer Laborwaage gewogen. Das wahre (uns unbekannte) Gewicht des Körpers sei gleich a. Infolge von Fehlern ist das Ergebnis einer jeden Wägung zufällig und normalverteilt mit den Parametern a und σ. Es wird folgendes Verfahren zur Verminderung des Beobachtungsfehlers angewandt: Man wiegt den Körper n-mal und nimmt arithmetische Mittel der Ergebnisse der n Wägungen

$$Y^{(n)} = \frac{1}{n} \sum_{i=1}^{n} X_i$$

als Näherungswert für das Gewicht des Körpers:

a) Man bestimme den Erwartungswert und die mittlere quadratische Abweichung der zufälligen Größe $Y^{(n)}$.

b) Man bestimme die Anzahl der Wägungen, die notwendig sind, um die mittlere quadratische Abweichung um das Zehnfache (gegenüber einer Wägung) zu reduzieren.

Lösung:

a) $\mathbf{M}[Y^{(n)}] = \frac{1}{n} \sum_{i=1}^{n} \mathbf{M}[X_i]$.

Da alle Wägungen unter gleichen Bedingungen durchgeführt werden, ist $\mathbf{M}[X_i] = a$ für jedes i. Es ist also

$$\mathbf{M}[Y^{(n)}] = \frac{1}{n} \sum_{i=1}^{n} a = \frac{n\,a}{n} = a.$$

Nimmt man an, daß die Ergebnisse der einzelnen Wägungen unabhängig voneinander sind, so erhält man für die Varianz von $Y^{(n)}$:

$$\mathbf{D}[Y^{(n)}] = \frac{1}{n^2} \sum_{i=1}^{n} \mathbf{D}[X_i] = \frac{1}{n^2} \sum_{i=1}^{n} \sigma^2 = \frac{n\,\sigma^2}{n^2} = \frac{\sigma^2}{n}.$$

b) Die gesuchte Anzahl von Wägungen n erhält man aus der Bedingung

$$\sigma[Y^{(n)}] = \sqrt{\frac{\sigma^2}{n}} = \frac{\sigma}{\sqrt{n}} = \frac{\sigma}{10}; \qquad n = 100.$$

7.23*. Auf ein Ziel werden n Schüsse abgegeben, deren Ergebnisse unabhängig voneinander sind. Die Trefferwahrscheinlichkeiten dieser Schüsse sind gleich $p_1, p_2, \ldots, p_n$. Diese Wahrscheinlichkeiten werden zur Vereinfachung von Berechnungen gemittelt, d. h. durch die Konstante

$$\bar{p} = \frac{1}{n} \sum_{i=1}^{n} p_i$$

ersetzt. Auf der Grundlage dieser mittleren Wahrscheinlichkeit werden der Erwartungswert $\tilde{m}_x$, und die mittlere quadratische Abweichung $\tilde{\sigma}_x$ der Anzahl X der Treffer näherungsweise bestimmt.

Man vergleiche die so ermittelten Charakteristika mit den exakten Werten m_x und σ_x.

Lösung: Der Erwartungswert $\tilde{m}_x$ stimmt mit dem exakten Wert überein:

$$\tilde{m}_x = n\,\bar{p} = \frac{n}{n} \sum_{i=1}^{n} p_i = m_x \,.$$

Die näherungsweise berechnete mittlere quadratische Abweichung $\tilde{\sigma}_x$ ist größer als der exakt berechnete Wert σ_x. Zum Beweis vergleichen wir den Näherungswert für die Varianz

$$\tilde{D}_x = n\,\bar{p}\,\bar{q}\,, \quad \text{wobei} \quad \bar{q} = 1 - \bar{p} = \frac{1}{n} \sum_{i=1}^{n} q_i = \frac{1}{n} \sum_{i=1}^{n} (1 - p_i)$$

mit ihrem exakten Wert

$$D_x = \sum_{i=1}^{n} p_i\, q_i \,.$$

Es gilt

$$\sum_{i=1}^{n} (p_i - \bar{p})\,(q_i - \bar{q}) = \sum_{i=1}^{n} p_i\, q_i - \sum_{i=1}^{n} p_i\, \bar{q} - \sum_{i=1}^{n} \bar{p}\, q_i + n\,\bar{p}\,\bar{q} = \sum_{i=1}^{n} p_i\, q_i - n\,\bar{p}\,\bar{q}\,,$$

$$\sum_{i=1}^{n} (p_i - \bar{p})\,(q_i - \bar{q}) = \sum_{i=1}^{n} (p_i - \bar{p})\,(1 - p_i - 1 + \bar{p}) = -\sum_{i=1}^{n} (p_i - \bar{p})^2 \leqq 0 \,.$$

Daraus folgt die Ungleichung

$$\sum_{i=1}^{n} p_i\, q_i - n\,\bar{p}\,\bar{q} = D_x - \tilde{D}_x \leqq 0\,, \qquad \tilde{D}_x \geqq D_x\,,$$

was zu beweisen war. Wir bemerken, daß das Gleichheitszeichen in der Ungleichung $\tilde{D}_x \geqq D_x$ nur dann erreicht wird, wenn $p_1 = p_2 = \cdots = p_n = \bar{p}$ gilt.

7.24. Ein beobachtetes Objekt erscheint auf einem kreisförmigen Radarschirm als leuchtender Punkt. Die Lage des Punktes auf dem Schirm wird als rein zufällig angenommen (Gleichverteilung). Der Durchmesser des Radarschirmes ist gleich D.

Man bestimme den Erwartungswert des Abstandes R, den der leuchtende Punkt zum Mittelpunkt hat.

Lösung: Es gilt $R = \sqrt{X^2 + Y^2}$, wobei (X, Y) ein im Kreis K_D, mit dem Mittelpunkt im Koordinatenursprung und dem Durchmesser D, gleichverteilter zufälliger Vektor ist. Seine Dichte ist gleich

$$f(x, y) = \begin{cases} \dfrac{4}{\pi D^2} & \text{für} \quad (x, y) \in K_D\,, \\ 0 & \text{für} \quad (x, y) \notin K_D\,. \end{cases}$$

Der Erwartungswert von R ist gleich

$$m_r = \mathbf{M}[R] = \iint\limits_{(K_D)} \sqrt{x^2 + y^2} \frac{4}{\pi D^2} dx\, dy .$$

Durch den Übergang zu den polaren Koordinaten (r, φ) erhält man

$$m_r = \frac{4}{\pi D^2} \int\limits_0^{2\pi} d\varphi \int\limits_0^{D/2} r^2\, dr = \frac{D}{3} .$$

7.25. Zwei Punkte X und Y liegen zufällig und unabhängig voneinander auf dem Intervall (0, 1) (Abb. 7.25a). Die zufällige Lage jedes Punktes ist auf diesem Intervall gleichverteilt.

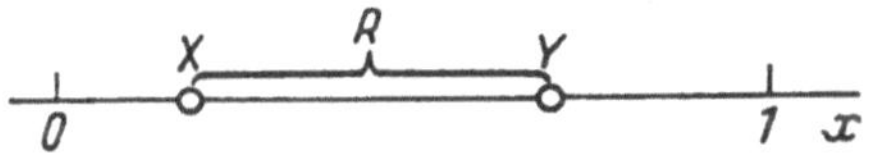

Abb. 7.25a

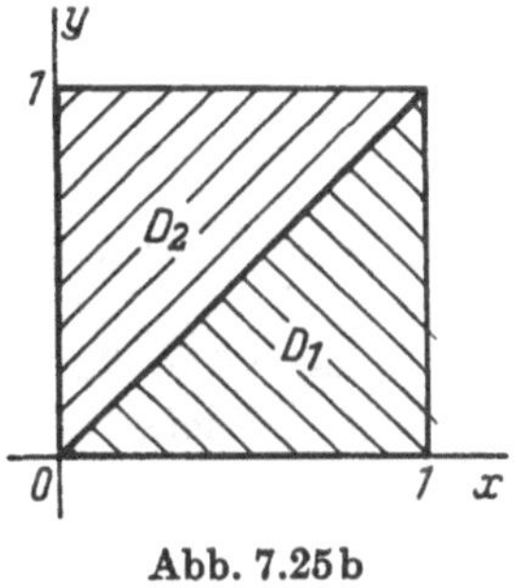

Abb. 7.25b

Man bestimme die Erwartungswerte des Abstandes R zwischen diesen Punkten und des Quadrates dieses Abstandes.

Lösung: Der zufällige Vektor (X, Y) kann als zufälliger Punkt auf der Ebene xOy dargestellt werden (vgl. 7.25b), der im Quadrat mit der Seitenlänge 1 gleichverteilt ist. Im Bereich D_1 ist $X > Y$ und $|Y - X| = X - Y$. Im Bereich D_2 ist $Y > X$ und $|Y - X| = Y - X$. Es gilt

$$m_r = \mathbf{M}[R] = \mathbf{M}\,[|X - Y|] = \iint\limits_{(D_1)} (x - y)\, dx\, dy + \iint\limits_{(D_2)} (y - x)\, dx\, dy$$

$$= \int\limits_0^1 dx \int\limits_0^x (x - y)\, dy + \int\limits_0^1 dy \int\limits_0^y (y - x)\, dx = \frac{1}{3} .$$

$$\mathbf{M}[R^2] = \mathbf{M}\,[|Y - X|^2] = \alpha_2[Y] + \alpha_2[X] - 2\, m_x\, m_y = 2\,(D_x + m_x^2) - 2\, m_x^2 = \frac{1}{6} .$$

7.26. Der zufällige Punkt X ist im Intervall (0, 1) gleichverteilt. Der zufällige Punkt Y ist im Intervall (1, 2) gleichverteilt. Es wird angenommen, daß die

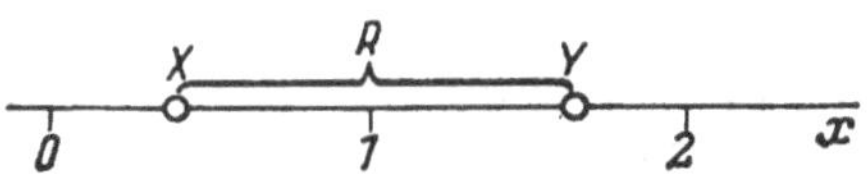

Abb. 7.26

Punkte X und Y unabhängig sind. Man bestimme den Erwartungswert, die Varianz und das zweite Moment des Abstandes R zwischen den beiden Punkten.

Lösung:

$$R = Y - X; \qquad m_r = \mathbf{M}[Y] - \mathbf{M}[X] = 1; \qquad D_r = D_y + D_x = \frac{1}{6}.$$

$$\alpha_2[R] = \mathbf{M}[R^2] = D_r + m_r^2 = \frac{7}{6}.$$

7.27. Auf benachbarte Seiten eines Quadrats K mit der Seitenlänge 1 (Abb. 7.27) fallen Punkte X und Y zufällig und unabhängig voneinander jeder auf eine Seite. Jeder Punkt ist auf der entsprechenden Seite gleichverteilt. Man bestimme den Erwartungswert des Quadrats des Abstandes zwischen den Punkten.

Lösung:

$$R^2 = X^2 + Y^2; \qquad m_{r^2} = \mathbf{M}[R^2] = \alpha_2[X] + \alpha_2[Y] = \frac{2}{3}.$$

7.28. Die Bedingungen der Aufgabe 7.27 werden so verändert, daß die Punkte nicht auf benachbarte, sondern auf gegenüberliegende Seiten des Quadrats fallen (Abb. 7.28). Man bestimme den Erwartungswert des Quadrats des Abstandes zwischen den Punkten X und Y.

Lösung:

$$R^2 = 1 + (Y - X)^2;$$

$$\mathbf{M}[R^2] = 1 + \alpha_2[Y] + \alpha_2[X] - 2\,\mathbf{M}[X]\,\mathbf{M}[Y] = 1 + \frac{2}{3} - \frac{1}{2} = \frac{7}{6}.$$

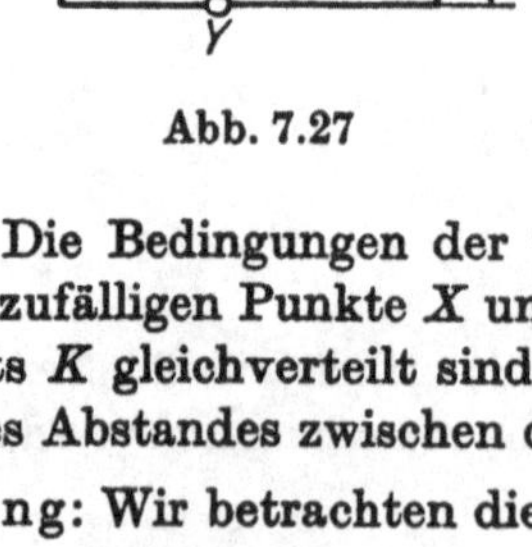

Abb. 7.27

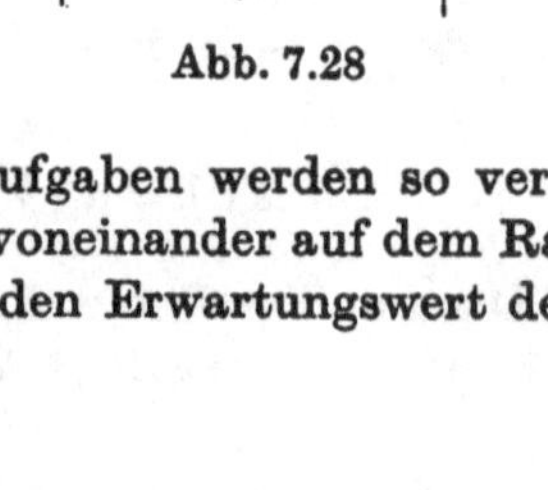

Abb. 7.28

7.29. Die Bedingungen der vorangehenden Aufgaben werden so verändert, daß die zufälligen Punkte X und Y unabhängig voneinander auf dem Rand des Quadrats K gleichverteilt sind. Man bestimme den Erwartungswert des Quadrats des Abstandes zwischen den Punkten.

Lösung: Wir betrachten die Hypothesen:

H_1 — die Punkte X, Y liegen auf einer Seite des Quadrats;
H_2 — die Punkte X, Y liegen auf benachbarten Seiten des Quadrats;
H_3 — die Punkte X, Y liegen auf gegenüberliegenden Seiten des Quadrats.

Nach der Formel des totalen Erwartungswertes gilt:

$$\mathbf{M}[R^2] = \mathbf{P}(H_1)\,\mathbf{M}[R^2|H_1] + \mathbf{P}(H_2)\,\mathbf{M}[R^2|H_2] + \mathbf{P}(H_3)\,\mathbf{M}[R^2|H_3]\,,$$

wobei $\mathbf{M}[R^2|H_1]$, $\mathbf{M}[R^2|H_2]$, $\mathbf{M}[R^2|H_3]$ die bedingten Erwartungswerte der Größe R^2 für entsprechende Hypothesen sind. Aus den bereits gelösten Aufgaben 7.25, 7.27, 7.28 folgt

$$\mathbf{M}[R^2|H_1] = \frac{1}{6}\,; \qquad \mathbf{M}[R^2|H_2] = \frac{2}{3}\,; \qquad \mathbf{M}[R^2|H_3] = \frac{7}{6}\,.$$

Die Wahrscheinlichkeiten der Hypothesen sind gleich:

$$\mathbf{P}(H_1) = \frac{1}{4}\,; \qquad \mathbf{P}(H_2) = \frac{1}{2}\,; \qquad \mathbf{P}(H_3) = \frac{1}{4}\,.$$

Insgesamt ergibt sich (Formel für den totalen Erwartungswert, S. 131)

$$\mathbf{M}[R^2] = \frac{1}{4}\cdot\frac{1}{6} + \frac{1}{2}\cdot\frac{2}{3} + \frac{1}{4}\cdot\frac{7}{6} = \frac{2}{3}\,.$$

7.30*. Die Aufgabe von Buffon. Eine Nadel der Länge l wird auf eine Ebene, auf der im Abstand $L\,(L > l)$ voneinander parallele Geraden gezeichnet sind, geworfen (Abb. 7.30a). Alle Lagen des Mittelpunktes der Nadel und alle ihre Richtungen sind gleichwahrscheinlich.

Man bestimme die Wahrscheinlichkeit p dafür, daß die Nadel eine der Geraden schneidet.

Lösung: Die Lage und die Orientierung der Nadel werden durch zwei unabhängige zufällige Größen bestimmt: X — dem Abstand vom Mittelpunkt der Nadel zur nächsten Geraden und Θ — dem Winkel zwischen der Nadel und dem

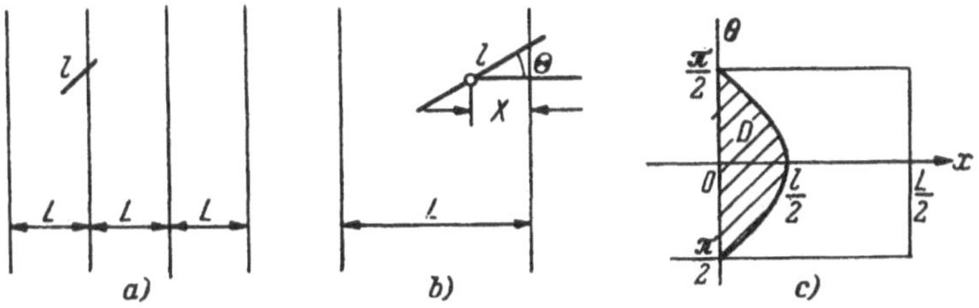

Abb. 7.30

Lot, das vom Mittelpunkt der Nadel auf die nächste Gerade gefällt wird (Abb. 7.30b). Die zufällige Größe X ist auf dem Intervall $\left(0, \frac{L}{2}\right)$, die zufällige Größe Θ ist auf dem Intervall $\left(-\frac{\pi}{2}, \frac{\pi}{2}\right)$ gleichverteilt. Daher ist

$$f(x, \theta) = \frac{2}{L\pi} \quad \text{für} \quad x \in \left(0, \frac{L}{2}\right) \quad \text{und} \quad \theta \in \left(-\frac{\pi}{2}, \frac{\pi}{2}\right);$$

$$f(x, \theta) = 0 \quad \text{für} \quad x \notin \left(0, \frac{L}{2}\right) \quad \text{oder} \quad \theta \notin \left(-\frac{\pi}{2}, \frac{\pi}{2}\right).$$

Wir betrachten den Bereich der möglichen Werte der Größen X, Θ (das in der Abb. 7.30c dargestellte Rechteck). Damit die Nadel eine Gerade schneidet, muß die Bedingung

$$X < \frac{l}{2} \cos \Theta$$

erfüllt sein. Diese Bedingung besagt, daß der zufällige Punkt (X, Θ) in den in Abb. 7.30c schraffierten Bereich fällt. Daraus folgt

$$p = \iint_{(D)} \frac{2}{L\pi}\, dx\, d\theta = \frac{2}{L\pi} S_D ,$$

wobei S_D die Fläche des Bereiches D ist:

$$S_D = \int_{-\pi/2}^{\pi/2} \frac{l}{2} \cos \theta\, d\theta = l \int_0^{\pi/2} \cos \theta\, d\theta = l .$$

Zusammenfassend erhält man $p = \dfrac{2l}{L\pi}$.

7.31. Die Bedingungen der vorhergehenden Aufgabe werden dahingehend geändert, daß $l \geqq L$ ist. Man bestimme den Erwartungswert der Anzahl der Überschneidungen der Nadel mit den parallelen Geraden.

Lösung: Die Nadel wird in n Abschnitte der Länge $\Delta l = \dfrac{l}{n} < L$ eingeteilt.

Die zufällige Größe Y bezeichne die Anzahl der Überschneidungen; sie ist gleich der Summe von n zufälligen Größen:

$$Y = \sum_{i=1}^{n} Y_i ,$$

wobei Y_i die Anzahl der Überschneidungen für den i-ten Abschnitt der Nadel ist. Da $\Delta l < L$ ist, kann die zufällige Größe Y_i nur die Werte 1 und 0 mit den Wahrscheinlichkeiten $\dfrac{2\Delta l}{L\pi}$ und $1 - \dfrac{2\Delta l}{L\pi}$ annehmen. Der Erwartungswert dieser Größe ist gleich

$$\mathrm{M}[Y_i] = \frac{2\Delta l}{L\pi} 1 + \left(1 - \frac{2\Delta l}{L\pi}\right) \cdot 0 = \frac{2\Delta l}{L\pi} .$$

Nach dem Additionssatz für Erwartungswerte ergibt sich

$$\mathrm{M}[Y] = \sum_{i=1}^{n} \frac{2\Delta l}{L\pi} = \frac{2n\Delta l}{L\pi} = \frac{2l}{L\pi} .$$

7.32. Auf eine Ebene, auf der im Abstand L voneinander parallele Geraden eingezeichnet sind, wird auf zufällige Weise eine beliebige Kurve (konvex oder nicht konvex, geschlossen oder nicht geschlossen) der Länge l geworfen. Man bestimme den Erwartungswert der Anzahl der Überschneidungen dieser Kurve mit den Geraden.

Lösung: Das Ergebnis ist gleich dem der vorangehenden Aufgabe

$$\mathbf{M}[Y] = \frac{2\,l}{L\,\pi}.$$

Zum Beweis teile man die Kurve in n fast gerade Abschnitte der Länge Δl; der Erwartungswert der Anzahl der Überschneidungen ist für jeden Abschnitt gleich $\frac{2\,\Delta l}{L\,\pi}$.

7.33. Auf eine Ebene, auf der im Abstand L voneinander parallele Gerade gezeichnet sind, wird auf zufällige Weise eine konvexe, geschlossene Kurve der Länge l geworfen. Der größte Abstand a zwischen den Punkten der Kurve sei nicht größer als L (Abb. 7.33).

Man bestimme die Wahrscheinlichkeit dafür, daß die Kurve irgendeine der Geraden schneidet.

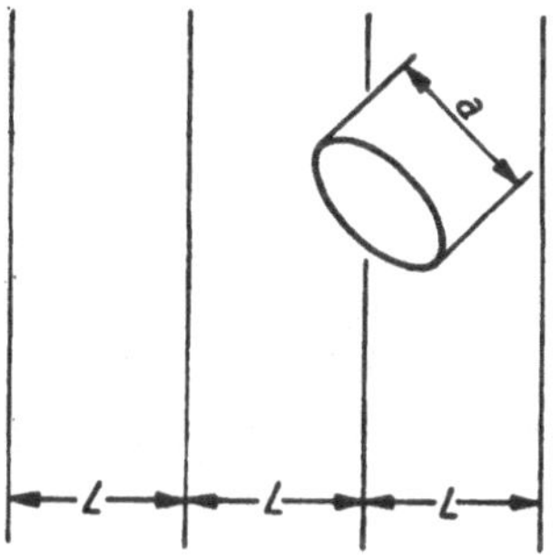

Abb. 7.33

Lösung: Sei p die gesuchte Wahrscheinlichkeit und Y die Anzahl der Überschneidungen der Kurve mit den Geraden. Da die Kurve geschlossen und konvex ist und der größte Abstand zwischen ihren Punkten kleiner als L ist, hat die Kurve entweder zwei oder gar keine Überschneidungen mit den Geraden. Die Verteilung der zufälligen Größe Y hat also die Gestalt

y_i	0	2
p_i	$1-p$	p

Aus der Aufgabe 7.32 ergibt sich, daß

$$\mathbf{M}[Y] = 0\,(1 - p) + 2\,p = 2\,p = \frac{2\,l}{L\,\pi}$$

ist, woraus

$$p = \frac{l}{L\,\pi}$$

folgt.

7.34. Die Ebene ist in Rechtecke mit den Seitenlängen L und M eingeteilt (Abb. 7.34). Auf die Ebene wird willkürlich eine Nadel der Länge l ($l < L$, $l < M$) geworfen. Man bestimme die Wahrscheinlichkeit dafür, daß die Nadel mindestens eine Seite schneidet.

Lösung: Die Seiten der Rechtecke bilden ein System horizontal liegender paralleler Geraden mit dem Abstand M voneinander und ein System vertikal liegender paralleler Geraden mit dem Abstand L voneinander.

Wir betrachten die Ereignisse:

A — die Nadel schneidet eine der vertikalen Geraden;
B — die Nadel schneidet eine der horizontalen Geraden.

Die Ereignisse A und B sind unabhängig, da die Lage der Nadel bezüglich der vertikalen Geraden auf ihre Lage bezüglich der horizontalen Geraden keinen Einfluß hat. Die gesuchte Wahrscheinlichkeit ist daher gleich

$$\mathbf{P}(A + B) = \mathbf{P}(A) + \mathbf{P}(B) - \mathbf{P}(A)\,\mathbf{P}(B)\,.$$

Die Wahrscheinlichkeiten der Ereignisse A und B erhält man aus der Aufgabe 7.30:

$$\mathbf{P}(A) = \frac{2l}{\pi L}; \qquad \mathbf{P}(B) = \frac{2l}{\pi M}.$$

Daraus folgt

$$\mathbf{P}(A + B) = \frac{2l}{\pi L} + \frac{2l}{\pi M} - \frac{4l^2}{\pi^2 L M}.$$

7.35. Eine Nadel der Länge l wird auf „gut Glück" so auf eine Ebene geworfen, daß alle Werte des Winkels Θ (Abb. 7.35) der durch die Nadel und eine feststehende Achse I—I gebildet wird, gleichwahrscheinlich sind.

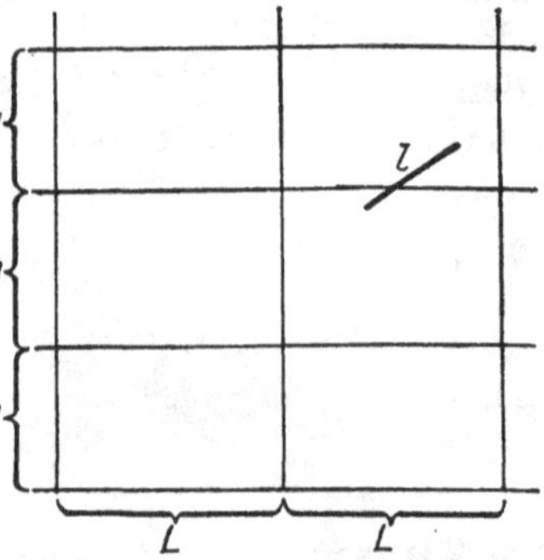

Abb. 7.34

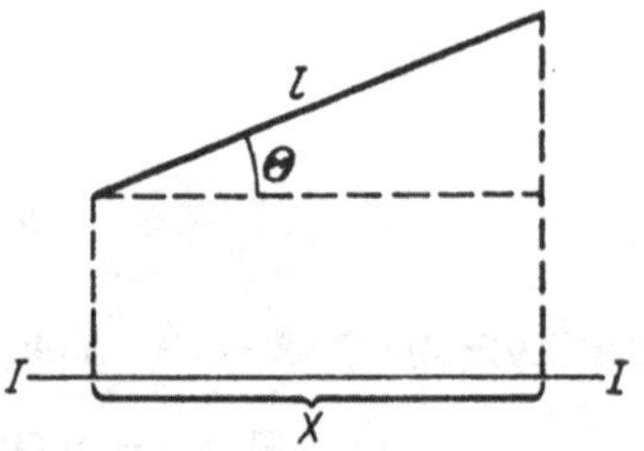

Abb. 7.35

Man bestimme den Erwartungswert der Länge X der Projektion der Nadel auf die Achse I—I.

Lösung: Es ist $X = l \cos \Theta$. Der Winkel Θ ist gleichverteilt; da es sich um die Länge der Projektion handelt, genügt es, diesen Winkel im Intervall $\left(0, \frac{\pi}{2}\right)$ zu betrachten. Wir haben also die Dichte

$$f(\theta) = \begin{cases} \dfrac{2}{\pi} & \text{für} \quad \theta \in \left(0, \dfrac{\pi}{2}\right), \\ 0 & \text{für} \quad \theta \notin \left(0, \dfrac{\pi}{2}\right). \end{cases}$$

Der gesuchte Erwartungswert ist gleich

$$\mathbf{M}[X] = \frac{2}{\pi} \int_0^{\pi/2} l \cos\theta \, d\theta = \frac{2l}{\pi}.$$

7.36. Ein Rechteck mit den Seitenlängen l_1 und l_2 wird willkürlich auf eine Ebene geworfen (Abb. 7.36). Alle Werte des Winkels Θ sind gleichwahrscheinlich. Man bestimme den Erwartungswert der Projektion des Rechtecks auf die Achse $I—I$.

Lösung: Es gilt

$$X = X_1 + X_2,$$

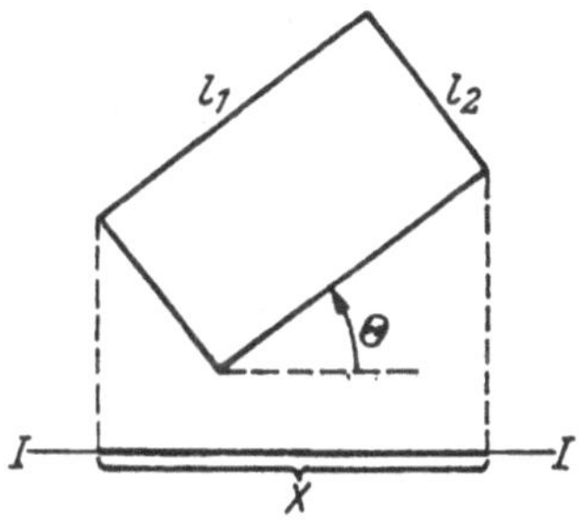

Abb. 7.36

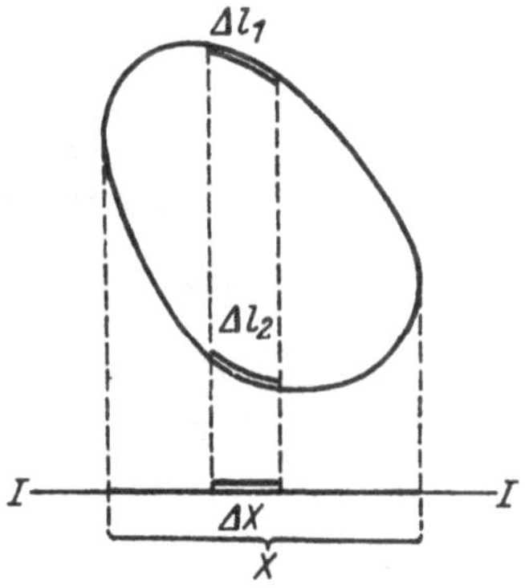

Abb. 7.37

wobei X_1 die Projektion des Abschnitts l_1 und X_2 die Projektion des Abschnitts l_2 ist. Der gesuchte Erwartungswert ist gleich

$$\mathbf{M}[X] = \mathbf{M}[X_1] + \mathbf{M}[X_2] = \frac{2l_1}{\pi} + \frac{2l_2}{\pi} = \frac{2(l_1 + l_2)}{\pi}.$$

7.37. Eine geschlossene konvexe Kurve der Länge l wird auf zufällige Weise auf eine Ebene geworfen, so daß alle ihre Orientierungen gleichwahrscheinlich sind (Abb. 7.37). Man bestimme den Erwartungswert der Länge X der Projektion der Kurve auf die Achse $I—I$.

Lösung: Da die geschlossene Kurve konvex ist, ergibt sich jedes differentielle Element Δx der Projektion durch Projektion der beiden entgegengesetzt liegenden Elemente Δl_1 und Δl_2 der Kurve (Abb. 7.37). Die mittlere Länge der Projektion der geschlossenen Kurve ist daher zweimal kleiner als die Summe der mittleren Längen der Projektionen der elementaren Strecken Δl, in die die geschlossene Kurve unterteilt werden kann. Es ist also

$$\mathbf{M}[X] = \frac{1}{2} \sum \frac{2\,\Delta l}{\pi} = \frac{l}{\pi}.$$

7.38. Die zufällige Größe X habe die Verteilungsdichte $f(x)$. Man bestimme den Erwartungswert und die Varianz der zufälligen Größe $Y = |X|$.

Lösung: Es ist

$$Y = \begin{cases} -X & \text{für } X < 0, \\ X & \text{für } X \geqq 0. \end{cases}$$

Hieraus folgt

$$m_y = \mathrm{M}[Y] = \int_{-\infty}^{\infty} |x| f(x)\,dx = -\int_{-\infty}^{0} x f(x)\,dx + \int_{0}^{\infty} x f(x)\,dx$$

$$= \int_{0}^{\infty} x\,[f(x) - f(-x)]\,dx .$$

$$D_y = \alpha_2[Y] - m_y^2 = \int_{-\infty}^{\infty} |x|^2 f(x)\,dx - m_y^2 = \alpha_2[X] - m_y^2$$

$$= D_x + m_x^2 - m_y^2 .$$

7.39. Die zufällige Größe X sei normalverteilt mit den Parametern m_x und σ_x. Man bestimme den Erwartungswert und die Varianz von $Y = |X|$.

Lösung: Aus der vorhergehenden Aufgabe folgt

$$m_y = -\frac{1}{\sigma_x\sqrt{2\pi}} \int_{-\infty}^{0} x\, e^{-\frac{(x-m_x)^2}{2\sigma_x^2}}\,dx + \frac{1}{\sigma_x\sqrt{2\pi}} \int_{0}^{\infty} x\, e^{-\frac{(x-m_x)^2}{2\sigma_x^2}}\,dx .$$

Wir wenden die Substitution $\frac{x - m_x}{\sigma_x} = t$ an und erhalten

$$m_y = -\frac{1}{\sqrt{2\pi}} \int_{-\infty}^{-m_x/\sigma_x} (t\,\sigma_x + m_x)\, e^{-\frac{1}{2}t^2}\,dt + \frac{1}{\sqrt{2\pi}} \int_{-m_x/\sigma_x}^{\infty} (t\,\sigma_x + m_x)\, e^{-\frac{1}{2}t^2}\,dt$$

$$= \frac{2\,\sigma_x}{\sqrt{2\pi}}\, e^{-\frac{1}{2}\left(\frac{m_x}{\sigma_x}\right)^2} + m_x\left[1 - 2\,\Phi^*\left(-\frac{m_x}{\sigma_x}\right)\right].$$

$$D_y = \sigma_x^2 + m_x^2 - m_y^2 .$$

Für den Fall $m_x = 0$ gilt

$$m_y = \sqrt{\frac{2}{\pi}}\,\sigma_x \approx 0{,}80\,\sigma_x; \qquad D_y = \sigma_x^2 - \frac{2}{\pi}\sigma_x^2 = \left(1 - \frac{2}{\pi}\right)\sigma_x^2 \approx 0{,}36\,\sigma_x^2 .$$

7.40. Die unabhängigen zufälligen Größen X und Y mögen die Verteilungsdichten $f_1(x)$ und $f_2(y)$ haben. Man bestimme den Erwartungswert und die Varianz der zufälligen Größe $Z = |X - Y|$.

Lösung: Es ist

$$m_z = \iint_{-\infty}^{\infty} |x - y|\, f_1(x)\, f_2(y)\,dx\,dy .$$

Die Gerade $y = x$ teilt die Ebene xOy in die Bereiche (I) und (II) (Abb. 7.40). Im Bereich (I) gilt $x > y$ und $|x - y| = x - y$. Im Bereich (II) gilt $y > x$ und $|x - y| = y - x$. Es ist

$$m_z = \iint_{(\mathrm{I})} (x - y) f_1(x) f_2(y)\, dx\, dy + \iint_{(\mathrm{II})} (y - x) f_1(x) f_2(y)\, dx\, dy$$

$$= \int_{-\infty}^{\infty} x f_1(x) \left\{ \int_{-\infty}^{x} f_2(y)\, dy \right\} dx - \int_{-\infty}^{\infty} y f_2(y) \left\{ \int_{y}^{\infty} f_1(x)\, dx \right\} dy$$

$$+ \int_{-\infty}^{\infty} y f_2(y) \left\{ \int_{-\infty}^{y} f_1(x)\, dx \right\} dy - \int_{-\infty}^{\infty} x f_1(x) \left\{ \int_{x}^{\infty} f_2(y)\, dy \right\} dx .$$

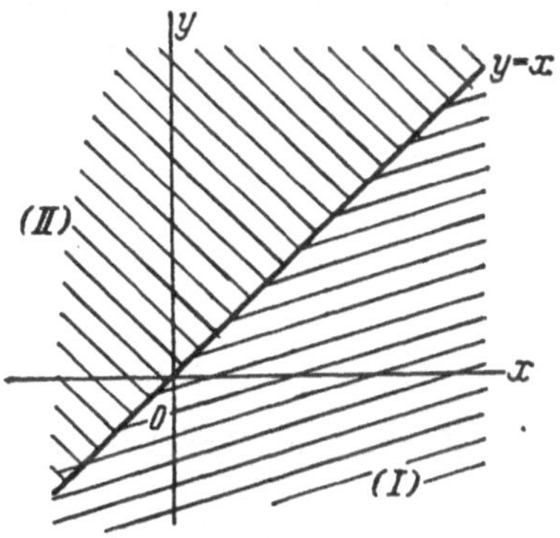

Abb. 7.40

Benutzt man die Verteilungsfunktionen

$$F_1(x) = \int_{-\infty}^{x} f_1(x)\, dx ; \qquad F_2(y) = \int_{-\infty}^{y} f_2(y)\, dy ,$$

so erhält man

$$m_z = \int_{-\infty}^{\infty} x f_1(x) F_2(x)\, dx - \int_{-\infty}^{\infty} y f_2(y) [1 - F_1(y)]\, dy$$

$$+ \int_{-\infty}^{\infty} y f_2(y) F_1(y)\, dy - \int_{-\infty}^{\infty} x f_1(x) [1 - F_2(x)]\, dx .$$

Faßt man das erste und das vierte sowie das zweite und das dritte Integral zusammen, so erhält man

$$m_z = \int_{-\infty}^{\infty} \{2\, x f_1(x) F_2(x) - x f_1(x)\}\, dx + \int_{-\infty}^{\infty} \{2\, y f_2(y) F_1(y) - y f_2(y)\}\, dy$$

$$= 2 \int_{-\infty}^{\infty} x f_1(x) F_2(x)\, dx - m_x + 2 \int_{-\infty}^{\infty} y f_2(y) F_1(y)\, dy - m_y .$$

Aus der Unabhängigkeit von X und Y folgt

$$\alpha_2[Z] = \mathbf{M}\,[|X - Y|^2] = \mathbf{M}\,[(X - Y)^2] = \mathbf{M}[X^2] + \mathbf{M}[Y^2] - 2\,\mathbf{M}[X]\,\mathbf{M}[Y]$$

$$= \alpha_2[X] + \alpha_2[Y] - 2\, m_x m_y = D_x + D_y + (m_x - m_y)^2 .$$

Die gesuchte Varianz D_z erhält man aus der Formel

$$D_z = \alpha_2[Z] - m_z^2 .$$

7.41. Die unabhängigen zufälligen Größen X und Y mögen die Verteilungsdichten $f_1(x)$, $f_2(y)$ haben. Man bestimme den Erwartungswert und die Varianz des Minimums von X und Y

$$Z = \min\{X, Y\}$$

Lösung: Die zufällige Größe Z ist folgendermaßen definiert:

$$Z = \begin{cases} X, & \text{falls} \quad X \leqq Y , \\ Y, & \text{falls} \quad X > Y . \end{cases}$$

Die Gerade $y = x$ teilt die Ebene xOy in zwei Bereiche (I) und (II) (vgl. Abb. 7.40). Im Bereich (I) ist $Z = Y$ und im Bereich (II) ist $Z = X$. (Der Fall $X = Y$ ist uninteressant, da dieses Ereignis die Wahrscheinlichkeit 0 hat.) Es ist

$$m_z = \mathrm{M}[Z] = \iint\limits_{(\mathrm{II})} x f_1(x) f_2(y)\, dx\, dy + \iint\limits_{(\mathrm{I})} y f_1(x) f_2(y)\, dx\, dy$$

$$= \int\limits_{-\infty}^{\infty} x f_1(x) \left\{ \int\limits_{x}^{\infty} f_2(y)\, dy \right\} dx + \int\limits_{-\infty}^{\infty} y f_2(y) \left\{ \int\limits_{y}^{\infty} f_1(x)\, dx \right\} dy$$

$$= \int\limits_{-\infty}^{\infty} x f_1(x) [1 - F_2(x)]\, dx + \int\limits_{-\infty}^{\infty} y f_2(y) [1 - F_1(y)]\, dy ,$$

wobei F_1, F_2 die Verteilungsfunktionen der zufälligen Größen X und Y sind. Ferner gilt

$$\alpha_2[Z] = \int\limits_{-\infty}^{\infty} x^2 f_1(x) [1 - F_2(x)]\, dx + \int\limits_{-\infty}^{\infty} y^2 f_2(y) [1 - F_1(y)]\, dy;$$

$$D_z = \alpha_2[Z] - m_z^2 .$$

7.42. Die zufällige Spannung U wird als normalverteilt mit den Parametern m_u, σ_u vorausgesetzt. Die Spannung liegt an einem Spannungsregler an, der diese Spannung U unverändert läßt, falls $U \leqq u_0$ ist, und sie verändert auf den Wert u_0, falls $U > u_0$ ist:

$$Z = \min\{U, u_0\} = \begin{cases} U & \text{für} \quad U \leqq u_0 , \\ u_0 & \text{für} \quad U > u_0 . \end{cases}$$

Man bestimme den Erwartungswert und die Varianz der zufälligen Größe Z.

Lösung:

$$m_z = \mathrm{M}[Z] = \int\limits_{-\infty}^{\infty} \min\{u, u_0\} f(u)\, du = \int\limits_{-\infty}^{u_0} u f(u)\, du + \int\limits_{u_0}^{\infty} u_0 f(u)\, du$$

$$= \int\limits_{-\infty}^{u_0} \frac{u}{\sqrt{2\pi}\sigma_u} e^{-\frac{(u-m_u)^2}{2\sigma_u^2}} du + u_0 \int\limits_{u_0}^{\infty} f(u)\, du = m_u \Phi^*\left(\frac{u_0 - m_u}{\sigma_u}\right) - \frac{\sigma_u}{\sqrt{2\pi}} e^{-\frac{1}{2}\left(\frac{u_0 - m_u}{\sigma_u}\right)^2}$$

$$+ u_0 \left[1 - \Phi^*\left(\frac{u_0 - m_u}{\sigma_u}\right)\right] = u_0 - \sigma_u \left[t_0 \Phi^*(t_0) + \frac{1}{\sqrt{2\pi}} e^{-\frac{1}{2} t_0^2} \right],$$

wobei $t_0 = \dfrac{u_0 - m_u}{\sigma_u}$ ist.

$$\alpha_2[Z] = \int\limits_{-\infty}^{u_0} u^2 f(u)\,du + \int\limits_{u_0}^{\infty} u_0^2 f(u)\,du = (m_u^2 + \sigma_u^2)\,\Phi^*(t_0) - \frac{2\sigma_u m_u + \sigma_u^2 t_0}{\sqrt{2\pi}} e^{-\frac{1}{2}t_0^2}$$
$$+ u_0^2\,[1 - \Phi^*(t_0)];$$

$$D_z = \alpha_2[Z] - m_z^2 = \sigma_u^2 \left\{ (1 + t_0^2)\,\Phi^*(t_0) + t_0 \frac{1}{\sqrt{2\pi}} e^{-\frac{1}{2}t_0^2} - \left[t_0\,\Phi^*(t_0) + \frac{1}{\sqrt{2\pi}} e^{-\frac{1}{2}t_0^2} \right]^2 \right\}.$$

Im Spezialfall $u_0 = m_u$, $t_0 = 0$ gelten die Formeln

$$m_z = m_u - \frac{\sigma_u}{\sqrt{2\pi}}; \qquad D_z = \sigma_u^2 \frac{\pi - 1}{2\pi}.$$

7.43. Die zufällige Größe X sei normalverteilt mit der Dichte:

$$f_1(x) = \frac{1}{2\sqrt{2\pi}} e^{-\frac{(x+1)^2}{8}}$$

Die von X unabhängige zufällige Größe Y sei im Intervall (0, 2) gleichverteilt. Man bestimme die Größen

a) $\mathbf{M}[X + Y]$; b) $\mathbf{D}[X + Y]$; c) $\mathbf{M}[XY]$; d) $\mathbf{D}[XY]$; e) $\mathbf{M}[X - Y^2]$; f) $\mathbf{M}[X - Y + X^2 Y^2]$; g) $\mathbf{D}[X - Y]$.

Lösung:

$$m_x = -1; \qquad m_y = 1; \qquad D_x = 4, \qquad D_y = \frac{1}{3}.$$

a) $\mathbf{M}[X + Y] = m_x + m_y = 0;$

b) $\mathbf{D}[X + Y] = D_x + D_y = 4\frac{1}{3};$

c) $\mathbf{M}[XY] = m_x m_y = -1;$

d) $\mathbf{D}[XY] = \alpha_2[XY] - m_x^2 m_y^2 = (D_x + m_x^2)(D_y + m_y^2) - m_x^2 m_y^2$

$$= D_x D_y + m_x^2 D_y + m_y^2 D_x = 5\frac{2}{3};$$

e) $\mathbf{M}[X - Y^2] = m_x - \alpha_2[Y] = m_x - D_y - m_y^2 = -2\frac{1}{3};$

f) $\mathbf{M}[X - Y + X^2 Y^2] = m_x - m_y + \mathbf{M}[X^2]\,\mathbf{M}[Y^2]$

$$= m_x - m_y + (D_x + m_x^2)(D_y + m_y^2) = 4\frac{2}{3};$$

g) $\mathbf{D}[X - Y] = D_x + D_y = 4\frac{1}{3}.$

7.44. Die zufällige Größe X sei normalverteilt mit den Parametern $m_x = 1$, $\sigma_x = 3$; die zufällige Größe Y sei im Intervall $(0, 3)$ gleichverteilt; die zufällige Größe Z sei im Intervall $(-3, 0)$ gleichverteilt. Die normierte Korrelationsmatrix des zufälligen Vektors (X, Y, Z) habe die Form

$$\begin{Vmatrix} 1 & 0{,}5 & -0{,}2 \\ & 1 & 0{,}4 \\ & & 1 \end{Vmatrix}.$$

Man bestimme den Erwartungswert und die Varianz der zufälligen Größe $U = 1 - 2X + 3Y - Z$.

Lösung: $m_x = 1$; $m_y = 1{,}5$; $m_z = -1{,}5$; $D_x = 9$; $D_y = D_z = 0{,}75$;

$$m_u = 1 - 2\,m_x + 3\,m_y - m_z = 5\,.$$

$$D_u = 4\,D_x + 9\,D_y + D_z + 2\,[(-2)\,3\,\sigma_x\,\sigma_y\,r_{xy} + (-2)\,(-1)\,\sigma_x\,\sigma_z\,r_{xz}$$
$$+ 3(-1)\,\sigma_y\,\sigma_z\,r_{yz}] = 41{,}7 - 10{,}2\sqrt{3} \approx 24{,}0\,.$$

7.45. Der zufällige Vektor (X, Y) sei im Rechteck R gleichverteilt (Abb. 7.45). Man bestimme:

a) $\mathbf{M}\,[X + Y]$; b) $\mathbf{M}\,[X - Y]$; c) $\mathbf{M}[X\,Y]$; d) $\mathbf{D}\,[X + Y]$;

e) $\mathbf{D}\,[X - Y]$; f) $\mathbf{M}\,[(X - Y)^2]$; g) $\mathbf{M}\,[2\,X^3 + 3\,Y^2 + 1]$.

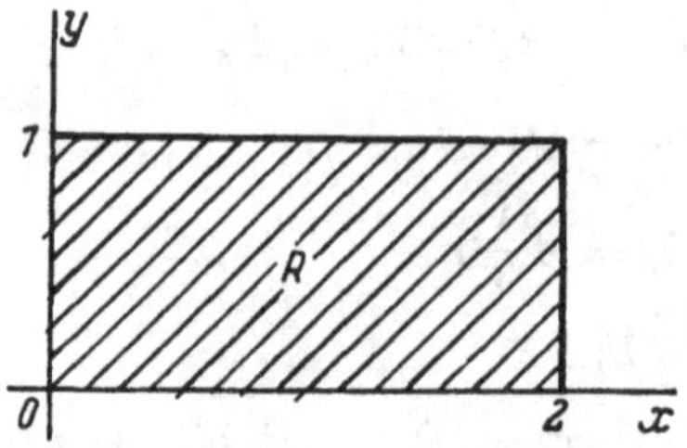

Abb. 7.45

Lösung:

$$m_x = 1; \quad m_y = \frac{1}{2}; \quad D_x = \frac{4}{12}; \quad D_y = \frac{1}{12}; \quad K_{xy} = 0\,.$$

a) $\mathbf{M}\,[X + Y] = m_x + m_y = 1\frac{1}{2}$;

b) $\mathbf{M}\,[X - Y] = m_x - m_y = \frac{1}{2}$;

c) $\mathbf{M}[X\,Y] = m_x\, m_y = \frac{1}{2}$;

d) $\mathbf{D}\,[X + Y] = D_x + D_y = \frac{5}{12}$;

e) $\mathbf{D}\,[X - Y] = D_x + D_y = \frac{5}{12}$;

f) $\mathbf{M}\,[(X - Y)^2] = \mathbf{M}[X^2] + \mathbf{M}[Y^2] - 2\,\mathbf{M}[X]\,\mathbf{M}[Y]$

$$= D_x + m_x^2 + D_y + m_y^2 - 2\,m_x\,m_y = \frac{2}{3};$$

g) $\mathbf{M}\,[2\,X^3 + 3\,Y^2 + 1] = 2\,\mathbf{M}[X^3] + 3\,\mathbf{M}[Y^2] + 1 = 6$,

da $\mathbf{M}[X^3] = \frac{1}{2}\int\limits_0^2 x^3\,dx = 2$ ist.

7.46. Während der Arbeit eines Geräts treten zufällige Defekte (Ausfälle) ein. Die mittlere Anzahl der Defekte während einer Zeiteinheit ist gleich λ; die Anzahl der Defekte, die in der Zeit τ der Arbeit des Geräts auftreten, ist eine nach dem Poisson-Gesetz verteilte zufällige Größe mit dem Parameter $a = \lambda\,\tau$. (Die Zeitpunkte des Auftretens von Defekten bilden in der „Realzeit" eine Poissonsche Punktfolge.) Für die Beseitigung eines Defekts (Reparatur) wird eine zufällige Zeit $\bar{t}_{\text{rep}}$ benötigt; das Verteilungsgesetz dieser Reparaturdauer sei exponentiell:

$$\bar{f}(t) = \begin{cases} \mu\, e^{-\mu t} & \text{für} \quad t > 0\,, \\ 0 & \text{für} \quad t < 0\,. \end{cases}$$

Die einzelnen Reparaturzeiten werden als unabhängig voneinander vorausgesetzt.

Man bestimme: a) Den mittleren Zeitanteil, während dessen das Gerät fehlerfrei arbeitet, und den mittleren Zeitanteil, während dessen das Gerät in Reparatur ist; b) die mittlere Länge des Zeitintervalls zwischen zwei aufeinander folgenden Defekten.

Lösung: a) Nach der bekannten Eigenschaft der Poissonschen Punktfolgen ist die mittlere Dauer der fehlerfreien Arbeit des Geräts (der Erwartungswert der Zeit von der Inbetriebnahme bis zum Auftreten eines Defektes) gleich (vgl. S. 96).

$$\bar{t}_a = \frac{1}{\lambda}\,.$$

Die mittlere Reparaturdauer ist gleich

$$\bar{t}_{\text{rep}} = \frac{1}{\mu}\,.$$

Der mittlere Zeitanteil α, während dessen das Gerät fehlerfrei arbeitet, ist gleich[1])

$$\alpha = \frac{\bar{t}_a}{\bar{t}_a + \bar{t}_{\text{rep}}} = \frac{\frac{1}{\lambda}}{\frac{1}{\lambda} + \frac{1}{\mu}} = \frac{\mu}{\lambda + \mu}.$$

---

[1]) Hier wird der „individuelle Ergodensatz" für stationäre (im strengen Sinne) zufällige Prozesse (vgl. Einführung zum Kap. 9) benutzt, der folgendes besagt:
Sei $X(t)$ ein im strengen Sinne stationärer ergodischer zufälliger Prozeß, dessen Erwartungswert

$$m_x(t) = \mathbf{M}[X(t)] = m_x$$

ist. Für fast alle Realisierungen $x(t)$ von $X(t)$ gilt dann

$$\lim_{T\to\infty} \frac{1}{T} \int_0^T x(t)\, dt = m_x .$$

Der Ergodensatz besagt, daß der Erwartungswert m_x (das „Scharmittel") gleich dem Zeitmittel entlang einer beliebigen Realisierung für große Beobachtungszeiträume ist.

Bei der vorliegenden Aufgabe betrachten wir den stationären zufälligen Prozeß

$$X(t) = \begin{cases} 0, & \text{falls das Gerät zur Zeit } t \text{ in Reparatur ist} \\ 1, & \text{falls das Gerät zur Zeit } t \text{ arbeitet} \end{cases}$$

(die Forderung der Ergodizität wird hier nicht erläutert, sie ist in praktischen Fällen im allgemeinen erfüllt).

Die Größe α (die man als Wahrscheinlichkeit dafür deuten kann, daß in einem beliebigen Zeitpunkt t das Gerät in Ordnung ist) ist gleich m_x und damit gleich

$$\lim_{T\to\infty} \frac{1}{T} \int_0^T x(t)\, dt .$$

Eine Zeit der fehlerfreien Arbeit und die nachfolgende Reparaturdauer bilden einen Zyklus. Sei n_T die zufällige Anzahl solcher Zyklen im Intervall $(0, T)$.
Dann gilt näherungsweise

$$\int_0^T x(t)\, dt \approx \sum_{i=1}^{n_T} (T_a)_i , \qquad T \approx \sum_{i=1}^{n_T} [(T_a)_i + (T_{\text{rep}})_i] ,$$

wobei $(T_a)_i$ die Zeitabstände der fehlerfreien Arbeit und $(T_{\text{rep}})_i$ die Reparaturzeiten sind. Für fast alle Realisierungen des Vorganges gilt $n_T \xrightarrow[T\to\infty]{} \infty$. Also gilt nach dem starken Gesetz der großen Zahlen (vgl. S. 209)

$$\lim_{T\to\infty} \frac{1}{n_T} \sum_{i=1}^{n_T} (T_a)_i = \bar{t}_a , \qquad \lim_{T\to\infty} \frac{1}{n_T} \sum_{i=1}^{n_T} [(T_a)_i + (T_{\text{rep}})_i] = \bar{t}_a + \bar{t}_{\text{rep}} .$$

Zusammenfassend erhalten wir

$$\alpha = \lim_{T\to\infty} \frac{1}{T} \int_0^T x(t)\, dt = \frac{\bar{t}_a}{\bar{t}_a + \bar{t}_{\text{rep}}} ,$$

was zu beweisen war (Anm. d. Red.).

Analog ergibt sich für den mittleren Zeitanteil β, während dessen das Gerät repariert wird, die Formel

$$\beta = 1 - \alpha = \frac{\lambda}{\lambda + \mu}.$$

b) Die mittlere Länge des Zeitintervalls zwischen zwei aufeinander folgenden Defekten ist gleich:

$$\bar{I}_t = \bar{t}_a + \bar{t}_{\text{rep}} = \frac{1}{\lambda} + \frac{1}{\mu} = \frac{\lambda + \mu}{\lambda \mu}.$$

7.47. In ein Rechteck R mit den Seiten der Länge a und b (Abb. 7.47) wird zufällig ein Punkt (X, Y) geworfen, wobei sämtliche Lagen des Punktes im Rechteck gleichwahrscheinlich sind. Sei R' das in Abb. 7.40 schraffierte Rechteck.

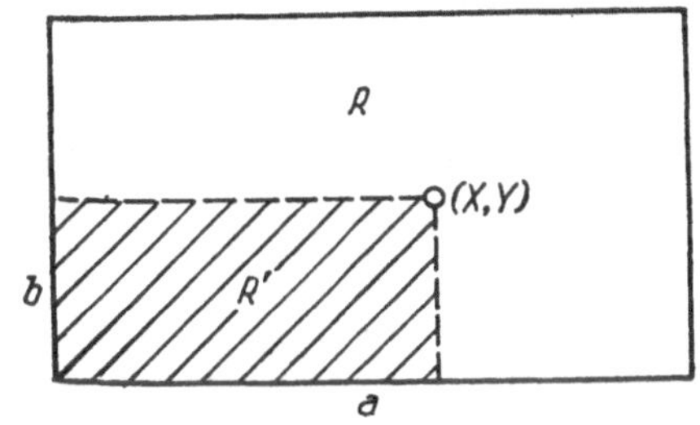

Abb. 7.47

Man bestimme den Erwartungswert und die Varianz des Flächeninhalts $S_{R'}$ von R'.

Lösung: Wir wählen die untere linke Ecke des Rechtecks R als Koordinatenursprung und seine untere und linke Seite als Koordinatenachsen. Die zufälligen Größen X, Y sind dann unabhängig und im Intervall $(0, a)$ bzw. $(0, b)$ gleichverteilt. Es ist $S_{R'} = X\,Y$. Folglich ist

$$\mathbf{M}[S_{R'}] = \mathbf{M}[X\,Y] = m_x\, m_y = \frac{a\,b}{4},$$

$$\mathbf{D}[S_{R'}] = \mathbf{D}[X\,Y] = D_x\, D_y + m_x^2 D_y + m_y^2 D_x = \frac{a^2\, b^2}{12 \cdot 12} + \frac{a^2}{4}\frac{b^2}{12} + \frac{b^2}{4}\frac{a^2}{12} = \frac{7\, a^2\, b^2}{144}.$$

7.48. Der zufällige Punkt (X, Y) sei auf der Ebene nach der sphärischen Normalverteilung verteilt mit den Parametern

$$m_x = m_y = 0 \quad \text{und} \quad \sigma_x = \sigma_y = \sigma .$$

Man bestimme den Erwartungswert und die Varianz des Abstandes R vom Punkt (X, Y) zum Streuungsmittelpunkt (Koordinatenursprung).

Lösung: Es ist $R = \sqrt{X^2 + Y^2}$.

$$m_r = \mathbf{M}[R] = \iint\limits_{-\infty}^{\infty} \sqrt{x^2 + y^2}\, \frac{1}{2\,\sigma^2\,\pi}\, e^{\frac{x^2 + y^2}{2\sigma^2}}\, dx\, dy .$$

Durch den Übergang zu den Polarkoordinaten (r, φ) erhält man

$$m_r = \int_0^\infty r^2 \frac{1}{2\sigma^2\pi} e^{-\frac{r^2}{2\sigma^2}} dr \int_0^{2\pi} d\varphi = \sigma \sqrt{\frac{\pi}{2}} \approx 1{,}25\,\sigma\,.$$

$$D_r = \mathbf{D}[R] = \alpha_2[R] - m_r^2 = \iint_{-\infty}^{\infty} (x^2 + y^2) \frac{1}{2\sigma^2\pi} e^{-\frac{x^2+y^2}{2\sigma^2}} dx\,dy - m_r^2$$

$$= \int_0^\infty r^3 \frac{1}{2\sigma^2\pi} e^{-\frac{r^2}{2\sigma^2}} dr \int_0^{2\pi} d\varphi - \sigma^2 \frac{\pi}{2} = 2\sigma^2 \int_0^\infty t\,e^{-t}\,dt - \sigma^2 \frac{\pi}{2}$$

$$= 2\sigma^2 - \sigma^2 \frac{\pi}{2} = \sigma^2 \frac{4-\pi}{2}.$$

7.49. Sei A das Ereignis — beim Werfen dreier Münzen wird genau zweimal das Wappen geworfen. Der im Werfen dreier Münzen bestehende Versuch wird n-mal wiederholt. Man bestimme den Erwartungswert und die Varianz folgender zufälliger Größen:

X — die Anzahl des Eintretens des Ereignisses A in n Versuchen
Y — die relative Häufigkeit des Ereignisses A in n Versuchen.

Lösung: Die Wahrscheinlichkeit des Ereignisses A ist gleich

$$p = 3 \cdot \left(\frac{1}{2}\right)^2 \cdot \frac{1}{2} = \frac{3}{8}.$$

Daraus ergibt sich

$$\mathbf{M}[X] = n\,p = \frac{3n}{8}; \qquad \mathbf{D}[X] = n\,p\,(1-p) = \frac{15n}{64};$$

$$Y = \frac{X}{n}; \qquad \mathbf{M}[Y] = \frac{\mathbf{M}[X]}{n} = \frac{3}{8}; \qquad \mathbf{D}[Y] = \frac{1}{n^2}\mathbf{D}[X] = \frac{15}{64\,n}.$$

7.50. In einer Urne befinden sich zwei weiße und drei schwarze Kugeln. Der Urne werden willkürlich zwei Kugeln entnommen. Man bestimme den Erwartungswert und die Varianz der Anzahl der dabei entnommenen weißen Kugeln, und zwar a) unmittelbar; b) mit Hilfe der Sätze über den Erwartungswert und die Varianz.

Lösung: a) Sei X die Anzahl der entnommenen weißen Kugeln. Das Verteilungsgesetz der zufälligen Größe X ist durch die Tabelle

x_i	0	1	2
p_i	0,3	0,6	0,1

definiert.

Der Erwartungswert der zufälligen Größe X ist gleich

$$m_x = 0 \cdot 0{,}3 + 1 \cdot 0{,}6 + 2 \cdot 0{,}1 = 0{,}8 = \frac{4}{5}.$$

Die Varianz von X ist gleich

$$D_x = \alpha_2[X] - m_x^2 = 1^2 \cdot 0{,}6 + 2^2 \cdot 0{,}1 - 0{,}8^2 = 0{,}36 = \frac{9}{25}.$$

b) Wir stellen uns gedanklich vor, daß die Kugeln der Urne nacheinander entnommen werden. Sei

X_1 — die Anzahl der weißen Kugeln bei der ersten Entnahme;
X_2 — die Anzahl der weißen Kugeln bei der zweiten Entnahme;
X — die Gesamtzahl der entnommenen weißen Kugeln.

Die zufälligen Größen X_1, X_2 sind identisch verteilt. Es gilt

$$X = X_1 + X_2; \qquad m_{x_1} = m_{x_2} = \frac{2}{5}; \qquad m_x = m_{x_1} + m_{x_2} = \frac{4}{5};$$

$$D_x = D_{x_1} + D_{x_2} + 2\,K_{x_1x_2}; \qquad D_{x_1} = D_{x_2} = \frac{2}{5} \cdot \frac{3}{5} = \frac{6}{25}.$$

Zur Berechnung von $K_{x_1x_2} = \alpha_{1,1}[X_1, X_2] = \mathbf{M}[X_1\,X_2]$ bestimmen wir das Verteilungsgesetz des zufälligen Vektors (X_1, X_2):

X_2	X_1	
	0	1
0	$\frac{3}{10}$	$\frac{3}{10}$
1	$\frac{3}{10}$	$\frac{1}{10}$

Es gilt:

$$\alpha_{1,1}[X_1\,X_2] = \mathbf{M}[X_1\,X_2] = 0 \cdot 0 \cdot \frac{3}{10} + 0 \cdot 1 \cdot \frac{3}{10} + 1 \cdot 0 \cdot \frac{3}{10} + 1 \cdot 1 \cdot \frac{1}{10} = \frac{1}{10};$$

$$K_{x_1x_2} = \alpha_{1,1}[X_1\,X_2] - m_{x_1}\,m_{x_2} = -\frac{3}{50};$$

$$D_x = D_{x_1} + D_{x_2} + 2\,K_{x_1x_2} = \frac{9}{25}.$$

7.51. In einer Urne befinden sich a weiße und b schwarze Kugeln. Der Urne werden gleichzeitig k Kugeln entnommen ($k \leq a + b$).

Man bestimme den Erwartungswert und die Varianz der Anzahl X der entnommenen weißen Kugeln.

Lösung: Die zufällige Größe X kann als Summe

$$X = \sum_{i=1}^{k} X_i$$

dargestellt werden, wobei X_i die Anzahl der weißen Kugeln bei der i-ten Entnahme ist. (Wir stellen uns wieder vor, daß die Kugeln der Urne nacheinander entnommen werden. Dabei werden die Ergebnisse der einzelnen Entnahmen nicht festgestellt.). Es gilt

$$\mathrm{P}(X_i = 0) = \frac{b}{a+b}, \qquad \mathrm{P}(X_i = 1) = \frac{a}{a+b},$$

$$m_x = \sum_{i=1}^{k} m_{x_i} = \sum_{i=1}^{k} \frac{a}{a+b} = \frac{k\,a}{a+b}.$$

Zur Bestimmung der Varianz D_x muß man die Charakteristika D_{x_i} und $K_{x_i x}$ bestimmen. Es ist

$$D_{x_i} = \frac{a}{a+b}\frac{b}{a+b} = \frac{a\,b}{(a+b)^2}.$$

Zur Berechnung der Kovarianz $K_{x_i x_j}$ ermitteln wir zunächst das Verteilungsgesetz des Vektors (X_i, X_j). Die entsprechende Tabelle lautet:

X_j	X_i: 0	X_i: 1
0	$\frac{b(b-1)}{(a+b)(a+b-1)}$	$\frac{a\,b}{(a+b)(a+b-1)}$
1	$\frac{a\,b}{(a+b)(a+b-1)}$	$\frac{a(a-1)}{(a+b)(a+b-1)}$

Es gilt

$$K_{x_i x_j} = \mathrm{M}[X_i\, X_j] - m_{x_i} m_{x_j};$$

$$\mathrm{M}[X_i\, X_j] = 1 \cdot \mathrm{P}\big((X_i = 1)(X_j = 1)\big) = \frac{a}{a+b}\frac{a-1}{a+b-1}$$

und folglich

$$K_{x_i x_j} = \frac{a(a-1)}{(a+b)(a+b-1)} - \frac{a^2}{(a+b)^2} = -\frac{a\,b}{(a+b)^2(a+b-1)}.$$

Die Varianz D_x ist gleich

$$D_x = \sum_{i=1}^{k} D_{x_i} + 2\sum_{i<j} K_{x_i x_j}.$$

Da sämtliche Varianzen D_{x_i} und die Kovarianzen $K_{x_i x_j}$ übereinstimmen, vereinfacht sich die letzte Formel, und wir erhalten

$$D_x = k\,D_{x_i} + 2\,C_k^2\,K_{x_i x_j} = \frac{k\,a\,b}{(a+b)^2}\frac{a+b-k}{a+b-1}.$$

Im Spezialfall $k = a + b$ (es werden sämtliche Kugeln der Urne entnommen) erhält man daraus das zu erwartende Ergebnis

$$m_x = k\frac{a}{a+b} = a, \qquad D_x = 0.$$

7.52. Durch einen willkürlich ausgewählten Punkt A auf dem Kreis vom Radius r wird zufällig eine Sehne AB gezogen, so daß alle Richtungen der Sehne gleichwahrscheinlich sind (Abb. 7.52).

Man bestimme die mittlere Länge der Sehne.

Lösung: Wir bestimmen zunächst die Länge Y der Sehne als Funktion des zufälligen Winkels Φ, den die Sehne mit dem Radius im Punkt A bildet. Aus der Abb. 7.52 ergibt sich die Formel

$$Y = 2\,r\cos\Phi\,.$$

Die zufällige Größe Φ ist nach Voraussetzung im Intervall $\left(0, \frac{\pi}{2}\right)$ gleichverteilt. Es ist

$$m_y = \int_0^{\pi/2} 2\,r\,\frac{2}{\pi}\cos\varphi\,d\varphi = \frac{4\,r}{\pi} \approx 1{,}27\,r\,.$$

7.53*. Durch einen beliebigen Punkt A im Inneren des Kreises vom Radius r wird auf zufällige Weise eine Sehne BC gezogen (Abb. 7.53). Alle Lagen des Punktes A innerhalb des Kreises sind gleichwahrscheinlich. Alle Richtungen der Sehne BC, die durch den Winkel Φ zwischen der Sehne und dem durch Punkt A gehenden Radius bestimmt sind, sind ebenfalls gleichwahrscheinlich.

Man bestimme die mittlere Länge der Sehne BC.

Lösung. Die Länge D der Sehne hat als Funktion der cartesischen Koordinaten (X, Y) des Punktes A und des Winkels Φ die Gestalt:

$$D = 2\sqrt{r^2 - H^2} = 2\sqrt{r^2 - (X^2 + Y^2)\sin^2\Phi}\,,$$

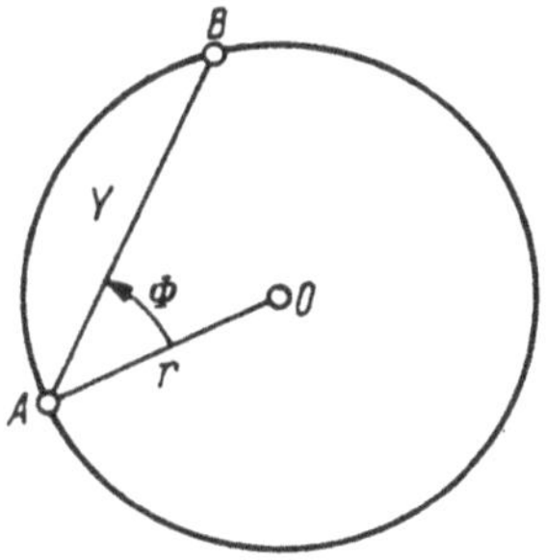

Abb. 7.52

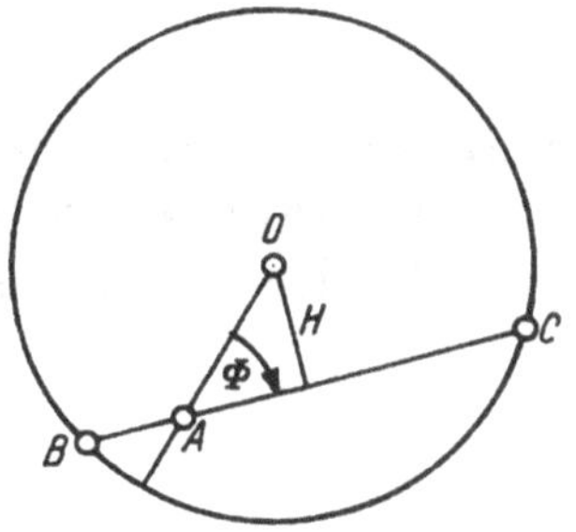

Abb. 7.53

wobei $H = \sqrt{X^2 + Y^2}\sin\Phi$ die Länge des Lots von dem Kreismittelpunkt auf die Sehne BC ist. Der Punkt (X, Y) ist im Kreis K vom Radius r gleichverteilt; der Winkel Φ ist im Intervall $\left(0, \frac{\pi}{2}\right)$ gleichverteilt; der Vektor (X, Y) und der

Winkel Φ sind unabhängig. Folglich hat der zufällige Vektor (X, Y, Φ) die Dichte

$$f(x, y, \varphi) = \begin{cases} \frac{2}{\pi} \frac{1}{\pi r^2} & \text{für } x^2 + y^2 < r^2, \quad 0 < \varphi < \frac{\pi}{2}, \\ 0 & \text{für } x^2 + y^2 \geqq r^2 \text{ oder } \varphi \notin \left(0, \frac{\pi}{2}\right). \end{cases}$$

Also ist

$$m_d = \frac{2}{\pi^2 r^2} \int_0^{\pi/2} d\varphi \iint_K 2 \sqrt{r^2 - (x^2 + y^2) \sin^2 \varphi}\, dx\, dy .$$

Durch den Übergang zu den Polarkoordinaten (ϱ, ψ) erhält man:

$$m_d = \frac{4}{\pi^2 r^2} \int_0^{\pi/2} d\varphi \int_0^{2\pi} d\psi \int_0^r \sqrt{r^2 - \varrho^2 \sin^2 \varphi}\, \varrho\, d\varrho = \frac{8}{\pi r^2} \int_0^{\pi/2} d\varphi \frac{r^3 (1 - \cos^3 \varphi)}{3 \sin^2 \varphi}$$

$$= \frac{16\, r}{3\, \pi} \approx 1{,}70\, r.$$

7.54*. Man bestimme die mittlere Länge der Sehne BC (Abb. 7.54), die durch einen festen Punkt A im Inneren des Kreises vom Radius r gezogen wird, der

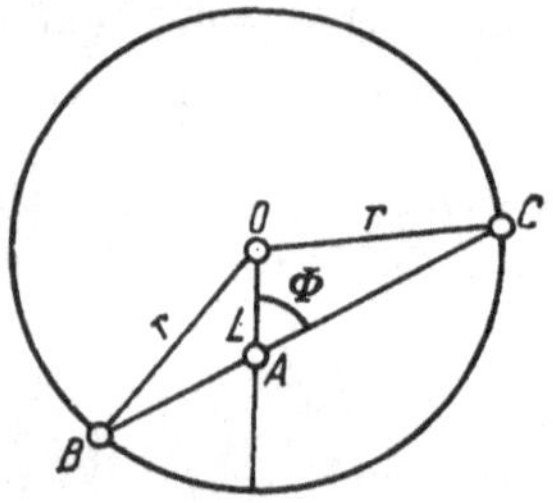

Abb. 7.54

sich im Abstand L vom Kreismittelpunkt befindet, dabei sollen alle Richtungen dieser Sehne gleichwahrscheinlich sein.

Lösung: Die Länge X der Sehne BC kann als Funktion der Größen L, Φ, r dargestellt werden:

$$X = 2\, r \sqrt{1 - \frac{L^2}{r^2} \sin^2 \Phi}.$$

Der Erwartungswert der zufälligen Größe X ist gleich

$$m_x = \int_0^{\pi/2} \frac{2}{\pi} 2\, r \sqrt{1 - \left(\frac{L}{r}\right)^2 \sin^2 \varphi}\, d\varphi = \frac{4\, r}{\pi} \int_0^{\pi/2} \sqrt{1 - k^2 \sin^2 \varphi}\, d\varphi ,$$

wobei $k = \frac{L}{r}$ ist.

Das gewonnene Integral ist das volle elliptische Integral $E\left(k, \frac{\pi}{2}\right)$ mit dem Parameterwert k; seine Werte findet man in entsprechenden Tafelwerken. Für $k = \frac{1}{2}$ ist z. B. $E\left(\frac{1}{2}, \frac{\pi}{2}\right) = 1,4675$ und $m_x = 1,87\,r$.

Die Werte des vollen elliptischen Integrals $E\left(k, \frac{\pi}{2}\right)$ liegen zwischen $\frac{\pi}{2}$ (für $k = 0$) und 1 (für $k = 1$). Folglich liegen die Werte von m_x zwischen $2\,r$ (falls $k = 0$, d. h., falls A im Kreismittelpunkt liegt) und $\frac{4}{\pi}\,r$ (falls $L = r$, d. h., falls der Punkt A auf dem Rand des Kreises liegt).

7.55*. Ein Gerät besteht aus n Blöcken. Jeder Block kann nach einer gewissen Zeit ausfallen; die Blöcke fallen unabhängig voneinander aus. Die Zeit der ausfallfreien Arbeit der i-ten Blocks ist exponentiell verteilt mit dem Parameter λ_i:

$$f_i(t) = \begin{cases} \lambda_i\, e^{-\lambda_i t} & \text{für} \quad t > 0\,, \\ 0 & \text{für} \quad t < 0\,. \end{cases}$$

Jeder ausgefallene Block wird sofort durch einen neuen Block ersetzt, und es wird unverzüglich mit seiner Reparatur begonnen. Die Reparaturdauer des i-ten Blocks ist zufällig und hat die Verteilungsdichte

$$\varphi_i(t) = \begin{cases} \mu_i\, e^{-\mu_i t} & \text{für} \quad t > 0\,, \\ 0 & \text{für} \quad t < 0\,. \end{cases}$$

Das Gerät möge die Zeit τ im Betrieb sein. Man bestimme: a) den Erwartungswert und die Varianz der Anzahl der Blöcke, die während dieser Zeit ersetzt werden müssen; b) den Erwartungswert der Zeit T, die für die Reparatur der ausgefallenen Blöcke benötigt wird.

Lösung: a) Sei X_i die Anzahl der Blöcke des i-ten Typs, die während der Betriebsdauer τ ausfallen. Diese zufällige Größe ist nach dem POISSON-Gesetz verteilt mit dem Erwartungswert $m_{x_i} = \lambda_i\,\tau$ und der Varianz $D_{x_i} = \lambda_i\,\tau$.

Sei X die Gesamtanzahl der Blöcke, die während der Zeit ausgefallen sind. Es gilt

$$X = \sum_{i=1}^{n} X_i\,; \qquad m_x = \sum_{i=1}^{n} m_{x_i} = \tau \sum_{i=1}^{n} \lambda_i\,.$$

Aus der Unabhängigkeit der zufälligen Größen X_i folgt die Formel

$$D_x = \sum_{i=1}^{n} D_{x_i} = \tau \sum_{i=1}^{n} \lambda_i\,.$$

b) Sei T_i die Gesamtzeit, die für die Reparatur sämtlicher während der Zeit τ ausgefallener Blöcke i-ten Typs aufgewendet wurde. Diese Zeit ist gleich der Summe der Reparaturzeiten einzelner Blöcke. Die Anzahl der ausgefallenen Blöcke i-ten Typs ist gleich X_i. Folglich ist

$$T_i = T_i^{(1)} + T_i^{(2)} + \cdots + T_i^{(X_i)} = \sum_{k=1}^{X_i} T_i^{(k)}\,,$$

wobei $T_i^{(k)}$ eine exponentiell verteilte zufällige Größe mit dem Parameter μ_i ist ($k = 1, 2, \ldots$); die zufälligen Größen $T_i^{(1)}, T_i^{(2)}, \ldots$ sind unabhängig.

Wir bestimmen zunächst den Erwartungswert der zufälligen Größe T_i. Dazu berechnen wir den bedingten Erwartungswert von T_i unter der Bedingung, daß die zufällige Größe X_i den Wert m angenommen hat. Da die zufällige Größe X_i von den zufälligen Größen $T_i^{(k)}$ unabhängig ist, gilt

$$\mathbf{M}\,[T_i|X_i = m] = \sum_{k=1}^{m} \mathbf{M}\,[T_i^{(k)}|X_i = m] = \sum_{k=1}^{m} \frac{1}{\mu_i} = \frac{m}{\mu_i}.$$

Multipliziert man diesen bedingten Erwartungswert mit der Wahrscheinlichkeit P_m des Ereignisses $(X_i = m)$ und summiert man alle diese Produkte, so erhält man den totalen (unbedingten) Erwartungswert der zufälligen Größe T_i:

$$\mathbf{M}[T_i] = \sum_{m=1}^{\infty} P_m \frac{m}{\mu_i} = \frac{1}{\mu_i} \sum_{m=1}^{\infty} m\, P_m = \frac{1}{\mu_i} \mathbf{M}[X_i] = \frac{\lambda_i \tau}{\mu_i}.$$

Auf Grund der Additivität des Erwartungswertes ergibt sich

$$\mathbf{M}[T] = \tau \sum_{i=1}^{n} \frac{\lambda_i}{\mu_i}.$$

7.56*. Die Bedingungen der Aufgabe 7.55 werden in folgender Weise abgeändert: Jeder ausgefallene Block wird sofort in Reparatur genommen; während der Reparaturzeiten wird die Arbeit des Geräts unterbrochen; während der Stillstandszeiten können keine weiteren Blöcke ausfallen.

Man bestimme: a) den Erwartungswert der Anzahl von Unterbrechungen während der Zeit τ; b) den Erwartungswert der gesamten Stillstandszeit während der Zeit τ (d. h. die mittlere Reparaturzeit).

L ö s u n g: a) Sei X die zufällige Anzahl der Unterbrechungen (Ausfälle) während der Zeit τ. Bei der Lösung der Aufgabe machen wir von einigen intuitiven (und dennoch richtigen) Schlüssen Gebrauch. Wir nehmen an, daß der Arbeitsprozeß des Geräts zeitlich unbegrenzt abläuft. Dann kann man diesen Prozeß als eine Folge von „Zyklen" darstellen (Abb. 7.56). Jeder Zyklus setzt sich aus

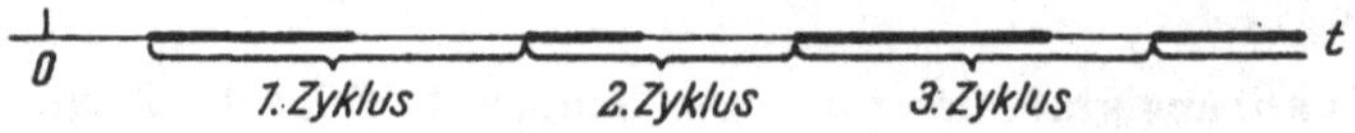

Abb. 7.56

einer Arbeitsperiode (fett gezeichnete Abschnitte) und einer Reparaturperiode zusammen. Die Länge des i-ten Zyklus ist gleich der Summe der zufälligen Größen $T_a^{(i)}$ (Länge der Arbeitsperiode) und $T_{\text{rep}}^{(i)}$ (Reparaturdauer). Die zufälligen Größen $T_a^{(i)}$ und $T_{\text{rep}}^{(i)}$ sind unabhängig für jedes i, außerdem sind die zufälligen Vektoren $(T_a^{(i)}, T_{\text{rep}}^{(i)})$ unabhängig. Die zufällige Größe $T_a^{(i)}$ ist gleich dem Minimum von n unabhängigen, exponentiell verteilten zufälligen Größen mit den Parametern $\lambda_1, \ldots, \lambda_n$. Nach Aufgabe 8.37 ist die zufällige Größe $T_a^{(i)}$ ebenfalls exponentiell verteilt mit dem Parameter $\sum_{i=1}^{n} \lambda_i$. Folglich ist der Erwartungswert m_{t_a} der (identisch verteilten) zufälligen Größen $T_a^{(i)}$ gleich $m_{t_a} = \frac{1}{\lambda} = \left(\sum_{i=1}^{n} \lambda_i\right)^{-1}$.

Wir bestimmen jetzt den Erwartungswert $m_{t_{rep}}$ von $T_{rep}^{(i)}$ (die zufälligen Größen $T_{rep}^{(i)}$ sind ebenfalls identisch verteilt). Dabei benutzen wir die Formel für den totalen (unbedingten) Erwartungswert unter Ausnutzung der Hypothesen H_i — es wird ein Block des i-ten Typs repariert ($i = 1, \ldots, n$) (vgl. S. 131).

Die Wahrscheinlichkeit der Hypothese H_i ist gleich[1]) $\mathbf{P}(H_i) = \frac{\lambda_i}{\lambda}$.

Der bedingte Erwartungswert von T_{rep} unter der Hypothese H_i ist gleich $\frac{1}{\mu_i}$. Der totale Erwartungswert ist gleich

$$m_{t_{rep}} = \sum_{i=1}^{n} \frac{\lambda_i}{\lambda \mu_i} = \frac{1}{\lambda} \sum_{i=1}^{n} \frac{\lambda_i}{\mu_i}.$$

Die mittlere Länge eines Zyklus ist gleich

$$m_{t_z} = \frac{1}{\lambda} + \frac{1}{\lambda} \sum_{i=1}^{n} \frac{\lambda_i}{\mu_i} = \frac{1}{\lambda}\left(1 + \sum_{i=1}^{n} \frac{\lambda_i}{\mu_i}\right).$$

Die Zeitpunkte der Arbeitsunterbrechungen des Geräts bilden eine stationäre zufällige Punktefolge (genauer gesagt einer stationäre rekurrente Punktfolge) mit dem mittleren Abstand zwischen den Punkten gleich m_{t_z}[2]). Der Erwartungswert der Anzahl der Unterbrechungen während der Zeit τ ist gleich[3])

$$m_x = \frac{\tau}{m_{t_z}} = \frac{\lambda \tau}{1 + \sum_{i=1}^{n} \frac{\lambda_i}{\mu_i}}.$$

b) In jedem Zyklus ist die mittlere Stillstandszeit des Geräts gleich

$$m_{t_{rep}} = \frac{1}{\lambda} \sum_{i=1}^{n} \frac{\lambda_i}{\mu_i};$$

---

[1]) Die Hypothese H_i kann anders formuliert werden: Ein zufällig herausgegriffener ausgefallener Block ist vom i-ten Typ. Die Wahrscheinlichkeit von H_i ist also gleich dem Verhältnis der Intensität λ_i der Ausfälle i-ten Typs zu der Gesamtintensität $\lambda = \sum_{i=1}^{n} \lambda_i$ der zufälligen Folge der Ausfallzeitpunkte des Geräts während seiner Arbeitszeit. Diese intuitiv klare Formel wird exakt in der Theorie der zufälligen Punktfolgen bewiesen, vgl. z. B. D. König, K. Matthes, K. Nawrotzki „Verallgemeinerungen der Erlangschen und Engsetschen Formeln", Akademie-Verlag, Berlin 1967 (Anm. d. Red.).

[2]) Der Begriff der stationären rekurrenten Punktfolge und die wichtigsten Beziehungen für diese Punktfolgen werden in der Einführung zum Kapitel 10 formuliert (Anm. d. Red.).

[3]) Diese Formel gilt nur näherungsweise und zwar auf Grund des sogenannten elementaren Erneuerungstheorems: Sei $m_x(\tau)$ die Anzahl der Zyklen in der Zeit τ. Dann gilt $\lim_{\tau \to \infty} \frac{m_x(\tau)}{\tau} = \frac{1}{m_{t_z}}$. (Anm. d. Red.).

in m_x Zyklen ist die mittlere Stillstandszeit gleich[1])

$$m_x\, m_{t_{\text{rep}}} = \frac{\lambda \tau}{1 + \sum\limits_{i=1}^{n} \frac{\lambda_i}{\mu_i}} \frac{1}{\lambda} \sum_{i=1}^{n} \frac{\lambda_i}{\mu_i} = \frac{\tau \sum\limits_{i=1}^{n} \frac{\lambda_i}{\mu_i}}{1 + \sum\limits_{i=1}^{n} \frac{\lambda_i}{\mu_i}}.$$

7.57. Die zufällige Größe X sei normalverteilt mit den Parametern m_x und σ_x. Die zufälligen Größen Y, Z seien wie folgt von X abhängig $Y = X^2$, $Z = X^3$. Man bestimme die Kovarianzen K_{xy}, K_{xz}, K_{yz}.

Lösung: Zur Vereinfachung der Berechnungen gehen wir zu den zentrierten Größen über. Nach Aufgabe 5.53 sind sämtliche Momente ungerader Ordnung der zentrierten normalverteilten Größe $\mathring{X} = X - m_x$ gleich Null, außerdem gilt $\mathbf{M}[\mathring{X}^2] = \sigma_x^2$ und $\mathbf{M}[\mathring{X}^4] = 3\,\sigma_x^4$. Es ist

$$\begin{aligned}\mathring{Y} &= (\mathring{X} + m_x)^2 - \mathbf{M}[X^2] = \mathring{X}^2 + 2\,\mathring{X}\, m_x + m_x^2 - D_x - m_x^2\\ &= \mathring{X}^2 + 2\,\mathring{X}\, m_x - \sigma_x^2\,.\end{aligned}$$

Daraus folgt $K_{xy} = \mathbf{M}[\mathring{X}\,\mathring{Y}] = \mathbf{M}\,[\mathring{X}\,(\mathring{X}^2 + 2\,\mathring{X}\, m_x - \sigma_x^2)] = 2\,\sigma_x^2\, m_x$.

Ferner gelten die Formeln

$$\begin{aligned}\mathring{Z} &= (\mathring{X} + m_x)^3 - \mathbf{M}[X^3] = \mathring{X}^3 + 3\,\mathring{X}^2 m_x + 3\,\mathring{X}\, m_x^2 + m_x^3\\ &\quad - (3\, m_x\, \sigma_x^2 + m_x^3) = \mathring{X}^3 + 3\,\mathring{X}^2 m_x + 3\,\mathring{X}\, m_x^2 - 3\, m_x\, \sigma_x^2\,,\\ K_{xz} &= \mathbf{M}[\mathring{X}\,\mathring{Z}] = \mathbf{M}[\mathring{X}^4] + 3\, m_x\, \mathbf{M}[\mathring{X}^3] + 3\, m_x^2\, \mathbf{M}[\mathring{X}^2]\\ &\quad - 3\, m_x\, \sigma_x^2\, \mathbf{M}[\mathring{X}] = 3\,\sigma_x^4 + 3\, m_x^2\, \sigma_x^2\,,\\ K_{yz} &= \mathbf{M}\,[(\mathring{X}^2 + 2\,\mathring{X}\, m_x - \sigma_x^2)\,(\mathring{X}^3 + 3\,\mathring{X}^2 m_x + 3\,\mathring{X}\, m_x^2 - 3\, m_x\, \sigma_x^2)]\\ &= 5\, m_x\, \mathbf{M}[\mathring{X}^4] + 6\, m_x\,(m_x^2 - \sigma_x^2)\, \mathbf{M}[\mathring{X}^2] + 3\, m_x\, \sigma_x^4 = 12\, m_x\, \sigma_x^4 + 6\, m_x^3\, \sigma_x^2\,.\end{aligned}$$

7.58. Ein Flugzeug bewegt sich über einem verteidigten Territorium mit der Geschwindigkeit v. Im Laufe der Zeit τ befindet sich das Flugzeug in der Wirkungszone der Luftverteidigung. Die Zeitpunkte, in denen auf das Flugzeug Schüsse abgegeben werden, bilden eine POISSONsche Punktfolge mit der Intensität λ. Jeder Schuß vernichtet unabhängig von den anderen das Flugzeug mit der Wahrscheinlichkeit p.

Man bestimme a) die Wahrscheinlichkeit P_{t_0} dafür, daß das Flugzeug bis zum Zeitpunkt $t_0 < \tau$ vernichtet wird; b) den Erwartungswert der Strecke, die das Flugzeug über dem verteidigten Territorium zurücklegt.

---

[1]) Der gesuchte Erwartungswert ist näherungsweise gleich dem Erwartungswert von $\sum\limits_{i=1}^{n_\tau} T_{\text{rep}}^{(i)}$, wobei n_τ die Anzahl der Ausfälle in $(0, \tau)$ ist. Die Behauptung $\mathbf{M} \sum\limits_{i=1}^{n_\tau} T_{\text{rep}}^{(i)} = m_x \cdot m_{t_{\text{rep}}}$ ist zwar richtig, aber keineswegs elementar beweisbar, da n_τ von den Reparaturlängen $T_{\text{rep}}^{(1)}, T_{\text{rep}}^{(2)}, \ldots$ abhängt (Anm. d. Red.).

Lösung: a) Die „Treffer" bilden eine POISSONsche Punktfolge der Intensität λp.[1]) Die Wahrscheinlichkeit dafür, daß das Flugzueg während der Zeit t vernichtet wird, ist gleich der Wahrscheinlichkeit dafür, daß während der Zeit t_0 mindestens ein „Treffer" abgegeben wird. Es ist also $P_{t_0} = 1 - e^{-\lambda p t_0}$.

b) Die vom Flugzeug über dem verteidigten Territorium zurückgelegte Strecke hat die zufällige Länge $D = v\,T$, wobei T die Aufenthaltszeit des Flugzeugs über dem Territorium ist. Die zufällige Größe T ist im Intervall $(0, \tau)$ stetig und hat dort nach a) die Dichte $\lambda p\, e^{-\lambda p t}$. Ferner gilt nach a) die Formel

$$p\,(T = \tau) = e^{-\lambda p \tau}\,.$$

Der gesuchte Erwartungswert der gemischten zufälligen Größe D ist also gleich (vgl. S. 92)

$$m_D = v\,\tau\, e^{-\lambda p \tau} + \int_0^\tau v\,t\, e^{-t\lambda p}\,\lambda\, p\, dt = v\,\tau\, e^{-\lambda p \tau} + \frac{v}{\lambda p}\,[1 - e^{-\lambda p \tau}(\lambda\, p\, \tau + 1)]\,.$$

Wir bemerken, daß für $\tau \to \infty$ die Beziehung $m_D \to \frac{v}{\lambda p}$ gilt.

7.59. Ein Körper, dessen wahres Gewicht gleich a[p] ist, wird viermal auf eine r Laborwaage gewogen. Dabei wurden folgende Ergebnisse erzielt: X_1, X_2, X_3, X_4. Als gemessener Wert des Gewichts wird das arithmetische Mittel

$$Y = \frac{1}{4}(X_1 + X_2 + X_3 + X_4)$$

genommen. Die Ergebnisse der einzelnen Wägungen seien unabhängig. Die Waage habe einen systematischen Fehler $m_x = 0{,}001$ p. Die mittlere quadratische Abweichung einer jeden Wägung sei $\sigma_x = 0{,}002$ p.

Man bestimme den Erwartungswert und die mittlere quadratische Abweichung der zufälligen Größe Y.

Lösung:

$$m_y = \frac{1}{4}\cdot 4\,(m_x + a) = (a + 0{,}001)\ [\mathrm{p}];$$

$$D_y = \frac{1}{4^2}\cdot 4\, D_x = \frac{1}{4}\, D_x; \qquad \sigma_y = \frac{\sigma_x}{2} = 0{,}001\ [\mathrm{p}]\,.$$

7.60. Es werden vier unabhängige Messungen einer unbekannten Größe X durchgeführt. Die Messungen haben den gleichen Erwartungswert m_x und die gleiche mittlere quadratische Abweichung σ_x. Die Meßwerte seien gleich X_1, X_2, X_3, X_4. Es werden die Differenzen der benachbarten Meßwerte gebildet: $Y_1 = X_2 - X_1$, $Y_2 = X_3 - X_2$, $Y_3 = X_4 - X_3$.

Man bestimme die Erwartungswerte m_{y_1}, m_{y_2}, m_{y_3}; die mittleren quadratischen Abweichungen σ_{y_1}, σ_{y_2}, σ_{y_3}; die normierte Korrelationsmatrix $\|r_{ij}\|$.

Lösung:

$$m_{y_1} = m_{y_2} = m_{y_3} = 0; \qquad \sigma^2_{y_1} = \sigma^2_{y_2} = \sigma^2_{y_3} = 2\,\sigma^2_x; \qquad \sigma_{y_1} = \sigma_{y_2} = \sigma_{y_3} = \sigma_x\sqrt{2}\,.$$

[1]) Vgl. dazu die Aufgabe 10.8 (Anm. d. Red.).

Aus der Unabhängigkeit der zufälligen Größen $\mathring{X}_1, \mathring{X}_2, \mathring{X}_3, \mathring{X}_4$ folgen die Formeln

$$K_{y_1 y_2} = \mathbf{M}\,[(\mathring{X}_2 - \mathring{X}_1)(\mathring{X}_3 - \mathring{X}_2)] = -\,\mathbf{M}[\mathring{X}_2^2] = -\,\sigma_x^2;$$

$$K_{y_2 y_3} = \mathbf{M}\,[(\mathring{X}_3 - \mathring{X}_2)(\mathring{X}_4 - \mathring{X}_3)] = -\,\mathbf{M}[\mathring{X}_3^2] = -\,\sigma_x^2;$$

$$K_{y_1 y_3} = \mathbf{M}\,[(\mathring{X}_2 - \mathring{X}_1)(\mathring{X}_4 - \mathring{X}_3)] = 0\,.$$

$$r_{y_1 y_2} = r_{y_2 y_3} = \frac{-\,\sigma_x^2}{2\,\sigma_x^2} = -\,\frac{1}{2}\,; \qquad r_{y_1 y_3} = 0\,.$$

$$\|r_{ij}\| = \left\|\begin{matrix} 1 & -\frac{1}{2} & 0 \\ & 1 & -\frac{1}{2} \\ & & 1 \end{matrix}\right\|.$$

7.61. Der Beschuß eines Ziels Z beginnt im Moment seines Erkennens und dauert bis zu einem gewissen Zeitpunkt t^*, in dem das Ziel die Beschußzone verläßt und unerreichbar wird. Der Moment T, in dem das Ziel erkannt wird, ist eine im Intervall $(0, t^*)$ gleichverteilte zufällige Größe. Die Zeitpunkte, in denen auf das erkannte Ziel Schüsse abgegeben werden, bilden eine Poissonsche Punktfolge mit der Intensität λ. Jeder Schuß vernichtet unabhängig von den anderen das Ziel mit der Wahrscheinlichkeit p.

Man bestimme die totale Wahrscheinlichkeit für das Vernichten des Ziels unter der Berücksichtigung der Zufälligkeit des Zeitpunktes seines Erkennens.

Lösung: Die Wahrscheinlichkeit für das Vernichten des Zieles ist eine Funktion $p(T)$ des Zeitpunktes T seines Erkennens. Nach Aufgabe 7.58 ist $p(T) = 1 - e^{-p\lambda(t^*-T)}$[1]. Die totale Wahrscheinlichkeit für das Vernichten des Ziels ist gleich (vgl. S. 131).

$$\bar{p} = \mathbf{M}[p(T)] = \frac{1}{t^*}\int_0^{t^*} [1 - e^{-p\lambda(t^*-t)}]\,dt = 1 - \frac{1}{p\lambda t^*}[1 - e^{-p\lambda t^*}]\,.$$

Wir bemerken, daß daß für kleine $p\,\lambda\,t^*$ die Beziehung $\bar{p} \approx \frac{1}{2}\,p\,\lambda\,t^*$ gilt.

7.62. Ein kubischer mit Brennstoff gefüllter Tank wird von einem Splitter getroffen. Der Splitter durchschlägt dabei den Tank; die Stelle des Durchschlags befindet sich mit der gleichen Wahrscheinlichkeit auf einer der sechs Seiten des Tanks und in einem beliebigen Punkt jeder der sechs Seiten (Gleichverteilung auf der Oberfläche des Tanks). Der oberhalb der Durchschlagsstelle befindliche Brennstoff läuft aus. Im unversehrten Zustand ist der Tank auf $\frac{3}{4}$ seines Volumens gefüllt.

---

[1]) Bei der Wahrscheinlichkeit $p(u)$ handelt es sich um die bedingte Wahrscheinlichkeit des Ereignisses – das Ziel wird vernichtet – unter der Bedingung, daß die stetige zufällige Größe T den Wert u angenommen hat, vgl. S. 130 (Anm. d. Red.).

Man bestimme die mittlere Menge des Brennstoffs, die ım Tank verbleibt, nachdem dieser von einem Splitter durchschlagen wurde.

Lösung: Die Kantenlänge des Tanks wird mit 1 angenommen. Die Höhe der Durchschlagsstelle bezeichnen wir mit X, die verbleibende Brennstoffmenge mit Y. Da der Flächeninhalt der Grundfläche gleich 1 ist, gilt

$$Y = \begin{cases} X & \text{für} \quad X \leqq 0{,}75 \\ 0{,}75 & \text{für} \quad 0{,}75 < X \leqq 1 \, . \end{cases}$$

Es ist

$$\mathbf{P}\,(Y = 0{,}75) = \mathbf{P}\,(X \geqq 0{,}75) = \frac{1}{6} + 4 \cdot \frac{1}{6} \cdot 0{,}25 = \frac{1}{3} \, .$$

Befindet sich die Durschschlagsstelle im Boden des Tanks ($X = 0$), läuft der gesamte Brennstoff aus; die Wahrscheinlichkeit dafür ist gleich dem Anteil des Bodens an der Gesamtoberfläche des Tanks:

$$\mathbf{P}(Y = 0) = \mathbf{P}(X = 0) = \frac{1}{6} \, .$$

Die zufällige Größe X hat im Intervall (0, 1) die konstante Verteilungsdichte $\frac{2}{3}$. Die mittlere Menge des im Tank verbleibenden Brennstoffs ist also gleich

$$m_y = 0{,}75 \cdot \frac{1}{3} + 0 \cdot \frac{1}{6} + \int\limits_0^{0{,}75} x \cdot \frac{2}{3}\, dx = \frac{1}{4} + \frac{3}{16} = \frac{7}{16} = 0{,}44 \, .$$

7.63. Im Intervall (0, 1) ist ein Punkt a fixiert (Abb. 7.63). Der zufällige Punkt X sei in diesem Intervall gleichverteilt.

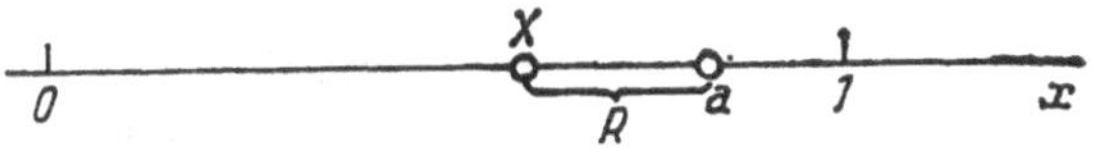

Abb. 7.63

Man bestimme den Korrelationskoeffizienten zwischen der zufälligen Größe X und dem Abstand $R = |X - a|$ zwischen den Punkten a und X, sowie denjenigen Wert von a, bei dem die zufälligen Größen X und R nicht korreliert sind.

Lösung: Es ist

$$K_{xr} = \mathbf{M}[X\,R] - m_x\, m_r \, .$$

$$M[X\,R] = \mathbf{M}\,[X\,|a - X|] = \int\limits_0^1 x\,|a - x|\, f(x)\, dx = \int\limits_0^1 x\,|a - x|\, dx$$

$$= \int\limits_0^a x\,(a - x)\, dx - \int\limits_a^1 x\,(a - x)\, dx = \frac{a^3}{3} - \frac{a}{2} + \frac{1}{3} \, ;$$

$$m_x = \frac{1}{2} \, ; \quad m_r = \int\limits_0^1 |a - x|\, dx = \int\limits_0^a (a - x)\, dx - \int\limits_a^1 (a - x)\, dx = a^2 - a + \frac{1}{2} \, .$$

Hieraus ergibt sich

$$K_{xr} = \frac{a^3}{3} - \frac{a}{2} + \frac{1}{3} - \frac{1}{2}\left(a^2 - a + \frac{1}{2}\right) = \frac{a^3}{3} - \frac{a^2}{2} + \frac{1}{12}.$$

Ferner erhält man

$$D_x = \frac{1}{12}; \quad \sigma_x = \frac{1}{2\sqrt{3}}; \quad D_r = \alpha_2[R] - m_r^2;$$

$$\alpha_2[R] = \int_0^1 (a - x)^2\, dx = a^2 - a + \frac{1}{3};$$

$$D_r = 2\, a^3 - a^4 - a^2 + \frac{1}{12}; \quad \sigma_r = \sqrt{D_r}.$$

Zusammenfassend erhält man für den Korrelationskoeffizienten die Formel:

$$r_{xr} = -\frac{\dfrac{a^3}{3} - \dfrac{a^2}{2} + \dfrac{1}{12}}{\dfrac{1}{2\sqrt{3}}\sqrt{2\, a^3 - a^4 - a^2 + \dfrac{1}{12}}}.$$

Die Gleichung $\frac{a^3}{3} - \frac{a^2}{2} + \frac{1}{12} = 0$ hat im Intervall (0, 1) eine einzige Wurzel $a = \frac{1}{2}$. Die zufälligen Größen X und R korrelieren also nur dann nicht, wenn $a = \frac{1}{2}$ ist.

7.64.. Ein PKW kann sich auf einer Straße mit einer beliebigen Geschwindigkeit v bewegen ($0 \leqq v \leqq v_{\max}$). Je schneller sich der PKW bewegt, um so höher ist die Wahrscheinlichkeit dafür, daß er durch einen Verkehrsposten angehalten wird. Wird der PKW angehalten, so kann er erst nach einer im Mittel t_a betragenden Zeit die Fahrt fortsetzen. Es wird angenommen, daß die Standorte der Verkehrspolizisten auf der Straße eine POISSONsche Punktfolge mit der Intensität λ bilden. Die Wahrscheinlichkeit des Anhaltens hängt linear von der Geschwindigkeit des PKW ab,

$$p(v) = k\, v \qquad (0 \leqq v \leqq v_{\max}),$$

wobei $k = \frac{1}{v_{\max}}$ ist.

Man bestimme die zweckmäßigste Geschwindigkeit v_z, mit der der PKW fahren muß, um eine Strecke der Länge s mit einer im Mittel minimalen Zeit zu durchfahren.

Lösung: Die mittlere Zeit, die der PKW bei konstanter Geschwindigkeit v zum Durchfahren der Strecke s benötigt, ist gleich

$$t = \frac{s}{v} + \lambda\, s\, p(v)\, t_a = \frac{s}{v} + \lambda\, s\, k\, v\, t_a.$$

Liegt das Minimum dieser Funktion innerhalb des Intervalls $(0, v_{\max})$, so kann man es aus der Gleichung

$$\frac{\partial t}{\partial v} = -\frac{s}{v^2} + \lambda s k t_a = 0$$

ermitteln. Man erhält

$$v = v_z = \sqrt{\frac{1}{\lambda k t_a}} = \sqrt{\frac{v_{\max}}{\lambda t_a}}.$$

Diese Formel ist richtig, falls $v_z < v_{\max}$ ist, d. h. für $v_{\max} > \frac{1}{\lambda t_a}$. Ist zum Beispiel $v_{\max} = 100$ [km/h], $\lambda = \frac{1}{20}\left[\frac{1}{\mathrm{km}}\right]$ und $t_a = 20$ [min], so ist

$$v_z = \sqrt{\frac{100}{\frac{1}{20}\cdot\frac{1}{3}}} \approx 77{,}5\,[\mathrm{km/h}].$$

Ist $v_{\max} < \frac{1}{\lambda t_a}$, so wird das Minimum der Funktion $t = \frac{s}{v} + \lambda s p(v) t_a$ außerhalb des Intervalls $(0, v_{\max})$ angenommen; in diesem Fall ist $v_z = v_{\max}$. Setzt man im obigen Beispiel $t_a = 10$ [min], so ist $v_z = v_{\max} = 100$ [km/h].

7.65. Mit einem Zirkel wird ein Kreis gezogen. Der Abstand der zwischen den Schenkeln des Zirkels beträgt nominell 5 cm. Tatsächlich wird dieser Abstand mit einem Fehler X eingestellt. Der Fehler X ist normalverteilt mit dem Erwartungswert $m_x = 0$ und der mittleren quadratischen Abweichung $\sigma_x = 0{,}1$ cm.

Man bestimme den Erwartungswert und die mittlere quadratische Abweichung des Flächeninhalts S des Kreises sowohl exakt als auch näherungsweise mit Hilfe der Linearisierung.

Lösung: a) Es gilt $S = \pi(5 + X)^2$;

$$m_s = \mathbf{M}[S] = \pi\,\mathbf{M}[(5 + X)^2] = \pi(25 + 10\,\mathbf{M}[X] + \mathbf{M}[X^2])$$
$$= \pi(25 + \sigma_x^2) = \pi \cdot 25{,}01;$$
$$\mathbf{D}[S] = \alpha_2[S] - m_s^2;$$
$$\alpha_2[S] = \mathbf{M}[\pi^2(5 + X)^4] = \pi^2\{625 + 500\,m_x + 150\,\alpha_2[X] + 20\,\alpha_3[X] + \alpha_4[X]\} = \pi^2(625 + 150\,\sigma_x^2 + 3\,\sigma_x^4).$$

Da für $m_x = 0$ die Momente und die zentralen Momente übereinstimmen (vgl. Aufgabe 5.53), gilt

$$\mathbf{D}[S] = \pi^2[625 + 150\,\sigma_x^2 + 3\,\sigma_x^4] - \pi^2[625 + 50\,\sigma_x^2 + \sigma_x^4] = \pi^2 \cdot 1{,}0002;$$
$$\sigma_s = 1{,}0001\,\pi;$$

b) Mit Hilfe der Linearisierung erhält man

$$m_s = 25\,\pi; \qquad D_s = \left(\frac{\partial s}{\partial x}\right)_m^2 D_x = (2\cdot\pi\cdot 5)^2 \cdot 0{,}01 = \pi^2;$$
$$\sigma_s = \pi.$$

Man sieht, daß der Unterschied zwischen der exakten und der Näherungslösung sehr gering ist (0,04% für m_s und 0,01% für σ_s).

7.66. Ein gleichseitiges Dreieck mit der Seitenlänge $a = 3$ cm wird auf folgende Weise konstruiert. Von einem beliebigen Punkt O aus wird eine Strecke der Länge a gezeichnet. Danach wird am Ende der Strecke der Winkel $\alpha = 60°$ errichtet. Auf dem freien Schenkel des Winkels wird erneut die Strecke der Länge a abgetragen. Der sich damit ergebende Punkt wird mit dem Punkt O verbunden (Abb. 7.66). Beim Abtragen jeder Strecke beträgt der maximal mögliche Fehler 0,5 mm und beim Errichten des Winkels 1°.

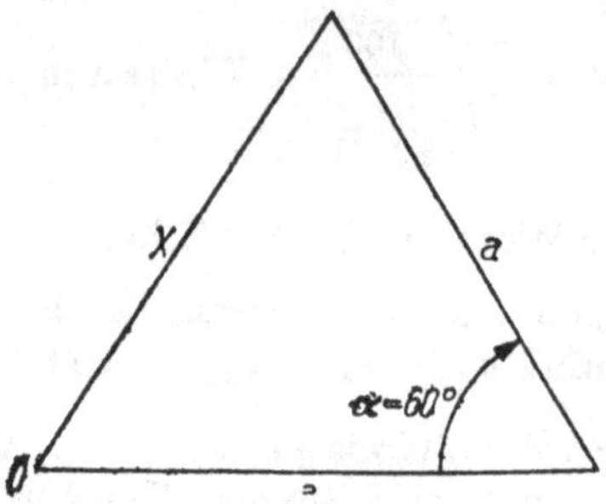

Abb. 7.66

Man bestimme mit Hilfe der Linearisierung den Erwartungswert und die mittlere quadratische Abweichung der Länge X der dritten Seite.

Lösung: Wir bezeichnen die tatsächliche Länge der ersten Seite mit X_1, der zweiten mit X_2 und den tatsächlichen Wert des Winkels mit Θ. Diese zufälligen Größen kann man als unabhängig betrachten. Es ist

$$X = \sqrt{X_1^2 + X_2^2 - 2\,X_1\,X_2\cos\Theta}\,.$$

Mit Hilfe der Linearisierung erhält man

$$m_x = \sqrt{m_{x_1}^2 + m_{x_2}^2 - 2\,m_{x_1}\,m_{x_2}\cos m_\theta}\,,$$

wobei $m_{x_1} = m_{x_2} = 30$ [mm], $\cos m_\theta = \frac{1}{2}$ ist. Es ist also

$$m_x = \sqrt{900 + 900 - 900} = 30\,[\text{mm}]\,.$$

Ferner gilt

$$\left(\frac{\partial x}{\partial x_1}\right)_m = \left(\frac{1}{2}\,\frac{2\,x_1 - 2\,x_2\cos\theta}{\sqrt{x_1^2 + x_2^2 - 2\,x_1\,x_2\cos\theta}}\right)_m = \frac{1}{2}\,;$$

$$\left(\frac{\partial x}{\partial x_2}\right)_m = \left(\frac{1}{2}\,\frac{2\,x_2 - 2\,x_1\cos\theta}{\sqrt{x_1^2 + x_2^2 - 2\,x_1\,x_2\cos\theta}}\right)_m = \frac{1}{2}\,;$$

$$\left(\frac{\partial x}{\partial \theta}\right)_m = \left(\frac{1}{2}\,\frac{2\,x_1\,x_2\sin\theta}{\sqrt{x_1^2 + x_2^2 - 2\,x_1\,x_2\cos\theta}}\right)_m = \frac{30\sqrt{3}}{2} = 15\sqrt{3}\,[\text{mm}]\,.$$

Der Näherungsausdruck für die Varianz ist gleich

$$D_x \approx \left(\frac{\partial x}{\partial x_1}\right)_m^2 D_{x_1} + \left(\frac{\partial x}{\partial x_2}\right)_m^2 D_{x_2} + \left(\frac{\partial x}{\partial \theta}\right)_m^2 D_\theta .$$

Die Varianzen der Argumente sind uns nicht bekannt, bekannt sind lediglich die maximal möglichen Abweichungen von den Erwartungswerten:

$$\Delta x_1 = \Delta x_2 = 0{,}5\ [\mathrm{mm}]; \qquad \Delta\theta = 1^\circ = 0{,}01745\ [\mathrm{Rad}] .$$

Setzt man näherungsweise

$$\sigma_{x_1} = \sigma_{x_2} = \frac{1}{3}\Delta x_1 = 0{,}167\ [\mathrm{mm}]; \qquad D_{x_1} = D_{x_2} = 0{,}0278\ [\mathrm{mm}^2] ,$$

$$\sigma_\theta = \frac{1}{3}\Delta\theta = 0{,}00582\ [\mathrm{Rad}]; \qquad D_\theta = 3{,}39 \cdot 10^{-5}\ [\mathrm{Rad}] ,$$

so erhält man

$$D_x = \frac{1}{4} \cdot 0{,}0278 \cdot 2 + 675 \cdot 3{,}39 \cdot 10^{-5} \approx 0{,}0139 + 0{,}0229 = 0{,}0368\ [\mathrm{mm}^2];$$

$$\sigma_x = 0{,}192\ [\mathrm{mm}] .$$

7.67. Der Abstand D von einem Punkt O zum Objekt K wird wie folgt ermittelt: Es wird im Punkt O der Höhenwinkel (Sichtwinkel) α des Objekts gemessen; ist die Höhe X des Objekts bekannt, so bestimmt man D nach der Näherungsformel

$$D = \frac{X}{2 \sin \frac{\alpha}{2}} \approx \frac{X}{\alpha} .$$

Die Höhe X des Objekts kann einen beliebigen Wert zwischen 8 m und 12 m annehmen; der Winkel kann mit der Genauigkeit von 0,1 Tausendstel des Radianten gemessen werden. Der Abstand D sei groß im Vergleich zu der

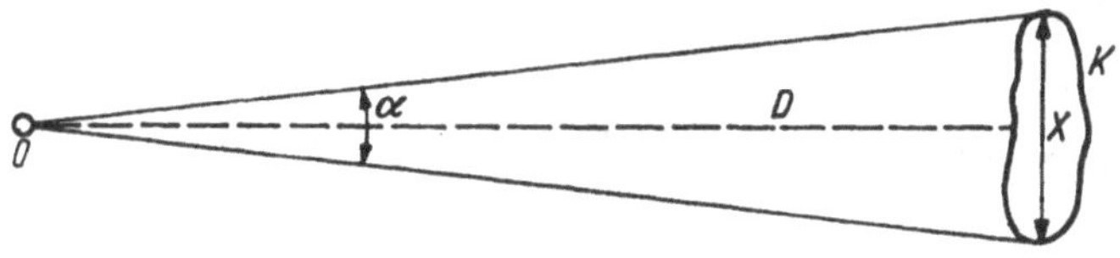

Abb. 7.67

Höhe X. Man bestimme den Näherungswert für die mittlere quadratische Abweichung σ_D des Fehlers bei der Bestimmung von D, wenn der gemessene Wert von α gleich 0,001 Radiant ist.

Lösung: Mit Hilfe der Linearisierung erhält man

$$\sigma_D^2 = \left(\frac{\partial D}{\partial x}\right)_m^2 \sigma_x^2 + \left(\frac{\partial D}{\partial \alpha}\right)_m^2 \sigma_\alpha^2 .$$

Wir nehmen an, daß die Höhe X im Intervall (8, 12) gleichverteilt ist. Es ist also

$$\sigma_x = \frac{x_2 - x_1}{2\sqrt{3}} = \frac{12-8}{2\sqrt{3}} = \frac{2}{\sqrt{3}}\,[\mathrm{m}]; \qquad \sigma_x^2 = \frac{4}{3}\,[\mathrm{m}^2]; \qquad m_x = 10\,[\mathrm{m}]\,.$$

Ferner gilt

$$\sigma_\alpha \approx \frac{0{,}0001}{3}; \qquad \sigma_\alpha^2 = \frac{10^{-8}}{9}; \qquad m_\alpha = 0{,}001\,.$$

Zusammenfassend erhalten wir

$$\sigma_D^2 = \left(\frac{1}{\alpha}\right)_m^2 \sigma_x^2 + \left(-\frac{x}{\alpha^2}\right)_m^2 \sigma_\alpha^2 = \left(\frac{1}{10^{-3}}\right)^2 \cdot \frac{4}{3} + \left(\frac{10}{10^{-6}}\right)^2 \cdot \frac{10^{-8}}{9}$$

$$= \frac{4}{3}\cdot 10^6 + \frac{1}{9}\cdot 10^6 = \frac{13}{9}\cdot 10^6\,[\mathrm{m}^2];$$

$$\sigma_D = \frac{\sqrt{13}}{3}\cdot 10^3 = 1{,}20\cdot 10^3\,[\mathrm{m}]\,.$$

7.68. Die Funktionen

$$Y = \varphi_y(X_1, X_2, \ldots, X_n); \qquad Z = \varphi_z(X_1, X_2, \ldots, X_n)$$

seien fast linear. Es sind die folgenden Charakteristika des zufälligen Vektors $(X_1, \ldots, X_n)$ bekannt: m_{x_i}, D_{x_i} und $K_{ij}^{(x)}$.

Man bestimme näherungsweise die Kovarianz K_{yz}.

Lösung: Durch Linearisierung der Funktionen φ_y und φ_z erhalten wir

$$Y \approx \varphi_y(m_{x_1}, m_{x_2}, \ldots, m_{x_n}) + \sum_{i=1}^{n} \left(\frac{\partial \varphi_y}{\partial x_i}\right)_m \mathring{X}_i;$$

$$Z \approx \varphi_z(m_{x_1}, m_{x_2}, \ldots, m_{x_n}) + \sum_{i=1}^{n} \left(\frac{\partial \varphi_z}{\partial x_i}\right)_m \mathring{X}_i\,.$$

Daraus folgt

$$\mathring{Y} = \sum_{i=1}^{n} \left(\frac{\partial \varphi_y}{\partial x_i}\right)_m \mathring{X}_i; \qquad \mathring{Z} = \sum_{i=1}^{n} \left(\frac{\partial \varphi_z}{\partial x_i}\right)_m \mathring{X}_i;$$

$$K_{yz} = \mathbf{M}[\mathring{Y}\,\mathring{Z}] = \mathbf{M}\left[\sum_{i=1}^{n} \left(\frac{\partial \varphi_y}{\partial x_i}\right)_m \mathring{X}_i \sum_{j=1}^{n} \left(\frac{\partial \varphi_z}{\partial x_j}\right)_m \mathring{X}_j\right]$$

$$= \sum_{i=1}^{n} \left(\frac{\partial \varphi_y}{\partial x_i}\right)_m \left(\frac{\partial \varphi_z}{\partial x_i}\right)_m D_{x_i} + \sum_{i \neq j} \left(\frac{\partial \varphi_y}{\partial x_i}\right)_m \left(\frac{\partial \varphi_z}{\partial x_j}\right)_m K_{ij}^{(x)}\,.$$

Die letzte Summe enthält $n\,(n-1)$ Glieder; jedem $K_{ij}^{(x)}$ entsprechen zwei Glieder dieser Summe

$$\left(\frac{\partial \varphi_y}{\partial x_i}\right)_m \left(\frac{\partial \varphi_z}{\partial x_j}\right)_m K_{ij}^{(x)} \quad \text{und} \quad \left(\frac{\partial \varphi_y}{\partial x_j}\right)_m \left(\frac{\partial \varphi_z}{\partial x_i}\right)_m K_{ij}^{(x)}\,.$$

7.69*. Ein Flugkörper, der sich über der Ebene xOy im Punkt A befindet (Abb. 7.69) bestimmt seine Koordinaten (X, Y) mit Hilfe zweier sich auf der

Ebene xOy befindenden Radarstationen O, O', indem die Winkel α und β gemessen werden, die die Verbindungsgeraden dieser Stationen zum Flugkörper mit einer fixierten Richtung $AB \perp Ox$ bilden. Der Abstand C zwischen den Radarstationen kann mit der mittleren quadratischen Abweichung σ_C bestimmt werden; die Winkel α und β werden mit der mittleren quadratischen Abweichung $\sigma_\alpha = \sigma_\beta$ gemessen. Der Nominalwert des Abstandes zwischen den Radarstationen ist m_C; die Meßwerte der Winkel α und β sind m_α und m_β. Es wird angenommen, daß die Meßfehler unabhängig sind.

Mit Hilfe der Linearisierung bestimme man die Näherungswerte für Erwartungswerte der zufälligen Größen X und Y, sowie deren mittleren quadratischen Abweichungen und den Korrelationskoeffizienten r_{xy}.

Lösung: Aus der Abb. 7.69 folgt

$$X = \frac{C \tan\alpha}{\tan\alpha + \tan\beta}; \qquad Y = \frac{C}{\tan\alpha + \tan\beta};$$

$$\frac{\partial X}{\partial\alpha} = C\frac{\sec^2\alpha \tan\beta}{(\tan\alpha+\tan\beta)^2}; \qquad \frac{\partial X}{\partial\beta} = \frac{-C\tan\alpha\sec^2\beta}{(\tan\alpha+\tan\beta)^2}; \qquad \frac{\partial X}{\partial C} = \frac{\tan\alpha}{\tan\alpha+\tan\beta};$$

$$\frac{\partial Y}{\partial\alpha} = C\frac{-\sec^2\alpha}{(\tan\alpha+\tan\beta)^2}; \qquad \frac{\partial Y}{\partial\beta} = \frac{-C\sec^2\beta}{(\tan\alpha+\tan\beta)^2}; \qquad \frac{\partial Y}{\partial C} = \frac{1}{\tan\alpha+\tan\beta};$$

$$m_x = \frac{m_C \tan m_\alpha}{\tan m_\alpha + \tan m_\beta}; \qquad m_y = \frac{m_C}{\tan m_\alpha + \tan m_\beta};$$

$$D_x = \left[\left(m_C\frac{\sec^2 m_\alpha \tan m_\beta}{(\tan m_\alpha+\tan m_\beta)^2}\right)^2 + \left(m_C\frac{\tan m_\alpha \sec^2 m_\beta}{(\tan m_\alpha+\tan m_\beta)^2}\right)^2\right]\sigma_\alpha^2 + \left(\frac{\tan m_\alpha}{\tan m_\alpha+\tan m_\beta}\right)^2\sigma_C^2$$

$$= m_C^2\frac{\sin^2 2m_\alpha + \sin^2 2m_\beta}{4\sin^4(m_\alpha+m_\beta)}\sigma_\alpha^2 + \left[\frac{\sin m_\alpha \cos m_\beta}{\sin(m_\alpha+m_\beta)}\right]^2\sigma_C^2; \qquad \sigma_x = \sqrt{D_x};$$

$$D_y = \left[\left(m_C\frac{\sec^2 m_\alpha}{(\tan m_\alpha+\tan m_\beta)^2}\right)^2 + \left(m_C\frac{\sec^2 m_\beta}{(\tan m_\alpha+\tan m_\beta)^2}\right)^2\right]\sigma_\alpha^2 + \left(\frac{1}{\tan m_\alpha+\tan m_\beta}\right)^2\sigma_C^2$$

$$= m_C^2\frac{\cos^4 m_\alpha + \cos^4 m_\beta}{\sin^4(m_\alpha+m_\beta)}\sigma_\alpha^2 + \left[\frac{\cos m_\alpha \cos m_\beta}{\sin(m_\alpha+m_\beta)}\right]^2\sigma_C^2; \qquad \sigma_y = \sqrt{D_y}.$$

Die Kovarianz K_{xy} berechnen wir mit Hilfe der in Aufgabe 7.68 abgeleiteten Formel. Auf Grund der Unabhängigkeit der Größen α, β, C nimmt diese Formel die folgende Gestalt an:

$$K_{xy} = \left(\frac{\partial X}{\partial\alpha}\right)_m\left(\frac{\partial Y}{\partial\alpha}\right)_m\sigma_\alpha^2 + \left(\frac{\partial X}{\partial\beta}\right)_m\left(\frac{\partial Y}{\partial\beta}\right)_m\sigma_\beta^2 + \left(\frac{\partial X}{\partial C}\right)_m\left(\frac{\partial Y}{\partial C}\right)_m\sigma_C^2$$

$$= m_C^2\frac{\tan m_\alpha \sec^4 m_\beta - \tan m_\beta \sec^4 m_\alpha}{(\tan m_\alpha + \tan m_\beta)^4}\sigma_\alpha^2 + \frac{\tan m_\alpha}{(\tan m_\alpha+\tan m_\beta)^2}\sigma_C^2$$

$$= m_C^2\frac{\sin m_\alpha \cos^3 m_\alpha - \sin m_\beta \cos^3 m_\beta}{\sin^4(m_\alpha+m_\beta)}\sigma_\alpha^2 + \frac{\tan m_\alpha}{(\tan m_\alpha+\tan m_\beta)^2}\sigma_C^2.$$

Hieraus folgt

$$r_{xy} = \frac{K_{xy}}{\sigma_x \sigma_y}.$$

Für den Fall $m_\alpha = m_\beta$ kann die letzte Formel vereinfacht werden:

$$r_{xy} = \frac{2\,\sigma_C^2 \sin^2 m_\alpha \cos^2 m_\alpha}{(2\,\sigma_C^2 \sin^2 m_\alpha \cos^2 m_\alpha + \sigma_\alpha^2 m_C^2)}.$$

7.70. Zur Bestimmung des Abstandes R von einem Punkt K zum Koordinatenursprung kann man eine der beiden Methoden benutzen:

1. Man bestimmt die Werte der Koordinaten X und Y von K und berechnet dann R nach der Formel $R = \sqrt{X^2 + Y^2}$.

2. Man bestimmt die Ordinate Y von K sowie den Winkel α (Abb. 7.70) und berechnet R nach der Formel $R = \dfrac{Y}{\cos\alpha}$. Welche Methode führt zum kleineren Fehler, wenn man annimmt, daß die Fehler bei der Bestimmung von X, Y und α unabhängige zufällige Größen sind, deren mittlere quadratische Abweichungen $\sigma_x = \sigma_y$ und σ_α sind?

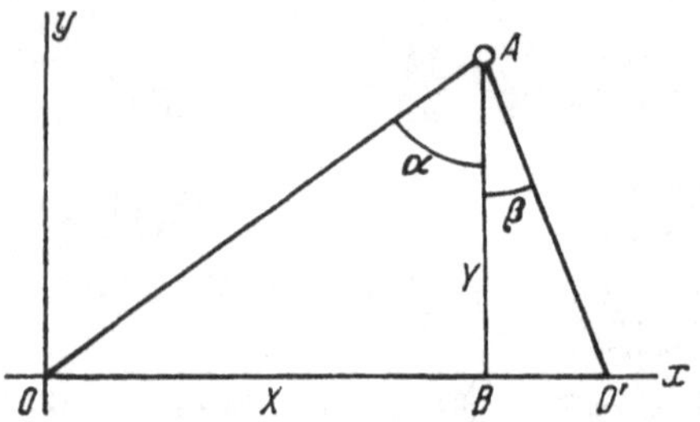

Abb. 7.69

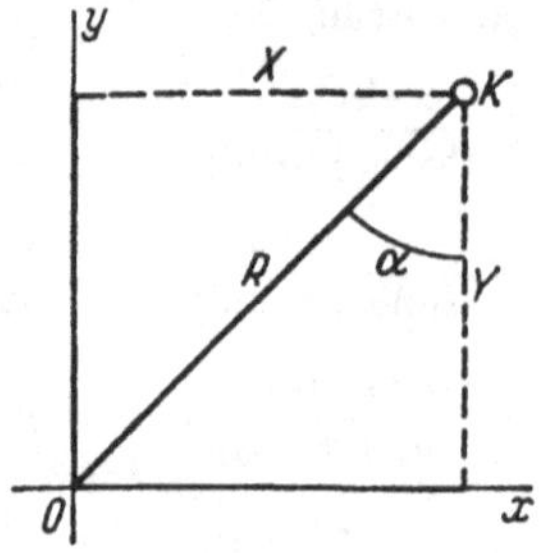

Abb. 7.70

Man führe die numerische Berechnung für die Ausgangsdaten $\sigma_x = \sigma_y = 1$ [m], $\sigma_\alpha = 1° = 0{,}0174$ [Rad], $m_x = 100$ [m], $m_y = 60$ [m], $m_\alpha = \operatorname{arc\,tan} \dfrac{m_x}{m_y} \approx 59°$ $\approx 1{,}03$ [Rad] durch.

Lösung:

1. $$\frac{\partial R}{\partial x} = \frac{x}{\sqrt{x^2+y^2}}; \qquad \frac{\partial R}{\partial y} = \frac{y}{\sqrt{x^2+y^2}};$$

$$\mathrm{D}_1[R] = \left(\frac{x^2}{x^2+y^2}\right)_m \sigma_x^2 + \left(\frac{y^2}{x^2+y^2}\right)_m \sigma_y^2 = \sigma_y^2; \qquad \sigma_1 = \sigma_y.$$

2. $$\frac{\partial R}{\partial y} = \frac{1}{\cos\alpha}; \qquad \frac{\partial R}{\partial \alpha} = \frac{y \sin\alpha}{\cos^2\alpha};$$

$$\mathrm{D}_2[R] = \left(\frac{1}{\cos^2\alpha}\right)_m \sigma_y^2 + \left(\frac{y^2 \tan^2\alpha}{\cos^2\alpha}\right)_m \sigma_\alpha^2 > \sigma_y^2; \qquad \sigma_2 > \sigma_1.$$

Die erste Methode ist also genauer. Für die numerischen Daten erhält man

$$\sigma_1 = \sigma_y = 1 \text{ [m]};$$

$$\sigma_2 = \sqrt{\left[1 + \left(\frac{100}{60}\right)^2\right]\left[1^2 + 60^2\left(\frac{100}{60}\right)^2 \cdot 0{,}0174^2\right]} = 3{,}90 \text{ [m]}.$$

7.71. Der zufällige Vektor (X, Y, Z) besitzt die Erwartungswerte $m_x = 10$, $m_y = 5$, $m_z = 3$, die mittleren quadratischen Abweichungen

$$\sigma_x = 0{,}1; \qquad \sigma_y = 0{,}06; \qquad \sigma_z = 0{,}08$$

und die normierte Korrelationsmatrix

$$||r|| = \begin{Vmatrix} 1 & 0{,}7 & -0{,}3 \\ & 1 & 0{,}6 \\ & & 1 \end{Vmatrix}.$$

Mit Hilfe der Linearisierung bestimme man die Näherungswerte für den Erwartungswert und die mittlere quadratische Abweichung der zufälligen Größe $U = \frac{3X^2 + 1}{Y^2 + 2Z^2}$.

Lösung:

$$m_u = \frac{3 \cdot 100 + 1}{25 + 2 \cdot 9} = \frac{301}{43} = 7\,.$$

$$\frac{\partial u}{\partial x} = \frac{6x}{y^2 + 2z^2}; \qquad \frac{\partial u}{\partial y} = -\frac{(3x^2+1)\,2y}{(y^2+2z^2)^2}; \qquad \frac{\partial u}{\partial z} = -\frac{(3x^2+1)\,4z}{(y^2+2z^2)^2};$$

$$\left(\frac{\partial u}{\partial x}\right)_m = \frac{6 \cdot 10}{43} = 1{,}40; \qquad \left(\frac{\partial u}{\partial y}\right)_m = -\frac{301 \cdot 10}{(43)^2} = -1{,}63;$$

$$\left(\frac{\partial u}{\partial z}\right)_m = -\frac{301 \cdot 12}{(42)^2} = -1{,}95;$$

$$\begin{aligned} \mathbf{D}[U] &= 1{,}40^2 \cdot 0{,}1^2 + 1{,}63^2 \cdot 0{,}06^2 + 1{,}95^2 \cdot 0{,}08^2 \\ &\quad + 2\,[-1{,}40 \cdot 1{,}63 \cdot 0{,}7 \cdot 0{,}1 \cdot 0{,}06 + 1{,}40 \cdot 1{,}95 \cdot 0{,}3 \cdot 0{,}1 \cdot 0{,}08 \\ &\quad + 1{,}63 \cdot 1{,}95 \cdot 0{,}6 \cdot 0{,}06 \cdot 0{,}08] \approx 0{,}066; \qquad \sigma_u \approx 0{,}26\,. \end{aligned}$$

7.72. Es werden zwei aus einer Partie zufällig herausgegriffene Widerstände R_1 und R_2 parallel geschaltet. Der Nominalwert der Widerstände ist gleich $m_{r_1} = m_{r_2} = 900\ [\Omega]$. Der maximale Wert des Fehlers bei der Fertigung ist gleich 1% des Nominalwertes.

Man bestimme mit Hilfe der Linearisierung die Näherungswerte für den Nominalwert und die mittlere quadratische Abweichung der Parallelschaltung von Widerständen

Lösung:

$$R = \frac{R_1 R_2}{R_1 + R_2} = \varphi(R_1, R_2); \qquad m_r = \varphi(m_{r_1}, m_{r_2}) = \frac{900 \cdot 900}{900 + 900} = 450\ [\Omega]\,.$$

$$\sigma_{r_1} = \sigma_{r_2} = \frac{1}{3} \cdot \frac{900}{100} = 3\ [\Omega];$$

$$\left(\frac{\partial \varphi}{\partial r_1}\right)_m = \left[\frac{r_2^2}{(r_1 + r_2)^2}\right]_m = \frac{1}{4}; \qquad \left(\frac{\partial \varphi}{\partial r_2}\right)_m = \left(\frac{\partial \varphi}{\partial r_1}\right)_m = \frac{1}{4};$$

$$\mathbf{D}[R] = \sum_{i=1}^{2} \left(\frac{\partial \varphi}{\partial r_i}\right)_m^2 \sigma_{r_i}^2 = \frac{9}{8}\,[\Omega]^2; \quad \sigma_r \approx 1{,}06\ [\Omega]\,.$$

Der maximale Fehler ist dabei gleich 3,2 Ω, was gleich 0,7% (und nicht 1% wie ursprünglich) vom Nominalwert ist.

7.73. Die Resonanzfrequenz f_r eines Schwingkreises wird nach der Formel

$$f_r = \frac{1}{2\pi\sqrt{LC}}$$

berechnet, wobei L die Induktivität des Kreises und C seine Kapazität sind.

Man bestimme die Näherungswerte für den Erwartungswert und die mittlere quadratische Abweichung der Resonanzfrequenz, falls $m_l = 50$ [μH], $m_c = 200$ [pF], $\sigma_l = 0{,}5$ [μH] und $\sigma_c = 1{,}5$ [pF] sind.

Lösung:

$$m_{f_r} = \frac{1}{2\pi\sqrt{m_l\, m_c}} = 1{,}59\ [\text{MHz}]\,.$$

$$\left(\frac{\partial f_r}{\partial l}\right)_m = \frac{1}{2\pi\sqrt{m_c}\sqrt{m_l^3}\cdot 2} = m_{f_r}\frac{1}{2\,m_l}\,; \quad \left(\frac{\partial f_r}{\partial c}\right)_m = \frac{1}{2\pi\sqrt{m_l}\sqrt{m_c^3}\cdot 2} = m_{f_r}\frac{1}{2\,m_c}\,;$$

$$D_{f_r} = \left(\frac{\partial f_r}{\partial l}\right)_m^2 \sigma_l^2 + \left(\frac{\partial f_r}{\partial c}\right)_m^2 \sigma_c^2 = m_{f_r}^2\cdot\frac{1}{4}\left(\frac{\sigma_l^2}{m_l^2} + \frac{\sigma_c^2}{m_c^2}\right)$$

$$= m_{f_r}^2\cdot\frac{1}{4}(0{,}01^2 + 0{,}0075^2) = m_{f_r}^2\left(\frac{5}{8}\right)^2\cdot 10^{-4}\,;$$

$$\sigma_{f_r} = m_{f_r}\cdot\frac{5}{8}\cdot 10^{-2} = 1{,}0\cdot 10^{-2}\ [\text{MHz}]\,,$$

was gleich 0,62% des Nominalwerts der Frequenz ist.

7.74*. Man beweise, daß für unabhängige positive und identisch verteilte Zufallsgrößen $X_1, \ldots, X_n$ die Formel

$$\mathbf{M}\left[\sum_{i=1}^{k} X_i \Big/ \sum_{j=1}^{n} X_j\right] = \frac{k}{n}$$

gilt.

Lösung: Da alle Größen $X_1, \ldots, X_n$ positiv sind, ist der Nenner stets von Null verschieden. Nach dem Additionssatz für Erwartungswerte gilt

$$\mathbf{M}\left[\sum_{i=1}^{k} X_i \Big/ \sum_{j=1}^{n} X_j\right] = \sum_{i=1}^{k} \mathbf{M}\left[X_i \Big/ \sum_{j=1}^{n} X_j\right].$$

Da sämtliche Größen $X_1, \ldots, X_n$ gleichverteilt sind, gilt

$$\mathbf{M}\left[X_i \Big/ \sum_{j=1}^{n} X_j\right] = \mathbf{M}\left[X_m \Big/ \sum_{j=1}^{n} X_j\right]$$

für beliebige i und m. Wir bezeichnen mit α die gemeinsame Größe dieser Erwartungswerte:

$$\mathbf{M}\left[X_i \Big/ \sum_{j=1}^{k} X_j\right] = \alpha \qquad (i = 1, 2, \ldots, n)\,.$$

Andererseits ist die Summe aller Größen der Gestalt $X_i \Big/ \sum_{j=1}^{n} X_j \; (i = 1, \ldots, n)$ gleich Eins mit der Wahrscheinlichkeit 1. Folglich ist auch

$$\mathbf{M}\left[\sum_{i=1}^{n} X_i \Big/ \sum_{j=1}^{n} X_j\right] = \sum_{i=1}^{n} \mathbf{M}\left[X_i \Big/ \sum_{j=1}^{n} X_j\right] = 1 \,.$$

Hieraus ergibt sich durch Einsetzen $\sum_{i=1}^{n} \alpha = n\,\alpha = 1$ und somit $\alpha = \frac{1}{n}$. Folglich ist

$$\mathbf{M}\left[\sum_{i=1}^{k} X_i \Big/ \sum_{j=1}^{n} X_j\right] = \sum_{i=1}^{k} \mathbf{M}\left[X_i \Big/ \sum_{j=1}^{n} X_j\right] = \sum_{i=1}^{k} \frac{1}{n} = \frac{k}{n}\,,$$

was zu beweisen war.

KAPITEL 8

VERTEILUNGSGESETZE VON FUNKTIONEN ZUFÄLLIGER GRÖSSEN. CHARAKTERISTISCHE FUNKTIONEN. GRENZWERTSÄTZE DER WAHRSCHEINLICHKEITSRECHNUNG

Ist X eine stetige, zufällige Größe mit der Verteilungsdichte $f(x)$ und ist die zufällige Größe Y von ihr funktional abhängig

$$Y = \varphi(X),$$

wobei φ eine differenzierbare Funktion ist, die auf der Menge der möglichen Werte des Arguments X monoton ist, so wird die Verteilungsdichte der zufälligen Größe Y durch die Formel

$$g(y) = f(\psi(y)) \, |\psi'(y)| \tag{*}$$

bestimmt, wobei ψ die Umkehrfunktion von φ ist.

Ist die Funktion φ nicht monoton, so ist die Umkehrfunktion nicht eindeutig und die Verteilungsdichte der zufälligen Größe Y wird in diesem Fall durch die Formel

$$g(y) = \sum_{i=1}^{k} f(\psi_i(y)) \, |\psi_i'(y)| \tag{**}$$

bestimmt, wobei $\psi_1(y), \psi_2(y), \ldots, \psi_k(y)$ sämtliche Werte der Umkehrfunktion für das gegebene y sind.

Für Funktionen mehrerer zufälliger Größen ist es einfacher, zunächst ihre Verteilungsfunktion zu bestimmen. Ist

$$Z = \varphi(X_1, \ldots, X_n)$$

eine Funktion des zufälligen Vektors $(X_1, \ldots, X_n)$, so wird die Verteilungsfunktion von Z durch die Formel

$$G(z) = \int \cdots \int_{D(z)} f(x_1, \ldots, x_n) \, dx_1 \cdots dx_n$$

bestimmt. Dabei sind $f(x_1, \ldots, x_n)$ die Verteilungsdichte des zufälligen Vektors $(X_1, \ldots, X_n)$; $D(z)$ die Menge derjenigen $(x_1, \ldots, x_n) \in R^n$, für die $\varphi(x_1, \ldots, x_n) < z$ gilt. Die Verteilungsdichte $g(z)$ erhält man durch Differentiation von $G(z)$:

$$g(z) = G'(z).$$

Die Verteilungsdichte der Summe zweier zufälliger Größen

$$Z = X + Y$$

wird durch eine der Formeln

$$g(z) = \int_{-\infty}^{\infty} f(x, z - x) \, dx, \qquad g(z) = \int_{-\infty}^{\infty} f(z - y, y) \, dy$$

bestimmt, wobei $f(x, y)$ die Verteilungsdichte des Vektors (X, Y) ist.

Sind die zufälligen Größen X, Y unabhängig, $f(x, y) = f_1(x) f_2(y)$, so gilt

$$g(z) = \int_{-\infty}^{\infty} f_1(x) f_2(z - x)\, dx$$

oder

$$g(z) = \int_{-\infty}^{\infty} f_1(z - y) f_2(y)\, dy\,.$$

Das Verteilungsgesetz der Summe wird in diesem Fall als *Faltung* der Verteilungsgesetze der Summanden bezeichnet.

Eine lineare Funktion unabhängiger normalverteilter zufälliger Größen X_1, $X_2, \ldots, X_n$ der Gestalt

$$Z = \sum_{i=1}^{n} a_i X_i + b\,,$$

wobei a_i, b keine zufälligen Koeffizienten sind, ist ebenfalls normalverteilt mit den Parametern

$$m_z = \sum_{i=1}^{n} a_i m_{x_i} + b\,, \qquad \sigma_z = \sqrt{\sum_{i=1}^{n} a_i^2 \sigma_{x_i}^2}\,,$$

wobei m_{x_i}, σ_{x_i} die Parameter der zufälligen Größe X_i sind $(i = 1, \ldots, n)$.

Sind die Argumente $X_1, X_2, \ldots, X_n$ korreliert, so bleibt das Verteilungsgesetz der linearen Funktion normal, ihre Parameter sind jedoch gleich

$$m_z = \sum_{i=1}^{n} a_i m_{x_i} + b\,, \qquad \sigma_z = \sqrt{\sum_{i=1}^{n} a_i^2 \sigma_{x_i}^2 + 2 \sum_{i<j} a_i a_j r_{x_i x_j} \sigma_{x_i} \sigma_{x_j}}\,,$$

wobei $r_{x_i x_j}$ der Korrelationskoeffizient der zufälligen Größen X_i, X_j ist $(i = 1, \ldots, n; j \neq i)$.

Spezialfälle:

Ist die zufällige Größe X normalverteilt mit den Parametern m_x, σ_x, so ist die zufällige Größe

$$Y = a X + b$$

(wobei a, b nicht zufällig sind) ebenfalls normalverteilt mit den Parametern $m_y = a\, m_x + b$; $\sigma_y = |a|\, \sigma_x$.

Bei der Faltung zweier Normalverteilungen mit den Parametern m_x, σ_x und m_y, σ_y ergibt sich wieder eine Normalverteilung mit den Parametern

$$m_z = m_x + m_y; \qquad \sigma_z = \sqrt{\sigma_x^2 + \sigma_y^2}\,.$$

Bei der Addition zweier normalverteilter zufälliger Größen X, Y mit den Parametern m_x, σ_x und m_y, σ_y sowie Korrelationskoeffizienten r_{xy} erhält man eine Zufallsgröße Z, die ebenfalls normalverteilt ist, mit den Parametern

$$m_z = m_x + m_y; \qquad \sigma_z = \sqrt{\sigma_x^2 + \sigma_y^2 + 2\, r_{xy}\, \sigma_x \sigma_y}\,.$$

Sind die zufälligen Vektoren $(X_1, \ldots, X_n)$, $(Y_1, \ldots, Y_n)$ unabhängig, so bezeichnet man das Verteilungsgesetz des zufälligen Vektors

$$(X_1 + Y_1, \ldots, X_n + Y_n)$$

als *Faltung* der Verteilungsgesetze von $(X_1, \ldots, X_n)$ und $(Y_1, \ldots, Y_n)$.

Die *Faltung zweier Normalverteilungen auf der Ebene* ist ebenfalls eine Normalverteilung mit den Parametern

$$m_x = m_{x_1} + m_{x_2}; \qquad m_y = m_{y_1} + m_{y_2}; \qquad \sigma_x = \sqrt{\sigma_{x_1}^2 + \sigma_{x_2}^2}\,; \qquad \sigma_y = \sqrt{\sigma_{y_1}^2 + \sigma_{y_2}^2}\,;$$

$$K_{xy} = K_{x_1 y_1} + K_{x_2 y_2}.$$

Ihr Korrelationskoeffizient ist also gleich

$$r_{xy} = \frac{r_{x_1 y_1}\sigma_{x_1}\sigma_{y_1} + r_{x_2 y_2}\sigma_{x_2}\sigma_{y_2}}{\sigma_x \sigma_y}.$$

Wird der zufällige Punkt (X, Y), der auf der Ebene normalverteilt ist, auf die Achse Oz, die durch das Streuungszentrum verläuft und mit der Abszissenachse Ox einen Winkel α bildet, projiziert, so erhält man einen zufälligen Punkt Z, der auf der Achse Oz normalverteilt ist mit den Parametern

$$m_z = m_x \cos\alpha + m_y \sin\alpha\,, \qquad \sigma_z = \sqrt{\sigma_x^2 \cos^2\alpha + \sigma_y^2 \sin^2\alpha + r_{xy}\,\sigma_x \sigma_y \sin 2\alpha}\,.$$

Grenzwertsätze der Wahrscheinlichkeitsrechnung

Grenzwertsätze der Wahrscheinlichkeitsrechnung spielen in den Anwendungen der Wahrscheinlichkeitsrechnung und der mathematischen Statistik eine wichtige Rolle.

1. Das Gesetz der großen Zahlen.

Hat die zufällige Größe X eine endliche Varianz $\mathbf{D}[X]$, so gilt bei beliebigem $\varepsilon > 0$ die TSCHEBYSCHEWsche Ungleichung:

$$\mathbf{P}(|X - \mathbf{M}[X]| \geqq \varepsilon) \leqq \frac{\mathbf{D}[X]}{\varepsilon^2}.$$

Sind die zufälligen Größen $X_1, X_2, \ldots, X_n$ unabhängig und besitzen sie den gleichen Erwartungswert m_x und die gleiche Varianz D_x (sind sie insbesondere identisch verteilt), so gelten nach den Additionssätzen für Erwartungswert und Varianz die Formeln

$$\mathbf{M}\left[\frac{1}{n}\sum_{i=1}^{n} X_i\right] = m_x; \qquad \mathbf{D}\left[\frac{1}{n}\sum_{n=1}^{n} X_i\right] = \frac{1}{n} D_x.$$

Aus der TSCHEBYSCHEWschen Ungleichung folgt dann die Abschätzung

$$\mathbf{P}\left(\left|\frac{1}{n}\sum_{i=1}^{n} X_i - m_x\right| \geqq \varepsilon\right) \leqq \frac{D_x}{n\,\varepsilon^2}.$$

Hieraus ergibt sich für $n \to \infty$ das *schwache Gesetz der großen Zahlen*:

Besitzen die unabhängigen zufälligen Größen $X_1, X_2, \ldots$ den gleichen Erwartungswert m_x und die gleiche Varianz (sind insbesondere die zufälligen Größen X_i identisch verteilt), so gilt für jedes $\varepsilon > 0$

$$\lim_{n\to\infty} \mathbf{P}\left(\left|\frac{1}{n}\sum_{i=1}^{n} X_i - m_x\right| < \varepsilon\right) = 1 .$$

Dieser Satz läßt sich wie folgt verschärfen (*starkes Gesetz der großen Zahlen* oder *individueller Ergodensatz*; vgl. auch S. 182):

Sind die zufälligen Größen $X_1, X_2, \ldots$ unabhängig und identisch verteilt und besitzen sie einen endlichen Erwartungswert m_x, so gilt

$$\mathbf{P}\left(\lim_{n\to\infty} \frac{1}{n}\sum_{i=1}^{n} X_i = m_x\right) = 1,$$

d. h., für jedes $\varepsilon > 0$ gilt

$$\lim_{n\to\infty} \mathbf{P}\left\{\left|\frac{1}{m}\sum_{i=1}^{m} X_i - m_x\right| > \varepsilon \quad \text{für mindestens ein } m \geqq n\right\} = 0 .$$

Das starke Gesetz der großen Zahlen besagt, daß das arithmetische Mittel der Werte der Realisierungen einer Folge unabhängiger identisch verteilter zufälliger Größen für fast alle Realisierungen sich dem Erwartungswert nähert, wenn die Anzahl n der Realisierungen gegen ∞ strebt. Diese Aussage liegt der häufig benutzten Bezeichnung „Mittelwert" für Erwartungswert und der näherungsweisen Bestimmung des Erwartungswertes mit Hilfe des Mittelwerts einer Stichprobe zugrunde.

Sei A ein Ereignis, dessen Wahrscheinlichkeit gleich $P(A) = p > 0$ ist. Wir betrachten das Schema unabhängiger Versuche, bei denen das Ereignis A eintreten oder nicht eintreten kann. Sei

$$X_i = \begin{cases} 0, & \text{falls im } i\text{-ten Versuch das Ereignis } A \text{ nicht eintritt,} \\ 1, & \text{falls im } i\text{-ten Versuch das Ereignis } A \text{ eintritt.} \end{cases}$$

Die zufälligen Größen X_i sind unabhängig und identisch verteilt $\big(\mathbf{P}(X_i = 0) = q = 1 - p$, $\mathbf{P}(X_i = 1) = p$, $\mathbf{M}[X_i] = p$, $\mathbf{D}[X_i] = p\,q\big)$.

Die zufällige Größe

$$\nu_n(A) = \frac{1}{n}\sum_{i=1}^{n} X_i$$

ist gleich der relativen Häufigkeit des Eintretens des Ereignisses A in den ersten n Versuchen.

Aus dem starken Gesetz der großen Zahlen folgt für diesen Spezialfall der Satz von Borel:

$$\mathbf{P}\big(\nu_n(A) \underset{n\to\infty}{\longrightarrow} p\big) = 1 .$$

Der Satz von Borel besagt, daß für fast alle Realisierungen des o. g. Schemas unabhängiger Versuche die relative Häufigkeit $\nu_n(A)$ des Eintretens eines Ereignisses A für $n \to \infty$ gegen die Wahrscheinlichkeit p des Ereignisses A konvergiert.

Durch diesen Satz wird die Häufigkeitsinterpretation der Wahrscheinlichkeit (vgl. Kap. 1) nachträglich theoretisch gerechtfertigt.

2. **Satz von Moivre-Laplace. Zentraler Grenzwertsatz.**

Für eine Serie von n unabhängigen Versuchen, bei denen das Ereignis A mit derselben Wahrscheinlichkeit p $(0 < p < 1)$ eintritt, gilt für jedes x und für $n \to \infty$ die Beziehung (Satz von Moivre-Laplace).

$$\lim_{n \to \infty} \mathbf{P}\left(\frac{\mu_n(A) - n\,p}{n\,p\,q} < x\right) = \Phi^*(x)\,,$$

wobei $\mu_n(A)$ die zufällige Anzahl des Eintretens des Ereignisses A in den ersten n Versuchen und $\Phi^*(x)$ die Verteilungsfunktion der Standard-Normalverteilung ist. Der Satz drückt die Tatsache aus, daß das Verteilungsgesetz der passend normierten Summe $\mu_n(A)$ unabhängiger zufälliger Summanden X_i (sehr spezieller Gestalt, vgl. S. 209) bei wachsender Anzahl der Summanden gegen die Normalverteilung strebt.

Es gibt die verschiedensten Verallgemeinerungen des Satzes von Moivre-Laplace, die man zusammenfassend als den *zentralen Grenzwertsatz* bezeichnet.

In seiner einfachsten Form besagt der zentrale Grenzwert:

Sind $X_1, X_2, \ldots$ unabhängige identisch verteilte zufällige Größen mit endlichem Erwartungswert m und endlicher Varianz σ^2, so gilt für jedes x:

$$\lim_{n \to \infty} \mathbf{P}\left(\frac{\sum\limits_{i=1}^{n} X_i - n\,m}{\sqrt{n}\,\sigma} < x\right) = \Phi^*(x)\,.$$

Als *charakteristische Funktion* der zufälligen Größe X (oder ihres Verteilungsgesetzes $\mathbf{P}_X$) bezeichnet man die Funktion

$$g(t) = \mathbf{M}[e^{itX}]\,,$$

wobei $i = \sqrt{-1}$ ist.

Für eine diskrete zufällige Größe X gilt

$$g(t) = \sum_k e^{itx_k} p_k\,,$$

wobei x_k die möglichen Werte von X und $p_k = \mathbf{P}(X = x_k)$ die entsprechenden Wahrscheinlichkeiten sind ($k = 1, 2, \ldots$).

Für eine stetige zufällige Größe X mit der Verteilungsdichte $f(x)$ gilt

$$g(t) = \int_{-\infty}^{\infty} e^{itx} f(x)\,dx\,.$$

Es ist $g(0) = 1$ und $|g(t)| \leq 1$ für alle t.

Das Verteilungsgesetz einer zufälligen Größe X ist durch die charakteristische Funktion eindeutig bestimmt. Für eine stetige zufällige Größe X gilt die folgende „Umkehrformel"

$$f(x) = \frac{1}{2\sqrt{\pi}} \int_{-\infty}^{\infty} e^{-itx} g(t)\,dt\,,$$

wobei $f(x)$ die Verteilungsdichte und $g(t)$ die charakteristische Funktion von X sind.

Besteht zwischen den zufälligen Größen X, Y die Beziehung $Y = a X + b$, wobei a und b nicht zufällige Parameter sind, so besteht zwischen ihren charakteristischen Funktionen die Beziehung

$$g_y(t) = g_x(a\,t)\,e^{itb}\,.$$

Ist die zufällige Größe Y gleich der Summe unabhängiger zufälliger Größen

$$Y = \sum_{k=1}^{n} X_k\,,$$

so gilt

$$g_y(t) = \prod_{k=1}^{n} g_{x_k}(t)\,.$$

Die charakteristische Funktion der Summe unabhängiger zufälliger Größen ist also gleich dem Produkt der charakteristischen Funktionen der Summanden.

Ist das n-te Moment der zufälligen Größe X endlich, so ist die charakteristische Funktion $g(t)$ von X n-mal differenzierbar, und es gilt für alle $k \leqq n$ die Formel

$$\alpha_k[X] = \mathrm{M}[X^k] = \frac{1}{i^k}\,g^{(k)}(0)\,,$$

wobei $g^{(k)}(0)$ die k-te Ableitung der Funktion $g(t)$ an der Stelle 0 bezeichnet.

8.1. Die zufällige Größe X sei im Intervall $\left(-\frac{\pi}{2}, \frac{\pi}{2}\right)$ gleichverteilt. Man bestimme das Verteilungsgesetz der zufälligen Größe $Y = \sin X$.

Lösung: Die Funktion $y = \sin x$ ist im Intervall $\left(-\frac{\pi}{2}, \frac{\pi}{2}\right)$ monoton, folglich berechnet sich die Verteilungsdichte der zufälligen Größe Y nach der Formel (*) auf S. 206. Es gilt[1])

$f(x)$	$\begin{cases} \frac{1}{\pi} & \text{für } x \in \left(-\frac{\pi}{2}, \frac{\pi}{2}\right), \\ 0 & \text{für } x \notin \left(-\frac{\pi}{2}, \frac{\pi}{2}\right) \end{cases}$
$y = \varphi(x)$	$y = \sin x$
$x = \psi(y)$	$x = \arcsin y$
$\lvert\psi'(y)\rvert$	$\frac{1}{\sqrt{1-y^2}}$
$g(y) = f(\psi(y))\,\lvert\psi'(y)\rvert$	$g(y) = \begin{cases} \frac{1}{\pi}\,\frac{1}{\sqrt{1-y^2}} & \text{für } y \in (-1, 1)\,, \\ 0 & \text{für } y \notin (-1, 1)\,. \end{cases}$

[1]) Bei der Lösung analoger Aufgaben werden wir im weiteren der Kürze halber die Werte der Verteilungsdichte nur für die Argumentwerte explizit angeben, für die sie von Null verschieden ist.

Der Wertebereich der Funktion $y = \sin x$ für $x \in \left(-\frac{\pi}{2}, \frac{\pi}{2}\right)$ ist gleich $(-1, 1)$, folglich kann die zufällige Größe Y keine Werte außerhalb dieses Intervalls annehmen.[1])

8.2. Die zufällige Größe X ist im Intervall $\left(-\frac{\pi}{2}, \frac{\pi}{2}\right)$ gleichverteilt. Man bestimme die Verteilungsdichte der zufälligen Größe $Y = \cos X$.

Lösung: Die Funktion $y = \cos x$ ist im Intervall $\left(-\frac{\pi}{2}, \frac{\pi}{2}\right)$ nicht monoton. Wir benutzen die Formel (**) auf S. 206. Die Lösung stellen wir wieder in Form zweier Spalten dar:

$f(x)$	$\frac{1}{\pi}$ für $x \in \left(-\frac{\pi}{2}, \frac{\pi}{2}\right)$
$y = \varphi(x)$	$y = \cos x$
$x = \begin{cases} \psi_1(y) \\ \psi_2(y) \end{cases}$	$x_1 = -\arccos y$ $x_2 = \arccos y$
$\lvert\psi_1'(y)\rvert = \lvert\psi_2'(y)\rvert$	$\frac{1}{\sqrt{1-y^2}}$
$g(y) = \sum_{i=1}^{k} f(\psi_i(y))\,\lvert\psi_i'(y)\rvert$	$g(y) = \frac{1}{\pi\sqrt{1-y^2}} + \frac{1}{\pi\sqrt{1-y^2}}$ $= \frac{2}{\pi\sqrt{1-y^2}}$ für $y \in (0, 1)$.

8.3. Die zufällige Größe X ist im Intervall $\left(-\frac{\pi}{2}, \frac{\pi}{2}\right)$ gleichverteilt. Man bestimme die Verteilungsdichte der zufälligen Größe $Y = |\sin X|$.

Lösung: $$g(y) = \frac{2}{\pi\sqrt{1-y^2}} \quad \text{für} \quad y \in (0, 1).$$

8.4. Die zufällige Größe X hat die Verteilungsdichte $f(x)$. Man bestimme die Verteilungsdichte der zufälligen Größe $Y = |1 - X|$.

Lösung: Die Funktion $y = |1 - x|$ ist nicht monoton. Wir benutzen die Formel (**) auf S. 206 und erhalten

$f(x)$	$f(x)$
$y = \varphi(x)$	$y = \lvert 1 - x\rvert$
$x = \begin{cases} \psi_1(y) \\ \psi_2(y) \end{cases}$	$x_1 = 1 - y$ $x_2 = 1 + y$
$\lvert\psi_1'(y)\rvert = \lvert\psi_2'(y)\rvert$	1
$g(y) = \sum_{i=1}^{k} f(\psi_i(y))\,\lvert\psi_i(y)\rvert$	$g(y) = f(1 - y) + f(1 + y)$ für $y > 0$.

[1]) Vgl. die Fußnote auf S. 211.

8.5. Ein Rad, das im Zentrum O gelagert ist (Abb. 8.5) wird in Rotation versetzt, die infolge der Reibung gebremst wird. Dabei bleibt ein auf dem Reifen des Rades fixierter Punkt A auf einer bestimmten Höhe H (positiv oder negativ) bezüglich der horizontalen Achse $I-I$, die durch das Zentrum geht, stehen; die Höhe H hängt vom zufälligen Winkel Θ ab.

Man bestimme: a) das Verteilungsgesetz der Höhe H; b) das Verteilungsgesetz des Abstandes D des Punktes A von der Achse $I-I$.

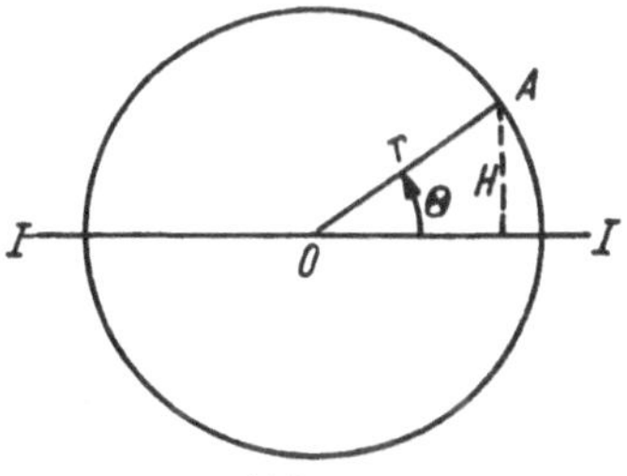

Abb. 8.5

Lösung: Es ist $H = r \sin \Theta$, wobei der Winkel Θ eine im Intervall $(0, 2\pi)$ gleichverteilte zufällige Größe ist. Offenbar verändert sich die Lösung der Aufgabe nicht, wenn man annimmt, daß die zufällige Größe Θ im Intervall $\left(-\frac{\pi}{2}, \frac{\pi}{2}\right)$ gleichverteilt ist; in diesem Fall ist H eine monotone Funktion von Θ.

Die Verteilungsdichte der zufälligen Größe H ist gleich

$$g(h) = \frac{1}{\pi r \sqrt{1 - \left(\frac{h}{r}\right)^2}} \quad \text{für} \quad -r < h < r\,.$$

Die Verteilungsdichte der zufälligen Größe $D = |H|$ ist gleich

$$g_1(d) = \frac{2}{\pi r \sqrt{1 - \left(\frac{d}{r}\right)^2}} \quad \text{für} \quad 0 < d < r\,.$$

8.6. Die zufällige Größe X genügt der Rayleigh-Verteilung mit der Dichte

$$f(x) = \begin{cases} \frac{x}{\sigma^2} e^{-\frac{x^2}{2\sigma^2}} & \text{für} \quad x > 0, \\ 0 & \text{für} \quad x < 0. \end{cases}$$

Man bestimme das Verteilungsgesetz der zufälligen Größe $Y = e^{-X^2}$.

Lösung: Im Bereich der möglichen Werte des Arguments X ist die Funktion $y = e^{-x^2}$ monoton. Durch Anwendung der allgemeinen Regel erhält man:

$f(x)$	$\frac{x}{\sigma^2} e^{-\frac{x^2}{2\sigma^2}} \quad (x > 0)$
$y = \varphi(x)$	$y = e^{-x^2}$
$x = \psi(y)$	$x = \sqrt{-\ln y}$
$\lvert\psi'(y)\rvert$	$\frac{1}{2y\sqrt{-\ln y}}$
$g(y) = f(\psi(y))\,\lvert\psi'(y)\rvert$	$g(y) = \frac{1}{2\sigma^2 y} e^{\frac{\ln y}{2\sigma^2}} = \frac{1}{2\sigma^2} y^{\frac{1-2\sigma^2}{2\sigma^2}}$ für $0 < y < 1$.

Die Funktion $g(y)$ ist für verschiedene σ in der Abb. 8.6 graphisch dargestellt.

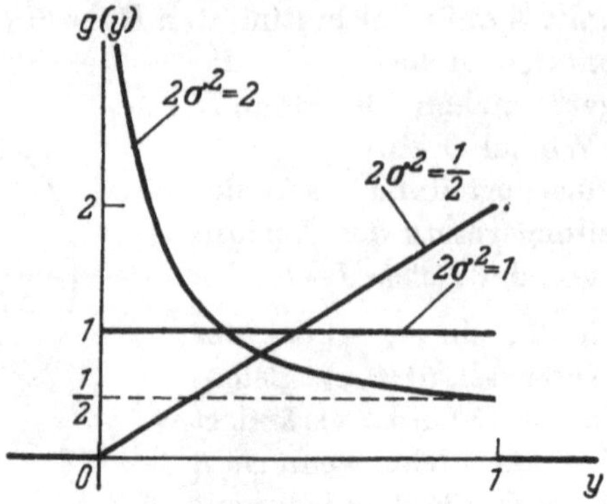

Abb. 8.6

8.7. Die zufällige Größe X genügt der CAUCHY-Verteilung mit der Verteilungsdichte

$$f(x) = \frac{1}{\pi(1+x^2)} \qquad (-\infty < x < +\infty).$$

Man bestimme die Verteilungsdichte der reziproken Größe $Y = \frac{1}{X}$.

Lösung: Die Funktion $y = \frac{1}{x}$ besitzt eine Sprungstelle. Die Umkehrfunktion $x = \frac{1}{y}$ ist jedoch eindeutig. Nach der Formel (*) erhalten wir

$$g(y) = \frac{1}{\pi\left[1 + \left(\frac{1}{y}\right)^2\right]} \frac{1}{y^2} \quad \text{oder} \quad g(y) = \frac{1}{\pi(1+y^2)} \qquad (-\infty < y < +\infty).$$

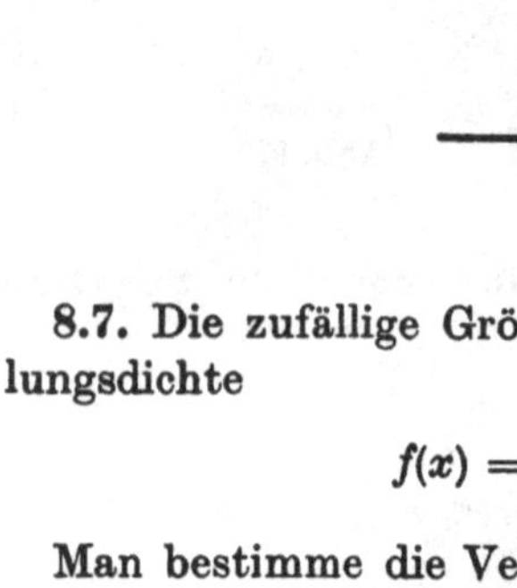

Abb. 8.8

Das bedeutet, daß die zu einer der CAUCHY-Verteilung genügenden Größe reziproke zufällige Größe ebenfalls der CAUCHY-Verteilung genügt.

8.8. Durch den Punkt A, der sich auf der y-Achse im Abstand 1 vom Koordinatenursprung befindet, wird eine Gerade AB gezeichnet, die mit der y-Achse den Winkel α bildet (Abb. 8.8). Alle Werte des Winkels α von $-\frac{\pi}{2}$ bis $\frac{\pi}{2}$ sind gleichwahrscheinlich. Man bestimme die Verteilungsdichte der Abszisse X des Schnittpunktes B der Geraden mit der x-Achse.

Lösung: Es ist $X = \operatorname{tg}\alpha$; die Funktion ist auf dem Intervall $\left(-\frac{\pi}{2}, \frac{\pi}{2}\right)$ monoton. Es gilt

$$g(x) = \frac{1}{\pi(1+x^2)} \qquad (-\infty < x < +\infty),$$

Die zufällige Größe X genügt also der CAUCHY-Verteilung.

8.9. Die diskrete zufällige Größe X ist durch die Tabelle

x_i	-2	-1	0	1	2
p_i	0,1	0,2	0,3	0,3	0,1

vorgegeben.

Man bestimme die Verteilungsgesetze der zufälligen Größen

$$Y = X^2 + 1; \qquad Z = |X|\,.$$

Lösung: Bestimmt man für jedes x_i die entsprechenden Werte der Größen Y und Z und ordnet man sie der Größe nach, so erhält man die entsprechenden Tabellen für Y und Z:

y_i	1	2	5
p_i'	0,3	0,5	0,2

,

z_i	0	1	2
p_i''	0,3	0,5	0,2

.

8.10. Durch den Punkt A mit den Koordinaten (0, 1) wird eine Gerade AB gezeichnet, die mit der y-Achse einen zufälligen Winkel Θ bildet (Abb. 8.10). Das Verteilungsgesetz des Winkels hat die Gestalt

$$f(\theta) = \frac{1}{2}\cos\theta$$

für

$$-\frac{\pi}{2} < \theta < \frac{\pi}{2}\,.$$

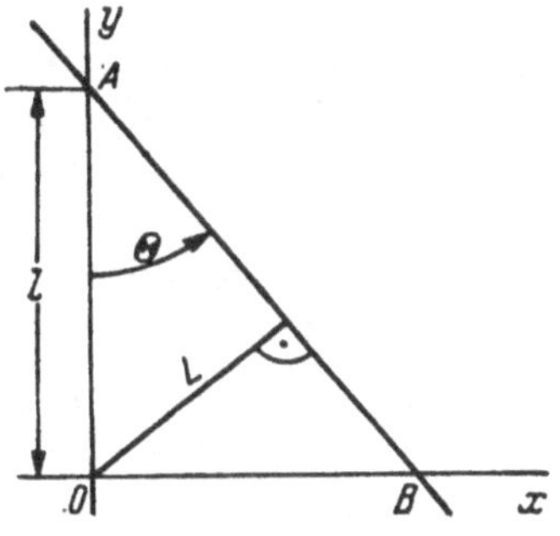

Abb. 8.10

Man bestimme das Verteilungsgesetz des Abstandes L des Koordinatenursprungs von der Geraden AB.

Lösung: Es gilt $L = |\sin\Theta|$. Die Funktion $l = |\sin\theta|$ ist in dem Intervall $\left(-\frac{\pi}{2}, \frac{\pi}{2}\right)$ nicht monoton. Durch Anwendung der Formel (**) von S. 206 erhält man

$f(x)$	$\frac{1}{2}\cos\theta$ für $-\frac{\pi}{2} < \theta < \frac{\pi}{2}$
$y = \varphi(x)$	$l = \|\sin\theta\|$
$x = \begin{cases}\psi_1(y)\\ \psi_2(y)\end{cases}$	$-\arcsin l$ $\arcsin l$
$\|\psi_1'(y)\| = \|\psi_2'(y)\|$	$\frac{1}{\sqrt{1-l^2}}$
$g(y) = \sum_{i=1}^{k} f(\psi_i(y))\,\|\psi_i'(y)\|$	$g(l) = \frac{1}{\sqrt{1-l^2}}\cos(\arcsin l) = 1$ für $0 < l < 1\,.$

Der Abstand L ist also im Intervall (0, 1) gleichverteilt, was auch aus geometrischen Überlegungen erkennbar ist.

8.11. Der Radius R des Kreises sei eine zufällige Größe, die der RAYLEIGH-Verteilung genügt:

$$f(r) = \frac{r}{\sigma^2} e^{-\frac{r^2}{2\sigma^2}} \quad \text{für} \quad r > 0 .$$

Man bestimme das Verteilungsgesetz der Kreisfläche S.

Lösung: Die Funktion $S = \pi R^2$ ist im Bereich $(0, \infty)$ der möglichen Werte von R monoton. Folglich gilt

$$g(s) = \frac{1}{2\pi\sigma^2} e^{-\frac{s}{2\pi\sigma^2}} \quad \text{für} \quad s > 0 .$$

Das bedeutet, daß die Kreisfläche S exponentiell verteilt mit dem Parameter $\frac{1}{2\pi\sigma^2}$ ist.

8.12. Ein Pendel vollführt eine freie, nicht gedämpfte Schwingung, dabei verändert sich der Winkel Φ (Abb. 8.12) in Abhängigkeit von der Zeit t nach dem harmonischen Gesetz

$$\Phi(t) = a \sin(\omega t + \Theta) ,$$

wobei a die Amplitude, ω die Frequenz und Θ die Phase der Schwingung sind. Zu einem Zeitpunkt $t = 0$, der unabhängig von der Lage des Pendels ist, wird das Pendel fotografiert. Da die Lage des Pendels zum Zeitpunkt der Aufnahme unbestimmt ist, kann angenommen werden, daß die Phase Θ eine im Intervall $(0, 2\pi)$ gleichverteilte zufällige Größe ist. Man bestimme das Verteilungsgesetz des Winkels Φ, der durch das Lot und das Pendel zum Zeitpunkt der Aufnahme gebildet wird, sowie seinen Erwartungswert und seine Varianz.

Lösung: Es ist $\Phi = a \sin \Theta$, wobei die Phase Θ im Intervall $(0, 2\pi)$ gleichverteilt ist. Die Funktion $\varphi = a \sin \theta$ ist in diesem Intervall nicht monoton. Offenbar ändert sich die Lösung der Aufgabe nicht, wenn man annimmt, daß die Phase Θ im Intervall $\left(-\frac{\pi}{2}, \frac{\pi}{2}\right)$ gleichverteilt ist, in dem die Funktion $\varphi = a \sin \theta$ monoton ist. Die gesuchte Verteilungsdichte der zufälligen Größe Φ ist gleich

$$g(\varphi) = \frac{1}{\pi} \frac{1}{\sqrt{1 - \left(\frac{\varphi}{a}\right)^2}} \frac{1}{a} = \frac{1}{\pi\sqrt{a^2 - \varphi^2}} \quad \text{für} \quad |\varphi| < a .$$

Da die Verteilungsdichte eine gerade Funktion ist, ist der Erwartungswert $m_\varphi = 0$. Die Varianz des Winkels Φ ist gleich

$$D_\Phi = \frac{1}{\pi} \int_{-a}^{a} \frac{\varphi^2}{\sqrt{a^2 - \varphi^2}} d\varphi = \frac{2}{\pi} \left(-\frac{\varphi}{2} \sqrt{a^2 - \varphi^2} + \frac{a^2}{2} \arcsin \frac{\varphi}{a} \right)\Bigg|_0^a = \frac{a^2}{2} .$$

8.13. In einem Werk werden Kugeln hergestellt, deren nomineller Durchmesser gleich d_0, deren effektiver Durchmesser L eine normalverteilte zufällige Größe mit dem Erwartungswert d_0 und mittleren quadratischen Abweichung σ_l ist. Nach der Herstellung wird jede Kugel kontrolliert, wobei alle Kugeln, die durch eine Öffnung mit dem Durchmesser $d_0 - 2\,\sigma_l$ fallen, und alle Kugeln, die durch eine Öffnung mit dem Durchmesser $d_0 + 2\,\sigma_l$ nicht fallen, Ausschuß sind.

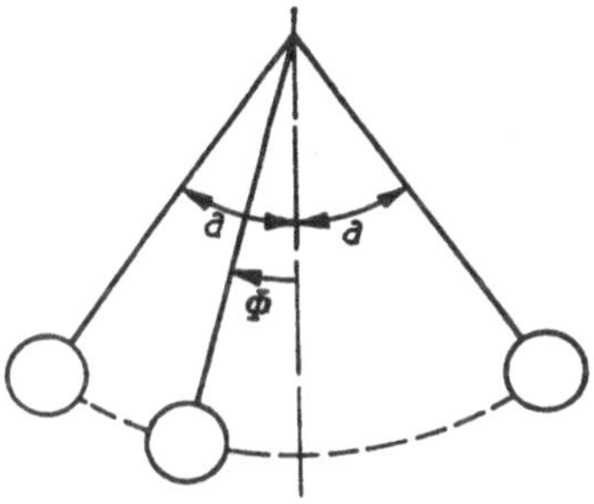

Abb. 8.12

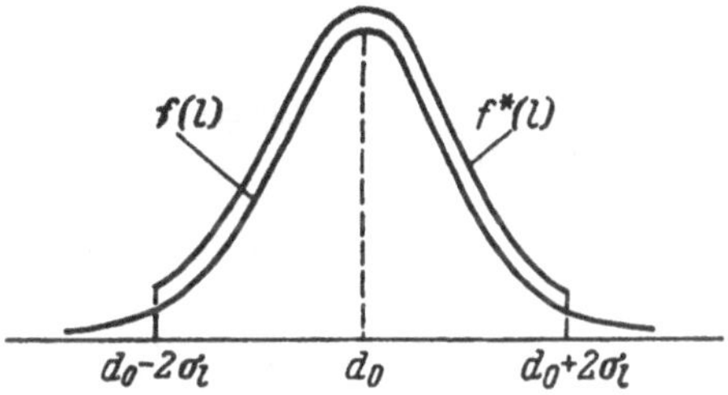

Abb. 8.13

Man bestimme das Verteilungsgesetz des Durchmessers von Kugeln, die den Qualitätsanforderungen genügen.

Lösung: Es ist die Verteilungsdichte f^* der zufälligen Größe L^* zu bestimmen, die mit L übereinstimmt, falls L einen Wert zwischen $d_0 - 2\,\sigma_l$ und $d_0 + 2\,\sigma_l$ annimmt. Außerhalb des Intervalls $(d_0 - 2\,\sigma_l,\ d_0 + 2\,\sigma_l)$ ist die Verteilungsdichte $f^*(l)$ gleich Null, innerhalb des Intervalls ist sie proportional $f(l)$, wobei die Beziehung

$$\int_{d_0-2\sigma_l}^{d_0+2\sigma_l} f^*(l)\,dl = 1$$

gelten muß.

Aus dieser Beziehung erhält man den Proportionalitätsfaktor a:

$$\int_{d_0-2\sigma_l}^{d_0+2\sigma_l} f^*(l)\,dl = a \int_{d_0-2\sigma_l}^{d_0+2\sigma_l} f(l)\,dl = a\,[2\,\Phi^*(2) - 1] = 1\,,$$

woraus

$$a = \frac{1}{2\,\Phi^*(2) - 1} = \frac{1}{0{,}9544} \approx 1{,}05$$

folgt. Es ist also

$$f^*(l) = \begin{cases} \dfrac{1{,}05}{\sigma_l\sqrt{2\,\pi}}\,e^{-\frac{(l-d_0)^2}{2\,\sigma_l^2}} & \text{für } |l - d_0| < 2\,\sigma_l\,, \\ 0 & \text{für } |l - d_0| > 2\,\sigma_l\,. \end{cases}$$

8.14. Die zufällige Größe X habe die Verteilungsdichte $f(x)$. Die zufällige Größe Y wird durch die Beziehung

$$Y = \min\,\{X, 1\}$$

definiert. Es ist also $Y = X$ für $X < 1$, $Y = 1$ für $X \geq 1$.

Man bestimme das Verteilungsgesetz der zufälligen Größe Y sowie deren Erwartungswert und Varianz.

Lösung: Die zufällige Größe Y ist vom gemischten Typ. Für $Y = 1$ hat ihre Verteilungsfunktion einen Sprung p_1, der gleich der Wahrscheinlichkeit dafür ist, daß die zufällige Größe X einen Wert größer Eins annimmt:

$$p_1 = \int_1^\infty f(x)\,dx = 1 - F(1)\,.$$

Für $y < 1$ stimmt die Verteilungsfunktion $F_1(y)$ von Y mit der Verteilungsfunktion von X überein:

$$F_1(y) = F(y) = \int_{-\infty}^{y} f(x)\,dx\,.$$

Für $y > 1$ gilt $F_1(y) = 1$ (Abb. 8.14).

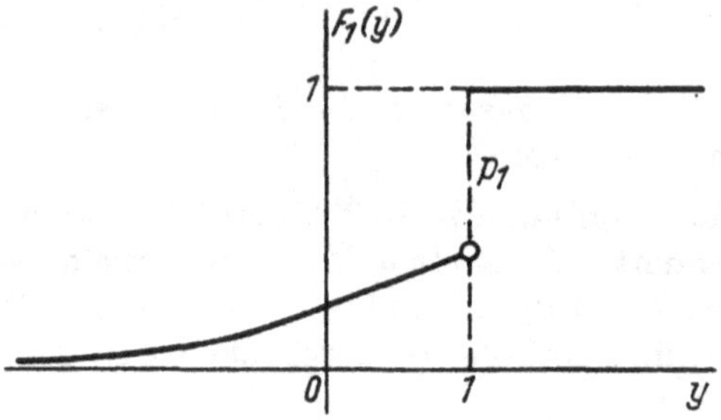

Abb. 8.14

Der Erwartungswert der gemischten zufälligen Größe ist gleich

$$m_y = 1 \cdot p_1 + \int_{-\infty}^{1} y\,F'(y)\,dy = \int_1^\infty f(x)\,dx + \int_{-\infty}^{1} y\,f(y)\,dy\,.$$

Die Varianz der zufälligen Größe Y ist gleich

$$D_y = \alpha_2[Y] - m_y^2 = \int_1^\infty f(x)\,dx + \int_{-\infty}^{1} y^2 f(y)\,dy - m_y^2\,.$$

8.15. Die stetige zufällige Größe X habe die Verteilungsdichte $f(x)$. Man bestimme das Verteilungsgesetz der zufälligen Größe

$$Y = \operatorname{sign} X = \begin{cases} +1 & \text{für} \quad X > 0\,, \\ 0 & \text{für} \quad X = 0\,, \\ -1 & \text{für} \quad X < 0 \end{cases}$$

und seine numerischen Charakteristika.

Lösung: Die diskrete zufällige Größe Y nimmt nur zwei Werte an: -1 und $+1$ (die Wahrscheinlichkeit dafür, daß $Y = 0$ ist, ist gleich Null). Es gilt

$$\mathbf{P}(Y = -1) = \mathbf{P}(X < 0) = \int_{-\infty}^{0} f(x)\,dx = F(0);$$

$$\mathbf{P}(Y = +1) = \mathbf{P}(X > 0) = \int_{0}^{\infty} f(x)\,dx = 1 - F(0).$$

$$m_y = -1 \cdot F(0) + 1 \cdot [1 - F(0)] = 1 - 2F(0);$$

$$\alpha_2[Y] = 1 \cdot F(0) + 1 \cdot [1 - F(0)] = 1;$$

$$D_y = \alpha_2[Y] - m_y^2 = 1 - 1 + 4F(0) - 4[F(0)]^2 = 4F(0)\,[1 - F(0)].$$

8.16. Die stetige zufällige Größe X habe die Verteilungsdichte $f(x)$. Man bestimme das Verteilungsgesetz der zufälligen Größe

$$Y = \min\{X, X^2\},$$

d. h. der zufälligen Größe, die für $X < X^2$ gleich X und für $X^2 < X$ gleich X^2 ist.

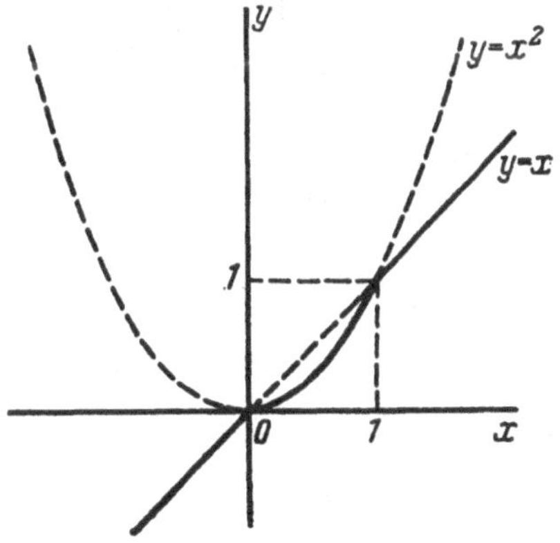

Abb. 8.16

Lösung: Die Funktion

$$\varphi(x) = \begin{cases} x^2 & \text{für} \quad x \in (0, 1), \\ x & \text{für} \quad x \notin (0, 1) \end{cases}$$

ist im Intervall $(-\infty, +\infty)$ monoton (Abb. 8.16). Da das Intervall (0, 1) durch diese Funktion auf das Intervall (0, 1) abgebildet wird, erhält man nach der allgemeinen Regel für die gesuchte Verteilungsdichte die Formel

$$g(y) = \begin{cases} f(\sqrt{y})\,\dfrac{1}{2\sqrt{y}} & \text{für} \quad y \in (0, 1), \\ f(y) & \text{für} \quad y \notin (0, 1). \end{cases}$$

8.17. Die Verteilungsdichte $f(x)$ der zufälligen Größe X ist in der Abb. 8.17 dargestellt. Man bestimme die Verteilungsdichte der zufälligen Größe $Y=1-X^2$.

Lösung: Die Verteilungsdichte $f(x)$ ist durch die Formel

$$f(x) = \frac{1}{2}(x+1) \quad \text{für} \quad x \in (-1, +1)$$

definiert. Die Funktion $y = 1 - x^2$ ist im Intervall $(-1, 1)$ nicht monoton, die Umkehrfunktion nimmt zwei Werte an:

$$x_1 = -\sqrt{1-y}, \qquad x_2 = +\sqrt{1-y}.$$

Hieraus folgt

$$g(y) = \frac{1}{4\sqrt{1-y}}[(1-\sqrt{1-y}) + (1+\sqrt{1-y})]$$

oder

$$g(y) = \frac{1}{2\sqrt{1-y}} \quad \text{für} \quad 0 < y < 1.$$

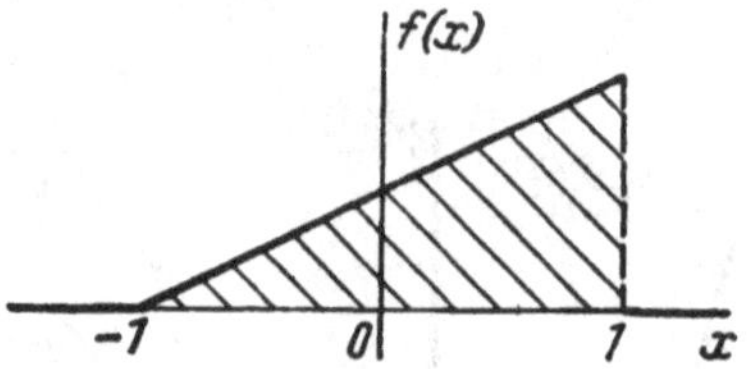

Abb. 8.17

8.18. Sei $f(x)$ die Verteilungsdichte der stetigen zufälligen Größe X. Man bestimme die Verteilungsdichte der zufälligen Größe $Y = \frac{1}{X}$.

Lösung: Die Funktion $y = \frac{1}{x}$ ist zwar nicht monoton im üblichen Sinne (denn bei $x = 0$ steigt sie sprungartig von $-\infty$ bis $+\infty$ an), die Umkehrfunktion ist jedoch eindeutig bestimmt. Man kann also die Formel (*) auf S. 206 anwenden. Es ist

$$g(y) = f\left(\frac{1}{y}\right)\frac{1}{y^2}$$

für alle Werte y, die zu den möglichen Werten von x reziprok sind.

8.19. Der natürliche Logarithmus einer zufälligen Größe X ist normalverteilt mit dem Erwartungswert m und der mittleren quadratischen Abweichung σ. Man bestimme die Verteilungsdichte der zufälligen Größe X.

Lösung: Wir bezeichnen die normalverteilte zufällige Größe mit U. Es gilt

$$U = \ln X; \qquad X = e^U; \qquad f(u) = \frac{1}{\sigma\sqrt{2\pi}} e^{-\frac{(u-m)^2}{2\sigma^2}}.$$

Die Funktion e^u ist monoton. Die gesuchte Dichte ist gleich

$$g(x) = \frac{1}{\sigma\sqrt{2\pi}} e^{-\frac{(\ln x - m)^2}{2\sigma^2}} \frac{1}{x} = \frac{1}{x\sigma\sqrt{2\pi}} e^{-\frac{(\ln x - m)^2}{2\sigma^2}} \quad \text{für } x > 0 .$$

Diese Verteilung bezeichnet man als *logarithmische Normalverteilung* oder *Lognormalverteilung*.

8.20. Der Punkt P, der die Abbildung eines Objekts auf einem runden Bildschirm einer Radaranlage darstellt, kann auf diesem eine beliebige Lage einnehmen (Abb. 8.20). Dabei wird angenommen, daß der zufällige Punkt

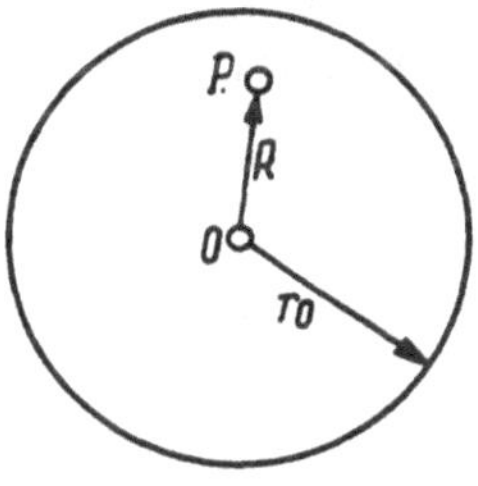

Abb. 8.20

$P = (X, Y)$ auf der Fläche des Bildschirmes gleichverteilt ist. Der Radius des Bildschirmes ist gleich r_0. Man bestimme die Verteilungsdichte des Abstandes R vom Punkt P bis zum Zentrum des Bildschirmes.

Lösung: Wir bestimmen zunächst die Verteilungsfunktion von R:

$$G(r) = \mathbf{P}(R < r) = \mathbf{P}\big((X, Y) \in K_r\big) ,$$

wobei K_r ein Kreis vom Radius r um den Mittelpunkt O ist. Da auf der Fläche des Bildschirmes die Verteilungsdichte konstant ist, ist die Wahrscheinlichkeit dafür, daß der Punkt P in K_r liegt, gleich dem relativen Flächeninhalt von K_r. Es ist also

$$G(r) = \frac{\pi r^2}{\pi r_0^2} = \left(\frac{r}{r_0}\right)^2 .$$

Daraus folgt

$$g(r) = G'(r) = \frac{2r}{r_0^2} \quad \text{für} \quad 0 < r < r_0 .$$

8.21. Die zufällige Größe X ist im Intervall $(0, 1)$ gleichverteilt. Die zufällige Größe Y ist eine monoton steigende Funktion von X; $Y = \varphi(X)$.

Man bestimme die Verteilungsfunktion $G(y)$ und die Verteilungsdichte $g(y)$ der zufälligen Größe Y.

Lösung: Es ist $f(x) = 1$ für $x \in (0, 1)$. Sei $\psi(y)$ die Umkehrfunktion zu $y = \varphi(x)$. Da $\varphi(x)$ monoton steigend ist, gilt

$$g(y) = f\big(\psi(y)\big)\, \psi'(y) = \psi'(y) .$$

Hieraus folgt $G(y) = \psi(y)$. Die gesuchte Verteilungsfunktion ist also gleich der Umkehrfunktion zur Funktion φ (im Bereich der möglichen Werte der zufälligen Größe Y).

8.22. Welche Funktionaltransformation muß man auf eine im Intervall (0, 1) gleichverteilte zufällige Größe X anwenden, um eine zufällige Größe Y zu erhalten, die der Exponentialverteilung

$$g(y) = \lambda\, e^{-\lambda y} \qquad (\text{für } y > 0)$$

genügt.

Lösung: Aus der Lösung der vorhergehenden Aufgabe folgt, daß die gesuchte Transformation $Y = \varphi(X)$ lautet, wobei φ die Umkehrfunktion zu der vorgegebenen Verteilungsfunktion $G(y)$ der zufälligen Größe Y ist. Es ist

$$G(y) = \int_0^y \lambda\, e^{-\lambda y}\, dy = 1 - e^{-\lambda y}.$$

Setzt man $1 - e^{-\lambda y} = x$ und löst diese Gleichung nach y auf, so erhält man

$$y = -\frac{1}{\lambda} \ln (1 - x).$$

Der gesuchte funktionelle Zusammenhang lautet also

$$Y = -\frac{1}{\lambda} \ln (1 - X), \qquad 0 < X \leqq 1.$$

8.23*. Gegeben sind zwei zufällige Größen X und Y mit den Verteilungsdichten $f_1(x)$ und $f_2(y)$. Es ist bekannt, daß die zufällige Größe Y eine monoton steigende Funktion der zufälligen Größe X ist, $Y = \varphi(X)$. Man bestimme die Funktion φ.

Lösung: Wir werden in unsere Betrachtungen die Verteilungsfunktionen von X und Y

$$F_1(x) = \int_{-\infty}^{x} f_1(x)\, dx; \qquad F_2(y) = \int_{-\infty}^{y} f_2(y)\, dy.$$

einbeziehen.

Wir stellen die zufällige Größe X als Funktion von Y dar: $X = \varphi^{-1}(Y)$, wobei φ^{-1} die Umkehrfunktion von φ ist.

Auf Grund der Monotonie von φ gilt

$$F_1(x) = \int_{-\infty}^{\varphi(x)} f_2(y)\, dy = F_2\big(\varphi(x)\big).$$

Löst man diese Beziehung nach $\varphi(x)$ auf, so erhält man

$$\varphi(x) = F_2^{-1}\big(F_1(x)\big),$$

wobei F_2^{-1} die Umkehrfunktion von F_2 ist. Setzt man die zufälligen Größen als Variablen ein, so erhält man

$$Y = F_2^{-1}\big(F_1(X)\big).$$

Die abgeleitete Formel definiert die Funktion $\varphi(x)$ nur dort, wo die Dichte $f_1(x)$ von Null verschieden ist.

8.24. Die zufällige Größe X genügt der Exponentialverteilung:

$$f_1(x) = \lambda\, e^{-\lambda x} \qquad (x > 0)\,.$$

Durch welche Funktion kann man sie in eine zufällige Größe Y transformieren die der CAUCHY-Verteilung

$$f_2(y) = \frac{1}{\pi\,(1 + y^2)}$$

genügt?

Lösung: Es ist

$$F_1(x) = 1 - e^{-\lambda x} \quad (x > 0); \qquad F_2(y) = \frac{1}{\pi}\left[\arctan y + \frac{\pi}{2}\right].$$

Setzt man $\frac{1}{\pi}\left[\left(\arctan y + \frac{\pi}{2}\right)\right] = u$ und löst man diese Gleichung nach y auf, so erhält man die Umkehrfunktion $F_2^{-1}(u)$:

$$y = F_2^{-1}(u) = \tan\left(\pi\, u - \frac{\pi}{2}\right) = -\cot \pi\, u\,.$$

Aus der Lösung der vorhergehenden Aufgabe folgt

$$Y = F_2^{-1}(F_1(X)) = -\cot \pi\,(1 - e^{-\lambda X}) = \cot \pi\, e^{-\lambda X} \qquad (X > 0)\,.$$

8.25*. Es liegt die gleiche Problemstellung wie in der Aufgabe 8.23 vor, die Funktion φ soll jedoch nicht monoton steigend, sondern monoton fallend sein.

Lösung: In den Bezeichnungen der Aufgabe 8.23 gilt

$$X = \varphi^{-1}(Y)\,, \qquad F_1(x) = \int_{\varphi(x)}^{\infty} f_2(y)\, dy = 1 - F_2[\varphi(x)]\,.$$

Daraus folgt

$$\varphi(x) = F_2^{-1}[1 - F_1(x)] \quad \text{und} \quad Y = F_2^{-1}[1 - F_1(X)]\,.$$

8.26. Zwei Personen wollen sich an einem bestimmten Ort zwischen 12 und 13 Uhr treffen. Jeder von ihnen erscheint unabhängig vom anderen, wobei der Zeitpunkt des Eintreffens im verabredeten Zeitabschnitt gleichverteilt ist. Der zuerst Ankommende wartet auf den anderen.

Man bestimme das Verteilungsgesetz der Wartezeit und die Wahrscheinlichkeit dafür, daß die Wartezeit mindestens 30 Minuten beträgt.

Lösung: Wir bezeichnen die Zeitpunkte der Ankunft mit T_1 und T_2. Jede der unabhängigen zufälligen Größen T_1, T_2 ist im Intervall $(0, 1)$ gleichverteilt (12 Uhr wird als Beginn der Zeitrechnung gleich Null gesetzt). Die gesuchte zufällige Wartezeit ist gleich $T = |T_1 - T_2|$.

Die gesuchte Verteilungsfunktion $G(t)$ ist gleich dem Flächeninhalt des Bereiches $D(t)$, in dem $|t_1 - t_2| < t$ ist (der in Abb. 8.26 schraffierte Bereich). Es gilt

$$G(t) = 1 - (1 - t)^2 = t\,(2 - t)\,,$$

woraus $g(t) = 2\,(1 - t)$ für $0 < t < 1$ folgt.

$$\mathbf{P}\left(T > \frac{1}{2}\right) = 1 - G\left(\frac{1}{2}\right) = 0{,}25\,.$$

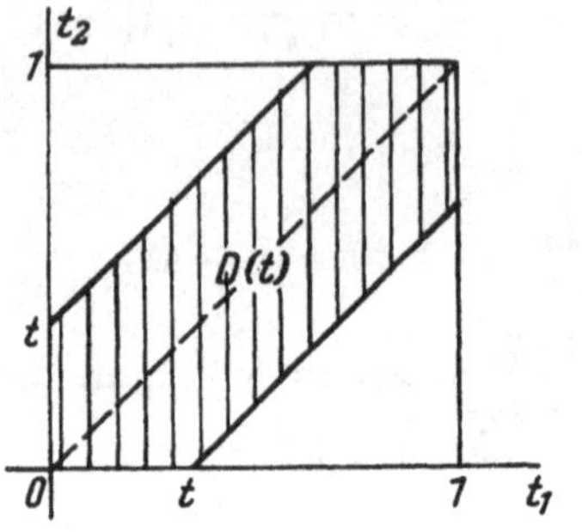

Abb. 8.26

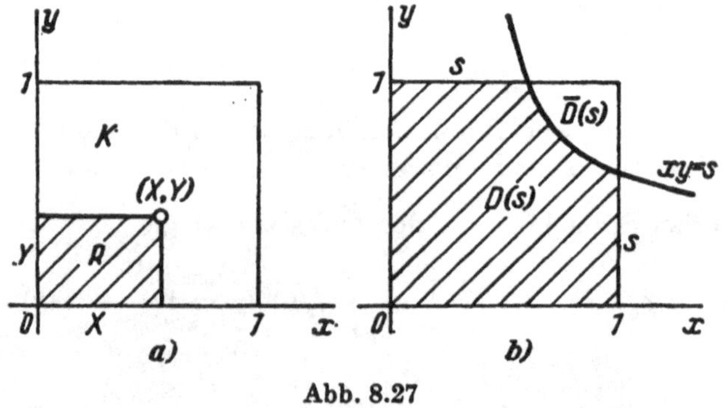

Abb. 8.27

8.27. Der zufällige Punkt (X, Y) ist im Quadrat mit der Seitenlänge 1 gleichverteilt (Abb. 8.27a). Man bestimme das Verteilungsgesetz des Flächeninhalts S des Rechtecks R mit den Seiten X und Y.

Lösung: Wir kennzeichnen durch Schraffierung auf der Ebene xOy den Bereich $D(s)$, in dem $x\,y < s$ gilt (Abb. 8.27b). Die gesuchte Verteilungsfunktion ist gleich dem Flächeninhalt des Bereiches $D(s)$:

$$G(s) = 1 - \iint_{\bar{D}(s)} dx\,dy = 1 - \int_s^1 dx \int_{s/x}^1 dy = s\,(1 - \ln s)\,.$$

Daraus folgt $g(s) = G'(s) = -\ln s$ für $0 < s < 1$.

8.28. Der zufällige Vektor (X, Y) habe die Verteilungsdichte $f(x, y)$. Man bestimme die Verteilungsdichte der zufälligen Größe $Z = \frac{Y}{X}$.

Lösung: Für ein vorgegebenes z konstruieren wir in der Ebene xOy den Bereich $D(z)$, in dem $\frac{x}{y} < z$ gilt (der in Abb. 8.28 schraffierte Bereich). Die Verteilungsfunktion $G(z)$ hat die Form

$$G(z) = \iint_{D(z)} f(x, y)\, dx\, dy = \int_{-\infty}^{0} dx \int_{zx}^{\infty} f(x, y)\, dy + \int_{0}^{\infty} dx \int_{-\infty}^{zx} f(x, y)\, dy\,.$$

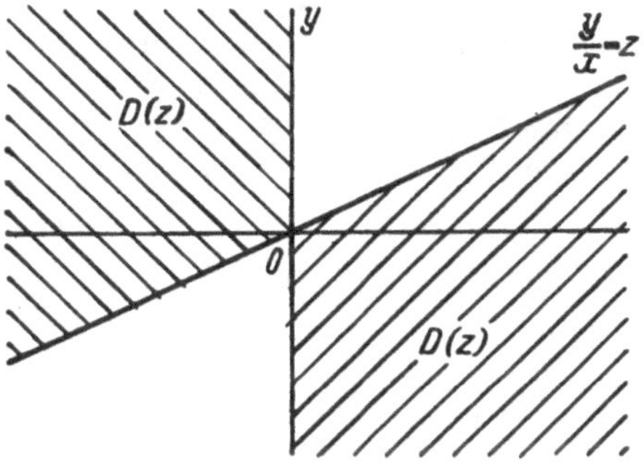

Abb. 8.28

Durch Differentiation nach z erhält man

$$g(z) = -\int_{-\infty}^{0} x\, f(x, z\,x)\, dx + \int_{0}^{\infty} x\, f(x, z\,x)\, dx\,.$$

Sind die zufälligen Größen X, Y unabhängig, so gilt

$$g(z) = -\int_{-\infty}^{0} x\, f_1(x)\, f_2(z\,x)\, dx + \int_{0}^{\infty} x\, f_1(x)\, f_2(z\,x)\, dx\,.$$

8.29. Man bestimme das Verteilungsgesetz des Quotienten $Z = \frac{Y}{X}$ zweier unabhängiger normalverteilter zufälliger Größen X, Y mit den Parametern $m_x = m_y = 0$, σ_x und σ_y.

Lösung: Wir betrachten zunächst den Spezialfall $\sigma_x = \sigma_y = 1$. Aus der Lösung der vorhergehenden Aufgabe ergibt sich

$$g(z) = -\int_{-\infty}^{0} x\, \frac{1}{2\pi}\, e^{-\frac{1}{2}(x^2+z^2x^2)}\, dx + \int_{0}^{\infty} x\, \frac{1}{2\pi}\, e^{-\frac{1}{2}(x^2+z^2x^2)}\, dx$$

$$= \frac{1}{\pi} \int_{0}^{\infty} e^{-\frac{x^2}{2}(1+z^2)}\, x\, dx = \frac{1}{\pi(1+z^2)} \quad \text{(Cauchy-Verteilung).}$$

Im allgemeinen Fall kann das Verhältnis $Z = \frac{Y}{X}$ in der Form $Z = \frac{\sigma_y}{\sigma_x}\frac{Y_1}{X_1}$ dargestellt werden, wobei die Größen $X_1 = \frac{X}{\sigma_x}$ und $Y_1 = \frac{Y}{\sigma_y}$ normalverteilt sind und die Varianz 1 haben. Es ist also im allgemeinen Fall

$$g(z) = \frac{1}{\pi\left[1 + \left(\frac{\sigma_x}{\sigma_y} z\right)^2\right]} \frac{\sigma_x}{\sigma_y}.$$

Für den Fall $\sigma_x = \sigma_y$ erhält man die gleiche Formel wie für $\sigma_x = \sigma_y = 1$.

8.30. Der zufällige Punkt (X, Y) ist im Kreis K mit dem Radius 1 gleichverteilt. Man bestimme das Verteilungsgesetz der zufälligen Größe $Z = \frac{Y}{X}$.

Lösung: Im betrachteten Fall ist $G(z)$ gleich dem Anteil des Flächeninhalts des Bereiches $D(z)$ (Abb. 8.30) zur Gesamtfläche des Kreises:

$$G(z) = \frac{1}{\pi}\left(\operatorname{arctg} z + \frac{\pi}{2}\right).$$

Daraus folgt

$$g(z) = G'(z) = \frac{1}{\pi(1 + z^2)} \quad \text{(Cauchy-Verteilung)}.$$

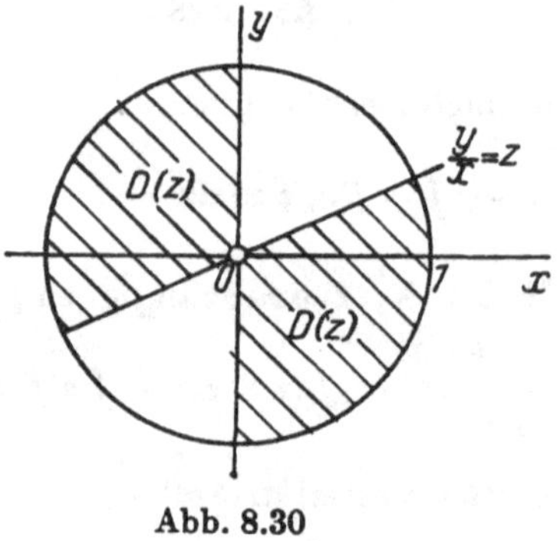

Abb. 8.30

8.31. Man bestimme die Faltung der Exponentialverteilungen:

$$f_1(x_1) = \begin{cases} \lambda_1 e^{-\lambda_1 x_1} & \text{für } x_1 > 0, \\ 0 & \text{für } x_1 < 0, \end{cases} \qquad f_2(x_2) = \begin{cases} \lambda_2 e^{-\lambda_2 x_2} & \text{für } x_2 > 0, \\ 0 & \text{für } x_2 < 0. \end{cases}$$

Lösung: Sei $X = X_1 + X_2$, wobei X_1 und X_2 unabhängige zufällige Größen mit den Verteilungsdichten $f_1(x)$ und $f_2(x)$ sind.

Aus der allgemeinen Formel für die Verteilungsdichte der Faltung von Verteilungsgesetzen folgt:

$$g(x) = \int_{-\infty}^{\infty} f_1(x_1) f_2(x - x_1)\, dx_1.$$

Im betrachteten Fall sind die zufälligen Größen nichtnegativ; es ist also $f_1(x_1) = 0$ für $x_1 < 0$ und $f_2(x - x_1) = 0$ für $x_1 > x$.

Für $x > 0$ erhält man

$$g(x) = \int_0^x \lambda_1 e^{-\lambda_1 x_1} \lambda_2 e^{-\lambda_2(x-x_1)} dx_1 = \frac{\lambda_1 \lambda_2 e^{-\lambda_2 x}}{\lambda_2 - \lambda_1} [e^{(\lambda_2-\lambda_1)x} - 1] = \frac{\lambda_1 \lambda_2 (e^{-\lambda_1 x} - e^{-\lambda_2 x})}{\lambda_2 - \lambda_1}$$

(*Verallgemeinerte* Erlang-*Verteilung* 1. *Ordnung*).

Für $\lambda_1 = \lambda_2 = \lambda$ erhält man die Erlang-*Verteilung* 1. *Ordnung*

$$g(x) = \lambda^2 x e^{-\lambda x} \quad \text{für} \quad x > 0 .$$

Bemerkung. Durch Anwendung der mathematischen Induktion kann man zeigen, daß die Verteilungsdichte der Summe von n unabhängigen zufälligen Größen $X_1, \ldots, X_n$, die exponentialverteilt sind mit den Parametern $\lambda_1, \ldots, \lambda_n$, gleich

$$g_{n-1}(x) = \begin{cases} (-1)^{n-1} \prod\limits_{i=1}^{n} \lambda_i \sum\limits_{j=1}^{n} \dfrac{e^{-\lambda_j x}}{\prod\limits_{k \neq j}^{n} (\lambda_j - \lambda_k)} & \text{für} \quad x > 0 , \\ 0 & \text{für} \quad x < 0 \end{cases}$$

ist. Dieses Verteilungsgesetz nennt man *verallgemeinerte* Erlang-*Verteilung der* $(n-1)$*-ten Ordnung*.

Im Spezialfall $\lambda_i = i\lambda$ erhält man:

$$g_{n-1}(x) = \sum_{j=1}^{n} (-1)^{j-1} C_n^j \lambda j e^{-\lambda_j x} .$$

Die Verteilungsfunktion der verallgemeinerten Erlang-Verteilung der $(n-1)$-ten Ordnung hat die Gestalt

$$G_{n-1}(x) = (-1)^{n-1} \prod_{i=1}^{n} \lambda_i \sum_{j=1}^{n} \frac{1 - e^{-\lambda_j x}}{\lambda_j \sum\limits_{k \neq j}^{n} (\lambda_j - \lambda_k)} \quad \text{für} \quad x > 0 .$$

Für $\lambda_i = i\lambda$ folgt daraus

$$G_{n-1}(x) = \sum_{j=1}^{n} (-1)^{j-1} C_n^j [1 - e^{-i\lambda x}] \quad \text{für} \quad x > 0 .$$

Für $\lambda_1 = \lambda_2 = \cdots = \lambda_n = \lambda$ erhält man die Erlang-*Verteilung der* $(n-1)$*-ten Ordnung*

$$g_{n-1}(x) = \frac{\lambda(\lambda x)^{n-1}}{(n-1)!} e^{-\lambda x} = \lambda P(n-1, \lambda x) \qquad (x > 0) ,$$

$$G_{n-1}(x) = \int_0^x \lambda P(n-1, \lambda u)\, du = 1 - \int_x^\infty \lambda P(n-1, \lambda u)\, du$$

$$= 1 - R(n-1, \lambda x) \qquad (x > 0) ,$$

wobei

$$P(m, a) = \frac{a^m}{m!} e^{-a} ; \qquad R(m, a) = \sum_{k=0}^{m} \frac{a^k}{k!} e^{-a}$$

ist.

8.32. Sei (X, Y) ein zufälliger Vektor mit der Verteilungsdichte $f(x, y)$. Man bestimme die Verteilungsfunktion $G(z)$ und die Verteilungsdichte $g(z)$ der zufälligen Größe $Z = \max\{X, Y\}$.

Lösung: Damit das Maximum der zufälligen Größen X, Y kleiner als z ist, ist es erforderlich, daß jede dieser Größen kleiner als z ist. Es ist also

$$G(z) = \mathbf{P}(X < z, Y < z) = F(z, z).$$

Dabei ist

$$F(x, y) = \int_{-\infty}^{x} \int_{-\infty}^{y} f(x, y)\, dx\, dy$$

die Verteilungsfunktion des Vektors (X, Y). Man erhält folglich

$$G(z) = \int_{-\infty}^{z} \int_{-\infty}^{z} f(x, y)\, dx\, dy.$$

Die Verteilungsdichte $g(z)$ erhält man durch Differentiation von $G(z)$ nach der Variablen z, die als obere Begrenzung in das Doppelintegral eingeht. Bei Differentiation fassen wir $G(z)$ als zusammengesetzte Funktion zweier von z abhängiger Variablen z_1 und z_2 ($z_1 = z$, $z_2 = z$) auf.

$$g(z) = \frac{dG(z)}{dz} = \frac{d}{dz}\left\{\int_{-\infty}^{z_1}\left[\int_{-\infty}^{z_2} f(x, y)\, dy\right] dx\right\} = \frac{\partial G(z)}{\partial z_1}\frac{dz_1}{dz} + \frac{\partial G(z)}{dz_2}\frac{dz_2}{dz}$$

$$= \int_{-\infty}^{z} f(z, y)\, dy + \int_{-\infty}^{z} f(x, z)\, dx.$$

Sind die zufälligen Größen X, Y unabhängig, d. h., ist $f(x, y) = f_1(x)\, f_2(y)$, so gilt

$$g(z) = f_1(z) \int_{-\infty}^{z} f_2(y)\, dy + f_2(z) \int_{-\infty}^{z} f_1(x)\, dx$$

oder

$$g(z) = f_1(z)\, F_2(z) + f_2(z)\, F_1(z).$$

Sind die zufälligen Größen unabhängig und identisch verteilt, $\big(f_1(x) = f_2(x) = f(x)\big)$, so ist $g(z) = 2 f(z)\, F(z)$.

8.33. Der zufällige Vektor (X, Y) habe die Verteilungsdichte $f(x, y)$.
Man bestimme die Verteilungsfunktion $G(u)$ und die Verteilungsdichte $g(u)$ der zufälligen Größe $U = \min\{X, Y\}$.

Lösung: Wir bestimmen zunächst die Funktion $1 - G(u)$. Es ist

$$1 - G(u) = \mathbf{P}(U > u) = \mathbf{P}(X > u, Y > u).$$

Die letzte Wahrscheinlichkeit ist gleich der Wahrscheinlichkeit dafür, daß der zufällige Punkt (X, Y) in den Bereich $D(u)$ (vgl. Abb. 8.33) fällt. Offenbar gilt

$$1 - G(u) = 1 - F(u, \infty) - F(\infty, u) + F(u, u).$$

woraus

$$G(u) = F(u, \infty) + F(\infty, u) - F(u, u) = F_1(u) + F_2(u) - F(u, u)$$

folgt.

Durch Differentiation nach u erhält man (vgl. Aufgabe 8.32)

$$g(u) = f_1(u) + f_2(u) - \int_{-\infty}^{u} f(u, y)\, dy - \int_{-\infty}^{u} f(x, u)\, dx\,.$$

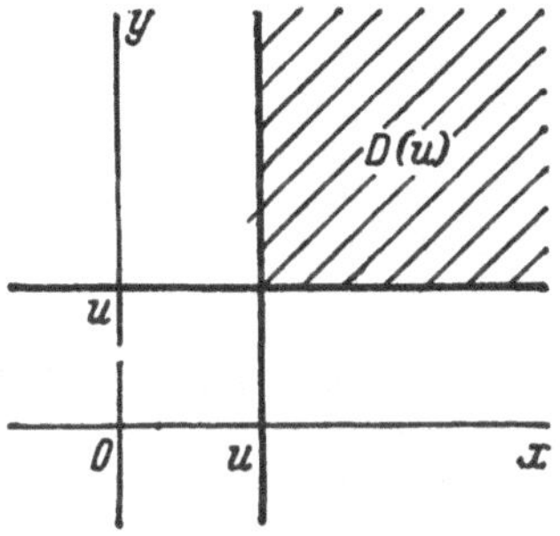

Abb. 8.33

Sind die zufälligen Größen X und Y unabhängig, so gilt

$$g(u) = f_1(u) + f_2(u) - f_1(u) \int_{-\infty}^{u} f_2(y)\, dy - f_2(u) \int_{-\infty}^{u} f_1(x)\, dx$$
$$= f_1(u)\,[1 - F_2(u)] + f_2(u)\,[1 - F_1(u)]\,.$$

Für den Fall unabhängiger und identisch verteilter zufälliger Größen X und Y $\big(f_1(x) = f_2(x) = f(x)\big)$ ergibt sich die Formel

$$g(u) = 2\,f(u)\,[1 - F(u)]\,.$$

8.34. Gegeben sind n unabhängige zufällige Größen $X_1, \ldots, X_n$ mit den Verteilungsdichten $f_1(x), \ldots, f_n(x)$. Man bestimme die Verteilungsdichte der zufälligen Größen

$$Z = \max\,\{X_1, X_2, \ldots, X_n\}$$

und

$$U = \min\,\{X_1, X_2, \ldots, X_n\}\,.$$

Lösung: Wir bezeichnen mit $G_z(z)$ die Verteilungsfunktion der zufälligen Größe Z. Es gilt

$$G_z(z) = \mathrm{P}(Z < z) = \prod_{i=1}^{n} F_i(z)\,,$$

wobei

$$F_i(z) = \int_{-\infty}^{z} f_i(x_i)\, dx_i \qquad (i = 1, 2, \ldots, n)$$

ist.

Durch Differentiation nach z erhält man

$$g_z(z) = \sum_{i=1}^{n} \frac{f_j(z)}{F_j(z)} \prod_{i=1}^{n} F_i(z) .$$

Ganz analog erhält man für die Verteilungsfunktion $G_u(z)$ von U die Formel

$$G_u(u) = 1 - \prod_{i=1}^{n} [1 - F_i(u)] .$$

Durch Differentiation erhält man

$$g_u(u) = \sum_{j=1}^{n} \frac{f_j(u)}{1 - F_j(u)} \prod_{i=1}^{n} [1 - F_i(u)] .$$

8.35. Gegeben sind n unabhängige identisch verteilte zufällige Größen $X_1, \ldots, X_n$ mit der Verteilungsdichte $f(x)$. Man bestimme die Verteilungsgesetze der zufälligen Größen

$$Z = \max \{X_1, X_2, \ldots, X_n\}$$

und

$$U = \min \{X_1, X_2, \ldots, X_n\} .$$

Lösung: Aus der Lösung der vorhergehenden Aufgabe erhält man:

$$G_z(z) = F^n(z); \qquad g_z(z) = n\, F^{n-1}(z)\, f(z);$$

$$G_u(u) = 1 - [1 - F(u)]^n; \qquad g_u(u) = n\, [1 - F(u)]^{n-1} f(u) .$$

8.36. Auf die Ebene xOy werden unabhängig voneinander drei Schüsse abgegeben; das Zentrum der Streuung stimmt mit dem Koordinatenursprung überein, die Streuung wird als sphärisch-normal angenommen mit $\sigma_x = \sigma_y = \sigma$. Von den drei Treffern wird der dem Zentrum am nächsten liegende ausgewählt. Man bestimme das Verteilungsgesetz des Abstandes $R_{\min}$ dieses Treffers vom Streuungszentrum.

Lösung: Es ist $R_{\min} = \min \{R_1, R_2, R_3\}$.

Aus der Lösung der vorhergehenden Aufgabe folgt

$$g_{R_{\min}}(r) = 3\, [1 - F(r)]^2 f(r) ,$$

wobei $F(r), f(r)$ die Verteilungsfunktion und die Verteilungsdichte des Abstandes R eines beliebigen Treffers vom Streuungszentrum sind,

$$F(r) = \mathrm{P}(R < r) = 1 - e^{-\frac{r^2}{2\sigma^2}}, \qquad f(r) = \frac{r}{\sigma^2} e^{-\frac{r^2}{2\sigma^2}} \quad (r > 0) .$$

Hieraus folgt

$$g_{R_{\min}}(r) = \frac{3\,r}{\sigma^2} e^{-\frac{3\,r^2}{2\sigma^2}} .$$

Die Verteilungsdichte des Abstandes des dem Streuungszentrum am nächsten liegenden Treffers hat die gleiche Gestalt wie die jedes einzelnen Treffers, nur der Parameter σ wird durch den Wert $\sigma' = \frac{\sigma}{\sqrt{3}}$ ersetzt.

8.37. Man bestimme die Verteilungsdichte $g_u(u)$ des Minimums zweier unabhängiger zufälliger Größen T_1, T_2, die den Exponentialverteilungen

$$f_1(t_1) = \lambda_1 e^{-\lambda_1 t_1} \quad \text{für} \quad t_1 > 0\,;$$

$$f_2(t_2) = \lambda_2 e^{-\lambda_2 t_2} \quad \text{für} \quad t_2 > 0$$

genügen.

Lösung: Aus der Lösung der Aufgabe 8.33 erhält man

$$\begin{aligned} g_u(u) &= f_1(u)\,[1 - F_2(u)] + f_2(u)\,[1 - F_1(u)] \\ &= \lambda_1 e^{-\lambda_1 u} e^{-\lambda_2 u} + \lambda_2 e^{-\lambda_2 u} e^{-\lambda_1 u} = (\lambda_1 + \lambda_2)\, e^{-(\lambda_1+\lambda_2) u} \qquad (u > 0)\,. \end{aligned}$$

Das Ergebnis besagt, daß das Minimum zweier unabhängiger exponentialverteilter zufälliger Größen ebenfalls exponentialverteilt ist, wobei der Parameter der Verteilung gleich der Summe der Parameter der ursprünglichen Verteilungen ist.

Dieses Ergebnis läßt sich auf eine beliebige Anzahl von Summanden übertragen.[1])

8.38. Unter den Voraussetzungen der vorhergehenden Aufgabe bestimme man die Verteilungsdichte $g_z(z)$ des Maximums der zufälligen Größen T_1 und T_2.

Lösung:

$$\begin{aligned} g_z(z) &= f_1(z)\,F_2(z) + f_2(z)\,F_1(z) = \lambda_1 e^{-\lambda_1 z}[1 - e^{-\lambda_2 z}] + \lambda_2 e^{-\lambda_2 z}\,[1 - e^{-\lambda_1 z}] \\ &= \lambda_1 e^{-\lambda_1 z} + \lambda_2 e^{-\lambda_2 z} - (\lambda_1 + \lambda_2)\, e^{-(\lambda_1+\lambda_2) z} \qquad (z > 0)\,. \end{aligned}$$

Für den Spezialfall $\lambda_1 = \lambda_2 = \lambda$ erhält man:

$$g_z(z) = 2\,\lambda\, e^{-\lambda z}\,(1 - e^{-\lambda z}) \qquad (z > 0)\,.$$

---

[1]) Diese Aufgabe besitzt folgende zuverlässigkeitstheoretische Interpretation. Ein Gerät besteht aus n Blöcken, die hintereinander geschaltet sind, d. h., daß der Ausfall eines der Blöcke zum Ausfall des Geräts führt. Die Blöcke mögen unabhängig voneinander ausfallen; die Lebenszeiten der Blöcke seien die zufälligen Größen $X_1, \ldots, X_n$. Die zufällige Lebensdauer Y des Geräts ist gleich

$$\min\,\{X_1, \ldots, X_n\}\,.$$

Die zufälligen Lebenszeiten $X_1, \ldots, X_n$ sind unabhängig. Sind sie exponentiell verteilt, d. h., gilt

$$P(X_i < t) = 1 - e^{-\lambda_i t}\,,$$

so gilt

$$\begin{aligned} P(Y < t) &= 1 - P\,(Y > t) = 1 - P(X_1 > t, \ldots, X_n > t) = 1 - \prod_{i=1}^{n} P(X_i > t) \\ &= 1 - e^{-\sum_{i=1}^{n} \lambda_i}\,. \end{aligned}$$

Die Lebensdauer Y des Geräts ist also ebenfalls exponentiell verteilt mit dem Parameter $\lambda = \sum_{i=1}^{n} \lambda_i$ (Anm. d. Red.).

8.39*. Man betrachtet n unabhängige Realisierungen $X_1, \ldots, X_n$ der zufälligen Größe X, deren Verteilungsdichte gleich $f(x)$ ist und ordnet sie der Größe nach. Man gewinnt auf diese Weise eine Folge $Z_1, \ldots, Z_k, \ldots, Z_n$ von zufälligen Größen.[1])

Man bestimme die Verteilungsfunktion $G_k(z)$ und die Verteilungsdichte $g_k(z)$ der zufälligen Größe Z_k.

Lösung: Sei $G_k(z) = \mathbf{P}(Z_k < z)$. Damit die zufällige Größe Z_k kleiner als z ist, müssen mindestens k der unabhängigen Realisierungen $X_1, \ldots, X_n$ der zufälligen Größe X kleiner als z sein. Es ist also

$$G_k(z) = \sum_{m=k}^{n} P_m .$$

Dabei ist P_m die Wahrscheinlichkeit dafür, daß genau m von den n beobachteten Werten kleiner als z sind. Aus der bekannten Formel für das BERNOULLIsche Schema unabhängiger Versuche (vgl. Kap. 4) folgt, daß

$$P_m = C_n^m [F(z)]^m \, [1 - F(z)]^{n-m}$$

ist. Hieraus erhält man

$$G_k(z) = \sum_{m=k}^{n} C_n^m [F(z)]^m \, [1 - F(z)]^{n-m} ,$$

wobei

$$F(z) = \int_{-\infty}^{z} f(x)\, dx$$

ist.

Differenziert man den Ausdruck für $G_k(z)$ nach z und berücksichtigt man dabei die Beziehungen

$$C_n^m \, m = \frac{n!}{(m-1)!\,(n-m)!} = n\, C_{n-1}^{m-1} ; \qquad C_n^m \,(n-m) = n\, C_{n-1}^m \qquad (m < n) ,$$

so erhält man nach einfachen Umformungen die Verteilungsdichte $g_k(z)$:

$$g_k(z) = n\, C_{n-1}^{k-1} f(z)\, [F(z)]^{k-1} \, [1 - F(z)]^{n-k} .$$

Die Formel für $g_k(z)$ kann man auch direkt mit Hilfe einfacher intuitiver Überlegungen erhalten.

Bekanntlich ist der Ausdruck $g_k(z)\, dz$ gleich der Wahrscheinlichkeit dafür, daß die zufällige Größe Z_k (der Größe nach k-te Wert der Realisierungen von X) in das Intervall $(z, z + dz)$ fällt. Dieses Ereignis tritt beim gleichzeitigen Eintreten der folgenden Ereignisse ein:

1) irgendeine der Realisierungen $X_1, \ldots, X_n$ von X fällt in das Intervall $(z, z + dz)$;
2) irgendwelche $k - 1$ andere Realisierungen sind kleiner als z;
3) $(n - k)$ restliche Realisierungen sind größer als z.

[1]) Die Größen $Z_1, \ldots, Z_n$ spielen eine wichtige Rolle in der mathematischen Statistik, wo man sie als der Größe nach geordnete Elemente $X_1, \ldots, X_n$ einer Stichprobe von Umfang n aus einer gemäß $\mathbf{P}_X$ verteilten Grundgesamtheit interpretiert. Man bezeichnet die Größen $Z_1, \ldots, Z_n$ als Glieder der Variationsreihe oder Ordnungsstatistiken (Anm. d. Red.).

Auf Grund der Stetigkeit der zufälligen Größe X kann die Wahrscheinlichkeit dafür, daß mehrere X_i in das Intervall $(z, z + dz)$ fallen, vernachlässigt werden.

Die Wahrscheinlichkeit einer festen Kombination dieser Ereignisse ist gleich $f(z)\,dz\; F(z)^{k-1}\,(1 - F(z))^{n-k}$. Die Gesamtanzahl der Kombinationen ist gleich dem Produkt der Anzahl n der Möglichkeiten, den in das Intervall $(z, z + dz)$ fallenden Wert aus n Werten auszuwählen, mit der Anzahl C_{n-1}^{k-1} Möglichkeiten, die $k - 1$ links vor z liegenden Werte aus den restlichen $n - 1$ Werten auszuwählen. Insgesamt erhält man also die Formel

$$g_k(z)\,dz = n\, C_{n-1}^{k-1} f(z)\,[F(z)]^{k-1}\,[1 - F(z)]^{n-k}\,dz\,,$$

woraus

$$g_k(z) = n\, C_{n-1}^{k-1} f(z)\,[F(z)]^{k-1}\,[1 - F(z)]^{n-k}$$

folgt.

8.40. In einem Elektroofen sind vier Thermoregulatoren installiert. Jeder Thermoregulator zeigt die Temperatur mit einem Fehler an, der normalverteilt ist mit dem Erwartungswert 0 und der mittleren quadratischen Abweichung σ_t. Während der Erwärmung des Ofens wird dieser in dem Moment automatisch ausgeschaltet, wenn zwei der Thermoregulatoren eine Temperatur anzeigen, die ein vorgegebenes kritisches Niveau τ_0 übersteigt.

Man bestimme die Verteilungsdichte der Temperatur Z, bei der der Ofen ausgeschaltet wird.

L ö s u n g : Die Temperatur Z, bei der der Ofen abgeschaltet wird, ist gleich dem dritten der Größe nach geordneten Werten von vier unabhängigen Realisierungen einer zufälligen Größe T, deren Verteilungsdichte durch die Formel

$$f(t) = \frac{1}{\sigma_t\sqrt{2\pi}}\, e^{-\frac{(t-\tau_0)^2}{2\sigma_t^2}}$$

gegeben ist.

Die dazugehörige Verteilungsfunktion ist gleich

$$F(t) = \Phi^*\left(\frac{t-\tau_0}{\sigma_t}\right).$$

Aus der Lösung der vorhergehenden Aufgabe für $n = 4$ und $k = 3$ erhält man

$$g_3(t) = \frac{12}{\sigma_t\sqrt{2\pi}}\, e^{-\frac{(t-\tau_0)^2}{2\sigma_t^2}} \left[\Phi^*\left(\frac{t-\tau_0}{\sigma_t}\right)\right]^2 \left[1 - \Phi^*\left(\frac{t-\tau_0}{\sigma_t}\right)\right].$$

8.41. Gegeben sind n unabhängige zufällige Größen $X_1, \ldots, X_n$, deren Verteilungsfunktionen die Gestalt

$$F_i(x_i) = \begin{cases} 0 & \text{für} \quad x_i \leqq 0\,, \\ x_i^{k_i} & \text{für} \quad 0 < x_i \leqq 1\,, \\ 1 & \text{für} \quad x_i > 1 \end{cases} \qquad (i = 1, 2, \ldots, n)$$

haben (Potenzverteilung).

Man bestimme das Verteilungsgesetz der zufälligen Größe

$$Z = \max \{X_1, \ldots, X_n\} .$$

Lösung: Aus der Lösung der Aufgabe 8.34 folgt

$$G(z) = \prod_{i=1}^{n} F_i(z) = \prod_{i=1}^{n} z^{k_i} \quad \text{für} \quad 0 < z \leqq 1 .$$

Setzt man $k = \sum_{i=1}^{n} k_i$, so kann $G(z)$ in der Form

$$G(z) = \begin{cases} 0 & \text{für} \quad z \leqq 0 , \\ z^k & \text{für} \quad 0 < z \leqq 1 , \\ 1 & \text{für} \quad z > 1 \end{cases}$$

dargestellt werden. Das Ergebnis besagt, daß das Maximum von unabhängigen zufälligen Größen, die im Intervall (0, 1) einer Potenzverteilung genügen, ebenfalls einer Potenzverteilung genügt, deren Exponent gleich der Summe der Exponenten der ursprünglichen Verteilungen ist.

8.42. Die diskreten zufälligen Größen $X_1, \ldots, X_n$ sind unabhängig und nach dem POISSON-Gesetz verteilt (mit den Parametern $a_1, \ldots, a_n$). Man zeige, daß ihre Summe $Y = \sum_{i=1}^{n} X_i$ ebenfalls nach dem POISSON-Gesetz verteilt ist mit dem Parameter $a = \sum_{i=1}^{n} a_i$.

Lösung: Wir beschränken uns zunächst auf zwei Summanden X_1 und X_2. Es gilt (für $m = 0, 1, 2, \ldots$)

$$\mathrm{P}(X_1 + X_2 = m) = \sum_{k=0}^{m} \mathrm{P}(X_1 = k)\, \mathrm{P}(X_2 = m - k)$$

$$= \sum_{k=0}^{m} \frac{a_1^k}{k!} e^{-a_1} \frac{a_2^{m-k}}{(m-k)!} e^{-a_2} .$$

Durch Umformung erhält man daraus

$$\frac{e^{-(a_1+a_2)}}{m!} \sum_{k=0}^{m} C_m^k\, a_1^k\, a_2^{m-k} = \frac{(a_1 + a_2)^m}{m!} e^{-(a_1+a_2)} ,$$

was auch zu zeigen war.

Zum Beweis der Behauptung für ein beliebiges $n \geqq 2$ wendet man den Induktionsschluß an.

8.43. Der zufällige Vektor (X, Y) ist normalverteilt mit den Parametern m_x, m_y, σ_x, σ_y, r_{xy}. Die zufälligen Größen U, V hängen mit den zufälligen Größen X, Y wie folgt zusammen

$$U = aX + bY + c ; \qquad V = kX + lY + m .$$

Man bestimme das Verteilungsgesetz des zufälligen Vektors (U, V).

Lösung: Der zufällige Vektor (U, V) ist ebenfalls normalverteilt mit den Parametern

$$m_u = a\,m_x + b\,m_y + c;$$

$$m_v = k\,m_x + l\,m_y + m;$$

$$\sigma_u = \sqrt{a^2\sigma_x^2 + b^2\sigma_y^2 + 2\,a\,b\,\sigma_x\,\sigma_y\,r_{xy}};$$

$$\sigma_v = \sqrt{k^2\sigma_x^2 + l^2\sigma_y^2 + 2\,k\,l\,\sigma_x\,\sigma_y\,r_{xy}};$$

$$r_{uv} = \frac{a\,k\,\sigma_x^2 + b\,l\,\sigma_y^2 + (b\,k + a\,l)\,\sigma_x\sigma_y r_{xy}}{\sigma_u\,\sigma_v}.$$

8.44. Ein Bomber wirft auf ein Ziel, das die Form eines unendlich langen und 40 m breiten Streifens hat, Bomben ab. Die Anflugrichtung des Bombers bildet mit der Richtung des Streifens einen Winkel von 30° (Abb. 8.44). Die Koordinaten des Treffpunktes sind normalverteilt; die Hauptstreuungsachsen sind die Anflugsrichtung des Bombers und die dazu senkrechte Richtung, der Koordinatenursprung befindet sich auf der Mittellinie des Streifens. In diesem Koordinatensystem xOy hat die angenommene Normalverteilung die folgenden Parameter $m_x = 10\,[\mathrm{m}]$; $m_y = 0\,[\mathrm{m}]$; $\sigma_x = 50\,[\mathrm{m}]$; $\sigma_y = 25\,[\mathrm{m}]$.

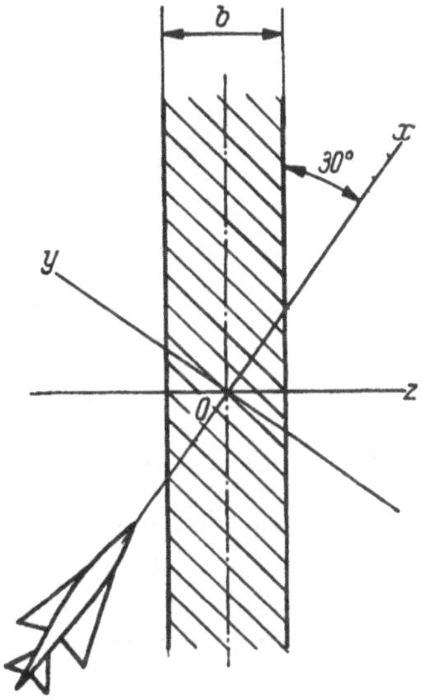

Abb. 8.44

Man bestimme die Wahrscheinlichkeit p dafür, daß beim Abwurf einer Bombe der Streifen getroffen wird.

Lösung: Wir projizieren die Streuung auf die Achse Oz, die senkrecht zum Streifen verläuft. Es gilt

$$m_z = 10 \cdot \cos 60° = 5\,[\mathrm{m}];$$

$$\sigma_z = \sqrt{\sigma_x^2 \cos^2 60° + \sigma_y^2 \sin^2 60°} = \sqrt{50^2 \cdot 0{,}25 + 25^2 \cdot 0{,}75} \approx 33{,}1\,[\mathrm{m}]$$

$$p = \Phi^*\left(\frac{20-5}{33{,}1}\right) - \Phi^*\left(\frac{-20-5}{33{,}1}\right) \approx 0{,}450\,.$$

8.45. Eine Werksabteilung stellt Kugellagerkugeln her. Pro Schicht werden $n = 10000$ Kugeln hergestellt. Die Wahrscheinlichkeit dafür, daß eine beliebige Kugel defekt ist, ist gleich $p = 0{,}05$. Die Defektursachen für verschiedene Kugeln werden als unabhängig voneinander angenommen. Die Produktion wird sofort kontrolliert, und die defekten Kugeln fallen in einen Bunker (die defekten Kugeln werden bei der Kontrolle mit Sicherheit erkannt).

Wieviel Kugeln muß der Bunker fassen, damit er mit der Wahrscheinlichkeit 0,99 nach dem Schichtschluß nicht überfüllt ist.

Lösung: Die Anzahl X der defekten Kugeln ist binomalverteilt. Da jedoch n sehr groß ist, kann man auf Grund des zentralen Grenzwertsatzes annehmen, daß X normalverteilt ist mit den Parametern.

$$m_x = n\,p = 10000 \cdot 0{,}05 = 500;$$

$$D_x = n\,p\,q = 500 \cdot 0{,}95 = 475 \; ; \qquad \sigma_x \approx 21{,}8 \, .$$

Gesucht ist eine solche Zahl l, für die $\mathbf{P}(X < l) = 0{,}99$ gilt. Das ist gleichbedeutend mit

$$\Phi^*\left(\frac{l - m_x}{\sigma_x}\right) = \Phi^*\left(\frac{l - 500}{21{,}8}\right) = 0{,}99 \, .$$

Aus der Tabelle der Funktion $\Phi^*(x)$ erhält man

$$\frac{l - 500}{21{,}8} \approx 2{,}33 \, , \quad \text{woraus} \quad l \approx 551 \quad \text{folgt.}$$

Der Bunker müßte also ein Fassungsvermögen von etwa 550 Kugeln haben.

8.46. Die Voraussetzungen der Aufgabe 8.45 werden dahingehend geändert, daß man annimmt, daß die Defekturssachen für alle Kugeln im gewissen Sinne die gleichen sind. Konkret wird angenommen, daß die Wahrscheinlichkeit dafür, daß eine beliebige, während einer Schicht hergestellte Kugel defekt ist, unter der Bedingung, daß eine andere (beliebige) während der Schicht hergestellte Kugel sich als defekt erwies, gleich 0,08 ist.

Bemerkung. Obwohl es sich im betrachteten Fall nicht mehr um unabhängige Versuche handelt, kann auf Grund der sehr großen Anzahl der Versuche ($n = 10\,000$) angenommen werden, daß die Gesamtanzahl der defekten Kugeln näherungsweise normalverteilt ist.

Lösung. Sei X die Gesamtanzahl der defekten Kugeln. Es ist

$$X = \sum_{i=1}^{10\,000} X_i \, ,$$

wobei die Größe X die Werte 1 oder 0 annimmt, je nachdem, ob die i-te Kugel defekt oder nicht defekt ist. Es gilt

$$m_x = n\,p = 10000 \cdot 0{,}05 = 500;$$

$$D_x = \sum_{i=1}^{10\,000} D_{x_i} + 2 \sum_{i<j} K_{x_i x_j} = 475 + 2\, C_{10\,000}^2\, K_{x_i x_j} = 475 + 10000 \cdot 9999\, K_{x_i x_j} \, ,$$

wobei $K_{x_i x_j}$ die Kovarianz der anfälligen Größen X_i und X_j ist. Es gilt

$$K_{x_i x_j} = \mathbf{M}[X_i\, X_j] - m_{x_i}\, m_{x_j} \, .$$

Das Produkt $X_i\, X_j$ nimmt nur zwei Werte an: 1, falls $X_i = X_j = 1$ ist, und 0 in den anderen Fällen. Folglich ist

$$\mathbf{M}[X_i\, X_j] = 1 \cdot \mathbf{P}\big((X_i = 1)\,(X_j = 1)\big) = 0{,}05 \cdot 0{,}08 = 0{,}004$$

und

$$K_{x_i x_j} = 0{,}004 - 0{,}05 \cdot 0{,}05 = 0{,}0015 \, .$$

Daraus folgt

$$D_x \approx 475 + 15 \cdot 10^4 \approx 15{,}05 \cdot 10^4 , \qquad \sigma_x \approx 388 .$$

Die gesuchte Anzahl l erhält man wie in der vorhergehenden Aufgabe:

$$\Phi^*\left(\frac{l-500}{388}\right) = 0{,}99; \qquad \frac{l-500}{388} = 2{,}33; \qquad l = 1404 .$$

Der Bunker müßte also ein Fassungsvermögen von etwa 1400 Kugeln haben, um mit Wahrscheinlichkeit 0,99 den Ausschuß aufnehmen zu können.

8.47. Bei einer Lotterie kreuzen die Teilnehmer auf ihrem Lottoschein, der die Form einer Tabelle mit den Zahlen 1, 2, ..., 90 hat, fünf verschieden Zahlen an und geben diesen Schein bei einer Annahmestelle ab. Auf gut Glück werden bei der Ziehung fünf verschiedene Zahlen aus einer Trommel, die die Zahlen von 1, 2, ..., 90 enthält, gezogen. Stimmen bei einem Teilnehmer weniger als zwei der von ihm angekreuzten Zahlen mit den gezogenen überein, so hat er keinen Gewinn. Stimmen zwei Zahlen überein, so gewinnt er eine Mark; bei drei übereinstimmenden Zahlen gewinnt er 100 Mark, bei vier 10000 Mark und bei fünf 1000000 Mark.

1) Man bestimme die untere Grenze des Preises für einen Lottoschein, bei der die Lotterie im Mittel kein Verlustgeschäft für die Veranstalter ist;

2) man bestimme den mittleren Gewinn M für die Veranstalter, wenn an der Lotterie 1000000 Menschen teilnehmen, von denen jeder einen Schein abgibt, wobei die Spieler ihre fünf Zahlen unabhängig voneinander ankreuzen und ein Schein 0,30 Mark kostet;

3) nach der 3-σ-Regel bestimme man die Grenzen der praktisch möglichen Auszahlungen der Lotterie; kann man die Gesamtauszahlungen der Lotterie als normalverteilt ansehen?

Lösung: 1) Mit p_i bezeichnen wir die Wahrscheinlichkeit dafür, daß von den fünf von einem beliebigen Spieler angekreuzten Zahlen genau i mit den gezogenen Zahlen übereinstimmen. Es ist

$$p_2 = \frac{C_5^2\, C_{85}^3}{C_{90}^5} \approx 2{,}25 \cdot 10^{-2}; \qquad p_3 = \frac{C_5^3\, C_{85}^2}{C_{90}^5} \approx 8{,}12 \cdot 10^{-4};$$

$$p_4 = \frac{C_5^4\, C_{85}^1}{C_{90}^5} \approx 9{,}67 \cdot 10^{-6}; \qquad p_5 = \frac{1}{C_{90}^5} \approx 2{,}28 \cdot 10^{-8} .$$

Der minimale Preis für einen Lottoschein stimmt mit dem je Schein zu erwartenden Gewinn überein. Dieser Erwartungswert ist gleich

$$m = 2{,}25 \cdot 10^{-2} \cdot 1 + 8{,}12 \cdot 10^{-4} \cdot 10^2 + 9{,}67 \cdot 10^{-6} \cdot 10^4 + 2{,}28 \cdot 10^{-8} \cdot 10^6 = 22{,}3 \cdot 10^{-2}\,[\mathrm{M}] ,$$

Der minimale Preis eines Lottoscheins ist also etwa gleich 0,23 Mark

2) $M = (0{,}30 - 0{,}223) \cdot 10^6 = 77 \cdot 10^3\,[\mathrm{M}]$,

3) Die gesamte Gewinnsumme, die ausgezahlt wird, ist gleich der Summe der Gewinne der einzelnen Spieler:

$$X = \sum_{i=1}^{1\,000\,000} X_i\,,$$

wobei X_i der Gewinn des i-ten Spielers ist.

Es wird angenommen, daß die Spieler ihre Zahlen unabhängig voneinander ankreuzen, so daß die zufälligen Größen X_i ($i = 1, \ldots, 1\,000\,000$) unabhängig sind. Aus dem zentralen Grenzwertsatz folgt, daß die Summe einer genügend großen Anzahl unabhängiger identisch verteilter zufälliger Größen näherungsweise normalverteilt ist. Es muß nun geklärt werden, ob im betrachteten Fall die Anzahl $n = 1\,000\,000$ der Summanden groß genug ist, um die Größe X als normalverteilt anzusehen.

Wir bestimmen den Erwartungswert m_x und die mittlere quadratische Abweichung σ_x der zufälligen Größe X. Für jedes $i = 1, \ldots, 1\,000\,000$ gilt

$$m_{x_i} = 22{,}3 \cdot 10^{-2} = 0{,}223\,;$$
$$\alpha_2[X_i] = 2{,}25 \cdot 10^{-2} + 8{,}12 + 9{,}67 \cdot 10^2 + 2{,}28 \cdot 10^4 = 2{,}38 \cdot 10^4\,;$$
$$D_{x_i} = 2{,}38 \cdot 10^4 - 0{,}22^2 = 2{,}38 \cdot 10^4\,.$$

Daraus folgt

$$m_x = 10^6 \cdot m_{x_i} = 2{,}23 \cdot 10^5\,;$$
$$D_x = 10^6 \cdot D_{x_i} = 2{,}38 \cdot 10^{10}\,; \qquad \sigma_x = 10^5 \sqrt{2{,}38} \approx 1{,}54 \cdot 10^5\,.$$

Ist eine zufällige Größe X normalverteilt, so liegen bekanntlich die praktisch vorkommenden Werte dieser Größe im Intervall $(m_x - 3\,\sigma_x, m_x + 3\,\sigma_x)$ („3-σ-Regel").

Nimmt man in unserem Fall an, daß die zufällige Größe X normalverteilt ist, so ist die untere Grenze der möglichen Werte von X gleich

$$m_x - 3\,\sigma_x = (2{,}23 - 3 \cdot 1{,}54) \cdot 10^5 = -2{,}39 \cdot 10^5\,.$$

Da diese Größe negativ ist und der auszuzahlende Gesamtgewinn stets positiv ist, ist die Annahme, daß die Größe X normalverteilt ist, offenbar falsch. Die Anzahl $n = 1\,000\,000$ der Summanden ist bei vorgegebenem Verhältnis von m_{x_i} und σ_{x_i} zu klein, um den zentralen Grenzwertsatz anwenden zu können.

8.48*. Man bestimme den Grenzwert $\lim\limits_{a \to \infty} \sum\limits_{m=0}^{a} \frac{a^m}{m!} e^{-a}$, wobei a eine positive ganze Zahl ist.

Lösung: Der Ausdruck $\sum\limits_{m=0}^{a} \frac{a^m}{m!} e^{-a}$ ist gleich der Wahrscheinlichkeit dafür, daß eine nach dem Poisson-Gesetz verteilte zufällige Größe X einen Wert annimmt, der kleiner als ihr Erwartungswert ist. Die zufällige Größe X kann als Summe $X = X_1 + \cdots + X_a$ von a unabhängigen und nach dem Poisson-Gesetz verteilten zufälligen Größen ($\mathrm{M}\,X_i = 1$) dargestellt werden (vgl. Aufgabe 8.42). Wird a beliebig groß, so strebt auf Grund des zentralen Grenzwertsatzes das Verteilungsgesetz von X gegen eine Normalverteilung.

Die Wahrscheinlichkeit dafür, daß eine normalverteilte Zufallsgröße einen Wert annimmt, der ihren Erwartungswert nicht übersteigt, ist bekanntlich gleich $\frac{1}{2}$. Folglich gilt

$$\lim_{a\to\infty} \sum_{m=0}^{a} \frac{a^m}{m!} e^{-a} = \frac{1}{2}.$$

8.49. Man zeige, daß die Exponentialverteilung in bezug auf die Minimumbildung im folgenden Sinne stabil ist; sind die zufälligen Größen $X_1, \ldots, X_n$ unabhängig und exponentialverteilt mit den Parametern $\lambda_1, \ldots, \lambda_n$, so ist die zufällige Größe $Z = \min\{X_1, \ldots, X_n\}$ ebenfalls exponentialverteilt und der Parameter der Verteilung ist gleich $\lambda = \sum_{i=1}^{n} \lambda_i$.

Lösung: Aus der Lösung der Aufgabe 8.34 erhält man für die Verteilungsfunktion der zufälligen Größe Z die Formel

$$G(z) = 1 - \prod_{i=1}^{n} e^{-\lambda_i z} = 1 - e^{-\sum_{i=1}^{n} \lambda_i z},$$

das ist aber genau der Ausdruck für die Verteilungsfunktion der Exponentialverteilung mit dem Parameter $\lambda = \sum_{i=1}^{n} \lambda_i$ (vgl. Fußnote auf S. 231).

8.50. Die unabhängigen zufälligen Größen $X_1, X_2, \ldots$ seien identisch verteilt mit der Verteilungsdichte (Exponentialverteilung)

$$f(x) = \lambda e^{-\lambda x} \qquad (x > 0).$$

Wir betrachten die Summe einer zufälligen Anzahl solcher zufälligen Größen

$$Z = \sum_{i=1}^{Y} X_i,$$

wobei die zufällige Größe Y unabhängig von den zufälligen Größen X_i ist und der „um 1 verschobenen" geometrischen Verteilung genügt (vgl. Aufgabe 5.15):

$$P_n = \mathbf{P}(Y = n) = p\, q^{n-1} \qquad (0 < p < 1;\ n = 1, 2, \ldots).$$

Man bestimme das Verteilungsgesetz und die numerischen Charakteristika der zufälligen Größe Z.

Lösung: Die Summe einer festen Anzahl n zufälliger Größen X_i genügt der Erlang-Verteilung der $(n - 1)$-ten Ordnung (vgl. Aufgabe 8.31). Ihre Verteilungsdichte ist gleich

$$f^{(n)}(x) = \frac{\lambda(\lambda x)^{n-1}}{(n-1)!} e^{-\lambda x} \qquad (x > 0).$$

Die Verteilungsdichte der zufälligen Größe Z erhält man nach der Formel der totalen Wahrscheinlichkeit mit den Hypothesen H_n, daß $Y = n$ ist (vgl. S. 52, 131):

$$\varphi(z) = \sum_{n=1}^{\infty} f^{(n)}(z)\, P_n = \sum_{n=1}^{\infty} \frac{\lambda(\lambda z)^{n-1}}{(n-1)!} e^{-\lambda z}\, p\, q^{n-1} = p\,\lambda\, e^{-\lambda z} \sum_{k=0}^{\infty} \frac{(\lambda q z)^k}{k!}$$
$$= p\,\lambda\, e^{-\lambda z} e^{\lambda q z} = p\,\lambda\, e^{-\lambda p z} \qquad (z > 0)\,.$$

Die zufällige Größe Z ist also ebenfalls exponentialverteilt[1]), jedoch ist der Parameter der Verteilung gleich $\lambda\, p$. Es gilt folglich

$$m_z = \frac{1}{\lambda\, p}, \qquad D_z = \frac{1}{\lambda^2 p^2}\,.$$

8.51*. Betrachtet wird die Summe einer zufälligen Anzahl zufälliger Summanden

$$Z = \sum_{i=1}^{Y} X_i\,.$$

Die zufälligen Größen $X_1, X_2, \ldots$ sind untereinander unabhängig und identisch verteilt mit der Verteilungsdichte $f(x)$. Die zufällige Größe Y ist von der Folge $X_1, X_2, \ldots$ unabhängig und nimmt nur die Werte $n = 1, 2, \ldots, N$ mit den Wahrscheinlichkeiten $P_n = \mathbf{P}(Y = n)$ an.

Man bestimme das Verteilungsgesetz und die numerischen Charakteristika der zufälligen Größe Z.

Lösung: Das Verteilungsgesetz der Summe einer festen Anzahl n der zufälligen Summanden ist die n-fache Faltung des Verteilungsgesetzes der X_i. Bezeichnet man mit $f^{(n)}(x)$ die Verteilungsdichte von

$$Z_n = \sum_{i=1}^{n} X_i\,,$$

so lassen sich die $f^{(n)}(x)$ für $n = 2, 3, \ldots, N$ sukzessiv nach der auf S. 207 angegebenen Faltungsformel ermitteln.

Nach der Formel der totalen Wahrscheinlichkeit (vgl. S. 52, 131) erhält man für die Verteilungsdichte der zufälligen Größe Z die Formel:

$$\varphi(z) = \sum_{n=1}^{N} f^{(n)}(z)\, P_n\,.$$

Der Erwartungswert m_z der zufälligen Größe Z ist gleich

$$m_z = \int_{-\infty}^{+\infty} x \sum_{n=1}^{N} f^{(n)}(x)\, P_n\, dx = \sum_{n=1}^{N} P_n\, n\, m_x\,,$$

wobei

$$m_x = \mathbf{M}[X_i] = \int_{-\infty}^{+\infty} x\, f(x)\, dx$$

ist.

---

[1]) Vgl. die Aufgabe 10.8 (Anm. d. Red.).

Beachtet man die Beziehung

$$m_y = \sum_{n=1}^{N} n\, P_n ,$$

so erhält man zusammenfassend die Formel

$$m_z = m_y\, m_x .$$

Das zweite Moment der zufälligen Größe Z_n (n fest) ist gleich

$$\mathbf{M}[Z_n^2] = \mathbf{M}\left[\left(\sum_{i=1}^{n} X_i\right)^2\right] = \mathbf{M}\left[\sum_{i=1}^{n} X_i^2 + 2\sum_{i<j} X_i\, X_j\right] = \sum_{i=1}^{n} \alpha_2[X_i] + 2\sum_{i<j} m_x\, m_x$$

$$= n\,\alpha_2[X_i] + n\,(1 - n)\, m_x^2 = n\, D_x + n^2\, m_x^2 ,$$

wobei

$$D_x = \mathbf{D}[X_i] = \int_{-\infty}^{\infty} (x - m_x)^2 f(x)\, dx$$

ist. Für das zweite Moment der zufälligen Größe Z folgt daraus die Formel

$$\alpha_2[Z] = \mathbf{M}[Z^2] = \sum_{n=1}^{N} \mathbf{M}[Z_n^2]\, P_n = \sum_{n=1}^{N} (n\, D_x + n^2\, m_x^2)\, P_n = D_x\, m_y + m_x^2\, \alpha_2[Y] ,$$

wobei

$$\alpha_2[Y] = \sum_{n=1}^{N} n^2\, P_n = D_y + m_y^2$$

ist.

Die Varianz von Z ist gleich[1])

$$D_z = \alpha_2[Z] - m_z^2 = D_x\, m_y + m_x^2\, \alpha_2[Y] - m_x^2\, m_y^2 = D_x\, m_y + m_x^2\, D_y .$$

8.52. Die unabhängigen zufälligen Größen $X_1, X_2, \ldots$ genügen der Exponentialverteilung mit dem Parameter λ. Die zufällige Größe Y ist gleich $Y_1 + 1$, wobei die zufällige Größe Y_1 unabhängig von der Folge $X_1, X_2, \ldots$ ist und der Poisson-Verteilung mit dem Parameter a genügt. Man bestimme das Verteilungsgesetz und die numerischen Charakteristika der zufälligen Größe

$$Z = \sum_{i=1}^{Y} X_i .$$

Lösung: Das Verteilungsgesetz der Summe $Z_n = \sum_{i=1}^{n} X_i$ ist die Erlang-Verteilung der $(n - 1)$-ten Ordnung mit dem Parameter λ (vgl. Aufgabe 8.31):

$$f^{(n)}(x) = \frac{\lambda(\lambda x)^{n-1}}{(n-1)!}\, e^{-\lambda x} \qquad (x > 0) .$$

[1]) Die Resultate können ohne nennenswerte Änderung des Beweises auf den Fall verallgemeinert werden, daß die zufällige Anzahl Y der Summanden die Werte 0, 1, 2, ... annehmen kann und den endlichen Erwartungswert m_y und endliche Varianz D_y besitzt (Anm. d. Red.).

Aus der verallgemeinerten Formel der totalen Wahrscheinlichkeit (vgl. S. 131) erhält man für die Verteilungsdichte $\varphi(z)$ von Z die Formel

$$\varphi(z) = \sum_{n=1}^{\infty} f^{(n)}(z)\, P_n = \sum_{n=1}^{\infty} \frac{\lambda(\lambda z)^{n-1}}{(n-1)!} e^{-\lambda z} \frac{a^{n-1}}{(n-1)!} e^{-a} = \lambda\, e^{-\lambda z - a} \sum_{k=0}^{\infty} \frac{(\lambda z a)^k}{(k!)^2}$$

$$\text{für} \quad z > 0\,.$$

Diese Verteilungsdichte kann mit Hilfe der modifizierten Zylinderfunktion $I_0(x) = \sum_{k=0}^{\infty} \frac{\left(\frac{x}{2}\right)^{2k}}{(k!)^2}$ wie folgt dargestellt werden:

$$\varphi(z) = \lambda\, e^{-\lambda z - a}\, I_0\left(2\sqrt{\lambda z a}\right) \quad \text{für} \quad z > 0\,.$$

Aus der vorhergehenden Aufgabe (vgl. Fußnote S. 241) erhält man ferner:

$$\mathbf{M}[Z] = m_x\, m_y = \frac{a+1}{\lambda}\,,$$

$$\mathbf{D}[Z] = D_x\, m_y + m_x^2\, D_y = \frac{a+1}{\lambda^2} + \frac{a}{\lambda^2} = \frac{2a+1}{\lambda^2}\,.$$

8.53. Die diskreten zufälligen Größen X_i, $i = 1, \ldots, n$, mögen mit einer vorgegebenen zufälligen Größe Y wie folgt zusammenhängen

$$X_i = \begin{cases} 1, & \text{falls} \quad i \leqq Y\,, \\ 0, & \text{falls} \quad i > Y\,. \end{cases}$$

Bekannt ist die Verteilungsfunktion $F(y)$ der zufälligen Größe Y. Man bestimme das Verteilungsgesetz einer jeden zufälligen Größe X_i sowie die numerischen Charakteristika des zufälligen Vektors $(X_1, \ldots, X_n)$.

Lösung: Die Tabelle der Verteilung der zufälligen Größe X_i hat die Gestalt

0	1
$\mathbf{P}(Y < i)$	$\mathbf{P}(Y \geqq i)$

Berücksichtigt man die Gleichung $\mathbf{P}(Y < i) = F(i)$, so erhält man

0	1
$F(i)$	$1 - F(i)$

Daraus ergeben sich die Formeln $m_{x_i} = 1 - F(i)$, $D_{x_i} = F(i) \cdot [1 - F(i)]$.

Zur Bestimmung der Kovarianzen und der Korrelationskoeffizienten berechnen wir zunächst die Größe $\mathbf{M}[X_i\, X_j]$. Das Produkt $X_i\, X_j$ kann für $i < j$ nur die beiden Werte: 1, falls $X_j = 1$ ist, und 0, falls $X_j = 0$ ist, annehmen.

Für $i < j$ ist folglich $\mathbf{M}[X_i\, X_j] = m_{x_j} = 1 - F(j)$, woraus man

$$\begin{aligned} K_{ij} &= \mathbf{M}[X_i\, X_j] - m_{x_i}\, m_{x_j} = 1 - F(j) - [1 - F(i)]\,[1 - F(j)] \\ &= F(i)\,[1 - F(j)] \qquad (i < j) \end{aligned}$$

erhält. Der Korrelationskoeffizient ist gleich

$$r_{ij} = \frac{K_{ij}}{\sigma_i \sigma_j} = \frac{F(i)\,(1 - F(j))}{\sqrt{F(i)\,F(j)\,(1 - F(i))\,(1 - F(j))}} = \sqrt{\frac{F(i)\,[1 - F(j)]}{F(j)\,[1 - F(i)]}}$$

$$(1 \leqq i < j \leqq n)\,.$$

8.54. Man bestimme die charakteristische Funktion einer im Intervall (a, b) gleichverteilten zufälligen Größe.

Lösung:

$$g(t) = \int_a^b \frac{1}{b-a} e^{itx}\, dx = \frac{1}{b-a} \frac{e^{itb} - e^{ita}}{it}\,.$$

Für $a = -b$ $(b > 0)$ erhält man

$$g(t) = \frac{1}{2b} \frac{e^{itb} - e^{-itb}}{it} = \frac{1}{tb} \frac{e^{itb} - e^{-itb}}{2i} = \frac{\sin tb}{tb}\,.$$

8.55. Die zufällige Größe X sei exponentialverteilt:

$$f(x) = \lambda\, e^{-\lambda x}\,, \qquad x > 0\,.$$

Man bestimme die charakteristische Funktion von X.

Lösung:

$$g(t) = \int_0^\infty \lambda\, e^{-\lambda x}\, e^{itx}\, dx = \frac{\lambda}{\lambda - it} = \frac{\lambda^2 + \lambda i t}{\lambda^2 + t^2}\,.$$

8.56. Man bestimme die charakteristische Funktion einer nach dem Laplace-Gesetz verteilten Zufallsgröße X:

$$f(x) = \frac{\alpha}{2} e^{-\alpha |x-m|}\,.$$

Lösung: Mit Hilfe der Substitution $x - m = y$ erhält man

$$g(t) = \int_{-\infty}^{\infty} e^{itx} \frac{\alpha}{2} e^{-\alpha|x-m|}\, dx = \frac{\alpha}{2} e^{itm} \left(\int_{-\infty}^{0} e^{ity}\, e^{\alpha y}\, dy + \int_0^{\infty} e^{ity}\, e^{-\alpha y}\, dy \right)$$

$$= \frac{\alpha}{2} e^{itm} \left(\frac{1}{\alpha + it} + \frac{1}{\alpha - it} \right) = \frac{\alpha^2}{\alpha^2 + t^2} e^{itm}\,.$$

Im Spezialfall $m = 0$ gilt $g(t) = \dfrac{\alpha^2}{\alpha^2 + t^2}$.

8.57. Man bestimme die charakteristische Funktion einer binomialverteilten Zufallsgröße X:

$$\mathrm{P}(X = m) = C_n^m\, p^m\, q^{n-m}\,,$$

wobei $q = 1 - p$; $0 < p < 1$; $m = 0, 1, \ldots, n$ gilt.

Lösung: Die zufällige Größe X kann als Summe von n unabhängigen zufälligen Größen dargestellt werden:

$$X = \sum_{k=1}^{n} X_k ,$$

wobei die zufällige Größe X durch die Tabelle

0	1
q	p

definiert ist.

Die charakteristische Funktion der zufälligen Größe X_k ist gleich

$$g_k(t) = \mathbf{M}[e^{itX_k}] = q\, e^0 + p\, e^{it} = q + p\, e^{it} .$$

Die charakteristische Funktion einer Summe unabhängiger zufälliger Größen ist gleich dem Produkt ihrer charakteristischen Funktionen. Also ist

$$g(t) = \prod_{k=1}^{n} g_k(t) = (q + p\, e^{it})^n .$$

8.58. Man bestimme die charakteristische Funktion einer nach dem Poisson-Gesetz verteilten zufälligen Größe X:

$$\mathbf{P}(X = m) = \frac{a^m}{m!} e^{-a} \qquad (a > 0;\ m = 0, 1, 2, \ldots) .$$

Mit Hilfe der hergeleiteten Formel beweise man die in der Aufgabe 8.42 formulierte Behauptung.

Lösung:

$$g(t) = \sum_{m=0}^{\infty} \frac{a^m}{m!} e^{-a} e^{itm} = e^{-a} \sum_{m=0}^{\infty} \frac{(a\, e^{it})^m}{m!} = e^{-a} e^{a e^{it}} = e^{-a(1-e^{it})} .$$

Sei

$$Y = \sum_{i=1}^{n} X_i ,$$

wobei die zufälligen Größen $X_1, \ldots, X_n$ unabhängig und nach dem Poisson-Gesetz mit den Parametern $a_1, \ldots, a_n$ verteilt sind. Die charakteristische Funktion $g(t)$ der zufälligen Größe Y ist gleich dem Produkt der charakteristischen Funktionen $g_k(t) = e^{-a_k(1-e^{it})}$ der Summanden:

$$g(t) = \prod_{k=1}^{n} g_k(t) = \exp\left(- \sum_{k=1}^{n} a_k\, (1 - e^{it})\right).$$

Das ist aber die charakteristische Funktion einer Poisson-Verteilung mit dem Parameter $a = \sum_{k=1}^{n} a_k$.

8.59. Sei $g_x(t)$ die charakteristische Funktion der zufälligen Größe X. Die zufällige Größe Y erhält man aus der zufälligen Größe X durch Hinzufügung einer Konstanten a: $Y = X + a$.

Man bestimme die charakteristische Funktion $g_y(t)$ der zufälligen Größe Y.

Lösung: Die nichtzufällige Größe a kann man als eine spezielle zufällige Größe ansehen; ihre charakteristische Funktion ist gleich $g_a(t) = e^{ita}$. Die zufällige Größe X hängt von der Konstanten a nicht ab. Folglich gilt

$$g_y(t) = g_x(t)\, g_a(t) = g_x(t)\, e^{ita} .$$

8.60. Man bestimme die charakteristische Funktion $g_y(t)$ einer geometrisch verteilten zufälligen Größe Y:

$$\mathbf{P}(Y = k) = p\, q^k \qquad (k = 0, 1, 2, \ldots) ,$$

und die charakteristische Funktion $g_x(t)$ der zufälligen Größe X, die der „um 1 verschobenen" geometrischen Verteilung genügt:

$$X = Y + 1 \; ; \qquad \mathbf{P}(X = k) = p\, q^{k-1} \qquad (k = 1, 2, \ldots) .$$

Lösung:

$$g_y(t) = \sum_{k=0}^{\infty} p\, q^k\, e^{itk} = p \sum_{k=0}^{\infty} (q\, e^{it})^k = \frac{p}{1 - q\, e^{it}} .$$

Nach der in der vorhergehenden Aufgabe abgeleiteten allgemeinen Regel erhält man

$$g_x(t) = \frac{p\, e^{it}}{1 - q\, e^{it}} .$$

8.61. Es wird eine Serie unabhängiger Versuche durchgeführt, wobei in jedem Versuch ein bestimmtes Ereignis A mit der Wahrscheinlichkeit p eintritt (das Bernoullische Versuchsschema). Die Versuche werden eingestellt, sowie das Ereignis A zum n-ten Mal eintritt ($n \geqq 1$). Man bestimme das Verteilungsgesetz, die numerische Charakteristika und die charakteristische Funktion der zufälligen Größe X, wo X die Anzahl der bis zum Versuchsabbruch eingetretenen „Mißerfolge", d. h. der Versuche, in denen das Ereignis A nicht eintrat, bezeichnet.

Lösung: Wir bestimmen die Wahrscheinlichkeit dafür, daß die zufällige Größe X den Wert k annimmt. Die zufällige Größe X nimmt den Wert k genau dann an, wenn die Gesamtanzahl der durchgeführten Versuche gleich $n + k$ ist (k „Mißerfolge" und n „Erfolge"). Der letzte Versuch muß nach Voraussetzung ein „Erfolg" sein, und in den vorangehenden $n + k - 1$ Versuchen können die $n - 1$ „Erfolge" und k „Mißerfolge" miteinander beliebig kombiniert werden. Die gesuchte Wahrscheinlichkeit ist gleich

$$\mathbf{P}(X = k) = C_{n+k-1}^{k}\, p^n\, q^k \qquad (k = 0, 1, \ldots) .$$

Dieses Verteilungsgesetz ist eine natürliche Verallgemeinerung der geometrischen Verteilung. Man bezeichnet es als Pascal-Verteilung der n-ten Ordnung[1]) (die geometrische Verteilung ist also identisch mit der Pascal-Verteilung erster

[1]) Oft wird auch die Bezeichnung „negative Binomialverteilung" verwendet (Anm. d. Red.).

Ordnung). Die zufällige Größe X kann als Summe von n unabhängigen zufälligen Größen dargestellt werden:

$$X = \sum_{s=1}^{n} X_s ,$$

wobei jede zufällige Größe X_s geometrisch verteilt ist

$$\mathrm{P}(X_s = k) = p\, q^k \qquad (k = 0, 1, \ldots) .$$

Tatsächlich setzt sich die Gesamtanzahl der „Mißerfolge" zusammen aus:
1. Anzahl der „Mißerfolge" bis zum ersten „Erfolg";
2. Anzahl der „Mißerfolge" zwischen dem ersten und dem zweiten „Erfolg" usw.

Aus der Summendarstellung der zufälligen Größe X erhält man leicht die Formeln für ihre numerischen Charakteristika

$$m_x = \frac{n\, q}{p}; \qquad D_x = \frac{n\, q}{p^2}$$

und die charakteristische Funktion

$$g_x(t) = \left(\frac{p}{1 - q\, e^{it}}\right)^n .$$

8.62. Unter den Voraussetzungen der Aufgabe 8.61 sei Y die Gesamtanzahl der Versuche bis zum n-ten Eintreten des Ereignisses A (bis zum n-ten „Erfolg"). Man bestimme das Verteilungsgesetz, die numerischen Charakteristika und die charakteristische Funktion der zufälligen Größe Y.

Lösung: Es ist $Y = X + n$, wobei X die in vorhergehender Aufgabe definierte zufällige Größe ist. Daraus erhält man für $k = n\,,\ n + 1, \ldots$

$$\mathrm{P}(Y = k) = \mathrm{P}(X = k - n) = C_{k-1}^{k-n}\, p^n\, q^{k-n} = C_{k-1}^{n-1}\, p^n\, q^{k-n}$$

Die numerischen Charakteristika von Y sind gleich

$$m_y = m_x + n = \frac{n}{p}; \qquad D_y = D_x = \frac{n \cdot q}{p^2} .$$

Die charakteristische Funktion ist gleich

$$g_y(t) = g_x(t)\, e^{itn} = \left(\frac{p\, e^{it}}{1 - q\, e^{it}}\right)^n .$$

8.63. Man bestimme die charakteristische Funktion der zufälligen Größe X, deren Verteilungsdichte durch die Formel

$$f_{n-1}(x) = (-1)^{n-1} \prod_{i=1}^{n} \lambda_i \sum_{j=1}^{n} \frac{e^{-\lambda_j x}}{\prod\limits_{k \neq j}^{n} (\lambda_j - \lambda_k)} \qquad \text{für} \quad x > 0$$

gegeben ist (verallgemeinerte Erlang-Verteilung der $(n - 1)$-ten Ordnung, vgl. Aufgabe 8.31).

Lösung: Die verallgemeinerte Erlang-Verteilung der $(n - 1)$-ten Ordnung ergibt sich als Verteilungsgesetz der Summe von n unabhängigen, zufälligen Größen, die exponentialverteilt mit den verschiedenen Parametern $\lambda_1, \lambda_2, \ldots, \lambda_n$

sind. Die gesuchte charakteristische Funktion ist also gleich dem Produkt der n charakteristischen Funktionen der Exponentialverteilungen (vgl. Aufgabe 8.55):

$$g_{n-1}(t) = \prod_{k=1}^{n} \frac{\lambda_k}{\lambda_k - i\,t} = \prod_{k=1}^{n} \frac{\lambda_k^2 + \lambda_k\, i\, t}{\lambda_k^2 + t^2}\,.$$

Sind alle n zufälligen Größen identisch verteilt, so erhält man die ERLANG-Verteilung der $(n-1)$-ten Ordnung:

$$f_{n-1}(x) = \frac{\lambda(\lambda\, x)^{n-1}}{(n-1)!}\, e^{-\lambda x} \qquad (x > 0)$$

mit der charakteristischen Funktion

$$g_{n-1}(t) = \left(\frac{\lambda}{\lambda - i\,t}\right)^n = \left(\frac{\lambda^2 + \lambda\, i\, t}{\lambda^2 + t^2}\right)^n.$$

8.64. Sei Y eine exponentialverteilte zufällige Größe:

$$f(y) = \lambda\, e^{-\lambda y} \qquad (y > 0)\,.$$

Bei vorgegebenem Wert der zufälligen Größe $Y = y$ ist die zufällige Größe X nach dem POISSON-Gesetz verteilt mit dem Parameter y:

$$\mathbf{P}(X = k \mid Y = y) = \frac{y^k}{k!} e^{-y} \qquad (k = 0, 1, 2, \ldots)\,.$$

Man bestimme das absolute Verteilungsgesetz der zufälligen Größe X.

Lösung: Die totale Wahrscheinlichkeit des Ereignisses $X = k$ ist gleich

$$\mathbf{P}(X = k) = \int_0^\infty \frac{y^k}{k!} e^{-y}\, \lambda\, e^{-\lambda y}\, dy = \frac{\lambda}{k!} \int_0^\infty y^k\, e^{-(1+\lambda) y}\, dy$$

$$= \frac{\lambda}{k!}\, k!\, (1 + \lambda)^{-(k+1)} = \frac{\lambda}{(1 + \lambda)^{k+1}} \qquad (k = 0, 1, 2, \ldots)\,.$$

Setzt man

$$\frac{\lambda}{1 + \lambda} = p; \qquad \frac{1}{1 + \lambda} = q = 1 - p\,,$$

so erhält man

$$\mathbf{P}(X = k) = p\, q^k \qquad (k = 0, 1, 2, \ldots)\,.$$

Die zufällige Größe X ist also geometrisch verteilt mit dem Parameter $p = \frac{\lambda}{1 + \lambda}$.

8.65. In einem Raumschiff ist ein Geigerzähler zur Bestimmung der Anzahl der kosmischen Teilchen installiert. Es wird angenommen, daß die in den Bereich des Zählers kommenden Teilchen eine POISSONsche Punktfolge der Intensität λ bilden und daß jedes in den Bereich des Zählers kommende Teilchen mit der Wahrscheinlichkeit p registriert wird. Die zufällige Größe X sei die Anzahl der während der Zeit T registrierten Teilchen, wobei T eine exponentialverteilte, zufällige Größe mit dem Parameter μ ist.

Man bestimme das Verteilungsgesetz und die Charakteristika m_x, D_x der zufälligen Größe X.

Lösung: Wir nehmen an, daß $T = t$ ist, und bestimmen die bedingte Wahrscheinlichkeit dafür, daß $X = m$ ist ($m = 0, 1, \ldots$):

$$\mathbf{P}(X = m|T = t) = \frac{(\lambda p t)^m}{m!} e^{-\lambda p t}.$$

Die totale Wahrscheinlichkeit des Ereignisses $X = m$ ist gleich

$$\mathbf{P}(X = m) = \int_0^\infty \frac{(\lambda p t)^m}{m!} e^{-\lambda p t} \mu e^{-\mu t} dt = \frac{\mu}{m!} (\lambda p)^m \int_0^\infty t^m e^{-(\lambda p + \mu) t} dt$$

$$= \mu \frac{(\lambda p)^m}{(\lambda p + \mu)^{m+1}} = \frac{\mu}{\lambda p + \mu} \left(\frac{\lambda p}{\lambda p + \mu}\right)^m \qquad (m = 0, 1, 2, \ldots).$$

Das ist eine geometrische Verteilung mit dem Parameter $\frac{\mu}{\lambda p + \mu}$ (vgl. Aufgabe 8.64). Daraus folgt (vgl. Aufgabe 5.15):

$$m_x = \frac{\lambda p}{\lambda p + \mu} : \frac{\mu}{\lambda p + \mu} = \frac{\lambda p}{\mu};$$

$$D_x = \frac{\lambda p}{\lambda p + \mu} : \left(\frac{\mu}{\lambda p + \mu}\right)^2 = \frac{\lambda p (\lambda p + \mu)}{\mu^2} = \left(\frac{\lambda p}{\mu}\right)^2 + \frac{\lambda p}{\mu} = m_x (m_x + 1).$$

8.66. Man löse die Aufgabe 8.65 unter der Voraussetzung, daß die zufällige Registrierzeit T die Verteilungsdichte $f(t)$ besitzt $(f(t) = 0$ für $t < 0)$.

Lösung: Das bedingte Verteilungsgesetz der zufälligen Größe X unter der Bedingung $T = t$ ist wiederum gleich

$$\mathbf{P}(X = m|T = t) = \frac{(\lambda p t)^m}{m!} e^{-\lambda p t} \qquad (m = 0, 1, 2, \ldots).$$

Das absolute Verteilungsgesetz von X lautet

$$\mathbf{P}(X = m) = \int_0^\infty \frac{(\lambda p t)^m}{m!} e^{-\lambda p t} f(t)\, dt \qquad (m = 0, 1, 2, \ldots).$$

Wir bestimmen jetzt die numerischen Charakteristika der zufälligen Größe X. Der bedingte Erwartungswert ist $\mathbf{M}(X|T = t) = \lambda p t$; der absolute Erwartungswert ist gleich (vgl. die Formel für den totalen Erwartungswert auf der S. 131)

$$m_x = \int_0^\infty \lambda p t f(t)\, dt = \lambda p \int_0^\infty t f(t)\, dt = \lambda p m_t,$$

wobei $m_t = \mathbf{M}[T]$ ist. Analog bestimmt man das zweite Moment der zufälligen Größe X (wir bemerken, daß man auf diese Art nur die absoluten Momente, jedoch nicht die zentralen Momente bestimmen kann):

$$\alpha_2[X|t] = \lambda p t + (\lambda p t)^2;$$

$$\alpha_2[X] = \lambda p \int_0^\infty t f(t)\, dt + (\lambda p)^2 \int_0^\infty t^2 f(t)\, dt = \lambda p m_t + (\lambda p)^2 \alpha_2[T]$$

$$= \lambda p m_t + (\lambda p)^2 (D_t + m_t^2),$$

wobei D_t die Varianz der zufälligen Größe T ist. Hieraus folgt

$$D_x = \alpha_2[X] - m_x^2 = \lambda\, p\, m_t + (\lambda\, p)^2\, D_t\,.$$

8.67. Man löse die vorhergehende Aufgabe für den Spezialfall:

$$f(t) = f_k(t) = \frac{\mu(\mu\, t)^k}{k!}\, e^{-\mu t} \qquad (t > 0)\,.$$

(ERLANG-Verteilung der k-ten Ordnung mit dem Parameter k).

Lösung:

$$\mathrm{P}(X = m) = \int_0^\infty \frac{(\lambda\, p\, t)^m}{m!}\, e^{-\lambda p t} \frac{\mu(\mu\, t)^k}{k!}\, e^{-\mu t}\, dt = \frac{\mu(\lambda\, p)^m}{m!} \frac{\mu^k}{k!} \int_0^\infty t^{m+k}\, e^{-(\lambda p + \mu)t}\, dt$$

$$= \frac{\mu(\lambda\, p)^m}{m!} \frac{\mu^k}{k!} \frac{(m + k!)}{(\lambda\, p + \mu)^{m+k+1}} = C_{m+k}^m \left(\frac{\mu}{\lambda\, p + \mu}\right)^{k+1} \left(\frac{\lambda\, p}{\lambda\, p + \mu}\right)^m .$$

Die zufällige Größe X genügt also der PASCAL-Verteilung der $(k + 1)$-ten Ordnung mit den Parametern (vgl. Aufgabe 8.61)

$$p_1 = \frac{\mu}{\lambda\, p + \mu} \qquad \left(\frac{\lambda\, p}{\lambda\, p + \mu} = q_1 = 1 - p_1\right).$$

Der Erwartungswert einer zufälligen Größe T, die der ERLANG-Verteilung der k-ten Ordnung genügt, ist gleich $m_t = \frac{k+1}{\mu}$, ihre Varianz ist gleich $D = \frac{k+1}{\mu^2}$. Aus den allgemeinen Formeln der vorhergehenden Aufgabe erhält man:

$$m_x = \frac{\lambda\, p}{\mu}(k + 1)\,; \qquad D_x = \frac{\lambda\, p}{\mu}(k + 1)\left(1 + \frac{\lambda\, p}{\mu}\right),$$

oder (vgl. Aufgabe 8.61):

$$m_x = \frac{(k + 1)\, q_1}{p_1}, \qquad D_x = \frac{(k + 1)\, q_1}{p_1^2}\,.$$

8.68. Man bestimme die charakteristische Funktion der Γ-Verteilung

$$f(x) = \frac{\beta^\alpha\, x^{\alpha-1}}{\Gamma(\alpha)}\, e^{-\beta x} \qquad (x > 0;\ \beta > 0;\ \alpha \geqq 1)\,.$$

Lösung:

$$g(t) = \int_0^\infty \frac{\beta^\alpha\, x^{\alpha-1}}{\Gamma(\alpha)}\, e^{-\beta x}\, e^{itx}\, dx = \frac{\beta^\alpha}{(\beta - i\, t)^\alpha}.$$

Bemerkung. Für ganzzahlige α stimmt die Γ-Verteilung mit der ERLANG-Verteilung der $(\alpha - 1)$-ten Ordnung überein, da ja

$$\Gamma(\alpha) = (\alpha - 1)! \quad \text{und} \quad f(x) = \frac{\beta\, (\beta\, x)^{\alpha-1}}{(\alpha - 1)!}\, e^{-\beta x} \qquad (x > 0)$$

gilt.

8.69*. Die zufällige Größe Z ist gleich der Summe einer zufälligen Anzahl zufälliger Summanden

$$Z = \sum_{k=1}^{Y} X_k .$$

Die zufälligen Größen X_k sind unabhängig und identisch verteilt (mit Verteilungsdichte $f(x)$ und charakteristischer Funktion gleich $g_x(t)$). Die zufällige Größe Y ist von der Folge $X_1, X_2, \ldots$ unabhängig und gemäß

$$\mathbf{P}(Y = m) = p\, q^{m-1} \qquad (m = 1, 2, \ldots)$$

verteilt.

Man bestimme die charakteristische Funktion und die numerischen Charakteristika der zufälligen Größe Z.

Lösung: Wir nehmen an, daß $Y = m$ ist. Unter dieser Hypothese ist

$$Z = Z_m = \sum_{k=1}^{m} X_k .$$

Die charakteristische Funktion von Z_m ist gleich

$$g_m(t) = [g_x(t)]^m .$$

Die charakteristische Funktion der zufälligen Größe Z ist gleich

$$g_z(t) = \sum_{m=1}^{\infty} p\, q^{m-1} [g_x(t)]^m = \frac{p}{q} \sum_{m=1}^{\infty} [q\, g_x(t)]^m .$$

Da $0 < q < 1$ und $0 \leqq |g_x(t)| \leqq 1$ gilt, konvergiert die Reihe, und man erhält

$$g_z(t) = \frac{p}{q} \frac{q\, g_x(t)}{1 - q\, g_x(t)} = \frac{p\, g_x(t)}{1 - q\, g_x(t)} .$$

Hieraus folgt

$$\mathbf{M}[Z] = \alpha_1[Z] = \left.\frac{\partial g_y(t)}{\partial(i\,t)}\right|_{t=0} = \left.\frac{p \dfrac{\partial g_x(t)}{\partial(i\,t)}}{[1 - q\, g_x(t)]^2}\right|_{t=0} = \frac{p\, m_x}{p^2} = m_x\, m_y ,$$

weil $m_y = \dfrac{1}{p}$ ist. Ferner gilt

$$\alpha_2[Z] = \left.\frac{\partial^2 g_y(t)}{\partial(i\,t)^2}\right|_{t=0} = p\,\frac{\alpha_2[X]\,(1 - q) + 2\,q\, m_x^2}{p^3} = \frac{\alpha_2[X]\, p + 2\,q\, m_x^2}{p^2} ,$$

woraus sich

$$D_z = \alpha_2[Z] - m_z^2 = \frac{\alpha_2[X]p + 2\,q\, m_x^2}{p^2} - \frac{m_x^2}{p^2} = D_x\, m_y + m_x^2\, D_y$$

ergibt (D_y ist gleich $\dfrac{q}{p^2}$).

Wir haben auf eine andere Weise das gleiche Resultat wie in der Aufgabe 8.51 erhalten.

8.70. Man bestimme die charakteristische Funktion einer zufälligen Größe X, die der SIMPSON-Verteilung (Gesetz des gleichschenkligen Dreiecks) im Intervall (a, b) genügt (Abb. 8.70).

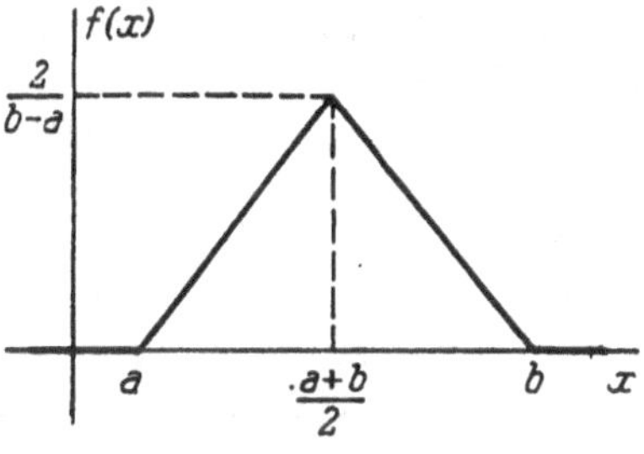

Abb. 8.70

Lösung: Es ist

$$f(x) = \begin{cases} 0 & \text{für } x < a\,, \\ \dfrac{4(x-a)}{(b-a)^2} & \text{für } a < x < \dfrac{a+b}{2}\,, \\ \dfrac{4(b-x)}{(b-a)^2} & \text{für } \dfrac{a+b}{2} < x < b\,, \\ 0 & \text{für } x > b\,. \end{cases}$$

$$g(t) = \int_{-\infty}^{\infty} e^{itx} f(x)\,dx = \int_{a}^{\frac{a+b}{2}} e^{itx}\,\frac{4(x-a)}{(b-a)^2}\,dx + \int_{\frac{a+b}{2}}^{b} e^{itx}\,\frac{4(b-x)}{(b-a)^2}\,dx$$

$$= \frac{4}{(b-a)^2}\,\frac{e^{it\frac{a+b}{2}}\left(it\dfrac{a-b}{2}+1\right) - e^{ita}}{t^2} + \frac{4}{(b-a)^2}\,\frac{e^{it\frac{a+b}{2}}\left(1-it\dfrac{a-b}{2}\right) - e^{itb}}{t^2}\,.$$

Folglich ist

$$g(t) = \frac{4}{t^2(b-a)^2}\left(-e^{ita} - e^{itb} + 2e^{it\frac{a+b}{2}}\right) = -\left[\frac{2}{t(b-a)}\left(e^{it\frac{b}{2}} - e^{it\frac{a}{2}}\right)\right]^2.$$

Im Spezialfall $a = -b$ $(b > 0)$ erhält man die Formel

$$g(t) = \left(\frac{2}{tb}\sin\frac{tb}{2}\right)^2.$$

Vergleicht man die hergeleiteten Formeln mit den Ergebnissen der Aufgabe 8.54, so erkennt man, daß die SIMPSON-Verteilung die Faltung zweier Gleichverteilungen auf dem Intervall $\left(\frac{a}{2}, \frac{b}{2}\right)$ ist.

8.71. Bei einer Messung physikalischer Größen wird das Meßergebnis notwendigerweise entsprechend den minimalen Skaleneinheiten des Meßgeräts abgerundet. Dabei wird eine stetige zufällige Größe in eine diskrete verwandelt, deren mögliche Werte Vielfache der Skaleneinheit sind. Damit im Zusammenhang entsteht folgende Aufgabe: Eine gegebene stetige zufällige Größe X mit der Verteilungsdichte $f(x)$ wird bis zur nächsten ganzen Zahl abgerundet; man erhält eine diskrete, zufällige Größe $Y = G(X)$, wobei unter $G(X)$ die zu X am nächsten liegende ganze Zahl verstanden wird.

Man ermittle die Werte der diskreten zufälligen Größe Y und ihre numerischen Charakteristika m_y, D_y.

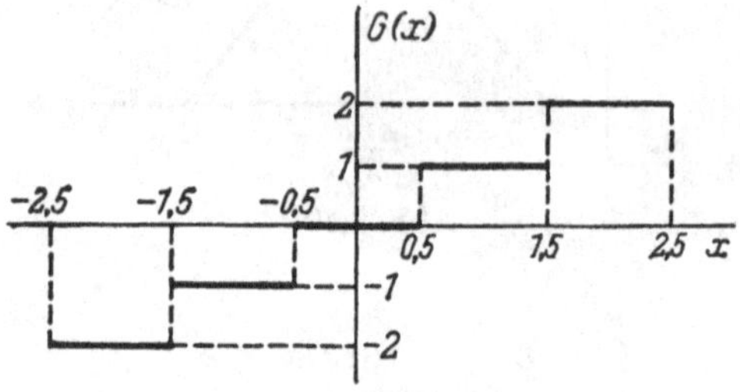

Abb. 8.71

Lösung: Die Funktion $G(X)$ ist in der Abb. 8.71 dargestellt. Die Abrundungsregel für den Fall, daß die Abstände eines Wertes X zu den beiden benachbarten ganzen Zahlen übereinstimmen, ist ohne Bedeutung, da für eine stetige zufällige Größe die Wahrscheinlichkeit, einen beliebigen vorgegebenen Wert anzunehmen, gleich Null ist.

Die Wahrscheinlichkeit dafür, daß die zufällige Größe Y den Wert k annimmt (k ganz), ist gleich

$$\mathbf{P}(Y = k) = \int_{k-0,5}^{k+0,5} f(x)\,dx \qquad (k = 0, \pm 1, \pm 2, \ldots).$$

Hieraus folgt:

$$m_y = \sum_{k=-\infty}^{\infty} k \int_{k-0,5}^{k+0,5} f(x)\,dx; \qquad D_y = \sum_{k=-\infty}^{\infty} k^2 \int_{k-0,5}^{k+0,5} f(x)\,dx - m_y^2.$$

8.72. Die zufälligen Größen X und Y sind unabhängig und Poisson-verteilt mit den Parametern a und b. Man bestimme die Verteilungsgesetze der zufälligen Größen $Z = X - Y$ und $U = |X - Y|$.

Lösung: Die zufällige Größe Z kann sowohl negative als auch positive Werte annehmen. Die Wahrscheinlichkeit dafür, daß Z den Wert $k \geqq 0$ annimmt, ist gleich

$$\mathbf{P}(Z = k) = \sum_{m=0}^{\infty} \mathbf{P}(X = m + k, Y = m).$$

Auf Grund der gemachten Annahmen folgt daraus die Formel

$$\mathbf{P}(Z = k) = \sum_{m=0}^{\infty} \frac{b^m}{m!} \frac{a^{m+k}}{(m+k)!} e^{-(a+b)} \qquad (k \geqq 0).$$

Analog erhält man für negative Werte $-k$:

$$\mathbf{P}(Z = -k) = \sum_{m=0}^{\infty} \frac{a^m}{m!} \frac{b^{m+k}}{(m+k)!} e^{-(a+b)} \qquad (k > 0) .$$

Für die zufällige Größe U erhält man:

$$\mathbf{P}(U = 0) = \sum_{m=0}^{\infty} \frac{(a\,b)^m}{(m!)^2} e^{-(a+b)} ;$$

$$\mathbf{P}(U = k) = \sum_{m=0}^{\infty} \frac{(a\,b)^m}{m!\,(m+k)!} e^{-(a+b)} (a^k + b^k) \qquad (k > 0) .$$

Diese Wahrscheinlichkeiten können mit Hilfe der modifizierten Zylinderfunktionen 1-ter Art dargestellt werden:

$$I_k(x) = I_{-k}(x) = \sum_{m=0}^{\infty} \frac{1}{m!\,(k+m)!} \left(\frac{x}{2}\right)^{k+2m} \qquad (k = 0, 1, 2, \ldots) .$$

Es ist

$$\mathbf{P}(Z = k) = I_k\left(2\sqrt{a\,b}\right)\left(\frac{a}{b}\right)^{k/2} e^{-(a+b)} \qquad (k = 0, \pm 1, \pm 2, \ldots);$$

$$\mathbf{P}(U = 0) = I_0\left(2\sqrt{a\,b}\right) e^{-(a+b)} ;$$

$$\mathbf{P}(U = k) = I_k\left(2\sqrt{a\,b}\right)\left(\left(\frac{a}{b}\right)^{k/2} + \left(\frac{a}{b}\right)^{-k/2}\right) e^{-(a+b)} \qquad (k > 0) .$$

8.73. Ein Pilzsammler sammelt Pilze. Der Radius seines Blickfeldes ist gleich R. Es wird angenommen, daß der Pilzsammler jeden Pilz, der sich innerhalb seines Blickfeldes befindet, mit der Wahrscheinlichkeit $p(v)$, die von seiner Bewegungsgeschwindigkeit abhängt, findet. Weiter wird angenommen, daß die Pilze eine Poissonsche Punktfolge der Intensität λ bilden (λ ist die mittlere Anzahl der Pilze pro Flächeneinheit).

Man bestimme die optimale Bewegungsgeschwindigkeit des Pilzsammlers, bei der er während der Zeit t im Mittel die größte Anzahl von Pilzen findet, wenn die Wahrscheinlichkeit $p(v)$ durch die Formel

$$p(v) = e^{-\alpha v} \, (\alpha > 0, v > 0)$$

gegeben ist und der Pilzsammler an bereits abgesuchte Stellen nicht zurückkehrt.

Lösung: Während der Zeit t überblickt der Pilzsammler einen Streifen, dessen Flächeninhalt $S = 2\,v\,t\,R$ ist, und findet dabei eine Anzahl von Pilzen, deren Erwartungswert gleich $m = S\,\lambda\,p(v) = 2\,v\,t\,R\,\lambda\,e^{-\alpha v}$ ist.

Zur Bestimmung der optimalen Bewegungsgeschwindigkeit differenzieren wir m nach v und setzen die Ableitung gleich Null

$$\frac{dm}{dv} = 2\,t\,R\,\lambda\,e^{-\alpha v}(1 - v\alpha) = 0 .$$

Die optimale Geschwindigkeit ist gleich $v^* = \frac{1}{\alpha}$.

8.74. Unter den Voraussetzungen der Aufgabe 8.73 bewegt sich der Pilzsammler mit der Geschwindigkeit v und sammelt alle von ihm gesehenen Pilze. Die Gewichte der einzelnen Pilze sind unabhängige identisch verteilte zufällige Größen Y_i mit dem Erwartungswert m_y und der Varianz D_y.

Man bestimme den Erwartungswert des Gewichts Z aller während der Zeit t gesammelten Pilze und (näherungsweise unter der Annahme, daß die Anzahl der gesammelten Pilze groß ist) die Wahrscheinlichkeit dafür, daß die Größe Z das vorgegebene Fassungsvermögen z_0 des Korbes übersteigt.

Lösung: Die Anzahl X der gesammelten Pilze ist eine zufällige Größe, die der POISSON-Verteilung mit dem Parameter $m_x = 2\, v\, t\, R\, \lambda e^{-\alpha v}$ genügt. Das Gesamtgewicht der gesammelten Pilze ist gleich

$$Z = \sum_{i=1}^{X} Y_i .$$

Aus den in der Aufgabe 8.51 oder 8.69 abgeleiteten Formeln erhält man $m_z = m_x m_y$. Die Varianz von Z ist gleich

$$D_z = m_x D_y + m_y^2 D_x = m_x (D_y + m_y^2) = m_x \cdot \alpha_{2y} ,$$

da für die POISSON-Verteilung $D_x = m_x$ ist. Nimmt man auf Grund des zentralen Grenzwertsatzes an, daß die zufällige Größe Z näherungsweise normalverteilt ist, erhält man die Beziehung

$$\mathrm{P}(Z > z_0) = 1 - F(z_0) \approx 1 - \Phi^*\left(\frac{z_0 - m_z}{\sigma_z}\right),$$

wobei $\sigma_z = \sqrt{D_z}$ ist.

8.75. Sei $f(x, y)$ die Verteilungsdichte des zufälligen Vektors (X, Y). Man bestimme das Verteilungsgesetz der Differenz $Z = X - Y$.

Lösung: Die Verteilungsdichte des zufälligen Vektors $(X, -Y)$ ist gleich $(x, -y)$. Aus $X - Y = X + (-Y)$ folgt dann

$$g(z) = G'(z) = \int_{-\infty}^{\infty} f(x, x - z)\, dx .$$

Sind die zufälligen Größen (X, Y) unabhängig, so erhält man

$$g(z) = \int_{-\infty}^{\infty} f_1(x) f_2(x - z)\, dx = \int_{-\infty}^{\infty} f_1(y - z) f_2(y)\, dy .$$

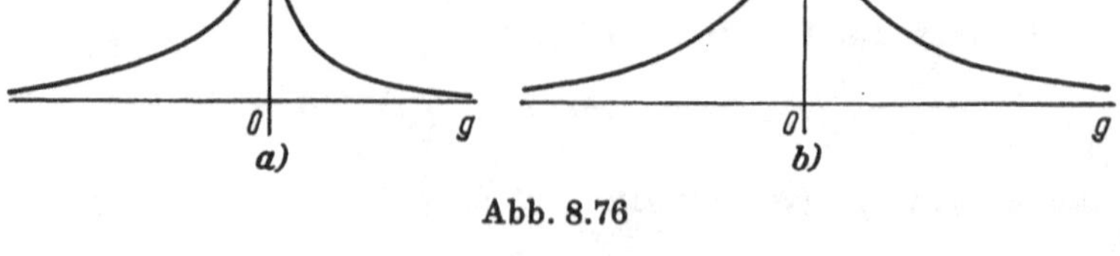

Abb. 8.76

8.76. Man bestimme die Verteilungsdichte $g(z)$ der Differenz $Z = X - Y$ zweier unabhängiger exponentialverteilter zufälliger Größen X und Y. Die Verteilungsdichte von X sei $f_1(x) = \lambda\, e^{-\lambda x}$ die von Y sei $f_2(x) = \mu\, e^{-\mu y}$.

Lösung: Es ist $g(z) = \int\limits_{-\infty}^{+\infty} f_1(x)\, f_2(x - z)\, dx$. Da $f_1(x)$ nur für $x > 0$ und $f_2(x - z)$ nur für $x - z > 0$ von Null verschieden sind, folgen daraus die Formeln:

$$\text{a) } z > 0; \qquad g(z) = \int\limits_{z}^{\infty} \lambda\, e^{-\lambda x}\, \mu\, e^{-\mu(x-z)}\, dx = \frac{\lambda \mu\, e^{-\lambda z}}{\lambda + \mu};$$

$$\text{b) } z < 0; \qquad g(z) = \int\limits_{0}^{\infty} \lambda\, e^{-\lambda x}\, \mu\, e^{-\mu(x-z)}\, dx = \frac{\lambda \mu\, e^{\mu z}}{\lambda + \mu}.$$

Folglich ist

$$g(z) = \begin{cases} \dfrac{\lambda \mu\, e^{-\lambda z}}{\lambda + \mu} & \text{für } z > 0, \\[2mm] \dfrac{\lambda \mu\, e^{\mu z}}{\lambda + \mu} & \text{für } z < 0. \end{cases}$$

Dieses Verteilungsgesetz hat die Parameter

$$m_z = \frac{1}{\lambda} - \frac{1}{\mu} = \frac{\mu - \lambda}{\lambda \mu}; \qquad D_z = \frac{1}{\lambda^2} + \frac{1}{\mu^2} = \frac{\lambda^2 + \mu^2}{(\lambda \mu)^2}.$$

Die Verteilungsdichte ist in der Abb. 8.76a graphisch dargestellt.

Für $\lambda = \mu$ erhält man $g(z) = \frac{\lambda}{2}\, e^{-\lambda |z|}$ (Abb. 8.76b). Dieses Verteilungsgesetz bezeichnet man als LAPLACE-Verteilung.

8.77. Ein Gerät enthält ein elektronisches Element, dessen Funktionieren für die Arbeit des Gerätes erforderlich ist. Fällt das Element aus, so wird es sofort durch ein Reserveelement ersetzt. Die mittlere Lebensdauer des elektronischen Elements beträgt $m_x = 100$ [h], die Varianz der Lebensdauer sei gleich $\sigma^2 = 3600$ [h^2]. Man bestimme die Anzahl der Reserveelemente, die erforderlich sind, um mit Sicherheitswahrscheinlichkeit 0,95 eine ununterbrochene Arbeit des Geräts im Verlauf von $t = 8000$ [h] zu garantieren.

Lösung: Gesucht ist die kleinste natürliche Zahl n_α mit der Eigenschaft

$$\mathbf{P}\left(\sum_{i=1}^{n_\alpha} X_i < t\right) \leqq 1 - \alpha = 0{,}05,$$

wobei X_i unabhängige, identisch verteilte zufällige Größen mit dem Erwartungswert m_x und der Varianz σ^2 sind. Da t wesentlich größer als m_x ist, kann man näherungsweise den zentralen Grenzwertsatz anwenden. Es ist

$$\mathbf{P}\left(\sum_{i=1}^{n_\alpha} X_i < t\right) \approx \Phi^*\left(\frac{t - m\, n_\alpha}{\sigma \sqrt{n_\alpha}}\right).$$

Mit Hilfe der Tabelle 2 des Anhangs stellt man fest, daß für $n_\alpha = 90$ die rechte Seite der letzten Beziehung kleiner als 0,05 und für $n_\alpha = 89$ größer als 0,05 ist. Es sind also insgesamt 90 Elemente, d. h. 89 Reserveelemente, erforderlich.

KAPITEL 9

ZUFÄLLIGE FUNKTIONEN (STOCHASTISCHE PROZESSE)

Häufig treten als Ergebnisse (Elementarereignisse) eines Versuchs mit zufälligem Ausgang reell- oder komplexwertige Funktionen einer reellen Veränderlichen (diese Veränderliche interpretiert man im allgemeinen als Zeit) auf. Das Versuchsergebnis wird also durch eine zufällige Funktion beschrieben. Sei I eine Teilmenge der reellen Achse R^1, auf der diese Funktionen definiert sind; z. B. $I = \{0, 1, 2, \ldots\}$, $I = [0, t)$, $I = R^1$. Sei R^I die Menge aller reellwertigen Funktionen über I, und sei $\mathfrak{B}^I$ die kleinste σ-Algebra von Teilmengen von R^I, die die „Zylindermengen", d. h. die Mengen der Gestalt

$$\{x(t) \in R^I | a_1 < x(t_1) < b_1, \ldots, a_n < x(t_n) < b_n\}$$

enthält, wobei $t_1, \ldots, t_n$ eine beliebige endliche Folge von Elementen aus I ist und $a_1 < b_1, \ldots, a_n < b_n$ beliebige reelle Zahlen sind.

Den Wahrscheinlichkeitsraum $[R^I, \mathfrak{B}^I, \mathbf{P}]$, wobei $\mathbf{P}$ ein Verteilungsgesetz auf der σ-Algebra $\mathfrak{B}^I$ ist, nennt man eine *zufällige Funktion* (oder einen *zufälligen* (*stochastischen*) *Prozeß*) auf I, und man bezeichnet sie mit $X(t)$, $t \in I$. Die Elemente $x(t)$, $t \in I$, aus R^I heißen *Realisierungen* der zufälligen Funktion $X(t)$, und $\mathbf{P}$ bezeichnet man als das *Verteilungsgesetz* der zufälligen Funktion $X(t)$.

In den Bezeichnungen des Kapitels 1 ist also $\Omega = R^I$, $\mathcal{F} = \mathfrak{B}^I$.

Oft geht man von einem abstrakten Wahrscheinlichkeitsraum $[\Omega, \mathcal{F}, \mathbf{P}]$ aus und definiert eine zufällige Funktion auf I als eine Familie $X(t, \omega)$, $t \in I$, $\omega \in \Omega$, von zufälligen Größen über $[\Omega, \mathcal{F}, \mathbf{P}]$. Man kann zeigen, daß diese Definition mit der oben angegebenen übereinstimmt. Durch die Famlie $X(t, \omega)$ wird nämlich ein Verteilungsgesetz $\mathbf{P}'$ auf $\mathfrak{B}^I$ induziert, daß durch $\mathbf{P}$ eindeutig bestimmt ist. Die zuerst angegebene Definition benutzt eine spezielle Darstellung des abstrakten Raumes Ω, nämlich $\Omega = R^I$.

Für eine beliebige Folge $t_1 < t_2 < \cdots < t_n$ von Elementen aus I ist das Verteilungsgesetz $\mathbf{P}_{t_1,\ldots,t_n}$ des zufälligen Vektors $(X(t_1), \ldots, X(t_n))$ wie folgt definiert: Für beliebige Borel-Mengen $B_1, \ldots, B_n \in \mathfrak{B}$ gilt

$$\mathbf{P}_{t_1,\ldots,t_n}(B_1 \times \cdots \times B_n) = \mathbf{P}\big(x(t) \in R^I | x(t_1) \in B_1, \ldots, x(t_n) \in B_n\big) .$$

Die Verteilungsgesetze $\mathbf{P}_{t_1,\ldots,t_n}$ bezeichnet man als *endlichdimensionale Verteilungsgesetze* der zufälligen Funktion $X(t)$. Insbesondere ist also für jedes feste $t \in I$ der Wert der zufälligen Funktion $X(t)$ an dieser Stelle eine zufällige Größe (der *Schnitt der zufälligen Funktion*) mit dem Verteilungsgesetz $\mathbf{P}_t$.

Die endlichdimensionalen Verteilungsgesetze einer zufälligen Funktion $X(t)$ werden eindeutig durch ihr Verteilungsgesetz $\mathbf{P}$ auf $\mathfrak{B}^I$ bestimmt. Man kann zeigen, daß auch die Umkehrung dieser Behauptung gilt (Satz von KOLMOGOROW).

Eine zufällige Funktion $X(t)$ heißt *stationär im strengen Sinne*, wenn für alle n und $t_1, \ldots, t_n \in I$ und alle t mit der Eigenschaft $t_i + t \in I$, $i = 1, \ldots, n$, die n-dimensionalen Verteilungsgesetze

$$\mathbf{P}_{t_1,\ldots,t_n} \quad \text{und} \quad \mathbf{P}_{t_1+t,\ldots,t_n+t}$$

übereinstimmen (*Verschiebungsinvarianz* der endlichdimensionalen Verteilungsgesetze).

Sind alle endlichdimensionalen Verteilungsgesetze einer zufälligen Funktion $X(t)$ normal, so spricht man von einer *GAUSSschen zufälligen Funktion* (*GAUSSscher Prozeß*).

Als *Erwartungswert* der zufälligen Funktion $X(t)$ bezeichnet man die nichtzufällige Funktion $m_x(t)$, deren Wert für jedes t gleich dem Erwartungswert des Wertes $X(t)$ der zufälligen Funktion an der Stelle t ist: $m_x(t) = \mathbf{M}[X(t)]$ für $t \in I$.

Als *Kovarianzfunktion* der zufälligen Funktion $X(t)$ bezeichnet man die nichtzufällige Funktion $K_x(t, t')$ zweier reeller Veränderlicher, die für jedes Argumentepaar $t, t' \in I$ gleich der Kovarianz des zufälligen Vektors $(X(t), X(t'))$ ist:

$$K_x(t, t') = \mathbf{M}[\mathring{X}(t)\, \mathring{X}(t')]\,,$$

wobei $\mathring{X}(t) = X(t) - m_x(t)$ die zentrierte zufällige Größe ist.

Für $t = t'$ erhält man aus der Kovarianzfunktion die *Varianz* der zufälligen Funktion $X(t)$:

$$K_x(t, t) = D_x(t) = \mathbf{D}[X(t)] = [\sigma_x(t)]^2\,.$$

Die wichtigsten Eigenschaften der Kovarianzfunktion sind:

1. $K_x(t, t') = K_x(t', t)$, d. h., die Funktion $K_x(t, t')$ ist symmetrisch.
2. $|K_x(t, t')| \leqq \sigma_x(t)\, \sigma_x(t')$.
3. Die Funktion $K_x(t, t')$ ist positiv definit, d. h., es gilt

$$\int_B \int_B K_x(t, t')\, \varphi(t)\, \varphi(t')\, dt\, dt' \geqq 0\,,$$

wobei $\varphi(t)$ eine beliebige Funktion und $B \in \mathfrak{B}^1$ ein beliebiger für beide Argumente übereinstimmender Integrationsbereich ist.

Für GAUSSsche zufällige Funktionen $X(t)$ definieren die numerischen Charakteristika $m_x(t)$ und $K_x(t, t')$ sämtliche endlichdimensionalen Verteilungsgesetze und damit das Verteilungsgesetz $\mathbf{P}$ der zufälligen Funktion.

Als *Korrelationsfunktion* der zufälligen Funktion $X(t)$ bezeichnet man die Funktion

$$r_x(t, t') = \frac{K_x(t, t')}{\sigma_x(t)\, \sigma_x(t')} = \frac{K_x(t, t')}{\sqrt{D_x(t)\, D_x(t')}}\,,$$

d. h. den Korrelationskoeffizienten zwischen den zufälligen Größen $X(t)$ und $X(t')$; für $t = t'$ ist die Funktion $r_x(t, t') = 1$.

Bei der Addition einer nichtzufälligen Funktion $\varphi(t)$ zu einer zufälligen Funktion $X(t)$ wird zu ihrem Erwartungswert die gleiche nichtzufällige Funktion addiert, die Kovarianzfunktion bleibt dabei unverändert.

Bei der Multiplikation einer zufälligen Funktion $X(t)$ mit einem nichtzufälligen Faktor $\varphi(t)$ wird ihr Erwartungswert mit demselben Faktor $\varphi(t)$ und ihre Kovarianzfunktion mit dem Faktor $\varphi(t) \cdot \varphi(t')$ multipliziert.

Wendet man auf eine zufällige Funktion $X(t)$ eine Transformation A_t an, so erhält man eine neue zufällige Funktion

$$Y(t) = A_t\{X(t)\}.$$

Eine Transformation $L_t^{(0)}$ heißt *linear homogen*, wenn

1. $L_t^{(0)}\left\{\sum_{k=1}^{n} X_k(t)\right\} = \sum_{k=1}^{n} L_t^{(0)}\{X_k(t)\}$

ist (d. h., die Transformation wird auf eine Summe zufälliger Funktionen gliedweise angewandt);

2. $L_t^{(0)}\{c\,X(t)\} = c\,L_t^{(0)}\{X(t)\}$

(d. h., daß ein vom Argument t unabhängiger Faktor c vor das Transformationszeichen gesetzt werden kann).

Eine Transformation L_t heißt linear inhomogen, wenn

$$L_t\{X(t)\} = L_t^{(0)}\{X(t)\} + \varphi(t)$$

ist, wobei $\varphi(t)$ eine beliebige Funktion ist, die in keiner Weise mit $X(t)$ zusammenhängt.

Entsteht die zufällige Funktion $Y(t)$ durch eine lineare Transformation aus der zufälligen Funktion $X(t)$:

$$Y(t) = L_t\{X(t)\},$$

so ergibt sich ihr Erwartungswert $m_y(t)$ aus $m_x(t)$ durch die Anwendung der gleichen linearen Transformation

$$m_y(t) = L_t\{m_x(t)\}.$$

Die Kovarianzfunktion $K_y(t, t')$ ergibt sich durch die zweifache Anwendung der entsprechenden linear homogenen Transformation auf die Funktion $K_x(t, t')$ (einmal nach t, das andere Mal nach t'):

$$K_y(t, t') = L_t^{(0)}\{L_{t'}^{(0)}\{K_x(t, t')\}\}.$$

Sind $X(t, \omega)$, $Y(t, \omega)$, $t \in I$, zwei zufällige Funktionen über dem Wahrscheinlichkeitsraum $[\Omega, \mathcal{F}, \mathbf{P}]$, so kann man die Funktion $(X(t, \omega), Y(t, \omega))$ als eine zweidimensionale zufällige Funktion über $[\Omega, \mathcal{F}, \mathbf{P}]$ betrachten (für jedes $t \in I$ ist $(X(t, \omega), Y(t, \omega))$ ein zweidimensionaler zufälliger Vektor mit Werten aus R^2). Durch die Abbildung $\omega \to (X(t, \omega), Y(t, \omega))$ von Ω in $(R^2)^I$ (die Menge aller Funktionen über I mit Werten aus R^2) wird auf der analog zu $\mathfrak{B}^I$ gebildeten σ-Algebra $(\mathfrak{B}^2)^I$ ein Verteilungsgesetz $\mathbf{P}'$ definiert (das Verteilungsgesetz der zufälligen Funktion $(X(t), Y(t))$).

Analog kann man eine n-dimensionale zufällige Funktion $(X_1(t), \ldots, X_n(t))$ definieren (vgl. die Definition eines n-dimensionalen zufälligen Vektors auf der S. 128).

Nun kann man analog zu Funktionen zufälliger Größen und deren Verteilungsgesetzen Funktionen mehrerer zufälliger Funktionen und ihre Verteilungsgesetze einführen.

Wir beschränken uns auf den Fall zweier zufälliger Funktionen. Sei $(X(t), Y(t))$, $t \in I$, eine zweidimensionale zufällige Funktion, der das Verteilungsgesetz $\mathbf{P}_{X,Y}$ auf $(\mathfrak{B}^2)^I$ entspricht, und sei $g(x, y)$ eine beliebige reellwertige meßbare Funktion zweier Veränderlicher. Dann ist

$$Z(t) = g(X(t), Y(t)), \qquad t \in I,$$

eine reellwertige zufällige Funktion, deren eindimensionalen Verteilungsgesetze durch die Formel

$$P_{Z,t_0}(B) = \mathbf{P}_Z(z(t) \in R^I | z(t_0) \in B) = \mathbf{P}_{X,Y}((x(t), y(t)) \in (R^2)^I | g(x(t_0), y(t_0)) \in B)$$

definiert sind. Analog definiert man beliebige endlichdimensionale Verteilungsgesetze, die das Verteilungsgesetz $\mathbf{P}_Z$ eindeutig bestimmen.

$[S, \Sigma]$ sei ein beliebiger meßbarer Raum. Als eine zufällige Funktion $X(t)$, $t \in I$, mit dem *Zustands-* oder *Phasenraum* S bezeichnet man den Wahrscheinlichkeitsraum $[S^I, \Sigma^I, \mathbf{P}]$, wobei S^I die Menge aller Funktionen $X(t)$ über I mit Werten aus S, Σ^I die kleinste σ-Algebra, die alle Zylindermengen

$$\{x(t) \in S^I | x(t_1) \in A_1, \ldots, x(t_n) \in A_n\}, \qquad A_i \in \Sigma,$$

enthält, und $\mathbf{P}$ ein Verteilungsgesetz auf Σ^I ist.

Als *gemeinsame Kovarianzfunktion* $R_{xy}(t, t')$ zweier zufälliger Funktionen $X(t)$ und $Y(t)$ bezeichnet man die Funktion

$$R_{xy}(t, t') = \mathbf{M}[\mathring{X}(t)\, \mathring{Y}(t')].$$

Aus der Definition der gemeinsamen Kovarianzfunktion folgt die Beziehung

$$R_{xy}(t, t') = R_{yx}(t', t).$$

Als *gemeinsame Korrelationsfunktion* zweier zufälliger Funktionen $X(t)$, $Y(t)$ bezeichnet man die Funktion

$$r_{xy}(t, t') = \frac{R_{xy}(t, t')}{\sigma_x(t)\, \sigma_y(t')} = \frac{R_{xy}(t, t')}{\sqrt{D_x(t)\, D_y(t')}}.$$

Die zufällige Funktion $X(t)$ und $Y(t)$ heißen nicht korreliert, wenn $R_{xy}(t, t') \equiv 0$ gilt.

Ist $Z(t) = X(t) + Y(t)$, so gilt

$$m_z(t) = m_x(t) + m_y(t),$$

$$K_z(t, t') = K_x(t, t') + K_y(t, t') + R_{xy}(t, t') + R_{xy}(t', t).$$

Sind die zufälligen Funktionen $X(t)$ und $Y(t)$ nicht korreliert, so gilt

$$K_z(t, t') = K_x(t, t') + K_y(t, t').$$

Analog erhält man für

$$Z(t) = \sum_{k=1}^{n} X_k(t),$$

wobei $X_1(t), \ldots, X_n(t)$ nicht korrelierte zufällige Funktionen sind, die Formeln

$$m_z(t) = \sum_{k=1}^{n} m_{x_k}(t), \qquad K_z(t, t') = \sum_{k=1}^{n} K_{x_k}(t, t').$$

Als eine komplexe zufällige Funktion bezeichnet man eine zufällige Funktion der Gestalt

$$Z(t) = X(t) + i\, Y(t),$$

wobei $X(t)$, $Y(t)$ reelle zufällige Funktionen sind.

Der Erwartungswert, die Kovarianzfunktion und die Varianz einer komplexen zufälligen Funktion werden wie folgt definiert:

$$m_z(t) = m_x(t) + i\, m_y(t); \qquad K_z(t, t') = \mathbf{M}[\mathring{Z}(t)\, \overline{\mathring{Z}(t')}],$$

wobei $\bar{a}$ die zu a konjugiert komplexe Größe bezeichnet;

$$D_z(t) = K_z(t, t) = \mathbf{M}[|\mathring{Z}(t)|^2].$$

Eine Darstellung einer zufälligen Funktion $X(t)$ in der Form[1])

$$X(t) = m_x(t) + \sum_{k=1}^{\infty} V_k\, \varphi_k(t), \tag{1}$$

wobei V_k zentrierte nicht korrelierte zufällige Größen mit den Varianzen D_k und $\varphi_k(t)$ nicht zufällige Größen sind ($k = 1, 2, \ldots$), bezeichnet man als *kanonische Zerlegung der zufälligen Funktion* $X(t)$.

Die zufälligen Größen V_k bezeichnet man als Koeffizienten und die Funktionen $\varphi_k(t)$ als Basisfunktionen der kanonischen Zerlegung (1).

Läßt die zufällige Funktion $X(t)$ eine kanonische Darstellung (1) in reeller Form zu, so kann die Kovarianzfunktion als Summe der Form

$$K_x(t, t') = \sum_{k=1}^{\infty} D_k\, \varphi_k(t)\, \varphi_k(t') \tag{2}$$

dargestellt werden, die man als *kanonische Zerlegung der Kovarianzfunktion* bezeichnet.

Läßt die zufällige Funktion eine kanonische Darstellung (1) in komplexer Form zu, so hat die kanonische Zerlegung der Kovarianzfunktion die Gestalt

$$K_x(t, t') = \sum_{k=1}^{\infty} D_k\, \varphi_k(t)\, \overline{\varphi_k(t')}. \tag{3}$$

Aus der Existenz der kanonischen Darstellung der Form (2) oder (3) für die Kovarianzfunktion folgt die Existenz der kanonischen Darstellung (1) für die zufällige Funktion $X(t)$, wobei die zufälligen Größen V_k die Varianzen D_k besitzen, $k = 1, 2, \ldots$.

---

[1]) Die Summe kann auch aus endlich vielen Summanden bestehen.

Bei der linearen Transformation einer zufälligen Funktion $X(t)$ für die eine kanonische Darstellung (1) existiert, erhält man eine zufällige Funktion $Y(t) = L_t\{X(t)\}$, die die kanonische Darstellung der Form

$$Y(t) = m_y(t) + \sum_{k=1}^{\infty} V_k\, \psi_k(t)$$

besitzt, wobei

$$m_y(t) = L_t\{m_x(t)\}; \qquad \psi_k(t) = L_t^{(0)}\{\varphi_k(t)\}$$

gilt.

Für eine stationäre (im engeren Sinne) zufällige Funktion ist der Erwartungswert konstant, $m_x(t) = m_x = \text{const}$, und die Kovarianzfunktion hängt nur von der Differenz der Argumentwerte ab, $K_x(t, t') = k_x(t' - t)$.

Eine zufällige Funktion $X(t)$, deren Erwartungswert konstant ist und deren Kovarianzfunktion nur von der Differenz der Argumentwerte abhängt, $K_x(t, t') = k_x(t' - t)$, bezeichnet man als *stationäre zufällige Funktion im weiteren Sinne* (*stationär zweiter Ordnung*). Wir werden in diesem Kapitel diese zufällige Funktion kurz als stationäre zufällige Funktion bezeichnen.

Aus der Symmetrie der Kovarianzfunktion $K_x(t, t')$ folgt die Beziehung $k_x(t) = k_x(-t)$, d. h., die Kovarianzfunktion einer stationären zufälligen Funktion ist eine gerade Funktion von t.

Die Varianz einer stationären zufälligen Funktion ist konstant

$$D_x = K_x(t, t) = k_x(0) = \text{const}\,.$$

Die Kovarianzfunktion einer stationären zufälligen Funktion besitzt die Eigenschaft

$$|k_x(\tau)| \leqq D_x\,.$$

Die Korrelationsfunktion $\varrho_x(\tau)$ einer stationären zufälligen Funktion $X(t)$ ist gleich

$$\varrho_x(\tau) = \frac{k_x(\tau)}{D_x} = \frac{k_x(\tau)}{k_x(0)}\,.$$

Die kanonische Zerlegung einer stationären zufälligen Funktion hat die Gestalt

$$X(t) = m_x + \sum_{k=0}^{\infty} (U_k \cos \omega_k t + V_k \sin \omega_k t)\,, \tag{4}$$

wobei U_k, V_k $(k = 0, 1, \ldots)$ zentrierte nicht korrelierte zufällige Größen sind, deren Varianzen paarweise gleich sind

$$\mathbf{D}[U_k] = \mathbf{D}[V_k] = D_k\,.$$

Die Zerlegung (4) bezeichnet man als *Spektralzerlegung* der stationären zufälligen Funktion. Der Spektralzerlegung der stationären zufälligen Funktion entspricht die folgende Zerlegung ihrer Kovarianzfunktion:

$$k_x(\tau) = \sum_{k=0}^{\infty} D_k \cos \omega_k \tau\,,$$

woraus

$$D_x = \sum_{k=0}^{\infty} D_k$$

folgt. Die Spektralzerlegung (4) der stationären zufälligen Funktion $X(t)$ kann man für $\omega_0 = 0$ in der komplexen Form schreiben

$$X(t) = m_x + \sum_{k=-\infty}^{\infty} W_k e^{i\omega_k t},$$

wobei

$$\omega_{-k} = -\omega_k, \qquad W_0 = U_0, \qquad W_k = \frac{U_k - i V_k}{2}, \qquad W_{-k} = \frac{U_k + i V_k}{2}$$

$$(k = 1, 2, \ldots)$$

gilt.

Als *Spektraldichte* einer stationären zufälligen Funktion $X(t)$ bezeichnet man den Grenzwert des Quotienten der Varianz, die einem gegebenen Frequenzintervall zugeordnet werden kann, zu der Länge dieses Intervalls, wenn letztere gegen Null strebt. Die Spektraldichte $S_x(\omega)$ und die Kovarianzfunktion $k_x(\tau)$ lassen sich eine durch die andere mit Hilfe von FOURIER-Transformationen ausdrücken. In reeller Form haben diese Transformationen die Gestalt:

$$S_x(\omega) = \frac{2}{\pi} \int_0^{\infty} k_x(\tau) \cos \omega \tau \, d\tau, \qquad k_x(\tau) = \int_0^{\infty} S_x(\omega) \cos \omega \tau \, d\omega.$$

Aus der letzten Relation folgt die Beziehung

$$D_x = k_x(0) = \int_0^{\infty} S_x(\omega) \, d\omega.$$

In komplexer Form haben diese FOURIER-Transformationen die Gestalt

$$S_x^*(\omega) = \frac{1}{2\pi} \int_{-\infty}^{\infty} k_x(\tau) e^{-i\omega\tau} d\tau, \qquad k_x(\tau) = \int_{-\infty}^{\infty} S_x^*(\omega) e^{i\omega\tau} d\omega,$$

wobei $S_x^*(\omega) = \frac{1}{2} S_x(\omega)$ ist.

Sowohl $S_x(\omega)$ als auch $S_x^*(\omega)$ sind reelle nichtnegative gerade Funktionen, jedoch ist $S_x(\omega)$ nur in dem Intervall $(0, \infty)$ definiert.

Als normierte *Spektraldichte* $s_x(\omega)$, $s_x^*(\omega)$ bezeichnet man die durch die Varianz der zufälligen Funktion dividierte Spektraldichte

$$s_x(\omega) = \frac{S_x(\omega)}{D_x}; \qquad s_x^*(\omega) = \frac{S_x^*(\omega)}{D_x}.$$

Als *weißes Rauschen* bezeichnet man eine zufällige Funktion $X(t)$ deren Werte an zwei beliebigen Stellen t, t' nicht korreliert sind und deren Kovarianzfunktion proportional der δ-Funktion ist:

$$K_x(t, t') = G(t)\, \delta(t - t').$$

Die Funktion $G(t)$ bezeichnet man als die Intensität des weißen Rauschens.

Als *stationäres weißes Rauschen* bezeichnet man ein weißes Rauschen mit konstanter Intensität $G(t) = G = \text{const}$.

Die Kovarianzfunktion des stationären weißen Rauschens hat die Gestalt $k_x(\tau) = G\,\delta(\tau)$. Daraus folgt, daß seine Spektraldichte konstant und gleich $S_x^*(\omega) = \frac{G}{2\pi}$ ist.

Die Varianz des stationären weißen Rauschens ist gleich $D_x = G\,\delta(0) = \infty$.

Trifft auf den Eingang eines stationären linearen Systems L eine stationäre zufällige Funktion $X(t)$, so wird nach einer gewissen Zeit, die zur Dämpfung des Übergangsprozesses erforderlich ist, die zufällige Funktion $Y(t)$ an dem Ausgang des linearen Systems ebenfalls stationär. Die Spektraldichten der Eingangs- und Ausgangssignale sind miteinander durch die Beziehung

$$S_y^*(\omega) = S_x^*(\omega)\,|\Phi(i\,\omega)|^2$$

verbunden, wobei $\Phi(i\,\omega)$ die *Übertragungsfunktion* (Frequenzgang) des linearen Systems ist.

Man sagt, daß die stationäre zufällige Funktion $X(t)$ ergodisch ist, wenn ihre Charakteristika m_x, $k_x(\tau)$ als entsprechende Zeitmittel für eine Realisierung genügend großer Dauer bestimmt werden können (für den Erwartungswert heißt das, daß $m_x = \lim\limits_{T\to\infty} \frac{1}{T}\int\limits_0^T x(t)\,dt$ ist, wobei $x(t)$ eine Realisierung der zufälligen Funktion $X(t)$ ist[1])). Eine ausreichende Bedingung für die Ergodizität einer stationären, zufälligen Funktion (hinsichtlich des Erwartungswertes) ist die Konvergenz ihrer Kovarianzfunktion gegen 0 für $\tau \to \infty$:

$$\lim_{\tau\to\infty} k_x(\tau) = 0\,.$$

Damit die zufällige Funktion $X(t)$ hinsichtlich der Varianz D_x ergodisch ist, genügt es, daß die zufällige Funktion $Y(t) = \{\overset{\circ}{X}(t)\}^2$ die Eigenschaft

$$\lim_{\tau\to\infty} k_y(\tau) = 0$$

besitzt[2]).

Bei der Lösung von Aufgaben, die mit zufälligen Funktionen zusammenhängen, treten häufig verschiedene sprungartige Funktionen sowie verallgemeinerte Funktionen vom Typ der δ-Funktionen auf.

Wir führen die Definitionen und die wichtigsten Eigenschaften solcher Funktionen des reellen Arguments τ an.

---

[1]) Die Beziehung $m_x = \lim\limits_{T\to\infty} \frac{1}{T}\int\limits_0^T x(t)\,dt$ wird hier als Bezeichnung für die Konvergenz im Quadratmittel verwendet, d. h. für $\lim\limits_{T\to\infty} \mathbf{M}\left[\frac{1}{T}\int\limits_0^T x(t)\,dt - m_x\right]^2 = 0$ (Anm. d. Red.).

[2]) Damit die zufällige Funktion $X(t)$ hinsichtlich der Kovarianzfunktion ergodisch ist, muß die zufällige Funktion $Z(t, \tau) = \overset{\circ}{X}(t)\,\overset{\circ}{X}(t + \tau)$ analoge Eigenschaft haben.

1. **Das Modul (Absolutbetrag) $|\tau|$:**

$$|\tau| = \begin{cases} \tau & \text{für } \tau \geqq 0\,, \\ -\tau & \text{für } \tau < 0\,. \end{cases}$$

2. **Der Einheitssprung $\mathbf{1}(\tau)$[1]:**

$$\mathbf{1}(\tau) = \begin{cases} 1 & \text{für } \tau > 0\,, \\ \frac{1}{2} & \text{für } \tau = 0\,, \\ 0 & \text{für } \tau < 0\,. \end{cases}$$

3. **Das Vorzeichen (Signum) der Größe τ ($\operatorname{sign} \tau$):**

$$\operatorname{sign} \tau = \begin{cases} 1 & \text{für } \tau > 0\,, \\ 0 & \text{für } \tau = 0\,, \\ -1 & \text{für } \tau < 0\,. \end{cases}$$

4. **Die δ-Funktion:**

$$\delta(\tau) = \frac{d}{d\tau}\,\mathbf{1}(\tau)\,.$$

Die δ-Funktion ist eine gerade Funktion von τ. Die wichtigsten Eigenschaften der δ-Funktion sind:

a) $\tau\,\delta(\tau) \equiv 0$ und allgemein $\varphi(\tau)\,\delta(\tau) \equiv 0$, wenn $\varphi(\tau)$ eine ungerade Funktion von τ ist, die im Punkt $\tau = 0$ stetig ist.

b) $\int\limits_{0-\varepsilon}^{0+\varepsilon} \psi(\tau)\,\delta(\tau)\,d\tau = \psi(0)$, wenn die Funktion $\psi(\tau)$ im Punkt $\tau = 0$ stetig ist und wenn für jedes $\varepsilon > 0$ $\int\limits_{0-\varepsilon}^{0} \psi(\tau)\,\delta(\tau)\,d\tau = \int\limits_{0}^{0+\varepsilon} \psi(\tau)\,\delta(\tau)\,d\tau = \frac{1}{2}\,\psi(0)$ gilt und die Funktion $\psi(\tau)$ im Punkt $\tau = 0$ stetig ist.

Aus diesen Definitionen ergeben sich folgende Eigenschaften, die für beliebige reelle τ und ungerade Funktionen $\varphi(\tau)$ gültig sind:

1. $|\tau| = \tau \operatorname{sign} \tau$; 2. $\tau = |\tau| \operatorname{sign} \tau$; 3. $\varphi(\tau) = \varphi(|\tau|) \operatorname{sign} \tau$;

4. $\varphi(|\tau|) = \varphi(\tau) \operatorname{sign} \tau$; 5. $\varphi^2(|\tau|) = \varphi^2(\tau)$; 6. $\operatorname{sign} \tau = 2 \cdot \mathbf{1}(\tau) - 1$;

7. $\mathbf{1}(\tau) = \frac{\operatorname{sign} \tau + 1}{2}$; 8. $|\tau| = \tau\,[2\,\mathbf{1}(\tau) - 1]$; 9. $\frac{d|\tau|}{d\tau} = \operatorname{sign} \tau$;

10. $\frac{d^2|\tau|}{d\tau^2} = \frac{d \operatorname{sign} \tau}{d\tau} = 2\,\delta(\tau)$; 11. $\mathbf{1}(\tau) = \int\limits_{-\infty}^{\tau} \delta(\tau)\,d\tau = \frac{1}{2} \int\limits_{-\infty}^{\tau} d(\operatorname{sign} \tau)$.

12. Für ungerade, positive k gilt $(\operatorname{sign} \tau)^k = \operatorname{sign} \tau$. Für gerade, positive k gilt

$$(\operatorname{sign} \tau)^k = \begin{cases} 1 & \text{für } \tau \neq 0\,, \\ 0 & \text{für } \tau = 0\,. \end{cases}$$

---

[1]) Oft wird die Bezeichnung Heavisidesche Funktion verwendet (Anm. d. Red.).

13. $|\tau|^s \left(\frac{d|\tau|}{d\tau}\right)^k = \tau^s \left(\frac{d|\tau|}{d\tau}\right)^{k+s} = \begin{cases} |\tau|^s & \text{für } s \text{ ungerade und } k \text{ gerade,} \\ \tau^s & \text{für } s \text{ ungerade und } k \text{ gerade,} \\ \tau^s & \text{für } s \text{ gerade und } k \text{ gerade,} \\ |\tau|^{s-1} & \text{für } s \text{ gerade und ungerade .} \end{cases}$

14. $\tau^s \left(\frac{d|\tau|}{d\tau}\right)^k = \begin{cases} |\tau|\,\tau^{s-1} & \text{für } k \text{ ungerade,} \\ \tau^s & \text{für } k \text{ gerade.} \end{cases}$

15. $\varphi^s(|\tau|)\left(\frac{d|\tau|}{d\tau}\right)^k = \varphi^s(\tau)\left(\frac{d|\tau|}{d\tau}\right)^{k+s}$

$$= \begin{cases} |\varphi^s(\tau)| & \text{für } s \text{ ungerade und } k \text{ gerade,} \\ \varphi^s(\tau) & \text{für } s \text{ ungerade und } k \text{ ungerade,} \\ \varphi^s(\tau) & \text{für } s \text{ gerade und } k \text{ gerade,} \\ \varphi(|\tau|)\,\varphi^{s-1}(\tau) & \text{für } s \text{ gerade und } k \text{ ungerade.} \end{cases}$$

16. $\varphi^s(\tau)\left(\frac{d|\tau|}{d\tau}\right)^k = \begin{cases} \varphi^s(\tau) & \text{für } k \text{ gerade,} \\ \varphi(|\tau|)\,\varphi^{s-1}(\tau) & \text{für } k \text{ ungerade.} \end{cases}$

9.1. Für jedes feste t sei der Wert (der Schnitt) einer zufälligen Funktion $X(t)$ eine stetige zufällige Größe mit der Verteilungsdichte $f(x, t)$. Man bestimme den Erwartungswert $m_x(t)$ und die Varianz $D_x(t)$ der zufälligen Funktion $X(t)$.

Lösung:

$$m_x(t) = \int_{-\infty}^{\infty} x\, f(x, t)\, dx; \qquad D_x(t) = \int_{-\infty}^{\infty} [x - m_x(t)]^2 f(x, t)\, dx .$$

9.2. Die zufällige Funktion $X(t)$ ist für alle t gleich der stetigen zufälligen Größe V mit der Verteilungsdichte $\varphi(v)$, $X(t) = V$. Man bestimme:

a) die eindimensionale Verteilungsdichte $f(x, t)$ der zufälligen Größe $X(t)$;

b) den Erwartungswert $m_x(t)$ und die Varianz $D_x(t)$ der zufälligen Funktion $X(t)$;

c) die zweidimensionale Verteilungsfunktion $F(x_1, x_2, t_1, t_2)$ zweier Schnitte $X(t_1)$, $X(t_2)$ der zufälligen Funktion $X(t)$.

Lösung:

a) $f(x, t) = \varphi(x)$;

b) $m_x(t) = \int_{-\infty}^{\infty} x\,\varphi(x)\, dx = m_v$, $\quad D_x(t) = \int_{-\infty}^{\infty} (x - m_v)^2 \varphi(x)\, dx = D_v$;

c) $F(x_1, x_2, t_1, t_2) = \mathbf{P}((X(t_1) < x_1)\,(X(t_2) < x_2)) = \mathbf{P}((V < x_1)\,(V < x_2))$.

Ist $x_1 < x_2$, so folgt aus $V < x_1$ die Ungleichung $V < x_2$, und es ist $\mathbf{P}(V < x_1, V < x_2) = \mathbf{P}(V < x_1) = \int_{-\infty}^{x_1} \varphi(x)\, dx$. Folglich ist

$$F(x_1, x_2, t_1, t_2) = \begin{cases} \int_{-\infty}^{x_1} \varphi(x)\, dx = F(x_1) & \text{für} \quad x_1 \leqq x_2 , \\ \int_{-\infty}^{x_2} \varphi(x)\, dx = F(x_2) & \text{für} \quad x_2 < x_1 , \end{cases}$$

wobei $F(x) = \int_{-\infty}^{x} \varphi(v)\, dv$ die Verteilungsfunktion der zufälligen Größe V ist.

9.3. Die zufällige Funktion $X(t)$ hat die Gestalt $X(t) = V\,t + b$, wobei V eine normalverteilte zufällige Größe mit den Parametern m_v, σ_v und b eine nichtzufällige Größe ist. Man bestimme die Verteilungsdichte $f(x, t)$ des Schnittes der zufälligen Funktion $X(t)$ und die Funktionen $m_x(t)$, $D_x(t)$, $K_x(t, t')$.

Lösung: $f(x, t)$ ist die Dichte der Normalverteilung mit den Parametern $m_v\, t$, $|t|\, \sigma_v$:

$$f(x, t) = \frac{1}{|t|\, \sigma_v \sqrt{2\pi}}\, e^{-\frac{[x-(m_v t + b)]^2}{2t^2\sigma_v^2}},$$

$$m_x(t) = m_v\, t + b; \qquad D_x(t) = t^2\, \sigma_v^2; \qquad K_x(t, t') = \sigma_v^2\, t\, t'.$$

9.4. Man beweise, daß eine beliebige Funktion zweier Veränderlicher, die die Gestalt

$$\sum_{i=1}^{n} D_i\, \varphi_i(t)\, \varphi_i(t') \tag{9.4}$$

hat, wobei D_i nichtnegative Zahlen und $\varphi_i(t)$ beliebige reellwertige Funktionen sind ($i = 1, \ldots, n$), sämtliche Eigenschaften einer Kovarianzfunktion besitzt.

Lösung: Es genügt, die Existenz einer zufälligen Funktion $X(t)$ nachzuweisen, deren Kovarianzfunktion durch die Formel (9.4) gegeben ist. Wir betrachten die reellwertige zufällige Funktion $X(t)$, die die kanonische Darstellung

$$X(t) = m_x(t) + \sum_{i=1}^{n} V_i\, \varphi_i(t)$$

besitzt, wobei $\mathbf{D}[V_i] = D_i$ ist.

Die Kovarianzfunktion dieser zufälligen Funktion ist gleich

$$K_x(t, t') = \sum_{i=1}^{n} D_i\, \varphi_i(t)\, \varphi_i(t'),$$

was zu beweisen war.

9.5. Die zufällige Funktion $X(t)$ besitzt die Charakteristika $m_x(t) = 1$ und $K_x(t, t') = e^{a(t+t')}$. Man bestimme die gleichen Charakteristika der zufälligen Funktion $Y(t) = t\frac{dX(t)}{dt} + 1$. Man prüfe, ob die zufälligen Funktionen $X(t)$ und $Y(t)$ stationär sind.

Lösung: Auf Grund der Linearität der Transformation $t\frac{dX}{dt} + 1$ gilt

$$m_y(t) = t\frac{d}{dt} m_x(t) + 1 = 1.$$

$$K_y(t, t') = t\, t' \frac{\partial^2}{\partial t\, \partial t'} K_x(t, t') = t\, t'\, a^2\, e^{a(t+t')}.$$

Keine der zufälligen Funktionen $X(t)$ und $Y(t)$ ist stationär, da ihre Kovarianzfunktionen nicht nur von der Differenz $\tau = t' - t$, sondern auch von jedem Argumentwert t, t' abhängen.

9.6. Die zufällige Funktion $X(t)$ besitzt die Charakteristika:

$$m_x(t) = 0\,, \qquad K_x(t, t') = \frac{1}{1 + (t' - t)^2}\,.$$

Man bestimme die entsprechenden Charakteristika der zufälligen Funktion

$$Y(t) = \int_0^t X(\tau)\, d\tau\,.$$

Man prüfe, ob die zufälligen Funktionen $X(t)$ und $Y(t)$ stationär sind.

Lösung: Auf Grund der Linearität der Transformation $\int_0^t X(\tau)\, d\tau$ gilt

$$m_y(t) = \int_0^t m_x(\tau)\, d\tau = 0\,,$$

$$K_y(t, t') = \int_0^t d\tau \int_0^{t'} K_x(\tau, \tau')\, d\tau' = \int_0^t \left(\int_0^{t'} \frac{d\tau'}{1 + (\tau' - \tau)^2} \right) d\tau$$

$$= \int_0^t [\arctan(t' - \tau) - \arctan(-\tau)]\, d\tau$$

$$= t \arctan t + t' \arctan t' - (t - t') \arctan(t - t') - \frac{1}{2} \ln \frac{(1 + t^2)(1 + t'^2)}{1 + (t - t')^2}\,.$$

Die zufällige Funktion $X(t)$ ist stationär [es ist $K_x(t, t') = k_x(t' - t)$], die zufällige Funktion $Y(t) = \int_0^t X(\tau)\, d\tau$ ist nicht stationär. Die Varianz $D_y(t)$ der zufälligen Funktion $Y(t)$ ist gleich

$$D_y(t) = K_y(t, t) = 2\, t \arctan t - \ln(1 + t^2)$$

und hängt folglich von t ab.

9.7. Man bestimme den Erwartungswert und die Kovarianzfunktion der Summe zweier nicht korrelierter zufälliger Funktionen $X(t)$ und $Y(t)$ mit den Charakteristika

$$m_x(t) = t; \qquad K_x(t, t') = t\, t'\,;$$

$$m_y(t) = -t; \qquad K_y(t, t') = t\, t'\, e^{\alpha(t+t')}\,.$$

Lösung:

$$Z(t) = X(t) + Y(t); \qquad m_z(t) = m_x(t) + m_y(t) = t - t = 0;$$

$$K_z(t, t') = K_x(t, t') + K_y(t, t') = t\, t'\, [1 + e^{\alpha(t+t')}].$$

9.8. Gegeben ist eine komplexwertige zufällige Funktion $Z(t) = X(t) + i\,Y(t)$, wobei die zufälligen Funktionen $X(t)$ und $Y(t)$ nicht korreliert sind und die Charakteristika

$$m_x(t) = t^2; \qquad K_x(t, t') = e^{-\alpha_1 (t-t')^2};$$
$$m_y(t) = 1; \qquad K_y(t, t') = e^{2\alpha_2 (t+t')}$$

besitzen. Man bestimme die folgenden Charakteristika der zufälligen Funktion $Z(t)$: $m_z(t)$, $K_z(t, t')$ und $D_z(t)$

Lösung: $m_z(t) = t^2 + i$; $\quad K_z(t, t') = e^{-\alpha_1 (t-t')^2} + e^{2\alpha_2 (t+t')}$;

$D_z(t) = K_z(t, t) = 1 + e^{4\alpha_2 t}$.

9.9. Die Trajektorie eines kosmischen Flugapparates wird in der vertikalen Ebene durch die beiden Gleichungen

$$X(t) = A\,t^2 + B\,t + C\,, \qquad Y(t) = E\,t^2 + F\,t + H$$

dargestellt. Die Koeffizienten A, B, C, E, F, H sind zufällig, da sie aus einem Versuch mit Fehlern bestimmt werden; die Nominalwerte der Größen $A, B, \ldots, H$ sind gleich $a, b, \ldots, h$; die Fehler $\Delta A, \Delta B, \ldots, \Delta H$ sind zufällige Größen mit Erwartungswerten, die gleich Null sind, und den Varianzen D_A, $D_B, \ldots, D_H$. Die normierte Korrelationsmatrix dieser Fehler hat die Form

$$\left\| \begin{matrix} 1 & 0{,}4 & -0{,}2 & 0 & 0 & 0 \\ & 1 & 0{,}3 & 0 & 0 & 0 \\ & & 1 & 0 & 0 & 0 \\ & & & 1 & 0{,}7 & -0{,}2 \\ & & & & 1 & 0{,}5 \\ & & & & & 1 \end{matrix} \right\| .$$

Man bestimme den Erwartungswert, die Korrelationsfunktion und die Varianz der zufälligen Funktionen $V(t)$ und $U(t)$, die gleich der horizontalen bzw. der vertikalen Komponente der Geschwindigkeit des Flugkörpers sind.

Lösung: Aus den Voraussetzungen der Aufgabe folgt die Gültigkeit der Gleichungen

$$V(t) = \frac{dX(t)}{dt} = 2\,A\,t + B; \qquad U(t) = \frac{dY(t)}{dt} = 2\,E\,t + F\,.$$

Folglich sind die zufälligen Funktionen $V(t)$ und $U(t)$ in Form von Zerlegungen dargestellt (die Zerlegungen sind jedoch nicht kanonisch, da ihre Koeffizienten abhängig sind). Es gilt

$$m_v(t) = 2\,a\,t + b; \qquad m_u(t) = 2\,e\,t + f;$$
$$K_v(t\,t') = 4\,D_A\,t\,t' + D_B + 0{,}4\sqrt{D_A\,D_B}\,(2\,t + 2\,t');$$
$$K_u(t\,t') = 4\,D_E\,t\,t' + D_F + 0{,}7\sqrt{D_E\,D_F}\,(2\,t + 2\,t');$$
$$D_v(t) = 4\,D_A\,t^2 + D_B + 1{,}6\sqrt{D_A\,D_B}\,t;$$
$$D_u(t) = 4\,D_E\,t^2 + D_F + 2{,}8\sqrt{D_E\,D_F}\,t\,.$$

9.10. Die zufällige Funktion $X(t)$ besitzt die Charakteristika

$$m_x(t) = t^2 - 1; \qquad K_x(t, t') = 2\, e^{-\alpha(t'-t)^2}.$$

Man bestimme die gleichen Charakteristika der zufälligen Funktionen

$$Y(t) = t\, X(t) + t^2 + 1; \qquad Z(t) = 2\, t \frac{dX(t)}{dt} + (1 - t)^2; \qquad U(t) = \frac{d^2X(t)}{dt^2} + 1.$$

Lösung:

$$m_y(t) = t\, m_x(t) + t^2 + 1 = t\,(t^2 - 1) + t^2 + 1 = t^3 + t^2 - t + 1;$$

$$K_y(t, t') = t\, t'\, 2\, e^{-\alpha(t'-t)^2};$$

$$m_z(t) = 2\, t \frac{dm_x(t)}{dt} + (1 - t)^2 = 1 - 2\, t + 5\, t^2;$$

$$K_z(t, t') = 4\, t\, t' \frac{\partial^2 K_x(t, t')}{\partial t\, \partial t'} = -\alpha \cdot 16\, t\, t' \left[(t' - t)\, e^{-\alpha(t'-t)^2} 2\alpha\,(t' - t) - e^{-\alpha(t'-t)^2}\right]$$

$$= 16\, \alpha\, t\, t'\, e^{-\alpha(t'-t)^2} [- 2\, \alpha\, (t' - t)^2 + 1];$$

$$m_u(t) = \frac{d^2 m_x(t)}{dt^2} + 1 = 3; \qquad K_u(t, t') = \frac{\partial^4 K_x(t, t')}{\partial t^2 (\partial t')^2}.$$

Bei der Berechnung von $K_z(t, t')$ haben wir bereits $\frac{\partial^2 K_x(t, t')}{\partial t\, \partial t'}$ ermittelt, folglich gilt

$$K_u(t, t') = \frac{\partial^2}{\partial t\, \partial t'} 4\, \alpha\, e^{-\alpha(t'-t)^2} [1 - 2\, \alpha\, (t' - t)^2]$$

$$= 8\, \alpha^2\, e^{-\alpha(t'-t)^2} [3 + 4\, \alpha^2\, (t' - t)^4 - 12\, \alpha\, (t' - t)^2].$$

9.11. Die zufällige Funktion $X(t)$ hat die Gestalt (ω reelle Zahl)

$$X(t) = V \cos \omega\, t$$

wobei V eine zufällige Größe mit den Charakteristika $m_v = 2$, $\sigma_v = 3$ ist. Man bestimme die folgenden Charakteristika der zufälligen Funktion $X(t)$: $m_x(t)$, $K_x(t, t')$, $D_x(t)$. Man prüfe, ob die zufällige Funktion $X(t)$ stationär ist.

Man bestimme die Charakteristika der zufälligen Funktion

$$Y(t) = X(t) + \alpha \frac{dX(t)}{dt},$$

wobei α eine nichtzufällige Größe ist.

Ist die zufällige Funktion $Y(t)$ stationär?

Lösung:

$$m_x(t) = m_v \cos \omega\, t = 2 \cos \omega\, t;$$

$$K_x(t, t') = D_v \cos \omega\, t \cos \omega\, t' = 9 \cos \omega\, t \cos \omega\, t';$$

$$D_x(t) = 9 \cos^2 \omega\, t.$$

Die zufällige Funktion $Y(t)$ kann in der Form

$$Y(t) = V \cos \omega\, t + \alpha \frac{dV \cos \omega\, t}{dt} = V (\cos \omega\, t - \alpha\, \omega \sin \omega\, t)$$

dargestellt werden, woraus

$$m_y(t) = m_v (\cos \omega t - \alpha \omega \sin \omega t) = 2 (\cos \omega t - \alpha \omega \sin \omega t);$$
$$K_y(t, t') = 9 (\cos \omega t - \alpha \omega \sin \omega t) (\cos \omega t' - \alpha \omega \sin \omega t');$$
$$D_y(t) = 9 (\cos \omega t - \alpha \omega \sin \omega t)^2$$

folgt. Die zufälligen Funktionen $X(t)$ und $Y(t)$ sind nicht stationär.

9.12. Gegeben ist die zufällige Funktion

$$X(t) = V_1 e^{-\alpha_1 t} + V_2 e^{-\alpha_2 t},$$

wobei V_1 und V_2 nicht korrelierte zufällige Größen mit den Charakteristika $m_{v_1} = m_{v_2} = 0$, D_{v_1}, D_{v_2} sind. Man bestimme die Charakteristika der zufälligen Funktion $X(t)$.

Lösung: Die zufällige Funktion $X(t)$ ist durch ihre kanonische Zerlegung gegeben, folglich gilt

$$m_x(t) = 0; \qquad K_x(t, t') = D_{v_1} e^{-\alpha_1(t+t')} + D_{v_2} e^{-\alpha_2(t+t')};$$
$$D_x(t) = D_{v_1} e^{-2\alpha_1 t} + D_{v_2} e^{-2\alpha_2 t}.$$

9.13. Die zufällige Funktion $X(t)$ ist durch ihre kanonische Darstellung

$$X(t) = \sum_{i=1}^{n} V_i e^{-\alpha_i t} + a$$

gegeben, wobei V_i zentrierte zufällige Größen mit den Varianzen D_{v_i} $(i = 1, 2, \ldots, n)$ und der Eigenschaft $\mathrm{M}[V_i V_j] = 0$ für $i \neq j$ sind; a ist eine nichtzufällige Größe. Man bestimme die Charakteristika der zufälligen Funktion $X(t)$.

Lösung: $m_x(t) = a$; $K_x(t, t') = \sum_{i=1}^{n} D_{v_i} e^{-\alpha_i(t+t')}$; $D_x(t) = \sum_{i=1}^{n} D_{v_i} e^{-2\alpha_i t}$.

9.14. Die zufällige Funktion $X(t)$ ist durch ihre kanonische Zerlegung

$$X(t) = t + V_1 \cos \omega t + V_2 \sin \omega t$$

gegeben, wobei V_1 und V_2 nicht korrelierte zufällige Größen mit Erwartungswerten, die gleich Null sind, und den Varianzen $D_1 = D_2 = 2$ sind. Man prüfe, ob die zufällige Funktion $X(t)$ stationär ist.

Lösung:

$$m_x(t) = t; \qquad K_x(t, t') = 2 (\cos \omega t \cos \omega t' + \sin \omega t \sin \omega t') = 2 \cos \omega (t' - t).$$

Die Kovarianzfunktion der zufälligen Funktion $X(t)$ genügt der Forderung der Stationarität, der Erwartungswert $m_x(t)$ hängt jedoch von der Zeit ab. Die zufällige Funktion $X(t)$ ist nicht stationär, die zentrierte zufällige Funktion $\mathring{X}(t)$ ist stationär.

9.15. Wir betrachten die zufälligen Funktionen

$$X(t) = V_1 \cos \omega_1 t + V_2 \sin \omega_1 t\,, \qquad Y(t) = U_1 \cos \omega_2 t + U_2 \sin \omega_2 t\,.$$

Die Erwartungswerte der zufälligen Größen V_1, V_2, U_1 und U_2 sind gleich Null, die Varianzen sind gleich $D_{v_1} = D_{v_2} = 1$, $D_{u_1} = D_{u_2} = 4$, die normierte Korrelationsmatrix des zufälligen Vektors (V_1, V_2, U_1, U_2) hat die Gestalt

$$\begin{Vmatrix} 1 & 0 & 0{,}5 & 0 \\ & 1 & 0 & -0{,}5 \\ & & 1 & 0 \\ & & & 1 \end{Vmatrix}.$$

Man bestimme die gemeinsame Kovarianzfunktion $R_{xy}(t, t')$ und den Wert dieser Funktion für $t = 0$, $t' = 1$. Man bestimme ferner die Funktion $R_{yx}(t, t')$ und den Wert dieser Funktion für $t = 0$, $t' = 1$.

Lösung:

$$\begin{aligned} R_{xy}(t, t') &= \mathbf{M}\,[\overset{\circ}{X}(t)\,\overset{\circ}{Y}(t')] \\ &= \mathbf{M}\,[(V_1 \cos \omega_1 t + V_2 \sin \omega_1 t)\,(U_1 \cos \omega_2 t' + U_2 \sin \omega_2 t')] \\ &= \cos \omega_1 t \cos \omega_2 t'\, \mathbf{M}\,[V_1 U_1] + \cos \omega_1 t \sin \omega_2 t'\, \mathbf{M}\,[V_1 U_2] \\ &\quad + \sin \omega_1 t \cos \omega_2 t'\, \mathbf{M}\,[V_2 U_1] + \sin \omega_1 t \sin \omega_2 t'\, \mathbf{M}\,[V_2 U_2] \\ &= \cos \omega_1 t \cos \omega_2 t' - \sin \omega_1 t \sin \omega_2 t' = \cos(\omega_1 t + \omega_2 t')\,. \end{aligned}$$

$$R_{xy}(0, 1) = \cos \omega_2\,;$$

$$R_{yx}(t, t') = R_{xy}(t', t) = \cos(\omega_1 t' + \omega_2 t)\,; \qquad R_{yx}(0, 1) = \cos \omega_1\,.$$

9.16. Die nicht korrelierten zufälligen Funktionen $X(t)$ und $Y(t)$ besitzen die Charakteristika

$$m_x(t) = t^2\,; \qquad K_x(t, t') = e^{\alpha_1 (t + t')}\,;$$

$$m_y(t) = 1\,; \qquad K_y(t, t') = e^{\alpha_2 (t' - t)^2}\,.$$

Man bestimme die Charakteristika der zufälligen Funktion $Z(t) = X(t) + t\,Y(t) + t^2$.

Man löse die gleiche Aufgabe für den Fall, daß die zufälligen Funktionen $X(t)$, $Y(t)$ korreliert sind und ihre gemeinsame Kovarianzfunktion gleich $R_{xy}(t, t') = a\,e^{-\alpha |t' - t|}$ ist.

Lösung: Für den Fall $R_{xy}(t, t') = 0$ gilt

$$m_z(t) = m_x(t) + t\, m_y(t) + t^2 = 2\,t^2 + t\,,$$

$$K_z(t, t') = K_x(t, t') + t\,t'\, K_y(t, t') = e^{\alpha_1 (t + t')} + t\,t'\, e^{\alpha_2 (t' - t)^2}\,.$$

Im Falle $R_{xy}(t, t') = a\,e^{-\alpha |t' - t|}$ ändert sich die Funktion $m_z(t)$ nicht; es gilt

$$\begin{aligned} K_z(t, t') &= K_x(t, t') + t\,t'\, K_y(t, t') + t'\, R_{xy}(t, t') + t\, R_{xy}(t', t) \\ &= e^{\alpha_1 (t + t')} + t\,t'\, e^{\alpha_2 (t' - t)^2} + a\,(t + t')\, e^{-\alpha |t' - t|}\,. \end{aligned}$$

9.17. Die zufällige Funktion $X(t)$ besitzt die Charakteristika $m_x(t) = 0$, $k_x(\tau) = D_x e^{-\alpha|\tau|}$. Man bestimme ihre Spektraldichte $S_x^*(\omega)$.

Lösung:

$$S_x^*(\omega) = \frac{1}{2\pi}\int_{-\infty}^{\infty} k_x(\tau)\, e^{-i\omega\tau}\, d\tau = \frac{1}{\pi}\,\mathrm{Re}\int_0^{\infty} D_x\, e^{-(\alpha\tau + i\omega\tau)}\, d\tau = \frac{D_x}{\pi}\,\frac{\alpha}{\alpha^2+\omega^2},$$

wobei Re den Realteil bezeichnet.

9.18. Man bestimme die Spektraldichte der zufälligen Funktion $X(t)$, deren Kovarianzfunktion gleich

$$k_x(\tau) = D_x\, e^{-\alpha|\tau|} \cos\beta\tau$$

ist.

Lösung:

$$S_x^*(\omega) = \frac{1}{2\pi}\int_{-\infty}^{\infty} D_x\, e^{-\alpha|\tau|}\,\frac{e^{i\beta\tau}+e^{-i\beta\tau}}{2}\, e^{-i\omega\tau}\, d\tau$$

$$= \frac{D_x}{2\pi}\,\mathrm{Re}\left\{\int_0^{\infty} e^{-\alpha\tau}\,(e^{i\beta\tau}+e^{-i\beta\tau})\, e^{-i\omega\tau}\, d\tau\right\}$$

$$= \frac{D_x}{2\pi}\left[\frac{\alpha}{\alpha^2+(\beta-\omega)^2}+\frac{\alpha}{\alpha^2+(\beta+\omega)^2}\right] = \frac{D_x\alpha}{\pi}\,\frac{\alpha^2+\beta^2+\omega^2}{[\alpha^2+(\beta-\omega)^2]\,[\alpha^2+(\beta+\omega)^2]}.$$

(Re ist der Realteil).

9.19. Die komplexwertige zufällige Funktion $Z(t)$ hat die Gestalt

$$Z(t) = X(t) + i\,Y(t)\,,$$

wobei

$$X(t) = \sum_{k=1}^{3} (a_k + V_k)\, e^{-\alpha_k t}\,, \qquad Y(t) = \sum_{k=1}^{3} (b_k + U_k)\, e^{-\beta_k t}$$

ist. Die Erwartungswerte der zufälligen Größen V_k und U_k ($k = 1, 2, 3$) sind gleich Null, die Kovarianzmatrix des zufälligen Vektors $(V_1, V_2, V_3, U_1, U_2, U_3)$ ist gleich

$$\begin{Vmatrix} 1 & 0 & 0 & 1 & 0 & 0 \\ & 2 & 0 & 0 & -1 & 0 \\ & & 3 & 0 & 0 & 3 \\ & & & 1 & 0 & 0 \\ & & & & 2 & 0 \\ & & & & & 3 \end{Vmatrix}.$$

Man bestimme die Charakteristika der zufälligen Funktion $Z(t)$.

Lösung:

$$m_z(t) = \sum_{k=1}^{3} a_k\, e^{-\alpha_k t} + i \sum_{k=1}^{3} b_k\, e^{-\beta_k t};$$

$$K_z(t, t') = K_x(t, t') + K_y(t, t') + i\,[R_{xy}(t', t) - R_{xy}(t, t')]\,,$$

wobei

$$K_x(t, t') = \sum_{k=1}^{3} k\, e^{-\alpha_k(t+t')}; \qquad K_y(t, t') = \sum_{k=1}^{3} k\, e^{-\beta_k(t+t')};$$

$$R_{xy}(t', t) = e^{-\alpha_1 t' - \beta_1 t} - e^{-\alpha_2 t' - \beta_2 t} + 3\, e^{-\alpha_3 t' - \beta_3 t};$$

$$R_{xy}(t, t') = e^{-\alpha_1 t - \beta_1 t'} - e^{-\alpha_2 t - \beta_2 t'} + 3\, e^{-\alpha_3 t - \beta_3 t'}$$

gilt.

9.20. Wir betrachten die zufällige Funktion $X(t)$, die die Anzahl der in einer Telefonzentrale während der Zeit t ankommenden Anrufe angibt. Eine Realisierung der zufälligen Funktion $X(t)$ ist in der Abb. 9.20a dargestellt. Die zufällige Punktfolge der Ankunftszeitpunkte von Anrufen ist nach dem POISSON-Gesetz verteilt und besitzt die Intensität λ (vgl. S. 96). Man bestimme das Verteilungsgesetz des Schnittes der zufälligen Funktion $X(t)$ (das eindimensionale Verteilungsgesetz) sowie deren Charakteristika $m_x(t)$, $D_x(t)$, $K_x(t, t')$ und $r_x(t,t')$.

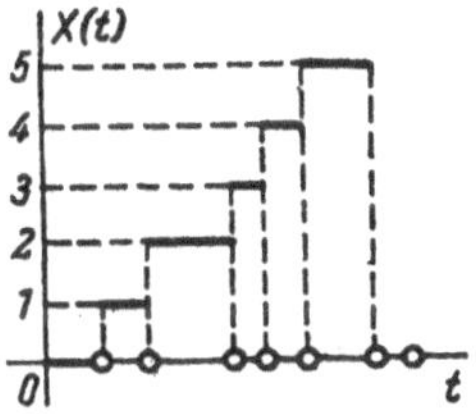

Abb. 9.20a

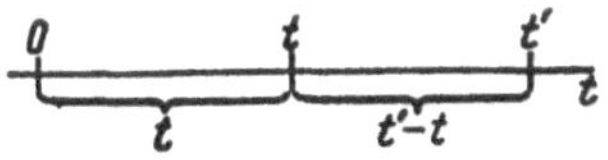

Abb. 9.20b

Lösung: Das Verteilungsgesetz der zufälligen Größe $X(t)$ (t fest) ist die POISSONsche Verteilung mit dem Parameter $a = \lambda t$. Folglich ist die Wahrscheinlichkeit dafür, daß die zufällige Größe $X(t)$ den Wert m annimmt, gleich

$$P_m = \frac{(\lambda t)^m}{m!} e^{-\lambda t} \qquad (m = 0, 1, 2, \ldots).$$

Der Erwartungswert und die Varianz der zufälligen Funktion $X(t)$ sind gleich

$$m_x(t) = \lambda t; \qquad D_x(t) = \lambda t.$$

Wir bestimmen die Kovarianzfunktion $K_x(t, t')$. Sei $t' > t$. Wir betrachten das Zeitintervall $(0, t')$ (Abb. 9.20b). Wir zerlegen dieses Intervall in zwei Abschnitte: von 0 bis t und von t bis t'. Die Anzahl der Anrufe auf dem ganzen Intervall $(0, t')$ ist gleich der Summe der Anzahl der Anrufe auf den Intervallen $(0, t)$ und (t, t')[1]:

$$X(t') = X(t) + Y(t' - t),$$

wobei $Y(t' - t)$ die Anzahl der Anrufe im Intervall (t, t') ist; auf Grund der Stationarität der POISSONschen Punktfolge hat die zufällige Funktion $Y(\tau)$ das

[1]) Die Wahrscheinlichkeit dafür, daß in einem Punkt t ein Anruf ankommt, ist gleich Null.

gleiche Verteilungsgesetz wie die Funktion $X(\tau)$. Darüber hinaus sind auf Grund der Eigenschaften der POISSONschen Punktfolge die zufälligen Größen $X(t)$ und $Y(t'-t)$ nicht korreliert.

Es gilt

$$K_x(t, t') = \mathbf{M}[\mathring{X}(t)\, \mathring{X}(t')] = \mathbf{M}[\mathring{X}(t)\, (\mathring{X}(t) + \mathring{Y}(t'-t))]$$
$$= \mathbf{M}[(\mathring{X}(t))^2] = D_x(t) = \lambda\, t\,.$$

Analog erhält man für $t > t'$ die Formel

$$K_x(t, t') = \lambda\, t'\,.$$

Es ist also

$$K_x(t, t') = \lambda \min\{t, t'\}\,.$$

Mit Hilfe der Funktion $1(x)$ (Einheitssprung) kann die Kovarianzfunktion in der Form

$$K_x(t, t') = \lambda\, t\, 1(t'-t) + \lambda\, t'\, 1(t-t')$$

geschrieben werden.

Die Fläche $z = K_x(t, t')$ ist in Abb. 9.20c dargestellt. Im positiven Quadranten $t > 0$, $t' > 0$ besteht die Fläche $z = K_x(t, t')$ aus zwei Ebenen, die durch die

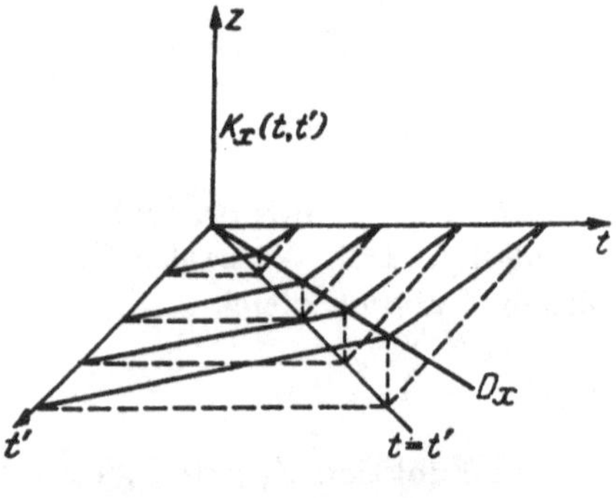

Abb. 9.20c

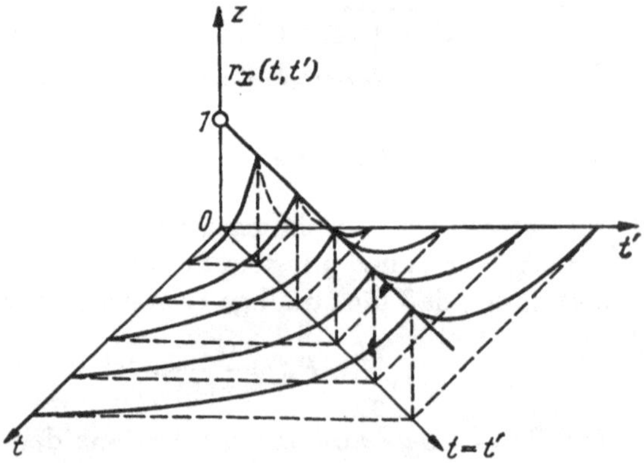

Abb. 9.20d

Achsen Ot bzw. Ot' gehen und deren Schnittgerade OD_x ist. Diese Gerade ist der geometrische Ort der Punkte $(t, t, \lambda\, t)$ im R^3.

Die Korrelationsfunktion ist gleich

$$r_x(t, t') = \frac{K_x(t, t')}{\sqrt{D(t)\, D_x(t')}} = \sqrt{\frac{t}{t'}}\, 1(t'-t) + \sqrt{\frac{t'}{t}}\, 1(t-t')\,.$$

Die Fläche $Z = r_x(t, t')$ ist in Abb. 9.20d dargestellt.

9.21. Der zufällige Prozeß $X(t)$ entsteht auf folgende Weise. Wir betrachten auf der Zeitachse Ot eine stationäre POISSONsche Punktfolge mit der Intensität λ. Die zufällige Funktion $X(t)$ nimmt abwechselnd die Werte $+1$ und -1 an;

der Anfangswert $X(0)$ ist eine zufällige Größe, die die Werte $+1$ und -1 mit den Wahrscheinlichkeiten 1/2 annimmt; in jedem Punkt der POISSONschen Punktfolge ändert sich der Wert von $X(t)$ sprungartig von $+1$ auf -1 oder umgekehrt (abwechselnd) (Abb. 9.21a).

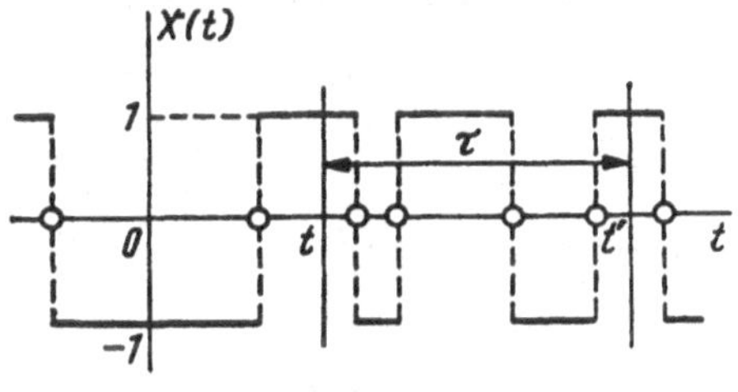

Abb. 9.21a

Man bestimme die Charakteristika $m_x(t)$, $D_x(t)$, $K_x(t, t')$ der zufälligen Funktion $X(t)$.

Lösung: Die zufällige Größe $X(t)$ (der Schnitt der zufälligen Funktion an der Stelle t) nimmt nur die Werte $+1$ und -1 mit den Wahrscheinlichkeiten 1/2 an. Nach der Formel der totalen Wahrscheinlichkeiten gilt nämlich

$$\begin{aligned}\mathbf{P}\big(X(t) = 1\big) &= \mathbf{P}\big(X(t) = 1 | X(0) = 1\big)\, \mathbf{P}\big(X(0) = 1\big) \\ &\quad + \mathbf{P}\big(X(t) = 1 | X(0) = -1\big)\, \mathbf{P}\big(X(0) = -1\big) \\ &= \frac{1}{2} \mathbf{P}\,(\text{Anzahl der Vorzeichenwechsel in } (0, t) \text{ ist gerade } | X(0) = 1) \\ &\quad + \frac{1}{2} \mathbf{P}\,(\text{Anzahl der Vorzeichenwechsel in } (0, t) \text{ ist ungerade } | X(0) = -1).\end{aligned}$$

Die Anzahl der Vorzeichenwechsel im Intervall $(0, t)$ ist gleich der Anzahl der Punkte der POISSONschen Punktfolge in diesem Intervall, und diese ist von dem Anfangswert $X(0)$ unabhängig. Folglich ist $\mathbf{P}\big(X(t) = 1\big) = \frac{1}{2}$. Analog zeigt man, daß $\mathbf{P}\big(X(t) = -1\big) = \frac{1}{2}$ ist. Hieraus folgt

$$m_x(t) = -\frac{1}{2} + \frac{1}{2} = 0; \qquad D_x(t) = (-1)^2 \cdot \frac{1}{2} + 1^2 \cdot \frac{1}{2} = 1\,.$$

Zur Bestimmung der Kovarianzfunktion $K_x(t, t')$ beachten wir die Gültigkeit der Gleichung $X(t) = \mathring{X}(t)$ für alle t (es ist $m_x(t) = 0$). Also ist

$$K_x(t, t') = \mathbf{M}\,[\mathring{X}(t)\, \mathring{X}(t')] = \mathbf{M}\,[X(t)\, X(t')]\,.$$

Das Produkt $X(t)\, X(t')$ ist gleich -1, wenn im Intervall (t, t') eine ungerade Anzahl der Vorzeichenwechsel (Punkte der POISSONschen Punktfolge) eintrat, und sie ist gleich $+1$, falls diese Anzahl gerade ist.

Die Wahrscheinlichkeit dafür, daß im Intervall der Länge $\tau = (t - t')$ eine gerade Anzahl von Punkten der POISSONschen Punktfolge liegt, ist gleich

$$p_{\text{ger}} = \sum_{m=0}^{\infty} \frac{(\lambda \tau)^{2m}}{(2m)!} e^{-\lambda\tau} = e^{-\lambda\tau} \frac{e^{\lambda\tau} + e^{-\lambda\tau}}{2};$$

analog ist die Wahrscheinlichkeit dafür, daß die Anzahl der Punkte ungerade ist, gleich

$$p_{\text{ung}} = e^{-\lambda\tau} \frac{e^{\lambda\tau} - e^{-\lambda\tau}}{2}.$$

Hieraus folgt

$$K_x(t, t') = (+1)\, p_{\text{ger}} + (-1)\, p_{\text{ung}} = e^{-2\lambda\tau},$$

wobei $\tau = t' - t$ ist.

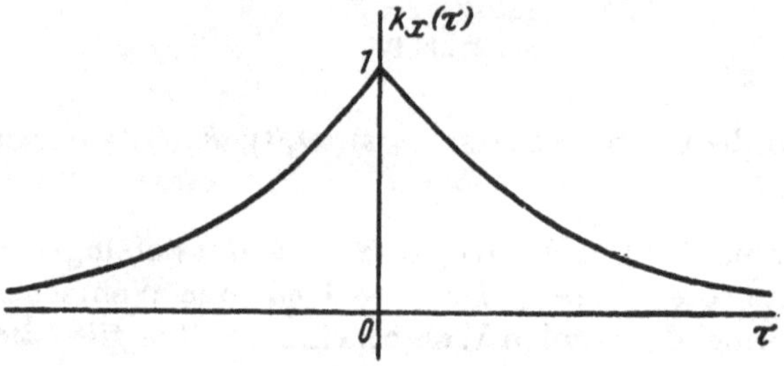

Abb. 9.21 b

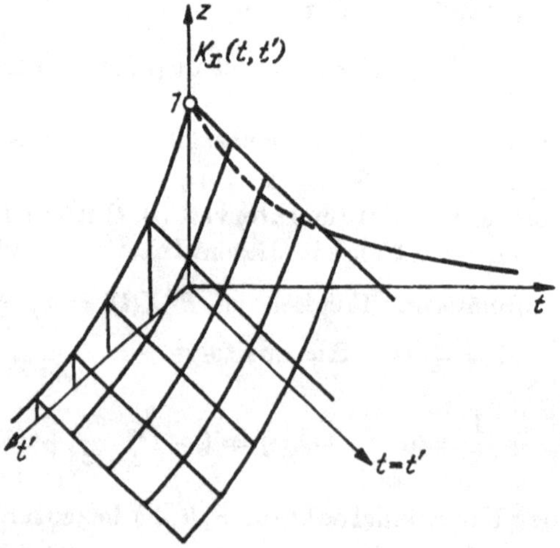

Abb. 9.21 c

Für den Fall $t' < t$ erhält man auf Grund der Symmetrieeigenschaft von Kovarianzfunktionen die Formel

$$K_x(t, t') = e^{-2\lambda(-\tau)},$$

wobei $\tau = t' - t$ ist.

Zusammenfassend erhält man die Formel

$$K_x(t, t') = k_x(\tau) = e^{-2\lambda|\tau|} .$$

Diese Funktion ist in Abb. 9.21 b graphisch dargestellt. Die Fläche $z = K_x(t, t')$ ist in Abb. 9.21 c dargestellt.

Die zufällige Funktion $X(t)$ ist stationär.[1]) Ihre Spektraldichte ist gleich

$$S_x^*(\omega) = \frac{1}{2\pi} \int_{-\infty}^{\infty} k_x(\tau)\, e^{-i\omega\tau}\, d\tau = \frac{2\lambda}{\pi(4\lambda^2 + \omega^2)} .$$

9.22. Der zufällige Prozeß $X(t)$ entsteht auf folgende Weise. Wir betrachten auf der Zeitachse Ot die Punkte einer Poissonschen Punktfolge mit der Intensität λ (Abb. 9.22). In jedem Punkt der Punktfolge ändert die Funktion $X(t)$

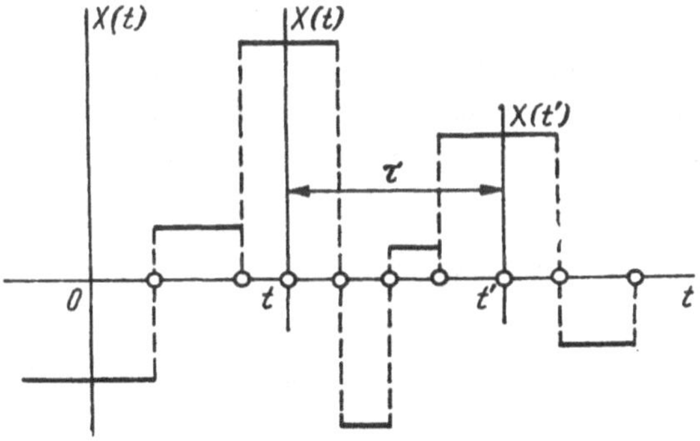

Abb. 9.22

sprungartig ihren Wert; sie nimmt unabhängig von der Vorgeschichte des Prozesses einen zufälligen Wert V an und behält ihn bis zum nächsten Punkt der Poissonschen Punktfolge. Die zufällige Größe V ist stetig und besitzt die Dichte $\varphi(v)$. Der Anfangswert $X(0)$ ist eine zufällige Größe, die das gleiche Verteilungsgesetz wie V besitzt.

Man bestimme die Charakteristika $m_x(t)$, $D_x(t)$ und $K_x(t, t')$ der zufälligen Funktion $X(t)$.

Lösung: Aus der Konstruktion folgt, daß für jedes t die zufällige Größe $X(t)$ die Verteilungsdichte $\varphi(v)$ besitzt. Folglich gilt

$$m_x(t) = m_v = \int_{-\infty}^{\infty} x\, \varphi(x)\, dx ; \qquad D_x(t) = D_v = \int_{-\infty}^{\infty} (x - m_v)^2\, \varphi(x)\, dx .$$

Die Kovarianzfunktion $K_x(t, t')$ ist gleich

$$K_x(t, t') = \mathbf{M}\,[\mathring{X}(t)\, \mathring{X}(t')] .$$

[1]) Aus der Stationarität der Poissonschen Punktfolge und der Konstruktion geht leicht hervor, daß die zufällige Funktion $X(t)$ in strengen Sinne stationär ist (Anm. d. Red.).

Wir betrachten den Fall $t' > t$. Liegen im Intervall (t, t') keine Punkte der Poissonschen Punktfolge, so ist $\mathring{X}(t) = \mathring{X}(t')$, und es ist $K_x(t, t') = \mathbf{M}[(\mathring{X}(t))^2] = D_x(t) = D_v$. Liegt zwischen den Punkten t und t' wenigstens ein Punkt der Poissonschen Punktfolge, so sind die Werte $X(t)$ und $X(t')$ unabhängig und folglich ist $\mathbf{M}[\mathring{X}(t)\,\mathring{X}(t')] = 0$. Hieraus folgt die Formel

$$K_x(t, t') = e^{-\lambda\tau} D_v + [1 - e^{-\lambda\tau}] \cdot 0 = D_v\, e^{-\lambda\tau}.$$

Für $t' < t$ ist aus Symmetriegründen $K_x(t, t') = D_v\, e^{-\lambda|\tau|}$. Zusammenfassend erhält man für die Kovarianzfunktion des stationären zufälligen Prozesses $X(t)$ den Ausdruck[1])

$$K_x(\tau) = D_v\, e^{-\lambda|\tau|}.$$

Die Funktion $K_x(t, t')$ hängt von der Gestalt der Verteilungsdichte nicht ab, sie hängt nur von der Varianz D_v der zufälligen Größe V ab.

9.23. Das zufällige Eingangssignal $X(t)$ wird mit Hilfe eines Relais in das zufällige Ausgangssignal $Y(t)$ transformiert, wobei zwischen $X(t)$ und $Y(t)$ der nichtlineare Zusammenhang $Y(t) = \operatorname{sign} X(t)$ besteht, d. h., es gilt

$$Y(t) = \begin{cases} 1 & \text{für} \quad X(t) > 0\,, \\ 0 & \text{für} \quad X(t) = 0\,, \\ -1 & \text{für} \quad X(t) < 0\,. \end{cases}$$

Das Eingangssignal sei gleich der in der Aufgabe 9.22 definierten zufälligen Funktion $X(t)$.

Man bestimme das Verteilungsgesetz des Schnittes der zufälligen Funktion $Y(t)$ an einer Stelle t (eindimensionales Verteilungsgesetz $\mathbf{P}_t$ von $Y(t)$) und die Charakteristika $m_y(t)$, $K_y(t, t')$ der zufälligen Funktion $Y(t)$.

Lösung: Die im strengen Sinne stationäre zufällige Funktion $Y(t)$ (vgl. Fußnote auf S. 277) nimmt nur die Werte $+1$ und -1 an (der Wert 0 hat die Wahrscheinlichkeit 0, da $\mathbf{P}(X(t) = 0) = \mathbf{P}(Y = 0) = 0$ ist). Die Wahrscheinlichkeit dafür, daß $Y(t) = +1$ ist, ist gleich der Wahrscheinlichkeit dafür, daß $X(t) > 0$ ist, und ist gleich $p = \int\limits_0^\infty \varphi(x)\,dx$. Folglich ist $\mathbf{P}(Y(t) = -1) = 1 - p$. Hieraus ergibt sich

$$m_y = 2p - 1; \qquad D_y = 1 - (2p - 1)^2 = 4p(1 - p)\,.$$

Sei $t' > t$ und $\tau = t' - t$. Liegen im Intervall (t, t') keine Punkte der Poissonschen Punktfolge (die Wahrscheinlichkeit dafür ist $e^{-\lambda\tau}$), so stimmen die Werte $Y(t)$ und $Y(t')$ überein. Die bedingte Kovarianzfunktion

$$\mathbf{M}[\mathring{Y}(t)\,\mathring{Y}(t')/\text{Anzahl der Punkte ist gleich Null}]$$

ist gleich $D_y(t) = 4p(1 - p)$.

[1]) Vgl. die Fußnote zur Aufgabe 9.21 (Anm. d. Red.).

Liegt im Intervall (t, t') wenigstens ein Punkt der Poissonschen Punktfolge, so sind die zufälligen Größen $Y(t)$ und $Y(t')$ unabhängig und die bedingte Kovarianzfunktion ist gleich Null. Für $t' > t$ folgt also die Formel

$$K_y(t, t') = e^{-\lambda|\tau|}\, 4\, p\, (1 - p)\,.$$

Für beliebige t und t' erhält man den Ausdruck

$$K_y(t, t') = k_y(\tau) = e^{-\lambda|\tau|}\, 4\, p\, (1 - p)\,.$$

9.24. Das zufällige Eingangssignal $X(t)$, das in der Aufgabe 9.22 definiert ist, wird mit Hilfe eines Relais, das einen Unempfindlichkeitsbereich hat, in das zufällige Ausgangssignal $Y(t)$ transformiert:

$$Y(t) = \begin{cases} \operatorname{sign} X(t) & \text{für} \quad |X(t)| > \varepsilon\,, \\ 0 & \text{für} \quad |X(t)| < \varepsilon\,, \end{cases}$$

wobei $2\,\varepsilon$ die Breite des Unempfindlichkeitsbereiches ist.

Man bestimme die eindimensionalen Verteilungsgesetze (die Verteilungsgesetze der Schnitte) der zufälligen Funktion $Y(t)$ sowie ihren Erwartungswert und ihre Kovarianzfunktion.

Lösung: Die stationäre zufällige Funktion $Y(t)$ nimmt für jedes t nur die Werte -1, 0, 1 mit den Wahrscheinlichkeiten p_1, p_2 und p_3 an, wobei

$$p_1 = \mathbf{P}\big(X(t) < -\varepsilon\big) = \int_{-\infty}^{-\varepsilon} \varphi(x)\, dx\,;$$

$$p_2 = \mathbf{P}\big(-\varepsilon < X(t) < \varepsilon\big) = \int_{-\varepsilon}^{\varepsilon} \varphi(x)\, dx\,;$$

$$p_3 = \mathbf{P}\big(X(t) > \varepsilon\big) = \int_{\varepsilon}^{\infty} \varphi(x)\, dx\,.$$

ist. Hieraus folgt

$$m_y = p_3 - p_1\,; \qquad D_y = p_1 + p_3 - (p_3 - p_1)^2\,.$$

Mit Hilfe analoger Schlüsse wie in den Aufgaben 9.22 und 9.23 erhält man für die Kovarianzfunktion die Formel

$$k_v(\tau) = e^{-\lambda|\tau|}\,[p_1 + p_3 - (p_3 - p_1)^2]\,.$$

9.25. Das Eingangssignal $X(t)$ wird durch ein nichtlineares Element in das folgende Ausgangssignal $Y(t)$ transformiert:

$$Y(t) = \begin{cases} -b\,\varepsilon & \text{für} \quad X(t) < -\varepsilon\,, \\ b\,X(t) & \text{für} \quad |X(t)| < \varepsilon\,, \\ b\,\varepsilon & \text{für} \quad X(t) > \varepsilon\,. \end{cases}$$

Die Funktion $y(x)$ ist in der Abb. 9.25a dargestellt.

Das Eingangssignal sei die in der Aufgabe 9.22 definierte zufällige Funktion $X(t)$. Man bestimme die eindimensionalen Verteilungsgesetze der zufälligen Funktion $Y(t)$ sowie ihren Erwartungswert und ihre Kovarianzfunktion.

Lösung: Die zufällige Größe $Y(t)$ (der Schnitt der zufälligen Funktion $Y(t)$ an der Stelle t) nimmt die Werte $-b\varepsilon$ und $b\varepsilon$ mit positiven Wahrscheinlichkeiten an und ist im offenen Intervall $(-b\varepsilon, b\varepsilon)$ stetig; somit ist die zufällige Größe $Y(t)$ vom gemischten Typ; ihre Verteilungsfunktion $F(y)$ ist im Intervall $(-b\varepsilon, b\varepsilon)$ stetig und besitzt zwei Unstetigkeitsstellen $-b\varepsilon$ und $b\varepsilon$. Die Sprunghöhen der Funktion $F(y)$ in den Sprungstellen sind gleich

$$\mathbf{P}(Y(t) = -b\varepsilon) = \mathbf{P}(X(t) < -\varepsilon) = \int_{-\infty}^{-\varepsilon} \varphi(x)\,dx = p_1 ,$$

$$\mathbf{P}(Y(t) = b\varepsilon) = \mathbf{P}(X(t) > \varepsilon) = \int_{\varepsilon}^{\infty} \varphi(x)\,dx = p_2 .$$

Wir bestimmen jetzt die Werte der Funktion $F(y)$ für $y \in (-b\varepsilon, +b\varepsilon)$:

$$F(y) = \mathbf{P}(Y(t) < y) = \mathbf{P}\left(X(t) < \frac{y}{b}\right) = \int_{-\infty}^{y/b} \varphi(x)\,dx$$

$$= p_1 + \int_{-\varepsilon}^{y/b} \varphi(x)\,dx \qquad (-b\varepsilon < y < b\varepsilon).$$

Die Funktion $F(y)$ ist in der Abb. 9.25 b graphisch dargestellt.

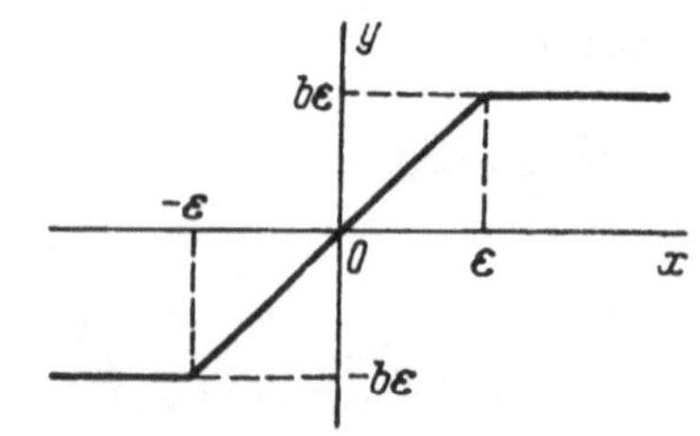

Abb. 9.25 a

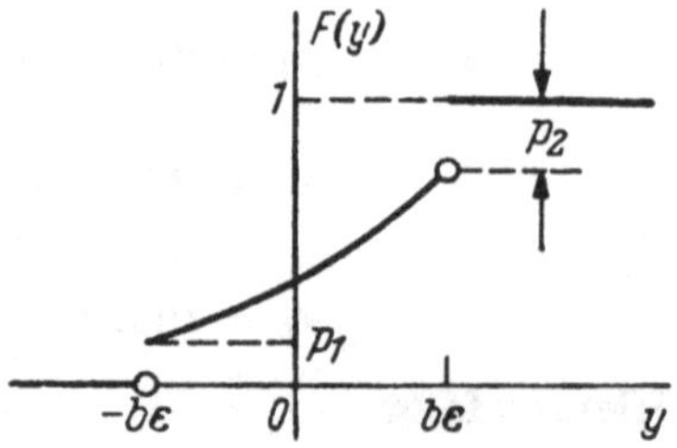

Abb. 9.25 b

Die Verteilungsdichte der zufälligen Größe $Y(t)$ im Intervall $(-b\varepsilon, +b\varepsilon)$ ist gleich der Ableitung von $F(y)$:

$$f(y) = F'(y) = \frac{1}{b}\,\varphi\left(\frac{y}{b}\right) \quad \text{für} \quad -b\varepsilon < y < b\varepsilon .$$

Die gesuchten Charakteristika der zufälligen Funktion $Y(t)$ sind gleich

$$m_y(t) = m_y = -b\varepsilon p_1 + b\varepsilon p_2 + \frac{1}{b}\int_{-b\varepsilon}^{b\varepsilon} y\,\varphi\left(\frac{y}{b}\right) dy = b\varepsilon(p_2 - p_1) + b\int_{-\varepsilon}^{\varepsilon} x\,\varphi(x)\,dx;$$

$$D_y(t) = D_y = \alpha_2\,[Y(t)] - [m_y(t)]^2 = (b\varepsilon)^2\,(p_1 + p_2)$$

$$+ \frac{1}{b}\int_{-b\varepsilon}^{b\varepsilon} y^2\,\varphi\left(\frac{y}{b}\right) dy - m_y^2 = b^2\varepsilon^2\,(p_1 + p_2) + b^2\int_{-\varepsilon}^{\varepsilon} x^2\,\varphi(x)\,dx - m_y^2 .$$

Analog zu den vorhergehenden Aufgaben erhält man für die Kovarianzfunktion die Formel

$$k_y(\tau) = D_y\, e^{-\lambda|\tau|}\,.$$

9.26*. Wir betrachten die zufällige Funktion $Y(t) = W \cos(\omega_1 t - \Theta)$, wobei W eine zentrierte zufällige Größe mit der Varianz D_w, Θ eine im Intervall $(0, 2\pi)$ gleichverteilte zufällige Größe und ω_1 ein nichtzufälliger Parameter $(\omega_1 > 0)$ ist. Die zufälligen Größen W und Θ sind unabhängig.

Man bestimme den Erwartungswert und die Kovarianzfunktion der zufälligen Funktion $Y(t)$. Man prüfe, ob die zufällige Funktion $Y(t)$ stationär und ergodisch ist. Ist sie stationär, dann bestimme man ihre Spektraldichte $S_y(\omega)$.

Lösung: Wir stellen die zufällige Funktion $Y(t)$ in der Gestalt

$$Y(t) = W \cos(\omega_1 t - \Theta) = W \cos\Theta \cos\omega_1 t + W \sin\Theta \sin\omega_1 t$$

dar. Es sei

$$W\cos\Theta = U\,, \qquad W\sin\Theta = V\,.$$

Wir bestimmen zunächst die numerischen Charakteristika des zufälligen Vektors (U, V):

$$\mathbf{M}[U] = \mathbf{M}[W\cos\Theta] = \mathbf{M}[W]\,\mathbf{M}[\cos\Theta] = 0;$$

$$\mathbf{M}[V] = \mathbf{M}[W\sin\Theta] = \mathbf{M}[W]\,\mathbf{M}[\sin\Theta] = 0;$$

$$\mathbf{D}[U] = \mathbf{M}[(W\cos\Theta)^2] = \mathbf{M}[W^2]\,\mathbf{M}[\cos^2\Theta] = D_w\,\mathbf{M}[\cos^2\Theta];$$

$$\mathbf{D}[V] = \mathbf{M}[(W\sin\Theta)^2] = D_w\,\mathbf{M}[\sin^2\Theta];$$

$$K_{uv} = \mathbf{M}[W\cos\Theta\; W\sin\Theta] = D_w\,\mathbf{M}[\sin\Theta\cos\Theta]\,.$$

Da die zufällige Größe Θ im Intervall $(0, 2\pi)$ gleichverteilt ist, gilt

$$\mathbf{M}[\sin^2\Theta] = \mathbf{M}[\cos^2\Theta] = \int_0^{2\pi} \cos^2\theta\, \frac{1}{2\pi}\, d\theta = \frac{1}{2}\,;$$

$$\mathbf{M}[\sin\Theta\cos\Theta] = \int_0^{2\pi} \sin\theta\cos\theta\, \frac{1}{2\pi}\, d\theta = 0\,.$$

Zusammenfassend erhalten wir

$$\mathbf{M}[U] = \mathbf{M}[V] = 0\,, \qquad \mathbf{D}[U] = \mathbf{D}[V] = \frac{D_w}{2}\,, \qquad K_{uv} = 0\,.$$

Hieraus folgt, daß der Ausdruck

$$Y(t) = W\cos(\omega_1 t - \Theta) = U\cos\omega_1 t + V\sin\omega_1 t$$

die Spektralzerlegung einer stationären zufälligen Funktion ist, deren Kovarianzfunktion gleich

$$k_y(\tau) = \frac{D_w}{2}\cos\omega_1\tau$$

und deren Erwartungswert $m_y = 0$ ist. Die Funktion $k_y(\tau)$ ist in Abb. 9.26 dargestellt.

Die zufällige Funktion $Y(t)$ ist nicht ergodisch, da die Zeitmittel längs einer Realisierung nicht mit den entsprechenden Erwartungswerten (Mittel über alle Realisierungen — „Scharmittel") übereinstimmen. Jede Realisierung der zufälligen Funktion $Y(t)$ ist eine harmonische Schwingung, deren Amplitude

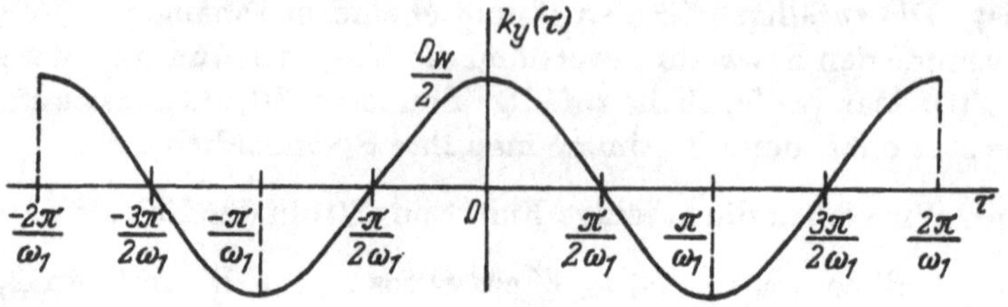

Abb. 9.26

gleich dem angenommenen Wert der zufälligen Größe W ist. Das Zeitmittel $\frac{1}{2T}\int\limits_{-T}^{+T} Y(t)\,dt$ jeder solchen Realisierung ist gleich Null und stimmt mit dem Erwartungswert der zufälligen Funktion $Y(t)$ überein; die der Kovarianzfunktion und der Varianz entsprechenden Zeitmittel stimmen jedoch mit diesen Charakteristika nicht überein. Es ist z. B.

$$\lim_{T\to\infty} \frac{1}{2T}\int\limits_{-T}^{T} Y^2(t)\,dt = \lim_{T\to\infty} \frac{1}{2T}\int\limits_{-T}^{T} W^2 \frac{1}{2}[1 + \cos 2(\omega_1 t - \theta)]\,dt = \frac{1}{2} W^2 .$$

Wir bestimmen jetzt die Spektraldichte der zufälligen Funktion $Y(t)$. Wir zeigen, daß sie der δ-Funktion proportional ist:

$$S_y(\omega) = \frac{D_w}{2}\delta(\omega - \omega_1) \qquad (0 < \omega < \infty) .$$

Die dieser Spektraldichte entsprechende Kovarianzfunktion ist gleich

$$\int\limits_0^\infty S_y(\omega)\cos\omega\tau\,d\omega = \int\limits_0^\infty \frac{D_w}{2}\delta(\omega - \omega_1)\cos\omega\tau\,d\omega = \frac{D_w}{2}\cos\omega_1\tau$$

und stimmt also mit der Kovarianzfunktion von $Y(t)$ überein. Da die Spektraldichte und die Kovarianzfunktion sich gegenseitig eindeutig bestimmen, ist der für $S_y(\omega)$ angegebene Ausdruck tatsächlich die Spektraldichte der zufälligen Funktion $Y(t)$.

Benutzt man nicht die reelle, sondern die komplexe Form der Fourier-Transformation, so erhält man die Spektraldichte $S_y^*(\omega)$:

$$S_y^*(\omega) = \frac{D_w}{4}[\delta(\omega + \omega_1) + \delta(\omega - \omega_1)] \qquad (-\infty < \omega < \infty) .$$

Wir bemerken, daß man auch die Spektraldichte $S_y(\omega)$ in analoger Form schreiben kann

$$S_y(\omega) = \frac{D_w}{2} [\delta(\omega + \omega_1) + \delta(\omega - \omega_1)] .$$

Jedoch ist für positive ω (da $\omega_1 > 0$ ist) $\delta(\omega + \omega_1) \equiv 0$.

9.27. Wir betrachten die zufällige Funktion $X(t) \equiv U$, wobei U eine zufällige Größe mit bekannten numerischen Charakteristika m_u, D_u ist.

Man bestimme den Erwartungswert, die Kovarianzfunktion und die Varianz der zufälligen Funktion $X(t)$. Man prüfe, ob die zufällige Funktion $X(t)$ stationär und ergodisch ist. Ist sie stationär, so bestimme man ihre Spektraldichte.

Lösung:

$$m_x(t) = \mathbf{M}[X(t)] = \mathbf{M}[U] = m_u ;$$
$$K_x(t, t') = \mathbf{M}[\mathring{X}(t)\, \mathring{X}(t')] = \mathbf{M}[\mathring{U}\, \mathring{U}] = D_u ;$$
$$D_x(t) = K_x(t, t) = D_u .$$

Da $m_x(t) = \text{const}$ und $K_x(t, t') = \text{const}$ sind, ist die zufällige Funktion $X(t)$ stationär.

Das Zeitmittel längs einer Realisierung ist gleich dem Wert der zufälligen Größe U, der diese Realisierung bestimmt, und ändert sich somit von Realisierung zu Realisierung. Die zufällige Funktion $X(t)$ ist also nicht ergodisch.

Faßt man die zufällige Funktion $X(t)$ als einen Spezialfall ($\omega_1 = 0$) der zufälligen Funktion $Y(t) = U \cos \omega_1 t + V \sin \omega_1 t$, die in der vorhergehenden Aufgabe betrachtet wurde, auf, so erhält man für die Spektraldichte die Formel

$$S_x^*(\omega) = D_u\, \delta(\omega) ; \qquad S_x(\omega) = 2\, S_x^*(\omega) = 2\, D_u\, \delta(\omega) .$$

9.28. Die zufällige Funktion $X(t)$ wird auf folgende Weise konstruiert. Im Punkt $t = 0$ nimmt sie mit gleicher Wahrscheinlichkeit einen der Werte $+1$ bzw. -1 an und bleibt konstant bis $t = 1$. Im Punkt $t = 1$ nimmt sie wieder mit der Wahrscheinlichkeit $\frac{1}{2}$ und unabhängig davon, welchen Wert sie im Abschnitt (0, 1) hatte, einen der Werte $+1$ oder -1 an und bleibt konstant bis zum nächsten ganzzahligen Punkt $t = 2$ usw. Allgemein ist die Funktion $X(t)$ in jedem Abschnitt $(n, n + 1)$ wobei n eine natürliche Zahl ist, konstant und nimmt am Rande eines neuen Abschnitts unabhängig von der Vorgeschichte die Werte $+1$ oder -1 mit der Wahrscheinlichkeit $\frac{1}{2}$ an. (In jedem ganzzahligen Punkt n wird der neue Wert der zufälligen Funktion $X(t)$ unabhängig von der Vorgeschichte „ausgewürfelt").

Eine der möglichen Realisierungen der zufälligen Funktion $X(t)$ ist in der Abb. 9.28a dargestellt.

Man bestimme den Erwartungswert, die Varianz und die Kovarianzfunktion der zufälligen Funktion $X(t)$ und prüfe, ob die zufällige Funktion $X(t)$ stationär ist.

Lösung: Es gilt $m_x(t) = m_x = (-1) \cdot \frac{1}{2} + 1 \cdot \frac{1}{2} = 0;$

$$D_x(t) = D_x = (-1)^2 \cdot \frac{1}{2} + (1)^2 \cdot \frac{1}{2} = 1\,.$$

Wir bestimmen jetzt die Kovarianzfunktion $K_x(t, t')$.

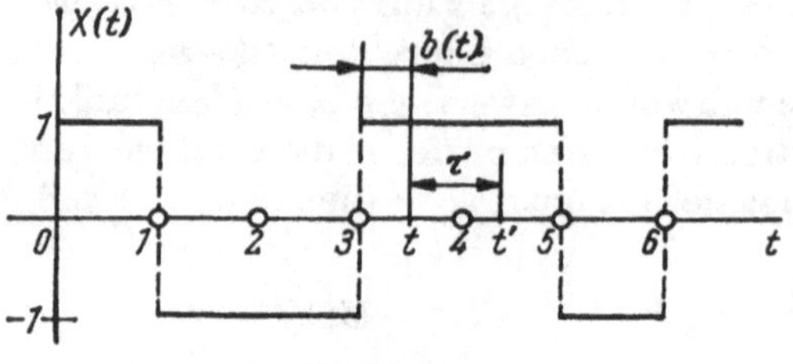

Abb. 9.28 a

Liegen die Punkte t und t' im gleichen Intervall $[n, n+1)$, wobei n eine ganze Zahl ist, so ist $K_x(t, t') = D_x = 1$, im entgegengesetzten Fall ist $K_x(t, t') = 0$. Dieses Ergebnis kann man kürzer schreiben, wenn man mit $b(t)$ die Differenz zwischen t und der größten ganzen Zahl, die nicht größer als t ist, bezeichnet (vgl. Abb. 9.28a). Es gilt

$$K_x(t, t') = \begin{cases} 1 & \text{für} \quad |\tau| < 1 - b(\min\{t, t'\}); \\ 0 & \text{für} \quad |\tau| \geqq 1 - b(\min\{t, t'\})\,. \end{cases}$$

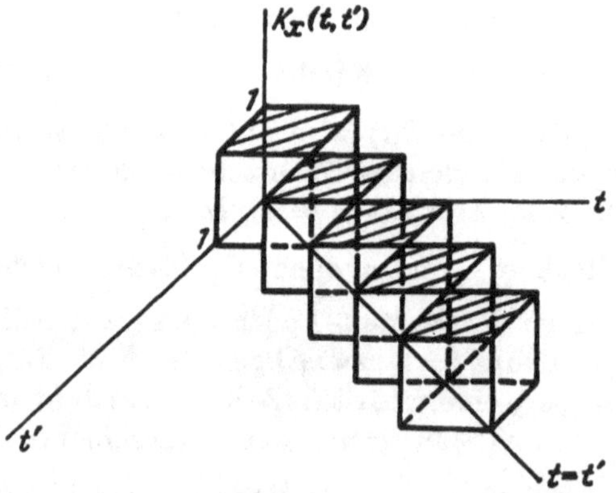

Abb. 9.28 b

Diese Funktion hängt nicht nur von der Differenz $\tau = t' - t$, sondern auch von der Lage des Intervalls (t, t') auf der Achse Ot ab; die zufällige Funktion $X(t)$ ist also nicht stationär. Die Fläche $z = K_x(t, t')$ hat die Gestalt der oberen Fläche mehrerer aneinander gereihter Würfel mit der Kantenlänge 1, wobei die Würfel so einander gereiht sind, daß die Diagonalen der Grundfläche mit der Winkelhalbierenden $t = t'$ des ersten Quadranten übereinstimmen (Abb. 9.28b).

9.29. Die zufällige Funktion $X(t)$ wird wie in der vorhergehenden Aufgabe konstruiert, mit dem Unterschied, daß die Punkte, in denen der neue Wert der zufälligen Funktion „ausgewürfelt" wird, auf der Achse Ot nicht determiniert festgelegt sind, sondern eine zufällige Lage einnehmen, wobei der Abstand zwischen ihnen konstant gleich Eins ist (Abb. 9.29a). Alle Lagen des Nullpunktes hinsichtlich der Folge der Zeitpunkte, in denen „ausgewürfelt" wird, sind gleichwahrscheinlich[1]).

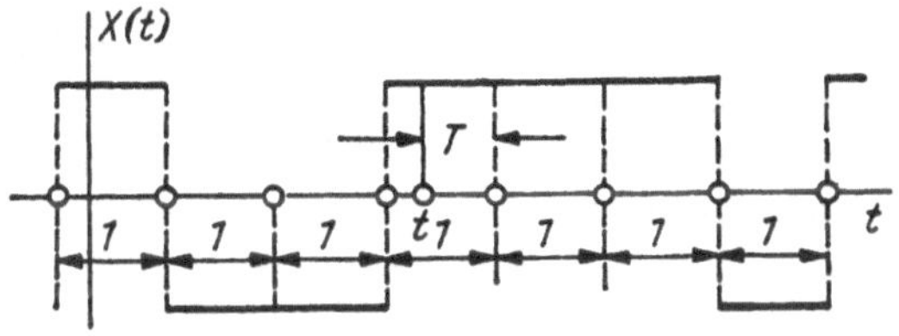

Abb. 9.29a

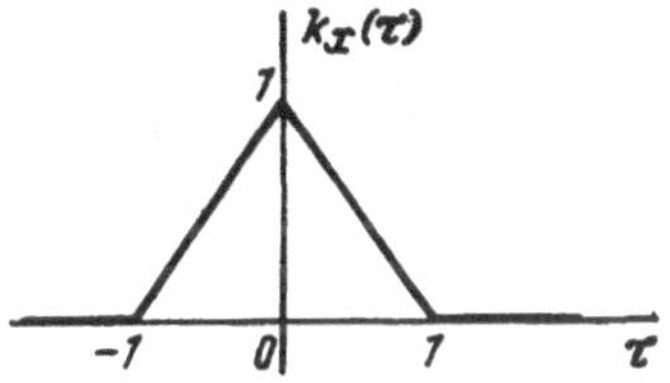

Abb. 9.29b

Man bestimme den Erwartungswert, die Varianz und die Kovarianzfunktion der zufälligen Funktion $X(t)$ und prüfe, ob die zufällige Funktion $X(t)$ stationär ist.

Lösung: Wie in der vorhergehenden Aufgabe gilt

$$m_x(t) = m_x = 0; \qquad D_x(t) = D_x = 1 .$$

Wir bestimmen jetzt die Kovarianzfunktion. Dazu betrachten wir einen festen Zeitpunkt t (Abb. 9.29a). Auf Grund der Stationarität der zufälligen Folge von Punkten, in denen neue Werte von $X(t)$ ausgewürfelt werden (siehe Fußnote), ist der Abstand T vom Punkt t bis zum nächstfolgenden der zufälligen Punktfolge im Intervall (0, 1) gleichverteilt. Sei $t' > t$; $\tau = t' - t > 0$. Ist $\tau < T$, so ist $K_x(t, t') = 1$; ist $\tau > T$, so ist $K_x(t, t) = 0$. Hieraus folgt die Formel

$$K_x(t, t') = \mathrm{P}(T > \tau) \cdot 1 + \mathrm{P}(T < \tau) \cdot 0 = \mathrm{P}(T > \tau) = 1 - \tau$$
$$\text{für} \quad 0 < \tau < 1 .$$

Für beliebige t, t' erhält man aus Symmetriegründen die Formel

$$K_x(t, t') = k_x(\tau) = \begin{cases} 1 - |\tau| & \text{für} \quad |\tau| < 1 , \\ 0 & \text{für} \quad |\tau| \geqq 1 . \end{cases} \tag{9.29}$$

Diese Funktion ist in der Abb. 9.29b dargestellt. Da $K_x(t, t') = k_x(\tau)$ ist, ist die zufällige Funktion $X(t)$ stationär.[2])

[1]) Anders ausgedrückt bilden die zufälligen Punkte t_i, in denen die neuen Werte von $X(t)$ „ausgewürfelt" werden, eine stationäre reguläre Punktfolge mit dem Punktabstand 1 (vgl. die Definition auf S. 314) (Anm. d. Red.).

[2]) Aus der Konstruktion folgt sofort, daß die zufällige Funktion $X(t)$ sogar im strengen Sinne stationär ist (Anm. d. Red.).

Die Kovarianzfunktion (9.29) kann in einer kompakteren Form mit Hilfe der Funktion $\mathbf{1}(x)$ (Einheitssprung) dargestellt werden:

$$k_x(\tau) = (1 - |\tau|)\, \mathbf{1}(1 - |\tau|)\,.$$

9.30. Die Voraussetzungen der Aufgabe 9.29 sind dahingehend verändert, daß in jedem der zufälligen Zeitpunkte t_i, die den Abstand Eins voneinander haben, die zufällige Funktion $X(t)$ unabhängig von der Vorgeschichte einen zufälligen Wert U_i annimmt und ihn bis zum nächsten Punkt beibehält; die unabhängigen zufälligen Größen U_i sind identisch verteilt und besitzen den Erwartungswert m_u und die Varianz D_u. Eine Realisierung der zufälligen Funktion $X(t)$ ist in Abb. 9.30. dargestellt. Man bestimme den Erwartungswert, die Varianz und die Kovarianzfunktion von $X(t)$ und prüfe, ob die zufällige Funktion stationär ist. Ist sie stationär, so bestimme man ihre Spektraldichte.

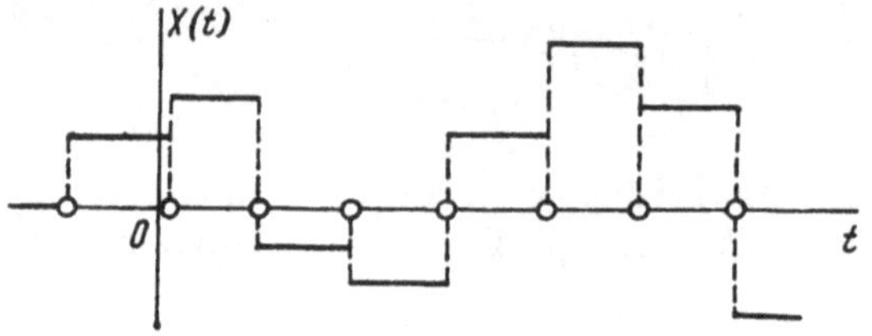

Abb. 9.30

Lösung: Mittels gleicher Betrachtungen wie in vorhergehender Aufgabe erhält man

$$m_x(t) = \mathbf{M}[X(t)] = m_u\,; \qquad D_x(t) = \mathbf{D}[X(t)] = D_u\,;$$

$$k_x(\tau) = \begin{cases} D_u(1 - |\tau|) & \text{für} \quad |\tau| < 1\,, \\ 0 & \text{für} \quad |\tau| \geqq 1 \end{cases}$$

oder in anderer Schreibweise

$$k_x(\tau) = D_u(1 - |\tau|)\, \mathbf{1}(1 - |\tau|)\,,$$

wobei $\mathbf{1}(x)$ der Einheitssprung ist.

Die zufällige Funktion $X(t)$ ist stationär und besitzt die Spektraldichte

$$S_x^*(\omega) = \frac{D_u}{\pi\,\omega^2}(1 - \cos\omega)\,.$$

9.31. Die zufällige Funktion $X(t)$ ist eine treppenförmige alternierende Funktion (Abb. 9.31a), die in zufälligen Punkten, die den Abstand Eins voneinander haben, abwechselnd die Werte $+1$ und -1 annimmt. Die Lage der zufälligen Treppenfunktion bezüglich des Nullpunkts ist rein zufällig; der zufällige Abstand T zwischen dem Nullpunkt und dem ersten Punkt, in dem ein Vorzeichenwechsel stattfindet, ist in dem Intervall $[0, 1)$ gleichverteilt.[1])

[1]) Anders ausgedrückt bilden die zufälligen Zeitpunkte t_i, in denen ein Vorzeichenwechsel stattfindet, eine stationäre reguläre Punktfolge mit dem Punktabstand 1; die zufällige Größe $X(0)$ nimmt nur die Werte $+1$ und -1 mit der gleichen Wahrscheinlichkeit 1/2 an. Aus der Konstruktion folgt sofort, daß die zufällige Funktion $X(t)$ im strengen Sinne stationär ist (Anm. d. Red.).

Man bestimme den Erwartungswert $m_x(t)$, die Varianz $D_x(t)$ und die Kovarianzfunktion $K_x(t, t')$ der zufälligen Funktion $X(t)$.

Lösung: Die zufällige Funktion $X(t)$ ist im strengen Sinne stationär. Also nimmt für jedes t die zufällige Größe $X(t)$ einen der beiden Werte $+1$ oder -1 mit der gleichen Wahrscheinlichkeit $\frac{1}{2}$ an. Hieraus folgt:

$$m_x = -1 \cdot \frac{1}{2} + 1 \cdot \frac{1}{2} = 0, \qquad D_x = (-1)^2 \cdot \frac{1}{2} + 1^2 \cdot \frac{1}{2} = 1.$$

Die Kovarianzfunktion ist gleich

$$K_x(t, t + \tau) = \mathbf{M}\,[\mathring{X}(t)\,\mathring{X}(t + \tau)] = \mathbf{M}\,[X(t)\,X(t + \tau)].$$

Das Produkt $X(t)\,X(t + \tau)$ kann nur die zwei Werte $+1$ oder -1 annehmen, folglich ist

$$\mathbf{M}\,[X(t)\,X(t + \tau)] = 1 \cdot p_1 + (-1) \cdot (1 - p_1) = 2\,p_1 - 1,$$

wobei p_1 die Wahrscheinlichkeit dafür ist, daß die Punkte t und $t + \tau$ auf solche Intervalle fallen, in denen die zufällige Funktion das gleiche Vorzeichen besitzt. Auf Grund der Stationarität der zufälligen Folge der Punkte, in denen ein Vorzeichenwechsel stattfindet (vgl. Fußnote), kann man den linken Endpunkt des Abschnitts mit dem konstanten Vorzeichen der zufälligen Funktion, in dem der

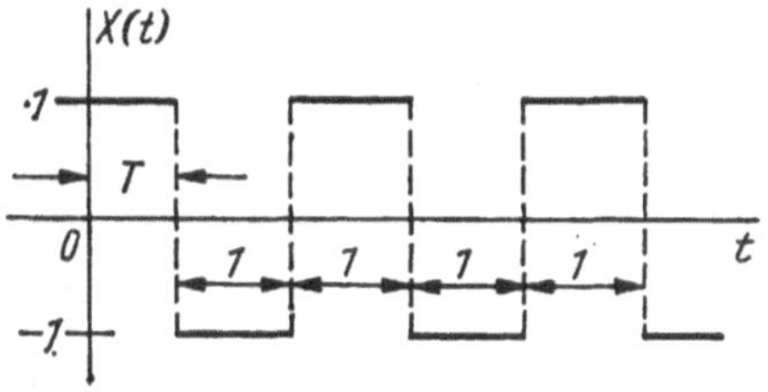

Abb. 9.31a

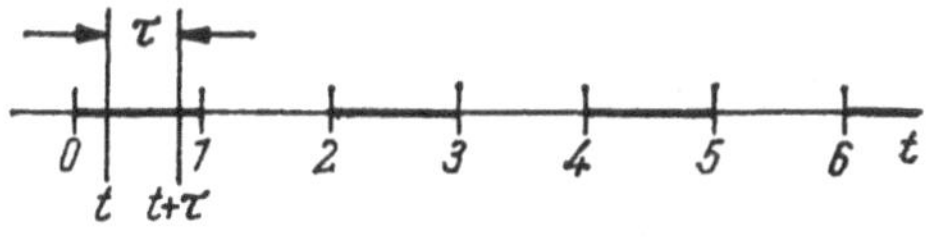

Abb. 9.31b

Punkt t liegt, als Nullpunkt ansehen. Der Punkt t ist dann im Intervall $[0, 1)$ gleichverteilt (Abb. 9.31b). Bei einer solchen Deutung ist p_1 die Wahrscheinlichkeit dafür, daß der Punkt $t + \tau$ in ein Intervall der Form $[2\,n, 2\,n + 1)$, $n = 0, 1, 2, \ldots$ fällt (diese Intervalle sind in der Abb. 9.31b fettgedruckt gekennzeichnet). Wir berechnen diese Wahrscheinlichkeit für verschiedene Werte von τ.

Für $0 \leqq \tau < 1$ kann der Punkt $(t + \tau)$ entweder in das Intervall $[0, 1)$ oder in das Intervall $[1, 2)$ fallen, also ist

$$p_1 = \mathbf{P}(t + \tau < 1) = \mathbf{P}(t < 1 - \tau) = 1 - \tau.$$

Für $1 \leqq \tau < 2$ kann der Punkt $(t + \tau)$ entweder in das Intervall $[1, 2)$ oder in das Intervall $[2, 3)$ fallen, folglich ist

$$p_1 = \mathrm{P}(t + \tau \geqq 2) = \mathrm{P}(t \geqq 2 - \tau) = 1 - (2 - \tau) = \tau - 1 .$$

Allgemein gilt

$$p_1 = \begin{cases} 1 - (\tau - 2\,n) & \text{für} \quad 2\,n \leqq \tau < 2\,n + 1 , \\ (\tau - 2\,n) - 1 & \text{für} \quad 2\,n + 1 \leqq \tau < 2\,n + 2 . \end{cases}$$

Hieraus sieht man, daß p_1 und somit $K_x(t, t + \tau) = 2\,p_1 - 1$ nur von τ abhängt und eine gerade Funktion von τ ist. Es gilt

$$K_x(t, t + \tau) = k_x(\tau) = \begin{cases} 4\,n + 1 - 2\,\tau & \text{für} \quad 2\,n \leqq \tau < 2\,n + 1 , \\ 2\,\tau - (4\,n + 3) & \text{für} \quad 2\,n + 1 \leqq \tau < 2\,n + 2 . \end{cases}$$

Die Kovarianzfunktion ist in der Abb. 9.31c dargestellt.

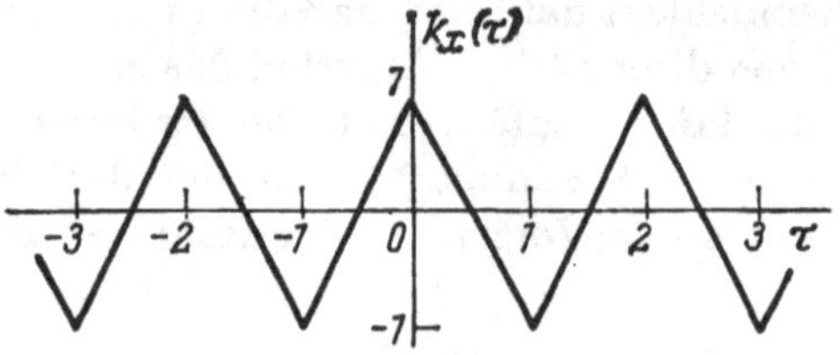

Abb. 9.31c

9.32. Die zufällige Funktion $X(t)$ stellt eine Folge positiver Impulse dar, die die gleiche Breite $\gamma < \frac{1}{2}$ haben. Der Beginn eines jeden Impulses hat vom Beginn des nächstfolgenden Impulses den Abstand Eins (Abb. 9.32a). Die

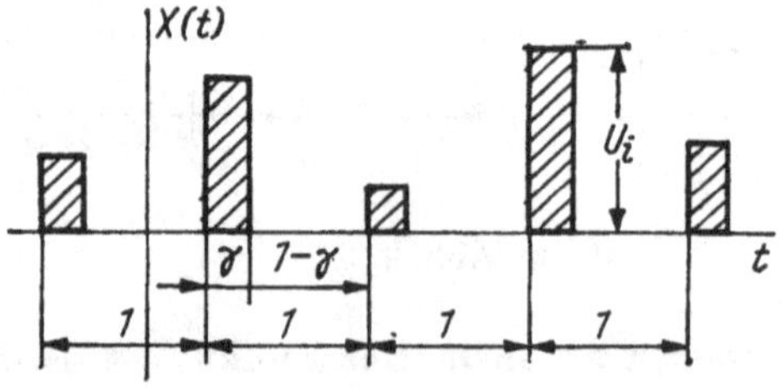

Abb. 9.32a

Folge der Impulse nimmt bezüglich der Achse Ot eine rein zufällige Lage an (vgl. die Voraussetzungen der vorhergehenden Aufgabe). Die Höhen U_i der Impulse sind unabhängige und identisch verteilte zufällige Größen mit dem Erwartungswert m_u und der Varianz D_u.

Man bestimme den Erwartungswert $m_x(t)$, die Varianz $D_x(t)$ und die Kovarianzfunktion der zufälligen Funktion $X(t)$.

Lösung: Den Erwartungswert der zufälligen Funktion $X(t)$ berechnet man nach der Formel für den totalen Erwartungswert (vgl. S. 131).

$$m_x = m_u \gamma + 0 \cdot (1 - \gamma) = \gamma\, m_u \,.$$

Zur Berechnung der Varianz bestimmen wir zunächst das zweite zentrale Moment:

$$\alpha_2[X(t)] = \alpha_2[U]\,\gamma + 0 \cdot (1 - \gamma) = \gamma\,(D_u + m_u^2)\,,$$

woraus

$$D_x = \alpha_2[X(t)] - m_x^2 = \gamma\,(D_u + m_u^2) - \gamma^2\, m_u^2 = \gamma\, D_u + \gamma\,(1 - \gamma)\, m_u^2$$

folgt.

Bei der Berechnung der Kovarianzfunktion gehen wir von der Formel

$$K_x(t, t + \tau) = \mathbf{M}\,[X(t)\, X(t + \tau)] - m_x^2$$

aus. Zur Berechnung von $\mathbf{M}\,[X(t)\, X\,(t + \tau)]$ verwenden wir die Formel für den totalen Erwartungswert. Wie in der vorhergehenden Aufgabe tragen wir auf der Achse Ot abwechselnd fettgedruckte Abschnitte (Impulse) und normal gedruckte Abschnitte (Abstände zwischen den Impulsen) auf. Den linken Endpunkt t des Intervalls $(t, t + \tau)$ können wir dann wieder als eine im Intervall $(0, 1)$ gleichverteilte zufällige Größe auffassen (der erste links von t liegende Beginn eines Impulses wird als Nullpunkt betrachtet). Folgende Hypothesen sind möglich:

- H_1 — beide Punkte t und $t + \tau$ fallen auf den Abschnitt des gleichen Impulses,
- H_2 — einer der Punkte t, $t + \tau$ fällt auf den Abschnitt eines Impulses und der andere auf den Abschnitt eines anderen Impulses;
- H_3 — mindestens einer der Punkte t, $t + \tau$ fällt nicht auf einen Impuls, sondern auf eine Lücke zwischen den Impulsen.

Bei der ersten Hypothese stimmen die Größen $X(t)$ und $X\,(t + \tau)$ überein, und der bedingte Erwartungswert ist gleich

$$\mathbf{M}[X(t)\, X(t + \tau)|H_1] = \mathbf{M}[U^2] = D_u + m_u^2 \,.$$

Bei Gültigkeit der zweiten Hypothese sind die zufälligen Größen $X(t)$ und $X(t + \tau)$ unabhängig und besitzen den gleichen Erwartungswert m_u; nach dem Multiplikationssatz für Erwartungswerte erhält man daraus

$$\mathbf{M}[X(t)\, X(t + \tau)|H_2] = m_u^2 \,.$$

Bei der dritten Hypothese gilt

$$\mathbf{M}[X(T)\, X(T + \tau)|H_3] = 0 \,.$$

Der totale Erwartungswert ist gleich

$$\mathbf{M}[X(t)\, X(t + \tau)] = \mathbf{P}(H_1)\,(D_u + m_u^2) + \mathbf{P}(H_2)\, m_u^2 \,.$$

Die Wahrscheinlichkeiten $\mathbf{P}(H_1)$ und $\mathbf{P}(H_2)$ und somit die Kovarianzfunktion hängen nur von τ ab.

1) Für $0 \leqq \tau < \gamma$ gilt

$$\mathbf{P}(H_1) = \gamma - \tau\,, \quad \mathbf{P}(H_2) = 0; \quad \mathbf{M}[X(t)\,X(t+\tau)] = (\gamma - \tau)\,(D_u + m_u^2)\,.$$

Die Kovarianzfunktion ist in diesem Intervall gleich

$$k_x(\tau) = (\gamma - \tau)\,(D_u + m_u^2) - \gamma^2\,m_u^2;$$

2) Für $\gamma \leqq \tau < 1 - \gamma$ erhält man

$$\mathbf{P}(H_1) = 0; \quad \mathbf{P}(H_2) = 0; \quad \mathbf{M}[X(t)\,X(t+\tau)] = 0;$$
$$k_x(\tau) = 0 - \gamma^2\,m_u^2 = -\,\gamma^2\,m_u^2;$$

3) Für $1 - \gamma \leqq \tau < 1$ erhält man

$$\mathbf{P}(H_1) = 0; \quad \mathbf{P}(H_2) = \gamma - (1 - \tau); \quad \mathbf{M}\,[X(t)\,X(t+\tau)] = [\gamma - (1-\tau)]\,m_u^2;$$
$$k_x(\tau) = (\gamma - 1 + \tau)\,m_u^2 - \gamma^2\,m_u^2 = (\gamma - 1 + \tau - \gamma^2)\,m_u^2\,.$$

Die weiteren Werte von τ werden analog untersucht.

Die Funktion $k_x(\tau)$ ist in der Abb. 9.32b graphisch dargestellt. Für $|\tau| > \frac{1}{2}$ wiederholt sich die Kurve $k_x(\tau)$ periodisch, wobei sie in den ganzzahligen Punkten ihre lokalen Maxima erreicht, die den Wert $\gamma\,(1 - \gamma)\,m_u^2$ haben.

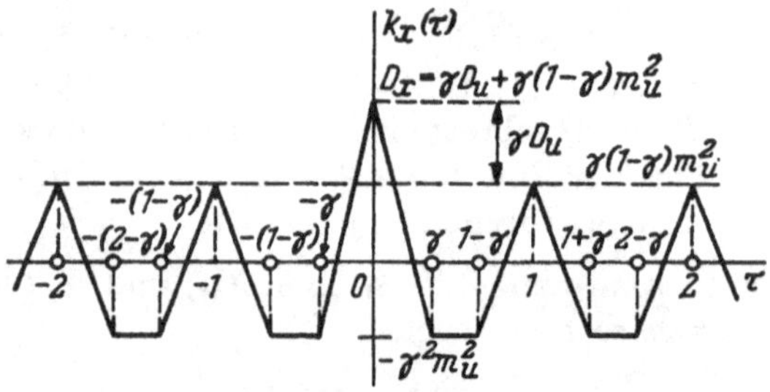

Abb. 9.32b

9.33*. Betrachtet wird eine stationäre zufällige Funktion $X(t)$, deren Realisierungen die in der Abb. 9.33a dargestellte Gestalt haben. Der Nullpunkt

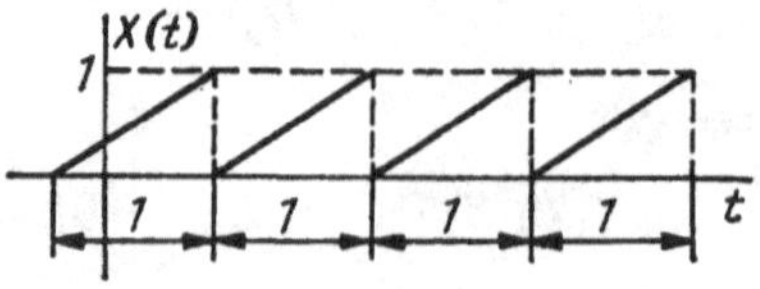

Abb. 9.33a

nimmt bezüglich des unendlichen „Sägebands" eine rein zufällige Lage an (vgl. Aufgabe 9.31). Man bestimme den Erwartungswert $m_x(t)$, die Varianz $D_x(t)$ und die Kovarianzfunktion der zufälligen Funktion $X(t)$.

Lösung: Aus der Konstruktion folgt, daß die zufällige Funktion $X(t)$ im strengen Sinne stationär ist. Die zufällige Größe $X(t)$ ist für jedes t im Intervall (0, 1) gleichverteilt, hieraus folgt:

$$m_x(t) = m_x = \frac{1}{2}; \qquad D_x(t) = D_x = \frac{1}{12}.$$

Zur Bestimmung der Kovarianzfunktion gehen wir genau so vor wie in den vorhergehenden Aufgaben. Wir fassen den ersten vor t liegenden Punkt, in dem die zufällige Funktion den Wert Null hat, als Nullpunkt auf; dann ist t eine im Intervall (0, 1) gleichverteilte zufällige Größe.

Dabei ist $X(t) = t$, und $X(t + \tau)$ ist gleich dem „Bruchteil" der Zahl $t + \tau$, d. h., es gilt

$$X(t + \tau) = t + \tau - E(t + \tau),$$

wobei $E(t + \tau)$ das „größte Ganze" der Zahl $t + \tau$ ist. Für $n \leqq \tau < n + 1$ ist

$$E(t + \tau) = \begin{cases} n & \text{für } \; t + \tau < n + 1, \\ n + 1 & \text{für } \; t + \tau \geqq n + 1 \end{cases}$$

und somit

$$X(t + \tau) = \begin{cases} t + \tau - n & \text{für } \; t < n + 1 - \tau, \\ t + \tau - (n + 1) & \text{für } \; t \geqq n + 1 - \tau. \end{cases}$$

Nach der Formel zur Bestimmung des Erwartungswertes einer Funktion einer zufälligen Größe (vgl. Kapitel 7) erhalten wir für $n \leqq \tau < n + 1$:

$$\mathbf{M}[X(t)\, X(t + \tau)] = \int_0^1 X(t)\, X(t + \tau) \cdot 1 \cdot dt = \int_0^{n+1-\tau} t\,(t + \tau - n)\, dt$$

$$+ \int_{n+1-\tau}^{1} t\,(t + \tau - n - 1)\, dt = \frac{(n + 1 - \tau)^2}{2} + \frac{\tau - n}{2} - \frac{1}{6}$$

$$(n = 0, \pm 1, \pm 2, \ldots).$$

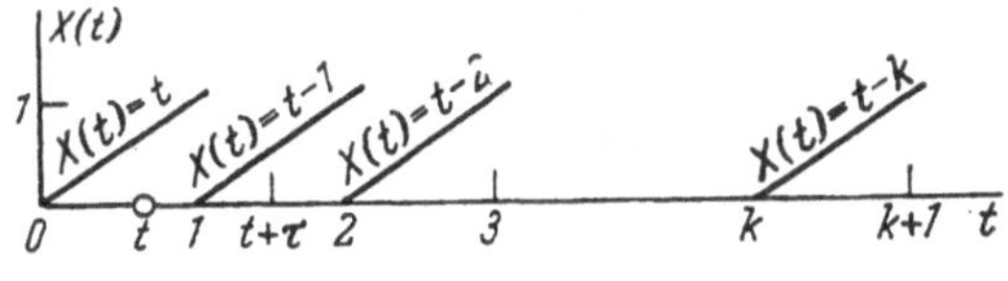

Abb. 9.33b

Hieraus folgt, daß die Kovarianzfunktion nur von τ abhängt und für $n \leqq \tau < n + 1$ $(n = 0, \pm 1, \pm 2, \ldots)$ die Gestalt

$$K_x(t, t + \tau) = k_x(\tau) = \mathbf{M}[X(t)\, X(t + \tau)] - m_x^2 = \frac{(n + 1 - \tau)^2}{2} + \frac{\tau - n}{2} - \frac{5}{12}.$$

hat. Das ist eine periodische Funktion mit der Periode 1, deren graphische Darstellung aus einer Folge sich periodisch wiederholender Parabelabschnitte besteht, deren Scheitelpunkte unten liegen.

Im Intervall $0 \leqq \tau < 1$ ist dies die Parabel

$$k_z(\tau) = \frac{(1-\tau)^2}{2} + \frac{\tau}{2} - \frac{5}{12}$$

mit dem Scheitelpunkt $\left(\frac{1}{2}, -\frac{1}{24}\right)$.

9.34. Die zentrierten zufälligen Funktionen $X(t)$ und $Y(t)$ sind nicht korreliert. Man zeige, daß die Kovarianzfunktion des Produkts $Z(t) = X(t)\, Y(t)$ gleich dem Produkt der Kovarianzfunktionen der Faktoren ist:

$$K_z(t, t') = K_x(t, t')\, K_y(t, t') .$$

Lösung: Es ist

$$K_z(t, t') = \mathbf{M}[\mathring{Z}(t)\, \mathring{Z}(t')]; \qquad \mathring{Z}(t) = Z(t) - m_z(t)$$

da die zufälligen Funktionen $X(t)$ und $Y(t)$ zentriert und nicht korreliert sind, gilt

$$m_z(t) = m_x(t)\, m_y(t) = 0 ;$$

hieraus folgt

$$\mathring{Z}(t) = X(t)\, Y(t) = \mathring{X}(t)\, \mathring{Y}(t)$$

und

$$K_z(t, t') = \mathbf{M}[\mathring{X}(t)\, \mathring{Y}(t)\, \mathring{X}(t')\, \mathring{Y}(t')] = \mathbf{M}[\mathring{X}(t)\, \mathring{X}(t')]\, \mathbf{M}[\mathring{Y}(t)\, \mathring{Y}(t')]$$
$$= K_x(t, t')\, K_y(t, t') .$$

Für $t = t'$ erhält man insbesondere die Formel

$$D_z(t) = D_x(t)\, D_y(t) .$$

9.35. Man zeige, daß die Kovarianzfunktion des Produkts von n unabhängigen, zentrierten Funktionen

$$Z(t) = \prod_{i=1}^{n} X_i(t)$$

gleich dem Produkt der Kovarianzfunktionen der Faktoren ist:

$$K_z(t, t') = \prod_{i=1}^{n} K_{x_i}(t, t') .$$

Lösung: Der Beweis verläuft analog den vorhergehenden, mit dem Unterschied, daß für die Anwendung des Multiplikationssatzes für die Erwartungswerte im betrachteten Fall die Unkorreliertheit der Faktoren nicht mehr ausreicht und durch die schärfere Forderung der Unabhängigkeit ersetzt werden muß.

9.36. Wir betrachten das Produkt zweier nicht korrelierter zufälliger Funktionen

$$Z(t) = X(t)\, Y(t) ,$$

wobei die zufällige Funktion $X(t)$ in der Aufgabe 9.21 und die zufällige Funktion $Y(t)$ in der Aufgabe 9.26 definiert sind. Man bestimme den Erwartungswert und die Kovarianzfunktion der zufälligen Funktion $Z(t)$.

Lösung: Es ist

$$m_x(t) = m_y(t) = 0; \qquad m_z(t) = 0;$$

$$K_x(t, t') = e^{-2\lambda|\tau|}; \qquad K_y(t, t') = \frac{D_\omega}{2} \cos \omega_1 \tau \qquad (\tau = t' - t).$$

Auf Grund der Aufgabe 9.34 gilt

$$K_z(t, t') = K_x(t, t')\, K_y(t, t') = \frac{D_\omega}{2} e^{-2\lambda|\tau|} \cos \omega_1 \tau .$$

In Abb. 9.36 ist eine der möglichen Realisierungen der zufälligen Funktion $Z(t)$, die durch die Multiplikation der entsprechenden Ordinatenwerte der Realisierungen zufälliger Funktionen $X(t)$ und $Y(t)$ entstanden ist, dargestellt.

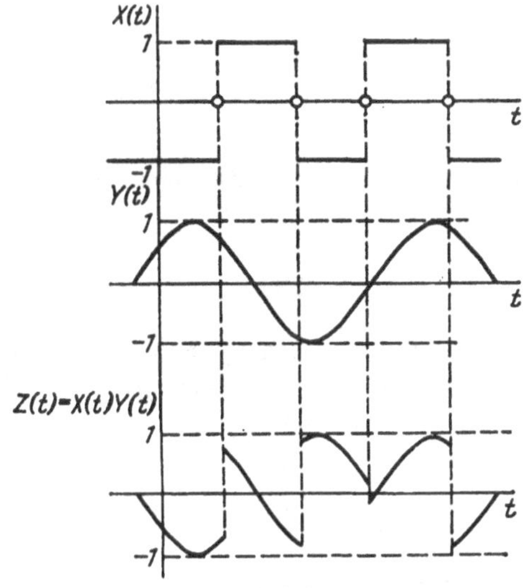

Abb. 9.36

9.37. Die Zeitpunkte des Ankommens von Anrufen in einer Telefonzentrale bilden eine POISSONsche Punktfolge mit der Intensität λ. Die zufällige Funktion $X(t)$ ist gleich der Anzahl der während der Zeit t angekommenen Anrufe (vgl. Aufgabe 9.20). Man bestimme die Charakteristika ihrer Ableitung $Y(t) = \frac{dX(t)}{dt}$.

Lösung: Die sprungartige, zufällige Funktion $X(t)$ ist im gewöhnlichen Sinne nicht differenzierbar. Man kann jedoch unter Ausnutzung der Theorie der verallgemeinerten Funktionen (Distributionen) die Charakteristika der Ableitung berechnen. Die Transformation $Y(t) = \frac{dX(t)}{dt}$ ist linear homogen. Daraus folgt mit Hilfe der Ergebnisse der Aufgabe 9.20:

$$m_y(t) = \frac{d}{dt} m_x(t) = \frac{d}{dt} \lambda t = \lambda;$$

$$K_y(t, t') = \frac{\partial^2}{\partial t\, \partial t'} K_x(t, t') = \frac{\partial}{\partial t}\left(\frac{\partial}{\partial t'}[\lambda t\, 1(t' - t) + \lambda t'\, 1(t - t')]\right)$$

$$= \frac{\partial}{\partial t}[\lambda (t - t')\, \delta(t - t') + \lambda\, 1(t - t')] .$$

Es ist jedoch $(t - t')\,\delta(t - t') \equiv 0$, woraus sich

$$K_{\dot{y}}(t, t') = \frac{\partial}{\partial t}(\lambda\, 1(t - t')) = \lambda\, \delta(t - t') = \lambda\, \delta(\tau)$$

ergibt.

Die Kovarianzfunktion der zufälligen Funktion $Y(t)$ ist somit der δ-Funktion proportional, d. h., daß die Funktion $\dot{Y}(t)$ ein stationäres weißes Rauschen mit der Intensität $G = \lambda$ und dem mittleren Niveau $m_y = \lambda$ ist. Die Spektraldichte dieses weißen Rauschens ist gleich

$$S_x^*(\omega) = \frac{1}{2\pi}\int_{-\infty}^{\infty} \lambda\, \delta(\tau)\, e^{-i\omega\tau}\, d\tau = \frac{\lambda}{2\pi} .$$

9.38*. Die Funktion $k_x(\tau)$ besitzt folgende Eigenschaften:

1. $k_x(-\tau) = k_x(\tau)$;
2. $k_x(0) > 0$;
3. $|k_x(\tau)| \leq k_x(0)$.

Man prüfe, ob die Funktion $k_x(\tau)$ gleich der Kovarianzfunktion einer stationären zufälligen Funktion sein kann, d. h., ob sie positiv definit ist. Man zeige, daß für die positive Definitheit die Voraussetzung hinreichend ist, daß die Funktion

$$S_x(\omega) = \frac{2}{\pi}\int_0^{\infty} k_x(\tau) \cos \omega \tau\, d\tau \tag{9.38a}$$

für beliebige Werte von ω nichtnegativ ist:

$$S_x(\omega) \geqq 0 , \tag{9.38b}$$

d. h., daß man bei der Berechnung der Spektraldichte nach der Formel (9.38a) für kein ω negative Werte dieser Dichte erhält.

Lösung: Wir nehmen an, daß die durch die Formel (9.38a) definierte Funktion $S_x(\omega)$ nichtnegativ ist und zeigen, daß ihre Fourier-Transformierte $k_x(\tau) = k_x(t' - t)$ positiv definit ist. Es gilt

$$k_x(\tau) = \int_0^{\infty} S_x(\omega) \cos \omega \tau\, d\omega = \int_0^{\infty} S_x(\omega) \cos \omega t \cos \omega t'\, d\omega$$

$$+ \int_0^{\infty} S_x(\omega) \sin \omega t \sin \omega t'\, d\omega . \tag{9.38c}$$

Die positive Definitheit der Funktion $k_x(t' - t)$ besagt, daß für eine beliebige reellwertige Funktion $y(t)$ und einen beliebigen Integrationsbereich B die Bedingung

$$\int_B \int_B k_x(t' - t)\, \varphi(t)\, \varphi(t')\, dt\, dt' \geqq 0$$

erfüllt ist. Wir prüfen die Gültigkeit dieser Ungleichung für die durch die Formel (9.38c) definierte Funktion:

$$\int_B \int_B \left\{ \int_0^\infty S_x(\omega) \cos \omega t \cos \omega t' \varphi(t) \varphi(t')\, d\omega + \int_0^\infty S_x(\omega) \sin \omega t \sin \omega t' \varphi(t) \varphi(t')\, d\omega \right\} dt\, dt'$$

$$= \int_0^\infty S_x(\omega) \left\{ \int_B \cos \omega t\, \varphi(t)\, dt \int_B \cos \omega t'\, \varphi(t')\, dt' + \int_B \sin \omega t\, \varphi(t)\, dt \int_B \sin \omega t'\, \varphi(t')\, dt' \right\} d\omega .$$

Setzt man

$$\int_B \cos \omega t\, \varphi(t)\, dt = \psi_1(B, \omega), \qquad \int_B \sin \omega t\, \varphi(t)\, dt = \psi_2(B, \omega),$$

so erhält man daraus die Ungleichung

$$\int_B \int_B k_x(t - t')\, \varphi(t)\, \varphi(t')\, dt\, dt' = \int_0^\infty S_x(\omega)\, \{[\psi_1(B, \omega)]^2 + [\psi_2(B, \omega)]^2\}\, d\omega \geqq 0,$$

da die Funktion $S_x(\omega)$ nach Voraussetzung nichtnegativ ist.

Man kann zeigen, daß die Bedingung (9.38b) nicht nur hinreichend, sondern auch notwendig dafür ist, daß die durch (9.38c) definierte Kovarianzfunktion positiv definit ist.

9.39. Die stationäre zufällige Funktion $X(t)$ besitze die Charakteristika

$$m_x(t) = m_x; \qquad K_x(t, t') = k_x(\tau), \quad \text{wobei} \quad \tau = t' - t \text{ ist.}$$

Man bestimme die Charakteristika ihrer Ableitung $Y(t) = \frac{d}{dt} X(t)$ und zeige, daß sie ebenfalls stationär ist.

Lösung: Die Funktion $Y(t)$ entsteht aus $X(t)$ durch eine lineare homogene Transformation. Also ist

$$m_y(t) = \frac{d}{dt} m_x(t) = 0 = \text{const.}$$

$$K_y(t, t') = \frac{\partial^2}{\partial t\, \partial t'} K_x(t, t') = \frac{\partial^2}{\partial t\, \partial t'} k_x(\tau) = \frac{\partial}{\partial t}\left[\frac{\partial}{\partial t'} k_x(\tau)\right] = \frac{\partial}{\partial t}\left[\frac{d}{d\tau} k_x(\tau) \frac{\partial \tau}{\partial t'}\right].$$

Berücksichtigt man die Gleichung $\frac{\partial \tau}{\partial t'} = 1$ und $\frac{\partial \tau}{\partial t} = -1$, so erhält man daraus die Formel

$$K_y(t, t') = \frac{\partial}{\partial t}\left[\frac{d}{d\tau} k_x(\tau)\right] = \frac{d^2}{d\tau^2} k_x(\tau) \frac{\partial \tau}{\partial t} = -\frac{d^2}{d\tau^2} k_x(\tau).$$

Die rechte Seite dieser Gleichung hängt nur von τ ab, folglich ist die zufällige Funktion $Y(t)$ stationär.

9.40. Die stationäre zufällige Funktion $X(t)$ besitzt die Kovarianzfunktion $k_x(\tau)$. Die zufällige Funktion $Y(t)$ entsteht aus $X(t)$ durch Differentiation: $Y(t) = \frac{dX(t)}{dt}$. Man bestimme die Kovarianzfunktion $k_y(\tau)$, wenn:

a) $k_x(\tau) = e^{-\alpha|\tau|}$;

b) $k_x(\tau) = e^{-\alpha|\tau|}(1 + \alpha|\tau|)$;

c) $k_x(\tau) = e^{-\alpha|\tau|}\left(\cos\beta\tau + \frac{\alpha}{\beta}\sin\beta|\tau|\right) \qquad (\alpha > 0)$.

Lösung: Bei der Lösung der Aufgabe wenden wir die Rechenregeln der Theorie der verallgemeinerten Funktionen (Distributionen) an, die am Anfang des Kapitels angegeben sind.

$$\text{a)}\ k_y(\tau) = -\frac{d^2}{d\tau^2}e^{-\alpha|\tau|} = -\frac{d}{d\tau}\left[-\alpha\, e^{-\alpha|\tau|}\frac{d|\tau|}{d\tau}\right]$$

$$= \alpha\left[-\alpha\, e^{-\alpha|\tau|}\left(\frac{d|\tau|}{d\tau}\right)^2 + \frac{d^2|\tau|}{d\tau^2}e^{-\alpha|\tau|}\right] = \alpha\, e^{-\alpha|\tau|}\,[2\,\delta(\tau) - \alpha\,(\operatorname{sign}\tau)^2]\,.$$

Das Vorhandensein des Summanden $2\,\delta(\tau)$ zeigt, daß in die zufällige Funktion $Y(t)$ ein weißes Rauschen als Bestandteil eingeht.

$$\text{b)}\ k_y(\tau) = -\frac{d^2}{d\tau^2}[e^{-\alpha|\tau|}(1 + \alpha|\tau|)]$$

$$= -\frac{d}{d\tau}\left[-\alpha\, e^{-\alpha|\tau|}\frac{d|\tau|}{d\tau}(1 + \alpha|\tau|) + \alpha\frac{d|\tau|}{d\tau}e^{-\alpha|\tau|}\right]$$

$$= \alpha^2\frac{d}{d\tau}[e^{-\alpha|\tau|}\operatorname{sign}\tau\cdot|\tau|] = \alpha^2\frac{d}{d\tau}[e^{-\alpha|\tau|}\tau]$$

$$= \alpha^2\left[e^{-\alpha|\tau|} - \alpha\, e^{-\alpha|\tau|}\tau\frac{d|\tau|}{d\tau}\right] = \alpha^2 e^{-\alpha|\tau|}(1 - \alpha|\tau|)\,.$$

$$\text{c)}\ k_y(\tau) = \frac{d^2}{d\tau^2}e^{-\alpha|\tau|}\left(\cos\beta\tau + \frac{\alpha}{\beta}\sin\beta|\tau|\right)$$

$$= -\frac{d}{d\tau}\left[-\alpha\, e^{-\alpha|\tau|}\left(\cos\beta\tau + \frac{\alpha}{\beta}\sin\beta|\tau|\right)\frac{d|\tau|}{d\tau}\right.$$

$$\left. + e^{-\alpha|\tau|}\left(-\beta\sin\beta\tau + \alpha\cos\beta|\tau|\frac{d|\tau|}{d\tau}\right)\right]$$

$$= -\frac{d}{d\tau}\left[-\sin\beta\tau\, e^{-\alpha|\tau|}\frac{\alpha^2 + \beta^2}{\beta}\right]$$

$$= \frac{\alpha^2 + \beta^2}{\beta}\left[\beta\cos\beta\tau\, e^{-\alpha|\tau|} - \alpha\sin\beta\tau\, e^{-\alpha|\tau|}\frac{d|\tau|}{d\tau}\right]$$

$$= (\alpha^2 + \beta^2)\, e^{-\alpha|\tau|}\left[\cos\beta\tau - \frac{\alpha}{\beta}\sin\beta|\tau|\right].$$

9.41. Man bestimme die Spektraldichte der stationären zufälligen Funktion $X(t)$, deren Kovarianzfunktion gleich

$$k_y(\tau) = \alpha\, e^{-\alpha|\tau|}\, [2\,\delta(\tau) - \alpha\,(\operatorname{sign}\tau)^2]$$

ist.

Lösung:

$$S_y^*(\omega) = \frac{1}{2\pi}\int_{-\infty}^{\infty} k_y(\tau)\, e^{-i\omega\tau}\, d\tau = \frac{1}{2\pi}\int_{-\infty}^{\infty} \alpha\, e^{-\alpha|\tau|}\, 2\,\delta(\tau)\, e^{-i\omega\tau}\, d\tau$$

$$- \frac{1}{2\pi}\int_{-\infty}^{\infty} \alpha^2\,(\operatorname{sign}\tau)^2\, e^{-\alpha|\tau|}\, e^{-i\omega\tau}\, d\tau\,.$$

Da

$$(\operatorname{sign}\tau)^2 = \begin{cases} 1 & \text{für} \quad \tau \neq 0\,, \\ 0 & \text{für} \quad \tau = 0 \end{cases}$$

ist und der Integrand des zweiten Integrals im Punkt $\tau = 0$ keine Singularität besitzt, kann man im zweiten Integral auf den Punkt $\tau = 0$ verzichten. Man erhält die Formel

$$S_y^*(\omega) = \frac{\alpha}{\pi} - \frac{\alpha^2}{2\pi}\frac{2\alpha}{\alpha^2 + \omega^2} = \frac{\alpha}{\pi}\frac{\omega^2}{\alpha^2 + \omega^2}\,.$$

Die Spektraldichte $S_y^*(\omega)$ ist in der Abb. 9.41 dargestellt.

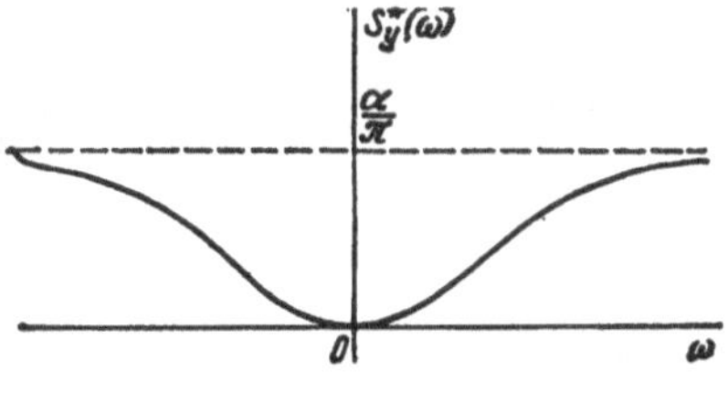

Abb. 9.41

Die Spektraldichte $S_y^*(\omega)$ kann man auf einfachere Weise mit Hilfe folgender Überlegungen erhalten. Die zufällige Funktion $Y(t)$ ist die Ableitung der zufälligen Funktion $X(t)$ aus der Aufgabe 8.40a. Es ist

$$k_x(\tau) = e^{-\alpha|\tau|}; \qquad S_x^*(\omega) = \frac{1}{\pi}\frac{\alpha}{\alpha^2 + \omega^2}\,.$$

Die Übertragungsfunktion des Differentiationsoperators ist gleich $\Phi(i\,\omega) = i\,\omega$, also ist

$$S_y^*(\omega) = S_x^*(\omega)\,|\Phi(i\,\omega)|^2 = \frac{1}{\pi}\frac{\alpha}{\alpha^2 + \omega^2}\,|i\,\omega|^2 = \frac{\alpha}{\pi}\frac{\omega^2}{\alpha^2 + \omega^2}\,.$$

9.42. Die Spektraldichte einer stationären, zufälligen Funktion $X(t)$ sei im Intervall von $-\omega_1$ bis $+\omega_1$ konstant und außerhalb dieses Intervalls gleich Null, d. h., sie hat die in der Abb. 9.42a dargestellte Form:

$$S_x^*(\omega) = \begin{cases} a & \text{für} \quad |\omega| < \omega_1, \\ 0 & \text{für} \quad |\omega| > \omega_1 \end{cases}$$

oder anders geschrieben:

$$S_x^*(\omega) = a\,1\left(1 - \frac{|\omega|}{\omega_1}\right).$$

Man bestimme die Kovarianzfunktion $k_x(\tau)$ der zufälligen Funktion $X(t)$.

Lösung:

$$k_x(\tau) = \int_{-\infty}^{\infty} S_x^*(\omega)\, e^{i\omega\tau}\, d\omega = 2\,a \int_0^{\omega_1} \cos \omega\,\tau\, d\omega = \frac{2\,a \sin \omega_1 \tau}{\tau};$$

$$D_x = k_x(0) = 2\,a\,\omega_1 .$$

Die Kovarianzfunktion $k_x(\tau)$ ist in der Abb. 9.42b dargestellt.

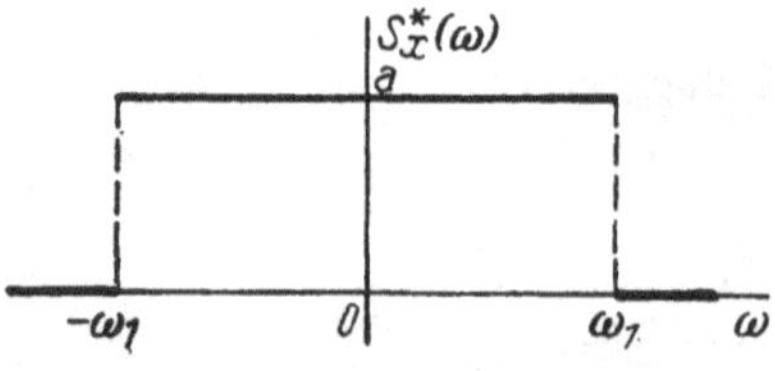

Abb. 9.42a

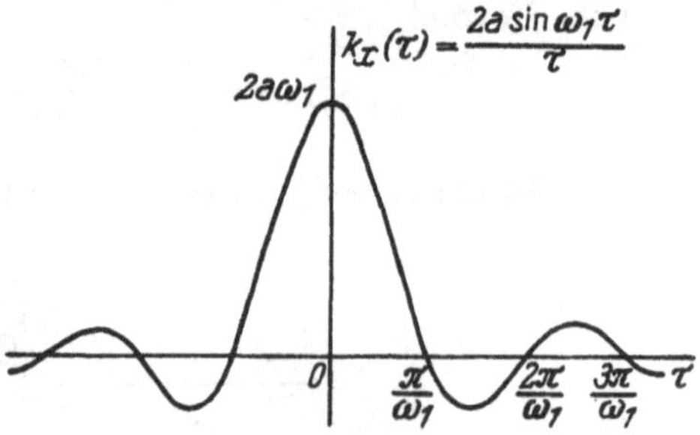

Abb. 9.42b

9.43. Man zeige, daß keine stationäre zufällige Funktion $X(t)$ existiert, deren Kovarianzfunktion $k_x(\tau)$ in einem Intervall $(-\tau_1, \tau_1)$ konstant und außerhalb dieses Intervalls gleich Null ist.

Lösung: Angenommen, es existiere eine zufällige Funktion $X(t)$, deren Kovarianzfunktion gleich $b \neq 0$ für $|\tau| < \tau_1$ und gleich Null für $|\tau| > \tau_1$ ist.

Die Spektraldichte einer solchen zufälligen Funktion $X(t)$ ist gleich

$$S_x(\omega) = \frac{1}{\pi} \int_0^{\infty} k_x(\tau) \cos \omega\,\tau\, d\tau = \frac{1}{\pi} \int_0^{\tau_1} b \cos \omega\,\tau\, d\tau = \frac{b}{\pi} \frac{\sin \omega\,\tau_1}{\omega}.$$

Aus dieser Formel sieht man, daß die Funktion $S_x(\omega)$ für bestimmte Werte von ω negativ ist, was den Eigenschaften einer Spektraldichte widerspricht. Also ist $S_x(\omega)$ keine Spektraldichte, womit unsere Annahme zum Widerspruch führt.

9.44. Man bestimme die Spektraldichte der stationären zufälligen Funktion $X(t)$, deren Kovarianzfunktion gleich

$$k_x(\tau) = D_x\, e^{-\lambda^2\tau^2}$$

ist.

Lösung: Es ist

$$S_x^*(\omega) = \frac{1}{2\pi}\int_{-\infty}^{\infty} D_x\, e^{-\lambda^2\tau^2}\, e^{-i\omega\tau}\, d\tau = \frac{D_x}{2\pi}\int_{-\infty}^{\infty} e^{-\lambda^2\tau^2-i\omega\tau}\, d\tau\,.$$

Mit Hilfe der bekannten Formel

$$\int_{-\infty}^{\infty} e^{-Ax^2\pm 2Bx-C}\, dx = \sqrt{\frac{\pi}{A}}\, e^{-\frac{AC-B^2}{A}} \qquad (A > 0)$$

und unter Berücksichtigung der Gleichung $i^2 = -1$ erhält man den Ausdruck

$$S_x^*(\omega) = \frac{D_x}{2\pi}\sqrt{\frac{\pi}{\lambda^2}}\, e^{-\frac{\omega^2}{4\lambda^2}} = \frac{D_x}{2\lambda\sqrt{\pi}}\, e^{-\frac{\omega^2}{4\lambda^2}}\,.$$

Die graphische Darstellung dieser Funktion hat die Gestalt der Verteilungsdichte einer Normalverteilung.

9.45. Man zeige, daß die gemeinsame Kovarianzfunktion $R_{xy}(t, t')$ einer stationären zufälligen Funktion $X(t)$ und ihrer Ableitung $Y(t) = \frac{d}{dt}X(t)$ die Eigenschaft

$$R_{xy}(t, t') = -R_{xy}(t', t)$$

besitzt, d. h. bei der Vertauschung der Argumente ihr Vorzeichen wechselt.

Lösung: Sei $K_x(t, t') = k_x(\tau)$, wobei $\tau = t' - t'$ ist. Es gilt

$$R_{xy}(t, t') = \mathbf{M}\left[\overset{\circ}{X}(t)\frac{d}{dt'}\,\overset{\circ}{X}(t')\right] = \frac{\partial}{\partial t'}\,\mathbf{M}[\overset{\circ}{X}(t)\,\overset{\circ}{X}(t')] = \frac{\partial}{\partial t'}K_x(t, t') = \frac{\partial}{\partial t'}k_x(\tau)\,.$$

Da $\tau = t' - t$ ist, folgt hieraus

$$R_{xy}(t, t') = \frac{d}{d\tau}k_x(\tau)\,\frac{\partial\tau}{\partial t'} = \frac{d}{d\tau}k_x(\tau)\,.$$

Andererseits gilt

$$R_{xy}(t', t) = \frac{\partial}{\partial t}K_x(t, t') = \frac{d}{d\tau}k_x(\tau)\,\frac{\partial\tau}{\partial t} = -\frac{d}{d\tau}k_x(\tau) = -R_{xy}(t, t')\,,$$

was zu beweisen war.

9.46*. Man prüfe, ob die Funktion

$$k_x(\tau) = e^{-\alpha|\tau|}\left(\operatorname{ch}\beta\tau + \frac{\alpha}{\beta}\operatorname{sh}\beta\,|\tau|\right) \qquad (\alpha > 0,\ \beta > 0)$$

die Eigenschaften einer Kovarianzfunktion besitzt.

Lösung: Es ist die Gültigkeit der folgenden Eigenschaften zu prüfen:

1) $k_x(0) > 0$; 2) $k_x(-\tau) = k_x(\tau)$; 3) $|k_x(\tau)| \leqq k_x(0)$;

4) $S_x^*(\omega) = \frac{1}{2\pi} \int_{-\infty}^{\infty} k_x(\tau)\, e^{-i\omega\tau}\, d\tau \geqq 0$ für beliebiges ω.

Die Gültigkeit der Eigenschaften 1 und 2 ist offensichtlich.

3) Da die Funktion $k_x(\tau)$ gerade ist, genügt es, sie für $\tau \geqq 0$ zu untersuchen; für $\tau \geqq 0$ ist

$$k_x(\tau) = \frac{1}{2} e^{-(\alpha-\beta)\tau} \left(\frac{\alpha}{\beta} + 1\right) - \frac{1}{2} e^{-(\alpha+\beta)\tau} \left(\frac{\alpha}{\beta} - 1\right).$$

Da $k_x(0) = 1$ ist, muß man zeigen, daß dieser Ausdruck dem Betrag nach nicht größer als Eins ist. Man sieht, daß für $\alpha < \beta$ diese Bedingung nicht erfüllt ist, da für $\tau \to \infty$ der Ausdruck $e^{-(\alpha-\beta)\tau}$ unbegrenzt wächst. Für $\alpha = \beta$ ist $k_x(\tau) \leqq 1$; für $\alpha > \beta$ ist $k_x(\tau) \leqq 1$. Folglich ist die Eigenschaft 3) nur für $\alpha \geqq \beta$ erfüllt.

4) Es ist

$$S_x^*(\omega) = \frac{1}{2\pi} \int_{-\infty}^{\infty} k_x(\tau)\, e^{-i\omega\tau}\, d\tau = \frac{1}{2\pi} \operatorname{Re} \left\{\left(1 + \frac{\alpha}{\beta}\right) \int_0^{\infty} e^{-(\alpha-\beta+i\omega)\tau}\, d\tau \right.$$

$$\left. + \left(1 - \frac{\alpha}{\beta}\right) \int_0^{\infty} e^{-(\alpha+\beta+i\omega)\tau}\, d\tau \right\}$$

$$= \frac{1}{2\pi\beta} \operatorname{Re} \left\{\frac{\beta + \alpha}{\beta - \alpha + i\,\omega} + \frac{\beta - \alpha}{\alpha + \beta + i\,\omega}\right\}$$

$$= \frac{\alpha^2 - \beta^2}{2\pi\beta} \left\{\frac{1}{(\alpha - \beta)^2 + \omega^2} - \frac{1}{(\alpha + \beta)^2 + \omega^2}\right\}$$

$$= \frac{\alpha^2 - \beta^2}{\pi} \frac{2\alpha}{[(\alpha - \beta)^2 + \omega^2]\,[(\alpha + \beta)^2 + \omega^2]} \geqq 0$$

für $\alpha \geqq \beta$ (Re — Realteil).

Für $\alpha = \beta$ ist $S_x^*(\omega) = \delta(\omega)$.

Für $\alpha \geqq \beta$ besitzt die Funktion $k_x(\tau) = e^{-\alpha|\tau|} \left(\operatorname{ch} \beta\tau + \frac{\alpha}{\beta} \operatorname{sh} \beta\,|\tau|\right)$ sämtliche Eigenschaften einer Kovarianzfunktion. Die Funktionen $k_x(\tau)$ und $S_x^*(\omega)$ sind für $\alpha > \beta$ in den Abbildungen 9.46a und 9.46b dargestellt.

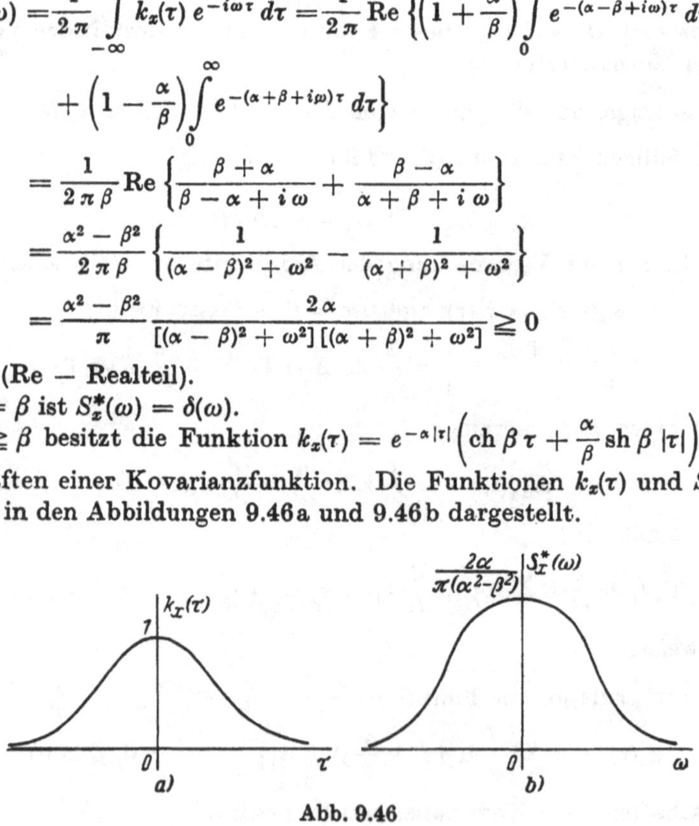

Abb. 9.46

9.47. Die zufällige Funktion $X(t)$ hat die Kovarianzfunktion

$$k_x(\tau) = e^{-\alpha|\tau|}\left(\operatorname{ch}\beta\tau + \frac{\alpha}{\beta}\operatorname{sh}\beta|\tau|\right) \qquad (\alpha \geqq \beta > 0)\,.$$

Man bestimme die Kovarianzfunktion $k_y(\tau)$ und die Spektraldichte $S_y^*(\omega)$ der zufälligen Funktion $Y(t) = \frac{d}{dt}X(t)$.

Lösung: Bei der Bestimmung der Funktion $k_y(\tau)$ verwenden wir die Eigenschaften 3, 4, und 9 der verallgemeinerten Funktionen (vgl. S. 264):

$$k_y(\tau) = -\frac{d^2}{d\tau^2}k_x(\tau) = -\frac{d}{d\tau}\left[-e^{-\alpha|\tau|}\alpha\frac{d|\tau|}{d\tau}\left(\operatorname{ch}\beta\tau + \frac{\alpha}{\beta}\operatorname{sh}\beta|\tau|\right)\right.$$

$$\left.+\,e^{-\alpha|\tau|}\left(\beta\operatorname{sh}\beta\tau + \alpha\operatorname{ch}\beta|\tau|\frac{d|\tau|}{d\tau}\right)\right] = -\frac{d}{d\tau}\left(\frac{\beta^2-\alpha^2}{\beta}e^{-\alpha|\tau|}\operatorname{sh}\beta\tau\right)$$

$$= \frac{\alpha^2-\beta^2}{\beta}\left[-\alpha\,e^{-\alpha|\tau|}\operatorname{sh}\beta\tau\frac{d|\tau|}{d\tau} + \beta\,e^{-\alpha|\tau|}\operatorname{ch}\beta\tau\right]$$

$$= (\alpha^2-\beta^2)\,e^{-\alpha|\tau|}\left[\operatorname{ch}\beta\tau - \frac{\alpha}{\beta}\operatorname{sh}\beta|\tau|\right];$$

$$S_y^*(\omega) = S_x^*(\omega)\,|i\,\omega|^2 = \frac{2\,\alpha\,\omega^2}{\pi}\,\frac{\alpha^2-\beta^2}{[(\alpha-\beta)^2+\omega^2]\,[(\alpha+\beta)^2+\omega^2]}\,.$$

Da der Grenzwert $\lim\limits_{\tau\to 0} k_y(\tau)$ existiert $\big($er ist gleich $k_y(0) = (\alpha^2-\beta^2)\big)$, ist die zufällige Funktion $X(t)$ differenzierbar.

9.48. Die zufällige Funktion $X(t)$ mit dem Erwartungswert $m_x(t) = t^2 + 3$ und der Kovarianzfunktion $K_x(t, t') = 5\,t\,t'$ wird der linearen Transformation

$$Y(t) = \int_0^t \tau\,X(\tau)\,d\tau + t^3$$

unterworfen. Man bestimme den Erwartungswert und die Kovarianzfunktion der zufälligen Funktion $Y(t)$

Lösung:

$$m_y(t) = \int_0^t \tau\,(\tau^2+3)\,d\tau + t^3 = \frac{t^4}{4} + \frac{3}{2}t^2 + t^3\,.$$

Der homogene Teil der betrachteten linearen Transformation ist gleich

$$L_t^{(0)}\{X(t)\} = \int_0^t \tau\,X(\tau)\,d\tau\,.$$

Folglich ist

$$K_y(t, t') = \int_0^t d\tau\int_0^{t'} \tau\,\tau'\,K_x(\tau,\tau')\,d\tau' = 5\int_0^t \tau\,\tau\left(\int_0^{t'}\tau'\,\tau'\,d\tau'\right)d\tau = \frac{5}{9}t^3\,t'^3\,.$$

9.49. Die zufällige Funktion $X(t)$ mit den Charakteristika

$$m_x(t) = 0; \qquad K_x(t, t')$$

wird der linearen inhomogenen Transformation

$$Y(t) = L_t^{(0)}\{X(t)\} + \varphi(t)$$

unterworfen, wobei $\varphi(t)$ eine nichtzufällige Funktion ist. Man bestimme die gemeinsame Kovarianzfunktion $R_{xy}(t, t')$.

Lösung: Es gilt

$$\overset{\circ}{X}(t) = X(t); \qquad \overset{\circ}{Y}(t) = L_t^{(0)}\{\overset{\circ}{X}(t)\},$$

da bei der Zentrierung der zufälligen Funktion $Y(t)$ der nichtzufällige Summand $\varphi(t)$ wegfällt.

Hieraus folgt

$$R_{xy}(t, t') = \mathbf{M}[\overset{\circ}{X}(t)\,\overset{\circ}{Y}(t')] = \mathbf{M}[\overset{\circ}{X}(t)\,L_{t'}^{(0)}\{\overset{\circ}{X}'(t')\}]$$
$$= L_{t'}^{(0)}\,\mathbf{M}[\overset{\circ}{X}(t)\,\overset{\circ}{X}(t')] = L_{t'}^{(0)}\,K_x(t, t').$$

9.50. Die zufällige Funktion $X(t)$ mit den Charakteristika $m_x(t) = 0$ und $K_x(t, t') = 3\,e^{-(t+t')}$ wird der linearen Transformation

$$Y(t) = -\,t\,\frac{dX(t)}{dt} + \int_0^t \tau\,X(\tau)\,d\tau + \sin\omega t$$

unterworfen. Man bestimme die Kovarianz der zufälligen Größen $X(0)$ und $Y(1)$.

Lösung: Aus der Lösung der vorhergehenden Aufgabe ergibt sich die Formel

$$R_{xy}(t, t') = L_{t'}^{(0)}\{K_x(t, t')\},$$

wobei $L_{t'}^{(0)}$ der homogene Teil der linearen Transformation ist.

Im betrachteten Fall gilt

$$R_{xy}(t, t') = -\,3\,t'\,\frac{\partial e^{-(t+t')}}{\partial t'} + 3\int_0^{t'} \tau'\,e^{-(t+\tau')}\,d\tau'$$
$$= 3\,t'\,e^{-(t+t')} + 3\,e^{-t}\,[e^{-t'}\,(-\,t' - 1) + 1] = 3\,e^{-t}\,(1 - e^{-t'}).$$

Setzt man $t = 0$, $t' = 1$, so erhält man daraus

$$K_{X(0),\,Y(1)} = R_{xy}(0, 1) = 3\,(1 - e^{-1}) \approx 1{,}90.$$

9.51. Bei verschiedenen technischen Aufgaben, in denen stationäre zufällige Prozesse auftreten, benutzt man oft als eine Charakteristik die sogenannte „Korrelationszeit".

$$\tau_k = \int_0^\infty |\varrho(\tau)|\,d\tau,$$

wobei $\varrho(\tau)$ die Korrelationsfunktion des zufälligen Prozesses ist.

In der Abb. 9.51 a ist die Korrelationszeit durch die schraffierte Fläche dargestellt.

Man bestimme die Korrelationszeit τ_k des stationären zufälligen Prozesses $X(t)$ mit der Korrelationsfunktion

$$\varrho(\tau) = \begin{cases} 1 - \alpha\,|\tau| & \text{für} \quad \tau \in \left(-\frac{1}{\alpha}, \frac{1}{\alpha}\right); \\ 0 & \text{für} \quad \tau \notin \left(-\frac{1}{\alpha}, \frac{1}{\alpha}\right), \end{cases}$$

wobei $\alpha > 0$ ist.

Lösung: In der Abb. 9.51 b ist die Korrelationsfunktion $\varrho(\tau)$ graphisch dargestellt. Die Größe τ_k ist gleich der in Abb. 9.51 b schraffierten Fläche: $\tau_k = \frac{1}{2} \cdot \frac{1}{\alpha} = \frac{1}{2\alpha}$.

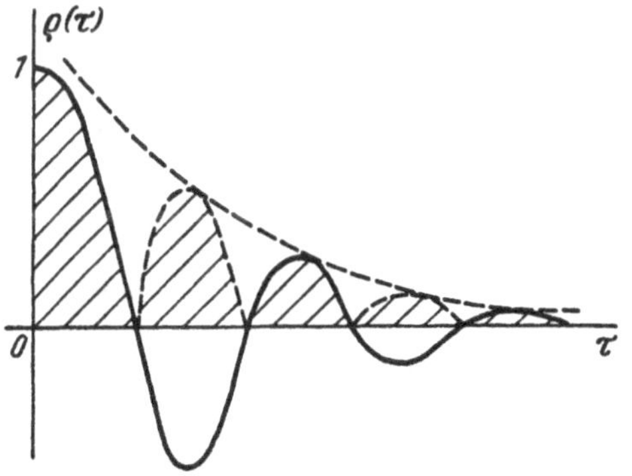

Abb. 9.51 a

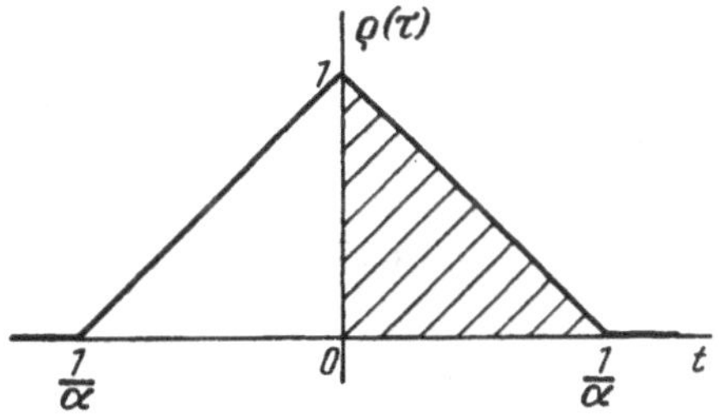

Abb. 9.51 b

9.52. Man bestimme die Korrelationszeit τ_k der stationären zufälligen Funktion $X(t)$, deren Korrelationsfunktion die Gestalt

$$\varrho(\tau) = e^{-\alpha|\tau|} \qquad (\alpha > 0)$$

hat. Wie verhält sich die Korrelationszeit für $\alpha \to 0$ und $\alpha \to \infty$?

Lösung:
$$\tau_k = \int_0^\infty e^{-\alpha\tau}\,d\tau = \frac{1}{\alpha}.$$

Für $\alpha \to 0$ artet die zufällige Funktion $X(t)$ in eine zeitunabhängige zufällige Größe aus. Ihre Korrelationszeit $\tau_k \to \infty$. Für $\alpha \to \infty$ verwandelt sich die zufällige Funktion in ein stationäres, weißes Rauschen und $\tau_k \to 0$.

9.53. Man bestimme die Korrelationszeit der stationären zufälligen Funktion $X(t)$ mit der Korrelationsfunktion $\varrho(\tau) = e^{-(\alpha\tau)^2}$.

Lösung:
$$\tau_k = \frac{\sqrt{\pi}}{2\alpha}.$$

9.54. In der Radiotechnik wird manchmal als eine Charakteristik des zufälligen Prozesses die Größe Δf_e — „die energetische Breite des Spektrums" der stationären zufälligen Funktion benutzt:

$$\Delta f_e = \frac{1}{S_m 2\pi} \int_0^\infty S(\omega)\, d\omega = \frac{D_x}{S_m 2\pi} = \frac{1}{s_m 2\pi},$$

wobei S_m der maximale Wert der Spektraldichte ist, der im Punkt ω_m angenommen wird: $S_m = S(\omega_m)$, $s_m = \frac{S_m}{D_x}$.

Man bestimme die energetische Breite des Spektrums der stationären zufälligen Funktion $X(t)$, deren Korrelationsfunktion die Gestalt

$$\varrho_x(\tau) = \begin{cases} 1 - \alpha\,|\tau| & \text{für } \tau \in \left(-\frac{1}{\alpha}; \frac{1}{\alpha}\right), \\ 0 & \text{für } \tau \notin \left(-\frac{1}{\alpha}; \frac{1}{\alpha}\right) \end{cases}$$

besitzt, wobei $\alpha > 0$ ist.

Lösung: Die normierte Spektraldichte der zufälligen Funktion $X(t)$ ist gleich

$$s_x(\omega) = \frac{2}{\pi} \int_0^\infty \varrho_x(\tau) \cos \omega\tau\, d\tau = \frac{2\alpha}{\pi\omega^2}\left(1 - \cos\frac{\omega}{\alpha}\right).$$

Diese Funktion erreicht ihr Maximum für $\omega = \omega_m = 0$:

$$s_x(\omega_m) = s_m = \frac{1}{\pi\alpha}.$$

Es ist also

$$\Delta f_e = \frac{1}{s_m 2\pi} = \frac{\alpha}{2}.$$

9.55. Man zeige, daß für die stationäre zufällige Funktion $X(t)$ mit der Korrelationsfunktion

$$\varrho(\tau) = e^{-\alpha|\tau|}$$

das Produkt $\tau_k \Delta f_e$ gleich $\frac{1}{4}$ unabhängig von dem Wert des Parameters α ist.

Lösung: Aus der Aufgabe 9.52 ergibt sich die Formel $\tau_k = \frac{1}{\alpha}$. Die normierte Spektraldichte ist gleich

$$s_x(\omega) = \frac{2\alpha}{\pi(\alpha^2 + \omega^2)};$$

ihr Maximalwert ist gleich $s_m = \frac{2}{\pi\alpha}$, woraus

$$\tau_k \Delta f_e = \frac{1}{\alpha} \frac{\pi\alpha}{2 \cdot 2\pi} = \frac{1}{4}$$

folgt.

9.56*. Man zeige, daß für beliebige stationäre zufällige Funktionen $X(t)$ mit nichtnegativer Kovarianzfunktion $\left(k_x(\tau) \geqq 0\right)$ das Produkt aus der Korrelationszeit τ_k und der energetischen Breite des Spektrums Δf_e gleich $\frac{1}{4}$ ist.

Lösung: Im betrachteten Falle ist $\varrho_x(\tau) \geqq 0$, folglich gilt

$$\tau_k = \int_0^\infty |\varrho_x(\tau)|\, d\tau = \int_0^\infty \varrho_x(\tau)\, d\tau .$$

Die normierte Spektraldichte ist gleich

$$s_x(\omega) = \frac{2}{\pi} \int_0^\infty \varrho_x(\tau) \cos \omega \tau\, d\tau .$$

Setzt man in dieser Formel $\omega = 0$, so erhält man

$$s_x(0) = \frac{2}{\pi} \int_0^\infty \varrho_x(\tau)\, d\tau = \frac{2}{\pi} \tau_k .$$

Wir zeigen, daß im Falle $\varrho_x(\tau) \geqq 0$ das Maximum der Spektraldichte im Punkt $\omega = 0$ erreicht wird:

$$s_m = s_x(0) .$$

Das folgt unmittelbar aus der Abschätzung

$$s_x(\omega) = \frac{2}{\pi} \int_0^\infty \varrho_x(\tau) \cos \omega \tau\, d\tau \leqq \frac{2}{\pi} \int_0^\infty \varrho_x(\tau) \cdot 1\, d\tau = s_x(0) .$$

Also gilt für $\varrho_x(\tau) \geqq 0$

$$s_m = s_x(0) = \frac{2}{\pi} \tau_k ; \qquad \Delta f_e = \frac{1}{s_m \cdot 2\pi} = \frac{1}{4\tau_k} ,$$

woraus

$$\tau_k\, \Delta f_e = \frac{1}{4}$$

folgt.

9.57. Auf den Eingang des Schwingungskreises eines Systems automatischer Regelung, dessen Übertragungsfunktion die Gestalt

$$\Phi(p) = \frac{k}{T p^2 + \xi p + k} \qquad (\xi > 0)$$

besitzt, erscheint ein weißes Rauschen mit der Spektraldichte $S_x^*(\omega) = N$. Man bestimme die Varianz des Ausgangssignals[1]).

[1]) Es wird dabei stillschweigend vorausgesetzt, daß die Betrachtungen für genügend weit liegende Zeitabschnitte durchgeführt werden, wenn die Übergangsprozesse bereits beendet sind (die Vorgänge sind bereits stationär).

Lösung: Es ist

$$S_y^*(\omega) = S_x^*(\omega)\,|\Phi(i\,\omega)|^2 = \frac{N\,k^2}{|T(i\,\omega)^2 + \xi\,i\,\omega + k|^2},$$

woraus

$$D_y = \int\limits_{-\infty}^{\infty} \frac{N\,k^2\,d\omega}{|T(i\,\omega)^2 + \xi\,i\,\omega + k|^2} = \frac{\pi\,k\,N}{\xi}$$

folgt.

Wir beachten, daß die Varianz des Ausgangssignals von der Zeitkonstante T des Schwingungskreises unabhängig ist, sie hängt nur von dem Verstärkungskoeffizienten k, dem Dämpfungskoeffizienten ξ und der Leistung N des Signals ab.

9.58. Die Übertragungsfunktion eines Systems hat die Gestalt

$$\Phi(p) = \frac{1 + T_1^2\,p}{T_1\,p^2 + p + k},$$

mit $k = 25\left[\frac{1}{\mathrm{s}}\right]$, $T_1 = 0{,}05$ [s].

Die Spektraldichte des Eingangssignals $X(t)$ ist gleich

$$S_x^*(\omega) = \frac{2\,T\,\delta_x}{1 + \omega^2\,T^2},$$

mit $T = 1$ [s], $\delta_x = 4\left[\frac{\mathrm{Grad}^2}{\mathrm{s}^2}\right]$.

Man bestimme die Varianz des Ausgangssignals.

Lösung:

$$S_y^*(\omega) = S_x^*(\omega)\,|\Phi(i\,\omega)|^2 = 2\,\delta_x\,T \frac{-\,T_1^2(i\,\omega)^2 + 1}{|T\,T_1(i\,\omega)^3 + (T + T_1)\,(i\,\omega)^2 + (1 + k\,T)\,i\,\omega + k|^2}.$$

Es gilt die Formel

$$\frac{1}{2\,\pi}\int\limits_{-\infty}^{\infty} \frac{b_0(i\,\omega)^4 + b_1(i\,\omega)^2 + b_2}{|a_0(i\,\omega)^3 + a_1(i\,\omega)^2 + a_2\,i\,\omega + a_3|^2} = \frac{-\,a_2\,b_0 + a_0\,b_1 - \dfrac{a_0\,a_1\,b_2}{a_3}}{2\,a_0\,(a_0\,a_3 - a_1\,a_2)};$$

in unserem Fall gilt $b_0 = 0$, $b_1 = -\,T_1^2$, $b_2 = 1$, $a_0 = T\,T_1$, $a_1 = T + T_1$, $a_2 = 1 + k\,T$, $a_3 = k$. Also ist

$$D_y = \int\limits_{-\infty}^{+\infty} S_y^*(\omega)\,d\omega = 4\,\pi\,T\,\delta_x \frac{b_1 - \dfrac{a_1\,b_2}{a_3}}{2\,(a_0\,a_3 - a_1\,a_2)} \approx 0{,}0428\,[\mathrm{Grad}^2].$$

9.59. Die zufällige Funktion $X(t)$ hat den Erwartungswert $m_x(t) = 5$ und die Spektraldichte

$$S_x^*(\omega) = \frac{8}{\pi\,(1 + \omega^2)}.$$

Man bestimme die Kovarianzfunktion der zufälligen Funktion $X(t)$.

Lösung: In der Aufgabe 9.17 wurde gezeigt, daß die Spektraldichte der zufälligen Funktion $X(t)$ mit der Kovarianzfunktion $k_x(\tau) = D_x\, e^{-|\tau|}$ die Gestalt

$$S_x^*(\omega) = \frac{D_x \alpha}{\pi (\alpha^2 + \omega^2)}$$

besitzt. In unserem Spezialfall $\alpha = 1$ gilt also $D_x = 8$, $k_x(\tau) = 8\, e^{-|\tau|}$.

9.60. Die zufällige Funktion $X(t)$ hat den Erwartungswert $m_x(t) = 8$ und die Spektraldichte

$$S_x^*(\omega) = \frac{20}{\pi} \frac{5 + \omega^2}{25 + 6\,\omega^2 + \omega^4}.$$

Man bestimme die Kovarianzfunktion der zufälligen Funktion $X(t)$.

Lösung: In der Aufgabe 9.18 wurde gezeigt, daß die der Kovarianzfunktion

$$k_x(\tau) = D_x\, e^{-\alpha|\tau|} \cos \beta \tau$$

entsprechende Spektraldichte die Gestalt

$$S_x^*(\omega) = \frac{D_x \alpha}{\pi} \frac{\alpha^2 + \beta^2 + \omega^2}{[\alpha^2 + (\beta - \omega)^2]\,[\alpha^2 + (\beta + \omega)^2]} = \frac{D_x \alpha}{\pi} \frac{\alpha^2 + \beta^2 + \omega^2}{(\alpha^2 + \beta^2)^2 + 2\,(\alpha^2 - \beta^2)\,\omega^2 + \omega^4}$$

hat. Es ist also $\alpha^2 + \beta^2 = 5$, $\alpha^2 - \beta^2 = 3$, woraus $\alpha_1 = 2$, $\alpha_2 = -2$ folgt. Uns interessiert nur der positive Wert der Wurzel $\alpha = +2$; dann ist $\beta = \pm 1$ und $D_x = \frac{20}{\alpha} = 10$. Es ist also $k_x(\tau) = 10\, e^{-2|\tau|} \cos \tau$.

KAPITEL 10

MARKOWSCHE PROZESSE. ZUFÄLLIGE PUNKTFOLGEN. BEDIENUNGSTHEORIE

Wir betrachten ein physikalisches System S, das Zustände aus einem Zustandsraum X annehmen kann. Das System möge im Laufe der Zeit seinen Zustand verändern, wobei zufällige Einflüsse auf seine Dynamik einwirken. Die zeitliche Entwicklung des Systems S kann dann durch einen *zufälligen* (*stochastischen*) *Prozeß* $X(t)$ mit dem *Phasenraum* X beschrieben werden (vgl. Kap. 9).

Das System S besitzt einen *diskreten* Zustands- oder Phasenraum, falls die Menge X höchstens abzählbar viele Elemente (Zustände) hat: $x_1, x_2, \ldots$. Die zeitliche Veränderung des Zustandes von S erfolgt dann sprungartig. Wir betrachten im weiteren nur Systeme mit diskretem Zustandsraum.

Erfolgen die Übergänge des Systems nur in bestimmten Zeitpunkten $t_1, t_2, \ldots$, so ist der zufällige Prozeß $X(t)$ ein Prozeß mit *diskreter Zeit*; sind die Übergänge in jedem Zeitpunkt möglich, so ist $X(t)$ ein Prozeß mit *stetiger Zeit*.

Ist der Zustandsraum X endlich, so kann man die Zustände des Systems S und die möglichen Übergänge anschaulich mit Hilfe eines *Zustandsgraphen* darstellen (Abb. 10a). In diesem Graphen sind die möglichen Zustände des Systems als kleine Rechtecke (Knoten des Graphen) und die möglichen Übergänge von einem Zustand in den anderen als Pfeile, die die entsprechenden Knoten verbinden, dargestellt (Abb. 10b).

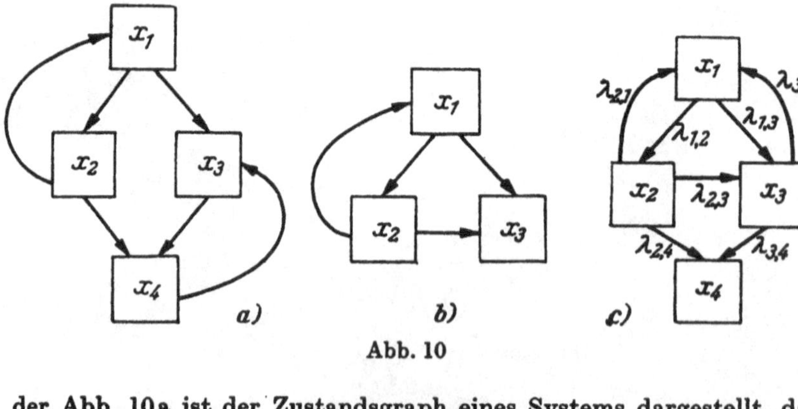

Abb. 10

In der Abb. 10a ist der Zustandsgraph eines Systems dargestellt, das vier mögliche Zustände besitzt: $X = \{x_1, x_2, x_3, x_4\}$. Es sind folgende Übergänge möglich: von x_1 in x_2 oder x_3, von x_2 in x_4 oder zurück in x_1, von x_3 in x_4, von x_4 zurück in x_3.

Ein Zustand des Systems wird als absorbierend (oder als Zustand ohne Ausgang) bezeichnet, falls das System diesen Zustand nicht mehr verlassen kann (vgl. Zustand x_3 in der Abb. 10b).

Zur Charakterisierung des zufälligen Prozesses $X(t)$, der die zeitliche Entwicklung eines Systems S mit den Zuständen $x_1, x_2, \ldots$ beschreibt, benutzt man oft die *Zustandswahrscheinlichkeiten*

$$p_1(t), p_2(t), \ldots, p_n(t), \ldots$$

wobei $p_k(t) = \mathrm{P}(X(t) = x_k)$, $k = 1, 2, \ldots$, die Wahrscheinlichkeit dafür ist, daß das System S sich zum Zeitpunkt t im Zustand x_k befindet. Die Wahrscheinlichkeiten $p_k(t)$ genügen den Bedingungen

$$p_k(t) \geqq 0, \qquad \sum_{k=1}^{\infty} p_k(t) = 1 .$$

Sie geben die eindimensionale Verteilung des Prozesses $X(t)$ zum Zeitpunkt t an (vgl. Kap. 9).

Sind die Übergänge des Systems S in beliebigen Zeitpunkten möglich ($X(t)$ ist ein Prozeß mit stetiger Zeit), so bilden die Zeitpunkte $t_1, t_2, \ldots, t_n$, in denen die Übergänge erfolgen, eine zufällige Punktfolge auf $(0, \infty)$ oder $(-\infty, \infty)$ (vgl. Kap. 5, S. 95).

Ein zufälliger Prozeß $X(t)$ mit einem diskreten Zustandsraum heißt *MARKOWscher Prozeß*, wenn alle Wahrscheinlichkeitscharakteristika des zukünftigen Verlaufes des Prozesses beim bekannten Zustand des Systems in der Gegenwart von dem Verlauf des Prozesses in der Vergangenheit unabhängig sind. Es gilt also für beliebige Zeitmomente $0 < t_{-m} < \cdots < t_{-1} < t_0 < t_1, \ldots < t_n$ und beliebige Zustände $x_{-m}, \ldots, x_0, \ldots, x_n$

$$\begin{aligned}\mathrm{P}(X(t_1) = x_1, \ldots, X(t_n) = x_n | X(t_{-m}) = x_{-m}, \ldots, X(t_{-1}) = x_{-1}, X(t_0) = x_0)\\ = \mathrm{P}(X(t_1) = x_1, \ldots, X(t_n) = x_n | X(t_0) = x_0) .\end{aligned}$$

Für MARKOWsche Prozesse wird die zufällige Dynamik des Systems S vollständig durch die *Übergangswahrscheinlichkeiten*

$$p_{ij}(t, u) = \mathrm{P}(X(u) = x_j | X(t) = x_i), \qquad u > t,$$

beschrieben. Ein MARKOWscher Prozeß $X(t)$ heißt *homogen*, wenn die Übergangswahrscheinlichkeiten $p_{ij}(t, u)$ nur von der Differenz $u - t$ abhängen, d. h., wenn

$$p_{ij}(t, u) = p_{ij}(u - t) \quad \text{für alle } u > t \text{ gilt.}$$

Die Übergangswahrscheinlichkeiten genügen den folgenden Bedingungen

$$p_{ij}(0) = \begin{cases} 0 & \text{für} \quad i = j, \\ 1 & \text{für} \quad i = j \end{cases}$$

$p_{ij}(t) \geqq 0$, $\sum p_{ij}(t) = 1$ für jedes $t \geqq 0$.

Die Zustandswahrscheinlichkeiten $p_k(t)$ zum Zeitpunkt t hängen wie folgt mit den Zustandswahrscheinlichkeiten $p_k(0)$ zum Zeitpunkt 0 zusammen:

$$p_k(t) = \sum_i p_i(0)\, p_{ik}(t) \quad \text{für alle } k \text{ und } t > 0\,.$$

Das Verteilungsgesetz eines homogenen MARKOWschen Prozesses ist durch die Werte $p_{ik}(t)$ für alle $t > 0$ und $p_j(0)$ eindeutig bestimmt (vgl. Kap. 9). Die Zustandswahrscheinlichkeiten $p_j(0)$, $j = 1, 2, \ldots$, definieren die sogenannte *Anfangsverteilung* des MARKOWschen Prozesses $X(t)$.

Eine Anfangsverteilung $q_j = p_j(0)$ heißt *stationäre Anfangsverteilung*, wenn die Gleichung

$$p_k(t) = \sum_i q_i\, p_{ik}(t) = q_k$$

für alle k und t gilt.

Ist eine Anfangsverteilung $p_j(0)$ stationär, so ist der MARKOWsche Prozeß $x(t)$ stationär im strengen Sinne (vgl. Kap. 9, S. 257).

Ist der zufällige Prozeß, der die zeitliche Entwicklung des Systems S beschreibt, stationär, so sagt man, daß das System S sich im *Zustand des statistischen Gleichgewichts* befindet.

Ist $X(t)$ ein stationärer MARKOWscher Prozeß, so bilden die Zeitpunkte t_1, $t_2, \ldots, t_n$, in denen Übergänge des Systems S erfolgen, eine stationäre POISSONsche Punktfolge auf $(0, \infty)$ (vgl. Kap. 5, S. 96). Die Folge der Punkte, in denen die Übergänge von x_i nach x_j $(i, j$ fest) erfolgen, bilden eine stationäre zufällige Punktfolge auf $(0, \infty)$. Die Intensität dieser Punktfolge bezeichnen wir mit λ_{ij}. Unter geringen Zusatzvoraussetzungen gilt

$$\lim_{t\to 0} \frac{\mathrm{P}\,(\text{in } (0, t) \text{ erfolgt mehr als ein Übergang})}{t} = 0\,,$$

$$\lim_{t\to 0} \frac{p_{ij}(t)}{t} = \lambda_{ij}\,.$$

Zur Bestimmung der Zustandswahrscheinlichkeiten $p_1(t), p_2(t), \ldots, p_n(t)$ kann man ein System linearer Differentialgleichungen aufstellen.

Bei der Aufstellung des Gleichungssystems ist es zweckmäßig, vom Zustandsgraph des Systems auszugehen, auf dem jeder Pfeil mit der entsprechenden *Übergangsintensität* λ_{ij} versehen wurde (*bewerteter Zustandsgraph*). Ein Beispiel für einen solchen Zustandsgraphen ist in der Abb. 10c angegeben.

Liegt der bewertete Zustandsgraph bereits vor, so kann man bei der Aufstellung des Differentialgleichungssystems für die Zustandswahrscheinlichkeiten $p_k(t)$ folgende einfache Regel benutzen. Auf der linken Seite der letzten Gleichung steht die Ableitung $\frac{dp_k(t)}{dt}$, auf der rechten Seite treten soviel Glieder auf, wie es Pfeile gibt, die mit dem Zustand X_k zusammenhängen; führt der Pfeil in den betrachteten Zustand x_k, so erscheint das entsprechende Glied mit dem Vorzeichen Plus, führt der Pfeil aus dem betrachteten Zustand x_k, so erscheint das entsprechende Glied mit dem Vorzeichen Minus. Jedes Glied ist gleich der

Übergangsintensität, d. h. der Intensität der Folge von Zeitpunkten, in denen die dem Pfeil entsprechenden Übergänge des Systems erfolgen, multipliziert mit der Wahrscheinlichkeit des Zustandes, aus dem der Pfeil führt. Für das System S, dessen bewerteter Zustandsgraph in der Abb. 10c dargestellt ist, erhält man das folgende System von linearen Differentialgleichungen:

$$\frac{dp_1(t)}{dt} = \lambda_{2,1}\, p_2(t) + \lambda_{3,1}\, p_3(t) - (\lambda_{1,2} + \lambda_{1,3})\, p_1(t)\,,$$

$$\frac{dp_2(t)}{dt} = \lambda_{1,2}\, p_1(t) - (\lambda_{2,1} + \lambda_{2,3} + \lambda_{2,4})\, p_2(t)\,,$$

$$\frac{dp_3(t)}{dt} = \lambda_{1,3}\, p_1(t) + \lambda_{2,3}\, p_2(t) - (\lambda_{3,1} + \lambda_{3,4})\, p_3(t)\,,$$

$$\frac{dp_4(t)}{dt} = \lambda_{2,4}\, p_2(t) + \lambda_{3,4}\, p_3(t)\,.$$

Bei der Lösung des Systems muß man berücksichtigen, daß nur nichtnegative Lösungen interessieren, die der Normierungsbedingung

$$p_1(t) + p_2(t) + p_3(t) + p_4(t) = 1$$

genügen. Unter Verwendung der Normierungsbedingung kann man das ursprüngliche System um eine Gleichung verringern.

Als Anfangsbedingung bei der Lösung des Gleichungssystems tritt die Anfangsverteilung $p_k(0)$ auf. Nimmt man z. B. an, daß sich das System S zur Zeit 0 im Zustand x_k befand, so gilt

$$p_k(0) = 1\,; \qquad p_i(0) = 0 \quad \text{für} \quad i \neq k\,.$$

Die meisten in der Praxis auftretenden Systeme sind so beschaffen, daß unabhängig von i

$$p_{ij}(t) \xrightarrow[t\to\infty]{} p_j$$

gilt. Die Werte p_j sind nichtnegativ, und es gilt $\sum_j p_j = 1$. Die Folge p_1, $p_2, \ldots, p_n$ ist dann die einzige stationäre Anfangsverteilung (stationäre Zustandswahrscheinlichkeiten). Für jede andere Anfangsverteilung $p_1(0), p_2(0), \ldots,$ $p_n(0)$ gilt

$$p_k(t) = \sum_i p_i(0)\, p_{ik}(t) \xrightarrow[t\to\infty]{} p_k\,.$$

Zur Bestimmung dieser einzigen stationären Anfangsverteilung (die man auch als *Grenzverteilung* ($t \to \infty$) bezeichnet) setzt man in dem System von Differentialgleichungen für die Zustandswahrscheinlichkeiten die Ableitungen $\frac{dp_k(t)}{dt} = 0$ und löst das so entstandene lineare Gleichungssystem. Hinzu kommt noch die Normierungsbedingung

$$\sum_{k=1}^{n} p_k = 1\,.$$

Für die stationären Zustandswahrscheinlichkeiten $p_1, \ldots, p_4$ des Systems S, dessen bewerteter Zustandsgraph in der Abb. 10c dargestellt ist, erhält man das folgende Gleichungssystem.

$$\lambda_{2,1} p_2 + \lambda_{3,1} p_3 - (\lambda_{1,2} + \lambda_{1,3}) p_1 = 0 ,$$
$$\lambda_{1,2} p_1 - (\lambda_{2,1} + \lambda_{2,3} + \lambda_{2,4}) p_2 = 0 ,$$
$$\lambda_{1,3} p_1 + \lambda_{2,3} p_2 - (\lambda_{3,1} + \lambda_{3,4}) p_3 = 0 ,$$
$$\lambda_{2,4} p_2 + \lambda_{3,4} p_3 = 0 , \qquad p_1 + p_2 + p_3 + p_4 = 1 .$$

Eine zufällige Punktfolge auf $(0, \infty)$ (vgl. S. 95) bezeichnet man als *rekurrente Punktfolge* (oder *Punktfolge vom* Palm*schen Typ*), wenn die Abstände

$$z_1 = t_1 , \qquad z_2 = t_2 - t_1 , \qquad z_3 = t_3 - t_2, \ldots$$

zwischen den benachbarten Punkten der Punktfolge unabhängig und die Größen $z_2, z_3, \ldots$ identisch verteilt sind. Sei $F(t) = \mathrm{P}(z_i < t)$ die Verteilungsfunktion der zufälligen Größen z_i, $i \geqq 2$. Im allgemeinen ist $F_1(t) = P(z_1 < t) \neq F(t)$.

Ist

$$F_1(t) = F(t) ,$$

so spricht man von einer rekurrenten Punktfolge mit Beginn im Nullpunkt.

Ist

$$\Delta = \int_0^\infty (1 - F(u))\, du = \mathrm{M}[z_i] < \infty , \qquad i \geqq 2 ,$$

so wird durch

$$\bar{F}(t) = \frac{1}{\Delta} \int_0^t (1 - F(u))\, du$$

eine Verteilungsfunktion definiert. Die dazugehörige Verteilungsdichte ist gleich $\frac{1}{\Delta}(1 - F(u))$.

Man kann zeigen, daß eine rekurrente Punktfolge mit $\Delta = \mathrm{M}[z_i] < \infty$, $i \geqq 2$ genau dann stationär ist, wenn

$$F_1(t) = \mathrm{P}(z_1 < t) = \bar{F}(t) = \frac{1}{\Delta} \int_0^t (1 - F(u))\, du$$

ist. Die Intensität einer stationären rekurrenten Punktfolge ist gleich $\lambda = \frac{1}{\Delta}$.

Eine stationäre Poissonsche Punktfolge auf $(0, \infty)$ ist rekurrent; es gilt

$$F_1(t) = F(t) = 1 - e^{-\lambda t} ,$$

wobei λ die Intensität der Poissonschen Punktfolge ist.

Ein wichtiger Spezialfall rekurrenter Punktfolgen sind die Erlang*schen Punktfolgen*. Die Erlangsche Punktfolge k-ter Ordnung ist eine rekurrente Punktfolge mit

$$F(t) = \mathrm{P}(z_i < t) = F_k(t) = 1 - \sum_{s=0}^{k} \frac{(\lambda t)^s}{s!} e^{-\lambda t} \qquad (t \geqq 0) .$$

Die Abstände zwischen den Punkten der Punktfolge haben also die ERLANG-Verteilung k-ter Ordnung (vgl. S. 227). Die Verteilungsdichte von $F_k(t)$ ist gleich

$$f_k(t) = \frac{\lambda(\lambda t)^k}{k!} e^{-\lambda t} \qquad (t > 0) .$$

Die ERLANGsche Punktfolge k-ter Ordnung entsteht aus der stationären POISSONschen Punktfolge mit der Intensität λ durch folgende „Verdünnungsoperation“: es werden nur die Punkte der POISSONschen Punktfolge mit den Nummern $k + 1$, $2k + 2$, $3(k + 1)$ usw. gezählt, die anderen Punkte werden gestrichen (Abb. 10d). Die POISSONsche Punktfolge ist also eine ERLANGsche Punktfolge 0-ter Ordnung.

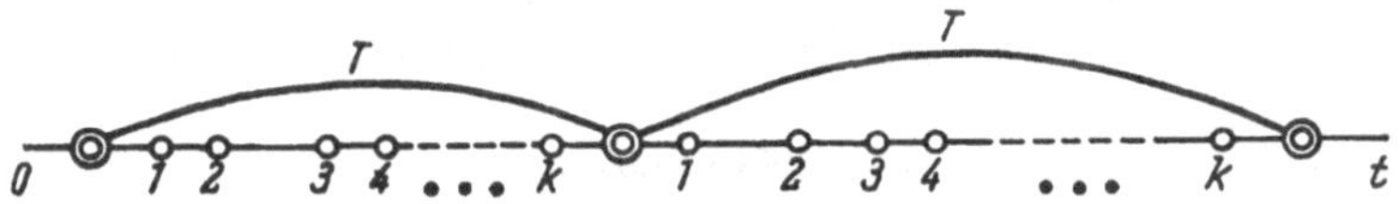

Abb. 10d

Sowohl die Verteilungsfunktion $F_k(t)$ als auch die Verteilungsdichte $f_k(t)$ der ERLANG-Verteilung k-ter Ordnung kann man mit Hilfe der Tabellen der POISSON-Verteilung:

$$P(k, a) = \frac{a^k}{k!} e^{-a}$$

berechnen. Es ist nämlich

$$f_k(t) = \lambda P(k, \lambda t) \quad (t > 0) , \qquad F_k(t) = 1 - R(k, \lambda t) ,$$

wobei

$$R(k, \lambda t) = \sum_{s=0}^{k} \frac{(\lambda t)^s}{s!} e^{-\lambda t}$$

eine tabellierte Funktion ist. In der Tab. 1 im Anhang sind die Werte der Funktion

$$Q(m, a) = 1 - R(m, a) .$$

angegeben. Die Funktion $P(k, a)$ kann auf Grund der Beziehung

$$P(k, a) = R(k, a) - R(k - 1, a) = Q(k - 1, a) - Q(k, a)$$

ebenfalls mit Hilfe der Tab. 1 berechnet werden. Zwischen den Funktionen $P(k, a)$ und $R(k, a)$ besteht folgender Zusammenhang

$$\frac{\partial}{\partial a} R(k, a) = - P(k, a) .$$

Es gelten die folgenden Limesbeziehungen

$$\lim_{k \to \infty} R(k, a) = 1 , \qquad \lim_{k \to \infty} P(k, a) = 0 .$$

Eine rekurrente Punktfolge heißt *regulär*, falls die Abstände zwischen den Punkten gleich einer festen Konstante d sind.

Eine *stationäre reguläre* Punktfolge ist eine rekurrente Punktfolge mit den Eigenschaften

$$F(t) = \begin{cases} 0 & \text{für} \quad t \leqq d \\ 1 & \text{für} \quad t > d \end{cases}, \quad F_1(t) = \frac{1}{d} \int\limits_0^t (1 - F(u))\, du = \frac{t}{d}.$$

Die „Anfangsverteilung" $F_1(t)$ einer stationären, regulären Punktfolge mit dem Punktabstand d ist also die Gleichverteilung im Intervall $(0, d)$. Die Intensität der stationären regulären Punktfolge mit dem Punktabstand d ist gleich $\lambda = \frac{1}{d}$.

Bei der unbegrenzten Vergrößerung der Ordnung k einer ERLANGschen Punktfolge bei gleichzeitiger Verkleinerung des Maßstabes auf der Ot-Achse durch Division mit $k + 1$ strebt die ERLANGsche Punktfolge gegen eine reguläre Punktfolge.

Unter einem *Bedienungssystem* (BS) versteht man ein beliebiges System, das zur Bedienung von Forderungen beliebiger Art, deren Ankunftszeitpunkte eine zufällige Punktfolge bilden, vorgesehen ist (z. B. eine Telefonzentrale, eine Reparaturwerkstatt, ein Fahrkartenschalter u. ä.); die Bedienung jeder Forderung hat i. a. eine zufällige Länge.

Ein Bedienungssystem besteht aus einer oder mehreren identischen *Bedienungseinrichtungen* (*Bedienungsapparaten*), von denen jede in der Lage ist, eine Forderung vollständig zu bedienen.

Bei Bedienungssystemen unterscheidet man zwischen *Verlustsystemen* und *Wartesystemen*.

In einem Verlustsystem kann jede Forderung, die zu einem Zeitpunkt eintrifft, in dem alle Bedienungseinrichtungen bereits besetzt sind, nicht berücksichtigt werden und geht verloren.

In einem Wartesystem reiht sich jede Forderung, die zu einem Zeitpunkt eintrifft, in dem alle Bedienungseinrichtungen bereits besetzt sind, in eine *Warteschlange* ein. Die wartenden Forderungen werden beim Freiwerden einer Bedienungseinrichtung nach irgendeiner Regel aus der Schlange ausgewählt und bedient (*Schlangendisziplin*). Am häufigsten tritt die Regel „wer zuerst kommt, wird zuerst bedient" auf. Die gesamte Wartezeit und die Anzahl der „Plätze" in der Warteschlange können unbegrenzt (*reine Wartesysteme*) und begrenzt (*kombinierte Warte-Verlust-Systeme*) sein.

Ein Bedienungssystem heißt POISSONsches (oder MARKOWsches) Bedienungssystem, wenn alle zufälligen Punktfolgen, die die Zeitpunkte der Übergänge des Systems von einem Zustand in einen anderen beschreiben, nach dem POISSON-Gesetz verteilt sind. Wir betrachten nur POISSONsche Bedienungssysteme.

Ein Verlustsystem ist POISSONsch verteilt, wenn die Ankunftszeitpunkte der Forderungen eine POISSONsche Punktfolge bilden und die gewünschten Bedienungszeiten untereinander und von der Folge der Ankunftszeitpunkte unabhängige, identisch verteilte Zufallsgrößen sind, die darüber hinaus exponentiell verteilt sind.

Ein Poissonsches Verlustsystem wird durch folgende Parameter charakterisiert:

1. die Anzahl der Bedienungseinrichtungen,
2. die Intensität λ der Poissonschen Punktfolge der Anforderungen,
3. die Bedienungsintensität μ einer Bedienungseinrichtung (die Intensität der Poissonschen Punktfolge der durch eine ohne Unterbrechungen arbeitende Bedienungseinrichtung bedienten Forderungen).

Die Größe μ ist die Reziproke der mittleren Bedienungsdauer für eine Forderung

$$\mu = \frac{1}{\bar{t}_{\text{bed}}},$$

wobei

$$\bar{t}_{\text{bed}} = \mathbf{M}[T_{\text{bed}}]$$

und T_{bed} die zufällige Bedienungsdauer einer beliebigen Forderung ist; ihre Verteilungsfunktion ist gleich $\mathbf{P}(T_{\text{bed}} < t) = 1 - e^{-\mu t}$.

In Abb. 10e ist der bewertete Zustandsgraph eines Poissonschen Verlustsystems mit n Bedienungseinrichtungen dargestellt. Der Zustand x_k $(0 \leqq k \leqq n)$

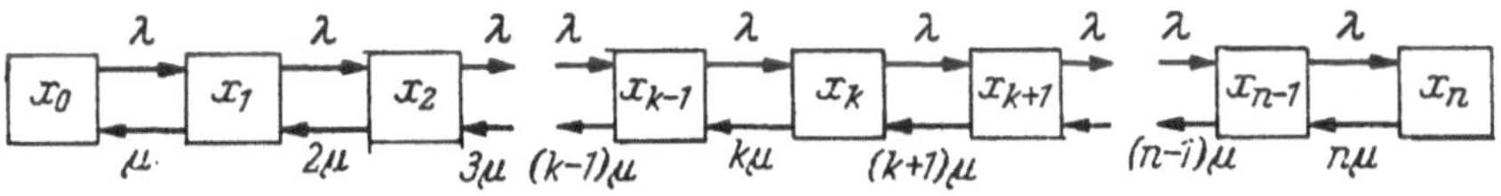

Abb. 10e

bedeutet, daß genau k der n Bedienungsapparate besetzt sind.[1]) Aus dem Zustandsgraphen ergeben sich folgende Differentialgleichungen für die Zustandswahrscheinlichkeiten (Erlang*sche Gleichungen*).

$$\frac{dp_0(t)}{dt} = -\lambda\, p_0(t) + \mu\, p_1(t)\,,$$

$$\frac{dp_1(t)}{dt} = -(\lambda + \mu)\, p_1(t) + \lambda\, p_0(t) + 2\,\mu\, p_2(t)\,,$$

. . . .

$$\frac{dp_k(t)}{dt} = -(\lambda + k\,\mu)\, p_k(t) + \lambda\, p_{k-1}(t) + (k+1)\,\mu\, p_{k+1}(t)\,,$$

. . . .

$$\frac{dp_n(t)}{dt} = -n\,\mu\, p_n(t) + \lambda\, p_{n-1}(t)\,.$$

Gewöhnlich nimmt man die folgende Anfangsbedingung:

$$p_0(0) = 1; \qquad p_k(0) = 0 \qquad (k > 0)$$

(Im Anfangszeitpunkt sind alle Bedienungseinrichtungen frei).

[1]) Es wird angenommen, daß jede Bedienungseinrichtung nur eine Forderung bedienen kann, und daß jede Forderung nur durch eine Bedienungseinrichtung bedient wird.

Für $t \to \infty$ konvergieren die Zustandswahrscheinlichkeiten $p_k(t)$ gegen die eindeutig bestimmten stationären Zustandswahrscheinlichkeiten p_k, die gemäß den ERLANG*schen Formeln*

$$p_k = \frac{\frac{\alpha^k}{k!}}{\sum_{k=0}^{n} \frac{\alpha^k}{k!}} \qquad (k = 0, 1, \ldots, n), \tag{10.1}$$

wobei $\alpha = \frac{\lambda}{\mu}$ ist, bestimmt werden.

Die Wahrscheinlichkeiten p_k kann man mit Hilfe der Tabellen für die POISSON-Verteilung berechnen (Tab. 1 des Anhangs)

$$p_k = \frac{P(k, \alpha)}{R(n, \alpha)} = \frac{R(k, \alpha) - R(k-1, \alpha)}{R(n, \alpha)} \qquad (k = 0, 1, \ldots, n). \tag{10.2}$$

Die Wahrscheinlichkeit dafür, daß in einem beliebigen Zeitpunkt nicht sämtliche Bedienungseinrichtungen besetzt sind, ist gleich[1])

$$P_n = 1 - p_n = 1 - \frac{P(n, \alpha)}{R(n, \alpha)} = \frac{R(n-1, \alpha)}{R(n, \alpha)}. \tag{10.3}$$

---

[1]) Die Wahrscheinlichkeit p_n dafür, daß im Zustand des statistischen Gleichgewichts (der zufällige Prozeß $X(t)$ ist im strengen Sinne stationär) sämtliche Bedienungseinrichtungen eines Verlustsystems besetzt sind, bezeichnet man als „Gefahrzeit". Unter Voraussetzungen, die in der Praxis stets erfüllt sind, gilt auf Grund des „individuellen Ergodensatzes" (vgl. Fußnote auf S. 182) die Behauptung:

Für fast alle Realisierungen des zufälligen Prozesses $X(t)$ gilt

$$\lim_{T \to \infty} \frac{1}{T} \int_0^T g(t)\, dt = p_n,$$

wobei

$$g(t) = \begin{cases} 0 & \text{für} \quad X(t) \neq n \\ 1 & \text{für} \quad X(t) = n \end{cases}$$

ist.

Diese Behauptung besagt, daß p_n näherungsweise gleich dem Verhältnis der Zeit im Intervall $(0, T)$, in der alle Bedienungseinrichtungen besetzt sind, zu der Gesamtzeit T ist (falls T genügend groß ist).

Die Verlustwahrscheinlichkeit p_n^0 eines Verlustsystems wird als der Grenzwert

$$\lim_{T \to \infty} \frac{\text{Anzahl der Forderungen in } (0, T)\text{, die das System besetzt vorfindet}}{\text{Gesamtanzahl der Forderungen in } (0, T)}$$

definiert, wobei das System sich bereits im Zustand des statistischen Gleichgewichts befindet. Aus der allgemeinen Theorie der zufälligen Punktfolgen folgt, daß p_n^0 die Wahrscheinlichkeit dafür ist, daß eine beliebige Forderung verlorengeht. Aus dem starken Gesetz der großen Zahlen (vgl. S. 209) folgt die Formel $p_n^0 = \frac{\lambda^*}{\lambda}$, wobei λ^* die Intensität der stationären Folge der verlorengegangenen Forderungen und λ die ursprüngliche Intensität sind.

Für eine POISSONsche Punktfolge der Ankunftszeitpunkte von Forderungen stimmen p_n und p_n^0 überein, für andere Punktfolgen ist es nicht der Fall (Anm. d. Red.).

Ein Wartesystem wird als reines Wartesystem bezeichnet, falls sowohl die Wartezeit als auch die Anzahl der Plätze in der Warteschlange unbegrenzt sind. Ist wenigstens eine der beiden Größen begrenzt, so spricht man von kombinierten (gemischten) Warte-Verlust-Systemen. Für POISSONsche Warte-Verlustsysteme mit einer beschränkten Anzahl von Plätzen in der Warteschlange gelten für die stationären Zustandswahrscheinlichkeiten die folgenden Formeln:

$$\left.\begin{aligned} p_k &= \frac{\dfrac{\alpha^k}{k!}}{\sum\limits_{k=0}^{n} \dfrac{\alpha^k}{k!} + \dfrac{\alpha^{n+1}}{n \cdot n!} \dfrac{1-\left(\dfrac{\alpha}{n}\right)^m}{1-\dfrac{\alpha}{n}}} \qquad (k = 0, 1, \ldots, n)\,, \\ p_{n+s} &= \frac{\dfrac{\alpha^n}{n!}\left(\dfrac{\alpha}{n}\right)^s}{\sum\limits_{k=0}^{n} \dfrac{\alpha^k}{k!} + \dfrac{\alpha^{n+1}}{n \cdot n!} \dfrac{1-\left(\dfrac{\alpha}{n}\right)^m}{1-\dfrac{\alpha}{n}}} \qquad (s = 1, 2, \ldots, m)\,, \end{aligned}\right\} \tag{10.4}$$

wobei n die Anzahl der Bedienungseinrichtungen, m die Anzahl der Plätze in der Warteschlange, λ die Intensität der POISSONschen Punktfolge der Ankunftszeitpunkte der Forderungen, μ die Intensität der POISSONschen Punktfolge der „Bedienungen" einer Bedienungseinrichtung

$$\left(\frac{1}{\mu} = \mathbf{M}[T_{\text{bed}}],\ \mathbf{P}(T_{\text{bed}} < t) = 1 - e^{-\mu t}\right), \quad \alpha = \frac{\lambda}{\mu}$$

sind.

Für ein reines Wartesystem ($m = \infty$) existiert die stationäre Verteilung nur dann, wenn $\frac{\lambda}{n\mu} < 1$ ist. Die stationären Zustandswahrscheinlichkeiten genügen den Formeln:

$$p_k = \frac{\dfrac{\alpha^k}{k!}}{\sum\limits_{k=0}^{n} \dfrac{\alpha^k}{k!} + \dfrac{\alpha^{n+1}}{n \cdot n!\left(1-\dfrac{\alpha}{n}\right)}} \qquad (k = 0, 1, \ldots, n)\,,$$

$$p_{n+s} = \frac{\dfrac{\alpha^n}{n!}\left(\dfrac{\alpha}{n}\right)^s}{\sum\limits_{k=0}^{n} \dfrac{\alpha^k}{k!} + \dfrac{\alpha^{n+1}}{n \cdot n!\left(1-\dfrac{\alpha}{n}\right)}} \qquad (s = 1, 2, \ldots)\,.$$

10.1. Die Kraftfahrzeuge, die sich auf einer Fernverkehrsstraße in einer Richtung bewegen, bilden eine POISSONsche Punktfolge der Intensität λ (d. h., die Zeitpunkte, in denen Kraftfahrzeuge eine bestimmte Stelle auf der Fernverkehrsstraße passieren, bilden eine POISSONsche Punktfolge). Ein Verkehrsposten hat die Absicht, das erste in der gegebenen Richtung fahrende Kraftfahrzeug anzuhalten. Man bestimme das Verteilungsgesetz der zufälligen Zeit T, die der Verkehrsposten auf das Fahrzeug warten muß, sowie die numerischen Charakteristika m_t und σ_t von T.

Lösung: Sei $\nu(t)$ die Anzahl der Punkte der POISSONschen Punktfolge im Intervall der Länge t. Es ist $\mathbf{P}(T < t) = \mathbf{P}(\nu(t) = 0) = e^{-\lambda t}$. Die zufällige Wartezeit ist also exponentiell verteilt mit der Verteilungsdichte

$$f(t) = \lambda\, e^{-\lambda t} \qquad (t > 0)\,.$$

Für eine Exponentialverteilung gilt

$$m_t = \frac{1}{\lambda}\,; \qquad D_t = \frac{1}{\lambda^2}\,; \qquad \sigma_t = \frac{1}{\lambda} = m_t\,.$$

Anders ausgedrückt ist T der Abstand vom Nullpunkt der Zeitachse zum ersten Punkt der stationären POISSONschen Punktfolge. Für die POISSONschen Punktfolgen gilt aber (vgl. S. 312)

$$F_1^*(t) = \int_0^t \left(\frac{1 - F(u)}{\varDelta}\right) du = F(t) = 1 - e^{-\lambda t}\,.$$

10.2. Es ist das gleiche Problem wie in Aufgabe 10.1 zu lösen, dabei wird jedoch angenommen, daß die an einer Stelle in einer Richtung vorbeifahrenden Fahrzeuge eine stationäre reguläre Punktfolge der Intensität λ bilden.

Lösung: Es ist

$$\mathbf{P}(T < t) = F_1(t)\,,$$

wobei $F_1(t)$ die Verteilungsfunktion der Gleichverteilung im Intervall $\left(0, \frac{1}{\lambda}\right)$ ist (vgl. S. 314). Die Verteilungsdichte von T ist also gleich

$$f(t) = \lambda \qquad \left(0 < t < \frac{1}{\lambda}\right).$$

Für eine Gleichverteilung gelten die Formeln

$$m_t = \frac{1}{2\lambda}\,; \qquad D_t = \frac{\left(\frac{1}{\lambda}\right)^2}{12} = \frac{1}{12\lambda^2}\,; \qquad \sigma_t = \frac{1}{2\sqrt{3}\,\lambda}\,.$$

10.3. Man beweise, daß für eine stationäre POISSONsche Punktfolge die Beziehung

$$\lim_{\varDelta t \to 0} \frac{\mathbf{P}(\nu(\varDelta t) \geqq 1)}{\mathbf{P}(\nu(\varDelta t) = 1)} = 1$$

gilt, wobei $\nu(\varDelta t)$ die Anzahl der Punkte der Folge im Intervall der Länge $\varDelta t$ ist.

Lösung: Es gilt

$$\mathbf{P}(\nu(\Delta t) \geqq 1) = 1 - \mathbf{P}(\nu(\Delta t) = 0) = 1 - e^{-\lambda \Delta t};$$
$$\mathbf{P}(\nu(\Delta t) = 1) = \lambda \Delta t\, e^{-\lambda \Delta t}.$$

Folglich ist

$$\lim_{\Delta t \to 0} \frac{\mathbf{P}(\nu(\Delta t) \geqq 1)}{\mathbf{P}(\nu(\Delta t) = 1)} = \lim_{\Delta t \to 0} \frac{1 - e^{-\lambda \Delta t}}{\lambda \Delta t\, e^{-\lambda \Delta t}} = 1 .$$

10.4*. Ein Fahrgast kommt zur Haltestelle und muß auf den nächsten Bus warten. Die Busse kommen in zufälligen Zeitabständen $T_1, T_2, \ldots$ ($T_i > 0$), die unabhängig voneinander und identisch verteilt sind, zur Haltestelle. Die Verteilungsdichte der Zeitabstände T_i ist gleich $f(t)$.

Man bestimme das Verteilungsgesetz der Wartezeit des Fahrgastes unter der Voraussetzung, daß der Zeitpunkt des Eintreffens des Fahrgastes an der Haltestelle vom Zeitpunkt der Ankunft des nächsten Busses an der Haltestelle unabhängig ist (der Fahrplan der Busse ist dem Fahrgast unbekannt).

Lösung: Wir betrachten die Folge der Zeitpunkte, in denen ein Bus an der Haltestelle eintrifft. Diese zufällige Punktfolge ist nach Voraussetzungen der Aufgabe eine stationäre rekurrente Punktfolge. Die Ankunft des Fahrgastes an der Bushaltestelle kann als Erscheinen eines Punktes P auf der Zeitachse Ot gedeutet werden.

Die Zufälligkeit des Eintreffens des Fahrgastes an der Haltestelle ist so aufzufassen, daß in einem zufällig ausgewählten Zeitabstand T^* zwischen der Ankunft zweier Busse (es handelt sich um den unmittelbar vor und um den unmittelbar nach dem Fahrgast an der Haltestelle ankommenden Bus) der Punkt P gleichverteilt ist.

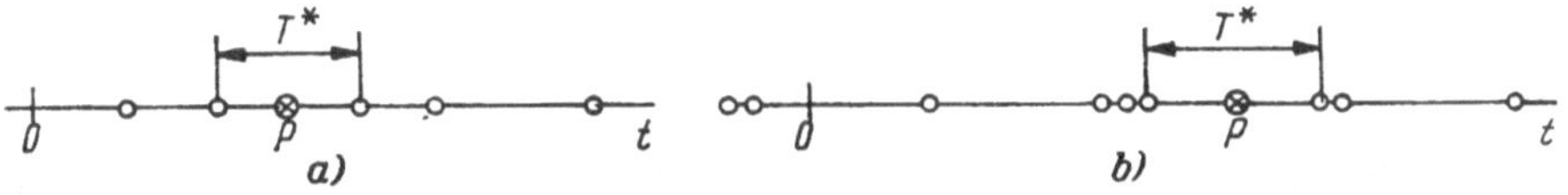

Abb. 10.4

Das Verteilungsgesetz des Zeitintervalls T^* zwischen den Ankunftszeitpunkten zweier Busse, in welchem der Fahrgast an der Haltestelle eintraf, stimmt mit dem Verteilungsgesetz $f(t)$ nicht überein. Diese (auf den ersten Blick paradox erscheinende) Tatsache kann man an dem folgenden anschaulichen Beispiel erklären. Das zufällige Zeitintervall T zwischen den Zeitpunkten zweier aufeinander folgender Busse kann nur die zwei Werte $t_1 = 0{,}9$ h und $t_2 = 0{,}1$ h mit den gleichen Wahrscheinlichkeiten 0,5 annehmen. Die Ankunftszeitpunkte der Busse bilden dann auf der Achse Ot eine rekurrente Punktfolge, in der mit gleicher Häufigkeit lange (0,9) und kurze (0,1) Abschnitte auftreten (vgl. Abb. 10.4b). Der Fahrgast erscheint zufällig in einem beliebigen Zeitpunkt auf der Achse Ot. Wir stellen uns die Frage, was ist wahrscheinlicher: daß er auf einem Abschnitt der Länge 0,9, oder auf einem Abschnitt der Länge 0,1 liegt? Offenbar ist das Erste wahrscheinlicher, denn die Abschnitte der Länge 0,9 und 0,1 treten zwar auf der Ot-Achse gleich oft auf, aber die Abschnitte der Länge 0,9 sind neunmal länger; folglich nehmen sie auf der Ot-Achse eine neunmal größere Länge als die kleinen Abschnitte ein. Daher ist die Wahrscheinlichkeit dafür, daß ein auf die Ot-Achse zufällig geworfener Punkt P auf ein Intervall der Länge 0,9 fällt, gleich 0,9 und nicht 0,5; die Wahrscheinlichkeit, daß er auf ein Intervall 0,1 fällt, ist gleich 0,1.

Wir konnten uns an diesem Beispiel überzeugen, daß das Verteilungsgesetz des zufällig gewählten Zeitabschnitts T^* mit der a-priori-Verteilung der Zeitabstände zwischen aufeinanderfolgenden Ankunftszeitpunkten der Busse nicht übereinstimmt.

Wir bestimmen jetzt die Verteilungsdichte $f^*(t)$ des Zeitabschnitts T^*, falls die a-priori-Verteilungsdichte der Zeitabschnitte T_t gleich $f(t)$ ist. Dazu bestimmen wir die Wahrscheinlichkeit $f^*(t)\,dt$ dafür, daß die Länge des Zeitabschnitts T^* im Intervall $(t, t + dt)$ liegt. Diese Wahrscheinlichkeit ist näherungsweise gleich dem Verhältnis der Gesamtlänge der auf einen großen Zeitabschnitt der Länge T_0 liegenden Zeitabschnitt T_t, deren Länge im Intervall $(t, t + dt)$ liegt, zu der Gesamtlänge T_0 des großen Zeitabschnitts. Die Gesamtzahl der auf dem großen Zeitabschnitt liegenden Abstände T_t sei gleich N $(N \gg 1)$. Die mittlere Anzahl der Zeitabschnitte, deren Länge im Intervall $(t, t + dt)$ liegt, ist gleich $N \cdot f(t)\,dt$; die mittlere Gesamtlänge aller dieser Abschnitte ist gleich $N\,t\,f(t)\,dt$. Die Länge T_0 des großen Zeitabschnitts kann näherungsweise durch $N\,m_t$ ersetzt werden, wobei

$$m_t = \mathbf{M}[T] = \int_0^\infty t\,f(t)\,dt$$

ist. Folglich gilt

$$f^*(t)\,dt \approx \frac{N\,t\,f(t)\,dt}{N\,m_t} = \frac{t\,f(t)}{m_t}\,dt\,.$$

Diese Gleichung ist um so genauer, je größer die Länge T_0 des betrachteten Zeitabschnitts ist (je größer N ist)[1]. Durch den Grenzübergang $T_0 \to \infty$ erhält man das Verteilungsgesetz der zufälligen Größe T^*:

$$f^*(t) = \begin{cases} \dfrac{t}{m_t} f(t) & \text{für } t > 0\,, \\ 0 & \text{für } t < 0\,. \end{cases}$$

Man stellt leicht fest, daß die Funktion $f^*(t)$ alle Eigenschaften einer Verteilungsdichte besitzt.

Jetzt ist es möglich, die Verteilungsdichte $\varphi(\theta)$ der Wartezeit Θ des Fahrgastes zu bestimmen (Abb. 10.4c). Dazu benutzen wir die Formel der totalen

---

[1]) Hier wird der individuelle Ergodensatz für stationäre zufällige Prozesse benutzt (vgl. Fußnote S. 182) (Anm. d. Red.).

Wahrscheinlichkeit

$$\varphi(\theta) = \int_0^\infty f^*(t^*)\,\varphi(\theta|t^*)\,dt^* \qquad (\theta > 0)\,,$$

wobei $\varphi(\theta|t)$ die bedingte Verteilungsdichte der Wartezeit Θ unter der Bedingung, daß die zufällige Größe T^* den Wert t^* annimmt, ist.

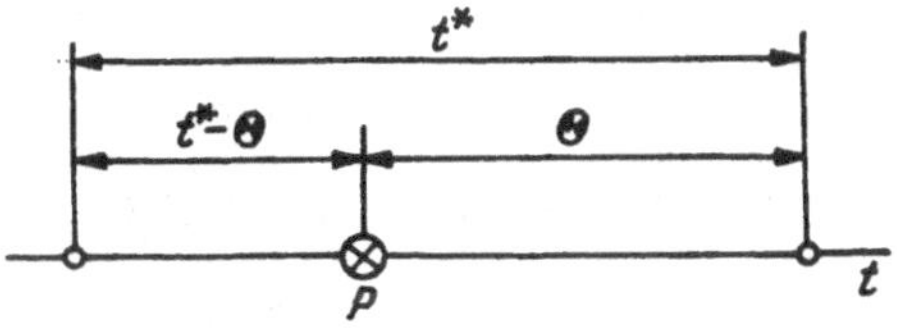

Abb. 10.4c

Da der Punkt P auf dem Zeitintervall der Länge t^* gleichverteilt ist, gilt

$$\varphi(\theta|t^*) = \begin{cases} \dfrac{1}{t^*} & \text{für} \quad 0 < \theta < t^*\,, \\ 0 & \text{für} \quad \theta > t^*\,. \end{cases}$$

Hieraus folgt

$$\varphi(\theta) = \int_\theta^\infty \frac{1}{t^*} f^*(t^*)\,dt^* = \int_\theta^\infty \frac{1}{t^*}\,\frac{t^*}{m_t} f(t^*)\,dt^* = \frac{1 - F(\theta)}{m_t}\,,$$

wobei $F(t)$ die Verteilungsfunktion der zufälligen Größen T_i ist:

$$F(t) = \int_0^t f(t)\,dt\,.$$

Die gesuchte Verteilungsdichte der Wartezeit Θ ist gleich[1])

$$\varphi(\theta) = \begin{cases} \dfrac{1 - F(\theta)}{m_t} & \text{für} \quad \theta > 0\,, \\ 0 & \text{für} \quad \theta < 0\,. \end{cases}$$

10.5. Unter den Voraussetzungen der vorhergehenden Aufgabe seien die Zeitabstände T zwischen aufeinanderfolgenden Ankunftszeitpunkten von Bussen an der Haltestelle im Intervall (5, 10) gleichverteilt.

Man bestimme die Verteilungsdichten $f^*(t)$ und $\varphi(\theta)$.

Lösung: Es ist

$$f(t) = \begin{cases} \dfrac{1}{5} & \text{für} \quad t \in (5, 10)\,, \\ 0 & \text{für} \quad t \notin (5, 10)\,. \end{cases}$$

[1]) $\varphi(\theta)$ ist also die Verteilungsdichte der stationären Anfangsverteilung $\bar{F}(x)$ der rekurrenten Punktfolge mit der Abstandsverteilung $F(x)$; vgl. S. 312 (Anm. d. Red.).

Der mittlere Zeitabstand zwischen aufeinander folgenden Bussen ist gleich $m_t = 7{,}5$. Nach der allgemeinen Formel aus der Aufgabe 10.4 gilt

$$f^*(t) = \begin{cases} \dfrac{t}{37{,}5} & \text{für} \quad t \in (5, 10)\,, \\ 0 & \text{für} \quad t \notin (5, 10)\,. \end{cases}$$

Die Verteilungsdichte $f^*(t)$ ist in der Abb. 10.5a graphisch dargestellt. Es ist

$$F(t) = \begin{cases} 0 & \text{für} \quad t \leqq 5\,, \\ \dfrac{t-5}{5} & \text{für} \quad 5 < t < 10\,, \\ 1 & \text{für} \quad t \geqq 10\,. \end{cases}$$

Hieraus folgt die Gleichung

$$\varphi(\theta) = \begin{cases} 0 & \text{für} \quad \theta < 0\,, \\ \dfrac{1}{7{,}5} & \text{für} \quad 0 < \theta < 5\,, \\ \dfrac{10-\theta}{37{,}5} & \text{für} \quad 5 < \theta < 10\,, \\ 0 & \text{für} \quad \theta > 10\,. \end{cases}$$

Die Verteilungsdichte $\varphi(\theta)$ ist in der Abb. 10.5b graphisch dargestellt.

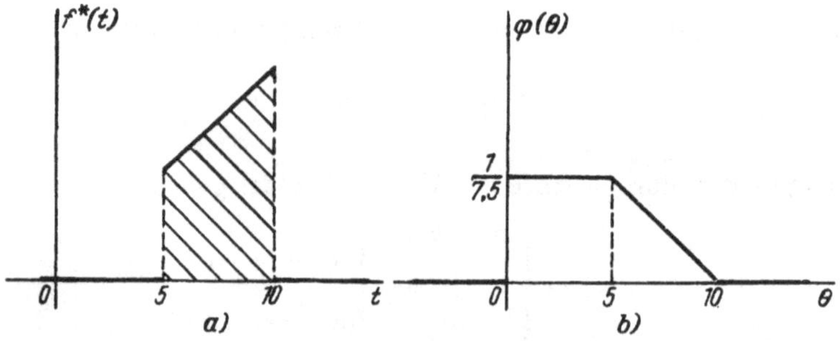

Abb. 10.5

10.6. Unter den Voraussetzungen der Aufgabe 10.4. bestimme man das Verteilungsgesetz der Wartezeit des Fahrgastes auf den nächsten Bus, falls die Ankunftszeitpunkte der Busse an der Haltestelle eine ERLANGsche Punktfolge k-ter Ordnung bilden. Ferner bestimme man das Verteilungsgesetz $f^*(t)$ von T^*.

Lösung: Es ist

$$\varphi(\theta) = \frac{1}{m_t}[1 - F(\theta)] = \frac{1}{m_t}\left[1 - \left(1 - \sum_{s=0}^{k} \frac{(\lambda\,\theta)^s}{s!}\,e^{-\lambda\theta}\right)\right] = \frac{\lambda}{k+1} R(k, \lambda\,\theta)$$
$$(\theta > 0)\,.$$

Ist die Folge der Ankunftszeitpunkte eine POISSONsche Punktfolge ($k = 0$), so gilt

$$\varphi(\theta) = \lambda\, e^{-\lambda\theta} \qquad (\theta > 0)\,,$$

d. h., die Wartezeit ist exponentiell verteilt.

Die Verteilungsdichte des zufällig ausgewählten Zeitabstandes T^* hat die Gestalt

$$f^*(t) = \frac{t}{m_t} f(t) = \frac{\lambda\, t}{k+1} \cdot \frac{\lambda(\lambda\, t)^k}{k!}\, e^{-\lambda t} = \frac{\lambda(\lambda\, t)^{k+1}}{(k+1)!}\, e^{-\lambda t} = \lambda\, P\,(k+1, \lambda\, t) \qquad (t > 0)\,.$$

Es ist also eine ERLANG-Verteilung ($k + 1$)-ter Ordnung.

10.7. Eine rekurrente Punktfolge wird mit Hilfe der „p-Transformation" verdünnt: jeder Punkt der Punktfolge verbleibt mit der Wahrscheinlichkeit p in der Punktfolge (wird mit der Wahrscheinlichkeit $q = 1 - p$ gestrichen); die Entscheidung erfolgt für jeden Punkt unabhängig von den anderen Punkten.

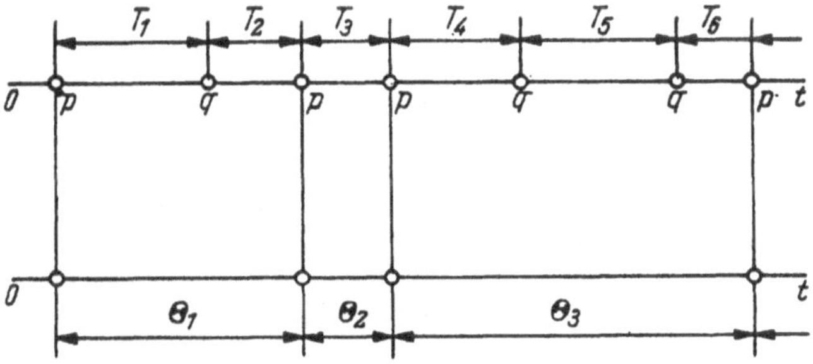

Abb. 10.7

Die Verteilungsdichte der Abstände T_i zwischen den aufeinanderfolgenden Punkten der ursprünglichen Punktfolge ist gleich $f(t)$.

Man beweise, daß die nach der p-Transformation entstandene zufällige Punktfolge ebenfalls eine stationäre rekurrente Punktfolge ist, und bestimme das Verteilungsgesetz der Abstände zwischen den Punkten und dessen numerische Charakteristika.

Lösung: Die „p-Verdünnung" der stationären rekurrenten Punktfolge ist in der Abb. 10.7 schematisch dargestellt. Der zufällige Abstand Θ zwischen zwei aufeinanderfolgenden Punkten der „verdünnten" Punktfolge ist gleich der Summe einer zufälligen Anzahl unabhängiger, zufälliger Summanden, die identisch mit der Verteilungsdichte $f(t)$ verteilt sind.

$$\Theta = \sum_{k=1}^{Y} T_k\,.$$

Dabei ist die zufällige Größe Y von der Folge (T_i) unabhängig und besitzt die um Eins verschobene geometrische Verteilung mit dem Parameter p:

$$\mathbf{P}(Y = m) = p\, q^{m-1} \qquad (m = 1, 2, \ldots)\,.$$

Die Abstände

$$\Theta_1 = \sum_{k=1}^{Y_1} T_k, \qquad \Theta_2 = \sum_{j=1}^{Y_2} T_{j+Y_1}, \ldots$$

zwischen den aufeinander folgenden Punkten der transformierten Punktfolge sind unabhängig voneinander, da die zufälligen Größen $Y_1, Y_2, \ldots$ unabhängig voneinander sind (jeder Punkt wird gestrichen oder verbleibt in der Punktfolge unabhängig von den anderen Punkten) und dasselbe für die Summanden T_t gilt. Somit ist nachgewiesen, daß die transformierte Punktfolge ebenfalls eine rekurrente Punktfolge ist.

Sei $g_t(x)$ die charakteristische Funktion der gemäß $f(t)$ verteilten Größe T. Aus der Lösung der Aufgabe 8.69 folgt, daß die charakteristische Funktion der zufälligen Größe Θ gleich

$$g_\theta(x) = \frac{p\, g_t(x)}{1 - q\, g_t(x)}$$

ist. Die Verteilungsdichte $g_\theta(x)$ von Θ berechnet man mit Hilfe der Umkehrformel

$$\varphi(\theta) = \frac{1}{2\pi} \int_{-\infty}^{\infty} e^{-i\theta x} g_\theta(x)\, dx .$$

Entsprechend den Ergebnissen der Aufgabe 8.69 erhalten wir für die numerischen Charakteristika der zufälligen Größe die Formeln

$$m_\theta = \frac{m_t}{p}, \qquad D_\theta = \frac{D_t}{p} + m_t^2 \frac{q}{p^2},$$

wobei

$$m_t = \int_0^\infty t\, f(t)\, dt, \quad \text{und} \quad D_t = \int_0^\infty (t - m_t)^2 f(t)\, dt$$

gilt.

10.8. Eine Poissonsche Punktfolge mit der Intensität λ wird der p-Transformation unterworfen (vgl. Aufgabe 10.7). Man beweise, daß die transformierte Punktfolge ebenfalls nach dem Poisson-Gesetz verteilt ist, und bestimme ihre Intensität.

Lösung: Die charakteristische Funktion des Abstands T zwischen aufeinander folgenden Punkten der ursprünglichen Punktfolge ist gleich $g_t(t) = \frac{\lambda}{\lambda - i t}$ (vgl. Aufgabe 8.55). Für die charakteristische Funktion des Abstandes in der transformierten Punktfolge erhält man aus der Aufgabe 10.7 die Formel

$$g_\theta(t) = \frac{p\, g_t(t)}{1 - q\, g_t(t)} = \frac{p\lambda}{\lambda - i t - q\lambda} = \frac{p\lambda}{p\lambda - i t}.$$

Die charakteristische Funktion bestimmt die Verteilungsdichte eindeutig, also gilt entsprechend Aufgabe 8.55

$$\varphi(\theta) = p\lambda\, e^{-\lambda p \theta} \qquad (\theta > 0).$$

Die transformierte Punktfolge ist also nach dem POISSON-Gesetz verteilt mit der Intensität λp.

Man kann beweisen, daß bei einer vielfachen Anwendung der p-Transformation auf eine rekurrente Punktfolge eine Punktfolge entsteht, die näherungsweise nach dem POISSON-Gesetz verteilt ist.

10.9. Die p-Transformation (vgl. Aufgabe 10.7) wird auf eine ERLANGsche Punktfolge k-ter Ordnung mit dem Parameter λ angewandt. Man bestimme die charakteristische Funktion des Abstandes Θ zwischen zwei aufeinander folgenden Punkten der transformierten Punktfolge, sowie die numerischen Charakteristika m_θ und D_θ.

Lösung:

$$g_t(t) = \left(\frac{\lambda}{\lambda - i t}\right)^{k+1},$$

$$g_\theta(t) = \frac{p\left(\frac{\lambda}{\lambda - i t}\right)^{k+1}}{1 - q\left(\frac{\lambda}{\lambda - i t}\right)^{k+1}} = \frac{p\,\lambda^{k+1}}{(\lambda - i t)^{k+1} - q\,\lambda^{k+1}},$$

$$m_\theta = \frac{k+1}{\lambda p}; \qquad D_\theta = \frac{k+1}{\lambda^2 p} + \frac{(k+1)^2}{\lambda^2}\,\frac{q}{p^2}.$$

10.10. Unter den Voraussetzungen der Aufgabe 10.4 bestimme man die Wahrscheinlichkeit dafür, daß der Fahrgast in einen Bus einsteigen wird, falls jeder Bus an der Haltestelle t_0 Zeiteinheiten wartet, und der Fahrgast, falls er zum Zeitpunkt seines Eintreffens an der Haltestelle keinen Bus antrifft, ebenfalls die Zeit t_0 auf den nächsten Bus wartet; kommt während dieser Zeit t_0 kein Bus, so geht der Fahrgast zu Fuß. Die Zeit t_0 ist klein im Vergleich mit den möglichen Zeitabständen zwischen den aufeinander folgenden Ankunftszeitpunkten von Bussen, so daß praktisch niemals mehr als ein Bus an der Haltestelle wartet.

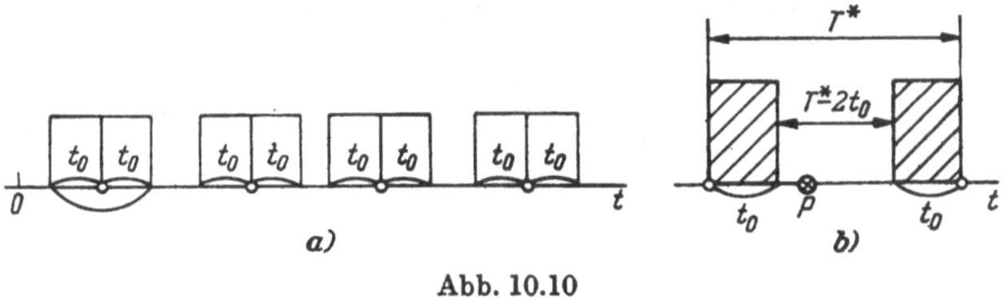

Abb. 10.10

Lösung: Wir berechnen zunächst die Wahrscheinlichkeit des Komplementärereignisses $\bar{A}$ — der Fahrgast geht zu Fuß. Um jeden Ankunftspunkt eines Busses kann man ein Intervall der Gesamtlänge $2\,t_0$ legen (Abb. 10.10a). Fällt der zufällige Zeitpunkt P, in dem der Fahrgast an der Haltestelle erscheint, in dieses Intervall, so steigt der Fahrgast in den jeweiligen Bus ein.

Wir betrachten nun (Abb. 10.10b) den zufällig ausgewählten Abstand T^* zwischen zwei aufeinander folgenden Bussen, auf dem der Zeitpunkt P gleichverteilt ist (vgl. Aufgabe 10.4).

Das Ereignis $\bar{A}$ tritt genau dann ein, wenn der Punkt P nicht in einen der in der Abb. 10.10b schraffierten Intervalle der Länge t_0 fällt, deren Anfangs- bzw. Endpunkt der Ankunftszeitpunkt des unmittelbar vor bzw. unmittelbar nach dem Eintreffen des Fahrgastes an der Haltestelle ankommenden Busses ist. Die Wahrscheinlichkeit dieses Ereignisses erhält man mit Hilfe der Formel für totale Wahrscheinlichkeit

$$\mathbf{P}(\bar{A}) = \int_{2t_0}^{\infty} \frac{t^* - 2\,t_0}{t^*} f^*(t^*)\,dt^* = \int_{2t_0}^{\infty} \frac{t^* - 2\,t_0}{t^*} \cdot \frac{t^*}{m_t} f(t^*)\,dt^*$$

$$= \frac{1}{m_t} \int_{2t_0}^{\infty} t^* f(t^*)\,dt^* - \frac{2\,t_0}{m_t} \int_{2t_0}^{\infty} f(t^*)\,dt^*\,,$$

woraus

$$\mathbf{P}(A) = 1 - \frac{1}{m_t} \int_{2t_0}^{\infty} t\,f(t)\,dt - \frac{2\,t_0}{m_t} \int_{2t_0}^{\infty} f(t)\,dt\,.$$

folgt. In dieser Formel ist $f(t)$ die a-priori-Verteilungsdichte des Zeitabstandes T zwischen zwei aufeinander folgenden Bussen und $m_t = \int_0^{\infty} t\,f(t)\,dt$ der Erwartungswert von T.

10.11. Die Ausfallzeitpunkte eines Rechenautomaten bilden eine Poissonsche Punktfolge der Intensität λ, d. h., die Zeitabschnitte, in denen der Rechenautomat ausfallfrei arbeitet (Betriebszeit) sind voneinander unabhängig und identisch gemäß $F(t) = 1 - e^{-\lambda t}$ verteilt. Fällt der Rechenautomat aus, so wird seine Arbeit unterbrochen und der Fehler beseitigt (Reparatur). Die einzelnen Reparaturzeiten sind untereinander und von der Folge der Betriebszeiten unabhängig und identisch gemäß $G(t) = 1 - e^{-\mu t}$ verteilt.

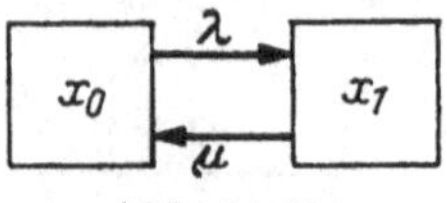

Abb. 10.11

Man bestimme die Wahrscheinlichkeit dafür, daß der Rechenautomat zum Zeitpunkt t einwandfrei arbeitet, falls er zum Zeitpunkt 0 einwandfrei gearbeitet hat.

Lösung: Das betrachtete System (Rechenautomat) hat zwei Zustände:

x_0 — der Rechenautomat arbeitet,
x_1 — der Rechenautomat wird repariert.

Die Wahrscheinlichkeiten dieser Zustände zum Zeitpunt t bezeichnen wir mit $p_0(t)$ und $p_1(t)$. Der bewertete Zustandsgraph ist in der Abb. 10.11 dargestellt.

Das System von Differentialgleichungen für die Zustandswahrscheinlichkeiten lautet:

$$\frac{dp_0(t)}{dt} = -\lambda\, p_0(t) + \mu\, p_1(t); \qquad \frac{dp_1(t)}{dt} = -\mu\, p_1(t) + \lambda\, p_0(t).$$

Die Lösung dieses Systems mit der Anfangsbedingung $p_0(0) = 1$ $p_1(0) = 0$ hat die Gestalt

$$p_0(t) = \frac{\mu}{\lambda + \mu}\left(1 + \frac{\lambda}{\mu} e^{-(\lambda+\mu)t}\right); \qquad p_1(t) = \frac{\lambda}{\lambda + \mu}(1 - e^{-(\lambda+\mu)t}).$$

Für $t \to \infty$ erhalten wir die stationären Zustandswahrscheinlichkeiten

$$p_0 = \frac{\mu}{\lambda + \mu}; \qquad p_1 = \frac{\lambda}{\lambda + \mu}.$$

10.12. Wir betrachten ein POISSONsches Verlustsystem mit n Bedienungseinrichtungen und nehmen an, daß es sich bereits im Zustand des statistischen Gleichgewichts befindet (vgl. S. 315). Die Intensität der POISSONschen Punktfolge der eintreffenden Forderungen ist gleich λ, der Parameter der exponentiell verteilten Bedienungsdauer ist gleich μ.

Man bestimme die folgenden Charakteristika des Bedienungssystems:

1. die mittlere Anzahl $\bar{k}$ der besetzten Bedienungseinrichtungen;
2. die Wahrscheinlichkeit dafür, daß eine beliebige Forderung nicht sofort bedient werden kann und somit verloren geht (die Verlustwahrscheinlichkeit);
3. die Wahrscheinlichkeit dafür, daß eine willkürlich gewählte Bedienungseinrichtung besetzt ist;
4. die mittlere Dauer einer Periode des Besetztseins einer Bedienungseinrichtung;
5. die mittlere Dauer einer Periode des Freiseins einer Bedienungseinrichtung.

L ö s u n g: 1. Die mittlere Anzahl der besetzten Bedienungseinrichtungen ist gleich

$$\bar{k} = \sum_{k=0}^{n} k\, p_k,$$

wobei p_k die durch die Formel (10.2) auf S. 316 bestimmten stationären Zustandswahrscheinlichkeiten sind. Durch eine einfache Umformung erhält man daraus die Formel

$$\bar{k} = \frac{\lambda}{\mu} \frac{R(n-1, \alpha)}{R(n, \alpha)},$$

wobei

$$\alpha = \frac{\lambda}{\mu}$$

ist. Unter Ausnutzung der Formel (10.3) erhält man daraus

$$\bar{k} = \frac{\lambda}{\mu} P_b,$$

wobei $P_l = 1 - p_n$ ist.

2. Die Wahrscheinlichkeit P_b^0 dafür, daß eine beliebige Forderung sofort bedient werden kann und somit nicht verloren geht, definiert man als das Verhältnis

$$P_b^0 = \frac{\lambda_0}{\lambda}$$

der mittleren Anzahl λ_0 der in einer Zeiteinheit bedienten Forderungen zu der mittleren Anzahl λ der in einer Zeiteinheit eintreffenden Forderungen (vgl. S. 316). Arbeitet eine Bedienungseinrichtung ununterbrochen, kann sie in einer Zeiteinheit im Mittel μ Forderungen bedienen (Bedienungsintensität). Also ist

$$\lambda_0 = \mu \bar{k} ,$$

wobei $\bar{k}$ der soeben bestimmte Erwartungswert der Anzahl der besetzten Bedienungseinrichtungen ist. Zusammenfassend erhalten wir

$$P_b^0 = P_b = 1 - p_n .$$

Hieraus folgt, daß die Verlustwahrscheinlichkeit (die Wahrscheinlichkeit dafür, daß eine beliebige Forderung verloren geht) gleich der Wahrscheinlichkeit dafür ist, daß in einem beliebigen Zeitpunkt alle Bedienungseinrichtungen besetzt sind (vgl. Fußnote auf S. 316):

$$P_n^0 = p_n .$$

3. Wir bezeichnen die Wahrscheinlichkeit dafür, daß eine beliebige Bedienungseinrichtung besetzt ist, mit P_{bes}. Offenbar ist diese Wahrscheinlichkeit für alle Bedienungseinrichtungen gleich.[1]) Folglich gilt

$$\bar{k} = n P_{\text{bes}} ,$$

woraus folgt

$$P_{\text{bes}} = \frac{\bar{k}}{n} = \frac{\alpha}{n} \cdot \frac{R(n-1, \alpha)}{R(n, \alpha)} .$$

4. Betrachtet man die Arbeit einer Bedienungseinrichtung, so besteht sie aus sich gegenseitig ablösenden Perioden des Besetztseins und des Freiseins. Eine Periode des Besetztseins und die anschließende Periode des Freiseins bezeichnen wir als „Zyklus".

Die Dauer einer Periode des Besetztseins ist gleich der Dauer der Bedienung einer Forderung, da unter den gegebenen Voraussetzungen die Wahrscheinlichkeit dafür, daß eine freiwerdende Bedienungseinrichtung sofort durch eine Forderung besetzt wird, gleich Null ist. Die mittlere Dauer $\bar{t}_{\text{bes}}$ einer Periode des Besetztseins ist also gleich der mittleren Bedienungsdauer $\frac{1}{\mu}$.

---

[1]) Diese Behauptung ist nur dann richtig, wenn die Bedienung einer ankommenden Forderung durch eine Bedienungseinrichtung übernommen wird, die aus der Menge der freien Bedienungseinrichtungen willkürlich ausgesucht wird. Da aber nach der Besetztwahrscheinlichkeit einer beliebigen, d. h. einer zufällig ausgewählten Bedienungseinrichtung gefragt ist, kann man o. B. d. A. annehmen, daß es sich um ein Bedienungssystem mit willkürlicher Auswahl der freien Bedienungseinrichtungen handelt. (Anm. d. Red.).

5. Für einen großen Zeitabschnitt T_0 gilt näherungsweise für jede Bedienungseinrichtung die Formel

$$P_{\text{bes}} = \frac{\text{Die Gesamtlänge der Besetztperioden in } (0, T_0)}{T_0}.$$

Für große T_0 ist auf Grund des starken Gesetzes der großen Zahlen (vgl. S. 209) der Zähler näherungsweise gleich

$$\frac{1}{\mu} \cdot \text{(mittlere Anzahl der Zyklen in } (0, T_0))$$

und der Nenner näherungsweise gleich

$$\left(\frac{1}{\mu} + \bar{t}_{\text{frei}}\right) \cdot \text{(mittlere Anzahl der Zyklen in } (0, T_0)),$$

wobei $\bar{t}_{\text{frei}}$ die mittlere Dauer einer Periode des Freiseins der Bedienungseinrichtung ist.

Durch den Grenzübergang $T_0 \to \infty$ erhält man die Formel

$$P_{\text{bes}} = \frac{\bar{t}_{\text{bes}}}{\bar{t}_{\text{frei}} + \bar{t}_{\text{bes}}},$$

aus der

$$\bar{t}_{\text{frei}} = \bar{t}_{\text{bes}} \frac{1 - P_{\text{bes}}}{P_{\text{bes}}} = \frac{1}{\mu} \frac{1 - P_{\text{bes}}}{P_{\text{bes}}}$$

folgt.

10.13. Wir betrachten eine automatische Telefonzentrale, die in der Lage ist, 20 Fernsprechteilnehmer gleichzeitig zu bedienen (20 abgehende Leitungen). Die in der Zentrale einlaufenden Anrufe bilden eine POISSONsche Punktfolge, der mittlere Abstand zwischen zwei Anrufen ist gleich 6 [s]. Jedes Gespräch dauert im Mittel 2 min und ist exponentiell verteilt. Ein Anruf, der alle Leitungen besetzt vorfindet, geht verloren. Ist zum Zeitpunkt des Eintreffens eines Anrufes mindestens eine Leitung frei, so wird der Anruf bedient, d. h., es erfolgt die Verbindung mit dem gewünschten Anschluß.

Man bestimme die Wahrscheinlichkeit dafür, daß ein beliebiger Fernsprechteilnehmer eine freie Leitung erhält, sowie die anderen Charakteristika des Bedienungssystems „Telefonzentrale": die mittlere Anzahl der besetzten Leitungen, die Wahrscheinlichkeit dafür, daß eine beliebige Leitung besetzt ist, und die mittlere Dauer des Freiseins einer Leitung.

Lösung: Wir betrachten die Telefonzentrale als ein POISSONsches Verlustsystem mit den Parametern:

$$n = 20; \quad \lambda = \frac{1}{6}\,[\text{s}^{-1}]; \quad \mu = \frac{1}{2 \cdot 60} = \frac{1}{120}\,[\text{s}^{-1}]; \quad \alpha = \frac{\lambda}{\mu} = 20.$$

Die Wahrscheinlichkeit dafür, daß ein beliebiger Teilnehmer bedient wird, ist gleich

$$P_b = \frac{R(n-1, \alpha)}{R(n, \alpha)} = \frac{R(19, 20)}{R(20, 20)} \approx 0{,}841.$$

Die mittlere Anzahl der belegten Leitungen ist gleich

$$\bar{k} = \alpha\, P_b \approx 16{,}8\,.$$

Die Wahrscheinlichkeit dafür, daß eine beliebige Leitung besetzt ist, ist gleich

$$P_{\text{bes}} = \frac{\bar{k}}{n} \approx 0{,}841\,.$$

Aus den Ergebnissen folgt, daß die Telefonzentrale genügend ausgelastet ist. Die mittlere Dauer einer Periode des Freiseins ist gleich

$$\bar{t}_{\text{frei}} = \frac{1}{\mu} \cdot \frac{1 - P_{\text{bes}}}{P_{\text{bes}}} \approx 22{,}6\ [\text{s}]\,.$$

10.14*. Auf den Eingang eines Warte-Verlust-Systems mit n Bedienungseinrichtungen treffen Forderungen ein, wobei die Ankunftszeitpunkte eine Poissonsche Punktfolge der Intensität λ bilden. Die gewünschten Bedienungszeiten der Forderungen sind untereinander und von der Folge der Ankunftszeitpunkte unabhängig und identisch verteilt. Ihr Verteilungsgesetz ist die Exponentialverteilung mit dem Parameter μ ($\frac{1}{\mu} = \bar{t}_{\text{bes}}$ ist die mittlere gewünschte Bedienungszeit). Die Anzahl der Plätze in der Warteschlange ist gleich m. Die Forderungen, die nicht sofort bedient werden können, reihen sich in die Warteschlange ein, aus der sie beim Freiwerden von Bedienungseinrichtungen in der Reihenfolge des Eintreffens in die Bedienungseinrichtungen gelangen. Die Wartezeit einer jeden Forderung ist durch eine exponentiell verteilte zufällige Größe T_w mit dem Erwartungswert $\bar{t}_w = \frac{1}{\nu}$ begrenzt (ist die wirklich notwendige Wartezeit der Forderung größer als T_w, so verläßt die Forderung das System, ohne bedient worden zu sein). Die den einzelnen Forderungen entsprechenden Zeiten T_w sind untereinander und von allen anderen bisher eingeführten zufälligen Größen unabhängig.

Man bestimme die stationären Zustandswahrscheinlichkeiten des Systems und die Wahrscheinlichkeit P_b dafür, daß eine beliebige Forderung bedient wird.

Lösung: Der bewertete Zustandsgraph des Bedienungssystems ist in der Abb. 10.14 dargestellt. Dabei benutzen wir die folgenden Bezeichnungen für die Zustände des Systems:

x_k — im System befinden sich genau k Forderungen ($0 \leqq k < n$), sie werden alle bedient, es gibt keine Warteschlange;

x_{n+s} — im System befinden sich genau $n + s$ Forderungen, n davon werden bedient und s befinden sich in der Warteschlange ($1 \leqq s \leqq m$).

Der Leser soll ausgehend von den Zustandsgraphen selbständig das System von Differentialgleichungen für die Zustandswahrscheinlichkeiten aufstellen und daraus durch den Grenzübergang $t \to \infty$ das System algebraischer Gleichungen für die stationären Zustandswahrscheinlichkeiten ableiten. Die Lösung des letzten Systems (stationäre Zustandswahrscheinlichkeiten) lautet:

$$p_k = \frac{\frac{\alpha^k}{k!}}{\sum_{k=0}^{n} \frac{\alpha^k}{k!} + \frac{\alpha^n}{n!} \sum_{s=1}^{m} \frac{\alpha^s}{\prod_{i=1}^{s} (n + i\beta)}} \qquad (0 \leqq k \leqq n), \qquad (1)$$

$$p_{n+s} = \frac{\frac{\alpha^n}{n!} \cdot \frac{\alpha^s}{\prod_{i=1}^{s} (n + i\beta)}}{\sum_{k=0}^{n} \frac{\alpha^k}{k!} + \frac{\alpha^n}{n!} \sum_{s=1}^{m} \frac{\alpha^s}{\prod_{i=1}^{s} (n + i\beta)}} \qquad (1 \leqq s \leqq m), \qquad (2)$$

wobei

$$\alpha = \frac{\lambda}{\mu}, \qquad \beta = \frac{\nu}{\mu}$$

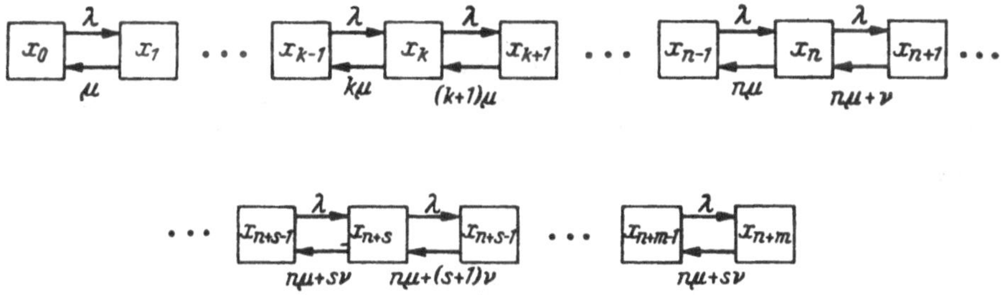

Abb. 10.14

gilt. Dieser Ausdruck kann auf eine Form gebracht werden, die für praktische Berechnungen bequemer ist. Dazu setzt man

$$\frac{\alpha^s}{\prod_{i=1}^{s} (n + i\beta)} = \frac{\left(\frac{\alpha}{\beta}\right)^s}{\prod_{i=1}^{s} \left(\frac{n}{\beta} + i\right)} = \frac{\gamma^s \, \Gamma(\delta + 1)}{\Gamma(\delta + s + 1)},$$

wobei

$$\gamma = \frac{\alpha}{\beta} = \frac{\lambda}{\nu}, \qquad \delta = \frac{n}{\beta} = \frac{n\mu}{\nu},$$

gilt und $\Gamma(x) = \int_0^\infty e^{-t} t^{x-1} \, dt \; (x > 0)$ die EULERsche Gamma Funktion ist, für die bekanntlich die Beziehung

$$\Gamma(x + 1) = x \, \Gamma(x) \qquad (x > 0)$$

gilt. Ist δ eine ganze Zahl, so ist

$$\frac{\alpha^s}{\prod_{i=1}^{s}(n+i\beta)} = \frac{\gamma^s\,\delta!}{(\delta+s)!} = \frac{\gamma^{s+\delta}\,e^{-\gamma}}{(\delta+s)!}\,\frac{1}{\frac{\gamma^\delta\,e^{-\gamma}}{\delta!}} = \frac{P(s+\delta,\gamma)}{P(\delta,\gamma)},$$

$$\sum_{s=1}^{m}\frac{\alpha^s}{\prod_{i=1}^{s}(n+i\beta)} = \frac{\sum_{s=0}^{m+\delta}P(s,\gamma)-\sum_{s=0}^{\delta}P(s,\gamma)}{P(\delta,\gamma)} = \frac{R(m+\delta,\gamma)-R(\delta,\gamma)}{P(\delta,\gamma)}$$

und die Formeln (1) und (2) für die stationären Zustandswahrscheinlichkeiten erhalten die Gestalt

$$p_k = \frac{P(k,\alpha)}{R(n,\alpha)+P(n,\alpha)\frac{R(m+\delta,\gamma)-R(\delta,\gamma)}{P(\delta,\gamma)}} \qquad (0 \leqq k \leqq n)\,, \tag{3}$$

$$p_{n+s} = \frac{P(n,\alpha)\frac{P(s+\delta,\gamma)}{P(\delta,\gamma)}}{R(n,\alpha)+P(n,\alpha)\frac{R(m+\delta,\gamma)-R(\delta,\gamma)}{P(\delta,\gamma)}} \qquad (1 \leqq s \leqq m)\,. \tag{4}$$

Die Wahrscheinlichkeit dafür, daß eine beliebige Forderung bedient wird, definiert man als das Verhältnis der mittleren Anzahl λ_0 der in einer Zeiteinheit bedienten Forderungen zu der Intensität λ der POISSONschen Punktfolge der Forderungen:

$$P_b = \frac{\lambda_0}{\lambda}.$$

Die mittlere Anzahl der in einer Zeiteinheit durch eine Bedienungseinrichtung bedienten Forderungen ist unter Voraussetzung der ununterbrochenen Arbeit der Bedienungseinrichtung gleich μ. Also gilt

$$\lambda_0 = \bar{k}\cdot\mu\,,$$

wobei $\bar{k}$ die mittlere Anzahl der besetzten Bedienungseinrichtungen ist:

$$\bar{k} = \sum_{k=0}^{n} k\,p_k + n\sum_{s=1}^{m} p_{n+s}\,.$$

Ist δ eine ganze Zahl, so ist

$$\bar{k} = \frac{\alpha\,R(n-1,\alpha)+n\,P(n,\alpha)\frac{R(m+\delta,\gamma)-R(\delta,\gamma)}{P(\delta,\gamma)}}{R(n,\alpha)+P(n,\alpha)\frac{R(m+\delta,\gamma)-R(\delta,\gamma)}{P(\delta,\gamma)}}\,. \tag{5}$$

Ist δ keine ganze Zahl, so berechnet man die gesuchten Größen für die beiden zu δ benachbarten ganzen Zahlen und wendet dann die lineare Interpolation an. Diese Methode führt zu genügend genauen Ergebnissen.

Ist die Anzahl der Plätze in der Warteschlange unbegrenzt ($m = \infty$), so vereinfachen sich die Formeln wesentlich, wenn man die Beziehung

$$\lim_{m \to \infty} R(m + \delta, \gamma) = 1 .$$

berücksichtigt.

Im Falle $\nu = 0$ und somit $\beta = 0$ (die Forderungen verlassen niemals das System, ohne bedient worden zu sein) verändern sich die Formeln (1) und (2) wie folgt:

$$p_k = \frac{P(k, \alpha)}{R(n, \alpha) + P(n, \alpha)\, \varkappa \dfrac{1 - \varkappa^m}{1 - \varkappa}}, \tag{6}$$

$$p_{n+s} = \frac{P(n, \alpha)\, \varkappa^s}{R(n, \alpha) + P(n, \alpha)\, \varkappa \dfrac{1 - \varkappa^m}{1 - \varkappa}}. \tag{7}$$

Die Wahrscheinlichkeit dafür, daß eine beliebige Forderung bedient wird, ist für $\nu = 0$ gleich

$$P_b = 1 - P_{n+m} = 1 - \frac{P(n, \alpha)\, \varkappa^m}{R(n, \alpha) + P(n, \alpha)\, \varkappa \dfrac{1 - \varkappa^m}{1 - \varkappa}}, \tag{8}$$

wobei

$$\varkappa = \frac{\alpha}{n} = \frac{\lambda}{n\mu}$$

ist.

Für $m = \infty$ und $\nu = 0$ geht das betrachtete Bedienungssystem in ein reines Wartesystem über. Es ist dann

$$p_k = \frac{P(k, \alpha)}{R(n, \alpha) + P(n, \alpha) \dfrac{\varkappa}{1 - \varkappa}},$$

$$p_{n+s} = \frac{P(n, \alpha)\, \varkappa^s}{R(n, \alpha) + P(n, \alpha) \dfrac{\varkappa}{1 - \varkappa}}.$$

Das reine Wartesystem besitzt nur dann den Zustand des statistischen Gleichgewichts, wenn $\varkappa < 1$ ist.

10.15*. Für das kombinierte Warte-Verlust-System, das in der vorhergehenden Aufgabe behandelt wurde, bestimme man die folgenden Charakteristika:

1. die mittlere Anzahl $\bar{s}$ der Forderungen, die sich in der Warteschlange befinden;
2. die mittlere Wartezeit $\bar{y}_w$ einer beliebigen Forderung;
3. die Wahrscheinlichkeit P_{bes} dafür, daß eine beliebige Bedienungseinrichtung besetzt ist;

4. die mittlere Dauer einer Periode des Besetztseins einer Bedienungseinrichtung;
5. die mittlere Dauer einer Periode des Freiseins einer Bedienungseinrichtung

unter der Annahme, daß $\delta = \frac{n\mu}{\lambda}$ eine ganze Zahl ist.

Lösung: 1. Die mittlere Anzahl der in der Warteschlange befindlichen Forderungen ist gleich (vgl. Formel (4) in der Aufgabe 10.14):

$$\bar{s} = \sum_{s=1}^{m} s\, p_{n+s} = \frac{P(n,\alpha) \sum\limits_{s=1}^{m} s \frac{P(s+\delta,\gamma)}{P(\delta,\gamma)}}{R(n,\alpha) + P(n,\alpha) \frac{R(m+\delta,\gamma) - R(\delta,\gamma)}{P(\delta,\gamma)}}.$$

Wir formen die Summe im Zähler um und erhalten

$$\sum_{s=1}^{m} s \frac{P(s+\delta,\gamma)}{P(\delta,\gamma)} = \sum_{s=1}^{m} s \frac{\gamma^{\delta+s}}{(s+\delta)!} e^{-\gamma} \frac{\delta!}{\gamma^{\delta} e^{-\gamma}} = \sum_{s=1}^{m} s \frac{\gamma^{s}\, \delta!}{(\delta+s)!}$$

$$= \gamma \frac{\partial}{\partial\gamma} \frac{R(m+\delta,\gamma) - R(\delta,\gamma)}{P(\delta,\gamma)}$$

$$= \frac{[R(m+\delta,\gamma) - R(\delta,\gamma)](\gamma-\delta) + \gamma[P(\delta,\gamma) - P(m+\delta,\gamma)]}{P(\delta,\gamma)},$$

da

$$\frac{\partial}{\partial\gamma} P(\delta,\gamma) = \frac{\partial}{\partial\gamma} \frac{\gamma^{\delta}}{\delta!} e^{-\gamma} = \frac{1}{\delta!} e^{-\gamma} (\delta\, \gamma^{\delta-1} - \gamma^{\delta}) = \frac{\delta-\gamma}{\gamma} P(\delta,\gamma)$$

und

$$\frac{\partial}{\partial\gamma} R(k,\gamma) = -P(k,\gamma)$$

gilt. Folglich ist

$$\bar{s} = \frac{P(n,\alpha) \{[R(m+\delta,\gamma) - R(\delta,\gamma)](\gamma-\delta) + \gamma[P(\delta,\gamma) - P(m+\delta,\gamma)]\}}{P(\delta,\gamma) R(n,\alpha) + P(n,\alpha)[R(m+\delta,\gamma) - R(\delta,\gamma)]}.$$

2. Die zufällige Wartezeit Y_w einer Forderung in der Warteschlange, d. h. die Zeit, die eine Forderung in der Warteschlange verbringt, bevor sie bedient wird oder unbedingt das System verläßt, ist eine gemischte Zufallsgröße mit $\mathrm{P}(Y_w = 0) = \sum\limits_{n=0}^{n-1} p_k$, die im übrigen Wertebereich $(0, \infty)$ stetig ist. Ihre Verteilungsdichte auf $(0, \infty)$ bezeichnen wir mit $f_w(t)$. Die Wahrscheinlichkeit dafür, daß die Wartezeit einer beliebigen Forderung im Intervall $(t, t+dt)$, $t > 0$, liegt, ist gleich $f_w(t)\, dt$. Nehmen wir an, daß die Forderungen in der Reihenfolge des Eintreffens bedient werden, dann befinden sich hinter der betrachteten Forderung zum Zeitpunkt ihres Ausscheidens aus der Warteschlange im Mittel λt Forderungen, die während der Zeit t eingetroffen sind. Der totale Erwartungswert der Anzahl der Forderungen, die während der Warte-

zeit Y_w eingetroffen sind, ist gleich der mittleren Anzahl $\bar{s}$ der wartenden Forderungen. Es ist also

$$\bar{s} = \int_0^\infty \lambda\, t\, f_w(t)\, dt = \lambda\, \bar{y}_w\,, \quad \text{woraus} \quad \bar{y}_w = \frac{\bar{s}}{\lambda} \text{ folgt.}^{1)}$$

3. Die Wahrscheinlichkeit dafür, daß eine beliebige Bedienungseinrichtung besetzt ist, ist gleich (vgl. Fußnote auf S. 328)

$$P_{\text{bes}} = \frac{\bar{k}}{n}\,.$$

Die Größe $\bar{k}$ ergibt sich aus Formel (5) von Aufgabe 10.14.

4. Die mittlere Dauer einer Periode des Besetztseins ist

$$\bar{t}_{\text{bes}} = \frac{1}{\mu}\,.$$

5. Die mittlere Dauer einer Periode des Freiseins ist

$$\bar{t}_{\text{frei}} = \frac{1}{\mu} \cdot \frac{1 - P_{\text{bes}}}{P_{\text{bes}}}\,.$$

10.16. Um die landungsfreie Flugdauer zu erhöhen, werden Flugzeuge in der Luft aufgetankt. In einem bestimmten Bereich, in dem das Auftanken in der Luft erfolgt, befinden sich stets vier Tankflugzeuge. Das Auftanken dauert im Mittel 10 Minuten. Sind alle Tankflugzeuge „besetzt", so kann ein Flugzeug, das aufgetankt werden muß, eine gewisse Zeit „warten" (indem es im „Tankbereich" Kreise dreht); die mittlere Begrenzung für die Wartezeit ist gleich $\nu^{-1} = 20$ Minuten. Kann ein Flugzeug nicht mehr warten, so verläßt es die „Warteschlange" und landet auf einem Reserveflugplatz. Im Mittel erscheinen im „Tankbereich" 24 Flugzeuge pro Stunde. Die Anzahl der „wartenden" Flugzeuge ist nicht begrenzt.

Man bestimme die Wahrscheinlichkeit P_b dafür, daß eine beliebiges Flugzeug in der Luft aufgetankt wird; die mittlere Anzahl $\bar{k}$ der besetzten Tankflugzeuge, die mittlere Anzahl $\bar{s}$ der wartenden Flugzeuge, die mittlere Wartezeit $\bar{y}_w$ und die Wahrscheinlichkeit P_{bes} dafür, daß ein beliebiges Tankflugzeug besetzt ist, schließlich die mittlere Dauer $\bar{t}_{\text{bes}}$ einer Periode des Freiseins eines Tankflugzeuges und die mittlere Dauer $\bar{t}_{\text{bes}} + \bar{t}_{\text{frei}}$ eines „Arbeitszyklus" eines Tankflugzeuges.

Lösung: Das betrachtete System des Auftankens in der Luft ist ein kombiniertes Warte-Verlust-System mit folgenden Parametern: die Anzahl der Bedienungseinrichtungen ist gleich $n = 4$; die Anzahl der Plätze in der Warteschlange ist unbegrenzt ($m = \infty$); die Intensität der Punktfolge der eintreffenden Forderungen ist gleich $\lambda = \frac{24}{60} = 0{,}4 \left[\frac{1}{\text{min}}\right]$; die Bedienungsintensität ist gleich $\mu = \frac{1}{10} = 0{,}1 \left[\frac{1}{\text{min}}\right]$; die Intensität des vorzeitigen Verlassens der Warteschlange

[1]) Diese Formel ist auch dann gültig, wenn die Forderungen nicht in der Reihenfolge des Eintreffens, sondern auf eine zufällige Art aus der Warteschlange „abgerufen" werden.

ist gleich $\nu = \frac{1}{20} = 0{,}05 \left[\frac{1}{\text{min}}\right]$. Hieraus folgt

$$\alpha = \frac{\lambda}{\mu} = 4; \qquad \gamma = \frac{\lambda}{\nu} = \frac{0{,}4}{0{,}05} = 8\,, \qquad \delta = \frac{n\mu}{\nu} = \frac{4 \cdot 0{,}1}{0{,}05} = 8$$

(δ ist also ganz).

Nach der Formel (5) der Aufgabe 10.14 ergibt sich, daß die mittlere Anzahl der besetzten Tankflugzeuge gleich

$$\bar{k} = \frac{\alpha R(n-1, \alpha) + n P(n, \alpha) \dfrac{R(m+\delta, \gamma) - R(\delta, \gamma)}{P(\delta, \gamma)}}{R(n, \alpha) + P(n, \alpha) \dfrac{R(m+\delta, \gamma) - R(\delta, \gamma)}{P(\delta, \gamma)}} \approx 3{,}00$$

ist.

Die Wahrscheinlichkeit dafür, daß ein beliebiges Flugzeug in der Luft aufgetankt (bedient) wird, ist gleich

$$P_t = \frac{\mu \bar{k}}{\lambda} = \frac{\bar{k}}{\alpha} \approx 0{,}75\,.$$

Die mittlere Anzahl der wartenden Flugzeuge ist gleich (vgl. die Lösung der vorhergehenden Aufgabe für $\delta = \gamma$)

$$\bar{s} = \frac{P(4,4) \cdot 8\,[P(8,8) - P(\infty, 8)]}{P(8,8)\,R(4,4) + P(4,4)\,[R(\infty, 8) - R(8,8)]} \approx 1{,}30\,.$$

Die mittlere Wartezeit eines Flugzeuges ist gleich

$$\bar{y}_w = \frac{\bar{s}}{\lambda} = \frac{1{,}30}{0{,}4} = 3{,}25\ [\text{min}]\,.$$

Die Wahrscheinlichkeit dafür, daß ein beliebiges Tankflugzeug besetzt ist, ist gleich

$$P_{\text{bes}} = \frac{\bar{k}}{n} = 0{,}75\,.$$

Die mittlere Dauer einer Periode des Freiseins eines Tankflugzeuges ist gleich

$$\bar{t}_{\text{frei}} = \frac{1}{\mu} \frac{1 - P_{\text{bes}}}{P_{\text{bes}}} = 3{,}33\ [\text{min}]\,.$$

Die mittlere Dauer eines „Arbeitszyklus" ist gleich

$$\bar{t}_z = \bar{t}_{\text{frei}} + \bar{t}_{\text{bes}} = 3{,}3 + 10 = 13{,}3\ [\text{min}]\,.$$

10.17. Wir betrachten die Arbeit einer Tankstelle mit 4 Tanksäulen ($n = 4$). Das Auftanken eines Kraftfahrzeuges dauert im Mittel 3 Minuten. Der mittlere Abstand zwischen den Ankunftszeitpunkten von Fahrzeugen an der Tankstelle ist gleich einer Minute. Die Anzahl der Plätze in der Warteschlange ist praktisch unbegrenzt. Alle Fahrzeuge, die sich in die Warteschlange eingereiht haben, warten „geduldig", bis sie bedient werden.

Man bestimme die mittlere Verweilzeit eines Fahrzeuges an der Tankstelle (Wartezeit plus Dauer des Auftankens) sowie folgende Charakteristika der Arbeit der Tankstelle: die mittlere Anzahl der besetzten Tanksäulen, die mittlere Anzahl $\bar{s}$ der wartenden Fahrzeuge und die mittlere Dauer einer Periode des Freiseins für eine Tanksäule.

Lösung: Die Tankstelle kann als ein reines Wartesystem betrachtet werden, das folgende Parameter hat: Die Anzahl der Bedienungseinrichtungen ist gleich $n = 4$; die Intensität der Punktfolge der einlaufenden Forderungen $\lambda = 1\left[\frac{1}{\text{min}}\right]$; die Bedienungsintensität $\mu = \frac{1}{3}\left[\frac{1}{\text{min}}\right]$. Es wird angenommen, daß das Bedienungssystem nach dem POISSON-Gesetz verteilt ist. Es gilt

$$\alpha = \frac{\lambda}{\mu} = 3\,, \qquad \varkappa = \frac{\lambda}{n\mu} = \frac{3}{4} = 0{,}75\,.$$

Der Zustand des statistischen Gleichgewichts wird sich für $t \to \infty$ einstellen, da $\varkappa < 1$ ist.

Im betrachteten Fall eines reinen Wartesystems wird jede Forderung mit Sicherheit bedient, es ist also $P_b = 1$. Nach Aufgabe 10.14 ist die mittlere Anzahl der besetzten Tanksäulen gleich

$$\bar{k} = P_b \cdot \frac{\lambda}{\mu} = 1 \cdot \alpha = \alpha = 3\,.$$

Die mittlere Anzahl $\bar{s}$ der Wartenden berechnet man mit Hilfe der Formel (10) aus der Aufgabe 10.14. Es ist

$$\bar{s} = \sum_{s=1}^{\infty} \frac{s\,P(n,\alpha)\,\varkappa^s}{R(n,\alpha) + P(n,\alpha)\dfrac{\varkappa}{1-\varkappa}}\,.$$

Es gilt

$$\sum_{s=0}^{\infty} s\,\varkappa^s = \varkappa\frac{d}{d\varkappa}\sum_{s=0}^{\infty}\varkappa^s = \varkappa\frac{d}{d\varkappa}\frac{1}{1-\varkappa} = \frac{\varkappa}{(1-\varkappa)^2}\,.$$

Hieraus ergibt sich die Formel

$$\bar{s} = \frac{P(n,\alpha)\dfrac{\varkappa}{(1-\varkappa)^2}}{R(n,\alpha) + P(n,\alpha)\dfrac{\varkappa}{1-\varkappa}} = \frac{P(4,3)\cdot 12}{R(4,3) + P(4,3)\cdot 3} \approx 1{,}53\,.$$

Die mittlere Wartezeit beträgt

$$\bar{y}_w = \frac{\bar{s}}{\lambda} = \frac{1{,}53}{1} = 1{,}53\ [\text{min}]\,.$$

Die mittlere Verweilzeit eines Fahrzeuges an der Tankstelle ist gleich

$$\frac{1}{\mu} + y_w = 3 + 1{,}53 = 4{,}53\ [\text{min}]\,.$$

Die mittlere Anzahl der Fahrzeuge an der Tankstelle ist gleich

$$\sum_{k=0}^{n} k\,p_k + \sum_{s=1}^{\infty} (n+s)\,p_{n+s} = \bar{k} + \bar{s} = 4{,}53\,.$$

Die mittlere Dauer einer Periode des Freiseins einer Tanksäule ist gleich

$$\bar{t}_{\text{frei}} = \frac{1}{\mu} \cdot \frac{1 - P_{\text{bes}}}{P_{\text{bes}}} = 1\ [\text{min}]\,,$$

da die Wahrscheinlichkeit dafür, daß eine beliebige Tanksäule besetzt ist, gleich $P_{\text{bes}} = \frac{\bar{k}}{n} = \frac{3}{4}$ ist.

10.18*. Wir betrachten das folgende Bedienungssystem (Wartesystem mit endlich vielen Quellen). Es gibt m Quellen, die die Forderungen erzeugen (z. B. Werkmaschinen, die eine Reparatur erfordern); die Quellen werden durch n Bedienungseinrichtungen bedient (z. B. eine Brigade aus n Einrichtern oder Reparaturschlossern).

Jede Quelle erzeugt nach einer zufälligen exponentiell mit dem Parameter λ verteilten Zeit eine Forderung; diese Forderung wird vom Bedienungssystem so behandelt, wie im Falle eines reinen Wartesystems. Befindet sich eine Forderung einer Quelle bereits im System (wird sie bedient oder wartet), so erzeugt die Quelle keine weiteren Forderungen (die Werkbank bleibt stehen, und es können keine neuen Defekte entstehen). Die Bedienungsdauer einer Forderung ist exponentiell verteilt und hat den Erwartungswert $\bar{t}_b = \frac{1}{\mu}$. Es gelten die üblichen Unabhängigkeitsannahmen, so daß das Bedienungssystem nach dem POISSON-Gesetz verteilt ist.

Man bestimme die stationären Zustandswahrscheinlichkeiten des Systems.

Lösung: Der bewertete Zustandsgraph des Systems ist in der Abb. 10.18 dargestellt. Der Zustand x_k $(0 \leq k \leq n)$ besagt, daß k Forderungen bedient werden (keine Warteschlange); der Zustand x_{n+s} $(1 \leq s \leq m-n)$ besagt, daß alle Bedienungseinrichtungen besetzt sind und s Forderungen sich in der Warteschlange befinden.

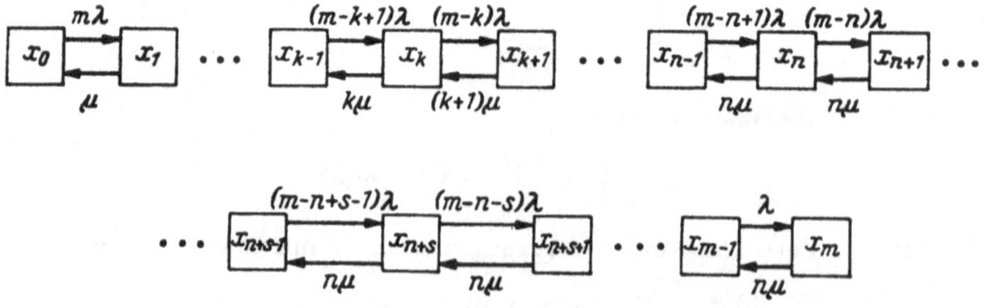

Abb. 10.18

Aus dem Zustandsgraphen kann man das System von linearen Differentialgleichungen für die Zustandswahrscheinlichkeiten ableiten. Nimmt man an, daß das statistische Gleichgewicht existiert (was unter den gemachten Voraussetzungen gezeigt werden kann), so erhält man aus diesem System für $t \to \infty$ ein System linearer Gleichungen zur Bestimmung der stationären Zustandswahrscheinlichkeiten. Die Lösung dieses Systems hat die Gestalt:

$$p_k = \frac{B(m, k, p)}{\tilde{B}(m, n, p) + \frac{P(n, n)\, R(m - n - 1, \chi)}{P(0, n)\, P(m, \chi)}\, q^m} \qquad (0 \leqq k \leqq n)\,,$$

$$p_{n+s} = \frac{P(n, n) \cdot P(m - (n + s), \chi)}{\frac{\tilde{B}(m, n, p)\, P(0, n)\, P(m, \chi)}{q^m} + P(n, n)\, R(m - n - 1, \chi)} \qquad (1 \leqq s \leqq m - n)\,,$$

wobei

$$B(m, k, p) = C_m^k\, p^k\, q^{m-k}; \qquad \tilde{B}(m, k, p) = \sum_{l=0}^{k} C_m^l\, p^l\, q^{m-l}$$

Funktionen sind, die mit der Binominalverteilung mit den Parametern

$$p = \frac{\alpha}{1 + \alpha}; \qquad q = 1 - p; \qquad \left(\alpha = \frac{\lambda}{\mu}; \qquad \chi = \frac{n\mu}{\lambda}\right)$$

zusammenhängen.

1. Die mittlere Anzahl der besetzten Bedienungseinrichtungen ist gleich

$$\bar{k} = \sum_{k=0}^{n} k\, p_k + n \sum_{s=1}^{m-n} p_{n+s} = \frac{p_0}{q^m} \sum_{k=0}^{n} k\, B(m, k, p)$$
$$+ \frac{n\, p_0\, P(n, n)}{P(0, n)\, P(m, \chi)} \sum_{s=1}^{m-n} P\big(m - (n + s), \chi\big)$$
$$= \frac{p_0}{q^m} \sum_{k=0}^{n} k\, B(m, k, p) + \frac{n\, p_0\, P(n, n)\, R(m - n - 1, \chi)}{P(0, n)\, P(m, \chi)}\,,$$

wobei

$$p_0 = \frac{q^m}{\tilde{B}(m, n, p) + \frac{P(n, n)\, R(m - n - 1, \chi)}{P(0, n) \cdot P(m, \chi)}\, q^m}$$

die Wahrscheinlichkeit dafür ist, daß alle Bedienungseinrichtungen frei sind.

2. Die mittlere Anzahl der wartenden Forderungen ist gleich

$$\bar{s} = \sum_{s=1}^{m-n} s\, p_{n+s} = \frac{P(n, n)\, p_0}{P(0, n)\, P(m, \chi)} \sum_{s=1}^{m-n} s\, P\big(m - (n + s), \chi\big)$$
$$= \frac{P(n, n) \cdot p_0}{P(0, n)\, P(m, \chi)} \left[(m - n)\, R(m - n, \chi) - \chi\, R(m - n - 1, \chi)\right].$$

3. Die mittlere Stillstandszeit $\bar{t}_s^{(q)}$ einer Quelle ist gleich der mittleren Verweilzeit einer Forderung im Bedienungssystem (Bedienungszeit plus Wartezeit).

Sei P_s die stationäre Wahrscheinlichkeit dafür, daß eine Quelle stillsteht. Bei einer Quelle wechseln sich die exponentiell verteilten Arbeitszeiten t_a (mit dem Erwartungswert $\bar{t}_a = \frac{1}{\lambda}$) mit den zufälligen Stillstandszeiten t_s ab. Da die Wahrscheinlichkeit P_s für alle Quellen gleich ist, gilt

$$(\bar{k} + \bar{s}) = m\,(1 \cdot P_s + 0 \cdot (1 - P_s)) = m\,P_s\,.$$

Andererseits gilt

$$P_s = \frac{\bar{t}_s^{(q)}}{\bar{t}_a + \bar{t}_s^{(q)}}\,.$$

Aus beiden Formeln folgt

$$\bar{t}_s^{(q)} = \frac{1}{\lambda}\,\frac{\bar{s} + \bar{k}}{m - \bar{s} - \bar{k}}\,.$$

4. Die mittlere Stillstandszeit einer Bedienungseinrichtung ist gleich

$$\bar{t}_s^{(b)} = \frac{1}{\mu}\,\frac{1 - P_{\text{bes}}}{P_{\text{bes}}}\,,$$

wobei $P_{\text{bes}} = \frac{\bar{k}}{n}$ die stationäre Wahrscheinlichkeit dafür ist, daß eine beliebige Bedienungseinrichtung besetzt ist.

5. Die mittlere Wartezeit einer Forderung ist gleich

$$\bar{t}_w = \bar{t}_s^{(q)} - \frac{1}{\mu}\,.$$

10.19. Eine Gruppe aus 10 Fischtrawlern wird von einem Mutterschiff bedient, das den Fang verarbeitet und die Trawler mit allem Notwendigen versorgt. Die zufällige Zeit, die ein Trawler auf Fang ist, hat den Erwartungswert von 3 Tagen (1 Tag hat 24 Stunden). Das Mutterschiff hat nur eine Anlegestelle; die mittlere Bedienungsdauer eines Trawlers ist gleich 8 Stunden. Man bestimme die mittlere Länge $\bar{s}$ der Warteschlange, die mittlere Stillstandszeit $t_s^{(q)}$ eines Trawlers, die mittlere Stillstandszeit $t_s^{(b)}$ des Mutterschiffes und die mittlere Wartezeit $\bar{t}_w$ eines Trawlers.

Lösung: Die Abfertigung der Trawler durch das Mutterschiff kann man als die Arbeit eines Bedienungssystems mit einer begrenzten Anzahl ($m = 10$) von Quellen interpretieren. Die Anzahl der Bedienungseinrichtungen ist gleich $n = 1$ (ein Mutterschiff). Es gilt außerdem

$$\lambda = \frac{1}{3}\left[\frac{1}{\text{Tag}}\right], \qquad \mu = 3\left[\frac{1}{\text{Tag}}\right].$$

In Bezeichnungen der Aufgabe 10.18 gilt

$$\alpha = \frac{\lambda}{\mu} = \frac{1}{9}; \qquad \chi = \frac{n\,\mu}{\lambda} = 9; \qquad p = \frac{\alpha}{1 + \alpha} = 0{,}1\,; \qquad q = 1 - p = 0{,}9\,.$$

Aus der Lösung der Aufgabe 10.18 folgt, daß die Wahrscheinlichkeit dafür, daß die Bedienungseinrichtung frei ist (kein Trawler am Mutterschiff), gleich

$$p_0 = \frac{1}{\frac{\tilde{B}(m, n, p)}{q^m} + \frac{P(n, n)\, R(m - n - 1, \chi)}{P(0, n)\, P(m, \chi)}} = 0{,}168$$

ist. Die mittlere Anzahl $\bar{s}$ der wartenden Trawler ist gleich

$$\bar{s} = \frac{P(1,1)\, p_0}{P(0,1)\, P(10, 9)} [9\, R(9, 9) - 9\, R(8, 9)] \approx 1{,}66.$$

Der Erwartungswert der Anzahl der besetzten Bedienungseinrichtungen ist bei $n = 1$ gleich $\bar{k} = 1 - p_0 = 0{,}832$. Die stationäre Wahrscheinlichkeit dafür, daß ein beliebiger Trawler nicht auf Fischfang ist (Stillstand des Trawlers) ist gleich $P_s = \frac{\bar{s} + \bar{k}}{m} = 0{,}249$.

Die mittlere Stillstandszeit eines Trawlers ist gleich

$$\bar{t}_s^{(q)} = \frac{1}{\lambda} \frac{P_s}{1 - P_s} = 1\ [\text{Tage}]\ .$$

Die mittlere Stillstandszeit des Mutterschiffes ist gleich

$$\bar{t}_s^{(b)} = \frac{1}{\mu} \frac{1 - P_{\text{bes}}}{P_{\text{bes}}} = \frac{1}{\mu} \frac{1 - \frac{\bar{k}}{n}}{\frac{\bar{k}}{n}} \approx 0{,}067\ [\text{Tage}]\ .$$

Die mittlere Wartezeit eines Trawlers ist gleich

$$\bar{t}_w = \bar{t}_s^{(q)} - \frac{1}{\mu} = 1 - \frac{1}{3} = \frac{2}{3}\ [\text{Tage}]\ .$$

Aus den Resultaten der Rechnung ist ersichtlich, daß es bei den gegebenen Parameterwerten uneffektiv ist, das Mutterschiff zur Bedienung der Trawler einzusetzen: Die Stillstandszeiten der Trawler sind ungefähr gleich den Fangzeiten.

10.20. Es gelten die gleichen Voraussetzungen wie in der Aufgabe 10.19, das Mutterschiff besitzt jedoch drei Anlegestellen zur Bedienung von Trawlern ($u = 3$), wobei die Leistung einer Anlegestelle dreimal kleiner als früher ist $\left(\mu = 1 \left[\frac{1}{\text{Tag}}\right]\right)$. Die Gesamtleistung hat sich also nicht verändert $\left(n\, \mu = 3 \left[\frac{1}{\text{Tag}}\right]\right)$. Man bestimme die Arbeitscharakteristika des veränderten Systems (die gleichen, wie in 10.19).

Lösung: Die Parameter des Systems sind gleich

$$\lambda = \frac{1}{3} \left[\frac{1}{\text{Tag}}\right]; \quad \mu = 1 \left[\frac{1}{\text{Tag}}\right]; \quad n = 3\,, \quad m = 10;$$

$$\alpha = \frac{1}{3}; \quad \chi = 9; \quad p = 0{,}75; \quad q = 1 - p = 0{,}25\,.$$

Die Wahrscheinlichkeit dafür, daß alle drei Anlegestellen frei sind, ist gleich

$$p_0 = \frac{1}{\frac{\bar{B}(10;3;0{,}75)}{0{,}25^{10}} + \frac{P(3,3)\,R(6,9)}{P(0,3)\cdot P(10,9)}} \approx 0{,}042\,.$$

Die mittlere Anzahl der besetzten Anlegestellen ist gleich

$$\bar{k} = p_0 \sum_{k=1}^{3} k\,B(m,k,p) + \frac{n\,p_0\,P(n,n)\,R(m-n-1,\chi)}{P(0,n)\,P(m,\chi)} \approx 2{,}38\,.$$

Die mittlere Anzahl der wartenden Trawler ist gleich

$$\bar{s} = \frac{P(n,n)\,p_0}{P(0,n)\,P(m,\chi)}\left[(m-n)\,R(m-n,\chi) - \chi\,R(m-n-1,\chi)\right] \approx 0{,}635\,.$$

Die Wahrscheinlichkeit dafür, daß ein Trawler nicht auf Fang ist, ist gleich

$$P_s = \frac{\bar{s}+\bar{k}}{m} \approx 0{,}300\,.$$

Die mittlere Stillstandszeit eines Trawlers ist gleich

$$\bar{t}_s^{(q)} = \frac{1}{\mu}\,\frac{P_{\text{bes}}}{1-P_{\text{bes}}} \approx 1{,}28\ [\text{Tage}]\,.$$

Die mittlere Wartezeit eines Trawlers ist gleich

$$\bar{t}_w = \frac{1}{\mu}\cdot\frac{1-\frac{\bar{k}}{n}}{\frac{\bar{k}}{n}} \approx 0{,}28\ [\text{Tage}].$$

Folglich führt eine Erhöhung der Anzahl der Anlegestellen (Anzahl von Trawlern, die gleichzeitig bedient werden können) bis zu drei bei unveränderter Gesamtleistung zu einer bedeutenden Verbesserung der Bedienung von Trawlern durch das Mutterschiff.

10.21. Wir betrachten eine Selbstbedienungsgaststätte. Das Mittagessen wird an vier Schaltern ausgegeben. Die Anzahl der Plätze an den Tischen kann als unbegrenzt vorausgesetzt werden. Die mittlere Bedienungsdauer (Essenausgabe) für einen Gast beträgt 4 Minuten. Die Gäste betreten die Gaststätte in zufälligen Zeitpunkten, die eine POISSONsche Punktfolge der Intensität $\lambda = 2\left[\frac{1}{\text{min}}\right]$ bilden. Die Arbeitsbedingungen der Gaststätte sind so, daß höchstens 20 Personen in der Warteschlange stehen können. Ein Gast wartet in der Schlange eine begrenzte zufällige Zeit, die im Mittel $\frac{1}{\nu} = 10$ [min] beträgt. Nach Ablauf dieser Zeit verläßt er die Gaststätte, ohne gegessen zu haben.

Man bestimme die Wahrscheinlichkeit dafür, daß ein Gast, der die Gaststätte betritt, dort zu Mittag ißt. Wieviel Zeit wird er im Mittel für das Mittagessen benötigen, wenn er für das Essen selbst im Mittel 10 min benötigt.

Lösung: Die Arbeit der Gaststätte kann mit Hilfe eines kombinierten Warte-Verlust-Systems beschrieben werden, das folgende Parameter hat:

$n = 4$ (n ist die Anzahl der Bedienungseinrichtungen),

$m = 20$ (m ist die Anzahl der Plätze in der Warteschlange),

$\lambda = 2\left[\frac{1}{\text{min}}\right]$ — die mittlere Anzahl von Gästen, die die Gaststätte innerhalb einer Minute aufsuchen,

$\frac{1}{\mu} = 4\,[\text{min}]$ — die mittlere Dauer der Essenausgabe an einen Gast,

$\frac{1}{\nu} = 10\,[\text{min}]$ — der Erwartungswert der Zeit, die ein Gast in der Warteschlange verbringt und nach deren Ablauf er die Warteschlange verläßt,

$$\alpha = \frac{\lambda}{\mu} = 8; \qquad \gamma = \frac{\lambda}{\nu} = 20; \qquad \delta = \frac{n\mu}{\nu} = 10 \quad \text{ist eine ganze Zahl.}$$

Die mittlere Anzahl der besetzten Bedienungseinrichtungen (Ausgabeschalter) ist gleich

$$\bar{k} = \frac{\alpha R(n-1,\alpha) + n P(n,\alpha)\dfrac{R(m+\delta,\gamma) - R(\delta,\gamma)}{P(\delta,\gamma)}}{R(n,\alpha) + P(n,\alpha)\dfrac{R(m+\delta,\gamma) - R(\delta,\gamma)}{P(\delta,\gamma)}} \approx 3{,}99\,.$$

Das bedeutet, daß praktisch alle Schalter ständig besetzt sind.

Die mittlere Anzahl von Gästen in der Warteschlange ist gleich

$$\bar{s} = \frac{P(n,\alpha)\,\{[R(m+\delta,\gamma) - R(\delta,\gamma)](\gamma-\delta) + \gamma\,[P(\delta,\gamma) - P(m+\delta,\gamma)]\}}{P(\delta,\gamma)\,R(n,\alpha) + P(n,\alpha)\,[R(m+\delta,\gamma) - R(\delta,\gamma)]} \approx 9{,}95\,.$$

Die Wahrscheinlichkeit dafür, daß alle Plätze in der Warteschlange besetzt sind, ist gleich

$$p_m = \frac{P(n,\alpha)\,P(m+\delta,\gamma)}{P(\delta,\gamma)\,R(n,\alpha) + P(n,\alpha)\,[R(m+\delta,\gamma) - R(\delta,\gamma)]} \approx 8{,}43 \cdot 10^{-3}\,.$$

Diese Wahrscheinlichkeit ist also kleiner als ein Prozent.

Die Wahrscheinlichkeit dafür, daß ein Gast bedient wird (d. h. sein Essen erhält), ist gleich

$$P_b = \frac{\mu\,\bar{k}}{\lambda} \approx 0{,}5\,.$$

Da die Wahrscheinlichkeit p_m dafür, daß ein Gast die Gaststätte verläßt, ohne sich erst in die Warteschlange zu stellen, klein ist, erklärt sich der relativ kleine Wert von P_b durch die „Ungeduld" der Gäste (zu kleiner Wert von $1/\nu$).

Die mittlere Wartezeit ist gleich

$$\bar{y}_w = \frac{\bar{s}}{\lambda} = 4{,}97 \approx 5\,[\text{min}]\,.$$

Insgesamt benötigt man für das Mittagessen im Mittel $5 + 4 + 10 = 19$ [min].

10.22. Unter den Voraussetzungen der Aufgabe 10.21 bestimme man die Anzahl n_t von Tischen, die in der Gaststätte vorhanden sein müssen, damit jeder Gast, der sein Essen am Schalter empfangen hat, mit der Wahrscheinlichkeit 0,95 sofort einen Platz findet (an jedem Tisch stehen vier Stühle).

Lösung: Die Bedienung von Gästen mit Sitzplätzen kann als ein reines Wartesystem aufgefaßt werden (ein Gast, der sein Essen empfangen hat, wartet geduldig, bis ein Platz frei wird). In dieses System treffen Forderungen ein (Gäste, die ihr Essen empfangen haben); die Intensität dieser Punktfolge ist gleich

$$\lambda_e = \bar{k}\,\mu = 3{,}99 \cdot \frac{1}{4} \approx 1 \left[\frac{1}{\text{min}}\right].$$

Wir nehmen näherungsweise an, daß diese Forderungen eine POISSONsche Punktfolge bilden. Ein Gast ißt im Mittel $\frac{1}{\mu_c} = 10$ [min]. Nach der Formel (9) aus der Aufgabe 10.14 bestimmen wir die Wahrscheinlichkeit dafür, daß k Tische besetzt sind und keine Gäste auf Plätze warten:

$$p_k = \frac{P(k, \alpha_c)}{R(n_s, \alpha_c) + P(n_s, \alpha_c)\dfrac{\varkappa_c}{1 - \varkappa_c}},$$

wobei

$$\alpha_c = \frac{\lambda_c}{\mu_c} = 10\,, \qquad \varkappa_c = \frac{\lambda_c}{n_s \mu_c} = \frac{10}{n_s} = \frac{\alpha_c}{n_s}$$

und n_s die gesuchte Anzahl der Plätze in der Gaststätte sind.

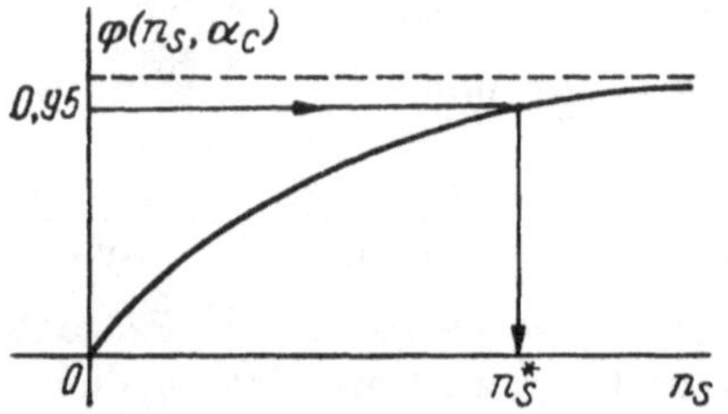

Abb. 10.22

Es wird gefordert, daß

$$\sum_{k=0}^{n_s-1} p_k = 0{,}95$$

gilt.

Wir transformieren die linke Seite dieser Gleichung:

$$\sum_{k=0}^{n_s-1} p_k = \frac{\sum\limits_{k=0}^{n_s-1} P(k, \alpha_c)}{R(n_s, \alpha_c) + P(n_s, \alpha_c)\dfrac{\varkappa_c}{1 - \varkappa_c}} = \frac{R(n_s - 1, \alpha_c)}{R(n_s, \alpha_c) + P(n_s, \alpha_c)\dfrac{\alpha_c}{n_s - \alpha_c}} = \varphi(n_s, \alpha_c)\,.$$

Wir stellen die Funktion $\varphi(n_s, \alpha_c)$ als Funktion von n_s graphisch dar (Abb. 10.22). Aus der Abb. 10.22 bestimmen wir denjenigen Wert n_s, bei dem $\varphi(n_s, \alpha_c) = 0{,}95$ ist. Dann runden wir n_s auf und erhalten die erforderliche Anzahl n_s^* der Plätze.

Die gesuchte Anzahl der Tische ist gleich

$$n_t^* = \frac{n_s^*}{4}.$$

Ist diese Zahl keine ganze Zahl, so runden wir wieder auf. Dabei muß die Anzahl der Plätze n_s größer als α_c sein, damit $\varkappa_0 < 1$ ist.

Die exakten Berechnungen ergeben, daß für $n_s = 16$ (d. h. $n_t = 4$) die Wahrscheinlichkeit $\varphi(16, 10) = 0{,}945$ ist. Für $n_s = 20$ ($n_t = 5$) erhält man $\varphi(20, 10) = 0{,}997$.

ANHANG (TABELLEN)

Tabelle 1

Die Werte der Wahrscheinlichkeiten[1]) $Q(m, a) = 1 - R(a, m) = 1 - \sum_{k=0}^{m} \frac{a^k}{k!} e^{-a}$

m	$a = 0{,}1$	$a = 0{,}2$	$a = 0{,}3$	$a = 0{,}4$	$a = 0{,}5$
0	$9{,}5163^{-2}$	$1{,}8127^{-1}$	$2{,}5918^{-1}$	$3{,}2968^{-1}$	$8{,}9347^{-1}$
1	$4{,}6788^{-3}$	$1{,}7523^{-2}$	$3{,}6936^{-2}$	$6{,}1552^{-2}$	$9{,}0204^{-2}$
2	$1{,}5465^{-4}$	$1{,}1485^{-3}$	$3{,}5995^{-3}$	$7{,}9263^{-3}$	$1{,}4388$
3	$3{,}8468^{-6}$	$5{,}6840^{-5}$	$2{,}6581^{-4}$	$7{,}7625^{-4}$	$1{,}7516^{-3}$
4		$2{,}2592^{-6}$	$1{,}5785^{-5}$	$6{,}1243^{-5}$	$1{,}7212^{-4}$
5				$4{,}0427^{-6}$	$1{,}4165^{-5}$
6					$1{,}0024^{-6}$

m	$a = 0{,}6$	$a = 0{,}7$	$a = 0{,}8$	$a = 0{,}9$	
0	$4{,}5119^{-1}$	$5{,}0341^{-1}$	$5{,}5067^{-1}$	$5{,}9343^{-1}$	
1	$1{,}2190$	$1{,}5580$	$1{,}9121$	$2{,}2752$	
2	$2{,}3115^{-2}$	$3{,}4142^{-2}$	$4{,}7423^{-2}$	$6{,}2857^{-2}$	
3	$3{,}3581^{-3}$	$5{,}7535^{-3}$	$9{,}0799^{-3}$	$1{,}3459$	
4	$3{,}9449^{-4}$	$7{,}8554^{-4}$	$1{,}4113$	$2{,}3441^{-3}$	
5	$3{,}8856^{-5}$	$9{,}0026^{-5}$	$1{,}8434^{-4}$	$3{,}4349^{-4}$	
6	$3{,}2931^{-6}$	$8{,}8836^{-6}$	$2{,}0747^{-5}$	$4{,}3401^{-5}$	
7			$2{,}0502^{-6}$	$4{,}8172^{-6}$	

m	$a = 1$	$a = 2$	$a = 3$	$a = 4$	$a = 5$
0	$6{,}3212^{-1}$	$8{,}6466^{-1}$	$9{,}5021^{-1}$	$9{,}8168^{-1}$	$9{,}9326^{-1}$
1	$2{,}6424$	$5{,}9399$	$8{,}0085$	$9{,}0842$	$9{,}5957$
2	$8{,}0301^{-2}$	$3{,}2332$	$5{,}7681$	$7{,}6190$	$8{,}7535$
3	$1{,}8988$	$1{,}4288$	$3{,}5277$	$5{,}6653$	$7{,}3497$

[1]) Die Poissonsche Wahrscheinlichkeit $P(m, a) = \frac{a^m}{m!} e^{-a}$ kann mit Hilfe der Wahrscheinlichkeiten $Q(m, a)$ auf folgende Weise berechnet werden:

$$P(m, a) = Q(m - 1, a) - Q(m, a) \qquad (m > 0) . \qquad P(0, a) = 1 - Q(0, a) .$$

Tabelle 1 (Fortsetzung)

m	$a = 1$	$a = 2$	$a = 3$	$a = 4$	$a = 5$
4	$3,6598^{-3}$	$5,2653^{-2}$	1,8474	3,7116	5,5951
5	$5,9418^{-4}$	1,6564	$8,3918^{-2}$	2,1487	3,8404
6	$8,3241^{-5}$	$4,5338^{-3}$	3,3509	1,1067	2,3782
7	1,0249	1,0967	1,1905	$5,1134^{-2}$	1,3337
8	$1,1252^{-6}$	$2,3745^{-4}$	$3,8030^{-3}$	2,1363	$6,8094^{-2}$
9		$4,6498^{-5}$	1,1025	$8,1322^{-3}$	3,1828
10		$8,3082^{-6}$	$2,9234^{-4}$	2,8398	1,3695
11		1,3646	$7,1387^{-5}$	$9,1523^{-4}$	$5,4531^{-3}$
12			1,6149	2,7372	2,0189
13			$3,4019^{-6}$	$7,6328^{-5}$	$6,9799^{-4}$
14				1,9932	2,2625
15				$4,8926^{-6}$	$6,9008^{-5}$
16				1,1328	1,9869
17					$5,4163^{-6}$
18					1,4017

m	$a = 6$	$a = 7$	$a = 8$	$a = 9$	$a = 10$
0	$9,9752^{-1}$	$9,9909^{-1}$	$9,9966^{-1}$	$9,9988^{-1}$	$9,9995^{-1}$
1	9,8265	9,9270	9,9698	9,9877	9,9950
2	9,3803	9,7036	9,8625	9,9377	9,9723
3	8,4880	9,1823	9,5762	9,7877	9,8966
4	7,1494	9,2701	9,0037	9,4504	9,7075
5	5,5432	6,9929	8,0876	9,8431	9,3291
6	3,9370	5,5029	6,8663	7,9322	8,6986
7	2,5602	4,0129	5,4704	6,7610	7,7978
8	1,5276	2,7091	4,0745	5,4435	6,6718
9	$8,3924^{-2}$	$1,6950^{-1}$	$2,8338^{-1}$	$4,1259^{-1}$	$5,4207^{-1}$
10	4,2621	$9,8521^{-2}$	1,8411	2,9401	4,1696
11	2,0092	5,3350	1,1192	1,9699	3,0322
12	$8,8275^{-3}$	2,7000	$6,3797^{-2}$	1,2423	2,0844
13	3,6285	1,2811	3,4181	$7,3851^{-2}$	1,3554
14	1,4004	$5,7172^{-3}$	1,7257	4,1466	$8,3458^{-2}$
15	$5,0910^{-4}$	2,4066	$8,2310^{-3}$	2,2036	4,8740
16	1,7488	$9,5818^{-4}$	3,7180	1,1106	2,7042
17	$5,6917^{-5}$	3,6178	1,5943	$5,3196^{-3}$	1,4278
18	1,7597	1,2985	$6,5037^{-4}$	2,4264	$7,1865^{-3}$
19	$5,1802^{-6}$	$4,4402^{-5}$	2,5294	1,0560	3,4543
20	1,4551	1,4495	$9,3968^{-5}$	$4,3925^{-4}$	1,5883
21		$4,5263^{-6}$	3,3407	1,7495	$6,9965^{-4}$
22		1,3543	1,1385	$6,6828^{-5}$	2,9574
23			$3,7255^{-6}$	2,4519	1,2012

Tabelle 1 (Fortsetzung)

m	$a = 6$	$a = 7$	$a = 8$	$a = 9$	$a = 10$
24			1,1722	$8{,}6531^{-6}$	$4{,}6949^{-5}$
25				2,9414	1,7680
26					$6{,}4229^{-6}$
27					2,2535

m	$a = 11$	$a = 12$	$a = 13$	$a = 14$	$a = 15$
0	$9{,}9998^{-1}$	$9{,}9999^{-1}$			
1	9,9980	9,9992	$9{,}9997^{-1}$	$9{,}9999^{-1}$	
2	9,9879	9,9948	9,9978	9,9991	$9{,}9996^{-1}$
3	9,9508	9,9771	9,9895	9,9953	9,9979
4	9,8490	9,9240	9,9626	9,9819	9,9914
5	9,6248	9,7966	9,8927	9,9447	9,9721
6	9,2139	9,5418	9,7411	9,8577	9,9237
7	8,5681	9,1050	9,4597	9,6838	9,8200
8	7,6801	8,4497	9,0024	9,3794	9,6255
9	6,5949	7,5761	8,3419	8,9060	9,3015
10	5,4011	6,5277	7,4832	8,2432	8,8154
11	4,2073	5,3840	6,4684	7,3996	8,1525
12	3,1130	4,2403	5,3690	6,4154	7,3239
13	2,1871	3,1846	4,2696	5,3555	6,3678
14	1,4596	2,2798	3,2487	4,2956	5,3435
15	$9{,}2604^{-2}$	1,5558	2,3639	3,3064	4,3191
16	5,5924	1,0129	1,6451	2,4408	3,3588
17	3,2191	$6{,}2966^{-2}$	1,0954	1,7280	2,5114
18	1,7687	3,7416	$6{,}9833^{-2}$	1,1736	1,8053
19	$9{,}2895^{-3}$	2,1280	4,2669	$7{,}6505^{-2}$	1,2478
20	4,6711	1,1598	2,5012	4,7908	$8{,}2972^{-3}$
21	2,2519	$6{,}0651^{-3}$	1,4081	2,8844	5,3106
22	1,0423	3,0474	$7{,}6225^{-3}$	1,6712	3,2744
23	$4{,}6386^{-4}$	1,4729	3,9718	$9{,}3276^{-3}$	1,9465
24	1,9871	$6{,}8563^{-4}$	1,9943	5,0199	1,1165
25	$8{,}2050^{-5}$	3,0776	$9{,}6603^{-4}$	2,6076	$6{,}1849^{-3}$
26	3,2693	1,3335	4,5190	1,3087	3,3119
27	1,2584	$5{,}5836^{-5}$	2,0435	$6{,}3513^{-4}$	1,7158
28	$4{,}6847^{-6}$	2,2616	$8{,}9416^{-5}$	2,9837	$8{,}6072^{-4}$
29	1,6882	$8{,}8701^{-6}$	3,7894	1,3580	4,1845
30		3,3716	1,5568	$5{,}9928^{-5}$	1,9731
31		1,2432	$6{,}2052^{-6}$	2,5665	$9{,}0312^{-5}$
32			2,4017	1,0675	4,0155
33				$4{,}3154^{-6}$	1,7356
34				1,6968	$7{,}2978^{-6}$
35					2,9871
36					1,1910

Tabelle 1 (Fortsetzung)

m	$a = 16$	$a = 17$	$a = 18$	$a = 19$	$a = 20$
0					
1					
2	$9{,}9998^{-1}$	$9{,}9999^{-1}$			
3	9,9991	9,9996	$9{,}9998^{-1}$	$9{,}9999^{-1}$	
4	9,9960	9,9982	9,9992	9,9996	$9{,}9998^{-1}$
5	9,9862	9,9933	9,9968	9,9985	9,9993
6	9,9599	9,9794	9,9896	9,9948	9,9974
7	9,9000	9,9457	9,9711	9,9849	9,9922
8	9,7801	9,8740	9,9294	9,9613	9,9791
9	9,5670	9,7388	9,8462	9,9114	9,9500
10	9,2260	9,5088	9,6963	9,8168	9,8919
11	8,7301	9,1533	9,4511	9,6533	9,7861
12	8,0688	8,6498	9,0833	9,3944	9,6099
13	7,2545	7,9913	8,5740	9,0160	9,3387
14	6,3247	7,1917	7,9192	8,5025	8,9514
15	5,3326	6,2855	7,1335	7,8521	8,4349
16	4,3404	5,3226	6,2495	7,0797	7,7893
17	3,4066	4,3598	5,3135	6,2164	7,0297
18	2,5765	3,4504	4,3776	5,3052	6,1858
19	1,8775	2,6368	3,4908	4,3939	5,2974
20	1,3183	1,9452	2,6928	3,5283	4,4091
21	$8{,}9227^{-2}$	1,3853	2,0088	2,7450	3,5630
22	5,8241	$9{,}5272^{-2}$	1,4491	2,0687	2,7939
23	3,6686	6,3296	1,0111	1,5098	2,1251
24	2,2315	4,0646	$6{,}8260^{-2}$	1,0675	1,5677
25	1,3119	2,5245	4,4608	$7{,}3126^{-2}$	1,1218
26	$7{,}4589^{-3}$	1,5174	2,8234	4,8557	$7{,}7887^{-2}$
27	4,1051	$8{,}8335^{-3}$	1,7318	3,1268	5,2481
28	2,1886	4,9838	1,0300	1,9536	3,4334
29	1,1312	2,7272	$5{,}9443^{-3}$	1,1850	2,1818
30	$5{,}6726^{-4}$	1,4484	3,3308	$6{,}9819^{-3}$	1,3475
31	2,7620	$7{,}4708^{-4}$	1,8133	3,9982	$8{,}0918^{-3}$
32	1,3067	3,7453	$9{,}5975^{-4}$	2,2267	4,7274
33	$6{,}0108^{-5}$	1,8260	4,9416	1,2067	2,6884
34	2,6903	$8{,}6644^{-5}$	2,4767	$6{,}3674^{-4}$	1,4890
35	1,1724	4,0035	1,2090	3,2732	$8{,}0366^{-4}$
36	$4{,}9772^{-6}$	1,8025	$5{,}7519^{-5}$	1,6401	4,2290
37	2,0599	$7{,}9123^{-6}$	2,6684	$8{,}0154^{-5}$	2,1708
38		3,3882	1,2078	3,8224	1,0875
39		1,4162	$5{,}3365^{-6}$	1,7797	$5{,}3202^{-5}$
40			2,3030	$8{,}0940^{-6}$	2,5426
41				3,5975	1,1877
42				1,5634	$5{,}4252^{-6}$
43					2,4243
44					1,0603

Beispiel: Es ist die Wahrscheinlichkeit dafür zu bestimmen, daß eine nach dem POISSON-Gesetz verteilte zufällige Größe den Wert nicht größer als 2 annimmt, wobei der Parameter der POISSONverteilung gleich $a = 7$ ist.

Es gilt

$$R(2{,}7) = 1 - Q(2{,}7) = 1 - 9{,}7036^{-1} = 1 - 0{,}97036 = 0{,}02964\,.$$

Bemerkung 1. Fehlt bei einer Zahl in der Tabelle der Exponent, so ist der Exponent derjenigen benachbarten größeren Zahl zu nehmen, die einen Exponenten hat. So ist z. B. $Q(33;\,19) = 1{,}2067 \cdot 10^{-3}$.

Bemerkung 2. Für $a > 20$ kann man die Wahrscheinlichkeiten $Q(m, a)$ und $R(m, a)$ nach den folgenden Näherungsformeln berechnen

$$Q(m, a) \approx 1 - \Phi^*\left(\frac{m + 0{,}5 - a}{\sqrt{a}}\right), \qquad R(m, a) \approx \Phi^*\left(\frac{m + 0{,}5 - a}{\sqrt{a}}\right).$$

Tabelle 2

Die Werte der Verteilungsfunktion der Standard-Normalverteilung

$$\Phi^*(x) = \frac{1}{\sqrt{2\pi}} \int_{-\infty}^{x} e^{-\frac{1}{2}t^2}\,dt$$

x	$\Phi^*(x)$	x	$\Phi^*(x)$	x	$\Phi^*(x)$
−0,00	0,5000	−0,23	4090	−0,46	3228
−0,01	4960	−0,24	4052	−0,47	3192
−0,02	4920	−0,25	4013	−0,48	3156
−0,03	4880	−0,26	3974	−0,49	3121
−0,04	4840	−0,27	3936	−0,50	0,3085
−0,05	4801	−0,28	3897	−0,51	3050
−0,06	4761	−0,29	3859	−0,52	3015
−0,07	4721	−0,30	0,3821	−0,53	2981
−0,08	4681	−0,31	3783	−0,54	2946
−0,09	4641	−0,32	3745	−0,55	2912
−0,10	0,4602	−0,33	3707	−0,56	2877
−0,11	4562	−0,34	3669	−0,57	2843
−0,12	4522	−0,35	3632	−0,58	2810
−0,13	4483	−0,36	3594	−0,59	2776
−0,14	4443	−0,37	3557	−0,60	0,2743
−0,15	4404	−0,38	3520	−0,61	2709
−0,16	4364	−0,39	3483	−0,62	2676
−0,17	4325	−0,40	0,3446	−0,63	2643
−0,18	4286	−0,41	3409	−0,64	2611
−0,19	4247	−0,42	3372	−0,65	2578
−0,20	0,4207	−0,43	3336	−0,66	2546
−0,21	4168	−0,44	3300	−0,67	2514
−0,22	4129	−0,45	3264	−0,68	2483
				−0,69	2451

Tabelle 2 (Fortsetzung)

x	$\Phi^*(x)$	x	$\Phi^*(x)$	x	$\Phi^*(x)$
−0,70	0,2420	−1,14	1271	−1,58	0571
−0,71	2389	−1,15	1251	−1,59	0559
−0,72	2358	−1,16	1230	−1,60	0,0548
−0,73	2327	−1,17	1210	−1,61	0537
−0,74	2297	−1,18	1190	−1,62	0526
−0,75	2266	−1,19	1170	−1,63	0516
−0,76	2236	−1,20	0,1151	−1,64	0505
−0,77	2206	−1,21	1131	−1,65	0495
−0,78	2177	−1,22	1112	−1,66	0485
−0,79	2148	−1,23	1093	−1,67	0475
−0,80	0,2119	−1,24	1075	−1,68	0465
−0,81	2090	−1,25	1056	−1,69	0455
−0,82	2061	−1,26	1038	−1,70	0,0446
−0,83	2033	−1,27	1020	−1,71	0436
−0,84	2005	−1,28	1003	−1,72	0427
−0,85	1977	−1,29	0985	−1,73	0418
−0,86	1949	−1,30	0,0968	−1,74	0409
−0,87	1922	−1,31	0951	−1,75	0401
−0,88	1894	−1,32	0934	−1,76	0392
−0,89	1867	−1,33	0918	−1,77	0384
−0,90	0,1841	−1,34	0901	−1,78	0375
−0,91	1814	−1,35	0885	−1,79	0367
−0,92	1788	−1,36	0869	−1,80	0,0359
−0,93	1762	−1,37	0853	−1,81	0351
−0,94	1736	−1,38	0838	−1,82	0344
−0,95	1711	−1,39	0823	−1,83	0336
−0,96	1685	−1,40	0,0808	−1,84	0329
−0,97	1660	−1,41	0793	−1,85	0322
−0,98	1635	−1,42	0778	−1,86	0314
−0,99	1611	−1,43	0764	−1,87	0307
−1,00	0,1587	−1,44	0749	−1,88	0301
−1,01	1563	−1,45	0735	−1,89	0294
−1,02	1539	−1,46	0721	−1,90	0,0288
−1,03	1515	−1,47	0708	−1,91	0281
−1,04	1492	−1,48	0694	−1,92	0274
−1,05	1469	−1,49	0681	−1,93	0268
−1,06	1446	−1,50	0,0668	−1,94	0262
−1,07	1423	−1,51	0655	−1,95	0256
−1,08	1401	−1,52	0643	−1,96	0250
−1,09	1379	−1,53	0630	−1,97	0244
−1,10	0,1357	−1,54	0618	−1,98	0239
−1,11	1335	−1,55	0606	−1,99	0233
−1,12	1314	−1,56	0594	−2,00	0,0228
−1,13	1292	−1,57	0582	−2,10	0179

Tabelle 2 (Fortsetzung)

x	$\Phi^*(x)$
−2,20	0139
−2,30	0107
−2,40	0082
−2,50	0062
−2,60	0047
−2,70	0035
−2,80	0026
−2,90	0019
−3,00	0,0014
−3,10	0010
−3,20	0007
−3,30	0005
−3,40	0003
−3,50	0002
−3,60	0002
−3,70	0001
−3,80	0001
−3,90	0000
0,00	0,5000
0,01	5040
0,02	5080
0,03	5120
0,04	5160
0,05	5199
0,06	5239
0,07	5279
0,08	5319
0,09	5359
0,10	0,5398
0,11	5438
0,12	5478
0,13	5517
0,14	5557
0,15	5596
0,16	5636
0,17	5675
0,18	5714
0,19	5753
0,20	0,5793
0,21	5832
0,22	5871
0,23	5910
0,24	5948
0,25	5987

x	$\Phi^*(x)$
0,26	6026
0,27	6064
0,28	6103
0,29	6141
0,30	0,6179
0,31	6217
0,32	6255
0,33	6293
0,34	6331
0,35	6368
0,36	6406
0,37	6443
0,38	6480
0,39	6517
0,40	0,6554
0,41	6591
0,42	6628
0,43	6664
0,44	6700
0,45	6736
0,46	6772
0,47	6808
0,48	6844
0,49	6879
0,50	0,6915
0,51	6950
0,52	6985
0,53	7019
0,54	7054
0,55	7088
0,56	7123
0,57	7157
0,58	7190
0,59	7224
0,60	0,7257
0,61	7291
0,62	7324
0,63	7357
0,64	7389
0,65	7422
0,66	7454
0,67	7486
0,68	7517
0,69	7549

x	$\Phi^*(x)$
0,70	0,7580
0,71	7611
0,72	7642
0,73	7673
0,74	7703
0,75	7734
0,76	7764
0,77	7794
0,78	7823
0,79	7852
0,80	0,7881
0,81	7910
0,82	7939
0,83	7967
0,84	7995
0,85	8023
0,86	8051
0,87	8078
0,88	8106
0,89	8133
0,90	0,8159
0,91	8186
0,92	8212
0,93	8238
0,94	8264
0,95	8289
0,96	8315
0,97	8340
0,98	8365
0,99	8389
1,00	0,8413
1,01	8437
1,02	8361
1,03	8485
1,04	8508
1,05	8531
1,06	8554
1,07	8577
1,08	8599
1,09	8621
1,10	0,8643
1,11	8665
1,12	8686
1,13	8708
1,14	8729

Tabelle 2 (Fortsetzung)

x	$\Phi^*(x)$	x	$\Phi^*(x)$	x	$\Phi^*(x)$
1,15	8749	1,50	0,9332	1,85	9678
1,16	8770	1,51	9345	1,86	9686
1,17	8790	1,52	9357	1,87	9693
1,18	8810	1,53	9370	1,88	9699
1,19	8830	1,54	9382	1,89	9706
		1,55	9394		
1,20	0,8849	1,56	9406	1,90	0,9713
1,21	8869	1,57	9418	1,91	9719
1,22	8888	1,58	9429	1,92	9726
1,23	8907	1,59	9441	1,93	9732
1,24	8925			1,94	9738
1,25	8944	1,60	0,9452	1,95	9744
1,26	8962	1,61	9463	1,96	9750
1,27	8980	1,62	9474	1,97	9756
1,28	8997	1,63	9484	1,98	9761
1,29	9015	1,64	9495	1,99	9767
		1,65	9505		
1,30	0,9032	1,66	9515	2,00	0,9772
1,31	9049	1,67	9525	2,10	9821
1,32	9066	1,68	9535	2,20	9861
1,33	9082	1,69	9545	2,30	9893
1,34	9099			2,40	9918
1,35	9115	1,70	0,9554	2,50	9938
1,36	9131	1,71	9564	2,60	9953
1,37	9147	1,72	9573	2,70	9965
1,38	9162	1,73	9582	2,80	9974
1,39	9177	1,74	9591	2,90	9981
		1,75	9599		
1,40	0,9192	1,76	9608	3,00	0,9986
1,41	9207	1,77	9616	3,10	9990
1,42	9222	1,78	9625	3,20	9993
1,43	9236	1,79	9633	3,30	9995
1,44	9251			3,40	9997
1,45	9265	1,80	0,9461	3,50	9998
1,46	9279	1,81	9649	3,60	9998
1,47	9292	1,82	9656	3,70	9999
1,48	9306	1,83	9664	3,80	9999
1,49	9319	1,84	9671	3,90	1,0000

LITERATURVERZEICHNIS

[1] Вентцель, Е. С., Теория вероятностей, Наука, 1964.

[2] Вентцель, Е. С., Овчаров, Л. А., Сборник задач по теории вероятностей, изд. ВВИА, 1961.

[3] GNEDENKO, B. W., Lehrbuch der Wahrscheinlichkeitsrechnung, 7. Auflage, Akademie-Verlag, Berlin 1979.

[4] SWESCHNIKOW, A. A., Wahrscheinlichkeitsrechnung und mathematische Statistik in Aufgaben, Teubner Verlagsgesellschaft, Leipzig 1970.

[5] Мешалкин, Л. Д., Сборник задач по теории вероятностей, изд. МГУ, 1963.

[6] Пугачев, В. С., Теория случайных функций, Физматгиз, 1962.

[7] Хинчин, А. Я., Работы по математической теории массового обслуживания, Физматгиз, 1963 (Siehe auch GNEDENKO, B.W. und KOWALENKO, I. N., Einführung in die Bedienungstheorie, Akademie-Verlag, Berlin 1970).

[8] FELLER, W., An Introduction to Probability Theory and its Applications, vol. 1, J. Wiley, N.Y. 1957 (Russ. Übers.: Феллер, В., Введение в теорию вероятностей и ее приложения, Наука, 1964).

[9] SMIRNOV, N. W., DUNIN-BARKOWSKI, I. W., Mathematische Statistik in der Technik, 2. Aufl., VEB Deutscher Verlag der Wissenschaften, Berlin 1968.

[10] FISZ, M., Wahrscheinlichkeitsrechnung und mathematische Statistik, VEB Deutscher Verlag der Wissenschaften, Berlin 1970.

[11] ROSANOW, J. A., Wahrscheinlichkeitstheorie, 2. Auflage, Akademie-Verlag, Berlin 1973.

[12] Боровков, А. А., Курс теории вероятностей, Наука, 1972 (Deutsche Übers.: BOROWKOW, A. A., Wahrscheinlichkeitstheorie. Eine Einführung, Akademie-Verlag, Berlin 1976).

[13] MÜLLER, P. H., (Hrsg.) Lexikon Wahrscheinlichkeitsrechnung und mathematische Statistik, 3. Auflage, Akademie-Verlag, Berlin 1980.

Kolibri 360 GmbH
Ferdinand-Jühlke-Straße 7
99095 Erfurt, Deutschland
produktsicherheit@kolibri360.de